Android 移动网站开发详解

怀志和◎编著

清华大学出版社
北京

内 容 简 介

本书内容新颖、知识全面、讲解详细，分为4篇，共24章。其中，第1～3章是基础篇，包括Android技术概述、Android网络开发技术基础、创建移动Web的方法；第4～13章是HTML 5篇，讲解了在Android中使用HTML 5技术设计移动Web网页的基本知识，包括HTML 5架构、基本元素、表单元素、音频处理、视频处理、绘图、数据存储、常用API的基本知识和具体用法；第14～22章是jQuery Mobile篇，详细讲解了在Android中使用jQuery Mobile框架开发移动Web网页的基本知识，包括jQuery Mobile导航、按钮、表单、列表、内容格式化、主题化设计和常用API的基本知识和各个知识点的具体用法；第23～24章是综合实战篇，本篇结合前面3篇内容，讲解了在PhoneGap框架中开发大型综合移动Web系统的具体流程和方法。全书采用理论加实践的教学方法，每个实例先提出制作思路及包含的知识点，然后力求用最通俗的语言将高深的知识阐述出来。通过本书的内容，读者可以掌握在Android系统中开发移动Web的基本知识。

本书适合Android开发者、网页设计师和Web开发程序员、研发人员及在职程序员阅读，也可作为相关培训学校和大中专院校相关专业的教学用书。

图书在版编目（CIP）数据

Android移动网站开发详解/怀志和编著. —北京：清华大学出版社，2013
（网站开发非常之旅）

ISBN 978-7-302-34430-8

I. ①A…　II. ①怀…　III. ①移动终端-应用程序-程序设计　IV. ①TN929.53

中国版本图书馆CIP数据核字（2013）第265929号

责任编辑：朱英彪
封面设计：刘　超
版式设计：文森时代
责任校对：王　云
责任印制：沈　露

出版发行：清华大学出版社
　　网　　址：http://www.tup.com.cn，http://www.wqbook.com
　　地　　址：北京清华大学学研大厦A座　　**邮　　编**：100084
　　社 总 机：010-62770175　　**邮　　购**：010-62786544
　　投稿与读者服务：010-62776969，c-service@tup.tsinghua.edu.cn
　　质 量 反 馈：010-62772015，zhiliang@tup.tsinghua.edu.cn
印 刷 者：清华大学印刷厂
装 订 者：北京市密云县京文制本装订厂
经　　销：全国新华书店
开　　本：203mm×260mm　　**印　张**：33　　**插　页**：1　　**字　　数**：903千字
（附DVD光盘1张）
版　　次：2013年12月第1版　　**印　　次**：2013年12月第1次印刷
印　　数：1～5000
定　　价：66.80元

产品编号：053970-01

前　言

随着移动手机设备的不断升级，Android、iOS、Windows Phone 等智能系统的市场占有率越来越高，智能手机已经步入了飞速发展的黄金时期。正是在强烈的市场需求下，我们精心编写了本书，以帮助广大读者快速步入到移动 Web 开发的大军中去。

背景介绍

据《纽约时报》网络版报道，市场研究公司 Forrester 称，2016 年全球智能手机用户数量将达到 10 亿人，其中许多人将使用移动设备办公。因此，企业需要着力思索如何用手机产品吸引客户。据国外媒体报道，爱立信近日发布的一份报告称，到 2017 年，移动设备的数量将从 2012 年第一季度的 62 亿增长到 90 亿。

从移动电话的产生，到当前移动互联应用的风生水起，我们步入到了任何人都有机会获得大量信息资源的移动互联网时代。尽管移动计算技术已扮演了如此重要的角色，但它仍处于发展初期。对于需要吸引不同群体用户、满足不同业务需求的应用而言，如何使用一个实用、价格合理且可支持大量应用的方式来实现我们的移动愿景？在很多情况下看来，答案是使用 Web 技术。从 Apple 的 iOS 和 Google 的 Android 可以看出，未来的移动计算领域注定将以更加开放的形态发展。基于开放、免费并且互操作性很强的平台，开发方式将在移动应用的开发过程中扮演关键角色。

内容介绍

本书是国内著名的一线 Web 设计师和移动 Web 专家的力作，是国内第一本全面介绍 HTML 5、jQuery Mobile 和 PhoneGap 的专业书籍。全书分为 4 篇，共 24 章，其中第 1～3 章是基础篇，包括 Android 技术概述、Android 网络开发技术基础、创建移动 Web 的方法；第 4～13 章是 HTML 5 篇，讲解了在 Android 中使用 HTML 5 技术设计移动 Web 网页的基本知识，包括 HTML 5 架构、基本元素、表单元素、音频处理、视频处理、绘图、数据存储、常用 API 的基本知识和具体用法；第 14～22 章是 jQuery Mobile 篇，详细讲解了在 Android 中使用 jQuery Mobile 框架开发移动 Web 网页的基本知识，包括 jQuery Mobile 导航、按钮、表单、列表、内容格式化、主题化设计和常用 API 的基本知识和各个知识点的具体用法；第 23～24 章是综合实战篇，本篇结合前面 3 篇内容，讲解了在 PhoneGap 框架中开发大型综合移动 Web 系统的具体流程和方法。全书理论结合实践，通过大量的实例剖析了 Java Web 开发技术的基本知识。内容和实例都具有极强的代表性，适合初学者的入门学习，也可作为有一定基础的读者的参考书。

本书内容

1．配有多媒体语音教学视频，学习效果好

笔者专门录制了大量的配套多媒体语音教学视频，以便让读者能更加轻松、直观地学习本书内容，

提高学习效率。这些视频与本书源代码一起收录于配书光盘中。

2．结构合理，内容全面

本书从用户的实际需要出发，科学安排知识结构，内容由浅入深，叙述清楚，具有很强的知识性和实用性。全书内容安排合理，将 HTML 5、jQuery Mobile 和 PhoneGap 一网打尽，这是移动 Web 开发的核心技术。

3．易学易懂，初学者容易上手

本书条理清晰，语言简洁，可帮助读者快速掌握每个知识点；每个部分既相互联系又自成体系，读者既可以按照本书编排的章节顺序进行学习，也可以根据自己的需求对某一章节进行有针对性的学习。

4．由浅入深，内容循序渐进

本书从搭建 Android 开发环境和 HTML 5 的基本语法知识入手，逐步介绍了 jQuery Mobile 框架和 PhoneGap 框架的核心知识，使读者在没有编程基础的情况下，也能很快地掌握移动 Web 开发的技术精髓。

5．实例典型，实用性强

本书彻底摒弃枯燥的理论讲解和简单的操作说明，注重实用性和可操作性，详细讲解了各个部分的源码知识，使读者掌握相关操作技能的同时，还能学习到相应的基础知识。

本书读者对象

- ☑ 初学编程的自学者。
- ☑ 编程爱好者。
- ☑ 大中专院校的老师和学生。
- ☑ 相关培训机构的老师和学员。
- ☑ 进行毕业设计的学生。
- ☑ 网页设计师。
- ☑ Web 程序员。
- ☑ 参加实习的初级程序员。

致谢

本书主要由怀志和编写完成，同时参与编写的人员还有周秀、付松柏、邓才兵、钟世礼、谭贞军、罗红仙、张加春、王东华、王振丽、熊斌、王教明、万春潮、郭慧玲、侯恩静、程娟、王文忠、陈强、何子夜、李天祥、周锐、朱桂英。本书在编写过程中得到了清华大学出版社工作人员的大力支持，在此一并表示感谢。

因为本书篇幅有限，所以实例中的代码无法在书中一一列出，给广大读者带来了不便，敬请谅解。请读者在阅读本书时，参考本书附带光盘中的源码。另外，由于时间仓促和水平有限，书中难免有疏漏和不妥之处，恳请读者提出意见或建议，以便修订并使之更臻完善。为了更好地为读者服务，我们专门提供了技术支持网站 www.chubanbook.com 和 QQ 邮箱 150649826@qq.com，无论是书中的疑问，还是学习过程中的疑惑，本团队将一一为大家解答。

编　者

目　录

第1篇　基　础　篇

第1章　Android技术概述........2
1.1　来到智能手机世界........2
1.1.1　何谓智能手机........2
1.1.2　当前主流的智能手机系统........3
1.2　蓬勃发展的手机上网产业........6
1.2.1　WAP技术介绍........6
1.2.2　手机上网的商机........7
1.2.3　移动平台应用开发........7
1.3　Android的巨大优势........8
1.3.1　系出名门........8
1.3.2　强大的开发团队........8
1.3.3　诱人的奖励机制........9
1.3.4　开源........10
1.4　搭建Android应用开发环境........10
1.4.1　安装Android SDK的系统要求........10
1.4.2　安装JDK、Eclipse、Android SDK........11
1.4.3　设定Android SDK Home........19
1.4.4　验证理论........19
1.4.5　创建Android虚拟设备（AVD）........21
1.4.6　启动AVD模拟器........22
第2章　Android网络开发技术基础........25
2.1　HTML简介........25
2.1.1　HTML初步认识........25
2.1.2　字体格式设置........26
2.1.3　使用标示标记........28
2.1.4　使用区域和段落标记........29
2.1.5　使用表格标记........31
2.1.6　使用表单标记........33
2.2　XML技术........36
2.2.1　XML的概述........37
2.2.2　XML的语法........37
2.2.3　获取XML文档........38
2.3　CSS技术基础........39
2.3.1　基本语法........40
2.3.2　CSS属性介绍........40
2.3.3　CSS编码规范........42
2.4　JavaScript技术基础........43
2.4.1　JavaScript概述........44
2.4.2　JavaScript运算符........44
2.4.3　JavaScript循环语句........46
2.4.4　JavaScript函数........48
2.4.5　JavaScript事件........49
2.4.6　常用的Web页面脚本........51
2.5　在Android设备测试网页........53
2.6　编写第一个网页........56
2.6.1　编写HTML文件........56
2.6.2　设置页面的缩放........60
2.6.3　使用CSS进行修饰........60
第3章　创建移动Web........64
3.1　创建能在通用设备上运行的网站........64
3.1.1　确定应用程序类型........64
3.1.2　使用CSS改善HTML外观........65
3.1.3　加入移动meta标签........67
3.1.4　优化网站........68
3.2　将站点升级至HTML 5........68
3.2.1　确定何时升级和升级的具体方式........68
3.2.2　升级到HTML 5的步骤........70
3.2.3　将HTML 5特性作为额外内容添加至网站........70
3.2.4　HTML 5为移动Web提供的服务........71
3.3　将Web程序迁移到移动设备........71
3.3.1　选择Web编辑器........72

3.3.2 测试应用程序 72
3.3.3 移动网站内容的特点 73
3.3.4 为移动设备调整可视化设计 73
3.3.5 HTML 5 及 CSS 3 检测 74

第 2 篇 HTML 5 篇

第 4 章 HTML 5 在移动设备中 78
4.1 把握未来的风向标 78
4.1.1 漫漫发展历程 78
4.1.2 无与伦比的体验 78
4.2 在 Android 设备中使用 HTML 5 79
4.2.1 使用 HTML 5 设计移动网站时需要考虑的问题 80
4.2.2 主流的移动设备屏幕的分辨率 80
4.2.3 使用标准的 HTML、CSS 和 JavaScript 技术 81
4.3 用 HTML 5 设计移动网站前的准备 81
4.3.1 为移动网站准备专用的域名 82
4.3.2 准备测试环境 82
第 5 章 HTML 5 的整体架构 83
5.1 设置网页头部元素 83
5.1.1 设置文档类型 83
5.1.2 设置所有链接规定默认地址或默认目标 84
5.1.3 链接标签 85
5.1.4 设置有关页面的元信息 86
5.1.5 定义客户端脚本 87
5.1.6 定义 HTML 文档的样式信息 87
5.1.7 设置页面标题 88
5.2 设置页面正文 89
5.3 注释 90
5.4 和页面结构相关的新元素 91
5.4.1 定义区段的标签 91
5.4.2 定义独立内容的标签 92
5.4.3 定义导航链接标签 92
5.4.4 定义其所处内容之外的内容 93
5.4.5 定义页脚内容的标签 94
第 6 章 体验基本元素 95
6.1 在页面中输出一段文字 95
6.2 对页面进行分栏设计 96
6.3 使用<details>标记元素实现交互 97
6.3.1 常用属性 97
6.3.2 实现下拉弹出效果 98
6.4 使用<summary>标记元素实现交互 99
6.5 使用<menu>标记元素 100
6.5.1 属性介绍 100
6.5.2 实现右键菜单功能 101
6.6 使用<command>标记元素 102
6.7 使用<progress>标记元素 104
6.8 使用<meter>标记元素 106
6.9 使用树节点标记元素 107
6.9.1 <section>元素 108
6.9.2 <nav>元素 108
6.9.3 <hgroup>元素 110
6.10 使用分组标记元素 110
6.10.1 <ul>元素 110
6.10.2 <ol>元素 111
6.11 使用文本层次语义标记 112
6.11.1 <time>元素 112
6.11.2 <mark>元素 112
6.11.3 <cite>元素 113
6.12 使用<img>标记元素 113
6.13 使用<iframe>标记元素 114
6.14 使用<object>标记元素 115
第 7 章 使用表单元素 117
7.1 表单元素的类型 117
7.1.1 email 类型 117
7.1.2 url 类型 118
7.1.3 number 类型 119
7.1.4 range 类型 120
7.1.5 Date Pickers（数据检出器） 122
7.1.6 search 类型 123
7.2 表单元素中的属性 125

7.2.1 记住表单中的数据 125
7.2.2 验证表单中输入的数据是否合法.............. 127
7.2.3 在文本框中显示提示信息 128
7.2.4 验证文本框中的内容是否为空.................. 129
7.2.5 开启表单的自动完成功能 130
7.2.6 重写表单中的某些属性 131
7.2.7 自动设置表单中传递数字 132
7.2.8 在表单中选择多个上传文件........................ 133
7.3 新的表单元素 133
7.3.1 在表单中自动提示输入文本...................... 134
7.3.2 一个简单的乘法计算器 135
7.3.3 在网页中生成一个密钥 136
第 8 章 音频和视频应用 137
8.1 处理视频..137
8.1.1 <video>标记.. 137
8.1.2 <video>标记的属性.................................. 138
8.2 处理音频..141
8.2.1 <audio>标记.. 141
8.2.2 <audio>标记的属性.................................. 142
8.3 高级应用..144
8.3.1 为播放的视频准备一幅素材图片.............. 144
8.3.2 显示加载视频的状态 145
8.3.3 出错时在播放屏幕中显示出错信息.......... 146
8.3.4 检测浏览器是否支持媒体文件类型.......... 147
8.3.5 显示视频的播放状态 149
8.3.6 显示播放视频的时间信息 151
第 9 章 绘图实战..153
9.1 使用<canvas>标记 153
9.2 HTML DOM Canvas 对象 154
9.3 HTML 5 绘图实践 155
9.3.1 在指定位置绘制指定角度的相交线.......... 156
9.3.2 绘制一个圆 156
9.3.3 在画布中显示一幅指定的图片.................. 157
9.3.4 绘制一个指定大小的正方形...................... 157
9.3.5 绘制一个带边框的矩形 159
9.3.6 绘制一个渐变图形 160
9.3.7 绘制不同的圆形 162
9.3.8 绘制一个渐变圆形 165
9.3.9 移动、缩放和旋转网页中的正方形.......... 167
9.3.10 使用组合的方式显示图形 168
9.3.11 使用不同的方式平铺指定的图像 170
9.3.12 切割指定的图像 172
第 10 章 数据存储......................................174
10.1 Web 存储 174
10.1.1 什么是 Web 存储...................................... 174
10.1.2 Web 存储的影响.. 174
10.2 HTML 5 中的两种存储方法 175
10.2.1 使用 localStorage 方法 175
10.2.2 使用 sessionStorage 方法.......................... 176
10.3 数据存储对象 177
10.3.1 使用 sessionStorage 对象.......................... 177
10.3.2 使用 localStorage 对象 179
10.3.3 使用 localStorage 对象中的 clear()方法 ... 182
10.3.4 使用 localStorage 对象中的属性 183
10.4 WebDB 存储方式 185
10.4.1 WebDB 存储基础 185
10.4.2 执行事务操作 186
10.4.3 调用执行 SQL 语句.................................. 187
10.5 实现一个日记式事务提醒系统 189
第 11 章 使用 Web Sockets API.................191
11.1 安装 jWebSocket 服务器.....................191
11.2 实现跨文档传输数据 192
11.3 使用 WebSocket 传送数据..................194
11.3.1 使用 Web Sockets API 的方法................. 194
11.3.2 实战演练.. 195
11.4 处理 JSON 对象..................................196
11.5 jWebSocket 框架..................................197
11.5.1 使用 jWebSocketTest 框架进行通信 197
11.5.2 使用 jWebSocketTest 开发一个聊天系统 ... 200
第 12 章 使用 Geolocation API..................206
12.1 Geolocation API 介绍 206
12.1.1 对浏览器的支持情况 206
12.1.2 使用 API.. 207
12.2 获取当前地理位置 208
12.3 使用 getCurrentPosition()方法 211
12.4 在网页中使用地图 212
12.4.1 在网页中调用地图 212

12.4.2 在地图中显示当前的位置 213
12.4.3 在网页中居中显示定位地图......................215
12.4.4 利用百度地图实现定位处理......................216

第 13 章 使用 Web Workers API 219
13.1 Web Workers API 基础........................219
13.1.1 使用 HTML 5 Web Workers API 219
13.1.2 需要使用.js 文件..220
13.1.3 与 Web Worker 进行双向通信..................220
13.2 Worker 线程处理 222
13.2.1 使用 Worker 处理线程 222
13.2.2 使用线程传递 JSON 对象..........................224
13.2.3 使用线程嵌套交互数据 226
13.2.4 通过 JSON 发送消息..................................228
13.3 执行大计算量任务 230

第 3 篇 jQuery Mobile 篇

第 14 章 jQuery Mobile 基础.......................238
14.1 jQuery Mobile 简介..............................238
14.1.1 jQuery 介绍 238
14.1.2 jQuery Mobile 的特点.................................239
14.1.3 对浏览器的支持 239
14.2 jQuery Mobile 的 4 个突出特性...........240
14.2.1 跨所有移动平台的统一 UI 240
14.2.2 简化标记的驱动开发 240
14.2.3 渐进式增强 241
14.2.4 响应式设计 241
14.3 实战演练——在 Android 中使用 jQuery 设计网页 242

第 15 章 jQuery Mobile 语法基础 246
15.1 页面模板...246
15.2 多页面模板 249
15.2.1 一个多页面模板实例 249
15.2.2 设置内部页面的页面标题 250
15.3 使用 Ajax 修饰导航..............................251
15.3.1 使用 Ajax 251
15.3.2 使用 changePage()函数.............................254
15.3.3 配置 Ajax 导航...255
15.4 对话框...260
15.4.1 实现基本对话框效果 261
15.4.2 使用操作表 262
15.4.3 实现警告框 265
15.5 有媒体查询的响应式布局 267

第 16 章 实现导航功能 269
16.1 页眉栏...269
16.1.1 页眉基础 269
16.1.2 实现页眉定位 269
16.1.3 在页眉中使用按钮 272
16.1.4 在页眉中使用分段控件 275
16.1.5 实现回退按钮效果 279
16.2 页脚栏 281
16.2.1 页脚基础知识 281
16.2.2 页脚定位 285
16.2.3 页脚按钮 285
16.3 工具栏 286
16.3.1 带有图标的工具栏 286
16.3.2 带有分段控件的工具栏 288
16.4 标签栏 289
16.4.1 带有标准图标的标签栏 290
16.4.2 永久标签栏 292
16.4.3 有自定义图标的标签栏 292
16.4.4 带有分段控件的标签栏 294

第 17 章 按钮..298
17.1 链接按钮 298
17.2 表单按钮 299
17.3 图像按钮 300
17.4 有图标的按钮 301
17.5 只带有图标的按钮 303
17.6 实现按钮定位...305
17.7 自定义按钮图标 306
17.8 使用分组按钮 309
17.9 使用主题按钮 311
17.10 使用动态按钮 312
17.10.1 按钮选项 312

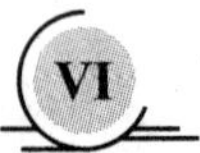

17.10.2 按钮方法 313
17.10.3 按钮事件 313
17.10.4 动态按钮演练 314
第 18 章 表单 317
18.1 表单基础 317
18.2 在表单中输入文本 319
18.2.1 动态输入文本 321
18.2.2 文本输入选项 321
18.2.3 文本输入方法 322
18.2.4 文本输入事件 322
18.3 选择菜单 324
18.3.1 自定义选择菜单 326
18.3.2 占位符选项 327
18.3.3 动态选择菜单 328
18.3.4 选择菜单选项 328
18.3.5 选择菜单的方法 330
18.3.6 选择菜单的事件 330
18.4 单选按钮 332
18.4.1 复选框和单选按钮的选项 334
18.4.2 复选框和单选按钮的方法 335
18.4.3 复选框和单选按钮的事件 335
18.5 复选框 337
18.5.1 动态复选框 337
18.5.2 使用复选框 337
18.6 滑动条 340
18.6.1 滑动条基础 341
18.6.2 滑动条的选项 342
18.6.3 滑动条的方法 343
18.6.4 滑动条的事件 343
18.7 开关控件 345
18.7.1 开关控件基础 345
18.7.2 动态开关事件 347
18.8 使用本地表单元素 348
18.9 使用 Mobiscroll 日期选择器 352
第 19 章 列表 355
19.1 列表基础 355
19.2 内置列表 356
19.3 列表分割线 358
19.4 带有缩略图和图标的列表 360
19.5 使用拆分按钮列表 365
19.6 使用编号列表 368
19.7 使用只读列表 369
19.8 使用列表徽章 372
19.9 使用搜索栏过滤列表 374
19.10 实现动态列表效果 378
19.10.1 列表选项 378
19.10.2 列表方法 380
19.10.3 列表事件 381
第 20 章 内容格式化 383
20.1 使用基本的 HTML 样式 383
20.2 使用表格进行布局 383
20.2.1 表格模板 383
20.2.2 两列表格 384
20.2.3 三列表格 386
20.2.4 带有 app 图标的四列表格 387
20.2.5 使用五列表格 388
20.2.6 多行表格 388
20.2.7 不规则的表格 390
20.2.8 Springboard（苹果 iDevice 的桌面） 391
20.3 可折叠的内容块 395
20.3.1 嵌套折叠和折叠组 396
20.3.2 创建可折叠的内容块 396
20.4 折叠组标记 398
20.4.1 折叠组标记（Collapsible set markup）基础 399
20.4.2 实战演练 399
20.5 使用 CSS 设置样式 402
20.5.1 实现背景渐变 402
20.5.2 在 Mozilla 浏览器实现背景渐变 404
20.5.3 实现页眉渐变效果 406
第 21 章 主题化设计 409
21.1 主题设计基础 409
21.2 主题和调色板 411
21.2.1 主题设置 412
21.2.2 调色板（swatch） 413
21.2.3 全局主题设置（global theme settings） 413
21.2.4 结构（structure） 414

21.3 主题的默认值......414
21.4 主题的继承......416
21.5 主题的自定义......420
21.6 ThemeRoller......426
21.6.1 调色板和全局设置......427
21.6.2 Preview Inspector 和 QuickSwatch Bar......428
21.6.3 使用 Adobe Kuler 集成工具......429
21.6.4 使用 ThemeRoller......429

第 22 章 jQuery Mobile 的 API......434
22.1 配置 jQuery Mobile......434
22.1.1 mobileinit 事件......434
22.1.2 可配置的 jQuery Mobile 选项......435
22.2 方法......437
22.3 事件......446
22.3.1 触摸事件 Touch events......446
22.3.2 虚拟鼠标事件 Virtual mouse events......447
22.3.3 设备方向变化事件 Orientationchange events......448
22.3.4 滚屏事件 Scroll events......449
22.3.5 页面加载事件 Page load events......451
22.3.6 页面显示/隐藏事件 Page show/hide events......456
22.3.7 页面初始化事件 Page initialization events......457
22.3.8 动画事件 Animation events......459
22.3.9 触发事件......460
22.4 3 个属性......461
22.5 数据属性......461
22.6 有响应的布局助手......464
22.6.1 方向类 Orientation Classes......464
22.6.2 最小/最大宽度折断点类 Min/Max Width Breakpoint Classes......465
22.6.3 添加宽度折断点 Adding Width Breakpoints......465
22.6.4 运行媒介查询 Running Media Queries......465

第 4 篇 综合实战篇

第 23 章 使用 PhoneGap......468
23.1 PhoneGap 简介......468
23.1.1 产生背景......468
23.1.2 什么是 PhoneGap......469
23.1.3 PhoneGap 的发展历程......469
23.1.4 全新的功能......470
23.1.5 PhoneGap 移动 Web 开发的步骤......470
23.2 搭建 PhoneGap 开发环境......471
23.2.1 准备工作......471
23.2.2 获得 PhoneGap 开发包......471
23.2.3 创建基于 PhoneGap 的 HelloWorld 程序......473
23.3 PhoneGap API 详解......479
23.3.1 应用 API......480
23.3.2 通知 API......482
23.3.3 设备 API......483
23.3.4 网络连接 API......484
23.3.5 加速计 API......486
23.3.6 地理位置 API......489
23.3.7 指南针 API......491
23.3.8 照相机 API......493
23.3.9 采集 API......496
23.3.10 媒体 API......498

第 24 章 开发一个电话本管理系统......502
24.1 需求分析......502
24.1.1 产生背景......502
24.1.2 功能分析......502
24.2 创建 Android 工程......503
24.3 实现系统主界面......504
24.4 实现信息查询模块......506
24.5 实现系统管理模块......508
24.6 实现信息添加模块......511
24.7 实现信息修改模块......514
24.8 实现信息删除模块和更新模块......516

第1篇 基 础 篇

第 1 章 Android 技术概述

第 2 章 Android 网络开发技术基础

第 3 章 创建移动 Web

第 1 章　Android 技术概述

Android 是一种智能手机系统，建立在 Linux 系统基础之上，能够迅速建立手机软件的解决方案。Android 自 2007 年诞生之日起便迅速成为一个新兴的热点，并在 2011 年开始一直在智能手机市场占有率中位居第一。本章将简单介绍 Android 的发展历程和背景，让读者了解 Android 的发展之路，真切体会 Android 如此火爆的原因。

1.1　来到智能手机世界

知识点讲解：光盘\视频讲解\第 1 章\来到智能手机世界.avi

在 Android 系统诞生之前，智能手机便受到了广大消费者的青睐。各大手机厂商在利益的驱动之下，纷纷建立了各种智能手机操作系统，并且大肆招兵买马来抢夺市场份额。Android 系统就是在这个风起云涌的历史背景下诞生的。

1.1.1　何谓智能手机

现在的智能手机就是一个移动计算机，能够完成大多数计算机可以实现的功能。究竟怎么样才能算是智能手机呢？其实并没有标准，国际某权威数据中心的统计机构做了一份市场调查，根据调查结果得出了智能手机的条件。要想成为智能手机，就必须具备以下 5 个标准。

☑ 操作系统必须支持新应用的安装。
☑ 高速度处理芯片。
☑ 支持播放式的手机电视。
☑ 大存储芯片和存储扩展能力。
☑ 支持 GPS 导航。

上述条件虽然声称是世上最标准的，但毕竟不是官方组织，为此手机界的官方组织“手机联盟”出面制定了一个标准，总结出如下几条智能手机的特点。

☑ 具备普通手机的全部功能，如可以进行正常的通话和发短信等手机应用。
☑ 是一个开放性的操作系统，在系统平台上可以安装更多的应用程序，从而实现功能的无限扩充。
☑ 具备上网功能。
☑ 具备 PDA 功能，实现个人信息管理、日程记事、任务安排、多媒体应用、浏览网页。
☑ 可以根据个人需要扩展机器的功能。
☑ 扩展性能强，并且可以支持很多第三方软件。

1.1.2 当前主流的智能手机系统

当今市面中有很多智能手机系统，形成了百家争鸣的局面。但是最受大家欢迎的当属塞班、安卓、苹果和黑莓。

1. 昨日皇者——Symbian（塞班）

Symbian 作为昔日智能手机的王者，在 2005—2010 年曾一度风行，很多人都使用诺基亚的 Symbian 手机，N70、N73、N78、N97，诺基亚 N 系列曾经被称为“N=无限大”的手机。对硬件的要求低、操作简单、省电、软件资源多是 Symbian 系统手机的重要特点。Symbian 系统标志如图 1-1 所示。

在国内软件开发市场内，基本每一款软件都会有对应的塞班手机版本。而塞班开发之初的目标是要保证在较低资源的设备上长时间稳定可靠地运行，这导致了塞班的应用程序开发有着较为陡峭的学习曲线，开发成本较高。但是程序的运行效率很高。例如 5800 的 128MB 的 RAM，后台可以同时运行十几个程序而操作流畅（多任务功能特别强大），即使几天不关机，其剩余内存也能够保持稳定。

在 Android、iOS 的围攻之下，诺基亚推出了塞班 3 系统，甚至依然为其更新（Symbian Anna，Symbian Belle），从外在的用户界面到内在的功能特性都有了显著提升，如可自由定制的全新窗体部件、更多主屏、全新下拉式菜单等。

由于对新兴的社交网络和 Web 2.0 内容支持欠佳，塞班占智能手机的市场份额日益萎缩。2010 年末，其市场占有量已被 Android 超过。自 2009 年底开始，包括摩托罗拉、三星电子、LG、索尼爱立信等各大厂商纷纷宣布终止塞班平台的研发，转而投入 Android 领域。2011 年初，诺基亚宣布将与微软成立战略联盟，推出基于 Windows Phone 的智能手机，从而在事实上放弃了经营多年的塞班，塞班退市已成定局。

2. 当今潮流——Android（安卓）

Android 一词最早出现于法国作家利尔亚当（Auguste Villiers de l'Isle-Adam）在 1886 年发表的科幻小说《未来夏娃》（L'ève future）中。他将外表像人的机器起名为 Android。

从 2008 年 HTC 和 Google 联手推出第一台 Android 手机 G1 开始，在 2011 年第一季度，Android 在全球的市场份额首次超过塞班系统，跃居全球第一。2011 年 11 月数据显示，Android 占据全球智能手机操作系统市场 52.5%的份额，中国市场占有率为 58%。如今 Android 已经成为市面上主流的智能手机操作系统，随处都可以见到绿色机器人的身影（见图 1-2）。

图 1-1 Symbian 系统标志

图 1-2 Android 系统标志

Android 机型数量庞大，简单易用，相当自由的系统能让厂商和客户轻松地定制各样的 ROM、桌面部件和主题风格。简单而华丽的界面得到广大客户的认可，对手机进行刷机也是不少 Android 用户所津津乐道的事情。

可惜 Android 版本数量较多，市面上同时存在着 1.6、2.0、2.1、2.2、2.3 等各种版本的 Android 系统手机，应用软件对各版本系统的兼容性对程序开发人员是一种不小的挑战。同时，由于开发门槛低，导致应用数量虽然很多，但是应用质量参差不齐，甚至出现不少恶意软件，导致一些用户受到损失。另外，Android 没有对各厂商在硬件上进行限制，导致一些用户在低端机型上体验不佳。另一方面，因为 Android 的应用主要使用 Java 语言开发，其运行效率和硬件消耗一直是其他手机用户所诟病的地方。

目前，Android 已经更新到 4.2 版本。

3．高贵华丽——iOS（苹果）

iOS 作为苹果移动设备 iPhone 和 iPad 的操作系统，在 App Store 的推动之下，成为了世界上引领潮流的操作系统之一。原本这个系统名为 iPhone OS，直到 2010 年 6 月 7 日 WWDC 大会上宣布改名为 iOS。iOS 的用户界面的概念基础上是能够使用多点触控直接操作。控制方法包括滑动、轻触开关及按键。与系统交互包括滑动（Swiping）、轻按（Tapping）、挤压（Pinching，通常用于缩小）及反向挤压（Reverse Pinching or Unpinching，通常用于放大）。此外，通过其自带的加速器，可以令其旋转设备改变 y 轴以改变屏幕方向，这样的设计令 iPhone 更便于使用。iOS 系统标志如图 1-3 所示。

图 1-3　iOS 系统标志

iOS 经历了以下发展阶段。

- ☑ iPhone OS 1.0：内置于 iPhone 一代手机里，借助 iPhone 流畅的触摸屏幕，iPhone OS 给用户带来了极为优秀的使用体验，相比当时地手机可以用惊艳来形容。
- ☑ iPhone OS 2.0：随着 iPhone 3G 发布，App Store 诞生。App Store 为第三方软件的提供者提供了一个方便高效的软件销售平台，在软件开发者与最终用户之间架起了一座沟通与销售的桥梁，从而极大地丰富了 iPhone 手机的功能应用。
- ☑ iPhone OS 3.0：iPhone 3GS 开始支持复制、粘贴功能。
- ☑ iOS 4：在 iPhone4 推出时，苹果决定将原来 iPhone OS 系统重新定名为 iOS，并发布新一代操作系统 iOS 4。在该版本中，开始正式支持多任务功能，通过双击 HOME 键实现。
- ☑ iOS 5：加入了 Siri 语音操作助手功能，用户可以与手机实现语言上的人机交互，该功能可以实现对用户的语音识别，完成一些较为复杂的操作，使用 Siri 来查询天气、进行导航、询问时间、设定闹钟、查询股票甚至发送短信等功能，方便了用户的使用。

从最初的 iPhone OS，演变至最新的 iOS 系统，iOS 成为了苹果新的移动设备操作系统，横跨 iPod Touch、iPad、iPhone，成为苹果最强大的操作系统。甚至新一代的 Mac OS X Lion 也借鉴了 iOS 系统的一些设计，可以说 iOS 是苹果的又一个成功的操作系统，能给用户带来极佳的使用体验。

优秀的系统设计以及严格的 App Store，iOS 作为应用数量最多的移动设备操作系统，加上强大的硬件支持以及最新 iOS 5 内置的 Siri 语音助手，无疑使得用户体验得到更大的提升，让用户感受科技带来的好处。

4．全新面貌——Windows Phone（微软）

早在 2004 年，微软就开始以 Photon 的计划代号开始研发 Windows Mobile 的一个重要版本更新，

但进度缓慢，最后整个计划都被取消。直到 2008 年，在 iOS 和 Android 的冲击之下，微软才重新组织了 Windows Mobile 小组，并继续开发一个新的行动操作系统。原本计划它的正式版在 2009 年发行，但是许多方面的原因使得微软决定先用 Windows Mobile 6.5 来过渡。

Windows Phone 的研发一蹴而就，造成的后果之一就是，旧有的 Windows Mobile 应用程序无法在 Windows Phone 系统中正常运行。Windows Phone 开发部门的副总裁泰瑞 •迈尔森（Terry Myerson）说："为了要借由不使用手写笔、改采电容型的触控屏幕，以及其他硬件的更动来改善 Windows Phone 7 的使用经验，我们不得不打破 Windows Mobile 6.5 的应用程序兼容性。"

Windows Phone（见图 1-4），作为 Windows Mobile 的继承者，使用了一套称为 Metro 的新用户界面，其与微软已经中止的 Kin 相似。其主画面，亦称为开始画面，是由许多称为动态砖（Live Tiles）的正方或长方图形元素所组成的。动态砖相当于可以连接至应用程序、功能以及其他独立的组件（如联络人、网页或媒体项目）的按钮。用户可以自行增加、重新排列或删除动态砖。即使在设备锁定的情况下，动态砖也能够依据其所代表的内容随时更新。例如，电子邮件的动态砖上面会显示尚未阅读的邮件有几封；气象的动态砖也能够显示实时更新的天气内容。目前动态砖只支持纵向的版面，无法在横向模式中显示，如图 1-5 所示。

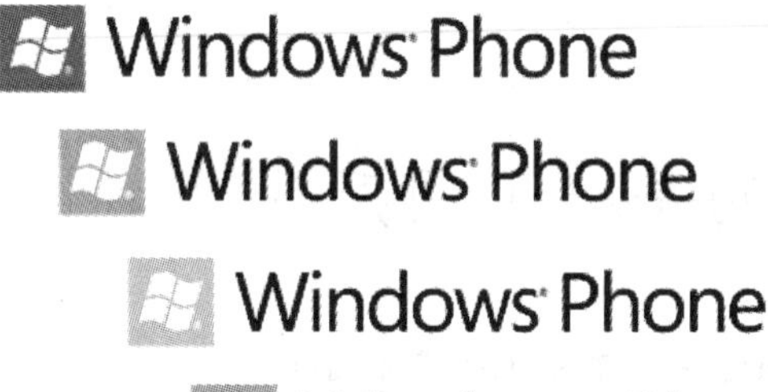

图 1-4　Windows Phone 系统标志

图 1-5　Windows Phone 界面

全新的 Windows 手机把网络、个人计算机和手机的优势集于一身，让人们可以随时随地享受到想要的体验。内置的 Office 办公套件和 Outlook 使得办公更加有效和方便。在应用方面，虽然 Windows Phone 提供了很好的开发工具，而且微软为了规范 Windows Phone 7 的用户体验，对开发者开发应用进行了严格的约束（开发者必须严格遵循这些开发约束和条款来进行应用开发。例如，开发者不能开发涉及手机摄像头的应用程序；开发者不能对应用程序的界面进行私自定制；涉及系统类的应用必须使用系统提供的界面来运行；开发者必须通过 Zune 同步功能将开发好的应用程序发送到手机上），但是目前 Windows Phone 的应用数量还很少。一方面，Windows Phone 的界面独特，可定制的地方很少，容易造成审美疲劳。另一方面，在最新版本 Windows Phone 7.5 中虽然开始支持多任务处理，但是最多也只能运行 5 个程序，多任务处理显得力不从心。

Windows Phone 起步早，发展慢。虽然如此，目前 Windows Phone 7 已经应用在诺基亚手机上，并作为诺基亚手机的主打系统被推广到市场中。

5．高端商务——BlackBerry OS（黑莓）

BlackBerry 系统，即黑莓系统，是加拿大 Research In Motion（简称 RIM）公司推出的一种无线手持邮件解决终端设备的操作系统，由 RIM 自主开发。它和其他手机终端使用的 Symbian、Windows Mobile、iOS 等操作系统有所不同，BlackBerry 系统的加密性能更强、更安全。BlackBerry 系统的标志如图 1-6 所示。

图 1-6　BlackBerry 系统标志

安装有 BlackBerry 系统的黑莓机，指的不单单是一台手机，而是由 RIM 公司所推出，包含服务器（邮件设定）、软件（操作接口）以及终端（手机）大类别的 Push Mail 实时电子邮件服务。

BlackBerry 移动邮件设备基于双向寻呼技术。该设备与 RIM 公司的服务器相结合，依赖于特定的服务器软件和终端，兼容现有的无线数据链路，实现了遍及北美、随时随地收发电子邮件的梦想。这种装置并不以奇妙的图片和彩色屏幕夺人耳目，甚至不带发声器。“9·11”事件之后，由于 BlackBerry 及时传递了灾难现场的信息，而在美国掀起了拥有一部 BlackBerry 终端的热潮。

黑莓赖以成功的最重要原则——针对高级白领和企业人士，提供企业移动办公的一体化解决方案。企业有大量的信息需要即时处理，出差在外时，也需要一个无线的可移动办公设备。企业只要装一个移动网关，一个软件系统，用手机的平台实现无缝链接，无论何时何地，员工都可以用手机进行办公。它最大的方便之处是提供了邮件的推送功能，即由邮件服务器主动将收到的邮件推送到用户的手持设备上，而不需要用户频繁地连接网络查看是否有新邮件。

黑莓系统稳定性非常优秀，其独特定位也深得商务人士所青睐。可是也因此在大众市场上没有明显优势，国内用户和应用资源也较少。

1.2　蓬勃发展的手机上网产业

知识点讲解：光盘\视频讲解\第 1 章\蓬勃发展的手机上网产业.avi

在当前的移动设备应用中，上网功能是吸引广大用户的一大热点，并大有逐渐取代传统台式机的趋势。浏览网页、网络游戏、手机 QQ、微信等都成为了人们生活中密不可少的一部分。本节将简要讲解移动手机在网络产业的巨大优势，为读者步入本书后面知识的学习打下基础。

1.2.1　WAP 技术介绍

WAP（Wireless Application Protocol）意为无线应用协议，是一项全球性的网络通信协议。WAP 使移动 Internet 有了一个通行的标准，其目标是将 Internet 的丰富信息及先进的业务引入到移动电话等无线终端之中。WAP 定义了一个可通用的平台，把目前 Internet 网上 HTML 语言的信息转换成用 WML（Wireless Markup Language）描述的信息，显示在移动电话的显示屏上。WAP 只要求移动电话和 WAP 代理服务器的支持，而不要求现有的移动通信网络协议做任何的改动，因而可以广泛地应用于 GSM、CDMA、TDMA、3G 等多种网络。

浏览用户可以借助无线手持设备通过 WAP 获取信息，这些设备可以是掌上电脑、手机、呼机、双向广播、智能电话等。WAP 支持绝大多数无线网络，包括 GSM、CDMA、CDPD、PDC、PHS、TDMA、

FLEX、ReFLEX、iDen、TETEA、DECT、DataTAC 和 Mobitex。所有操作系统都支持 WAP，其中专门为手持设备设计的有 PalmOS、EPOC、Windows CE、FLEXOS、OS/9 及 JavaOS。当手持设备安装微型浏览器后，可以借助 WAP 接入 Internet。微型浏览器文件很小，可较好地解决手持设备内存小和无线网络带宽不足的限制。虽然 WAP 能支持 HTML 和 XML，但是 WML 才是专门为小屏幕和无键盘手持设备服务的语言。WAP 也支持 WMLScript。这种脚本语言类似于 JavaScript，但对内存和 CPU 的要求更低，因为它基本上没有其他脚本语言所包含的无用功能。

1.2.2　手机上网的商机

根据尼尔森最新发布的报告显示，中国使用手机上网的用户比例已经领先于美国，38%的中国手机用户使用手机上网，这个数据在美国为 27%。尽管接近四成中国手机用户通过手机接入互联网，但手机视频和内容上传等数据密集型应用的使用不甚频繁。究其原因可能在于，中国 3G 网络运行只有几年；iPhone 和 Android 等智能手机刚刚普及；手机应用的生态系统仍然较为涣散，社交网络平台仍然有待发展等。然而，当前中国的手机普及率刚刚过半，越来越多的用户已经选择无线连接以致固定电话的数量不断下降，目前中国通过计算机上网的普及率仍然低于美国。鉴于上述原因，预计未来消费者对移动设备和数据的需求将与日俱增，为服务供应商、手机制造商、零售商和内容供应商带来无限商机。

1.2.3　移动平台应用开发

移动应用平台是一个充满机会的领域，对于这个新平台而言，由于硬件方案的快速成熟，移动设备已经很难像过去那样单纯依靠硬件参数来吸引用户，用户更多地将目光投向其用途和使用体验，因此形形色色的应用将成为移动设备新的命脉，这也是巨头们纷纷拉拢开发者的根本原因。

在新的商业模式下，众多应用商店的横空出世，极大地方便了开发人员投身到移动设备的开发工作中，并创造应得的财富。就像当年的共享软件时代一样，一个个新财富故事正在上演，不少先行的开发者已经在这些新平台上赚到了第一桶金。

模仿 App Store 的成功模式，Google 建立的 Android Market 已经牢牢坐稳了消费移动应用市场的第二把交椅。与苹果的 App Store 不同，Android Market 最初的定位便意在打造更加自由的移动应用商店，所以不设任何限制，抛弃审核制度，简化软件发布流程，一个全新的应用从提交到发布快者仅需数分钟，结果成就了“菜市场”的美名。宽松的环境，成为了 Android Market 对开发人员最大的吸引力所在。

就开发门槛而言，Android 平台要求较低，即使独立开发人员也能轻松满足。开发人员只需要一次性支付 25 美元，使用普通的个人计算机便可以搭建起完整的开发环境，而 Java 本身不是一门冷门语言，是许多程序员的必修或专修课。

但是 Android 平台的开发也非一马平川。iOS 开发者面对的是两种屏幕大小、一种界面和操作，Android 开发者面对的更加复杂，大大小小的屏幕分辨率，与众不同的用户界面，以及奇奇怪怪的按键设置。当看见软件介绍后面“设备甲不能运行”、“设备乙运行出错”等诸如此类的评论时，想必哪个程序员心里都不会好受。无奈开发人员只能等待 Google 发布新版本，暂时为 Android 严重的代码分裂问题埋单。

新平台上的竞争刚刚开始，对于新入者来说尤其是好机会。只要把握住新平台的特点，赚钱并非很难的事情。究竟什么样的软件会赚钱呢？虽然现在数据还比较少，但有些趋势已经日渐明显。笔者认为有如下 3 个方向需要注意。

（1）将传统应用移植的软件

这不一定意味着需要把整个 Microsoft Word 或是 Adobe Acrobat 的功能都在新平台上实现出来，不过实现一个方便地快速预览 Gmail 的邮件秘书应用，或是快速计算每天的花销并给出漂亮的月度和季度报告的账本应用，那应该是容易做到的。

无论如何，人们已经习惯了在传统平台上的各种软件，如果这些软件在新平台上有非常好用的替代版本，那么人们是愿意为之付费的。在这个方向上赚钱，比较容易的一点是不需要从头理清思路，因为软件应该做成什么样子，是十分清楚的。但是难点在于要从大量的模仿者中脱颖而出，这需要有自己的突出特点和性能优势。此类软件往往会因为抓住了某一个群体而胜出，如做了很可爱的界面而抓住了年轻女性群体，或是精简了交互操作而抓住了懒人一族等。

（2）利用了新平台本身特色的软件

新平台有很多有别于传统平台的新特色，如硬件上有多点触屏和甩动反馈等，利用这些新设备特色可以做出不少有意思的应用。例如，大多数人都会想到多点触屏可以进行图片缩放，但是就有人想到了还可以做成 iPad 游戏中的人物迁跃触发。而利用 Android 的甩动反馈，有人做出了钓鱼甩竿和类似于 Wii 的应用。那么，如此有创意的应用可以转化成滚滚而来的收入，也就并不奇怪了。

（3）植根于专业服务的软件

这样的软件其实在哪里都是可以赚钱的，如 iPhone 的千元软件 BarMax，就是提供针对加利福尼亚州的专业律师资格考试的咨询和培训服务的软件。它的竞争对手不是其他类似的软件——因为通常来说这样的领域是空白的，是在线下的专业服务，而后者的价格则高达数千美元。所以，开发者可以借鉴一下这种思路，把专业服务做成新平台上的软件，既实惠了用户，又开拓了新的收入来源。

1.3 Android 的巨大优势

知识点讲解：光盘\视频讲解\第 1 章\Android 的巨大优势.avi

为什么 Android 能在这么多智能系统中脱颖而出，成为市场占有率第一的手机系统呢？要想分析其原因，需要先了解它的巨大优势，分析究竟是哪些优点吸引了厂商和消费者的青睐。

1.3.1 系出名门

Android 出身于 Linux 世家，是一款开源的手机操作系统。Android 功成名就之后，各大手机联盟纷纷加入，该联盟由包括中国移动、摩托罗拉、高通、宏达电和 T-Mobile 在内的 30 多家技术和无线应用的领军企业组成。通过与运营商、设备制造商、开发商和其他有关各方结成深层次的合作伙伴关系，希望借助建立标准化、开放式的移动电话软件平台，在移动产业内形成一个开放式的生态系统。

1.3.2 强大的开发团队

Android 的研发队伍阵容强大，包括摩托罗拉、Google、HTC（宏达电子）、Philips、T-Mobile、高通、魅族、三星、LG 以及中国移动在内的 34 家企业。它们都将基于该平台开发手机的新型业务，应用之间的通用性和互联性将在最大程度上得到保持。并且还成立了手机开放联盟，联盟的成员包括手机制造商、半导体公司和软件公司等，具体名单如下。

（1）手机制造商

台湾宏达国际电子（HTC）（Palm 等多款智能手机的代工厂）、摩托罗拉（美国最大的手机制造商）、韩国三星电子（仅次于诺基亚的全球第二大手机制造商）、韩国 LG 电子、中国移动（全球最大的移动运营商）、日本 KDDI（2900 万用户）、日本 NTT DoCoMo（5200 万用户）、美国 Sprint Nextel（美国第三大移动运营商，5400 万用户）、意大利电信（Telecom Italia）（意大利主要的移动运营商，3400 万用户）、西班牙 Telefónica（在欧洲和拉美有 1.5 亿用户）、T-Mobile（德意志电信旗下公司，在美国和欧洲有 1.1 亿用户）。

（2）半导体公司

Audience Corp（声音处理器公司）、Broadcom Corp（无线半导体主要提供商）、英特尔（Intel）、Marvell Technology Group、Nvidia（图形处理器公司）、SiRF（GPS 技术提供商）、Synaptics（手机用户界面技术）、德州仪器（Texas Instruments）、高通（Qualcomm）、惠普 HP（Hewlett-Packard Development Company，L.P）。

（3）软件公司

Aplix、Ascender、eBay 的 Skype、Esmertec、Living Image、NMS Communications、Noser Engineering AG、Nuance Communications、PacketVideo、SkyPop、Sonix Network、TAT-The Astonishing Tribe、Wind River Systems。

1.3.3　诱人的奖励机制

现在很多公司为了提高员工工作的积极性，都提出了奖励机制，谷歌也不例外。为了提高程序员们的开发积极性，谷歌公司不但为他们提供了一流的硬件设置和软件服务，而且还提出了振奋人心的奖励机制，例如在定期召开开发比赛，用创意和应用夺魁的程序员将会得到重奖。

1．开发 Android 平台的应用

在 Android 平台上，程序员可以开发出各式各样的应用。Android 应用程序是通过 Java 语言开发的，只要具备 Java 开发基础，就能很快上手并掌握。作为单独的 Android 开发，对 Java 的掌握要求并不高，即使没有编程经验的门外汉，也可以在突击学习 Java 之后不影响学习 Android。另外，Android 完全支持 2D、3D 和数据库，并且和浏览器实现了集成。所以通过 Android 平台，程序员可以迅速、高效地开发出绚丽多彩的应用，如常见的工具、管理和游戏等。

2．奖金丰厚的 Android 大赛

为了吸引更多的用户使用 Android 开发，已经成功举办了奖金为 1000 万美元的开发者竞赛。鼓励开发人员创建出创意十足、十分有用的软件。这种大赛对于开发人员来说，不但能提高自己的开发水平，并且高额的奖金也成为了学习的动力。

3．在 Android Market 上获取收益

为了能让 Android 平台吸引更多的关注，谷歌开发了自己的 Android 软件下载店 Android Market，地址是 http://www.Android.com/market/。Android Market 允许开发人员将应用程序在上面发布，也允许 Android 用户随意下载自己喜欢的程序。作为开发者，需要申请开发者账号，然后才能将自己的程序上传到 Android Market，并且可以对自己的软件进行定价。所以说，只要软件程序足够吸引人，就可以获

得很好的金钱回报，从而达到学习、赚钱两不误。

1.3.4 开源

开源意味着对开发人员和手机厂商来说，Android 是完全无偿免费使用的。因为源代码公开的原因，所以吸引了全世界各地无数热情的程序员。于是很多手机厂商都纷纷采用 Android 作为自己产品的系统，包括很多山寨厂商。因为免费，所以降低了成本，提高了利润。而对于开发人员来说，众多厂商的采用就意味着人才需求大，所以纷纷加入到 Android 开发大军中来。

1.4 搭建 Android 应用开发环境

知识点讲解：光盘\视频讲解\第 1 章\搭建 Android 应用开发环境.avi

书中有云“工欲善其事，必先利其器”，意思是要想高效地完成一件事，首先需要有一个合适的工具。对于 Android 开发人员来说，合适的开发工具至关重要。作为一项新兴技术，在进行开发前首先要搭建一个对应的开发环境。但是 Android 所提供的就业机会太多了，程序员既可以做底层开发，也可以做顶层的应用开发。其中底层开发大多数是指和硬件相关的工作，并且是基于 Linux 环境的，例如开发驱动程序，使用 C 和 C++语言来实现。而应用开发是指开发能在 Android 系统上运行的程序，例如游戏、地图等程序，使用 Java 语言来实现。因为本书重点讲解应用开发，所以接下来只讲解搭建 Android 应用开发平台的方法。

1.4.1 安装 Android SDK 的系统要求

在安装一款软件之前，需要先考虑机器能不能满足它的运行环境。表 1-1 中列出了安装 Android 应用开发平台的硬件需求。

表 1-1 开发系统所需求参数

项　目	版 本 要 求	说　明	备　注
操作系统	Windows XP 或 Vista Mac OS X 10.4.8+Linux Ubuntu Drapper	根据自己的计算机自行选择	选择自己最熟悉的操作系统
软件开发包	Android SDK	选择最新版本的 SDK	截止到目前，最新手机版本是 2.3
IDE	Eclipse IDE+ADT	Eclipse 3.3（Europa）或 3.4（Ganymede），ADT（Android Development Tools）开发插件	选择 for Java Developer
其他	JDK Apache Ant	Java SE Development Kit 5 或 6，Linux 和 Mac 上使用 Apache Ant 1.6.5+，Windows 上使用 1.7+版本	（单独的 JRE 不可以，必须要有 JDK），不兼容 Gnu Java 编译器（gcj）

Android 开发工具是由多个开发包组成的，其中最主要的开发包如下所示。

☑ JDK：可以到网址 http://www.oracle.com/technetwork/java/javase/downloads/index.html 下载。

☑ Eclipse：可以到网址 http://www.eclipse.org/downloads/下载 Eclipse IDE for Java Developers。

☑ Android SDK：可以到网址 http://developer.android.com 下载。

☑ 下载对应的开发插件。

1.4.2 安装 JDK、Eclipse、Android SDK

本书以 Windows 7 为平台，安装的软件为 JDK 1.6 、Eclipse 3.3、Android SDK 2.3。下面具体介绍各自的安装步骤，在配套的视频中有详细的介绍。

1. 安装 JDK

安装 Eclipse 的开发环境需要 JRE 的支持，在 Windows 上安装 JRE/JDK 非常简单，看下面的流程。

（1）在 Sun 官方网站下载相应软件，网址为 http://www.oracle.com/technetwork/java/javase/downloads/index.html，如图 1-7 所示。

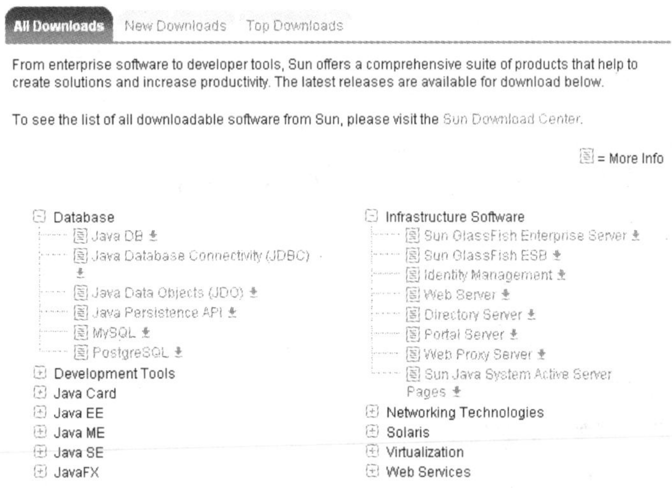

图 1-7　Sun 官方下载页面

（2）在图 1-7 中可以看到有很多版本，运行 Eclipse 时虽然只需要 JRE 即可，但是在开发 Andriod 应用程序时，需要完整的 JDK（JDK 包含 JRE），且要求其版本在 1.5+以上，这里选择 Java SE（JDK）6，其下载页面如图 1-8 所示。

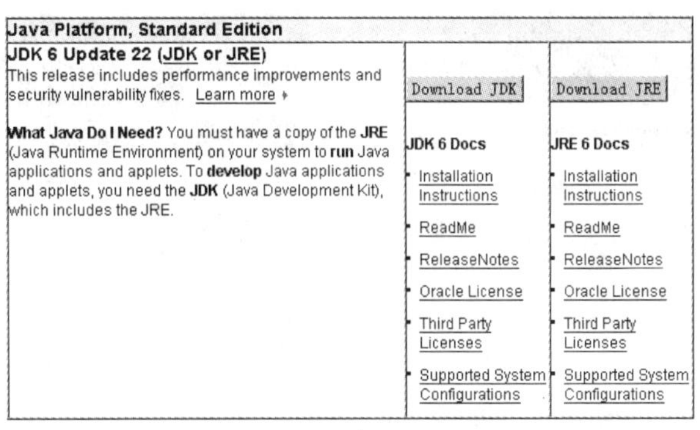

图 1-8　JDK 下载页面

（3）在图 1-8 中找到 JDK 6 Update 22，单击其右侧的 Download 按钮后弹出填写登录信息的界面，在此输入账号信息，如果没有账号可以免费注册一个。然后单击 Continue 按钮，如图 1-9 所示。

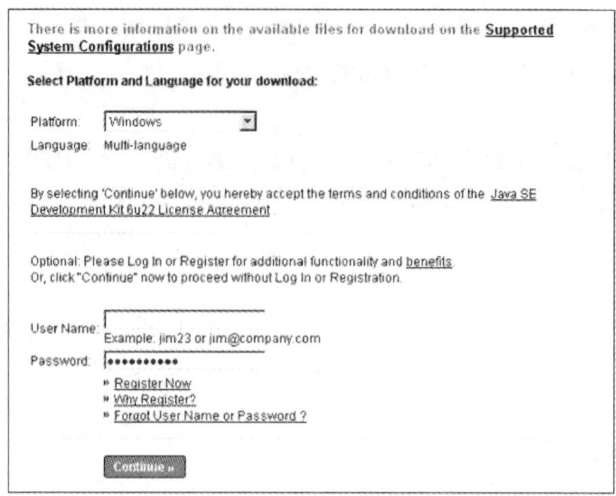

图 1-9　输入账号信息

（4）进入选择操作系统和语言的界面，在此首先选择 Windows，然后单击 Download 按钮，如图 1-10 所示。经过上述操作后，开始下载安装文件 jdk-6u22-windows-i586.exe。

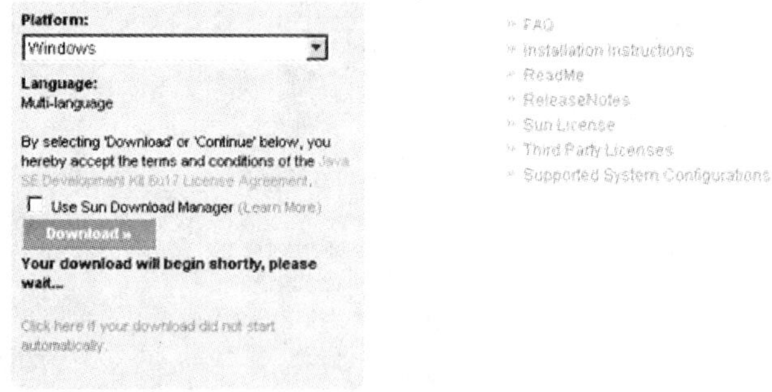

图 1-10　选择 Windows

（5）下载完成后双击 jdk-6u22-windows-i586.exe 开始进行安装，将弹出安装向导对话框，在此单击“下一步”按钮，如图 1-11 所示。

（6）进入选择安装路径的界面，在此选择文件的安装路径，如图 1-12 所示。

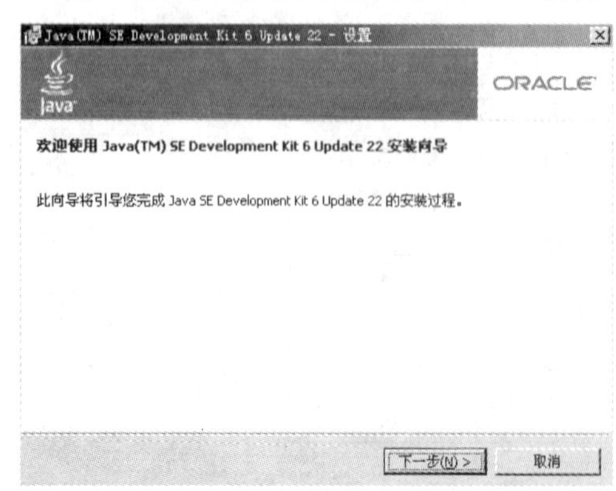

图 1-11　安装向导对话框

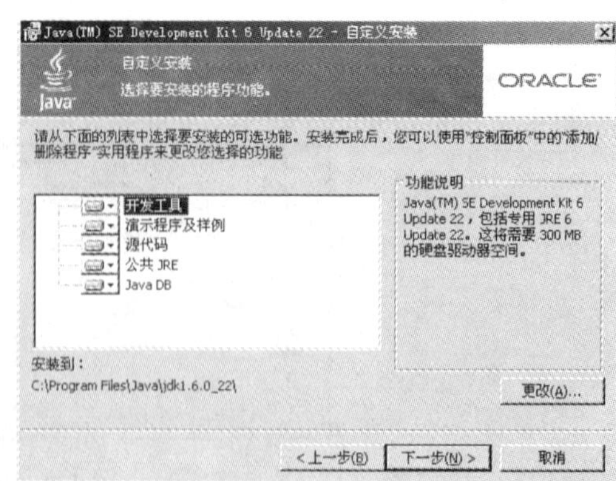

图 1-12　选择安装路径

（7）单击“下一步”按钮，开始进行安装，如图 1-13 所示。

（8）完成后弹出“Java 安装-目标文件夹”对话框，在此选择要安装的位置，如图 1-14 所示。

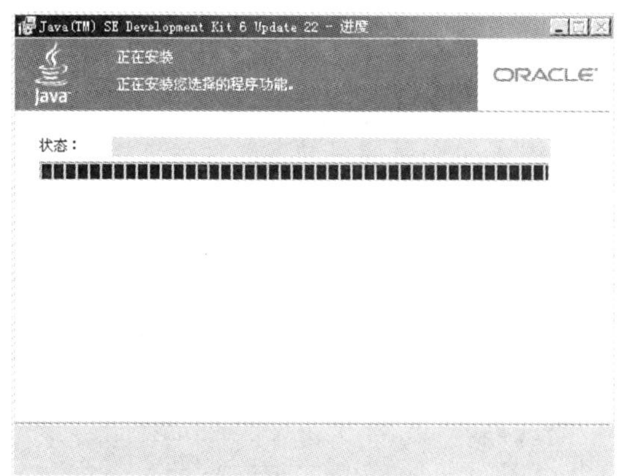

图 1-13　开始安装

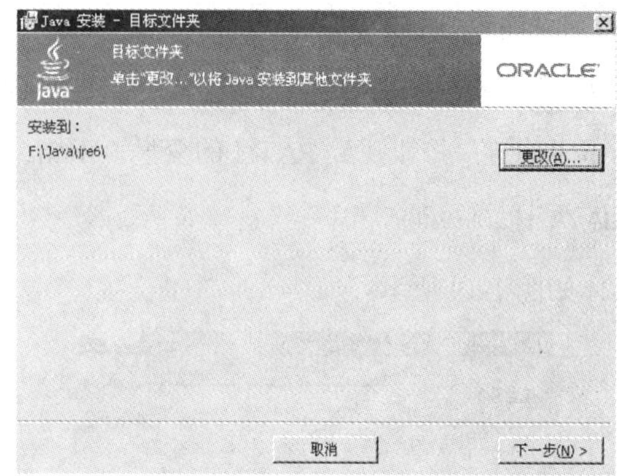

图 1-14　“Java 安装-目标文件夹”对话框

（9）单击“下一步”按钮后继续开始安装，如图 1-15 所示。

（10）完成后进入“成功安装”界面，单击“完成”按钮后完成整个安装过程，如图 1-16 所示。

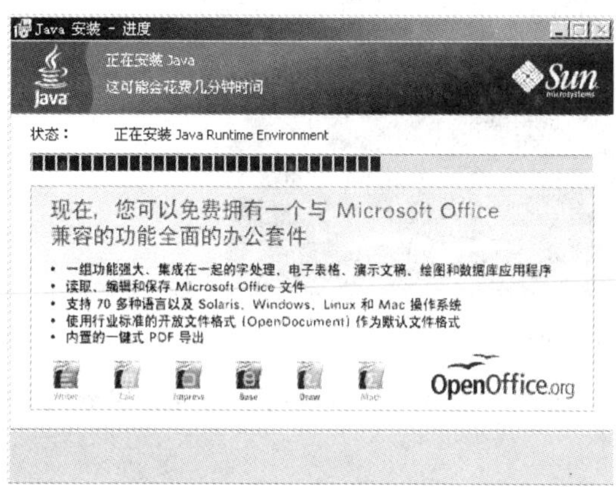

图 1-15　继续安装

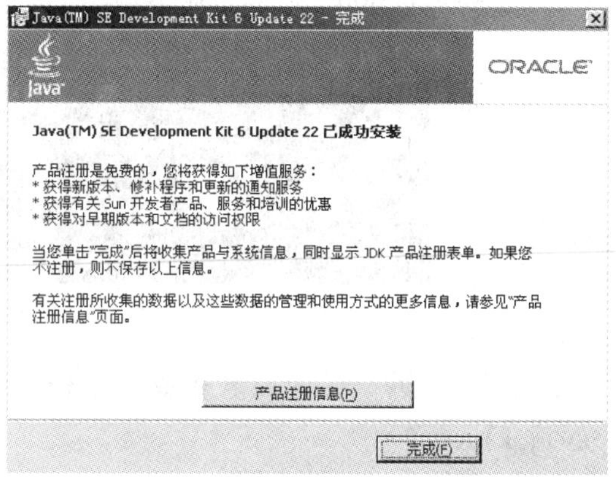

图 1-16　完成安装

完成安装后可以检测是否安装成功，检测方法是选择“开始”→“运行”命令，在运行框中输入“cmd”并按 Enter 键，在打开的 CMD 窗口中输入“java –version”，如果显示如图 1-17 所示的提示信息，则说明安装成功。

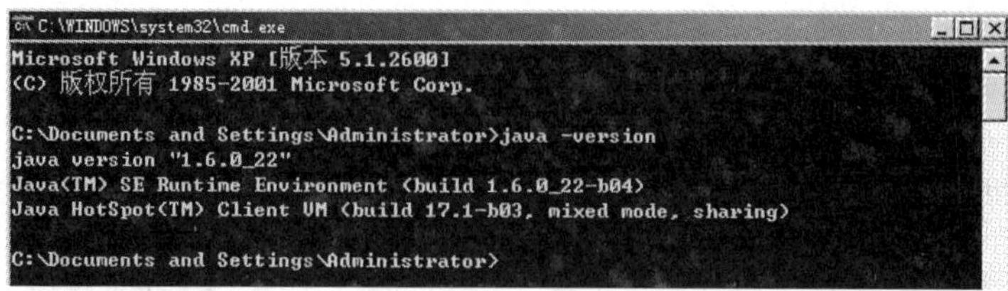

图 1-17　CMD 窗口

如果上面的安装失败，只需将其目录的绝对路径添加到系统的 PATH 中即可解决。具体步骤如下。

（1）右击“我的电脑”，在弹出的快捷菜单中选择“属性”→“高级”命令，单击下面的“环境变量”按钮，在“系统变量”栏中单击“新建”按钮，在“变量名”文本框中输入“JAVA_HOME”，在“变量值”文本框中输入刚才的目录，如这里输入“F:\Java\jdk1.6.0_22”，如图 1-18 所示。

（2）再次新建一个变量，名为 classpath，其变量值如下所示。

```
.;%JAVA_HOME%/lib/rt.jar;%JAVA_HOME%/lib/tools.jar
```

单击“确定”按钮找到 PATH 的变量，双击或单击编辑，在变量值最前面添加如下值。

```
%JAVA_HOME%/bin;
```

具体如图 1-19 所示。

图 1-18　设置系统变量

图 1-19　设置系统变量

（3）再依次选择“开始”→“运行”命令，在运行框中输入“cmd”并按 Enter 键，在打开的 CMD 窗口中输入“java –version”，如果显示如图 1-20 所示的提示信息，则说明安装成功。

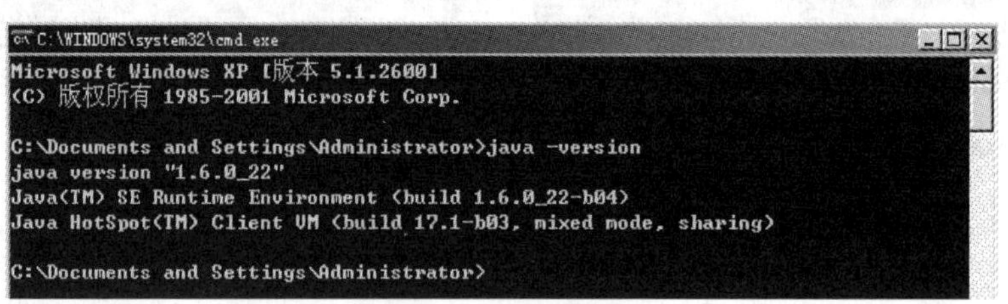

图 1-20　CMD 界面

注意： 上述变量设置中，是按照笔者本人的安装路径设置的，笔者安装JDK的路径是C:\Program Files\Java\jdk1.6.0_22。

2. 安装 Eclipse

在安装好 JDK 后，接下来需要安装开发工具 Eclipse，具体步骤如下。

（1）打开 Eclipse 的官方下载页面 http://www.eclipse.org/downloads/，如图 1-21 所示。

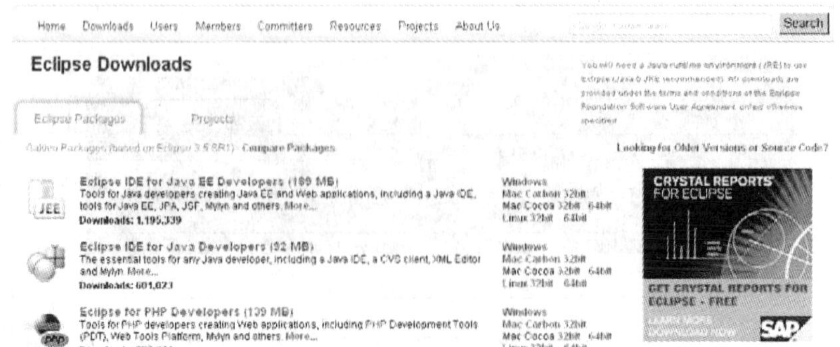

图 1-21　下载页面

（2）在图 1-21 所示界面中选择 Eclipse IDE for Java Developers（92MB），进入其下载的镜像页面，

在此只需选择离用户最近的镜像即可（一般推荐的下载速度就不错），如图 1-22 所示。

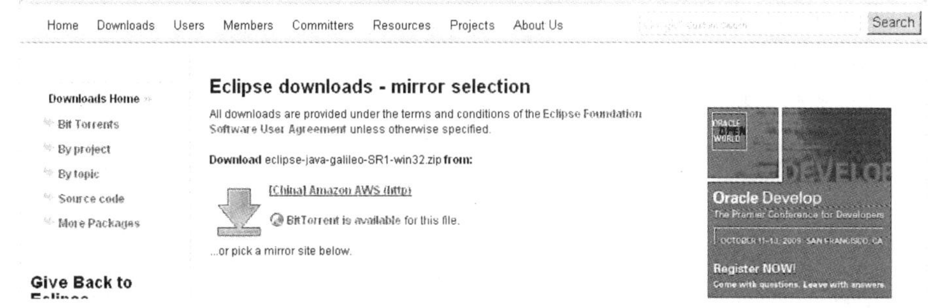

图 1-22　选择镜像

（3）下载完成后，先找到下载的压缩包 eclipse-java-galileo-SR1-win32.zip。

注意： 解压下载的压缩文件包后可以使用Eclipse，而无须进行安装，不过在使用前一定要先安装JDK。笔者将Eclipse解压后保存在目录F:\eclipse中。

（4）进入解压后的目录，可以看到一个名为 eclipse.exe 的可执行文件，双击此文件直接运行，Eclipse 能自动找到用户先期安装的 JDK 路径，启动界面如图 1-23 所示。

双击启动　　　　　　　　　　启动画面

图 1-23　启动 Eclipse

（5）因为是安装后第一次启动 Eclipse，所以会看到选择工作空间的提示，如图 1-24 所示。此时单击 OK 按钮，完成 Eclipse 的安装。

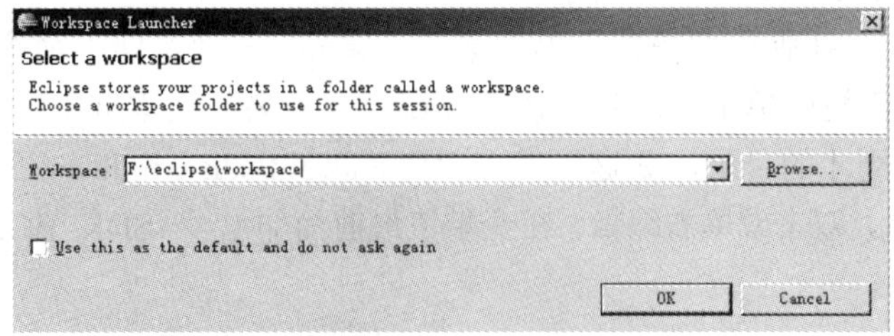

图 1-24　选择工作空间

3．安装 Android SDK

接下来开始下载安装 Andriod SDK，具体步骤如下。

（1）打开 Android 开发者社区，网址为 http://developer.android.com/，然后转到 SDK 下载页面（网

址是 http://developer.android.com/sdk/index.html），如图 1-25 所示。

Download the Android SDK

Welcome Developers! If you are new to the Android SDK, please read the steps below, for an overview of how to set up the SDK

If you're already using the Android SDK, you should update to the latest tools or platform using the *Android SDK and AVD Mana* starter package. See Adding SDK Components.

Platform	Package	Size	MD5 Checksum
Windows	android-sdk_r16-windows.zip	29562413 bytes	6b926d0c0a871f1a946e65259984701a
	installer_r16-windows.exe (Recommended)	29561554 bytes	3521dda4904886b05980590f83cf3469
Mac OS X (intel)	android-sdk_r16-macosx.zip	26158334 bytes	d1dc2b6f13eed5e3ce5cf26c4e4c47aa
Linux (i386)	android-sdk_r16-linux.tgz	22048174 bytes	3ba457f731d51da3741c29c8830a4583

图 1-25　SDK 下载页面

（2）在此选择用于 Windows 平台的 android-sdk_r04-windows.zip，下载页面如图 1-26 所示。

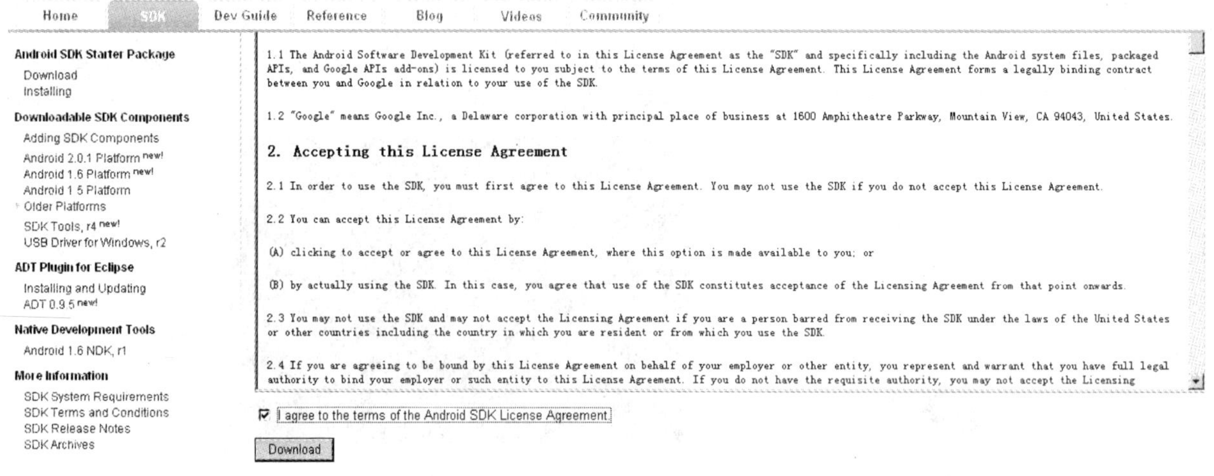

图 1-26　Android SDK 下载页面

（3）选中 I agree to the terms of the Android SDK License Agreement 复选框，单击 Download 按钮开始下载。下载后解压压缩文件，例如将下载后的解压文件保存到 F:\android\目录下，并将其 tools 目录的绝对路径添加到系统的 PATH 中，具体操作步骤如下。

① 右击“我的电脑”，在弹出的快捷菜单中选择“属性”→“高级”命令，单击下面的“环境变量”按钮，在“系统变量”栏中单击“新建”按钮，在“变量名”文本框中输入“SDK_HOME”，在“变量值”文本框中输入刚才的目录，如这里输入“F:\android-sdk-windows”，如图 1-27 所示。

② 找到 PATH 的变量，双击或单击编辑，在变量值最前面加上“%SDK_HOME%\tools;”，如图 1-28 所示。

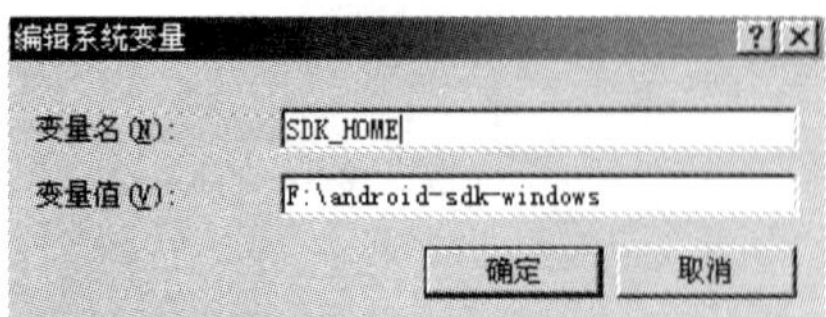

图 1-27　设置系统变量

图 1-28　设置系统变量

③ 再依次选择“开始”→“运行”命令，在运行框中输入“cmd”并按 Enter 键，在打开的 CMD 窗口中输入一个测试命令，例如 android –h，如果显示如图 1-29 所示的提示信息则说明安装成功。

4．将 ADT 和 Eclipse 绑定

Android 为 Eclipse 定制了一个专用插件 Android Development Tools（ADT），此插件为用户提供了一个强大的开发 Android 应用程序的综合环境。ADT 扩展了 Eclipse 的功能，可以让用户快速地建立 Android 项目，创建应用程序界面。要安装 Android Development Tools plug-in，首先需要打开 Eclipse IDE。然后进行如下操作。

（1）打开 Eclipse 后，依次选择 Help→Install New Software 命令，如图 1-30 所示。

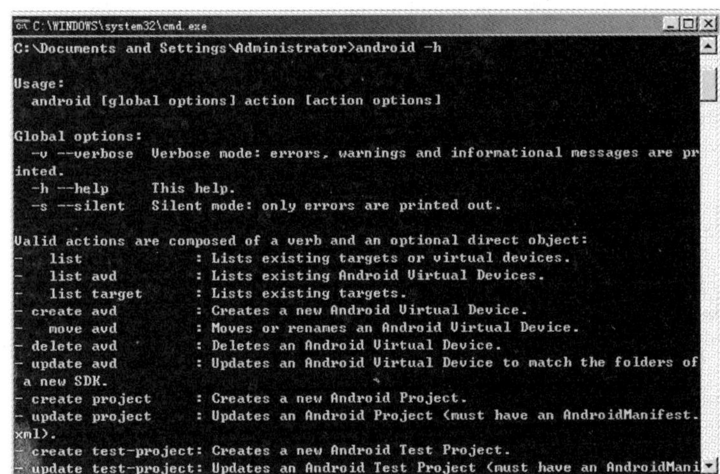

图 1-29　设置系统变量

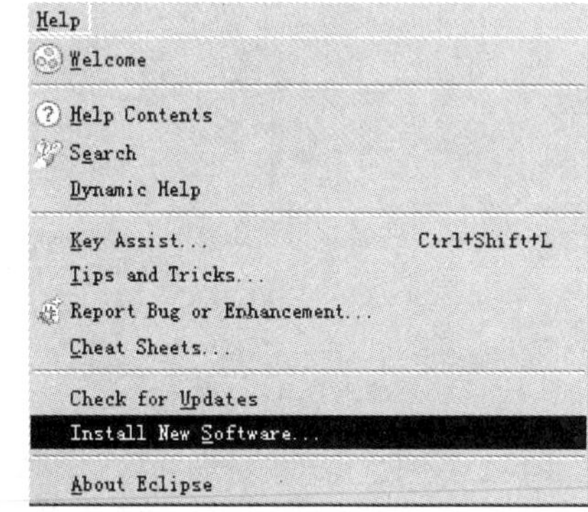

图 1-30　添加插件

（2）在弹出的对话框中单击 Add 按钮，如图 1-31 所示。

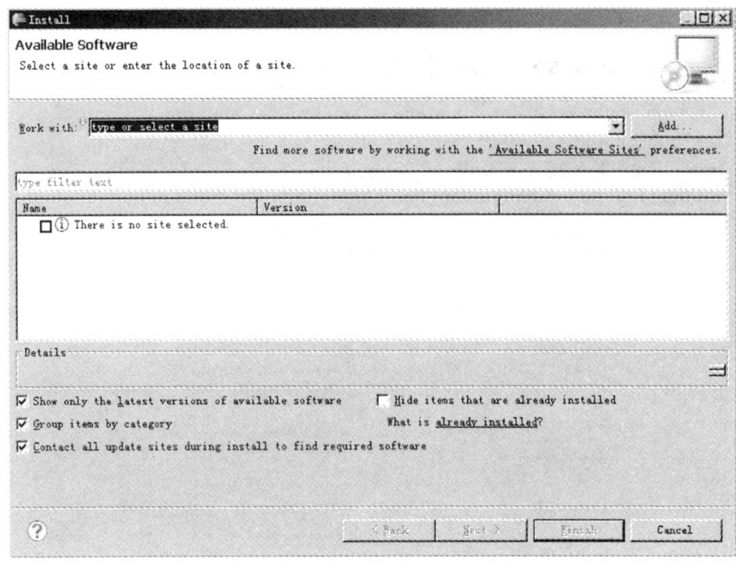

图 1-31　添加插件

（3）在弹出的 Add Site 对话框中分别输入名字和地址，具体名字可以自己命名，例如 123，但是在

Location 中必须输入插件的网络地址 http://dl-ssl.google.com/Android/eclipse/，如图 1-32 所示。

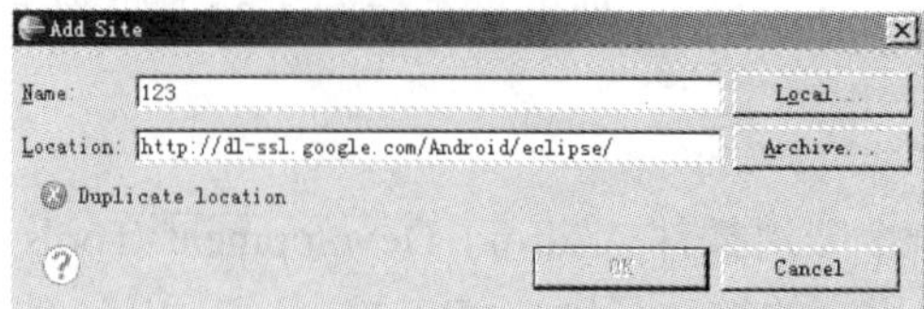

图 1-32　设置地址

（4）单击 OK 按钮，此时在 Install 窗口中将会显示系统中可以使用的插件，如图 1-33 所示。

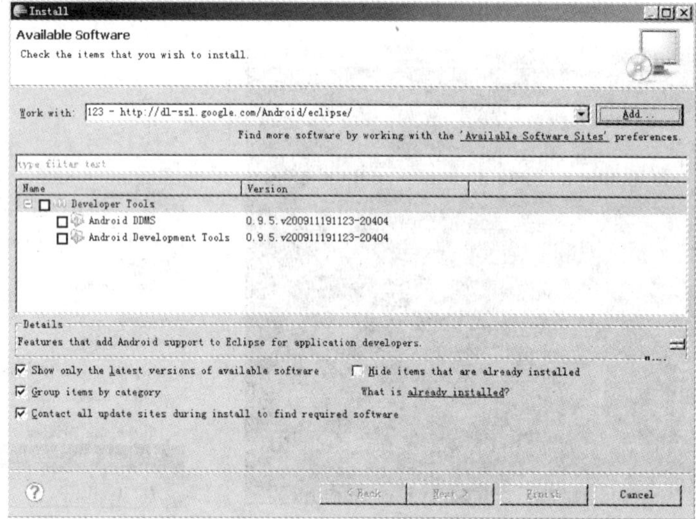

图 1-33　插件列表

（5）选中 Android DDMS 和 Android Development Tools，然后单击 Next 按钮进入安装界面，如图 1-34 所示。

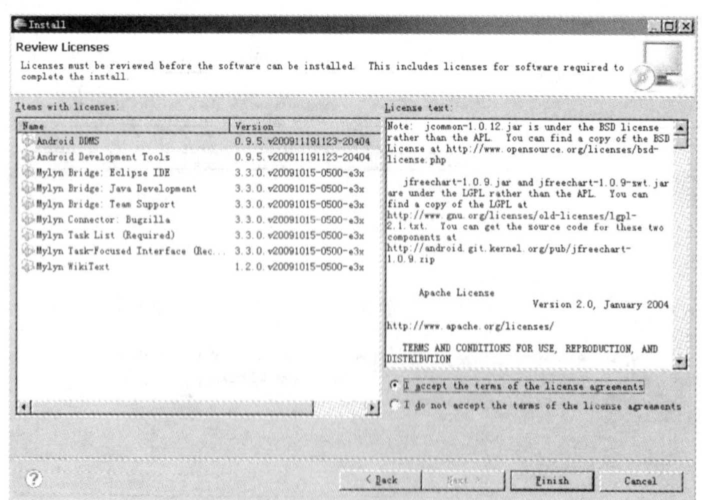

图 1-34　插件安装界面

（6）选中 I accept the terms of the license agreements 单选按钮，单击 Finish 按钮，开始进行安装，

如图 1-35 所示。

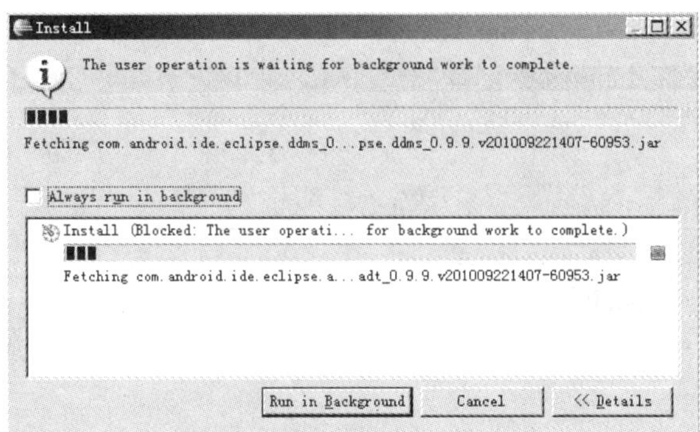

图 1-35　开始安装

注意： 此步骤的计算插件会占用较多的计算机资源，所以安装比较慢，需要耐心等待。完成后会提示重启Eclipse来加载插件，等待重启后就可以使用。虽然不同版本的Eclipse安装插件的方法和步骤是不同的，但是都大同小异，读者可以根据操作提示自行解决。

1.4.3　设定 Android SDK Home

当完成上述插件装备工作后，此时还不能使用 Eclipse 创建 Android 项目，还需要在 Eclipse 中设置 Android SDK 的主目录。

（1）打开 Eclipse，依次选择 Window→Preferences 命令，如图 1-36 所示。

（2）在弹出的界面左侧可以看到 Android 选项，选中 Android 后，在右侧设定 Android SDK 所在目录 SDK Location，单击 OK 按钮完成设置，如图 1-37 所示。

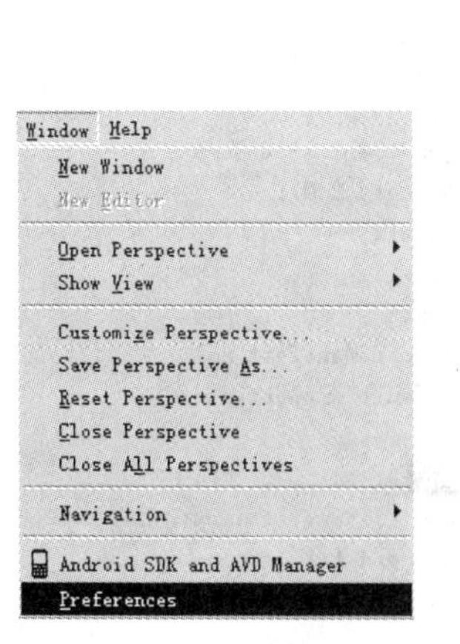

图 1-36　选择 Preferences 命令

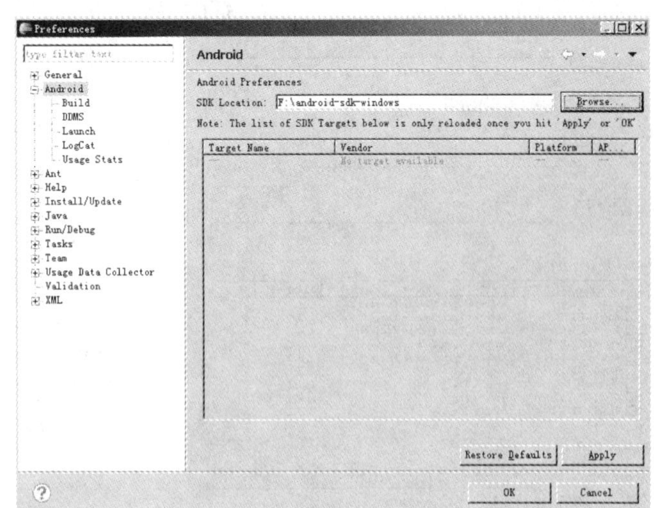

图 1-37　设置目录

1.4.4　验证理论

实践是检验真理的唯一标准，接下来新建一个项目来验证搭建的环境是否可行。

（1）打开 Eclipse，依次选择 File→New→Project 命令，在弹出的对话框中可以看到 Android，如图 1-38 所示。

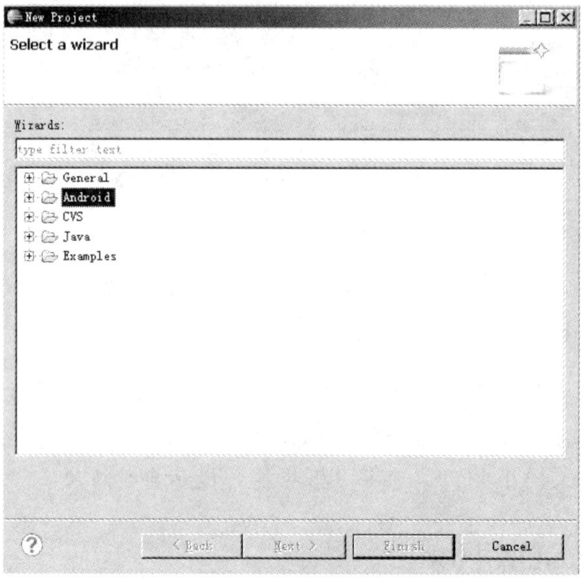

图 1-38　新建项目

（2）在图 1-38 中选择 Android，单击 Next 按钮后打开 New Android Project 对话框，在对应的文本框中输入必要的信息，如图 1-39 所示。

（3）单击 Finish 按钮后 Eclipse 会自动完成项目的创建工作，最后会看到如图 1-40 所示的项目结构。

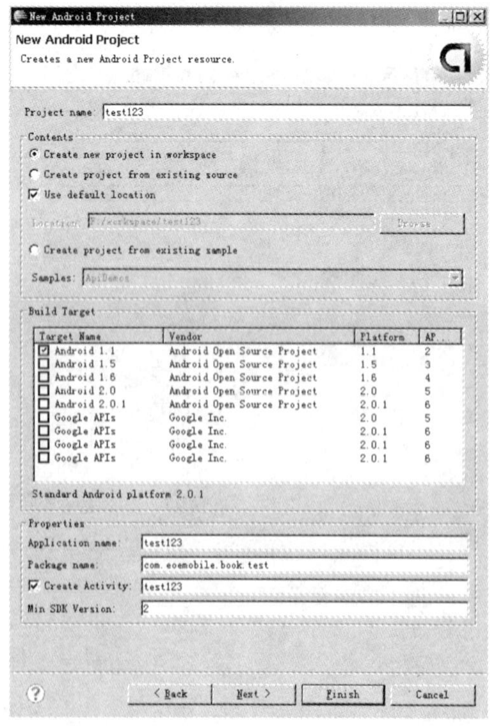

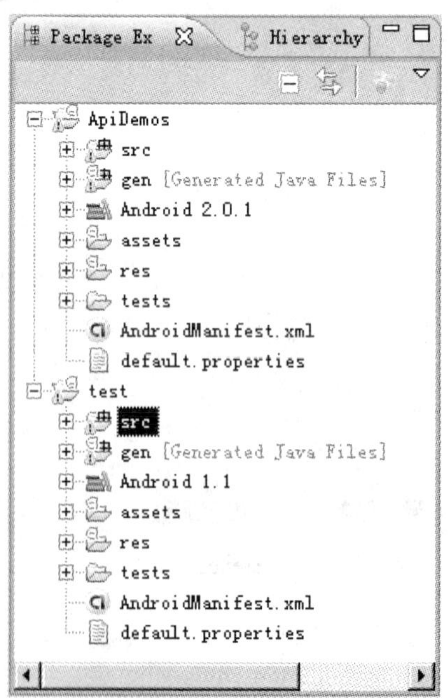

图 1-39　New Android Project 对话框

图 1-40　项目结构

此时发现在 Eclipse 中的 Android 程序没有任何错误，这说明刚搭建的开发环境没有问题。

1.4.5　创建 Android 虚拟设备（AVD）

程序开发需要调试，只有经过调试之后才能知道程序是否能够正确运行。作为一款手机系统，怎样在计算机平台上调试 Android 程序呢？谷歌为用户提供了模拟器来解决此问题。所谓模拟器，就是指在计算机上模拟 Android 系统，可以用这个模拟器来调试并运行开发的 Android 程序。开发人员不需要一个真实的 Android 手机，只通过计算机即可模拟运行一个手机，即可开发出应用在手机上的程序。

AVD 全称为 Android 虚拟设备（Android Virtual Device），每个 AVD 模拟了一套虚拟设备来运行 Android 平台，该平台至少要有自己的内核、系统图像和数据分区，还可以有自己的 SD 卡和用户数据以及外观显示等。创建 AVD 的基本步骤如下。

（1）单击 Eclipse 菜单中的按钮，如图 1-41 所示。

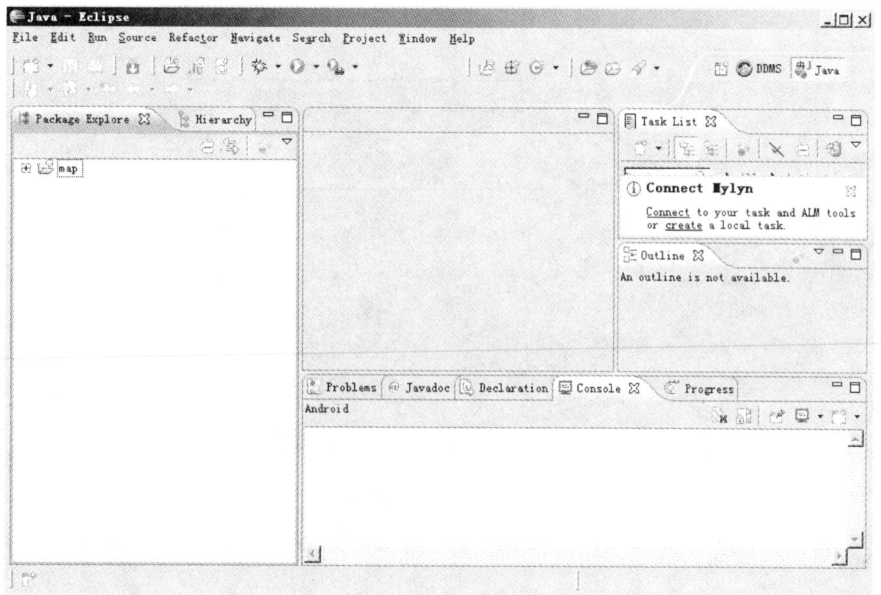

图 1-41　Eclipse

（2）在弹出的 Android SDK and AVD Manager 窗口的左侧导航栏中选择 Virtual devices 选项，如图 1-42 所示。

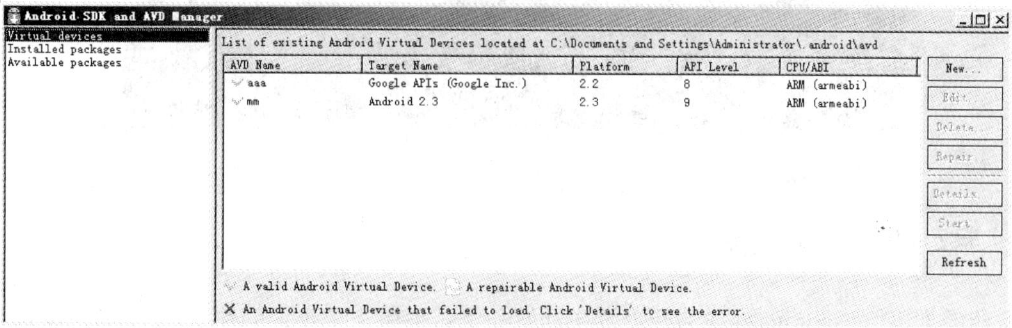

图 1-42　Android SDK and AVD Manager 窗口

在 Virtual devices 列表中列出了当前已经安装的 AVD 版本，可以通过右侧的按钮来创建、删除或修改 AVD。主要按钮的具体说明如下。

☑ New...：创建新的 AVD，单击此按钮在弹出的界面中可以创建一个新 AVD，如图 1-43 所示。

☑ Edit...：修改已经存在的 AVD。

☑ Delete...：删除已经存在的 AVD。

☑ Start...：启动一个 AVD 模拟器。

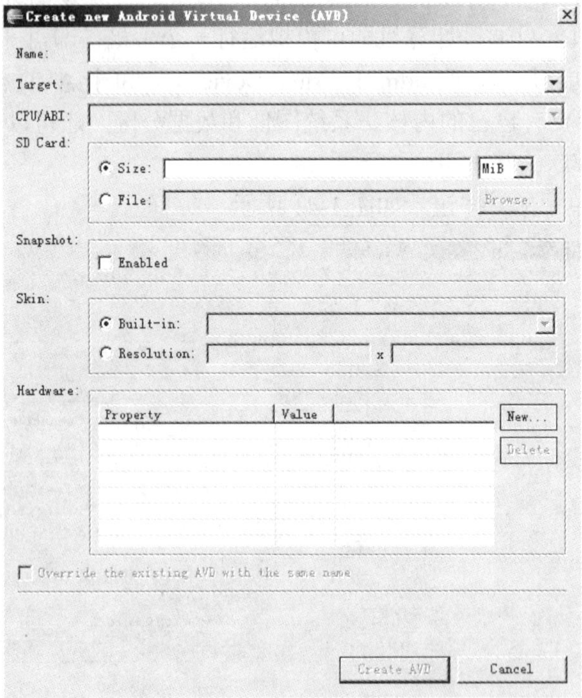

图 1-43　新建 AVD 界面

注意： 可以在CMD中创建或删除AVD，例如可以按照如下CMD命令创建一个新的AVD。

```
android create avd --name <your_avd_name> --target <targetID>
```

其中，your_avd_name是需要创建的AVD的名字，CMD窗口如图1-44所示。

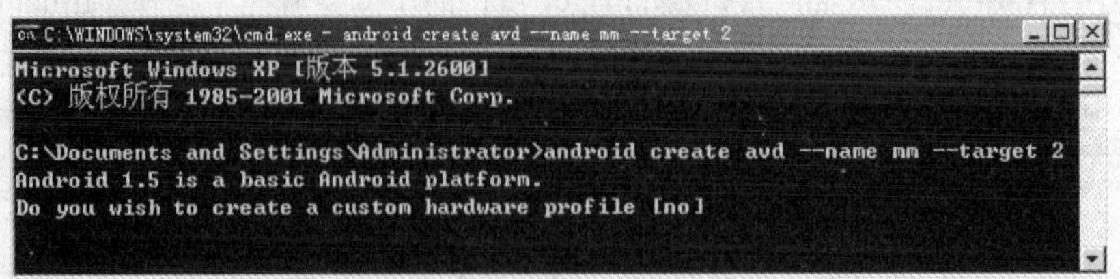

图 1-44　CMD 窗口

1.4.6　启动 AVD 模拟器

模拟器的推出给 Android 程序的开发者在开发和测试上带来了很大的便利。无论在 Windows 下还是 Linux 下，Android 模拟器都可以顺利运行，并且官方提供了 Eclipse 插件，可将模拟器集成到 Eclipse

的 IDE 环境。Android SDK 中包含的模拟器的功能非常齐全，电话本、通话等功能都可正常使用（当然通话功能是虚拟的），其内置的浏览器和 Maps 都可以联网。用户可以使用键盘输入、鼠标单击模拟器按键输入，甚至还可以使用鼠标单击、拖动屏幕进行操纵。

在调试时需要启动 AVD 模拟器，启动 AVD 模拟器的基本流程如下。

（1）选择图 1-42 列表中名为 mm 的 AVD，单击 Start... 按钮后弹出 Launch Options 对话框，如图 1-45 所示。

（2）单击 Launch 按钮后将会运行名为 mm 的模拟器，如图 1-46 所示。

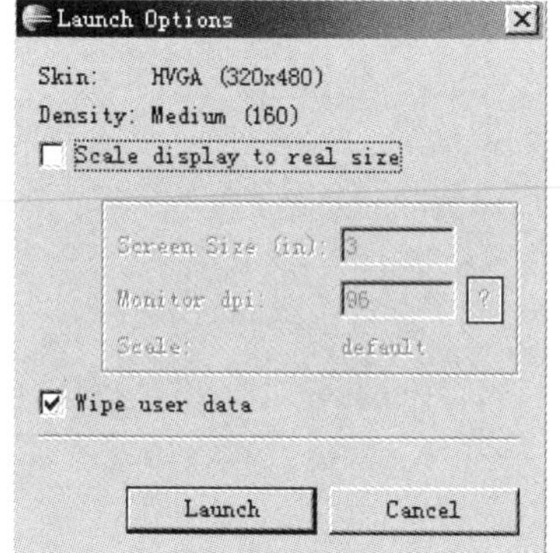

图 1-45　Launch Options 对话框

图 1-46　模拟运行界面

注意： 快速安装SDK的方法。

通过Android SDK Manager在线安装的速度非常慢，而且有时容易断掉。其实可以先从网络中寻找到SDK资源，用迅雷等下载工具下载后，将其放到指定目录后就可以完成安装。具体方法是先下载android-sdk-windows(选择可以更新的版本)，然后在android-sdk-windows下双击setup.exe，在更新的过程中会发现安装Android SDK的速度是1Kb/s，此时打开迅雷，分别输入下面的地址：

https://dl-ssl.google.com/android/repository/platform-tools_r05-windows.zip
https://dl-ssl.google.com/android/repository/docs-3.1_r01-linux.zip
https://dl-ssl.google.com/android/repository/android-2.2_r02-windows.zip
https://dl-ssl.google.com/android/repository/android-2.3.3_r01-linux.zip
https://dl-ssl.google.com/android/repository/android-2.1_r02-windows.zip
https://dl-ssl.google.com/android/repository/samples-2.3.3_r01-linux.zip

https://dl-ssl.google.com/android/repository/samples-2.2_r01-linux.zip
https://dl-ssl.google.com/android/repository/samples-2.1_r01-linux.zip
https://dl-ssl.google.com/android/repository/compatibility_r02.zip
https://dl-ssl.google.com/android/repository/tools_r11-windows.zip
https://dl-ssl.google.com/android/repository/google_apis-10_r02.zip
https://dl-ssl.google.com/android/repository/android-2.3.1_r02-linux.zip
https://dl-ssl.google.com/android/repository/usb_driver_r04-windows.zip
https://dl-ssl.google.com/android/repository/googleadmobadssdkandroid-4.1.0.zip
https://dl-ssl.google.com/android/repository/market_licensing-r01.zip
https://dl-ssl.google.com/android/repository/market_billing_r01.zip
https://dl-ssl.google.com/android/repository/google_apis-8_r02.zip
https://dl-ssl.google.com/android/repository/google_apis-7_r01.zip
https://dl-ssl.google.com/android/repository/google_apis-9_r02.zip
……

可以继续根据自己的开发要求选择不同版本的API。

下载完成后将它们复制到android-sdk-windows/temp目录下，然后再运行setup.exe，选中需要的API选项，会发现马上就可以安装好。记得把原始文件保留好，因为放在temp目录下的文件安装好后立刻消失。

第 2 章　Android 网络开发技术基础

Android 网络应用的范围比较广泛，主要包括页面和通信等方面的知识。因为 Android 网络项目是用 Java 开发的，所以在学习 Android 网络应用开发之前，需要先了解 Java 中的相关网络技术，这样才能在具体实践中游刃有余。本章将简要讲解 Java 应用中的相关网络技术，为读者学习本书后面的知识打下基础。

2.1　HTML 简介

知识点讲解：光盘\视频讲解\第 2 章\HTML 简介.avi

HTML 是一种网页标记语言，是由标记组成的。几乎当前所有的网页都是通过 HTML 展现在我们眼前的，最新的 HTML 版本是刚刚推出的 HTML 5。本节将会展示它的各种标记。

2.1.1　HTML 初步认识

1．基本结构

HTML 是一种网页标记语言，它的所有部分都由标记<>和</>括起来，来看下面的代码。

```
<html>
<head>
<title>这是网页的标题标签</title>
</head>
<body>
这是网页内容
<body></html>
```

上面展示的代码其实是一个很简单的网页。网页就是通过这种方式展现给浏览者的，其中的各个参数介绍如下。

- ☑ <html>…</html>：HTML 标签，所有标记都要放在这里，<html>是开始标签，</html>是结束标签。
- ☑ <head>…</head>：表示网页的头部。
- ☑ <title>…</title>：表示网页的标题。
- ☑ <body>…</body>：表示网页的内容。

2．HTML 标记特性

HTML 必须以<html>开始，以</html>结束，文件头包含在<head>和</head>里面，文件体包含在<body>…</body>里面。在文件头部，用户可以用<title>…</title >标记来声明文件标题。在 HTML 文档中，值得注意的是 HTML 也有注释，但和 Java 完全不同，HTML 采用“<!—注释-->”形式注释。在 HTML 中，每个标记都是成对出现的。下面展示一段代码。

```
<html>
<head>
<title>欢迎进入 Java 网络世界</title>
</head>
<body>
这里是 Java 网络世界！
<body>
</html>
```

将文件保存为 HTML 文件，双击打开，会得到如图 2-1 所示的效果。

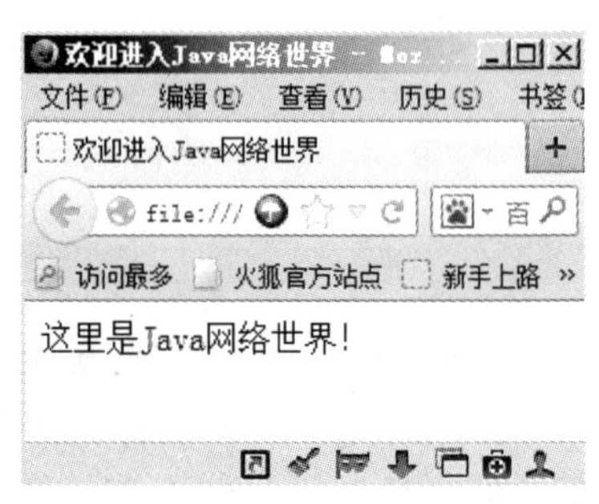

图 2-1 第一个 HTML 页面

2.1.2 字体格式设置

文字是网页中经常出现的内容，不同的网页，其字体也不同。这在 HTML 中是如何实现的呢？接下来将一一为大家进行讲解。

1．设置标题

在 HTML 中，用户可以通过<hn>…</hn>来设置标题的大小，n 的值可以取 1～6 中的任意一个整数。下面通过一段 HTML 代码讲解该问题，代码如下。

```
<html>
<head>
<title>标题标记</title>
</head>
<body>
<h1>相信标题标记的力量</h1>
<h2>相信标题标记的力量</h2>
<h3>相信标题标记的力量</h3>
<h4>相信标题标记的力量</h4>
<h5>相信标题标记的力量</h6>
<body>
</html>
```

将上述代码保存为.html 格式，双击打开后会得到如图 2-2 所示的结果。

2．字体加粗、倾斜和加底线

在创建网页时，将字体加粗、倾斜和加底线是避免不了的，它们是通过什么样的标记语言实现的呢？下面通过一段 HTML 代码进行讲解，代码如下。

```
<html>
<head>
<title>加粗 倾斜 加底线</title>
</head>
<body>
```

```
相信标题标记的力量<br></br>
<b>相信标题标记的力量</b><br></br>
<I>相信标题标记的力量</I><br></br>
<u>相信标题标记的力量</u><br></br>
<body>
</html>
```

在上述代码中出现了几个新的标记，介绍如下。

☑ <b>…</b>：将文字加粗。

☑
…</br>：用来换行。

☑ <I>…</I>：将文字倾斜。

☑ <u>…</u>：给文字加上底线。

执行代码后得到如图 2-3 所示的结果。

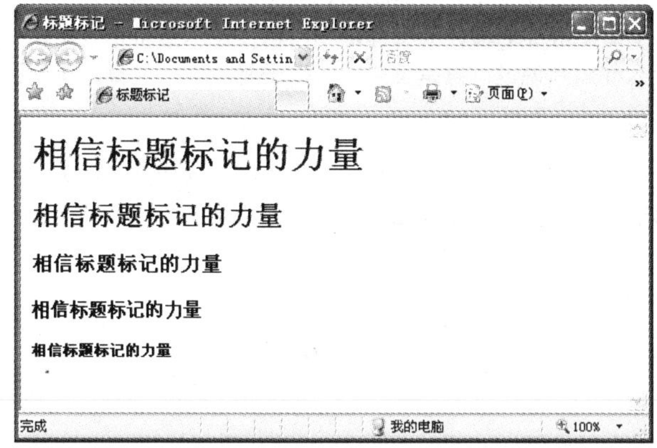

图 2-2　标题标记

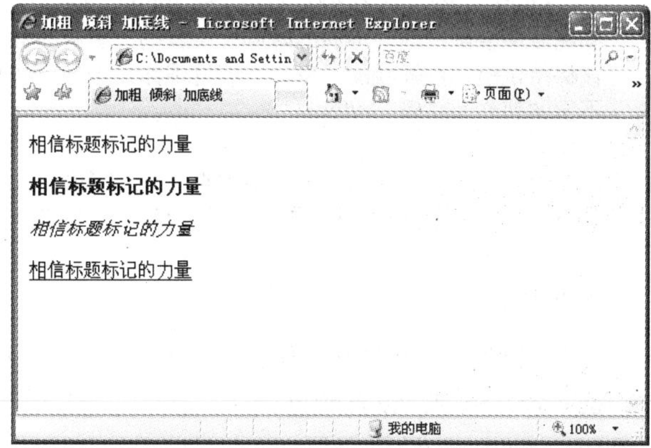

图 2-3　将文字加粗、倾斜和加底线

3．将字体加上删除线，设置为打字体和下标

在创建网页时，有时需为文字加上删除线，设置为打字体和下标。下面通过一段 HTML 代码进行讲解，代码如下。

```
<html>
<head>
<title>神奇的 HTML</title>
</head>
<body>
神奇的 HTML
<br></br>
<DEL>神奇的 HTML</DEL><br></br>
<TT>神奇的 HTML</TT><br></br>
神奇的 HTML
<SUP>神奇的 HTML</SUP>
<body>
</html>
```

在代码中出现了新的标记，介绍如下。

☑ <DEL>…</DEL>：将文字加上删除线。

☑ <TT>…</TT>：呈现类似打字体或者等宽的文本效果。

☑ […]：将文字设置成上标。

执行代码后得到如图 2-4 所示的结果。

4．设定字体大小、颜色和字形

大小、颜色和字形标记是字体的常用格式，几乎所有网页都会设置这 3 种属性。它们和前面所讲属性有所不同，下面通过一段 HTML 代码进行讲解。代码（2-1.html）如下。

```
<html>
  <head>
    <title>设置文字的格式</title>
  </head>
  <body>
    <font color="#CC200" size="5" face="隶书">还好吗？现在过的无忧无虑还是仍然那样多愁善感？我好几次都在梦中梦到过你，你有的时候是哭着的，有的时候却又笑得毫无遮掩。弄得我不知所措，搞不清是该安慰还是该保持沉默，可等我醒了以后，却发现你好像在梦里什么都没有说过，只是哭或者笑，于是我猜，你肯定是有说不出的悲伤和快乐。</font>
    <br>
    <font color="#ee00FF" size="4" face="宋体">弄得我不知所措，搞不清是该安慰还是该保持沉默，可等我醒了以后，却发现你好像在梦里什么都没有说过，只是哭或者笑，于是我猜，你肯定是有说不出的悲伤和快乐。</font>
  </body>
</html>
```

如果要设置字体大小、颜色和字形，用户可以在首标签中设置，各个参数的介绍如下。

☑ color=" "：设置颜色。

☑ size=""：设置字号。

☑ face=" "：设置字体。

执行上述代码后得到如图 2-5 所示的结果。

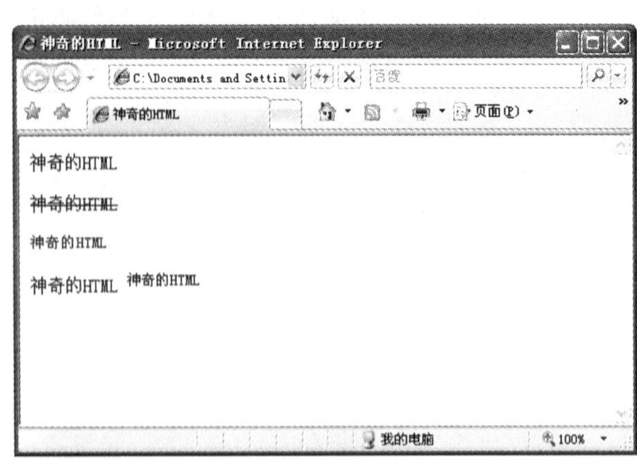

图 2-4 为文字加上删除标记、打字体和上标样式

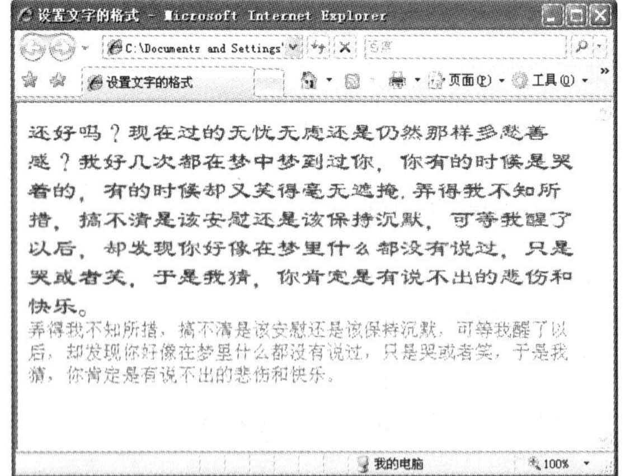

图 2-5 设置字体

2.1.3 使用标示标记

在 HTML 语言中，为了使显示的文字更加工整，条理顺序更加明朗，就要用到标示标记。下面通

过一段 HTML 代码进行讲解。代码（2-2.html）如下。

```
<html>
  <head>
    <title> 标示标记</title>
  </head>
  <body>
    <li>中国人
    <li>英国人
    <li>德国人
 <ol type=I>
    <li>打开冰箱门
    <li>把它装进去
    <li>关上冰箱门
    </ol>
<dl>
    <dt>性别：<dd>男、女
    <dt>职业 :<dd>工程师、教师、程序员
    </dl>
  </body>
</html>
```

上述代码中各个参数的介绍如下。

☑ <li>：设置项目。

☑ <ol>…</ol>：和<li>组合，将形成带编号的项目。编号采取什么字体，取决于 type。

☑ <dt>：用于定义项目。

☑ <dd>：定义资料。

☑ <dl>…</dl>：定义标示。

执行上述代码后得到如图 2-6 所示的结果。

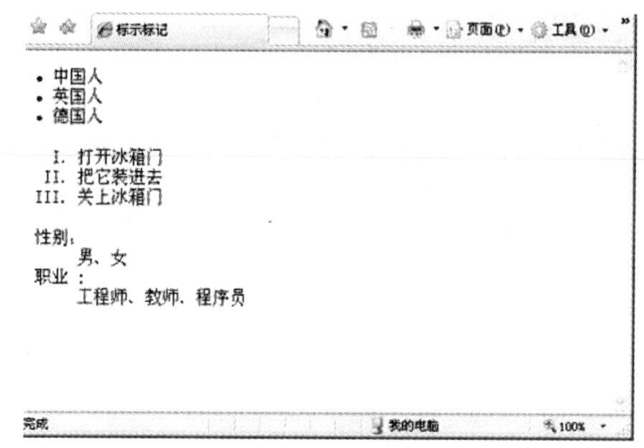

图 2-6　标示标记

2.1.4　使用区域和段落标记

在设计网页时，区域和段落在 HTML 中是必不可少的，前面已经使用过
…</br>换行。下面讲解几个重要的区域标记和段落标记。

1．<hr>水平线

在许多页面中，为了文字的美观性，经常需要插入水平线标记。下面将通过一段代码讲解几种绘制分割线的方法，其代码（2-3.html）如下。

```
<html>
  <head>
    <title>水平线的插入</title>
  </head>
  <body>
   绘制水平线
    <hr>
```

```
   绘制水平线
    <hr width="120%">
   绘制分割字符串的水平线
    <hr width="30%" size="4">
   绘制分割字符串的水平线
    <hr width="400" size="30" noshade>
   水平线的不同对齐方式
    <hr align="left" width="400" size="10">
    <hr align="center" width="400" size="10">
    <hr align="right" width="400" size="10">
   </body>
</html>
```

参数介绍如下。

☑ <hr>…</hr>：插入水平线，在前面标记的参数是水平线的属性。

☑ width：水平线的宽度，可以用百分数成像素来表示。

☑ align：水平线的位置，可以设置为 left，表示居左边对齐；设置为 center，表示居中对齐；设置为 right，表示居右边对齐。

双击打开网页后会看到如图 2-7 所示的效果。

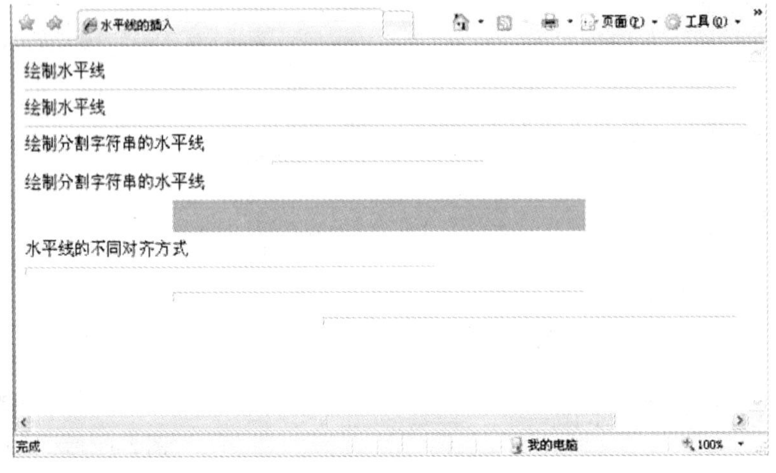

图 2-7　水平线的插入

2．<p>…</p>段落标记

在段落间，可以使用标记<p>…</p>，让网页之间形成一行空白。需要注意的是，可以省略</p>。下面通过代码进行讲解，其代码（2-4.html）如下。

```
<html>
   <head>
      <title>我的心跟着希望在动</title>
   </head>
   <body>
      <p>
    我的未来不是梦
      </p>
```

```
    <p>
    我的心跟着希望在动
  </body>
</html>
```

执行上述代码后得到如图 2-8 所示的结果。

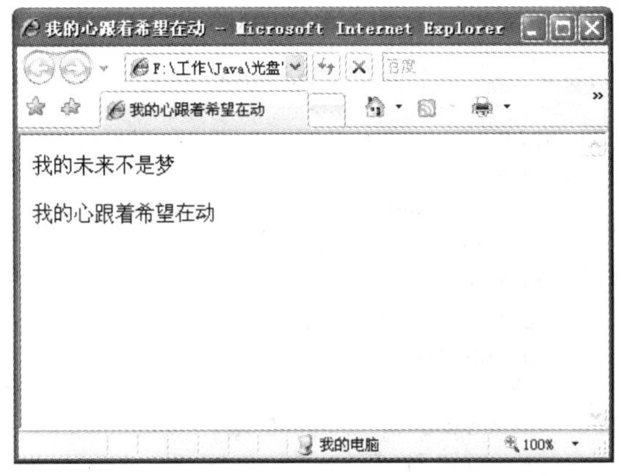

图 2-8　段落标记

2.1.5　使用表格标记

Java 是优秀的动态设计语言，在许多时候需要为浏览者表现一些数据，而表格是表现数据的最好工具。优秀的 Java 编程设计者是离不开表格标记语言的，接下来将详细介绍表格标记的使用方法。

1．<table>容器标记

表格实际上是一个容器，用它来装各种数据。下面通过一段代码进行讲解，其代码（2-5.html）如下。

```
<html >
<head>
<title>表格</title>
</head>

<body>
<table width="200" border="1">
  <tr>
    <td width="63">姓名</td>
    <td width="71">语文</td>
    <td width="44">数学</td>
  </tr>
  <tr>
    <td>张三</td>
    <td>78</td>
    <td>65</td>
  </tr>
  <tr>
    <td height="23">李四</td>
    <td>45</td>
    <td>67</td>
  </tr>
</table>
</body>
</html>
```

上述代码中，各个表格参数的说明如下。

☑　<table>…</table>：表格区域，开始标签中可以定义表格的属性，这里定义了表格的宽度和表格边框线的粗细。

☑　<td>…</td>：单元格。

☑ <tr>…</tr>：表格中的行。

执行上述代码，得到如图 2-9 所示的结果。

2. 表格标题

通过<caption>…</caption>标记可以为表格设置标题。设置方法十分简单，下面用一段 HTML 代码进行讲解，其代码（2-6.html）如下。

```
<html >
<head>
<title>表格</title>
</head>
<body>
<table width="400" border="1">
<caption align="center">重庆万州二小一年级二班期末成绩</caption>
  <tr>
    <td width="63">姓名</td>
    <td width="71">语文</td>
    <td width="44">数学</td>
  </tr>
  <tr>
    <td>张三</td>
    <td>78</td>
    <td>65</td>
  </tr>
  <tr>
    <td height="23">李四</td>
    <td>45</td>
    <td>67</td>
  </tr>
</table>
</body>
</html>
```

参数 align 表示水平线的对齐方式。设置为 left，表示居左边对齐；设置为 center，表示居中对齐，设置为 right，表示居右边对齐。

执行上述代码后得到如图 2-10 所示的结果。

图 2-9　表格

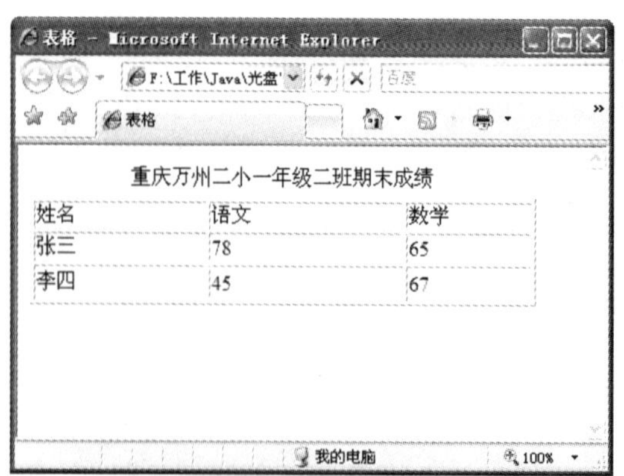

图 2-10　表格标题

3．表格中的标题栏

在前面的学习成绩表中，虽然有标题栏，但是它和普通的文字没有什么区别。在表格中，有专门的标题栏标记<th>…</th>。下面通过一段 HTML 代码进行讲解，其代码（2-7.html）如下。

```
<html >
<head>
<title>表格</title>
</head>

<body>
<table width="400" border="1">
<caption align="center">重庆万州二小一年级二班期末成绩</caption>
  <tr>
  <tr><th colspan="3">语文和数学成绩</th></tr>
    <th>姓名</th>
    <th>语文</th>
    <th>数学</th>
  </tr>
  <tr>
    <td>张三</td>
    <td>78</td>
    <td>65</td>
  </tr>
  <tr>
    <td height="23">李四</td>
    <td>45</td>
    <td>67</td>
  </tr>
</table>
</body>
</html>
```

执行上述代码后得到如图 2-11 所示的结果。

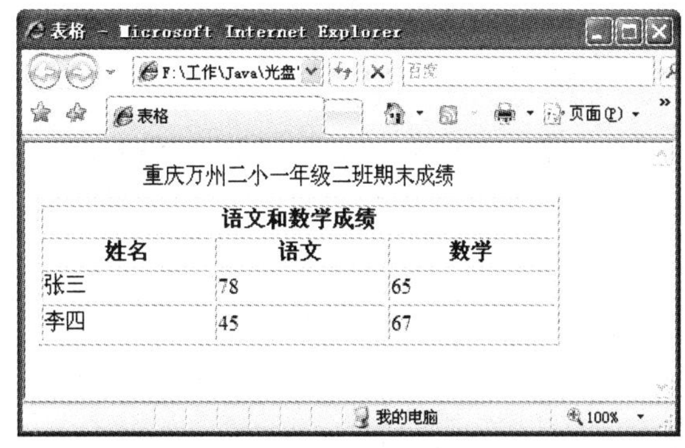

图 2-11　表格的标题标签

2.1.6　使用表单标记

在 HTML 中，表单的重要性不言而喻，它是服务器和浏览者进行交互的窗口，接下来将详细讲解表单控件和表单组件的基本使用方法。

1．容器 form

在 HTML 中，<form >…</form>表示表单的容器，建立容器后，才能建立各个组件。下面通过一段 HTML 代码进行讲解，其代码（2-8.html）如下。

```
<html >
<head>
```

```
<meta http-equiv="Content-Type" content="text/html; charset=utf-8" />
<title>表单容器</title>
</head>
<body>
form 容器
<form id="form1" name="form1" method="post" action="">
</form>
</body>
</html>
```

参数说明如下。

☑ <form >…</form>：表单容器的标记。

☑ id="form1"：表单的 ID 名称，名称是 form1。

☑ name="form1"：表单名称。

☑ method="post"：数据的传送方式。

☑ action=""：传送页面的设置。用户可以设置一个 Java 的 Web 页面，用来处理这个信息。

执行上述代码后得到如图 2-12 所示的结果。

2．单行文本框

单行文本框是一种常用组件。下面创建一个单行文本框，其代码（2-9.html）如下。

```
<html>
<head>
<meta http-equiv="Content-Type" content="text/html; charset=utf-8" />
<title>文本框</title>
</head>
<body>
<form id="form1" name="form1" method="post" action="">
 请输入你的名字：
      <input type="text" name="textname" id="textname" />
</form>
</body>
</html>
```

文本框的属性参数很多，除上面的.type、name、id 外，还有 size、value 等。用户不必记住，在后面会讲解如何进行可视化操作。执行上述代码后得到如图 2-13 所示的结果。

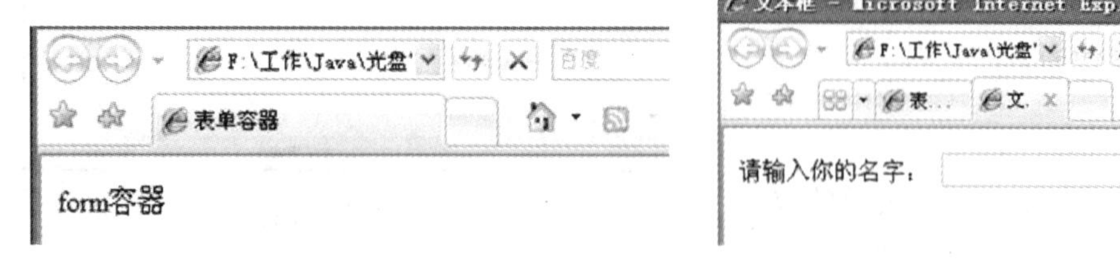

图 2-12　表单容器　　　　图 2-13　单行文本框

3．密码文本框

密码框也是比较常见的表单元素。下面通过一段代码进行讲解，其代码（2-10.html）如下。

```
<html>
<head>
<meta http-equiv="Content-Type" content="text/html; charset=utf-8" />
<title>密码文本框</title>
</head>
<body>
<form id="form1" name="form1" method="post" action="">
 请输入你的名字：
    <input type="text" name="textname" id="textname" />
  请输入的密码：
      <input type="password" name="password" id="password" />
 </form>
</body>
</html>
```

执行上述代码后得到如图 2-14 所示的效果。

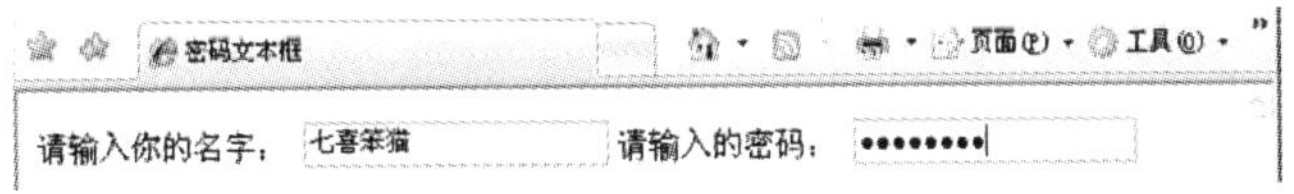

图 2-14　密码文本框

4．单选按钮

单选按钮是只能选中一个选项的列表项。下面讲解单选按钮的实现方法，其代码（2-11.html）如下。

```
<html >
<head>
<meta http-equiv="Content-Type" content="text/html; charset=utf-8" />
<title>单选按钮</title>
</head>
<body>
<form id="form1" name="form1" method="post" action="">
  <p>
  <input type="radio" name="radio" id="D1" value="D1" />橘子
    <br />
      <input type="radio" name="radio" id="D2" value="D2" /> 苹果
      <br />
      <input type="radio" name="radio" id="D3" value="D3" />
      栗子
  </form>
</body>
</html>
```

执行上述代码后得到如图 2-15 所示的结果。

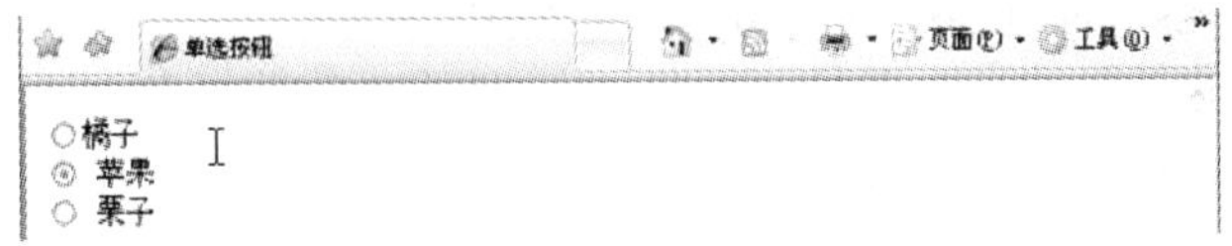

图 2-15　单选按钮

5. 多行文本框和按钮

多行文本框和按钮在表单中的作用举足轻重。下面通过一个实例进行讲解，其代码（2-12.html）如下。

```
<html >
<head>
<meta http-equiv="Content-Type" content="text/html; charset=utf-8" />
<title>多行文本框和按钮</title>
</head>
<body>
<form id="form1" name="form1" method="post" action="">
 <textarea name="Ri" cols="56" rows="10"></textarea>
 <br />
    <input type="submit" name="Tj" id="Tj" value="提交" />
 <input type="reset" name="Tj2" id="Tj2" value="重置" />
</form>
</body>
</html>
```

以上代码创建了一个多行文本框和两个按钮，执行上述代码后得到如图 2-16 所示的结果。

图 2-16　多行文本框和按钮

2.2　XML 技术

知识点讲解：光盘\视频讲解\第 2 章\XML 技术.avi

XML（eXtensible Markup Language）即可扩展标记语言，与 HTML 一样，都是 SGML（Standard Generalized Markup Language，标准通用标记语言）。XML 是 Internet 环境中跨平台、依赖于内容的技术，是当前处理结构化文档信息的有力工具。XML 是一种简单的数据存储语言，使用一系列简单的标记描述数据，而这些标记可以用方便的方式建立。虽然 XML 占用的空间比二进制数据占用的空间多，但 XML 极其简单，更易于掌握和使用。

2.2.1 XML 的概述

XML 与 Access、Oracle 和 SQL Server 等数据库不同，数据库往往提供了强有力的数据存储和分析能力，如数据索引、排序、查找、相关一致性等，而 XML 仅是展示数据。事实上，XML 与其他数据表现形式最大的不同是：它极其简单。

XML 的简单使其易于在任何应用程序中读写数据，这使 XML 很快成为数据交换的唯一公共语言，虽然不同的应用软件也支持其他的数据交换格式，但不久之后它们都将支持 XML，这就意味着程序可以更容易地与 Windows、Mac OS、Linux 以及其他平台下产生的信息相结合，可以很轻易地加载 XML 数据到程序中进行分析，然后以 XML 格式输出结果。

为了使得 SGML 用户友好，XML 重新定义了 SGML 的一些内部值和参数，去掉了大量繁杂但很少使用的功能。XML 保留了 SGML 的结构化功能，网站设计者可以定义自己的文档类型。XML 同时也推出了一些新型文档类型，开发者也可以不必定义文档类型。

XML 由 W3C 制定，XML 的标准化工作由 W3C 的 XML 工作组负责，该小组成员由来自不同地方和行业的专家组成，他们通过 Email 交流对 XML 标准的意见，并提出自己的看法（www.w3.org/TR/WD-xml）。因为 XML 是个公共格式（它不专属于任何一家公司），用户不必担心 XML 技术会成为少数公司的盈利工具，XML 也不是一个依附于特定浏览器的语言，而是一门可以完全独立应用的新型语言。

2.2.2 XML 的语法

上面虽然讲解了 XML 的特点，但很多初学者仍然不明白 XML 主要用来做什么。其实，XML 什么也不做，它只用来存储数据，并对 HTML 语言进行扩展。XML 和 HTML 分工很明显，XML 用来存储数据，而 HTML 用来表现数据。下面通过一段程序代码进行讲解，其代码（2-2.xml）如下。

```
<?xml version="1.0" encoding="utf-8"?>
<book>
<person>
<first>Kiran</first>
<last>Pai</last>
<age>22</age>
</person>
<person>
<first>Bill</first>
<last>Gates</last>
<age>46</age>
</person>
<person>
<first>Steve</first>
<last>Jobs</last>
<age>40</age>
</person>
</book>
```

XML 代码只要符合语法，还可以写成汉语，如下面代码（2-3.xml）所示。

```
<?xml version="1.0" encoding="utf-8"?>
    <项目>
        <名>天上星</名>
        <电子邮件>tianshangxing@hotmail.com</电子邮件>
        <住宅>何国何市何区何街道何番号</住宅>
        <电话>86-021-742745674</电话>
        <一言>XML 学习</一言>
    </项目>
```

从上面两段代码可以看出，XML 的标记完全由用户自由定义，不受约束，只用来存储信息。除了第一行代码相对固定以外，其他代码只需注意前后标签一致、末标签不能省略即可。下面将 XML 语法格式总结如下。

☑ 第一行要对 XML 进行声明，也就是 XML 的版本。
☑ XML 的标记和 HTML 一样是成对出现的。
☑ XML 对标记的大小写十分敏感。
☑ XML 标记由用户自行定义，但是每一个标记必须有结束标记。

2.2.3 获取 XML 文档

获取 XML 文档的方法十分简单。下面通过一个简单的 Java 代码获取 2.2.2 节中 2-2.xml 的信息，其代码如下。

```
import java.io.File;
import org.w3c.dom.Document;
import org.w3c.dom.*;
import javax.xml.parsers.DocumentBuilderFactory;
import javax.xml.parsers.DocumentBuilder;
import org.xml.sax.SAXException;
import org.xml.sax.SAXParseException;
public class ReadAndPrintXMLFile{
public static void main (String argv[]){
try {
  DocumentBuilderFactory docBuilderFactory = DocumentBuilderFactory.newInstance();
        DocumentBuilder docBuilder = docBuilderFactory.newDocumentBuilder();
        Document doc = docBuilder.parse (new File("2-2.xml"));
        doc.getDocumentElement().normalize();
        System.out.println ("Root element of the doc is " + doc.getDocumentElement().getNodeName());
        NodeList listOfPersons = doc.getElementsByTagName("person");
        int totalPersons = listOfPersons.getLength();
        System.out.println("Total no of people : " + totalPersons);
        for(int s=0; s<listOfPersons.getLength() ; s++){
           Node firstPersonNode = listOfPersons.item(s);
           if(firstPersonNode.getNodeType() == Node.ELEMENT_NODE){
              Element firstPersonElement = (Element)firstPersonNode;
             NodeList firstNameList = firstPersonElement.getElementsByTagName("first");
              Element firstNameElement = (Element)firstNameList.item(0);
              NodeList textFNList = firstNameElement.getChildNodes();
              System.out.println("First Name : " +
```

```
                    ((Node)textFNList.item(0)).getNodeValue().trim());
            NodeList lastNameList = firstPersonElement.getElementsByTagName("last");
              Element lastNameElement = (Element)lastNameList.item(0);
              NodeList textLNList = lastNameElement.getChildNodes();
              System.out.println("Last Name : " +
                     ((Node)textLNList.item(0)).getNodeValue().trim());
              NodeList ageList = firstPersonElement.getElementsByTagName("age");
              Element ageElement = (Element)ageList.item(0);
              NodeList textAgeList = ageElement.getChildNodes();
              System.out.println("Age : " + ((Node)textAgeList.item(0)).getNodeValue().trim());
           }    }  }
      catch (SAXParseException err)
{
            System.out.println ("** Parsing error" + ", line "
                                    + err.getLineNumber () + ", uri " + err.getSystemId ());
            System.out.println(" " + err.getMessage ());    }
      catch (SAXException e) {
            Exception x = e.getException ();
            ((x == null) ? e : x).printStackTrace ();
      }
      catch (Throwable t) {
            t.printStackTrace ();
 }
          }
}
```

在 Java API 中还可以找到更多操作 XML 文档的方法。执行上述代码后得到如图 2-17 所示的结果。

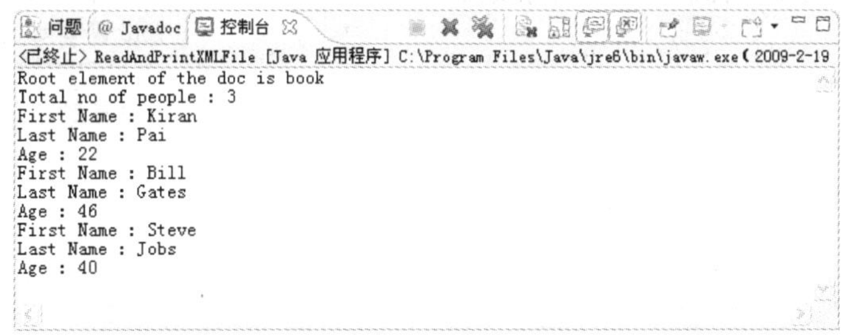

图 2-17　获取 XML 文档

注意： XML文档其实比HTML文档更简单，XML主要用来存储信息，不负责显示在页面。获取XML文档的方法有很多，除Java语言外，C#、PHP和ASP等都可调用，也包括HTML语言。

2.3　CSS 技术基础

知识点讲解：光盘\视频讲解\第 2 章\CSS 技术基础.avi

CSS 技术是 Web 网页技术的重要组成部分，页面通过 CSS 的修饰可以实现用户需要的显示效果。本节将简要介绍 CSS 技术的基本知识，并通过具体的实例来介绍其具体的使用流程，为读者学习本书后面的知识打下坚实的基础。

2.3.1 基本语法

因为在现实应用中，经常用到的 CSS 元素是选择符、属性和值，所以，在 CSS 的应用语法中，其主要应用格式也主要涉及上述 3 种元素。CSS 的基本语法结构如下。

```
<style type="text/css">
<!--
    .选择符{属性：值}
-->
</style>
```

其中，CSS 选择符的种类有多种，并且命名机制也各不相同。

实例 2-1：演示 CSS 技术的用法
源码路径：光盘:\codes\2\1.html

文件 1.html 的具体实现代码如下。

```
<html>
<head>
  <meta http-equiv="Content-Type" content="text/html; charset=utf-8">
  <title>无标题文档</title>
<style type="text/css">                                        <!--设置的样式-->
<!--
.mm {
     font-family: "Times New Roman", Times, serif;             /*设置字体*/
     font-size: 18px;                                          /*设置字号大小*/
     font-weight: bold;                                        /*加粗字体*/
     color: #990000;                                           /*设置颜色*/
}
-->
</style>
</head>
<body class="mm">                                              <!--文本调用样式-->
我的未来不是梦
</body>
</html>
```

执行后的效果如图 2-18 所示。

图 2-18 执行效果

2.3.2 CSS 属性介绍

CSS 属性是 CSS 中最为重要的内容之一，CSS 通过其本身的属性实现对页面元素的修饰，从而提供给用户绚丽的效果。本节将对 CSS 属性的基本知识进行简要介绍。

在 CSS 中常用的属性有如下几类。

1. 字体属性

字体属性功能用于设置页面字体的显示样式。常用的字体属性如表 2-1 所示。

表 2-1　字体属性列表

属　　性	描　　述
font-family	设置使用什么字体
font-style	设置字体的样式，是否斜体
font-variant	设置字体大小写
font-weight	设置字体的粗细
font-size	设置字体的大小

2. 颜色和背景属性

颜色和背景属性功能用于设置页面元素的颜色和背景颜色。常用的颜色和背景属性如表 2-2 所示。

表 2-2　颜色和背景属性列表

属　　性	描　　述
color	设置元素前景色
background-color	设置元素背景色
background-image	设置背景图案重复方式
background-repeat	设置滚动方式
background-attachmen	设置背景图案的初始位置
background-position	设置背景图案的绝对位置

3. 文本属性

文本属性功能用于设置页面文本的显示效果。常用的文本属性如表 2-3 所示。

表 2-3　文本属性列表

属　　性	描　　述
text-align	设置文字的对齐
text-indent	设置文本的首行缩进
line-height	设置文本的行高
a:link	设置链接未访问过的状态
a:visited	设置链接访问过的状态
a:hover	设置链接鼠标激活的状态

4. 块属性

块属性功能用于设置页面内块元素的显示效果。常用的块属性如表 2-4 所示。

表 2-4　块属性列表

属　　性	描　　述
margin-top	设置顶边距
margin-right	设置右边距
padding-top	设置顶端填充距
padding-right	设置右侧填充距

5．边框属性

边框属性功能用于设置页面内边框元素的显示效果。常用的边框属性如表 2-5 所示。

表 2-5　边框属性列表

属　　性	描　　述
border-top-width	设置顶端边框宽度
border-right-width	设置右端边框宽度
width	设置图文混排的宽度属性
height	设置图文混排的高度属性

6．项目符号和编号属性

项目符号和编号属性功能用于设置页面内项目符号和编号元素的显示效果。常用的项目符号和编号属性如表 2-6 所示。

表 2-6　项目符号和编号属性列表

属　　性	描　　述
display	设置是否显示符号
white-spac	设置空白部分的处理方式

7．层属性

层属性功能用于设置页面内层元素的定位方式。常用的层属性如表 2-7 所示。

表 2-7　层属性列表

属　　性	描　　述
absolute	设置绝对定位
relative	设置相对定位
static	设置无特殊定位

2.3.3　CSS 编码规范

CSS 的编码规范是指在书写 CSS 代码时所必须遵循的格式。按照标准格式书写的 CSS 代码不但便于读者阅读，而且有利于程序的维护和调试。下面对 CSS 样式的书写和命名规范进行简要介绍。

1．书写规范

按照 Web 标准的要求，标准的 CSS 书写规范应该包括如下两个方面。

（1）书写顺序

最好单独书写 CSS 文件并将其保存为独立文件，尽量不要把其书写在 HTML 页面中。这样做的好处是，便于 CSS 样式的统一管理和代码的维护。

（2）书写方式

在 CSS 中，虽然在不违反语法格式的前提下使用任何书写方式都能被正确执行，但还是建议读者在书写每一个属性时都使用换行和缩进来书写。这样做的好处是，使编写的程序一目了然，便于程序

的后续维护。

2．命名规范

命名规范是指 CSS 元素在命名时所要遵循的规则。在网页设计过程中，需要定义大量的选择符来实现页面表现。如果没有好的命名规范，就会导致页面混乱或名称重复，从而造成额外的麻烦。所以说，在命名 CSS 时应遵循一定的规范，使页面结构达到最优化。

在 CSS 开发中，通常使用的命名方式是结构化命名方法。它是相对于传统的表现效果命名方式来说的。例如，当文字颜色为红色时，使用 red 来命名；当某页面元素位于页面中间时，使用 center 来命名。这种传统的方式表面看来比较直观和方便，但是这种方法不能达到标准布局所要求的页面结构和效果相分离的要求。所以，结构化命名方式便结合了表现效果的命名方式，实现样式命名。

常用页面元素的命名方法如表 2-8 所示。

表 2-8　常用页面元素的命名

页 面 元 素	名　　称	页 面 元 素	名　　称
主导航	mainnav	子导航	subnav
页脚	foot	内容	content
头部	header	底部	footer
商标	label	标题	title
顶部导航	topnav	侧栏	sidebar
左侧栏	leftsidebar	右侧栏	rightsidebar
标志	logo	标语	banner
子菜单	submenu	注释	note
容器	container	搜索	search
登录	login	管理	admin

2.4　JavaScript 技术基础

知识点讲解：光盘\视频讲解\第 2 章\JavaScript 技术基础.avi

Web 开发包括 3 部分：内容、样式及行为。此前的章节中学习了 HTML（内容）和 CSS（样式），而 JavaScript 则代表行为。在设计中同时拥有这三者，并保持它们的相对独立是很重要的。本节将学习 JavaScript 是什么，以及如何将它加入到 Web 页面中，同时还会介绍一些脚本。随后将学习一种名为 jQuery 的 JavaScript 框架，使用它开发设计者能够轻松地将脚本加入页面中，同时还会介绍一些 jQuery 脚本。最后，将介绍一种移动设备框架 jQuery Mobile，但用它开发设计者能轻松地创建移动设备应用程序的 HTML 文档。

JavaScript 是一种脚本技术，页面通过脚本程序可以实现用户数据的传输和动态交互。JavaScript 是一种基于对象（Object）和事件驱动（Event Driven）并具有安全性能的脚本语言，其目的是与 HTML 超文本标记语言、Java 脚本语言（Java 小程序）相互结合，实现在 Web 页面中链接多个对象并与 Web 客户交互的效果，从而实现客户端应用程序的开发。

2.4.1 JavaScript 概述

JavaScript 具体使用的语法格式如下。

```
<Script Language ="JavaScript">
JavaScript 脚本代码 1
JavaScript 脚本代码 2
...
</Script>
```

实例 2-2：演示 JavaScript 技术的用法

源码路径：光盘:\codes\2\javascript.html

文件 javascript.html 的具体代码如下。

```
<html>
<head>
<Script Language ="JavaScript">
  // JavaScript  开始
  alert("这是第一个 JavaScript 例子!");                                    //提示语句
  alert("欢迎你进入 JavaScript 世界!");                                    //提示语句
  alert("今后我们将共同学习 JavaScript 知识！ ");                          //提示语句
</Script>
</Head>
</Html>
```

在上述实例代码中，<Script Language="JavaScript">和</Script>之间的部分是 JavaScript 脚本语句。执行后的显示效果如图 2-19 所示。

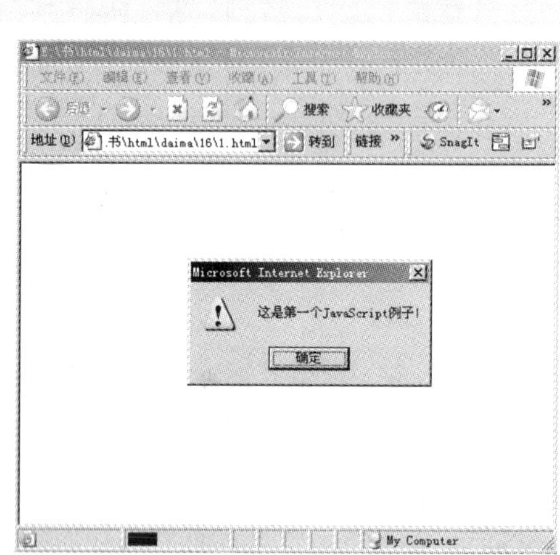

图 2-19　显示效果图

2.4.2 JavaScript 运算符

运算符是能够完成某种操作的一系列符号。在 JavaScript 中常用的运算符有算术运算符、比较运算符、布尔逻辑运算符和字串运算符。

JavaScript 中，按使用方式，运算符可分为双目运算符和单目运算符两种。其中，双目运算符的语法格式如下。

```
操作数 1 运算符 操作数 2
```

由上述格式可以看出，双目运算符由两个操作数和一个运算符组成。例如，50+40 和"This"+"that"等。而单目运算符只有一个操作数，并且其运算符可在前或后。

1. 算术运算符

JavaScript 中的算术运算符分单目运算符和双目运算符两种。常用的双目运算符如表 2-9 所示。

表 2-9　常用双目运算符列表

<table>
<tr><th>元　素</th><th>描　述</th><th>元　素</th><th>描　述</th></tr>
<tr><td>+</td><td>表示加</td><td>-</td><td>表示减</td></tr>
<tr><td>*</td><td>表示乘</td><td>/</td><td>表示除</td></tr>
<tr><td>|</td><td>表示按位或</td><td>&</td><td>表示按位与</td></tr>
<tr><td><<</td><td>表示左移</td><td>>></td><td>表示右移</td></tr>
<tr><td>>>></td><td>表示零填充</td><td>%</td><td>表示取模</td></tr>
</table>

JavaScript 中常用的单目运算符如表 2-10 所示。

表 2-10　常用单目运算符列表

元　素	描　述	元　素	描　述
-	表示取反	~	表示取补
++	表示递加 1	--	表示递减 1

2. 比较运算符

JavaScript 中比较运算符的基本操作过程是：对操作对象进行比较，然后返回一个 true 或 false 值来表示比较结果。

JavaScript 中常用的比较运算符如表 2-11 所示。

表 2-11　比较运算符列表

元　素	描　述	元　素	描　述
<	表示小于	>	表示大于
<=	表示小于等于	>=	表示大于等于
=	表示等于	!=	表示不等于

3. 布尔逻辑运算符

JavaScript 中常用的布尔逻辑运算符如表 2-12 所示。

表 2-12　布尔逻辑运算符列表

<table>
<tr><th>元　素</th><th>描　述</th><th>元　素</th><th>描　述</th></tr>
<tr><td>!</td><td>表示取反</td><td>&=</td><td>表示取与之后赋值</td></tr>
<tr><td>&</td><td>表示逻辑与</td><td>|=</td><td>表示取或之后赋值</td></tr>
<tr><td>|</td><td>表示逻辑或</td><td>^=</td><td>表示取异或之后赋值</td></tr>
<tr><td>^</td><td>表示逻辑异或</td><td>? :</td><td>表示三目操作符</td></tr>
<tr><td>||</td><td>表示或</td><td>==</td><td>表示等于</td></tr>
<tr><td>|=</td><td>表示不等于</td><td></td><td></td></tr>
</table>

其中，三目操作符具体使用的语法格式如下。

```
操作数？结果 1:结果 2
```

如果操作数的结果为真，则表述式的结果为“结果 1”，否则为“结果 2”。

2.4.3 JavaScript 循环语句

JavaScript 程序是由若干语句组成的，循环语句是编写程序的指令。JavaScript 提供了完整的基本编程语句，本节将对常用的 JavaScript 循环语句知识进行简要介绍。

1．if 条件语句

if 条件语句的功能是根据系统用户的输入值作出不同的反应提示。例如，可以编写一段特定程序实现对不同输入文本的反应。if 条件语句的语法格式如下。

```
if(表述式)
语句段 1;
...
else
语句段 2;
...
```

if...else 语句是 JavaScript 中最基本的控制语句，通过它可以改变语句的执行顺序。在其表达式中必须使用关系语句来实现判断，并且作为一个布尔值来估算。若 if 后的语句有多行，则必须使用花括号将其括起来。

另外，通过 if 条件语句可以实现条件的嵌套处理。if 语句的嵌套语法格式如下。

```
if(布尔值)语句 1;
else(布尔值)语句 2;
else if(布尔值)语句 3;
...
else 语句 4;
```

在上述格式下，每一级的布尔表述式都会被计算。若为真，则执行其相应的语句；若为假，则执行 else 后的语句。

2．for 循环语句

for 循环语句的功能是实现条件循环，当条件成立时执行特定语句集，否则将跳出循环。for 循环语句的语法格式如下。

```
for(初始化;条件;增量)
语句集;
```

其中，“条件”是用于判别循环停止的条件。若条件满足，则执行循环体，否则将跳出。“增量”用来定义循环控制变量在每次循环时按什么方式变化。3 个主要语句之间必须使用逗号分隔。

3．while 循环语句

while 循环语句与 for 语句一样，当条件为真时则重复循环，否则将退出循环。while 循环语句的语法格式如下。

```
while(条件)
语句集;
```

4．do…while 循环语句

do…while 的中文解释是“执行……当……继续执行”。在“执行（do）”后面跟随命令语句，在“当（while）”后跟随一组判断表达式。如果判断表达式的结果为真，则执行后面的程序代码。

do…while 循环语句的语法格式如下。

```
do {
        <程序语句区>
   }
while(<逻辑判断表达式>)
```

5．break 控制

break 控制的功能是终止某循环结构的执行。通常将 break 放在某循环语句的后面，其语法格式如下。

```
循环语句
break
```

例如，下面的一段语句。

```
<script>
a=new array(5,4,3,2,1);                          //数组初始值
sum=0                                            //变量初始值
for(i=0,i<a.length;++i)                          //小于数组长度则变量递增
  {
if (i==3 ) break;                                //变量为 3 则停止
  sum+=a[i]
}
</script>
```

在上述代码中，for 语句在 i 等于 0、1、2、3 时执行。当 i 等于 3 时，if 条件为真，执行 break 语句，使 for 语句立刻终止。所以，for 语句终止时的 sum 值是 12。

6．switch 循环语句

switch 的中文解释是“切换”，其功能是根据不同的变量值来执行对应的程序代码。如果判断表达式的结果为真，则执行后面的程序代码。

switch 语句的语法格式如下。

```
switch(<变量>){
  case<特定数值 1>:程序语句区;
            break;
  case<特定数值 2>:程序语句区;
            break;
  …
  case<特定数值 n>:程序语句区;
            break;
  default          :程序语句区;
}
```

其中，default 语句是可以省略的。省略后，当所有的 case 都不符合条件时，便退出 switch 语句。

2.4.4 JavaScript 函数

函数为程序设计人员提供了一个功能强大的处理功能。通常在进行一个复杂的程序设计时，总是根据所要完成的功能，将程序划分为一些相对独立的部分，每部分编写一个函数，从而使各部分充分独立，任务单一，程序清晰、易懂、易维护。JavaScript 函数可以封装程序中多次用到的模块，将其作为事件驱动的结果进行调用，从而实现一个函数，把它与事件驱动相关联。

本节将简要介绍 JavaScript 函数的基本知识，并通过几个简单的实例来介绍其使用方法。

1．函数的构成

JavaScript 函数由如下部分构成。

- ☑ 关键字：function。
- ☑ 函数或变量。
- ☑ 函数的参数：用小括号“( )”括起来。如果有多个，则用逗号“,”分开。
- ☑ 函数的内容：通常由一些表达式构成，外面用花括号“{ }”括起来。
- ☑ 关键字：return。

其中，参数和 return 不是构成函数的必要条件。

2．JavaScript 常用函数

在 JavaScript 技术中常用的函数有如下几类。

- ☑ 编码函数：即函数 escape()，功能是将字符串中的非文字和数字字符转换成 ASCII 值。
- ☑ 译码函数：即函数 unescape()，和编码函数完全相反，功能是将 ASCII 字符转换成一般数字。
- ☑ 求值函数：即函数 eval()，有两个功能，一是进行字符串的运算处理，二是用来指出操作对象。
- ☑ 数值判断函数：即函数 isNan()，功能是判断自变量参数是不是数值。
- ☑ 转整数函数：即函数 parseInt()，功能是将不同进制的数值转换成以十进制表示的整数值。parseInt()具体使用的语法格式如下。

```
parseInt(字符串[,底数])
```

通过上述格式可以将其他进制数值转换成为十进制。如果在执行过程中遇到非法字符，则立即停止执行，并返回已执行处理后的值。

- ☑ 转浮点函数：即函数 parseFloat()，功能是将指定字符串转换成浮点数值。如果在执行过程中遇到非法字符，则立即停止执行，并返回已执行处理后的值。

实例 2-3：演示求值函数 eval()的基本用法
源码路径：光盘:\codes\2\10.html

实例文件 10.html 的功能是通过函数 eval()计算指定字符串的值，主要代码如下。

```
<html>
............................................
<style type="text/css">
```

```
<!--
body {
    background-color: #9966CC;                                          /*设置背景颜色*/
}
-->
</style>
</head>
<body>
<Script>
   mm=1+2;                                                              //变量初始值
   zz=eval("1+2");                                                      //函数赋值
   document.write("1+2=",zz);                                           //输出结果
</Script>
</body>
</html>
```

在上述代码中，通过函数 eval()计算出了“1+2”的和，执行后的效果如图 2-20 所示。

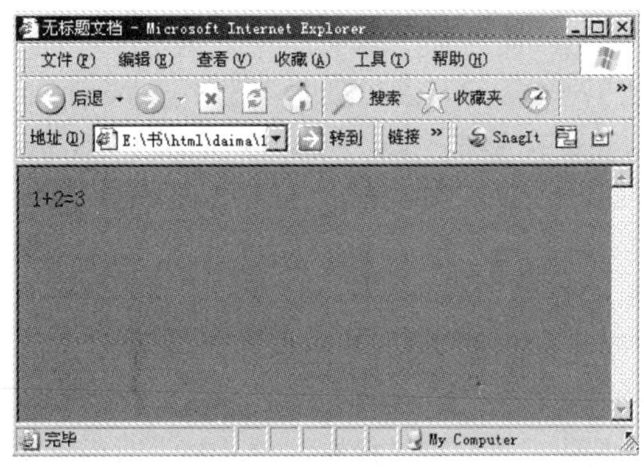

图 2-20　显示效果图

JavaScript 中有许多小窍门，可以使编程更加容易。其中之一就是使用 eval()函数，该函数可以把一个字符串当作一个 JavaScript 表达式去执行。如下面的代码。

```
var the_unevaled_answer = "2 + 3";
var the_evaled_answer = eval("2 + 3");
alert("the un-evaled answer is " + the_unevaled_answer + " and the evaled answer is " + the_evaled_answer);
```

运行上述程序，将会看到在 JavaScript 中字符串"2+3"实际上被执行了。所以当把 the_evaled_answer 的值设成 eval("2+3")时，JavaScript 将会把 2 和 3 的和返回给 the_evaled_answer。

利用该功能可以做出很有趣的事，如使用 eval()可以根据用户的输入直接创建函数。这可以使程序根据时间或用户输入的不同而发生变化，举一反三，可以获得惊人的效果。

2.4.5　JavaScript 事件

用户对浏览器所进行的某种动作称为事件。在 JavaScript 中，通常鼠标或热键的动作被称为事件（Event），由鼠标或热键引发一连串程序的动作被称为事件驱动（Event Driver），对事件进行处理的程序或函数被称为事件处理程序（Event Handler）。本节将对 JavaScript 事件的基本知识进行简要介绍。

1. JavaScript 中的常用事件

在 JavaScript 中有如下几种常用的事件。

- ☑ 事件 Abort：功能是在对象未完全加载前将其终止。适用于 image 对象。
- ☑ 事件 Blur：功能是将用户的输入焦点从窗口或表单上移开。适用于 Window 及所有表单子组件。
- ☑ 事件 Change：功能是将用户的组件值进行修改处理。适用于 text、password 和 select。
- ☑ 事件 Click：功能是在某对象上单击一下鼠标左键。适用于 link 及所有表单子组件。
- ☑ 事件 DblClick：功能是在某对象上连续双击鼠标。适用于 link 及所有表单子组件。
- ☑ 事件 DrogDrop：功能是用鼠标左键将对象拖动至窗口内。适用于 Window 对象。
- ☑ 事件 Error：功能是加载文件或图像时发生错误。适用于 Window 和 image 对象。
- ☑ 事件 Focus：功能是将输入焦点或光标放到指定对象内。适用于 Window 及所有表单子组件。
- ☑ 事件 KeyDown：功能是响应用户按下键盘任一按键的一霎那。适用于 image、link 及所有表单子组件。
- ☑ 事件 KeyPress：功能是响应用户按下键盘任一按键后，按键弹起的一霎那。适用于 image、link 及所有表单子组件。
- ☑ 事件 Load：功能是响应浏览器读入该文件时。适用于 document 对象。
- ☑ 事件 MouseDown：功能是响应用户单击鼠标时。适用于 document、link 及所有表单子组件。
- ☑ 事件 MouseMove：功能是响应用户移动鼠标光标时。适用于 document、link 及所有表单子组件。
- ☑ 事件 MouseOut：功能是响应用户将鼠标光标离开某对象时。适用于 document、link 及所有表单子组件。
- ☑ 事件 MouseOver：功能是响应用户将鼠标光标移动到某对象上时。适用于 document、link 及所有表单子组件。
- ☑ 事件 MouseUp：功能是响应用户将鼠标左键放开时。适用于 document、link 及所有表单子组件。
- ☑ 事件 Move：功能是响应用户或程序移动窗口时。适用于 Window 对象。
- ☑ 事件 Reset：功能是响应用户单击表单中的 Reset 按钮时。适用于 form 对象。
- ☑ 事件 Resize：功能是调整窗口的大小尺寸。适用于 Window 对象。
- ☑ 事件 Select：功能是响应用户选取某对象时。适用于 text、password 和 select。
- ☑ 事件 Submit：功能是响应用户单击表单中 Submit 按钮时。适用于 form。
- ☑ 事件 Unload：功能是关闭或退出当前页面。适用于 document。

2. 事件处理程序

所谓事件处理程序，是指当一个事件发生后要做什么处理。在前面介绍的 20 多种事件中，每一种都有其专用的事件处理过程的定义方式。例如，事件 Load 的事件处理程序是 OnLoad；同样，事件 Click 的事件处理程序是 OnClick。

在现实应用中，通常将处理程序直接嵌入到 HTML 标记内。

实例 2-4：演示事件处理程序的基本用法
源码路径：光盘:\codes\2\11.html

实例文件 11.html 的功能是在页面载入时输出提示语句，其主要实现代码如下。

```
<html>
......................................
<style type="text/css">
<!--
body {
    background-color: #9966CC;                                    /*设置背景颜色*/
}
-->
</style>
</head>
  <body onLoad='alert("你确定要访问此页吗?里面可能含有非法信息!!")'>          //载入提示信息
  </body>
</html>
```

上述实例页面一旦载入，便显示提示信息，具体效果如图 2-21 所示。

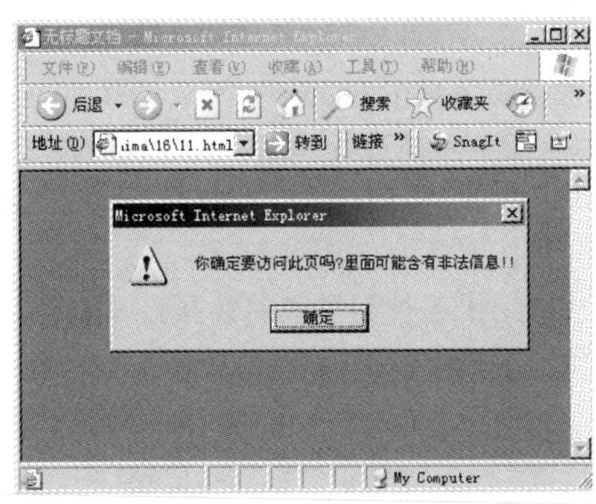

图 2-21　显示效果图

事件处理是对象化编程的一个很重要的环节，没有了事件处理，程序就会变得很死，缺乏灵活性。事件处理的过程可以这样表示：发生事件—启动事件处理程序—事件处理程序作出反应。其中，要使事件处理程序能够启动，必须先告诉对象发生什么事情就启动什么处理程序，否则这个流程就不能进行下去。事件的处理程序可以是任意 JavaScript 语句，但是一般用特定的自定义函数（function）来处理事情。

有如下 3 种方法可以指定事件处理程序。

☑　直接在 HTML 标记中指定。

☑　编写特定对象特定事件的 JavaScript。这种方法用得比较少，但在某些场合中很好用。

☑　在 JavaScript 中说明。

2.4.6　常用的 Web 页面脚本

在现实应用中，最常用的 Web 页面脚本有以下几个。

☑　鼠标滑入效果（rollover）。

☑　校验表单数据（verifying form data）。

☑　打开新窗口（opening new windows）。

☑　设置 Cookie（setting Cookie）。

1．创建 rollover

rollover 是一种很好的与用户互动的方法，能够提高页面互动性，且不会给看不见 JavaScript 的用户带来负面影响。创建 rollover 最简单的方法是用 CSS 定制链接样式，而不是使用 JavaScript。使用 CSS 定制链接样式时，只需要为原链接及 rollover 状态加入不同的样式。例如：

```
a:link { color: blue; }
a:hover { color: purple; }
```

创建的链接本身是蓝色，而当鼠标指针停留在链接上时，颜色变为紫色。

在现实应用中，rollover 不适合用在移动设备中。因为在智能手机及平板电脑上无法“将鼠标指针移动到链接”上，而只能通过点击的方法实现。如果想实现鼠标指针移动到链接上时显示弹出框效果，移动手机用户也无法看到。

2．表单数据验证

开发者总是需要确认用户是否正确填写了网站上的表单，这种确认行为被称为表单验证。通常会在使用 JavaScript 将表单数据传送至服务器前进行验证。此处需要注意的是，使用 JavaScript 进行的表单数据验证很容易被规避。人们可以通过关闭 JavaScript 来规避验证，在提交表单后再将它打开。如果提交正确数据是必需的，开发者应当在服务器上也进行验证。

读者可以在网上找到许多现成的用于各种类型表单数据验证的脚本，只要在搜索引擎上搜索 form validation（表单验证）便可以找到。

3．打开新窗口

利用 JavaScript 在新窗口中打开广告的应用在网络中很普遍。尽管这种做法很麻烦，但在 Web 应用程序上可以用它来显示其他信息或查询数据。

使用 JavaScript 打开新窗口最简单的做法是使用内置函数 window.open()。例如，要在 http://www.sohu.com/上打开一个名为 test 的窗口，可以写为：

```
window.open('http://www.sohu.com/','test');
```

而下面的代码会关闭一个打开的窗口。

```
window.close();
```

不能在窗口外部关闭该窗口。

4．Cookies 的设置及读取

Cookies 是本地计算机上存储的一小块数据。Web 开发者利用它们在本地计算机上存储网站的离线数据。数据种类很多，从登录证书到游戏信息等无所不有。JavaScript 可以让 Cookies 的设置、读取及删除变得简单。

Cookies 被保存为 name=value pairs，具有有效期和路径（服务器端允许读取的路径）。例如，下面是一个使用 JavaScript 书写的 cookie。

```
document.cookie = 'name=value; expires=Day, dd Mon yyyy hh:mm:ss UTC; path=/';
```

当读取 cookie 时，将 document.cookie 作为字符串读取，并解析它的等号或分号。使用分号将 cookie 分隔，会更容易理解 name=value pairs。删除 cookie 时，只需要将 cookie 的 value 设置为 1 即可。

下面的代码用来创建/设置、读取及删除 cookie 的函数。

第一个函数用于创建/设置 cookie。

```
function createCookie(name,value,expireDays) {
  if (expireDays) {
    var date = new Date();
    date.setTime(date.getTime()+(expireDays*24*60*60*1000));
    var expires = "; expires="+date.toGMTString();
  }
  else var expires = "";
  document.cookie = name+"="+value+expires+"; path=/";
}
```

第二个函数用来读取 cookie。

```
function readCookie(cookieName) {
  var name = cookieName + "=";
  var ca = document.cookie.split(';');
  for(var i=0;i < ca.length;i++) {
    var c = ca[i];
    while (c.charAt(0)==' ') c = c.substring(1,c.length);
    if (c.indexOf(name) == 0) return c.substring(name.length,c.length);
  }
  return null;
}
```

第三个函数用来删除 cookie。

```
function eraseCookie(cookieName) {
  createCookie(cookieName,"",-1);
}
```

2.5　在 Android 设备测试网页

知识点讲解：光盘\视频讲解\第 2 章\在 Android 设备测试网页.avi

开发人员都很希望用 HTML、CSS 和 JavaScript 技术来构建适应于 Android 系统的应用程序。这个旅程的第一步是为 HTML 添加有亲和力的样式，使它们更像移动应用程序。在实现这个功能时，需要将 CSS 样式应用到传统的 HTML 网页上，让它们在 Android 手机上也能正常浏览，并且很容易浏览。

搭建开发环境比较简单，只需要有一个网络空间即可。将做好的网页上传到空间中，然后保证在 Android 模拟器中可以上网浏览这个网页即可。很多网站都提供了免费空间服务，如 http://www.3v.cm/。申请免费空间的基本流程如下。

（1）登录 http://www.3v.cm/，如图 2-22 所示。

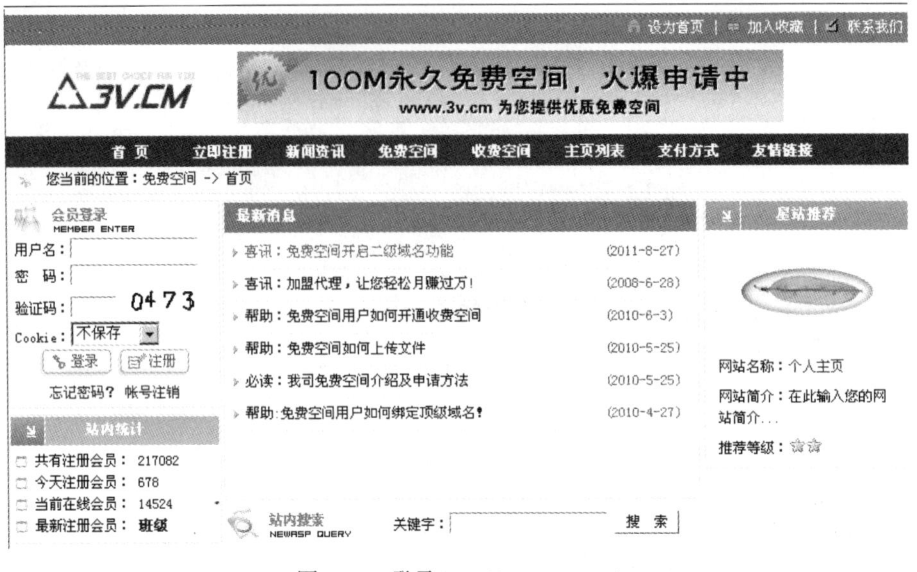

图 2-22　登录 http://www.3v.cm/

（2）单击左侧的“注册”按钮，进入服务条款界面，如图 2-23 所示。

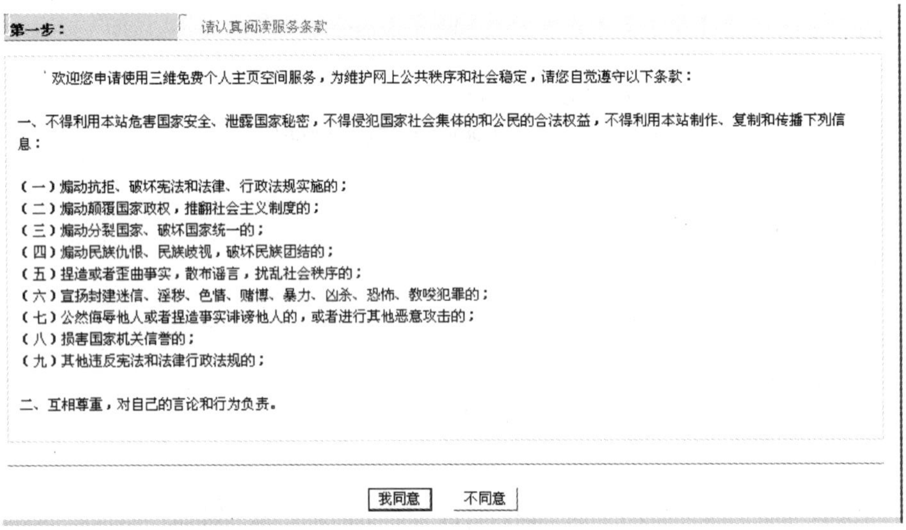

第一步：　请认真阅读服务条款

欢迎您申请使用三維免费个人主页空间服务，为维护网上公共秩序和社会稳定，请您自觉遵守以下条款：

一、不得利用本站危害国家安全、泄露国家秘密，不得侵犯国家社会集体的和公民的合法权益，不得利用本站制作、复制和传播下列信息：

（一）煽动抗拒、破坏宪法和法律、行政法规实施的；
（二）煽动颠覆国家政权，推翻社会主义制度的；
（三）煽动分裂国家、破坏国家统一的；
（四）煽动民族仇恨、民族歧视，破坏民族团结的；
（五）捏造或者歪曲事实，散布谣言，扰乱社会秩序的；
（六）宣扬封建迷信、淫秽、色情、赌博、暴力、凶杀、恐怖、教唆犯罪的；
（七）公然侮辱他人或者捏造事实诽谤他人的，或者进行其他恶意攻击的；
（八）损害国家机关信誉的；
（九）其他违反宪法和法律行政法规的；

二、互相尊重，对自己的言论和行为负责。

我同意　不同意

图 2-23　同意条款界面

（3）单击“我同意”按钮后，进入填写用户名界面，如图 2-24 所示。

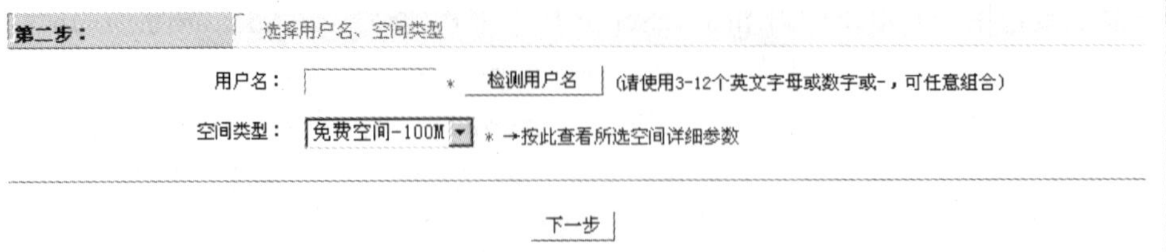

图 2-24　填写用户名界面

（4）填写完毕后，单击“下一步”按钮，在填写信息界面填写注册信息，如图 2-25 所示。

帐号信息

用户名：qqdsadsad

密码安全性：

密　码：*（6-12位，区分大小写）

确认密码：*

密码问题：*（如：你最爱的人是谁）

问题答案：*（答案：Nana）

基本资料

真实姓名：*

性　别：请选择 *

出生日期：*务必使用IE浏览器，否则有可能无法正常显示

QQ号码：

电子邮箱：*（用来接收您的帐号信息及密码）

网站信息

网站名称：*

网站分类：请选择 *

网站介绍：在此输入您的网站简介（建议60字以内）>

验证码：7908（验证码，看不清楚？请点击刷新）

递交　重填

图 2-25　填写注册信息界面

（5）填写完毕后，单击“递交”按钮，完成注册。在注册中心界面可以管理自己的空间，如图 2-26 所示。

图 2-26　用户中心界面

（6）单击左侧的“FTP 管理”链接，可以更改 FTP 密码，并且可以查看空间的 IP 地址，如图 2-27 所示。

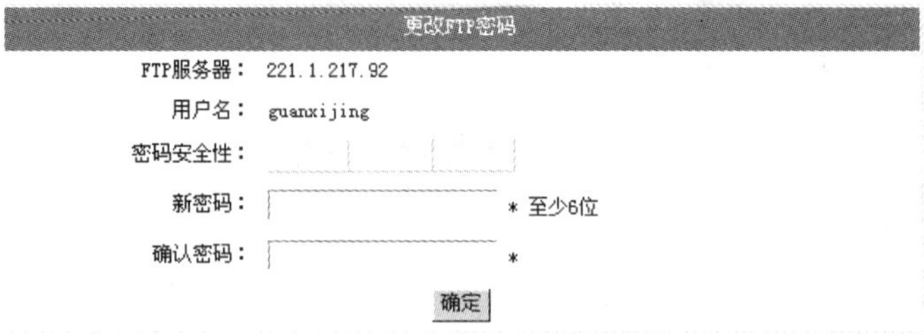

更改FTP密码

FTP服务器：221.1.217.92

用户名：guanxijing

密码安全性：

新密码：* 至少6位

确认密码：*

确定

图 2-27　FTP 管理

根据图 2-27 中的资料，可以用专业上传工具上传编写的程序文件。

（7）单击左侧的“文件管理”链接，在弹出的界面中可以在线管理空间中的文件，如图 2-28 所示。

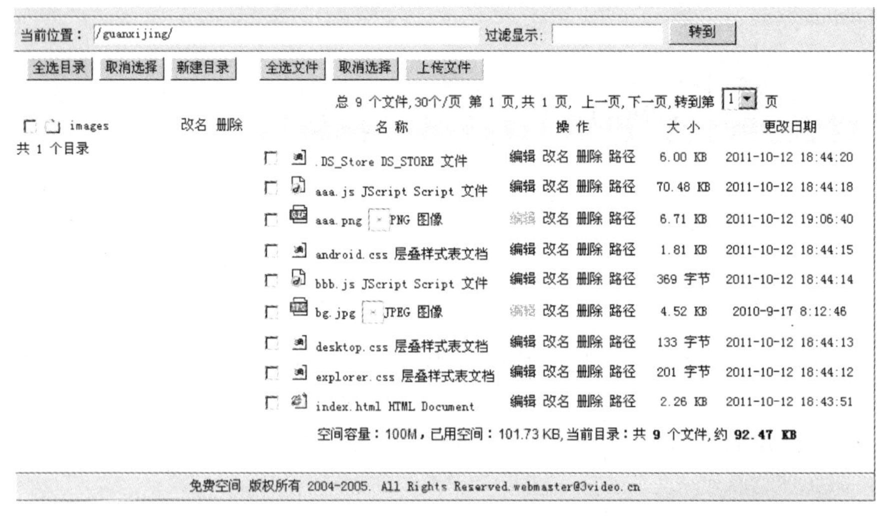

图 2-28　文件管理

单击图 2-28 中每一个文件的“路径”超链接，可以获取该文件的 URL 地址，这样在 Android 手机中就可以用这个 URL 来访问此文件，并查看此文件在 Android 手机中的执行效果。

2.6　编写第一个网页

知识点讲解：光盘\视频讲解\第 2 章\编写第一个网页.avi

下面以一个具体例子来作为开始，详细讲解在 Android 平台中使用 HTML+CSS+JavaScript 设计一个网页的基本知识，并讲解在 Android 设备中调试运行网页的具体方法。

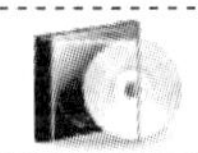

实例 2-5：编写一个适用于 Android 系统的网页

源码路径：光盘:\codes\2\first\

2.6.1　编写 HTML 文件

假设有一个很好的网页，已被用户浏览过多次，其中主页文件 index.html 的源代码如下。

```
<html>
    <head>
        <title>aaa</title>
        <link rel="stylesheet" href="desktop.css" type="text/css" />
    <body>
        <div id="container">
          <div id="header">
                <h1><a href="./">好东西要分享</a></h1>
                <div id="utility">
                    <ul>
                        <li><a href="about.html">关于我们</a></li>
                        <li><a href="blog.html">博客</a></li>
                        <li><a href="contact.html">联系我们</a></li>
                    </ul>
                </div>
                <div id="nav">
                    <ul>
                        <li><a href="bbb.html">发邮件吧</a></li>
                        <li><a href="ccc.html">电话支持</a></li>
                        <li><a href="ddd.html">在线客服</a></li>
                        <li><a href="http://www.aaa.com">在线视频</a></li>
                    </ul>
                </div>
            </div>
            <div id="content">
                <h2>关于我们</h2>
                <p>这是一个学习的网站，也是一个交流的网站.....</p>
            </div>
            <div id="sidebar">
                <img alt="好图片" src="aaa.png">
                <p>这是一个学习的网站，也是一个交流的网站.....</p>
          </div>
            <div id="footer">
                <ul>
                    <li><a href="bbb.html">服务</a></li>
                    <li><a href="ccc.html">关于我们</a></li>
                    <li><a href="ddd.html">博客</a></li>
                </ul>
                <p class="subtle">世界第一</p>
            </div>
        </div>
    </body>
</html>
```

根据“样式和表现相分离”的原则，需要单独写一个 CSS 文件，通过这个 CSS 文件对上述网页进行修饰，修饰的最终目的是使其能够在 Android 手机上浏览。

注意： 在现实开发应用中，最好将桌面浏览器的样式表和Android样式表划清界限。笔者感觉，写两个完全独立的文件会舒服很多。当然也可以把所有的CSS规则放到一个单一的样式表中，但是这种做法不值得提倡，原因有二：

☑ 文件太长就显得麻烦，不利于维护。

☑ 把太多不相关的桌面样式规则发送到手机上，会浪费一些宝贵的带宽和存储空间。

开始写 CSS 文件，为了适应 Android 系统，写下面的 link 标签。

```
<link rel="stylesheet" type="text/css"
 href="android.css" media="only screen and (max-width: 480px)" />
<link rel="stylesheet" type="text/css"
 href="desktop.css" media="screen and (min-width: 481px)" />
```

在上述代码中，最明显的变动是浏览器宽度的变化，即：

```
max-width: 480px
min-width: 481px
```

这是因为手机屏幕的宽度和计算机屏幕的宽度是不一样的（当然长度也不一样，但是都具有下拉功能），480px 是 Android 系统的标准宽度，我们删除代码的功能是不管浏览器的窗口有多大，桌面用户看到的都是文件 desktop.css 样式修饰的页面，宽度都是用如下代码设置的宽度。

```
max-width: 480px
min-width: 481px
```

上述代码中有两个 CSS 文件，一个是 desktop.css，此文件是开发计算机页面时编写的样式文件，为 HTML 页面服务。而文件 android.css 是一个新文件，也是将要讲解的重点。通过 android.css，可以将计算机网页显示在 Android 手机中。当读者开发出完整的 android.css 后，可以在 HTML 文件中将如下代码删除，即不再用这个修饰文件。

```
<link rel="stylesheet" type="text/css"
 href="desktop.css" media="screen and (min-width: 481px)" />
```

在 Chrome 浏览器来浏览修改后的 HTML 文件，不管从 Android 手机浏览器还是计算机浏览器，执行后都将得到一个完整的页面展示。此时的完整代码如下。

```
<html>
    <head>
        <title>AAAA</title>
        <link rel="stylesheet" type="text/css" href="android.css" media="only screen and (max-width: 480px)" />
        <link rel="stylesheet" type="text/css" href="desktop.css" media="screen and (min-width: 481px)" />
        <!--[if IE]>
            <link rel="stylesheet" type="text/css" href="explorer.css" media="all" />
        <![endif]-->
        <script type="text/javascript" src="jquery.js"></script>
        <script type="text/javascript" src="android.js"></script>
    <meta http-equiv="Content-Type" content="text/html; charset=gb2312">
    </head>
    <body>
```

```
        <div id="container">
          <div id="header">
                <h1><a href="./">好东西要分享</a></h1>
                <div id="utility">
                    <ul>
                        <li><a href="about.html">关于我们</a></li>
                        <li><a href="blog.html">博客</a></li>
                        <li><a href="contact.html">联系我们</a></li>
                    </ul>
                </div>
                <div id="nav">
                    <ul>
                        <li><a href="bbb.html">发邮件吧</a></li>
                        <li><a href="ccc.html">电话支持</a></li>
                        <li><a href="ddd.html">在线客服</a></li>
                        <li><a href="http://www.aaa.com">在线视频</a></li>
                    </ul>
                </div>
            </div>
            <div id="content">
                <h2>关于我们</h2>
                <p>这是一个学习的网站，也是一个交流的网站.....</p>
            </div>
            <div id="sidebar">
                <img alt="好图片" src="aaa.png">
                <p>这是一个学习的网站，也是一个交流的网站.....</p>
          </div>
            <div id="footer">
                <ul>
                    <li><a href="bbb.html">服务</a></li>
                    <li><a href="ccc.html">关于我们</a></li>
                    <li><a href="ddd.html">博客</a></li>
                </ul>
                <p class="subtle">世界第一</p>
            </div>
        </div>
    </body>
</html>
</html>
```

而 desktop.css 的代码如下。

```
For example:
body {
    margin:0;
    padding:0;
    font: 75% "Lucida Grande", "Trebuchet MS", Verdana, sans-serif;
}
```

执行效果如图 2-29 所示。

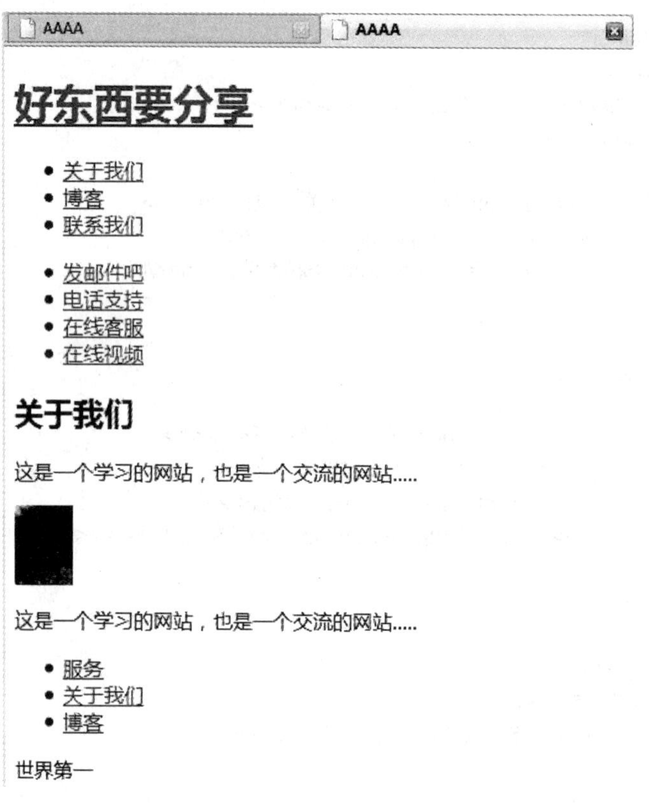

图 2-29　执行效果

2.6.2　设置页面的缩放

在网页设计应用中，除非我们明确告诉 Android 浏览器页面的宽度是多少，否则它会认为页面宽度是 980px。这一默认宽度在计算机中是没有任何问题的，但是如果针对小尺寸屏幕的 Android 手机就不合适了。要想在 Android 中正确显示网页，还需要在 HTML 文件的 head 元素中加一个 viewport 元标签，这样可以让移动浏览器知道屏幕的大小。

```
<meta name="viewport" content="user-scalable=no, width=device-width" />
```

通过上面一行简短的代码就实现了屏幕的自动缩放，此时浏览器可以根据显示屏的大小带给用户不同大小的显示页面。读者无须担心加上 viewport 后在计算机上的显示效果，因为桌面浏览器会忽略 viewport 元标签。

如果不设置 viewport 的宽度，页面在加载后会缩小。我们不知道缩放的大小是多少，因为 Android 浏览器的设置项允许用户设置默认缩放大小，选项有大、中（默认）、小。即使设置过 viewport 宽度，这个设置项也会影响页面的缩放大小。

2.6.3　使用 CSS 进行修饰

为 Android 开发网页时，也可以使用 CSS 来装扮网页。本节将接着 2.6.2 节的演示代码继续讲解。接下来的任务是编写文件 android.css，目的是使网页在 Android 手机中显示，并且要完美地显示。

1．设置基本的样式

第一步任务是设置背景颜色、字体大小、字体颜色等基本样式。在 2.6.2 节实例的基础上继续扩展，具体实现流程如下。

（1）在文件 android.css 中设置<body>元素的如下基本样式。

```
body {
    background-color: #ddd;    /* 背景颜色 */
    color: #222;               /* 字体颜色 */
    font-family: Helvetica;    /* 字体 */
    font-size: 14px;           /* 字体大小 */
    margin: 0;                 /* 外边距 */
    padding: 0;                /* 内边距 */
}
```

（2）开始处理<header>中的<div>内容，包含主要入口的链接（也就是 logo）和一级、二级站点导航。首先是把 logo 链接的格式调整得像可以单击的标题栏，在此将下面的代码加入到文件 android.css 中。

```
#header h1 {
    margin: 0;
    padding: 0;
}
#header h1 a {
    background-color: #ccc;
    border-bottom: 1px solid #666;
    color: #222;
    display: block;
    font-size: 20px;
    font-weight: bold;
    padding: 10px 0;
    text-align: center;
    text-decoration: none;
}
```

（3）用同样的方式格式化一级和二级导航的<ul>元素。在此只需用通用的标签选择器（也就是#header ul）就够用了，而不必再设置标签<ID>，也就不必设置#header ul、#utility、#header ul、#nav 的样式了。

此步骤的代码如下。

```
#header ul {
    list-style: none;
    margin: 10px;
    padding: 0;
}
#header ul li a {
    background-color: #FFFFFF;
    border: 1px solid #999999;
    color: #222222;
    display: block;
    font-size: 17px;
```

```
    font-weight: bold;
    margin-bottom: -1px;
    padding: 12px 10px;
    text-decoration: none;
}
```

（4）给 content 和 sidebar div 设置内边距，让文字与屏幕边缘之间空出距离。代码如下。

```
#content, #sidebar {
    padding: 10px;
}
```

（5）接下来设置<footer>中内容的样式。<footer>中的内容比较简单，只需将 display 设置为 none 即可，代码如下。

```
#footer {
    display: none;
}
```

此时将上述代码在计算机中执行，效果如图 2-30 所示。

在 Android 中的执行效果如图 2-31 所示。

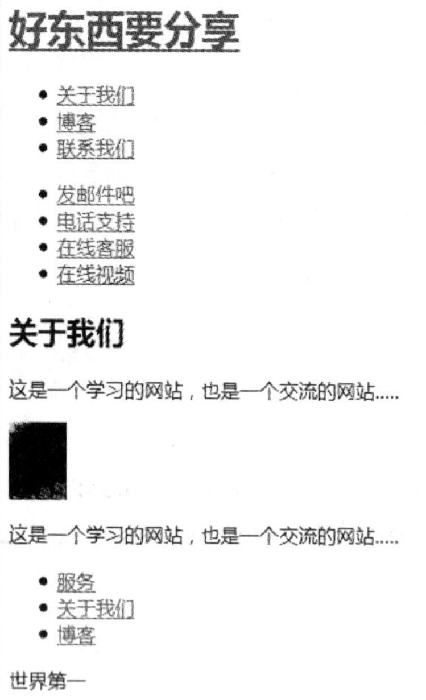

好东西要分享

- 关于我们
- 博客
- 联系我们

- 发邮件吧
- 电话支持
- 在线客服
- 在线视频

关于我们

这是一个学习的网站，也是一个交流的网站.....

这是一个学习的网站，也是一个交流的网站.....

- 服务
- 关于我们
- 博客

世界第一

图 2-30 计算机中的执行效果

图 2-31 在 Android 中的执行效果

因为在网页中添加了自动缩放功能，并且添加了修饰 Menu 的样式，所以整个页面看上去非常完美，也充满了动感。

2．添加视觉效果

为了使页面变得精彩，在第二步中将添加一些充满视觉效果的样式，具体实现流程如下。

（1）给<header>文字加 lpx 向下的白色阴影，背景加上 CSS 渐变效果。具体代码如下。

```
#header h1 a {
    text-shadow: 0px 1px 1px #fff;
    background-image: -webkit-gradient(linear, left top, left bottom, from(#ccc), to(#999));
}
```

对于上述代码，有以下两点说明。

☑ text-shadow：参数从左到右分别表示水平偏移、垂直偏移、模糊范围和颜色。在大多数情况下，可以将文字设置成上面代码中的数值，这在 Android 界面中的显示效果也不错。在大部分浏览器上，将模糊范围设置为 0px 也能看到效果。但 Android 要求模糊范围最少是 lpx，如果设置成 0px，则在 Android 设备上将显示不出文字阴影。

☑ -webkit-gradient：功能是让浏览器在运行时产生一张渐变的图片。因此，可以把 CSS 渐变功能用在任何平常指定图片（如背景图片或者列表式图片）url 的地方。参数从左到右分别表示渐变类型（可以是 linear 或者 radial）、渐变起点（可以是 left top、left bottom、right top 或者 right bottom）、渐变终点、起点颜色和终点颜色。

注意： 在上述赋值时，不能颠倒描述渐变起点、终点常量（left top、left bottom、right top、right bottom）的水平和垂直顺序。也就是说，top left、bottom left、top right和bottom right是不合法的值。

（2）给导航菜单加上圆角样式，代码如下。

```
#header ul li:first-child a {
    -webkit-border-top-left-radius: 8px;
    -webkit-border-top-right-radius: 8px;
}
#header ul li:last-child a {
    -webkit-border-bottom-left-radius: 8px;
    -webkit-border-bottom-right-radius: 8px;
}
```

上述代码使用-webkit-border- radius 属性描述角的方式，定义列表第一个元素的上两个角和最后一个元素的下两个角为以 8 像素为半径的圆角。此时在 Android 中的执行效果如图 2-32 所示。

图 2-32　在 Android 中的执行效果

此时会发现列表显示样式变为了圆角样式，整个外观显得更加圆润和自然。

第 3 章　创建移动 Web

本章将详细讲解创建移动 Web 应用的最佳方法，并介绍规划能同时在移动设备及非移动设备上运行的应用方法。同时演示将 HTML、CSS 及 iQuery 结合起来，创建简单应用的过程。并穿插讲解一些移动 Web 应用程序开发的实践经验，通过实践了解使移动设备最优化的布局及其他技巧。

3.1　创建能在通用设备上运行的网站

知识点讲解：光盘\视频讲解\第 3 章\创建能在通用设备上运行的网站.avi

要设计一个好的移动 Web 页面或应用程序，关键在于不要仅针对移动设备设计。W3C 将此称为 Design For One Web。在设计一个 Web 时，不应该只针对智能手机浏览器、平板电脑浏览器或桌面浏览器，好的设计应考虑到所有的设备类型。基于此，设计者们应当注意以下 4 点。

☑　确保显示在移动设备上的内容与非移动设备上基本一致（不用完全相同）。

☑　优化页面，减轻用户代理的负载。

☑　使用可降级机制，让旧款或是功能更少的浏览器也能浏览内容。

☑　在尽可能多的设备和浏览器上测试所有页面。

在规划一个站点时，常规步骤是从桌面版开始，然后进入移动设备版。如果要设计一个移动设备应用程序，可以先从面向想要支持的移动设备浏览器开始规划，在完成移动设备网站设计后，再将其改进或改变为桌面浏览器版本。

3.1.1　确定应用程序类型

事前计划是网站及移动设备 Web 应用程序开发的关键。许多人常常一坐下来就开始动手写代码，其实这是一种错误的做法。通过计划，将会更清楚地了解到自己想要的是一个怎样的网站，以及如何将它实现。在开始之前，需要明白如下 7 个问题。

（1）要开发的 Web 应用程序的用途是什么？

（2）开发这个应用程序的目标是什么？

（3）应用程序的用户会是哪些人？

（4）该应用程序的竞争对手有哪些？

（5）对潜在的竞争者进行尽可能多的调查。他们产品的盈利是多少？市场占有率为多少？他们的优点和缺点分别是什么？

（6）还有什么其他风险可能影响到应用程序的成功？

（7）开发进度是怎样安排的？

在计划好应用程序的用途之后，接下来要设计应用程序的外观。例如绘制一个应用程序在智能手机或平板电脑上应有外观的简单原型。这里绘制步骤不需要任何美化操作，甚至不需要有颜色或图片，只要能够表现出页面外观的基本思路即可。

3.1.2　使用 CSS 改善 HTML 外观

在进行了应用程序功能及外观的基本规划后，可以开始设计页面布局了。大多数设计者较倾向于先设计智能手机页面布局，因为它使用单列布局，而且 HTML 也很简单。

原始的 HTML 文档外观是很沉闷的，颜色为黑白色，没有图像或色彩，甚至没有调整各部分在布局中的位置。文本以长单列的方式按其在 HTML 中的顺序显示在页面上。但可以通过 CSS 来改变字体，添加颜色及背景图像，甚至更改页面布局。

1．更改字体

更改标题及正文文本的大小和字体是经常要完成的设置。读者可能会认为由浏览器自动选择字体大小就可以了，但这是不行的——绝大多数计算机都以默认的 16px 来显示字体。对于在移动设备上运行的网站或应用程序来说，像素不能作为尺寸单位。正确的做法是根据浏览器来使用 em 或百分比作为单位。

HTML 文档中的 em 相当于当前默认字体大小。因此，不带任何样式的 1em 相当于 16px，但这个字体大小实在太大了，许多开发者希望能将其缩小。尽管可以设置字体为一个小一点的 em 尺寸（如 0.8em），但是将默认尺寸减小后再使用 em 是更便捷的做法。

例如将默认字体尺寸从 16px 减少到 10px（这是完成乘除算法最简便的数字），只需要在样式表中添加如下代码即可：

```
body {
  font-size: 62.5%;
}
```

注意，这里用的是百分比数字，16px 的 62.5%就是 10px。当需要使用 14px 字体时，将段落标签设为 1.4 em（14px 除以 10 为 1.4）。

```
p {
  font-size: 1.4em;
  line-height: 1.8em;
}
```

使用 em 指定行高度也是个不错的方法。漂亮的文本应当在行与行之间有合适的宽度，这样会使页面更易于阅读。笔者通常将字体大小再加上 5～7px 作为行高。因此对于基本大小为 10px 的字体来说，相当于再增加 0.5em。在前面的代码中，只在字体大小基础上增加了 0.4em 作为行高。

2．加入颜色及背景图像

可以使用许多方法来为应用程序或网站选择颜色。一些人的做法是选择一种最喜欢的颜色，或者从一幅图片的调色板中取色。若无法确定想用哪种颜色，网站 ColourLovers（www. colourlovers.com/）可以提供一些灵感，它们对 Web 调色板、模型及颜色进行了充分的讨论。

下面是应用程序中经常用到的一些颜色。

☑　#3c6ac4 用于基本蓝色。

☑　#3c3cc3 用于强调的深蓝色。

☑ #c3963c 用于标注的棕褐色。

☑ #000000 用于文本的黑色。

☑ #fffffF 用于背景的白色。

logo 区域会用到一个拼图碎片的图片，多准备几张图片是不错的主意，这样可以定期更换它们。如下所示，可以使用 color 属性来更改字体颜色。

```
color:#000000;
```

更改背景颜色使用的是 background-color 属性。

```
background-color: #3c6ac4;
```

还可以用 CSS 通过 background-image 来设定背景图像。该图像通过指定 URL 导入。

```
background-image: url('background.png');
```

上述语句将图片平铺贴片至背景。要避免重复贴片，可以使用 background-repeat 属性，然后使用 background-position 属性定义图片位置，还可以单独使用属性 background 来设置背景的图像、颜色、平铺及位置。

要在白色背景中加入一个背景图像，要求不重复，且位于容器元素左上角往下往右各 lem 时，可以写为：

```
background: #fff url(background.png) no-repeat 1em 1em;
```

3．设置布局样式

在平板电脑等大的屏幕上，需要创建双列布局，增加包含其他信息的页脚，这样做在设计上的好处是加重了页面底部，吸引用户往下看，从而浏览整个页面。此类布局的有趣之处在于它如何处理移动设备及非移动设备页面。通常希望在小于 480px 的设备窗口中阅读单列布局，而在更大的浏览区域上阅读双列布局（以及 4 列页脚）。而在拥有宽度小于 320px 的浏览区域的设备上，还希望去掉图片，这样页面能显示得更快，并且不会占据许多空间。

当使用 CSS 3 媒体查询时，应当忽略会在不同设备上保持一致的样式。主 CSS 样式表应包括媒体类型 all 或 screen，以便让所有设备读取。因此可以使用媒体查询样式表来修改主样式。

接下来将学习如何在 Web 应用程序中加入媒体查询，以支持特定手机、智能手机、平板电脑以及计算机浏览器。这里的平板电脑及浏览器使用相同的样式表，但是也可以为平板电脑设计一个专用样式表。

（1）在文档的<head>中链接主样式表。

（2）在该样式表中为小于 320px 宽的特定手机加入第一个媒体查询样式表。

```
<link rel="stylesheet" href="styles-320.css" media="only screen and (max-width:320px)">
```

（3）为宽度为 320～480px 的智能手机加入媒体查询。

```
<link rel="stylesheet" href="styles-480.css" media="only screen and (min-width:320px) and (max-width:480px)">
```

可以将 Web 浏览器宽度调整至小于 320px 宽以及 320～480px 宽之间，然后检测样式表的工作情况。之后刷新页面，页面会随之变化。此处需要注意的是，如果在 iPhone 或 Nexus 这类设备中进行测

试，看到的是网站的完整版而非智能手机版。这是因为这类设备的实际 DPI 宽度大于 480px。

3.1.3　加入移动 meta 标签

加入移动 meta 标签的目的是更有效地创建 HTML 5 页面，在按照之前的引导创建网站移动设备版的过程中，读者可能已经意识到现代智能手机不会显示单列布局。这是因为当媒体查询询问测览器宽度时，Android 手机会根据它的分辨率报告宽度，将会看到完全版的双列布局样式，这种布局对小屏幕并不友好。虽然在 Android 上可以进行缩放，但那是一个额外的操作。在这种情况下，可以使用 meta 标签来通知浏览器以设备宽度而非 DPI 宽度作为 width 值。可以使用 viewport meta 标签来做到这一点，例如：

```
<meta name="viewport" content="width=device-width">
```

可以使用如下所示的 meta 标签让 Web 应用程序对移动设备更加友好。

- ☑ mobileOptimized：此标签为 Pocket IE 设计。它用于指定内容的宽度（单位为 px）。当此标签存在时，浏览器强制将布局设为单列。
- ☑ handheldFriendly：AvantGo 和 Palm 最初使用此标签来标记不应在移动设备上被缩放的内容。该内容在移动设备页面上的值为 true，非移动设备页面值则为 false。
- ☑ viewport：此标签用来控制浏览器窗口的尺寸及缩放比例。
- ☑ apple-mobile-Web-app-capable：如果此标签的 content 属性为 yes，则 Web 应用程序以全屏模式运行；若为 no 则反之。
- ☑ apple-mobile-Web-app-status-bar-style：如果应用程序运行于全屏模式下，可以将移动设备上的状态栏改为 black 或 black-translucent。
- ☑ format-detection：此标签用于开关相关电话号码的自动侦测，其值可为 telephone=no，默认为 telephone= yes。
- ☑ apple-touch-startup-image：其实这并不是一个 meta 标签，而是一个<link>。可以使用它来指定应用程序启动时显示的启动画面。
- ☑ apple-touch-icon 和 apple-touch-icon-precomposed：也不属于 meta 标签，当将<link rel="apple-touch-icon"href="/icon.png">添加至文档后，可以指定一个图标将应用程序保存至主界面。

注意： 在Android 1.6及以前的版本中，并不能很好地支持上面介绍的meta标签。

在大部分情况下，必须加入应用程序的 meta 标签仅有 viewport。使用此标签的最好方法是将应用程序宽度设为与设备宽度相同。这样应用程序可以在浏览器下缩放，而用户不需要放大后才能看清该程序。

在使用 viewport 标签时，可以调整如下所示的属性。

- ☑ width：viewport 的像素宽度，默认值为 980。其范围为 200～10000。
- ☑ height：viewport 的像素高度，默认值根据宽度及设备屏幕纵横比而定。其范围为 223～10000。
- ☑ initial-scale：应用程序启动时的缩放比例。用户可以在此之后自行缩放。
- ☑ minimum-scale：viewport 的最小缩放值，默认值为 0.25。其范围为 0～10.0。
- ☑ maximum-scale：viewport 的最大值，默认值为 1.6。其范围为 0～10.0。
- ☑ user-scalable：可以通过设定其值开启或关闭用户的缩放权限，默认值为 yes，设为 no 则不允许缩放。

☑ device-width 和 device-height：用于定义输出设备的可见宽度及高度。

可以通过在 meta 标签中以逗号分隔的方式设置多个 viewport 选项。例如：

```
<meta name="viewport"content="width=device -width, user - scalable=no">
```

3.1.4 优化网站

移动用户需求或多或少与台式机及笔记本用户有所不同，其原因在于移动用户使用小屏幕，而且通常面临流量限制。因此，为了面向移动用户对网站进行最大限度的优化，必须注意以下几点。

☑ 简化设计：设备越小，设计就应当越简洁。
☑ 绝不使用水平滚动。
☑ 使用大按钮：将许多小的链接放在同一个地方会给移动用户造成极大的麻烦。
☑ 为网站浏览提供备选途径。
☑ 记录用户偏好。
☑ 让数据输入尽可能变得简单。
☑ 控制应用程序大小。
☑ 添加移动设备专用功能。
☑ 减少可察觉的等待时间。
☑ 优化所有环节。
☑ 使用有助于阅读的配色。
☑ 不要使用像素作为测量单位。
☑ 让内容尽可能清晰。
☑ 要注意在部分设备上可能无效的技术。
☑ 避免使用已知的无法在移动设备上工作的技术。

以上设计网站的注意事项不仅针对移动设备，在非移动设备上也同样重要。如果面向的是整个互联网，那么尽可能面向更多的设备和浏览器，应用程序才会拥有强大的生命力，并获得用户的赞美。

3.2 将站点升级至 HTML 5

知识点讲解：光盘\视频讲解\第 3 章\将站点升级至 HTML 5.avi

网站建设工作是一个需要付出很多努力的工作，其中最大的挑战之一就是在什么时候应该把现有站点升级至新技术。本节将简要讲解 HTML 5 和 HTML 4 之间的不同，以及哪些浏览器支持什么特性。但浏览器是否支持也并非唯一决定因素。HTML 5 的一些特性可以让网站变得更好，即使不能获得所有浏览器支持，一些特性甚至可以将一个标准网站转化为专业级移动设备应用程序。

3.2.1 确定何时升级和升级的具体方式

自从 1990 年以来，HTML 4 和 HTML 4.01 都已获得许多浏览器的支持，并在 1998 年成为标准。

使用一种已完成标准的好处在于它的浏览器支持带有普遍性，或者至少是应当具有普遍性。

但在考虑长期保持 HTML 4 之前，应当考虑以下几点。

☑ HTML 4 的浏览器支持并非如想象般广泛，其实当今最流行的浏览器并不支持此标准。

☑ 许多设备用的浏览器并不支持全部的 HTML 4，甚至只是最低限度地支持它。

☑ 许多设备用的浏览器能很好地支持 HTML 5，而它们的使用率正在增加。

☑ 如果计划在未来几年开发一个 Web 产品，停留在 HTML 4 会是一个糟糕的决定。

HTML 5 比 HTML 4 提供更多的特性及功能，而且使用 HTML 5 的设备正在逐渐普及。

1. 现有标准的通行浏览器支持

截至 2012 年底，IE 浏览器是市面中最受欢迎的浏览器之一。除此之外，其他流行的浏览器包括 Firefox、Chrome 和 Safari。桌面浏览器包括 Firefox、Safari 和 ChroIrie 等，都能提供良好的 HTML 5 支持，能支持超过 70%的 HTML 5 标准特性。移动设备浏览器包括 Opera、Android 和 iOS Safari，对 HTML 5 的支持稍微逊色，例如 Android 3.0 及 Opera Mobile 11.5 支持超过 60%的 HTML 5 特性，而 Android 2.3 仅支持不到 50%的特性。虽然移动设备浏览器在 HTML 5 支持方面并没有走得太远，但至少它们表现得比 IE 浏览器要好。由此可见，在使用 HTML 5 设计页面时，唯一需要担心的浏览器是 IE。

2. 一步一步的升级

升级网站的最好做法是逐渐进行的，它也被称为迭代设计（Iterative Design）。迭代设计是在大量测试的基础上，让网站缓慢而逐渐变化的过程。与其设计一个标新立异的网站，不如使用迭代设计不断增添几乎不为用户察觉的细微变化。

在考虑升级到 HTML 5 时，可以考虑如下所示的因素。

☑ 访问网站的浏览器类型。

☑ 访问网站的移动设备数量。

☑ 网站可以从 HTML 5 升级中得到什么好处。

☑ 需要为主要设计提供什么资源。

网站的逐渐升级应当从访问量最少的冷门页面开始。如果在升级过程中出现大问题，对用户造成的影响也会相对较少，这样修复问题所做的工作也会相对轻松。

在站点上逐渐添加 HTML 5 时，可以使用隔离测试（让一些用户使用旧版本，另一些用户使用新版本），这样将两者相比较就可以观察出新特性的运作情况，也非常利于研究和改进自己的升级手段。可以使用 Google Website Optimizer（www.google.com/Websiteoptimizer/b/index.html）在网站上进行隔离测试。

3. 调查来访浏览器的类型

在升级网站时，首先需要考虑的是什么样的浏览器能支持将要使用的技术。可以访问 W3Counter.com 这类网站，然后发现拥有最大市场占有率的浏览器仍是 IE，从而放弃使用 HTML 5。如前所述，许多开发者正是这样做的。

但 W3Counter.com 仅提供了它所追踪的网站数据，还有许多别的网站，例如 Apple.com。尽管可能会有一些使用 IE 的用户访问了 Apple.com，但在该站上的浏览器市场占有率应该与 W3 Counter.com 上的截然不同。也许一个网站会有 76%的 Firefox 用户，这类网站的开发者便不需要考虑 IE 支持。

由此可见，不可能同时良好地兼容所有的浏览器，因此在改动网站之前，先参考一下网站访问统计数据，确定最常见的 10 种访问站点的浏览器以及对应版本是什么。鉴于大部分网站的移动设备访问用户数量完全无法与普通浏览器访问用户数量相比，建议将移动设备浏览器访问用户另行统计，这样可以更清楚地了解站点上的浏览器使用类型的变化以及需要考虑的浏览器类型。

在知道了 10 款访问最多的桌面浏览器以及移动设备浏览器都是哪些之后，可以开始设计要在网站中添加何种 HTML 5 特性了。

4．总结移动互联网浏览趋势

在了解到访问网站的常见浏览器类型后，可能会针对它们来设计网站。但浏览器的使用率一直在改变，网站现在并没有很多来自移动设备的访问，并不意味着将来也会如此。2010 年 12 月，美国及英国只有 20%的互联网用户从不通过移动设备浏览网络，而在非洲和亚洲，这个比例是 50%。定期使用移动设备浏览网络的人群数量正在增长，而随着平板电脑日趋普及，这种增长会越来越明显。所有网站的移动设备用户在未来都会持续增长，如果编写支持移动设备的页面，网站将会屹立于时代潮流前沿。

HTML 5 非常适合支持移动设备，Android 设备正在日趋普及，因此开发基于标准并在这两种系统上运行的应用程序，也会越来越具性价比。HTML 5 作为一个正在这些平台上积累支持的标准语言，它的发展是一个自然的进程。

3.2.2　升级到 HTML 5 的步骤

将现有 Web 页面从 HTML 4.01 升级至 HTML 5 的步骤如下。

（1）将 doctype 改为新的 HTML 5 doctype:<!doctype html>。该操作不会对浏览器造成任何影响，若该 doctype 无法被浏览器识别，浏览器只会将其忽略。新的 doctype 更小，能够帮助用户节省需要加载的字节。

（2）使用新的字符集 meta 标签：<meta charset utf-8>，该标签已经被所有主流浏览器支持。

（3）简化<script>和<style>标签。不再需要为 JavaScript(ECMAScript)或是层叠样式表特意指定 type 属性，因此关闭此属性将使 HTML 变得更流畅。

（4）链接整个区块而非区块中的文本。把<a>标签围绕在<p>周围不会给浏览器带来问题，而将整个段落进行链接比单击其中一到两个词更容易，这种链接包括了该段落区块中的所有元素。

（5）使用表单输入类型。在需要电话号码时使用 type=tel，需要电子邮件地址时使用 type=email。不支持这些类型的浏览器会像平时一样显示文本输入字段，支持此类型的浏览器将提供额外的功能。

（6）使用<video>及<audio>标签添加视频及音频，并为旧浏览器提供回退方案。

（7）即便不使用 HTML 5 标签，也可以使用区块元素作为文档的 class 名。例如可以使用<div class="header">代替<header>。

（8）在所有合适的地方使用语义标签。例如<mark>及<time>这类标签为内容提供额外信息，无法辨识此类标签的浏览器只会将它们忽略。

3.2.3　将 HTML 5 特性作为额外内容添加至网站

为网站添加 HTML 5 特性的一个办法，是把它们当作额外内容进行添加。如果浏览器不支持，用户还是可浏览原本的内容。而在浏览器支持它们时，用户就能享受到额外的好处。下面是一些现在就可以添加至页面的 HTML 5 元素。

☑ figure 和 figcaption：功能是定义所包含的内容区块。

☑ Mark：功能是高亮显示一段文字。

☑ Small：这是一个 HTML 4 标签，在 HTML 5 中不仅可以表示小字号文本，还可以用来定义小注。

☑ Time：功能是定义日期及时间。

除了使用上述元素外，还可以使用其他方法来借助 HTML 5 改进网站。具体说明如下。

☑ 不须要为属性加引号。如果属性内不包含空格，则可以去掉引号。这种做法简化了代码并减少需要下载的字符数。

☑ 使用新的 doctype:<!doctype html>格式，新格式更短，而且完全不会影响浏览器的处理。

☑ 无须考虑大小写。HTML 5 对标签和属性的大小写没有任何要求。

下面是一些新的 HTML 5 表单特性。

☑ 使用占位符属性。占位符文本用于提示表单区域该如何填写。

☑ 定义必填字段，并始终在服务器端以及客户端同时验证该字段。无法支持此特性的浏览器会将其忽略。

☑ 设置自动焦点。自动焦点会将光标放置在第一个表单元素中。通常会用 JavaScript 来实现这个功能，因此加入 autofocus 属性不会造成任何影响。

☑ 本地存储检查选项。本地存储为数据提供更多空间，从而改进表单及应用程序。

☑ 使用 CSS 3。很多浏览器支持 CSS 3，使用它能够使网站得到很大的改善。

☑ SVG，即可伸缩矢量图，能被 Android 2.3 以外的所有浏览器的当前版本支持。

另外，还有一些实际上并不属于 HTML 5 的特性，但它们同样能给网站增添更多活力。

3.2.4 HTML 5 为移动 Web 提供的服务

HTML 5 不仅能改进面向桌面浏览器的网站，它的一些特性更是为移动设备量身打造的，具体说明如下。

☑ 地理定位：这是一个 HTML 5 独有的 API，移动设备非常需要定位服务。

☑ 离线应用程序：因为移动设备经常处于移动中，而且并非始终在线，而离线应用程序无论是否存在网络连接时都可以使用，因此十分适合移动设备。

☑ 语音识别：HTML 5 将 speech 属性加入表单标签中，而对手机说话比在上面写字要简单得多。

☑ 新输入类型：新的表单输入类型让表单在移动设备上变得更容易填写。

☑ 标签 canvas-canvas：此标签十分适合用来在移动设备应用程序中添加动画、游戏以及图像。

☑ 视频及音频标签：这两种标签在 Android 以及 iOS 下都能获得很好的支持，可以使用它们来轻松地在 Web 应用程序中添加视频及音频。

☑ 移动设备事件 touchstart 和 touchmove：此事件是专为触屏式移动设备设计的。

3.3 将 Web 程序迁移到移动设备

知识点讲解：光盘\视频讲解\第 3 章\将 Web 程序迁移到移动设备.avi

开发 HTML 5 Web 应用程序需要很多时间和精力，其中最重要的是让该网站或应用程序变得尽可能具有普遍的适应性。其实在日常应用中，有许多软件工具以及开发技巧可以将开发的移动设备应用程序或者现有网站转化为移动网站。本节将详细讲解检测现有文档的移动设备支持的工具，并介绍在使用基本元素设计应用程序过程中用到的一些技巧。

3.3.1 选择 Web 编辑器

在开发移动 Web 应用程序的过程中经常用到 Web 编辑器工具，通过专业的 Web 编辑器或是集成开发环境可以为设计人员提供更丰富的功能。专业 Web 编辑器以及 IDE 提供了如下所示的特性。

☑ 代码校验。
☑ 浏览器预览。
☑ 网站文件管理。
☑ 项目管理。
☑ 脚本调试。
☑ 与其他工具的集成。

在当前的市面应用中，最常用的移动应用程序 Web 编辑器如下所示。

☑ Dreamweaver：Dreamweaver CS 的最新版本集成了 PhoneGap。
☑ Komodo IDE：支持许多不同的编程语言，它也是一款使用 jQuery 来创建 HTML 5 应用程序的很不错的文本编辑器。
☑ TopStyle：TopStyle（www.topstyle4.com/）是一款用于 Windows 的 CSS 编辑器，包含了许多 HTML。它提供的功能包括移动设备预览以及移动用户脚本，是用来编辑移动 Web 应用程序的很不错的一种选择。
☑ SiteSpinner Pro：是一个 WYSIWYG（What You See Is What You Get，所见即所得）的 Windows 编辑器，它提供作用于移动设备上的脚本以及预览。

读者可以选择一款 Web 编辑器用来创建 Web 应用程序，或者将现有网站转化为移动版。如果已经有正在使用的 Web 编辑器，那也没有必要进行改变。但是如果还在用非专业 HTML 的文本编辑器（如 Notepad 或 TextEdit）来编辑 Web 页面，那么应当改为使用 Web 编辑器，以便让开发工作的效率更高，工作更加顺利。

3.3.2 测试应用程序

测试应用程序的第一步是看应用程序目前在移动支持方面的状况。首先在尽可能多的移动设备上记录测试结果，即便只测试一台移动设备也比什么都没有要好。在大多数情况下，测试时的最大问题是发现网站对移动设备不够友好。下面列出了常见的不够友好的原因。

☑ 标题尺寸偏小。
☑ 移动网站不应该有两级导航。
☑ Recent Posts 标题占用空间太大。
☑ 实际颜色与设计时挑选的颜色有偏差。

测试 Web 页面和应用程序的最好工具之一是验证器，可以选择许多不同的 Web 应用程序验证器，主要包括如下所示的几种。

- ☑ HTML 验证器：功能是确认 HTML 是否正确。
- ☑ 可访问性验证器：功能是检查 Web 页面是否能被屏幕阅读器正常读取。
- ☑ 编码验证器：功能是检查脚本、CSS 以及 API 调用。它也被称为 lint，如 JS lint 用来检查 JavaScript。
- ☑ 移动验证器：功能是针对如何面向移动设备改进页面提供建议，经常带有模拟器功能。

3.3.3　移动网站内容的特点

在当前 Web 设计应用中，移动网站的内容应当包括如下特点。

- ☑ 简短：设备越小，单次下载的内容就应当越简短。因此，在 iPad 或计算机上可能一次性下载完的一整页文章，在功能手机上下载时应当分割为几部分下载，或仅下载标题。
- ☑ 直接：要在小型设备上迅速吸引读者的注意力，因此所有与主题无关的内容都应删除。
- ☑ 易用：在功能手机上单击返回键比填写表单要容易得多。因此要让移动内容，特别是针对小型设备的移动内容尽可能简单易用。
- ☑ 专注于用户需求：设备越小，越该注意仅向用户提供他们所需的最基本功能。另外，不要只考虑需要移除的内容，还应当考虑在页面上加入什么样的功能，以使移动用户的任务处理更为便捷。可以加入移动页面的功能包括以下方面。
    - ➢ 回到首页链接。
    - ➢ 电子邮件链接：加入链接让访问者可以将页面的某些部分邮寄给自己或其他人。这样做一方面推广了页面，另一方面由于在计算机上读取网站比在功能手机上简单得多，这样做实际上也提高了移动用户的使用效率。
    - ➢ 附加服务：加入 Mobilizer、Read It Later 以及 Instapaper 等附加服务链接，可以让移动用户将内容保存起来，并在方便的时候再进行阅读。

3.3.4　为移动设备调整可视化设计

移动设计有许多共通之处，但不幸的是，其中最大的共通之处在于它们都十分丑陋。其中原因在于人们接受了本章之前提到的理念，并将它理解为应当“以最低标准进行设计”。但事实上这是最为错误的理解，可视化设计的核心理念不在于让网站在所有环境下看起来雷同，而在于让网站在目标客户眼中精美绝仑，在其他大部分设备上至少也该做到功能正常。

在移动设计应用中有一些常见的典型设计，这些设计让应用程序变得更具亲和力，而且更容易使用。具体说明如下。

- ☑ 简单：特别是在针对功能手机的设计中，有必要将图片数量尽可能控制在最少。尽量在一页里提供足够的内容，这样用户就不用频繁地单击新页面。
- ☑ 按钮通常在屏幕顶端，位于标题旁边，用于帮助移动用户进行导航。此类按钮包括下一页（通常位于右侧）、上一页（通常位于左侧）、更多信息、信息目录，以及所有对当前页面有意义的内容。
- ☑ 确保列表阅读起来比段落要轻松得多，并且列表应尽量简短，在功能手机上每栏 3～5 个字，在智能手机上每栏 5～10 个字。

☑ 宣传图片通常位于标题处，可能包括一个单行简介以及一个单击便可阅读全文的箭头。需要在小屏幕上展示许多项目时，这是一个很好的做法。

☑ 移动设备上的菜单可以十分复杂，而最常见的菜单图案为单列选项（通常长度为一两个字），在单击时可以展开次级菜单。

☑ 鉴于大部分网站都将移动网站的内容分为许多页，需要为页面之间的切换设计一种简单的方法。常见做法是在内容下方加入一个水平列表，当前页面显示为粗体且不带链接，而其他页面的数字两侧有“上一页”及“下一页”。即便页面数量大于 3～5 页，也应当在列表中显示最多 3～5 个页面数字。

☑ 连续页面在用户滑动至页面底部时持续加长。这种做法可以加快下载速度，并可以让用户在不进行单击操作的情况下连续阅读。

☑ 选项卡是一种应用广泛的导航设计，在桌面设计上的使用率和移动设计上差不多。它们可以被放在同一行中，因此十分适合作为顶级导航存在。

☑ 可以将内容隐藏在触发按钮下，这样可以让页面包含更多内容且不会让用户感觉阅读吃力。这个功能对于移动设备来说非常好，因为页面加载的同时所有内容已下载，即便其属于显示隐藏状态也是如此。

☑ 将移动页面设计为先加载内容，再加载广告及导航。如果某些内容对于移动用户来说并没有太大必要，例如侧边栏，那么可以将其隐藏起来。

☑ 虽然说让移动设计的外观与计算机设计外观保持完全相同并没有必要，但至少这两者应该尽量相似，具体体现在 Logo、颜色以及版权信息等，这些信息应在两种网站上保持一致。

3.3.5 HTML 5 及 CSS 3 检测

要开发 HTML 5 网站或应用程序，Modernizr 是一款较好的工具。这是一个小型 JavaScript 库，用来检查 CSS 3 及 HTML 5 支持，并为不支持相关功能的浏览器提供回退方案。

读者可以从 www.modernizr.com/上下载 modernizr-x.x.min.js 脚本，然后将文件加入网站目录中，通过如下格式将脚本添加至文档的 head 部分。

```
<script src="modernizr-#.#.min.js"></script>
```

然后通过如下格式加入 no-js 类。

```
<html class="no-js">
```

这样 Modernizr 就安装完成了。它将自动加载并检测 40 多种 CSS 3 和 HTML 5 函数。还可以添加当前并不包含在 Modernizr 中的检测内容。但是 Modernizr 并不能检测所有东西，还是要为一些特征加入标准浏览器嗅探、浏览器判断（例如，当存在 document.all 指定特性时，浏览页面的浏览器就必须为指定类型），或者为所有浏览器提供一个回退机制。

Modernizr 不能检测以下内容。

☑ 网页表单中的日期及拾色器功能。

☑ Android 移动设备上的 contenteditable 属性，用于允许用户编辑指定内容。

☑ 音频及视频中的 preload 属性支持。

☑　软连字符（）以及<wbr>标签支持。

☑　HTML 实体的解析。

☑　PNG 透明度。

至于其他无法检测的内容，读者可以登录 https://github.com/Modernizr/Modernizr/wiki/Undetectables 查看。

1．多设备支持

面向整个互联网设计网站是个美好的愿望，也是 W3C 的理想。但实际上如果想让应用程序在各种设备上可用，就要为不同的设备及浏览器预留空间。

框架是一种解决办法，它将复杂技术整合在一起作为对象供人使用。典型的 HTML 框架会提供布局网格、排版，以及导航、表单、链接这类对象。可以使用一些 HTML 5 移动框架来创建可同时在 iOS 及 Android 两种移动设备上使用的 HTML 5 应用程序。下面是一些值得推荐的 HTML 5 移动框架。

（1）Sencha Touch-Sencha Touch

这是一种 JavaScript 框架，可以利用它来创建应用程序，这类应用程序在 iOS、Android 以及 BlackBerry 上看起来像本地应用程序。

（2）jQuery Mobile

源自 jQuery，用于为 iOS、Android、BlackBerry、WebOs 以及 Windows 手机开发页面。

（3）PhoneGap

PhoneGap 不仅仅是一款框架，除了可以用来创建移动应用程序外，还可以用来将 HTML 5 应用程序转换为原生移动应用程序。通过 PhoneGap，可以将上述任何一款框架转换成可以在 Android 及 Apple 电子市场上出售的应用程序。如果只使用一种框架，最好选择 PhoneGap。

2．在其他设备上进行测试

应用程序测试是开发过程中的一个重要环节，应当先在自有设备上进行测试，然后再设法在其他设备上测试。通常来说，可以通过以下 3 种方法在自己没有的设备上进行测试。

☑　购买或租赁设备。

☑　请求他人帮助。

☑　使用模拟器。

3．桌面模拟器测试

在测试应用程序时，也可以使用模拟器来测试。最好的模拟器是可以在桌面计算机上运行的模拟器，Android 模拟器可以从 http://developer.android.com/sdk/index.html 获取。

4．在线模拟器

在线模拟器的效果比不上桌面模拟器，因为它们功能更少，不过使用起来很方便。通常有以下在线模拟器。

☑　Opera Mini Simulator（www.opera.com/mobile/dem0/）。

☑　DeviceAnywhere（www.tryphone.com/）。

☑　BrowserCam（www.browsercam.com/）。

第 2 篇　HTML 5 篇

第 4 章　HTML 5 在移动设备中

第 5 章　HTML 5 的整体架构

第 6 章　体验基本元素

第 7 章　使用表单元素

第 8 章　音频和视频应用

第 9 章　绘图实战

第 10 章　数据存储

第 11 章　使用 Web Sockets API

第 12 章　使用 Geolocation API

第 13 章　使用 Web Workers API

第 4 章　HTML 5 在移动设备中

HTML 5 是近十年来 Web 标准最巨大的飞跃。和以前的版本不同，HTML 5 并非仅用来表示 Web 内容，它的使命是将 Web 带入一个成熟的应用平台，在这个平台上，视频、音频、图像、动画以及同计算机的交互都被标准化。尽管 HTML 5 的实现还有很长的路要走，但是 HTML 5 正在改变着 Web。本章将详细讲解 HTML 5 的基本知识，特别是新特性方面的知识，为读者步入本书后面知识的学习打下基础。

4.1　把握未来的风向标

知识点讲解：光盘\视频讲解\第 4 章\把握未来的风向标.avi

虽然在第 2 章中已经介绍了 HTML 标记语言的基本知识，但都是基于 HTML 4 的。其实 HTML 一直在蓬勃发展，并且诞生了最新的版本——HTML 5。HTML 5 号称史上最强的 HTML 标记语言，能够支持多媒体和数据存储。虽然现在的主流 Web 都是基于 HTML 4 的，但是随着各大浏览器厂商最新版本的推出，HTML 5 必将成为业界主流。作为程序员和网页设计师来说，必须占领先机，迅速学会 HTML 5 这门最时尚也是最强大的网页标记技术。只有这样才能占领网页设计的制高点，才能最迅速地为用户开发出更加强大的应用。

4.1.1　漫漫发展历程

HTML 最近的一次升级是 1999 年 12 月发布的 HTML 4.01。自那以后，发生了很多事。最初的浏览器战争已经结束，Netscape 灰飞烟灭，IE 5 作为赢家后来又发展到 IE 6、IE 7、IE 8。Mozilla Firefox 从 Netscape 的死灰中诞生，并跃居第二位。苹果和 Google 各自推出自己的浏览器，而小家碧玉的 Opera 仍然嘤嘤嗡嗡地活着，并以推动 Web 标准为己命。我们甚至在手机和游戏机上有了真正的 Web 体验，这都得益于 Opera、iPhone 以及 Google 推出的 Android。

然而这一切，仅让 Web 标准运动变得更加混乱，HTML 5 和其他标准被束之高阁，结果 HTML 5 一直以来都是以草案的面目示人。于是一些公司联合起来，成立了一个叫做 Web Hypertext Application Technology Working Group（WHATWG，Web 超文本应用技术工作组）的组织，他们将重新捡起 HTML 5 这个神圣的课题。这个组织独立于 W3C，成员来自 Mozilla、KHTML/WebKit 项目组、Google、Apple、Opera 以及微软。由此可以论证，HTML 5 必将是将来网页设计的标准，也将是最绚丽的新技术。

4.1.2　无与伦比的体验

HTML 5 作为全新的版本，为开发人员带来全新的功能，通过这些新功能可以为浏览用户提供无与伦比的用户体验。

1. 激动人心的部分

（1）全新的、更加合理的 Tag

多媒体对象将不再全部绑定在 Object 或 Embed Tag 中，而是视频有视频的 Tag，音频有音频的 Tag。

（2）本地数据库

这个功能将内嵌一个本地的 SQL 数据库，以加速交互式搜索、缓存以及索引功能。同时，那些离线 Web 程序也将因此获益匪浅。

（3）Canvas 对象将给浏览器带来直接在上面绘制矢量图的能力

这意味着可以脱离 Flash 和 Silverlight，直接在浏览器中显示图形或动画。一些最新的浏览器，除了 IE，已经开始支持 Canvas。通过 Canvas 提供的 API 可以实现浏览器内的编辑、拖放，以及各种图形用户界面的能力。并且从 HTML 5 开始，内容修饰 Tag 被剔除，而统一使用 CSS。

2. 新规则

HTML 5 建立了如下新规则。

☑ 新特性应该基于 HTML、CSS、DOM 以及 JavaScript。
☑ 减少对外部插件的需求，如 Flash。
☑ 更优秀的错误处理。
☑ 更多取代脚本的标记。
☑ HTML 5 应该独立于设备。
☑ 开发进程应对公众透明。

3. 新特性

在 HTML5 中增加了如下主要的新特性。

☑ 用于绘画的 canvas 元素。
☑ 用于媒介回放的 video 和 audio 元素。
☑ 对本地离线存储的更好的支持。
☑ 新的特殊内容元素，如 article、footer、header、nav、section。
☑ 新的表单控件，如 calendar、date、time、email、url、search。

4.2　在 Android 设备中使用 HTML 5

知识点讲解：光盘\视频讲解\第 4 章\在 Android 设备中使用 HTML 5.avi

对于传统的网页设计人员来说，并不是很喜欢在 Web 页面中使用 HTML 5，这是因为当前 IE 对 HTML 5 的支持相对较少。就目前的版本而言，只有 IE 9 对 HTML 5 提供了适当的支持。幸运的是，随着 HTML 5 技术的不断发展，Firefox、Chrome、Opera 和 Safari 等浏览器都能为 HTML 5 的大部分功能提供很好的支持。

但是对于移动设备来说，Android 系统能够很好地支持 HTML 5，这是因为 Android 的默认浏览器 Chrome 是基于 WebKit 的，而 WebKit 对 HTML 5 有相当出色的支持。使用 HTML 5 技术设计 Web 页面及应用的最大好处是，在未来的设备上仍能继续使用它们。因为就现在的发展趋势看，目前在平板电脑、手机使用的操作系统将来还会发展到更多设备上，如汽车、智能电视、图像播放设备等。

4.2.1 使用 HTML 5 设计移动网站时需要考虑的问题

对于网页设计师来说，不要为移动网站设计而迷茫，尽管移动设备的种类与日俱增，无论是手机、平板电脑、网络电视设备，甚至一些图像播放设备，但它们在所支持的 HTML 5 特性方面逐渐变得通用了。

在创建移动网站时，首先需要确保设计的网站能够适用于所有浏览器及操作系统，也就是说可以在尽量多的浏览器及操作系统中运行。除此之外，在为移动设备创建网站时，还需要考虑如下所示的问题。

- ☑ 移动设备的屏幕尺寸和分辨率。
- ☑ 移动用户需要的内容。
- ☑ 使用的 HTML、CSS 及 JavaScript 是否有效且简洁。
- ☑ 网站是否需要为移动用户使用独立域名。
- ☑ 网站需要通过怎样的测试。

4.2.2 主流的移动设备屏幕的分辨率

在当前的市面中，智能手机的屏幕尺寸主要包括如下所示的几种标准。

- ☑ 128×160px。
- ☑ 176×220px。
- ☑ 240×320px。
- ☑ 320×480px。
- ☑ 400×800px。
- ☑ 480×800px。
- ☑ 960×800px。
- ☑ 1080×1920px。

就手机的尺寸而言，Android 给出了一个具体的统计，详情请参阅 http://developer.android.com/resources/dashboard/screens.html，如图 4-1 所示。

	ldpi	mdpi	tvdpi	hdpi	xhdpi	xxhdpi	Total
Small	9.9%			0.1%			10.0%
Normal	0.1%	16.0%		36.0%	24.5%	3.3%	79.9%
Large	0.6%	3.0%	1.0%	0.4%	0.6%		5.6%
Xlarge		4.2%		0.2%	0.1%		4.5%
Total	10.6%	23.2%	1.0%	36.7%	25.2%	3.3%	

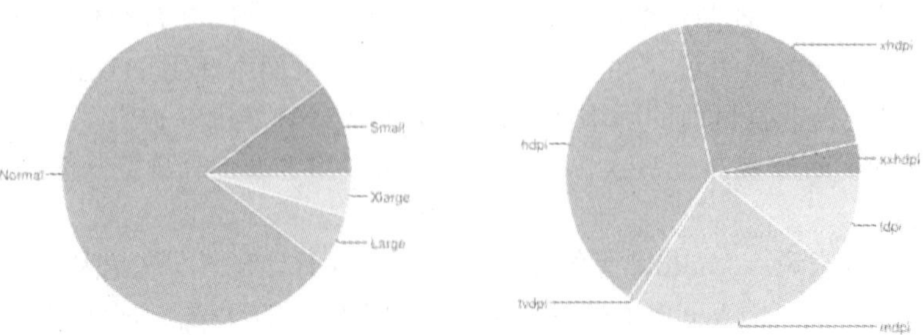

图 4-1 Android 设备屏幕尺寸的市场占有率

由此可见，在目前市面中主要是以分辨率为 800×480 和 854×480 的手机用户居多。

另外，作为另一种主流移动设备的平板电脑来说，它不仅拥有更大的屏幕尺寸，而且在浏览方式上也有所不同。例如，大部分平板电脑（以及一些智能手机）都能够以横向或纵向模式进行浏览。这样即使在同一款设备中，屏幕的宽度有时为 1024px，有时则为 800px 或更少。但是一般来说，平板电脑为用户提供了更大的屏幕空间，可以认为在大部分平板电脑设备的屏幕尺寸为最主流的（1024～1280）×（600～800）px。事实证明，在平板电脑中可以很轻松地以标准格式浏览大部分网站，这是因为其浏览器使用起来就像在计算机显示器上使用一样简单，并且通过 Android 系统中的缩放功能可以放大难以阅读的微小区域。

4.2.3　使用标准的 HTML、CSS 和 JavaScript 技术

在开发移动网站时，只有使用正确的、标准格式的 HTML、CSS 和 JavaScript 技术，才能让页面在大部分移动设备中适用。另外，设计师可以通过 HTML 的有效验证来确认它是否正确，具体验证方法是登录 http://validator.w3.org/，使用 W3C 验证器检查 HTML、XHTML 以及其他标记语言。除此之外，它还可以验证 CSS、RSS，甚至是页面上的无效链接。

在为移动设备编写网页时，需要注意如下所示的 5 个“慎用”。

（1）慎用 HTML 表格

由于移动设备的屏幕尺寸很小，使用水平滚动相对困难，从而导致表格难以阅读，应尽量避免在移动布局中使用表格。

（2）慎用 HTML 表格布局

在 Web 页面布局中，不建议使用 HTML 表格，而且在移动设备中，这些表格会让页面加载速度变慢，并且影响美观，尤其是在它与浏览器窗口不匹配时。在页面布局中通常使用的是嵌套表格，这类表格会让页面加载速度更慢，并且让渲染过程变得更困难。

（3）慎用弹出窗口

通常来讲，弹出窗口很讨厌，而在移动设备上它们甚至能让网站变得不可用。有些移动浏览器并不支持弹出窗口，还有一些浏览器则总是以意料之外的方式打开它们（通常会关闭原窗口，然后打开新窗口）。

（4）慎用图片布局

与在页面布局中使用表格类似，加入隐藏图像以增加空间及影响布局的方法经常会让一些老的移动设备死机或无法正确显示页面。另外，它们还会增加下载时间。

（5）慎用框架及图像地图（image maps）

在目前的许多移动设备中，都无法支持框架及图像地图特性。其实从适用性上来看，HTML 5 的规范中已经摒弃了框架（iframe 除外）。

因为移动用户通常需要为浏览网站而耗费流量并需要付费，所以在设计移动页面时应尽可能地确保使用少的 HTML 标签、CSS 属性和服务器请求。

4.3　用 HTML 5 设计移动网站前的准备

知识点讲解：光盘\视频讲解\第 4 章\用 HTML 5 设计移动网站前的准备.avi

在使用 HTML 5 设计移动网站之前，需要做两个方面的准备：购买域名和准备测试环境。本节将

简要介绍这两方面的基本知识。

4.3.1 为移动网站准备专用的域名

在当前市面中，很多网站的移动版都有一个独立的域名，移动用户可以绕过常规网站直接访问其移动版，此类域名通常为 m.example.com。为移动网站设置独立域名的好处如下所示。

☑ 让移动用户更容易找到该移动网站。

☑ 为移动网站的网址进行独立宣传，提高访问量。

☑ 平板电脑和智能手机用户通过更改域名的方式便可以访问常规网站。

☑ 便于网站维护，可以通过完全独立的页面手动创建移动域名，或使用内容管理系统。

注意： 申请免费域名和免费空间的过程请参阅本书的2.5节。

4.3.2 准备测试环境

在编写移动网站时，应当在尽可能多的移动设备上进行测试工作。尽管开发人员可以使用不同浏览器或模拟不同的屏幕尺寸来测试，但若不直接在移动设备上进行测试，仍然可能会出现如下所示的情况。

☑ 无法正确加载图像，或完全无法加载图像。

☑ 无法运行需要的特定设备的功能。

☑ 因为移动运营商的数据包大小限制，使得无法加载页面或图像。

☑ 无法水平滚动。

☑ 不支持文件格式。

为了解决上述问题，笔者提出如下所示的两种解决方案。

（1）使用模拟器

许多移动设备都有在线或离线模拟器，其中大部分是免费的，可以通过它们进行一些基础测试。在本书的第 1 章中，已经讲解了使用模拟器的方法。

（2）使用不同的设备

可以租用或者购买不同手机来测试设计的网站在手机上的表现。但是这种方式的花费比较大，特别是购买不同设备就需要耗费不菲的资金。

第 5 章　HTML 5 的整体架构

标记是 HTML 页面中常用的基本元素，是 HTML 页面的重要组成部分。通过这些标记，可以在网页产生各种指定显示效果。本章将详细讲解 HTML 5 中与整体架构相关的标记，并介绍这些标记的具体使用方法。

5.1　设置网页头部元素

知识点讲解：光盘\视频讲解\第 5 章\设置网页头部元素.avi

网页头部位于网页的顶部，用来设置和网页相关的信息，如页面标题、关键字和版权等信息。当页面执行后，不会在页面正文中显示头部元素信息。在 HTML 5 中，head 元素是所有头部元素的容器。通过位于<head>内部的元素，可以使脚本、指引浏览器找到样式表和元信息等。在 head 部分可以包含如下所示的标签。

- ☑ <base>。
- ☑ <link>。
- ☑ <meta>。
- ☑ <script>。
- ☑ <style>。
- ☑ <title>。

本节将详细讲解 HTML 5 中和头部元素相关的知识。

5.1.1　设置文档类型

文档类型（DOCTYPE）决定了当前页面所使用标记语言（HTML 或 XHTML）的版本，合理选择当前页面的文档类型是设计标准 Web 页面的基础。只有定义了页面的文档类型后，页面里的标记和 CSS 才会生效。

在 HTML 5 中，<!DOCTYPE>的声明必须位于 HTML 5 文档中的第一行，也就是位于 <html> 标签之前。该标签告知浏览器文档所使用的 HTML 规范。

对<!DOCTYPE>的声明不属于 HTML 标签，它仅是一条指令，目的是告诉浏览器编写页面所用的标记的版本。

在 HTML 4.01 中，<!DOCTYPE>需要对 DTD 进行引用，因为 HTML 4.01 基于 SGML。而 HTML 5 不基于 SGML，因此不需要对 DTD 进行引用，但是需要 doctype 来规范浏览器的行为（让浏览器按照它们应该的方式来运行）。

实例 5-1：介绍 HTML 头部元素的使用方法
源码路径：光盘:\codes\5\1.html

实例文件 1.html 的主要代码如下。

```
<!DOCTYPE HTML>
<html>
<head>
<title>Title of the document</title>
</head>
<body>
</body>
</html>
```

在上述实例中实现文档类型设置的是首行代码，用 DOCTYPE 标记表示。执行后的效果如图 5-1 所示。

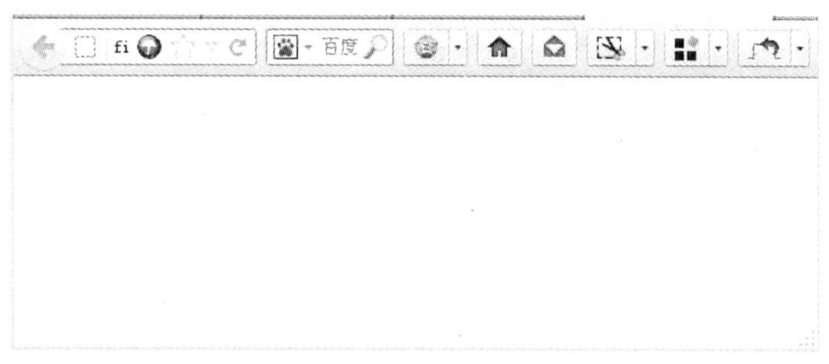

图 5-1　执行效果

从图 5-1 的执行效果可以看出，网页的文档类型不是十分重要，不会在页面的正文中显示。在创建的任何 HTML 文档的开头部分，都应该首先声明文档类型定义（DTD）。

注意：在HTML 4.01中有如下3个不同的文档类型。

- ☑ 过渡性文档类型：要求不严格，允许使用HTML 4.01标识。
- ☑ 严格的文档类型：要求比较严格，不允许使用任何表现层的标识和属性。
- ☑ 框架性文档类型：是专门针对框架页面所使用的文档类型。

而在HTML 5 中只有一个：

```
<!DOCTYPE HTML>
```

5.1.2　设置所有链接规定默认地址或默认目标

在 HTML 5 中，使用<base>标签可以为页面上的所有链接规定默认地址或默认目标。在通常情况下，浏览器会从当前文档的 URL 中提取相应的元素来填写相对 URL 中的空白。使用<base>标签可以改变这一点，浏览器随后将不再使用当前文档的 URL，而使用指定的基本 URL 来解析所有的相对 URL，包括<a>、<img>、<link>、<form>标签中的 URL。

在 HTML 5 中规定，必须将<base>标签用在 head 元素内部。例如假设图像的绝对地址是：

```
<img src="http://www.topchuban001.com/i/pic.gif" />
```

接下来在页面中的 head 部分插入<base>标签，规定页面中所有链接的基准 URL：

```
<head>
<base href="http://www.topchuban001.com/i/" />
</head>
```

这样当在上述页面插入图像时，必须规定相对地址，浏览器会寻找文件所使用的完整 URL：

```
<img src="pic.gif" />
```

注意：在一个文档中，最多能使用一个<base>元素。建议把<base>标签排在head元素中第一个元素的位置，这样head中其他元素就可以利用<base>元素中的信息了。

5.1.3　链接标签

在 HTML 5 中，<link>标签用于定义文档与外部资源之间的关系。例如用下面的代码可以链接到一个名为 style.css 的外部样式表。

```
<head>
<link rel="stylesheet" type="text/css" href="style.css" />
</head>
```

虽然目前所有的主流浏览器都支持<link>标签，但是在 HTML 5 中不再支持 HTML 4.01 的某些属性。HTML 5 中的新属性如表 5-1 所示。

表 5-1　HTML 5 中的新属性

属　性	值	描　述
charset	char_encoding	定义文档的字符编码
href	URL	规定被链接文档的位置
hreflang	language_code	规定被链接文档中文本的语言
media	media_query	规定被链接文档将被显示在什么设备上
rel	alternate author help icon licence next pingback prefetch prev search sidebar stylesheet tag	规定当前文档与被链接文档之间的关系
sizes	height×width any	规定被链接资源的尺寸。仅适用于 rel="icon"
type	MIME_type	规定被链接文档的 MIME 类型

<link>标签支持 HTML 5 中如表 5-2 所示的全局属性。

表 5-2　HTML 5 中新的全局属性

属　　性	描　　述
accesskey	规定访问元素的键盘快捷键
class	规定元素的类名（用于规定样式表中的类）
contenteditable	规定是否允许用户编辑内容
contextmenu	规定元素的上下文菜单
dir	规定元素中内容的文本方向
draggable	规定是否允许用户拖动元素
dropzone	规定当被拖动的项目/数据被拖放到元素中时会发生什么
hidden	规定该元素是无关的。被隐藏的元素不会显示
id	规定元素的唯一 ID
lang	规定元素中内容的语言代码
spellcheck	规定是否必须对元素进行拼写或语法检查
style	规定元素的行内样式
tabindex	规定元素的 Tab 键控制次序
title	规定有关元素的额外信息

5.1.4　设置有关页面的元信息

在 HTML 5 中，可以使用<meta>标签设置有关页面的元信息（meta-information），如针对搜索引擎和更新频度的描述和关键词。<meta> 标签位于文档的头部，在里面不包含任何内容。<meta> 标签的属性定义了与文档相关联的“名称/值”对。

在全新的 HTML 5 中，不再支持属性 scheme，而是增加了一个新的属性：charset，此属性可以使字符集的定义更加容易。在 HTML 4.01 中必须用如下写法。

```
<meta http-equiv="content-type" content="text/html; charset=ISO-8859-1">
```

而在 HTML 5 中只需用如下写法即可实现相同的功能。

```
<meta charset="ISO-8859-1">
```

例如通过下面的代码定义了针对搜索引擎的关键词。

```
<meta name="keywords" content="HTML, CSS, XML, XHTML, JavaScript" />
```

而通过下面的代码定义了对页面的描述。

```
<meta name="description" content="欢迎学习 web 技术" />
```

通过下面的代码定义了页面的最新版本。

```
<meta name="revised" content="David, 2012/12/8/" />
```

通过下面的代码可以设置每 5 秒刷新一次页面。

```
<meta http-equiv="refresh" content="5" />
```

5.1.5　定义客户端脚本

在 HTML 5 中，<script> 标签用于定义客户端脚本，如 JavaScript。script 元素既可包含脚本语句，也可以通过 src 属性指向外部脚本文件。JavaScript 通常用于图像操作、表单验证以及动态内容更改。例如通过下面的 JavaScript 代码可以在页面中输出文字 Hello World。

```
<script type="text/javascript">
document.write("Hello World!")
</script>
```

在 HTML 4 中，属性 type 是必需的，而在 HTML 5 中是可选的。另外，在 HTML 5 中新增了 async 属性，并且在 HTML 5 中不再支持 HTML 4.01 中的某些属性。

如果使用 src 属性，则<script>元素必须是空的。其实在 HTML 5 中有多种执行外部脚本的方法，具体说明如下。

（1）如果 async="async"：脚本相对于页面的其余部分异步地执行（当页面继续进行解析时，脚本将被执行）。

（2）如果不使用 async 且 defer="defer"：脚本将在页面完成解析时执行。

（3）如果既不使用 async 也不使用 defer：在浏览器继续解析页面之前，立即读取并执行脚本。

在 HTML 5 中，<script>标签支持的属性如表 5-3 所示。

表 5-3　<script>标签支持的属性

属　　性	值	描　　述
async	async	规定异步执行脚本（仅适用于外部脚本）
defer	defer	规定当页面已完成解析后，执行脚本（仅适用于外部脚本）
type	MIME_type	规定脚本的 MIME 类型
charset	character_set	规定在脚本中使用的字符编码（仅适用于外部脚本）
src	URL	规定外部脚本的 URL

5.1.6　定义 HTML 文档的样式信息

在 HTML 5 中，可以使用<style>标签定义 HTML 文档的样式信息。通过<style>标签，可以设置 HTML 元素如何在浏览器中呈现。例如在实例 5-2 中，演示了在 HTML 文档中使用<style>元素的方法。

实例 5-2：演示在 HTML 文档中使用<style>元素的方法
源码路径：光盘:\codes\5\2.html

实例文件 2.html 的主要代码如下。

```
<html>
<head>
<style type="text/css">
h1 {color:red}
```

```
p {color:blue}
</style>
</head>

<body>
<h1>Header-1</h1>
<p>看我的样式</p>
</body>
</html>
```

执行后的效果如图 5-2 所示。

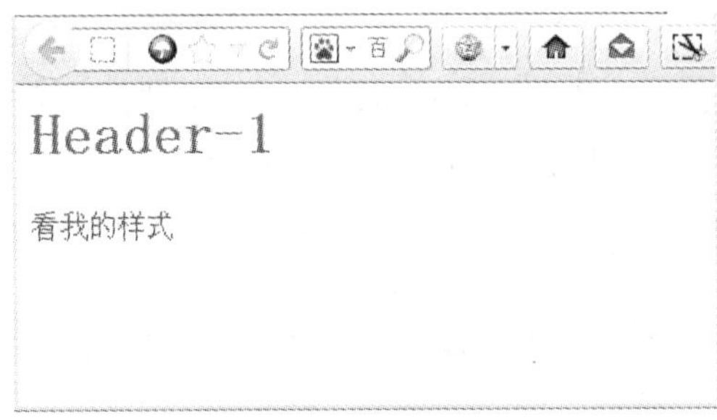

图 5-2 执行效果

属性 scoped 是 HTML 5 中的一个新属性，它允许用户为文档的指定部分定义样式，而不是整个文档。如果使用了属性 scoped，那么所规定的样式只能应用到 style 元素的父元素及其子元素。

注意： 如果未定义scoped属性，那么<style>元素必须位于<head>部分中。如需链接外部样式表，请使用<link>标签。

5.1.7 设置页面标题

设计的网页需要有一个标题，且标题需要高度概括这个页面的内容。设置后的标题不在浏览器正文中显示，而在浏览器的标题栏中显示。在 HTML 5 中，使用<title>标签定义文档的标题。title 元素在所有 HTML 文档中是必需的。

在页面中定义页面标题的代码如下。

```
<title>页面标题</title>
```

实例 5-3： 介绍设置页面标题的方法

源码路径： 光盘:\codes\5\3.html

实例文件 3.html 的主要代码如下。

```
<html>
<head>
<title>这里是我的标题</title>
</head>

<body>
```

```
</body>
</html>
```

执行后的效果如图 5-3 所示。

图 5-3　执行效果

目前所有的主流浏览器都支持<title>标签。网页标题和一本书的书名一样，是整本书所讲内容的高度概括。读者在看一本书时最先判断其所讲内容也是从标题入手。同样的道理，搜索引擎了解一个网页内容也是从标题入手。搜索引擎读到一个网页的第一部分内容就是标题，只要标题贴切，就基本可以通过网页标题确定一个网页的内容。

5.2　设置页面正文

知识点讲解：光盘\视频讲解\第 5 章\设置页面正文.avi

网页的正文是网页的主体，通过正文可以向浏览者展示页面的基本信息。正文定义了网页上显示的主要内容与显示格式，是整个网页的核心。在 HTML 5 中设置正文的标记是<body>…</body>，其具体使用的语法格式如下。

```
<body>页面正文内容</body>
```

页面正文位于头部之后，<body>标示正文的开始，</body>标示正文的结束。正文 body 通过其本身的属性实现指定的显示效果，body 的常用属性如表 5-4 所示。

表 5-4　body 常用属性列表

属 性 值	描　述
background	设置页面的背景图像
bgcolor	设置页面的背景颜色
text	设置页面内文本的颜色
link	设置页面内未被访问过的链接颜色
vlink	设置页面内已经被访问过的链接颜色
alink	设置页面内链接被访问时的颜色

body 属性中的颜色取值既可以是表示颜色的英文字符，如 red（红色），也可以是十六进制颜色值，如#9900FF。

实例 5-4：设置网页的正文
源码路径：光盘:\codes\5\4.html

实例文件 4.html 的主要代码如下。

```
<html>
<head>
<meta http-equiv="Content-Type" content="text/html; charset=gb2312">
<title>无标题文档</title>
</head>
<body>
看这页面效果吧
</body>
</html>
```

执行后的效果如图 5-4 所示，从显示效果中可以看出，页面正文内容将在浏览器主体界面中显示。

图 5-4 执行效果

和前面介绍的头部元素不同，正文信息将在页面的主体位置显示出来。作为网页主体内容的 body 部分将直接显示在浏览器的窗口中，它里面的内容直接影响整个网页的好坏，在网页设计中起着至关重要的作用。

在开始编写具体页面内容之前，需要对页面进行整体的基本规划和设置，例如整个页面的背景色、背景图案、前景（文字）色、页面“左/上”边距大小等。在 HTML 中，需要用表 5-4 内指定参数来设置。要想在正文中显示不同的文本内容，可以直接在代码中的<body>…</body>标记之间修改为所需要的内容即可。

5.3 注 释

知识点讲解：光盘\视频讲解\第 5 章\注释.avi

注释是编程语言和标记语言中不可缺少的要素。通过注释不但可以方便用户对代码的理解，并且可以便于系统程序的后续维护。在 HTML 中插入注释的语法格式如下。

```
<!--注释内容 -->
```

实例 5-5：为实例 5-4 中的网页 4.html 添加注释
源码路径：光盘:\codes\5\5.html

实例文件 5.html 的主要代码如下。

```
<html>
<head>
<meta http-equiv="Content-Type" content="text/html; charset=gb2312">
<title>无标题文档</title>
</head>
```

```
<body>
看这页面效果吧        <!-- 页面正文内容-->
</body>
</html>
```

执行效果如图 5-5 所示。

图 5-5　执行效果

要输入注释信息，首先输入一个小于号“<”，然后紧接着输入一个感叹号“!”，要注意的是，在小于号和感叹号之间不能有空格，之后是两条短线“--”，即下面的格式：

```
<!--
```

接下来输入注释或说明信息，然后再输入两条短线“--”和一个大于号“>”，这样就完成了一个注释信息的添加。例如下面的格式：

```
<!--This is a comment-->
```

在此需要注意的是，因为两条短线“--”和一个大于号“>”用来表示注释的终止，所以不要在注释的内容中加入字符串“-->”。

5.4　和页面结构相关的新元素

知识点讲解：光盘\视频讲解\第 5 章\和页面结构相关的新元素.avi

在全新的 HTML 5 中，新增了几个和页面结构相关的新元素。本节将重点讲解这几个新元素的基本知识，为读者步入本书后面知识的学习打下基础。

5.4.1　定义区段的标签

在全新的 HTML 5 中，<section>标签用于定义文档中的节（section、区段），例如章节、页眉、页脚或文档中的其他部分。例如通过下面的代码在页面中定义了一个区域。

```
<section>
  <h1>PRC</h1>
  <p>中华人民共和国万岁</p>
</section>
```

<section>标签是 HTML 5 中的新标签，其属性 cite 的值为 URL，此值表示 section 的 URL。<section>

标签支持表 5-4 中列出的 HTML 5 中的全局属性。

5.4.2 定义独立内容的标签

在全新的 HTML 5 中，使用<article>标签可以定义独立的页面内容。在现实应用中，通常在如下情形使用<article>标签。

☑ 论坛帖子。
☑ 报纸文章。
☑ 博客条目。
☑ 用户评论。

实例 5-6：在网页中使用<article>标签
源码路径：光盘:\codes\5\6.html

实例文件 6.html 的主要代码如下所示。

```
<!DOCTYPE HTML>
<html>
<body>
<article>
<a href="http://www.apple.com">iphone</a><br />
公元 2012 年 9 月，全新一代的 iPhone 5 发布，首先登录美国市场，然后欧洲七国......
</article>

</body>
</html>
```

执行效果如图 5-6 所示。

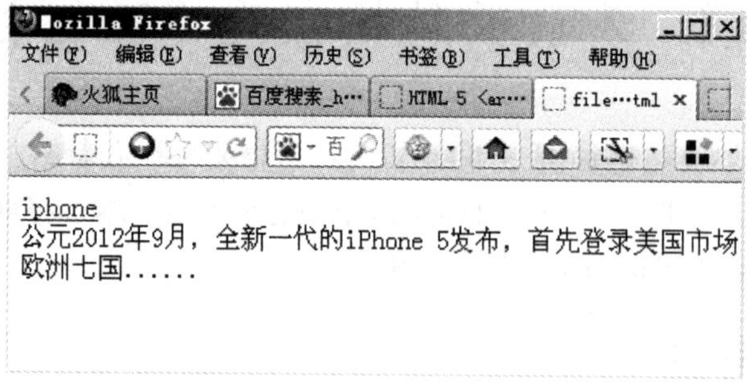

图 5-6 执行效果

<article>标签的内容独立于文档的其余部分，<article>标签支持表 5-4 中列出的 HTML 5 中的全局属性。

5.4.3 定义导航链接标签

在全新的 HTML 5 中，<nav>标签用于定义导航链接的部分。

实例 5-7：在网页中使用<nav>标签
源码路径：光盘:\codes\5\7.html

实例文件 7.html 的主要代码如下。

```
<!DOCTYPE HTML>
<html>
<body>

<nav>
<a href="index.asp">主页</a>
<a href="chanpin.asp">产品</a>
<a href="news.asp">新闻</a>
</nav>
</body>
</html>
```

执行效果如图 5-7 所示。

图 5-7　执行效果

如果在文档中有向前或向后的按钮，则应该把它放到<nav>元素中。<nav> 标签支持表 5-4 中列出的 HTML 5 中的全局属性。

5.4.4　定义其所处内容之外的内容

在全新的 HTML 5 中，<aside>标签用于定义其所处内容之外的内容。

实例 5-8：在网页中使用<aside>标签
源码路径：光盘:\codes\5\8.html

实例文件 8.html 的主要代码如下。

```
<!DOCTYPE HTML>
<html>
<body>

<p>AAAAAAA.</p>
<aside>
<h4>BBBBBB</h4>
TCCCCCCCCCCCCC.
```

```
</aside>

</body>
</html>
```

执行效果如图 5-8 所示。

图 5-8 执行效果

<aside>的内容可用作文章的侧栏，<aside>标签支持表 5-4 中列出的 HTML 5 中的全局属性。

5.4.5 定义页脚内容的标签

在全新的 HTML 5 中，<footer>标签用于定义 section 或 document 的页脚。

实例 5-9：在网页中使用<footer>标签

源码路径：光盘:\codes\5\9.html

实例文件 9.html 的主要代码如下。

```
<!DOCTYPE HTML>
<html>
<body>
<footer>这是页脚部分的内容.</footer>

</body>
</html>
```

执行效果如图 5-9 所示。

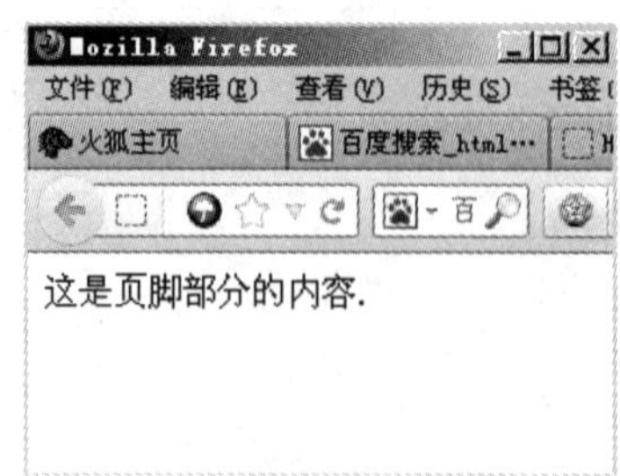

图 5-9 执行效果

假如使用<footer>来插入联系信息，应该在<footer>元素内使用<address>元素。<footer>标签支持表 5-4 中列出的 HTML 5 中的全局属性。

第 6 章　体验基本元素

对于全新的 HTML 5 来说，新增加了很多标记元素，通过这些新的标记元素可以实现以往 HTML 所不能实现的功能。另外，本章还会引领读者一起学习 HTML 5 中基本页面元素的使用技巧，为读者学习本书后面的知识打下基础。

6.1　在页面中输出一段文字

知识点讲解：光盘\视频讲解\第 6 章\在页面中输出一段文字.avi

我们可以使用传统的 HTML 段落标记<p>…</p>来实现段落文字功能。请看实例 6-1 的实现代码。

实例 6-1：在页面中输出一段文字

源码路径：光盘:\codes\6\1.html

实例文件 1.html 的实现代码如下。

```
<!DOCTYPE HTML>
<META charset="utf-8">
<TITLE>我的第一个 HTML 5 页面</TITLE>
<P>欢迎学习 HTML 5</P>
```

通过短短的几行代码就完成了一个页面的开发，这充分说明了 HTML 5 语法的简洁性。同时，HTML 5 并不是一种 XML 语言，其语法非常随意。上述程序中的第一行代码如下。

```
<! DOCTYPE   HTML>
```

通过上述几个简短的字符，甚至不包括版本号，就能够告诉浏览器需要一个 doctype 来触发标准模式。接下来需要说明文档的字符编码，否则将出现浏览器不能正确解析，会导致安全隐患，为此加入如下一行代码。

```
<META charset="utf-8">
```

通过上述代码指明了该文档的字符编码。另外，因为 HTML 5 不区分字母大小写、标记结束符及属性是否加引号，所以如下 3 行代码是完全等效的。

```
<meta charset="utf-8">
<META charset="utf-8"   />
<META charset=utf-8>
```

在 HTML 5 的主体代码中，可以省略<html>与<body>标记，直接编写需要显示的内容，代码如下。

```
<P>欢迎学习 HTML 5</P>
```

虽然在编写代码时省略了<html>与<body>标记，但在浏览器进行解析时会自动进行添加。最终的执行效果如图 6-1 所示。

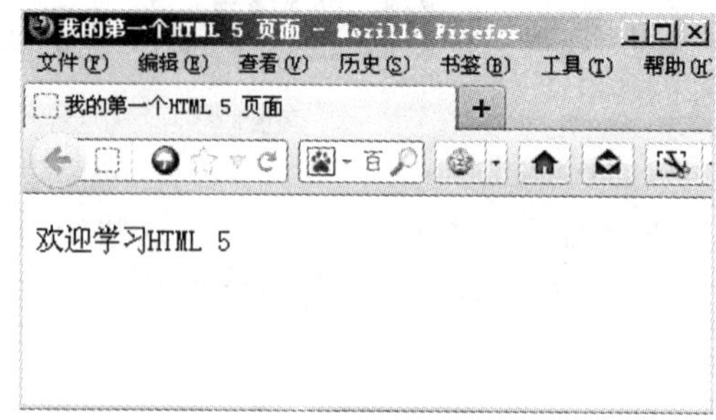

图 6-1　执行效果

6.2　对页面进行分栏设计

知识点讲解：光盘\视频讲解\第 6 章\对页面进行分栏设计.avi

在大多数情况下，设计师会对页面进行如下规划。

☑　上部分：显示导航。

☑　中部分：分成两个部分，其中左边设置菜单，右边显示文本内容。

☑　下部分：显示页面版权信息。

实例 6-2：使用 HTML 5 的新元素对页面进行分栏设计

源码路径：光盘:\codes\6\2.html

实例文件 2.html 的具体代码如下。

```
<!DOCTYPE html>
<head>
<meta charset=utf-8>
<title>页面结构</title>
<style type="text/css">
  header,nav,article,footer
  {border:solid 1px #666;padding:5px}
  header{width:500px}
  nav{float:left;width:60px;height:100px}
  article{float:left;width:428px;height:100px}
  footer{clear:both;width:500px}
</style>
</head>
<body>
<header class="bgColor">导航部分</header>
<nav>菜单部分</nav>
<article>内容部分</article>
<footer>底部说明部分</footer>
</body>
</html>
```

在上述代码中，使用 HTML 5 的全新元素对页面进行分栏设计，执行后的效果如图 6-2 所示。

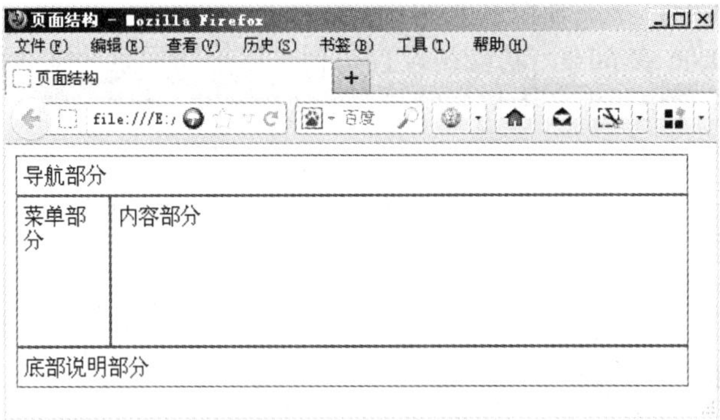

图 6-2　分栏效果

通过 HTML 5 中的新增元素<header>，可以明确地告诉浏览器此处是页头，<nav>标记用来构建页面的导航，<article>标记用于构建页面内容的一部分，<footer>表明页面已到页脚或根元素部分，并且这些标记都可以重复使用，这样提高了开发者的工作效率。

除此之外，有些新增的 HTML 5 元素还可以单独成为一个区域，例如下面的代码。

```
<header>
<article>
<hl>内容 l</hl>
</article>
</header>
<header>
<article>
<h2>内容 2 </h2>
</article>
</header>
```

在 HTML 5 中，通过<article>标记元素可以创建一个新的节点，并且每个节点都可以有自己的单独元素，这和<hl>或<h2>标记元素的原理一样。这样做不仅可以使内容区域各自分段，便于维护，而且代码简单，方便对局部进行修改。

6.3　使用<details>标记元素实现交互

知识点讲解：光盘\视频讲解\第 6 章\使用<details>标记元素实现交互.avi

在 HTML 5 中，<details>标记是一个全新的元素，功能是描述文档或文档某个部分的细节。<details>标记经常与<summary>元素配合使用。在默认情况下，不显示<details>标记中的内容。当与<summary>标记配合使用时，在单击<summary>标记后才会显示<details>元素中设置的内容。

6.3.1　常用属性

<details>元素的常用属性如下。

☑ open：值为 open，功能是定义 details 是否可见。

☑ subject：值为 sub_id，功能是设置元素所对应项目的 ID 号。

☑ draggable：值为 true 或 false，功能是设置是否可以拖动元素，默认值是 false。

<details>标记本质上允许用户在单击标签时显示和隐藏内容。想必大家一定相当熟悉这种效果，但是直到现在，这种效果还一直是用 JavaScript 实现的。假如在某个头部元素后面有一个箭头，当单击箭头时，下面的附加信息将会呈现，再次单击箭头内容消失。在 FAQ（在线问答）页面中经常使用这个功能。

实例 6-3：使用<details>标记元素实现交互

源码路径：光盘:\codes\6\3.html

实例文件 3.html 的主要代码如下。

```
<body>
  <span>隐藏</span>
  <details>
  生成于 2012-05-17
  </details>
  <span>显示</span>
  <details open="open">
  生成于 2012-05-17
  </details>
</body>
```

在上述代码中，在页面中使用了一个<details>元素，通过不设置该元素的 open 属性值与设置该属性值为 open 进行比较，并将结果展示在页面中。在本实例中，为了能更好地验证<details>元素的 open 属性，在页面的样式中分别定义了该元素的默认样式和显示状态的样式。其中第一个<details>使用的默认样式，第二个使用的 open。

执行后的效果如图 6-3 所示。

如果单击图 6-3 中“详细信息”前面的小三角符号，则这部分内容将会消失，如图 6-4 所示。

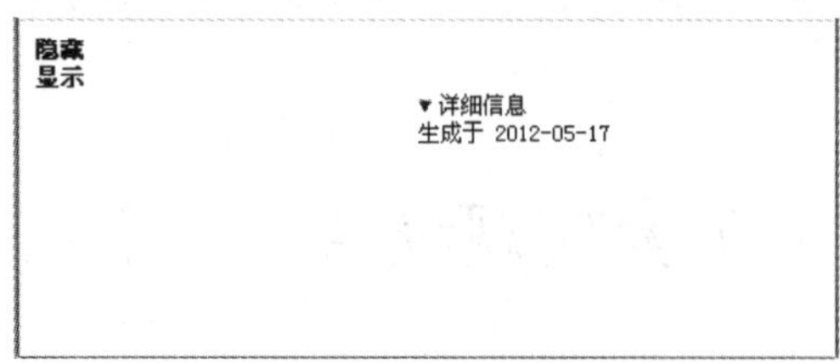

图 6-3　执行效果

图 6-4　消失部分内容

6.3.2　实现下拉弹出效果

在接下来的实例中，首先在页面中显示一行提问文本“需要我为您服务吗？”，当单击左侧的小三角符号后，将在下方无刷新弹出一个下拉区域，在里面显示文本“非常需要.”。上述描述效果在很多动态网站中比较常见，原来一般都是用 JavaScript 技术或 Ajax 技术实现的。但是现在只需使用 HTML 5 中的<details>标记元素即可实现相同的功能。

实例 6-4：使用<details>标记实现下拉弹出效果

源码路径：光盘:\codes\6\4.html

实例文件 4.html 的主要代码如下。

```
<body>
<details>
<summary>需要我为您服务吗?</summary>
<p>非常需要.</p>
</details>
</body>
```

在上述代码中，当需要显示和隐藏内容时，使用<details>元素包括一个<summary>标签，接着是内容。当单击<summary>标签时，会以切换的样式显示内容标签。另外，在上述实例的 CSS 代码中，执行后的效果如图 6-5 所示，单击文字左侧的小三角形符号后，在下方无刷新弹出一个新的区域，如图 6-6 所示。

图 6-5　初始效果

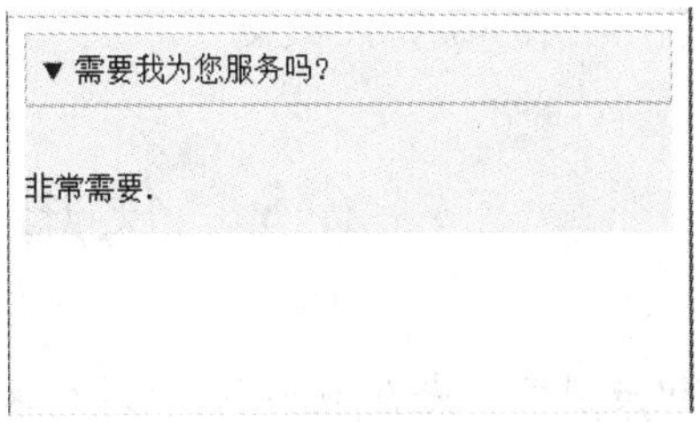

图 6-6　无刷新弹出新内容

6.4　使用<summary>标记元素实现交互

知识点讲解：光盘\视频讲解\第 6 章\使用<summary>标记元素实现交互.avi

在 HTML 5 中，标记<summary>包含了<details>元素的标题，元素<details>能够描述有关文档或文档片段的详细信息。<summary>是 HTML 5 中新增的一个标记，常包含于<details>元素中，配合<details>元素使用。在两者结合起来使用的代码中，<summary>元素的功能是说明文档的标题，<details>元素的功能是说明文档的详细信息。<summary>元素是<details>元素中的第一个子元素，二者经常同时出现在页面中。

实例 6-5：使用<summary>标记实现交互效果

源码路径：光盘:\codes\6\5.html

在本实例中，在页面中分别加入一个<details>元素和一个<summary>元素，当显示<details>元素内容时，其子元素<summary>以字体加粗的形式展示在页面中。实例文件 5.html 的主要代码如下。

```
<body>
  <details open="open">
    <summary>页面说明</summary>
    今天是 2012 年 9 月 26 日
```

```
    </details>
</body>
```

在上述实例代码中，为了突出显示<summary>元素，增加了一个加粗的字体效果。从代码的结构中可以看出，<summary>元素包含在<details>元素中，是<details>元素的子元素，应该在摆放位置时尽量放在第一个。执行后的效果如图 6-7 所示，单击文字左侧的小三角形符号后，所有文字将隐藏，如图 6-8 所示。

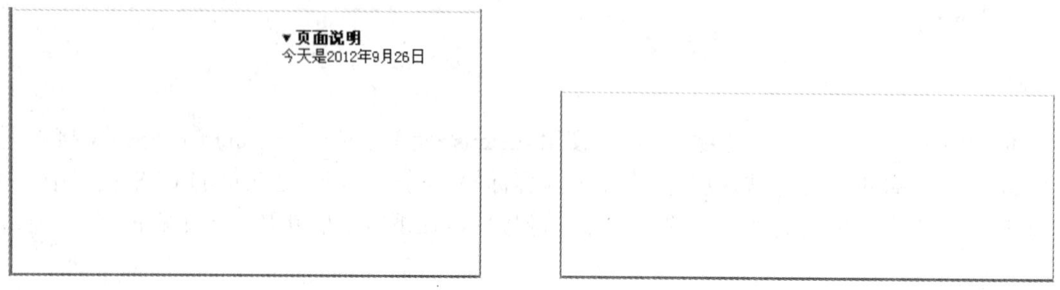

图 6-7　初始效果　　　　图 6-8　所有文字隐藏

6.5　使用<menu>标记元素

知识点讲解：光盘\视频讲解\第 6 章\使用<menu>标记元素.avi

在全新的 HTML 5 中，除了常用的内容交互元素外，使用较为频繁的还有菜单交互元素，此功能主要采用<menu>与<command>两个元素实现。

6.5.1　属性介绍

<menu>是 HTML 5 中的标记元素，此元素其实在 HTML 2 时就已经存在，但是不被 HTML 4 支持。现在在 HTML 5 中重新恢复使用，并且被赋予了全新的功能。该元素常与<li>列表元素结合使用，用来定义一个列表式的菜单。<menu>的属性信息如表 6-1 所示。

表 6-1　<menu>的属性信息

属　性	值	描　述
autosubmit	true/false	如果为 true，那么当表单控件改变时会自动提交
compact	compact_rendering	不支持，请使用 CSS 代替
label	menulabel	为菜单定义一个可见的标注
type	context toolbar list	定义显示哪种类型的菜单，默认值是 list

实例 6-6 的功能是在页面中通过<menu>元素列表显示 3 行图文并茂的文本选项。首先添加了一个<menu>元素，在该元素中加入<li>列表元素；然后在列表元素中分别放置一个<img>与一个<span>元素，用于展示图片与标题；最后使用 CSS 样式代码，当用户将鼠标指针移至某个<li>元素时，展示菜单中某选项被选中的效果。

实例 6-6：使用<menu>标记元素实现菜单交互
源码路径：光盘:\codes\6\6.html

实例文件 6.html 的主要代码如下。

```
<body>
  <menu>
    <li>
      <img src="1.png"></img>
      <span>Firefox</span>
    </li>
    <li>
      <img src="2.png"></img>
      <span>Chrome</span>
    </li>
    <li>
      <img src="3.png"></img>
      <span>Safari</span>
    </li>
  </menu>
</body>
```

当使用<menu>定义菜单列表时，通常使用<menu>元素来定义菜单的框架，框架中的内容使用<li>元素来进行构造，以形成列表形状。另外，为了美化列表选项的展示效果，需要使用 CSS 样式来修饰，表示通过 CSS 样式控制鼠标指针在移出与移入元素时的不同展示效果。注意菜单还可以嵌套在别的菜单中，形成带层次的菜单结构。执行后的效果如图 6-9 所示。

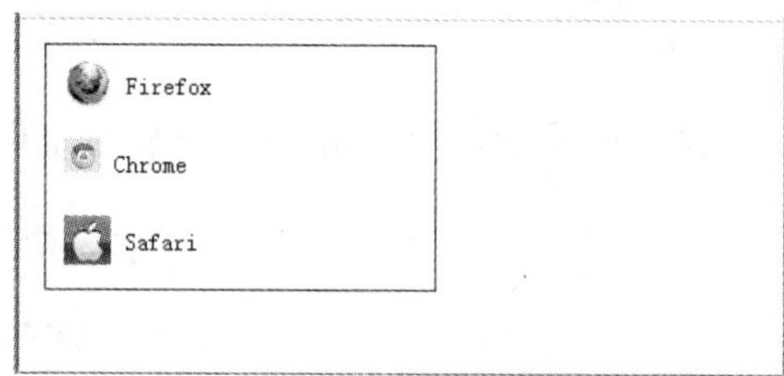

图 6-9　执行效果

6.5.2　实现右键菜单功能

鼠标右键的功能非常强大，在网页中右击后会显示快捷菜单，例如在 Firefox 网页中右击后会弹出如图 6-10 所示的快捷菜单。

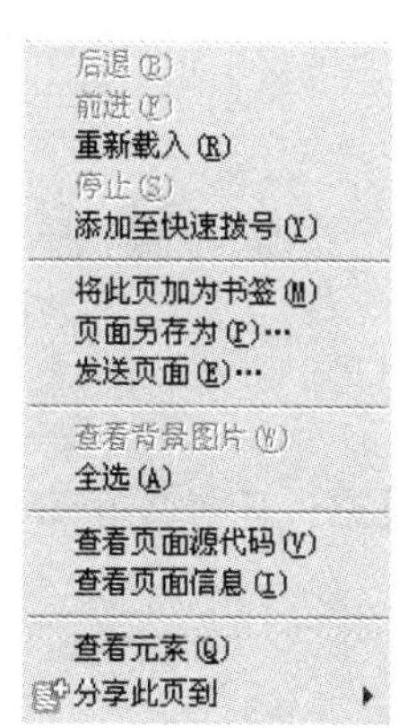

图 6-10　网页中的右键快捷菜单

实例 6-7 的功能是为浏览器添加几个右键菜单选项，该功能可以通过 HTML 5 中的<contextmenu>、<menu>、<menuitem>联合实现。在实例 6-6 中已经讲解了<menu>的基本用法，接下来介绍<contextmenu>和<menuitem>的基本知识。

（1）<contextmenu>

在 HTML 5 中，每个元素新增了一个属性：contextmenu。属性 contextmenu 表示上下文菜单，即鼠标右击元素会出现一个菜单。

（2）<menuitem>

在<menu>…</menu>内部可以嵌入菜单项，即<menuitem>…</menuitem>。<menuitem>有如下 3 个属性。

☑ label：菜单项显示的名称。
☑ icon：在菜单项左侧显示的图标。

☑ onclick：单击菜单项触发的事件。

实例 6-7：实现右键菜单功能

源码路径：光盘:\codes\6\7.html

实例文件 7.html 的主要代码如下。

```
<body>
<div style='display:inline' contextmenu="mymenu">右击我试试</div>

<menu type="context" id="mymenu">
  <menuitem label="菜单 1" onclick="alert('这是菜单 1');" icon="1.png"></menuitem>
  <menuitem label="菜单 2" onclick="alert('这是菜单 2');" icon="2.png"></menuitem>
  <menu label="菜单 3">
    <menuitem label="菜单 3-1" icon="3.png" onclick="alert('这是菜单 3-1');">
    </menuitem>
    <menu label="菜单 3-2" >
        <menuitem label="菜单 3-2-1" icon="123.png" onclick="alert('这是菜单 3-2-1');">
        </menuitem>
    </menu>
  </menu>
</menu>
</body>
```

运行网页后，当右击<div>时就会出现菜单效果，如图 6-11 所示。

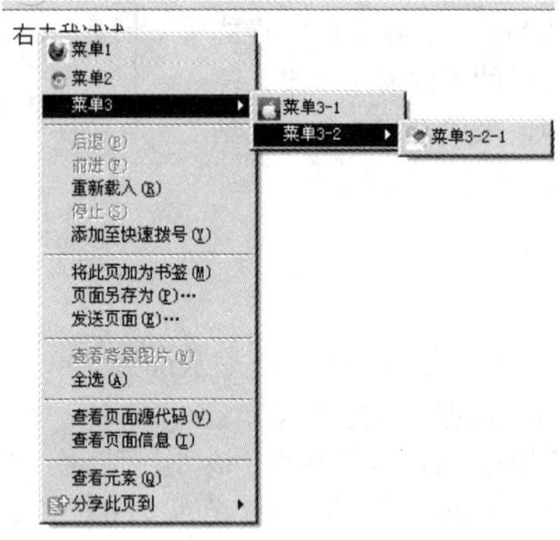

图 6-11　运行效果

注意：目前只有Firefox浏览器支持上述功能效果。

6.6　使用<command>标记元素

知识点讲解：光盘\视频讲解\第 6 章\使用<command>标记元素.avi

在 HTML 5 中，<command>是一个新增的标记元素，功能是定义各种类型的命令按钮。利用该标

记的 url 属性可以添加图片，并且实现图片按钮效果。另外，通过改变标记中的 type 属性值，可以定义复选框或单选按钮。<command>元素包含的属性及描述信息如表 6-2 所示。

表 6-2　<command>元素包含的属性及描述信息

属　性	值	描　述
checked	checked	定义是否被选中，仅用于 radio 或 checkbox 类型
disabled	disabled	定义 command 是否可用
icon	url	定义作为 command 来显示的图像的 url
label	text	为 command 定义可见的 label
radiogroup	groupname	定义 command 所属的组名，仅在类型为 radio 时使用
type	checkbox command radio	定义该 command 的类型，默认是 command

注意： 虽然各浏览器对HTML 5兼容性都进行了很好的支持，但毕竟不可能照顾到每个元素的全部属性，例如<command>元素就有许多属性不能被浏览器支持，因此，所提到的功能也只是HTML 5元素所具有的功能，暂时还不能真正执行，但随着各大浏览器厂商对HTML 5的兼容性力度的加强，这种暂时不兼容的问题终将解决。

<command>能够定义各种类型的按钮，例如命令按钮、单选按钮、图片按钮，另外也能够定义复选框。如果<command>元素与<menu>元素结合使用，可以在网页中实现弹出式的下拉菜单。当单击菜单中的某个选项时，将执行相应的操作。

在实例 6-8 的页面中，分别添加一个<menu>元素和两个<command>元素，并将<command>元素包含在<menu>中。当单击其中一个<command>元素时会弹出一个对话框，并且显示对应操作的内容。

实例 6-8：使用<command>标记元素实现动态对话框效果

源码路径：光盘:\codes\6\8.html

实例文件 8.html 的主要代码如下。

```
<body>
  <menu>
    <command onClick="command_click('文件')">文件</command>
    <command onClick="command_click('打开')">打开</command>
    <command icon="Images/chrome.png" label="带图片的按钮"></command>
  </menu>
  <div id="dialog">
      <div class="title">
          <div class="fleft">提示</div>
          <div class="fright">关闭</div>
      </div>
      <div class="content">
          <div id="divTip">中...</div>
      </div>
  </div>
  <script type="text/javascript">
```

```
    function command_click(strS){
        document.getElementsByName("command").disabled="disabled"
        document.getElementById("dialog").style.display="block";
        var strContent="正在操作<font color=red> "+strS+" </font>选项";
        document.getElementById("divTip").innerHTML=strContent;
    }
  </script>
</body>
```

在上述代码中，<command>标记元素被包含在<menu>元素中，同时为了使元素显示手状的被单击效果，加入了如样式中粗体所示的代码。另外，当<command>元素被单击时弹出一个显示操作内容的对话框，具体内容是 JavaScript 代码中的部分，如图 6-12 所示。

图 6-12　执行效果

其实<command>元素除了可以触发 onClick 事件外，还可以通过 icon 属性设置按钮图片，例如下面的代码。

```
<command icon="Images/chrome.png" label="有图的按钮” ></command>
```

通过上述代码创建了一个带图片的<command>元素，并且指定了元素的名称是“有图的按钮”。另外，还可以通过 JavaScript 代码控制<command>元素的 disabled 属性，例如下面的代码。

```
<script   type="text/j avascript">
……
document. getElement sByName("command").disabled="disabled"j
……
</script>
```

上述 JavaScript 代码的功能是，禁止单击全部的<command>元素。将上述代码放置在单击<command>元素操作某项功能的后面，可以防止用户反复单击或提示用户按钮已经单击成功。

6.7　使用<progress>标记元素

知识点讲解：光盘\视频讲解\第 6 章\使用<progress>标记元素.avi

在全新的 HTML 5 中，可以使用<progress>标记元素实现进度条效果。当页面与用户进行数据交互时，为了增强用户的 UI 体验，通过进度条效果显示页面中各种进度状态。<progress>元素是 HTML 5 中新增的状态交互元素，用来表示页面中某个任务完成的进度。例如在下载一个文件时，文件下载到本地的进度值，可以通过该元素动态展示在页面中。展示进度的方式既可以使用整数，也可以使用百分比（如 10%～100%）。

<progress>元素的属性信息如表 6-3 所示。

表 6-3　<progress>元素的属性信息

属　性	值	描　述
max	number	定义完成的值
value	number	定义进程的当前值

在<progress>元素中，设置的 value 值必须小于或等于 max 值，并且两者都必须大于 0。

实例 6-9：使用<progress>标记元素实现进度条效果

源码路径：光盘:\codes\6\9.html

本实例的功能是，分别在页面中创建一个<progress>元素和一个“下载按钮”。当单击“下载按钮”时，通过元素<progress>动态展示下载进度状态和百分比信息。当下载结束时显示“下载已经完成！”的提示信息。实例文件 9.html 的主要代码如下。

```
<body>
 <p id="pTip">开始下载</p>
 <progress value="0" max="100" id="proDownFile"></progress>
 <input type="button" value="下载按钮"
          class="inputbtn" onClick="Btn_Click();">
<script type="text/javascript">
  var intValue = 0;
  var intTimer;
  var objPro = document.getElementById('proDownFile');
  var objTip = document.getElementById('pTip');
  //定时事件
  function Interval_handler() {
    intValue++;
    objPro.value = intValue;
    if (intValue >= objPro.max) {
        clearInterval(intTimer);
        objTip.innerHTML = "下载已经完成！";
    } else {
        objTip.innerHTML = "正在下载中" + intValue + "%";
    }
  }
  //下载按钮单击事件
  function Btn_Click(){
      intTimer = setInterval(Interval_handler, 100);
  }
</script>
</body>
```

在上述代码中，为了使<progress>元素能够动态展示下载进度，需要通过 JavaScript 脚本语言编写一个定时事件。在这个事件中累加变量值，并将该值设置为<progress>元素的 value 属性值。当这个属性的值大于或等于<progress>元素的 max 属性值时停止累加，并显示“下载已经完成！”的提示信息；否则将动态显示正在累加的百分比数，具体设置是通过 JavaScript 脚本代码实现的。

执行后的效果如图 6-13 所示，当单击“下载按钮”后弹出一个进度条效果，如图 6-14 所示。

图 6-13　初始效果

进度条完成后的效果如图 6-15 所示。

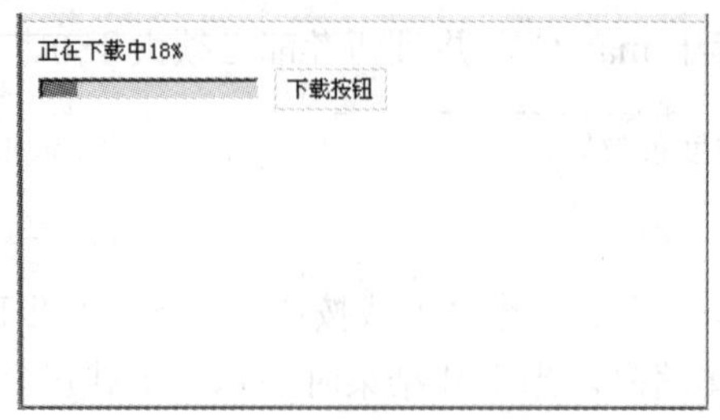

图 6-14　下载进度条

图 6-15　下载完成后的效果

6.8　使用<meter>标记元素

知识点讲解：光盘\视频讲解\第 6 章\使用<meter>标记元素.avi

在 HTML 5 中，可以使用<meter>标记元素实现百分比效果。<meter>是 HTML 5 中新增的标记，用于表示在一定数量范围中的值，例如投票中各个候选人各占比例情况等。<meter>元素仅帮助浏览器识别 HTML 中的数量，而不对该数量做任何的格式修饰。在<meter>元素中有 6 个属性，通过这些属性会根据浏览器的特征以最好的方式展示相应数量。

<meter>标记元素的属性信息如表 6-4 所示。

表 6-4　<meter>标记元素的属性信息

属　性	值	描　述
high	number	定义度量的值位于哪个点，被界定为高的值
low	number	定义度量的值位于哪个点，被界定为低的值
max	number	定义最大值。默认值是 1
min	number	定义最小值。默认值是 0
optimum	number	定义什么样的度量值是最佳的值 如果该值大于 high 属性的值，则意味着值越大越好；如果该值小于 low 属性的值，则意味着值越小越好
value	number	定义度量的值

low、high 和 optimum 这 3 个属性值的功能是，将<meter>元素展示的测量范围划分为 low、high 和 medium 3 个部分，以此来判断该测量的哪个部分是最优的。请读者考虑下面的 meter 元素。

```
<meter value="0.3" optimum="1" high="0.9" low="0.1" max="1" min="0"></meter>
<span>30%</span>
```

在上述代码中，最低值可能为 0，用 min 表示。但是实际最低为 0.1，用 low 表示。最高值可能为 1，但实际最高为 0.9。

low、high 将测量范围 0～1 划分为 0～0.1（low）、0.1～0.9（medium）、0.9～1（high）3 个范围，optimum 指明最优位置在 1 处，此时该值比 high 值大，那么就表示 value 值越大越好；类似地，如果 optimum 值比 low 小，则表示 value 值越小越好；如果 optimum 值落在 low 值与 high 值之间，则表示 value 不高不低最好。

例如下面的代码演示了<meter>元素的基本用法。

```
<!DOCTYPE HTML>
<html>
<body>
<meter min="0" max="10">2</meter><br />
<meter>2 out of 10</meter><br />
<meter>20%</meter>
</body>
</html>
```

上述代码的执行效果如图 6-16 所示。

在<meter>元素中，属性值 optimum 表示的是最佳数量值，如果该值比属性 high 值大，表示实际值越高越好；如果该值比属性 low 值小，则表示实际值越低越好。

实例 6-10：使用<meter>标记元素显示投票结果

源码路径：光盘:\codes\6\10.html

本实例的功能是，显示两个候选人的票数比例。实例文件 10.html 的主要代码如下。

```
<body>
  <p>共有 200 人参与投票,明细如下：</p>
  <p>AAA：
  <meter value="0.30" optimum="1"
         high="0.9" low="1" max="1" min="0">
  </meter>
  <span> 30% </span></p>
  <p>BBB：
  <meter value="70" optimum="100"
         high="90" low="10" max="100" min="0">
  </meter>
  <span> 70% </span></p>
</body>
```

在上述代码中，候选人 BBB 所占的比例是 70%，最低比例可能为 0，但实际最低为 10%；最高比例可能为 100%，但实际最高为 90%。其实<meter>元素中的数量也可以使用浮点数表示，如上述代码中所示。为了展示这些比例值，可以引入其他元素，例如本实例中使用了<span>元素展示这些数值。

执行后的效果如图 6-17 所示。

```
2
2 out of 10
20%
```

图 6-16　执行效果

共有200人参与投票，明细如下：

AAA：　30%

BBB：　70%

图 6-17　执行效果

6.9　使用树节点标记元素

知识点讲解：光盘\视频讲解\第 6 章\使用树节点标记元素.avi

在 HTML 5 应用中，新增了许多用于标志节点的元素，例如<section>和<nav>等，通过这些元素可以将页面内容分段或分区显示。本节将详细讲解 HTML 5 中和树节点有关的标记元素。

6.9.1 <section>元素

<section>元素是 HTML 5 中新增的元素。该元素用于标记文档中的区段或段落，例如文章中的章节、页眉、页脚的设置。<section>元素的属性信息如下。

☑ cite：值为 URL，如果 section 来源于 Web，设置<section>的 URL。

☑ hidden：值为 true 或 false，用于显示或隐藏<section>元素，默认值是 false。

☑ draggable：值为 true 或 false，用于设置是否可以拖动<section>元素，默认值是 false。

6.9.2 <nav>元素

在 HTML 5 中，只要是导航性质的链接，就可以很方便地将其放入<nav>元素中。该元素可以在一个文档中多次出现，作为页面或部分区域的导航。请看下面的代码。

```
<nav draggable="true">
<a   href= "index.html">首页< / a>
<a href="book.html">图书</a>
<a href="bbs.html">论坛</a>
</nav>
```

通过上述代码创建了一个可以拖动的导航区域，在上述<nav>元素中包含了 3 个用于导航的超链接，分别是“首页”、“图书”和“论坛”。该导航可用于全局导航，也可放在某个段落，作为区域导航。

实例 6-11：在网页中实现一个树节点效果

源码路径：光盘:\codes\6\11.html

本实例的功能是，使用<nav>元素实现节点效果。<nav>元素是一个可以用来作为页面导航的链接组，其中的导航元素链接到其他页面或当前页面的其他部分。并不是所有的链接组都要被放进<nav>元素。例如，在页脚中通常会有一组链接，包括服务条款、首页、版权声明等，这时使用<footer>元素是最恰当的，而不需要<nav>元素。实例文件 11.html 的具体代码如下。

```
<body>
<h1>The Wiki Center Of Exampland</h1>
<nav>
<ul>
<li><a href="/">Home</a></li>
<li><a href="/events">Current Events</a></li>
...more...
</ul>
</nav>
<article>
<header>
<h1>Demos in Exampland</h1>
<p>Written by A. N. Other.</p>
</header>
<nav>
```

```
<ul>
<li><a href="#public">Public demonstrations</a></li>

<li><a href="#destroy">Demolitions</a></li>
...more...
</ul>
</nav>
<div>
<section id="public">
<h1>Public demonstrations</h1>
<p>...more...</p>
</section>
<section id="destroy">
<h1>Demolitions</h1>
<p>...more...</p>
</section>
...more...
</div>
<footer>
<p><a href="?edit">Edit</a> | <a href="?delete">Delete</a> | <a href="?
Rename">Rename</a></p>
</footer>
</article>
<footer>
<p><small>© copyright 1998 Exampland Emperor</small></p>
</footer>
</body>
```

通过上述代码可以看到，<nav>元素不仅可以用来作为页面全局导航，也可以放在<article>标签内，作为单篇文章内容的相关导航链接到当前页面的其他位置。执行效果如图 6-18 所示。

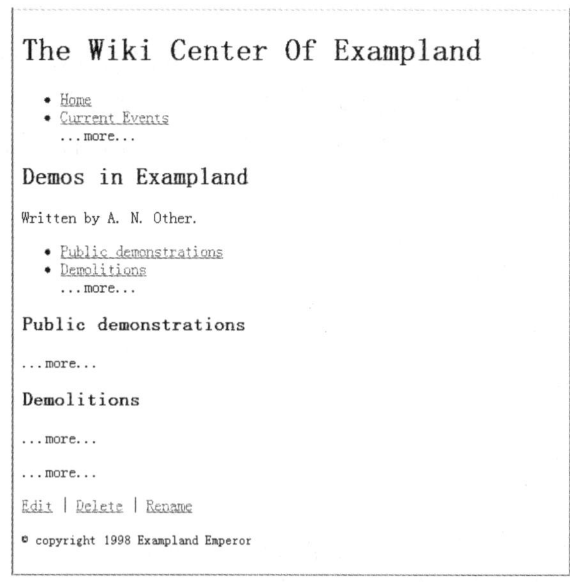

图 6-18　执行效果

6.9.3 <hgroup>元素

<hgroup>元素是 HTML 5 中新增的元素，用于对页面的标题进行分组，从而形成一个组群。为了更好地说明各组群的功能，该元素常常与<figcaption>元素结合使用，通过<figcaption>元素说明各组群的功能。请看下面的代码：

```
<hgroup draggable="true">
<figcaption>标题一</figcaption>
<hl>标题 hl</hl>
<h2>标题 h2</h2>
</hgroup>
```

在上述代码中，通过元素<hgroup>创建了一个标题组，命名为“标题一”。该标题中包含了两个子标题，分别为“标题 hl”与“标题 h2”。

6.10 使用分组标记元素

知识点讲解：光盘\视频讲解\第 6 章\使用分组标记元素.avi

在传统的 HTML 标记语言中，可以通过<ul>、<ol>、<dl>元素实现分组效果。在全新的 HTML 5 中，对原有的分组内容元素<ul>、<ol>、<dl>进行了整体改良，有的元素增加了许多新的属性，有的元素则废除了一些不合理的原有特征。因为<dl>元素不经常使用，所以本节将详细讲解<ul>元素和<ol>元素的基本知识。

6.10.1 <ul>元素

在 HTML 5 中，<ul>元素用于定义页面中的无序列表，其用法与 HTML 4 类似。区别是 HTML 5 不再支持 type 与 compact 这两个属性。因为<ul>元素通常与<li>元素组合使用，所以 HTML 5 也不支持<li>元素的 type 属性，而是改用 CSS 样式来定义列表的类型。例如如下 HTML 页面中的代码。

```
<ul>
<li>AA(/li>
<li>BB
<ul>
<li>CC</li>
<li>DD</li>
</ul>
</li>
<li>CC</li>
</ul>
```

在上述代码中，通过<ul>元素创建了一个带嵌套的列表 AA，其中又分为 BB 和 CC 两个列表项。在 BB 列表项中，通过<ul>元素新增加了一个子列表，用于展示上级 BB 列表项的子项信息，该例中的

子项信息包括 CC 和 DD。

6.10.2 <ol>元素

在 HTML 5 中，<ol>元素用于在页面中有序地创建列表。与 HTML 4 相比，在 HTML 5 中新增加了如下两个属性。

☑ start：用于自定义列表项开始的编号。

☑ reversed：用于设置列表是否进行反向排序。

实例 6-12：将网页中的内容分组列表显示

源码路径：光盘:\codes\6\12.html

在本实例中，通过<ol>元素创建一个“MTV 排行榜”列表，并分别添加 3 个选项（AA、BB、CC）作为列表的内容。另外，添加一个文本框“设置开始值”与一个“确定”按钮。在文本框中输入一个值并单击“确定”按钮后，将以文本框中的值为列表项开始的编号显示 MTV 排行。

实例文件 12.html 的具体代码如下。

```
<!DOCTYPE html>
<html>
<head>
<meta charset="utf-8" />
<title>使用列表</title>
<link href="Css/css3.css" rel="stylesheet" type="text/css">
<script type="text/javascript" async="true">
  function Btn_Click(){
     var strNum=document.getElementById("txtOrderNum").value;
     var strDiv=document.getElementById("olList");
     strDiv.setAttribute("start",strNum);
  }
</script>
</head>
<body>
 <h5>MTV 排行榜</h5>
 <ol id="olList">
   <li>AA</li>
   <li>BB</li>
   <li>CC</li>
 </ol>
 <h5>设置开始值</h5>
 <input type="text" id="txtOrderNum"
          class="inputtxt" style="width:60px" />
 <input type="button" value="确定"
          class="inputbtn" onClick="Btn_Click();">
</body>
</html>
```

在上述 JavaScript 代码中，先定义一个函数 Btn_Click()，用于在单击“确定”按钮时调用。在该函数中先获取输入文本的值与<ol>列表元素，并分别保存至变量 strNum 与 strDiv 中。然后通过 setAttribute()

方法将列表元素的 start 属性设置为变量 strNum 的值，从而改变列表项元素编号的开始值。

本实例执行后的效果如图 6-19 所示，如果在文本框中输入数字 7，单击“确定”按钮后将以 7 开始进行排序，如图 6-20 所示。

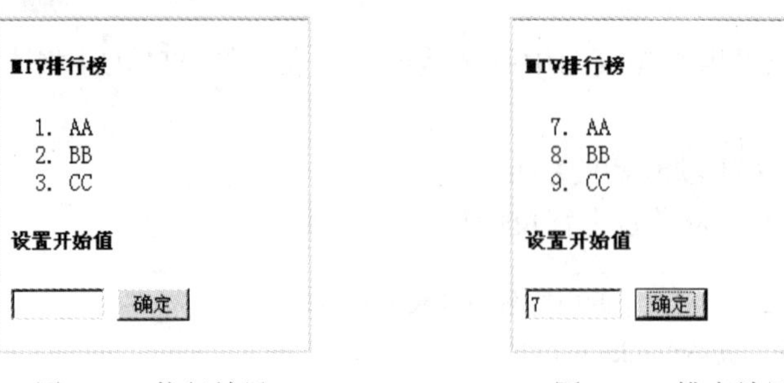

图 6-19　执行效果　　　　图 6-20　排序效果

6.11　使用文本层次语义标记

知识点讲解：光盘\视频讲解\第 6 章\使用文本层次语义标记.avi

在 HTML 页面中，为了使文本内容更加形象、生动，需要增加一些特殊功能的元素，用于突出文本间的层次关系或标为重点，我们将这样的元素称为文本层次语义标记。在 HTML 5 中，通过元素<time>、<mark>和<cite>可以设置文本层次。

6.11.1　<time>元素

<time>元素是 HTML 5 新增加的一个标记，用于定义时间或日期。该元素可以代表 24 小时中的某一时刻，当表示时刻时允许有时间差。在设置时间或日期时，只需将该元素的属性 datetime 设为相应的时间或日期即可。

<time>元素的属性如表 6-5 所示。

表 6-5　<time>元素的属性

属　　性	值	描　　述
datetime	datetime	规定日期/时间。否则，由元素的内容给定日期/时间
pubdate	pubdate	指示<time>元素（或<article>元素）中的日期/时间是文档的发布日期

<time>元素中的可选属性 pubdate 表示时间是否为发布日期，它是一个布尔值，该属性不仅可以用于<time>元素，还可用于<article>元素。

6.11.2　<mark>元素

<mark>元素是 HTML 5 中新增的元素，主要功能是在文本中高亮显示某个或某几个字符，目的是引起用户的特别注意。其使用方法与<em>和<strong>有相似之处，但相比而言，HTML 5 中新增的<mark>元素在突出显示时，更加随意与灵活。

6.11.3　<cite>元素

在 HTML 5 中，使用<cite>元素可以创建一个引用标记，用于文档中参考文献的引用说明，如书名或文章名称。如果在文档中使用了<cite>元素，被标记的文档内容将以斜体的样式展示在页面中，以区别于段落中的其他字符。

实例 6-13：在网页中突出显示某些文字

源码路径：光盘:\codes\6\13.html

在本实例中，首先使用<h5>元素创建一个标题“理想是什么？是面包”，然后通过<p>元素对标题进行阐述。为了引起用户对重要内容的注意，使用<mark>元素高亮处理字符“面包”、“大山”和“天知道”。实例文件 13.html 的具体代码如下。

```
<body>
 <h5>理想是什么？是<mark>面包</mark></h5>
 <p class="p3_5">
     喜欢大海吗
     还是喜欢<mark>大山</mark>
     <mark>天知道</mark>的答案！
 </p>
</body>
```

在上述代码中，使用<mark>元素将文字中的“面包”、“大山”和“天知道”3 个字符进行了高亮显示处理。<mark>元素的这种高亮显示的特征，除用于文档中突出显示外，还常用于查看搜索结果页面中关键字的高亮显示，其目的主要是引起用户的注意。执行效果如图 6-21 所示。

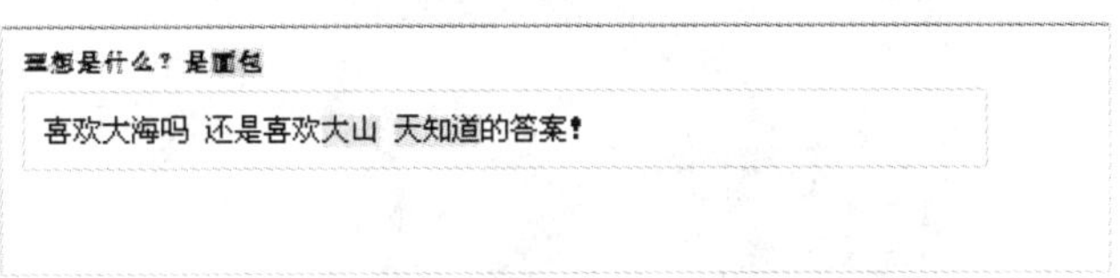

图 6-21　执行效果

注意：<mark>元素在使用效果上与<em>或<strong>元素有相似之处，但三者的出发点是不一样的。<strong>元素是作者对文档中某段文字的重要性进行强调；<em>元素是为了突出文章的重点而进行设置；<mark>元素是数据展示时，以高亮的形式显示某些字符。

6.12　使用<img>标记元素

知识点讲解：光盘\视频讲解\第 6 章\使用<img>标记元素.avi

在 HTML 5 页面中，除了显示文档或字符外，还经常需要放入一些其他元素，例如图片<img>、页面<iframe>和多媒体<object>等。这些元素对于整个 DOM 文档来说，属于嵌入内容。其中<img>元素的功能是在页面中导入一幅图像，它是页面开发中使用较为频繁的一个元素。在 HTML 5 中，该元素的 border、align、hspace、vspace 属性不再被支持，这些功能需要通过 CSS 样式来实现。在 HTML 4.01 中，也不赞成使用这些布局属性。

<img>元素的主要属性如表 6-6 所示。

表 6-6　<img>元素的属性

属　性	值	描　述	属　性	值	描　述
alt	text	规定图像的替代文本	ismap	ismap	把图像设置为服务器端图像映射
src	URL	规定图像的 URL	usemap	#mapname	把图像设置为客户端图像映射
height	pixels%	规定图像的高度	width	pixels%	规定图像的宽度

实例 6-14：在网页中显示一幅图片

源码路径：光盘:\codes\6\14.html

本实例的功能是，使用<img>元素在网页中显示一幅图片，本实例的图片素材是 eg_tulip.jpg。实例文件 14.html 的具体代码如下。

```
<!DOCTYPE html>
<html>
<body>

<img src="/i/eg_tulip.jpg"   alt="上海鲜花港 - 郁金香" width="400" height="266" />

</body>
</html>
```

执行效果如图 6-22 所示。

图 6-22　执行效果

6.13　使用<iframe>标记元素

知识点讲解：光盘\视频讲解\第 6 章\使用<iframe>标记元素.avi

在 HTML 5 中，<iframe>元素的功能是在页面中创建包含另一文档的框架。出于对页面安全性的考虑，HTML 5 不再支持<frame>框架元素，包括<frameset>框架集元素，但仍然支持<iframe>元素，只

是该元素的一些原有属性不再被支持，而仅支持 src 属性。

众所周知，当使用<iframe>元素包含另一个页面时，这一操作的安全性会让开发者担忧。为了避免这个问题，在 HTML 5 中新增加了元素的一个属性：sandbox，通过该属性的设置，可以避免私自访问父页面、执行异样脚本、通过脚本嵌入表单或控制表单。属性 sandbox 有如下 4 个属性值。

☑　allow-forms：允许脚本嵌入自己的表单或操纵表单。

☑　allow-same-origin：允许将嵌入内容视为同一个数据源。

☑　allow-scripts：允许执行脚本。

☑　allow-top-navigation：允许最外层浏览器的上下文导航功能。

在具体设置时，建议读者根据实际需求选择允许的操作，从而有效避免<iframe>元素嵌入的文档有安全性问题。

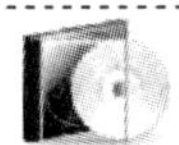

实例 6-15：在网页中显示一个文本框架

源码路径：光盘:\codes\6\15.html

本实例的功能是，使用<iframe>元素在网页中显示一个文本框架。实例文件 15.html 的主要代码如下。

```
<body>
<iframe src="http://www.w3schools.com"></iframe>
</body>
```

执行效果如图 6-23 所示。

图 6-23　执行效果

6.14　使用<object>标记元素

知识点讲解：光盘\视频讲解\第 6 章\使用<object>标记元素.avi

在 HTML 5 网页中，可以使用<object>标记元素在网页中显示一个 flash，<object>元素的功能是定义一个嵌入的对象。可使用此元素向 XHTML 页面添加多媒体，此元素运行规定插入 HTML 文档中的对象的数据和参数，以及可用来显示和操作数据的代码。

<object>元素可以位于<head>元素或<body>元素内部。<object>与</object>之间的文本是替换文本，针对不支持此标签的浏览器。<param>标签可定义用于对象的 run-time 设置。

<object>元素的属性信息如表 6-7 所示。

表 6-7　<object>元素的属性信息

属　　性	值	描　　述
align	left right top bottom	HTML 5 中不支持
archive	URL	HTML 5 中不支持
border	pixels	HTML 5 中不支持
classid	class_ID	HTML 5 中不支持
codebase	URL	HTML 5 中不支持
codetype	MIME_type	HTML 5 中不支持
data	URL	规定对象使用的资源的 URL
declare	declare	HTML 5 中不支持
form	form_id	规定对象所属的一个或多个表单
height	pixels	规定对象的高度
hspace	pixels	HTML 5 中不支持
name	name	为对象定义名称
standby	text	HTML 5 中不支持
type	MIME_type	定义 data 属性中规定的数据的 MIME 类型
usemap	#mapname	规定与对象一同使用的客户端图像映射的名称
vspace	pixels	HTML 5 中不支持
width	pixels	规定对象的宽度

实例 6-16 的功能是，在 HTML 5 网页中显示一个 Flash，本实例的素材 Flash 文件是 123.swf。

实例 6-16：使用<object>元素在网页中显示一个 Flash

源码路径：光盘:\codes\6\16.html

实例文件 16.html 的主要代码如下。

```
<body>
<object data= "123.swf" type="all"
    width="200px" height="200px">
    </object>
</body>
```

上述代码按照 HTML 5 的支持特征，设置了<object>元素的关键属性 data 值。执行后的效果如图 6-24 所示。如果按照设置的多媒体路径找到了该对象，在支持 HTML 5 属性的浏览器中可以实现播放功能。在 HTML 5 中，新增了专门用于播放多媒体文件的标签元素——<video>和<audio>元素。前者用于播放视频或影视，后者用于播放音频文件，这两个元素的实战用法将在本书后面的章节中进行详细介绍。<video>与<audio>元素将逐步取代<object>元素，从而真正展示 HTML 5 在处理视频或音频方面的强大优势。

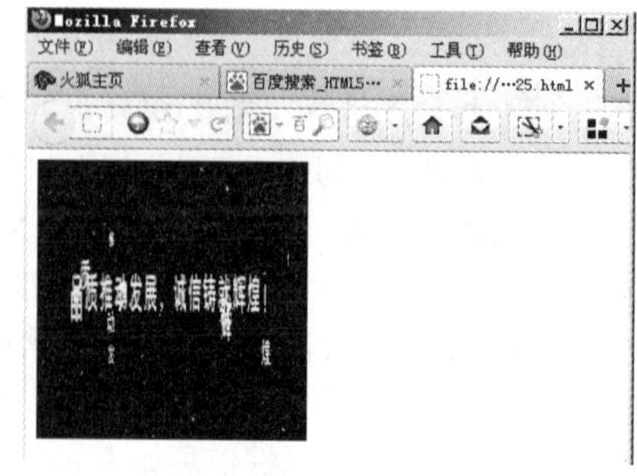

图 6-24　执行效果

第 7 章　使用表单元素

表单在网页中的作用非常重要，因为表单是实现动态网页的基础。在 HTML 5 中，拥有多个新的表单输入类型，通过这些新特性可以实现更好的输入控制和验证。本章将通过几个具体实例来演示表单元素的使用方法。

7.1　表单元素的类型

知识点讲解：光盘\视频讲解\第 7 章\表单元素的类型.avi

在全新的 HTML 5 中，拥有多个新的表单输入类型。这些新特性为用户提供了更好的输入控制和验证。本节将介绍 HTML 5 中表单元素的类型。

7.1.1　email 类型

在 HTML 5 中，email 类型用于应该包含 Email 地址的输入域。如果将<input>元素中的 type 类型设置为 email，将在页面中创建一个专门用于输入邮件地址的文本框。该文本框与其他文本框在页面显示时没有区别，专门用于接收 Email 地址信息。当提交表单时，会自动检测文本框中的内容是否符合 Email 邮件地址格式，如果不符合则提示相应错误信息。

在提交表单之前不会检测 email 类型文本框的内容是否为空，而只有在不为空的情况下才检测其内容是否符合标准的 Email 格式。如果该元素的 multiple 属性设置为 true，则允许用户输入一串用逗号分隔的 Email 地址。在提交表单时，会自动验证 Email 域中的值是否合法。

实例 7-1：验证邮件地址是否合法

源码路径：光盘:\codes\7\1.html

在本实例的表单页面中，加入了一个 email 类型的<input>元素，功能是输入邮件地址。并且还新建了一个表单提交按钮，当单击“提交”按钮时会自动检测 email 类型的文本框中输入的字符是否符合邮件格式，如果不符合则显示对应的错误提示信息。

实例文件 1.html 的主要代码如下。

```
<body>
<form id="frmTmp">
 <fieldset>
   <legend>请输入合法的邮件地址：</legend>
   <input name="txtEmail" type="email"
          class="inputtxt" multiple="true">
   <input name="frmSubmit" type="submit"
          class="inputbtn" value="提交">
```

```
  </fieldset>
</form>
</body>
```

在上述代码中，将<input>元素的 multiple 属性值设置为 true，当在 Chrome 10 浏览器中单击“提交”按钮时，显示的提示信息为“请输入用逗号分隔的电子邮件地址的列表”；而如果不设置该属性值，则提示信息为“请输入电子邮件地址”。执行效果如图 7-1 所示。

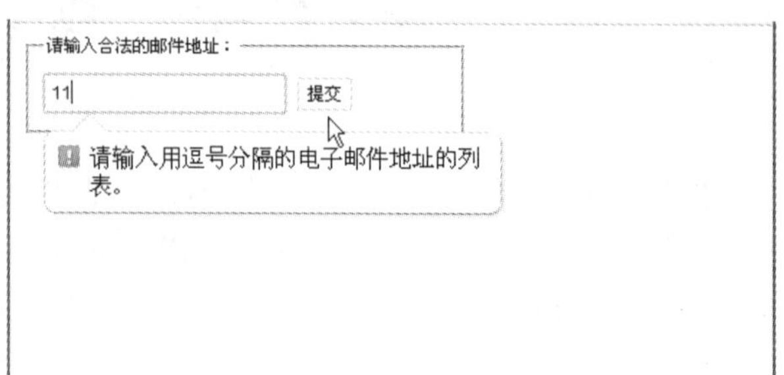

图 7-1　执行效果

7.1.2　url 类型

在全新的 HTML 5 中，url 类型用于包含 URL 地址的输入域。在提交表单时，会自动验证 url 域中的值。在输入元素<input>中，url 类型是一种新增的类型，该类型表示<input>元素是一个专门用于输入 Web 站点地址的文本框。Web 地址的格式与普通文本有些区别，例如文本中有反斜杠“/”和点“.”。为了确保 url 类型的文本框能够正确提交符合格式的内容，表单在提交数据前会自动验证其内容格式的有效性。如果不符合对应的格式，则会出现相应的错误提示信息。并且与 email 类型一样，url 的有效性检测并不会判断文本框的内容是否为空，而是针对非空的内容进行格式检测。

实例 7-2：验证输入的是否是一个 URL 地址

源码路径：光盘:\codes\7\2.html

在本实例中，首先创建一个 url 类型的<input>元素，然后新建一个表单提交按钮。当单击“提交”按钮时，会自动检测文本框中的元素是否符合 Web 地址格式，如果不是合法的 URL，则显示错误提示信息。实例文件 2.html 的主要代码如下。

```
<body>
<form id="frmTmp">
  <fieldset>
    <legend>请输入网址：</legend>
    <input name="txtUrl" type="url"
           class="inputtxt" />
    <input name="frmSubmit" type="submit"
           class="inputbtn" value="提交" />
  </fieldset>
</form>
</body>
```

在上述代码中，将文本框的 type 属性设置为 url，浏览器将自动检验文本框中的内容是否符合 url 的格式，如果不符合则弹出提示信息。在此需要说明的是，目前对<input>元素新增类型提供支持的只有 Chrome 10 与 Opera 11 浏览器，其他浏览器暂时还不支持，而这两个浏览器对 url 类型的<input>元素在页面展示时，效果并不一样。Chrome 10 浏览器要求必须输入完整的 URL 地址路径（包括 http://），并不介意前面有空格；而 Opera 11 浏览器不必输入完整的 URL 地址路径，提交时会自动在前面添加，

但是开始处不能有空格，如果文本框中的开始处有空格，将提示格式出错信息。执行效果如图 7-2 所示。

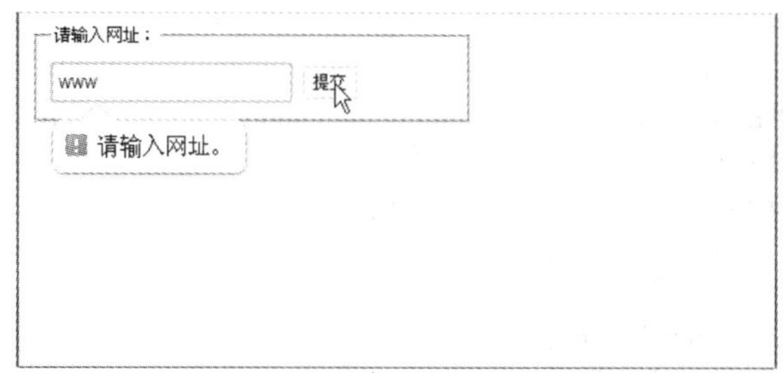

图 7-2　执行效果

7.1.3　number 类型

在全新的 HTML 5 中，number 类型用于设置包含数值的输入域。通过 number 类型能够设定对所接受的数字的限定。可以使用表 7-1 所示的属性来规定对数字类型的限定。

表 7-1　number 类型支持的属性

属　　性	值	描　　述
max	number	规定允许的最大值
min	number	规定允许的最小值
step	number	规定合法的数字间隔，如果 step="3"，则合法的数是-3、0、3、6 等
value	number	规定默认值

在 HTML 4 以前的版本中，如果想要在表单中输入一个指定范围的整数，需要在表单提交前使用代码进行数据检测，以确定输入框中是否是一个符合要求的整数。而在全新的 HTML 5 中，只要创建一个 number 类型的<input>元素，便可以实现以上操作。该类型的元素在 HTML 5 中还将显示一个微调控件，如果指定了最大与最小范围值，就可以单击微调控件的上限与下限按钮，以指定的步长（step）增加或减少输入框中的值，极大地方便了用户的操作。

在 number 类型的输入框中，不能输入其他非数字型的字符，并且当输入的数字大于设定的最大值或小于设置的最小值时，都将出现数字输入出错的提示信息。同样，该类型不进行输入内容是否为空值的自动检测。

实例 7-3：验证输入的数值是否合法

源码路径：光盘:\codes\7\3.html

在本实例中创建了 3 个表单和 3 个 number 类型的<input>元素，分别用于输入日期中年、月、日的数字。同时，新建一个表单的“提交”按钮。单击该按钮时会检测这 3 个输入框中的数字是否属于各自设置的整数范围，如果不符合则显示错误提示信息。

实例文件 3.html 的主要代码如下。

```
<body>
<form id="frmTmp">
 <fieldset>
   <legend>输入您的初恋时间：</legend>
```

```
    <input name="txtYear" type="number"
            class="inputtxt" min="1960" max="1990"
            step="1" value="1990" />年
    <input name="txtMonth" type="number"
            class="inputtxt" min="1" max="12"
            step="1" value="4"/>月
    <input name="txtDay" type="number"
            class="inputtxt" min="1" max="31"
            step="1" value="23"/>日
    <input name="frmSubmit" type="submit"
            class="inputbtn" value="提交" />
  </fieldset>
</form>
</body>
```

在上述代码中，定义了 3 个 number 类型的<input>元素输入框，分别用于设置年、月、日。其中 step 属性值表示步长值，默认值为 1，表示当用户单击微调控件时，向上增加或向下减少的值。所有这些属性值都是可选项，如果不需要指定数字上限则可以省略 max 属性。

运行上述代码后，如果不能向上调数字，那么微调控件向上按钮变灰，表示不可用。反之，向下按钮变为灰色，表示不可用。执行效果如图 7-3 所示。

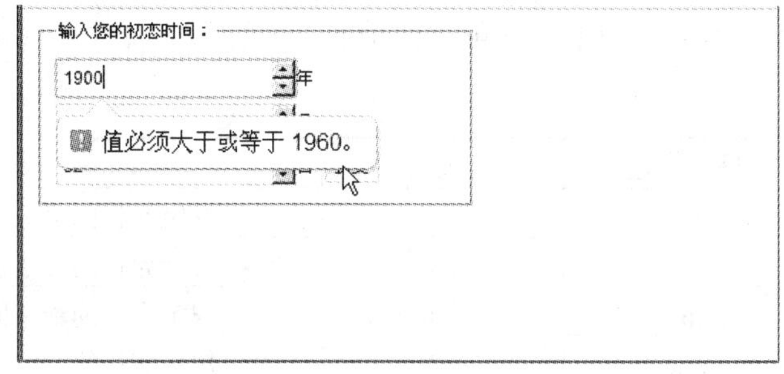

图 7-3　执行效果

7.1.4　range 类型

在全新的 HTML 5 中，range 类型能够实现滑动条效果。在网页中，range 类型显示为滑动条的样式，并且可以设定所接受的数字的限定。可以使用表 7-2 中的属性来设置对数字类型的限定。

表 7-2　range 类型支持的属性

属　性	值	描　述
max	number	规定允许的最大值
min	number	规定允许的最小值
step	number	规定合法的数字间隔，如果 step="3"，则合法的数是-3、0、3、6 等
value	number	规定默认值

如果要在 HTML 5 中输入整数，除了使用前面介绍过的 number 类型外，还可以使用 range 类型。这两种数字类型的<input>元素基本属性一样，唯一的不同在于页面中的展示形式。number 类型在页面中以输入框添加了微调控展示数字，而 range 类型则以滑动条的形式展示数字，通过拖动滑块实现数字的改变。

实例 7-4：通过滑动条设置颜色
源码路径：光盘:\codes\7\4.html

在本实例中，首先新建了 3 个页面表单，然后为其创建了 3 个 range 类型的<input>元素，分别用

于设置颜色中的红色（r）、绿色（g）、蓝色（b）。另外，新建一个<p>元素，用于展示滑动条改变时的颜色区。当用户任意拖动某个绑定颜色的滑块时，对应的颜色区背景色都会随之发生变化。同时，颜色区下面显示对应的色彩值（rgb）。实例文件 4.html 的主要代码如下。

```
<body>
<form id="frmTmp">
 <fieldset>
    <legend>请选择颜色值：</legend>
    <span id="spnColor">
    <input id="txtR" type="range" value="0"
           min="0" max="255" onChange="setSpnColor()" >
    <input id="txtG" type="range" value="0"
           min="0" max="255" onChange="setSpnColor()">
    <input id="txtB" type="range" value="0"
           min="0" max="255" onChange="setSpnColor()">
    </span>
    <span id="spnPrev"></span>
    <P id="pColor">rgb(0,0,0)</P>
 </fieldset>
</form>
</body>
```

在上述代码中，分别使用 range 类型定义了 3 个<input>元素，这些元素都以滑动条的形式展示在页面中。当拖动滑块时，将触发 JavaScript 的一个自定义函数 setSpnColor()，此函数可以根据获取滑动条的值动态改变颜色块的背景色。

脚本文件 js4.js 的代码如下。

```
//JavaScript Document
function $$(id){
     return document.getElementById(id);
}
//定义变量
var intR,intG,intB,strColor;
//根据获取变化的值，设置预览方块的背景色函数
function setSpnColor(){
     intR=$$("txtR").value;
     intG=$$("txtG").value;
     intB=$$("txtB").value;
     strColor="rgb("+intR+","+intG+","+intB+")";
     $$("pColor").innerHTML=strColor;
     $$("spnPrev").style.backgroundColor=strColor;
}
//初始化预览方块的背景色
setSpnColor();
```

执行后的初始效果如图 7-4 所示，拖动 3 个滑块可以设置不同的颜色，并可在右侧区域预览颜色，如图 7-5 所示。

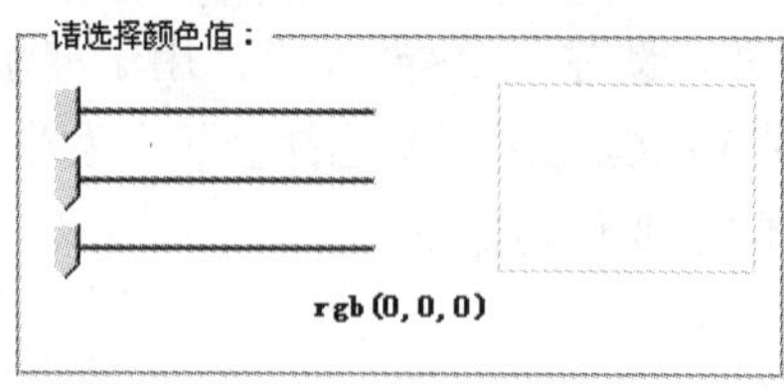

图 7-4　初始效果

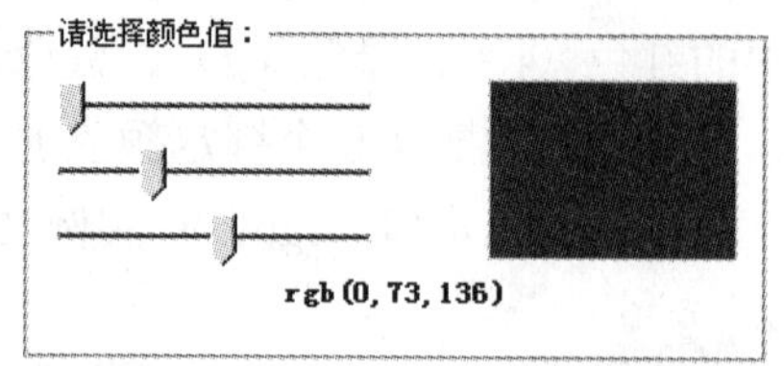

图 7-5　通过滑动条预览颜色

7.1.5　Date Pickers（数据检出器）

在全新的 HTML 5 中，使用 Date Pickers（数据检出器）可以为用户提供日期和时间输入框。这样可以避免用打字的方式输入日期和时间，能够大大提高处理数据的效率。在 HTML 5 中提供了多个可供选取日期和时间的新输入类型，具体说明如下。

☑ date：选取日、月、年。
☑ month：选取月和年。
☑ week：选取周和年。
☑ time：选取时间（小时和分钟）。
☑ datetime：选取时间、日、月、年（UTC 时间）。
☑ datetime-local：选取时间、日、月、年（本地时间）。

在 HTML 4 之前的版本中，没有专门用于显示日期的文本输入框，开发者需要专门编写大量的 JavaScript 代码或导入相应的插件，整个实现过程较为复杂。在 HTML 5 中，只需要将<input>元素的类型设置为 date，便可以创建一个日期文本框。当单击该文本框时会弹出一个日历选择器，选择日期并关闭选择器，会将所选择的日期显示在文本框中。

实例 7-5：自动弹出日期和时间文本框供用户选择
源码路径：光盘:\codes\7\5.html

在本实例的页面表单中，分 3 组创建 6 个不同展示形式的日期类型文本框。

☑ 第 1 组：显示日期与时间类型，展示类型为 date 与 time 值的日期文本框。
☑ 第 2 组：显示月份与星期类型，展示类型为 month 与 week 值的日期文本框。
☑ 第 3 组：显示日期与时间型，展示类型为 datetime 与 datetime-local 值的日期文本框。当提交所有这些输入框中的数据时，都将对输入的日期或时间进行有效性检测，如果不符合将弹出提示信息。

实例文件 5.html 的主要代码如下。

```
<body>
<form id="frmTmp">
 <fieldset>
   <legend>日期+时间类型：</legend>
   <input name="txtDate_1" type="date"
            class="inputtxt">
   <input name="txtDate_2" type="time"
            class="inputtxt">
   </fieldset>
```

```
    <fieldset>
    <legend>月份+星期类型：</legend>
    <input name="txtDate_3" type="month"
             class="inputtxt">
    <input name="txtDate_4" type="week"
             class="inputtxt">
    </fieldset>
    <fieldset>
    <legend>日期+时间型：</legend>
    <input name="txtDate_5" type="datetime"
             class="inputtxt">
    <input name="txtDate_6" type="datetime-local"
             class="inputtxt">
  </fieldset>
</form>
</body>
```

在上述代码中，datetime 类型是专门用于 UTC 日期与时间的输入文本框，而 datetime-local 类型则是用于本地日期与时间的输入文本框，默认值为本地的日期与时间。另外，在 week 类型的输入文本框中，如果值为 2017-W10，则表示在 2012 年的第 10 个星期，依此类推，该星期的值表示当年的第几个星期。程序在 Opera 浏览器的执行效果如图 7-6 所示。

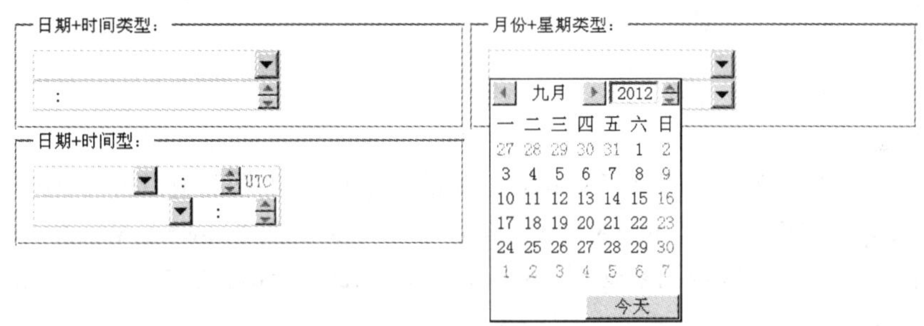

图 7-6　Opera 浏览器的执行效果

如果在 Chrome 浏览器中运行上述程序，则不能弹出日期选择器，如图 7-7 所示。

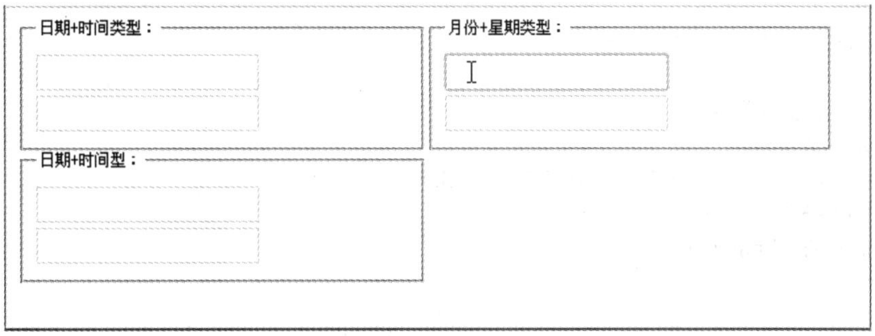

图 7-7　Chrome 浏览器的执行效果

7.1.6　search 类型

在 HTML 5 中，通过 search 类型可以实现一个搜索域，如站点搜索或 Google、百度搜索。search 域

显示为常规的文本域。search 类型的<input>元素专门用于关键字的查询，该类型的文本框与 text 类型的文本框在功能上没有太大的区别，都是用于接收用户输入的查询关键字。但是当在页面展示时却有少许的区别。在 Chrome 与 Safari 浏览器中，当开始在文本框中填写内容时，文本框的右侧将会出现一个“×”按钮，单击该按钮会清空文本框中的内容。

实例 7-6：显示文本框中的搜索关键字

源码路径：光盘:\codes\7\6.html

在本实例的表单中，增加了一个 search 类型的<input>元素，功能是用于输入查询关键字。然后为此表单增加一个“提交”按钮，当单击按钮时显示输入的关键字内容。实例文件 6.html 的主要代码如下。

```
<body>
<form id="frmTmp" onSubmit="return ShowKeyWord();">
 <fieldset>
   <legend>请输入搜索关键字：</legend>
   <input id="txtKeyWord" type="search"
          class="inputtxt">
   <input name="frmSubmit" type="submit"
          class="inputbtn" value="提交">
 </fieldset>
 <p id="pTip"></p>
</form>
</body>
```

上述代码中，在表单提交时为了获取 search 类型的<input>文本框的值，在表单的 onSubmit 事件中调用了一个 JavaScript 自定义函数 ShowKeyWord()。在自定义函数 ShowKeyWord()中，先获取查询文本框的值，然后将该值设置为展示元素<p>的内容，并通过 return false 方法终止表单提交的过程，最后显示该函数执行结果。

上述代码调用了脚本文件 js6.js，此文件的主要代码如下。

```
// JavaScript Document
function $$(id){
  return document.getElementById(id);
}
//将获取的内容显示在页面中
function ShowKeyWord(){
  var strTmp="<b>亲，您输入的查询关键字是——</b>";
  strTmp=strTmp+$$('txtKeyWord').value;
  $$('pTip').innerHTML=strTmp;
  return false;
}
```

执行效果如图 7-8 所示。在文本框中输入关键字，单击“提交”按钮后将在下方显示输入的关键字，如图 7-9 所示。

如果在 Chrome 与 Safari 浏览器中，当开始在文本框中填写内容时，文本框的右侧将会出现一个“×”按钮，如图 7-10 所示。当单击“×”按钮时会清空文本框中的内容，如图 7-11 所示。

图 7-8　执行效果

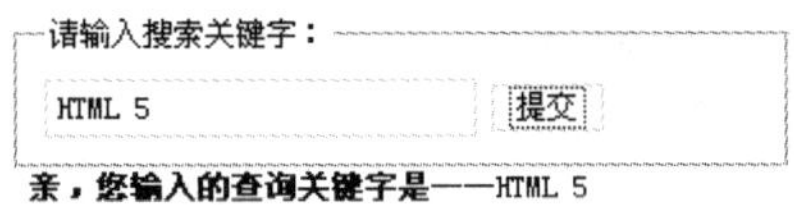

图 7-9　显示输入的关键字

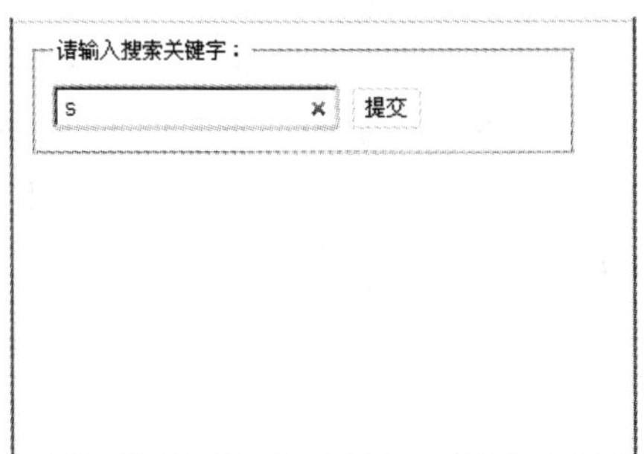

图 7-10　显示“×”

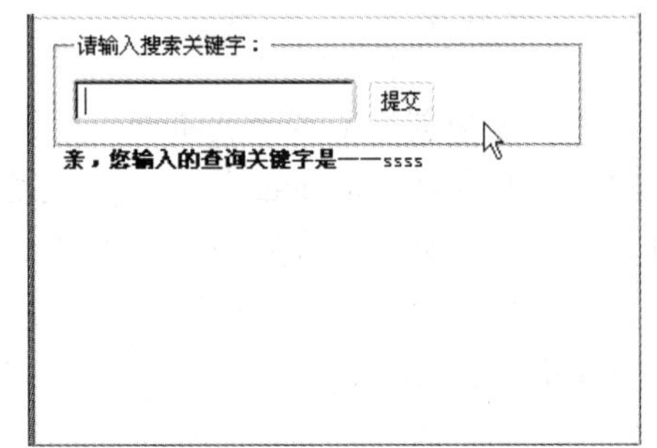

图 7-11　清空文字

7.2　表单元素中的属性

知识点讲解：光盘\视频讲解\第 7 章\表单元素中的属性.avi

除了 7.1 节中介绍的表单类型外，在 HTML 5 页面中还可以使用属性来实现我们需要的显示功能。本节将详细讲解和 HTML 5 表单相关的几个属性，并通过具体实例来讲解其实现流程。

7.2.1　记住表单中的数据

在 HTML 5 的<input>元素中，属性 autofocus 是一个布尔值，主要功能是当加载页面完成后，设置光标是否自动锁定<input>元素，即是否使元素自动获取焦点。在<input>元素中，如果将该属性的值设置为 true 或直接输入 autofocus 属性名称，那么对应的元素将自动获取焦点。

其实 autofocus 属性是 HTML 5 新增的属性，除了此属性外，还新增了如下所示的表单属性。

（1）新的 form 属性

☑ autocomplete。

☑ novalidate。

（2）新的 input 属性

☑ autocomplete。

☑ autofocus。

☑ form。

- ☑ form overrides (formaction, formenctype, formmethod, formnovalidate, formtarget)。
- ☑ height 和 width。
- ☑ list。
- ☑ min、max 和 step。
- ☑ multiple。
- ☑ pattern (regexp)。
- ☑ placeholder。
- ☑ required。

实例 7-7：记住表单中的数据
源码路径：光盘:\codes\7\7.html

在本实例的表单中创建了两个文本框，一个用于输入“姓名”，另一个用于输入“密码”。为输入“姓名”的文本框设置 autofocus 属性，当成功加载页面或单击表单“提交”按钮后，拥有 autofocus 属性的“姓名”文本框会自动获取焦点。实例文件 7.html 的主要代码如下。

```
<body>
<form id="frmTmp">
 <fieldset>
    <legend>属性 autofocus</legend>
    <p>姓名：<input type="text" name="txtName"
                class="inputtxt" autofocus="true"></p>
    <p>密码：<input type="password" name="txtPws"
                class="inputtxt"></p>
    <p class="p_center">
        <input name="frmSubmit" type="submit"
                class="inputbtn" value="提交" />
        <input name="frmReset" type="reset"
                class="inputbtn" value="取消" />
    </p>
 </fieldset>
</form>
</body>
```

执行后首先显示两个表单，如图 7-12 所示。

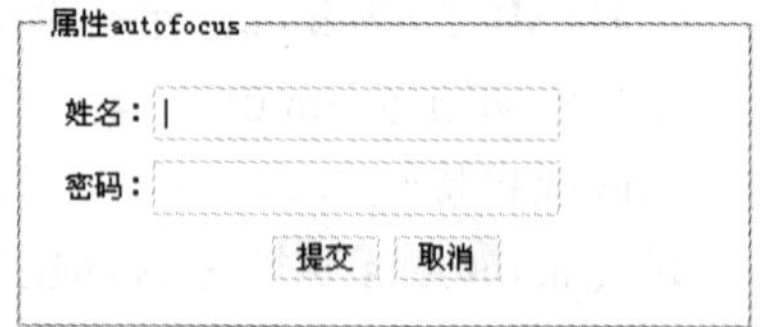

图 7-12　执行效果

假如输入姓名“aaa”，密码“111”，单击“提交”按钮后会弹出是否保存信息的选项，如图 7-13 所示。

如果选择“保存”，则当下次打开这个网页时，将在表单中自动输入姓名和密码，如图 7-14 所示。

在 HTML 4 中，如果要使某个元素自动获取焦点，需要特意编写 JavaScript 代码来实现。虽然这一功能的实现方便了用户的操作，但也带来了不少的弊端，例如需要通过按空格键滚动页面时，而焦点还在表单的文本框中，因此空格只能显示在文本框中，并不能实现页面的滚动。

在全新的 HTML 5 中，由于实现这一功能的不再是 JavaScript 代码，而是元素的属性，所以所有页面实现该功能的方法都是一致的，避免了由于代码实现的不同而效果不一样的情况。在一个页面表单中，

建议只对一个文本框设置 autofocus 属性，例如在资料录入页面中，只对第一个文本框设置 autofocus 属性。

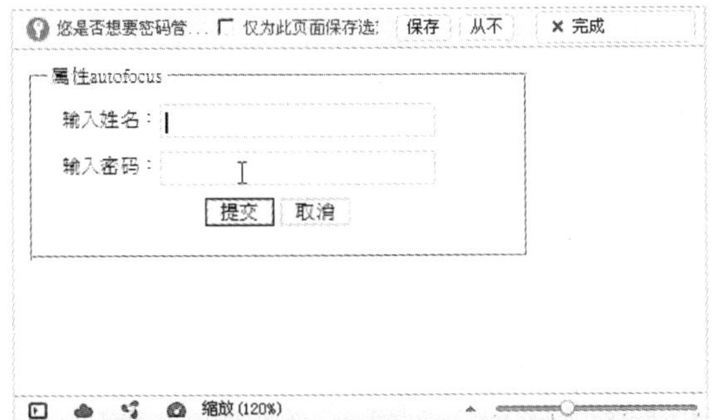

图 7-13　是否保存信息

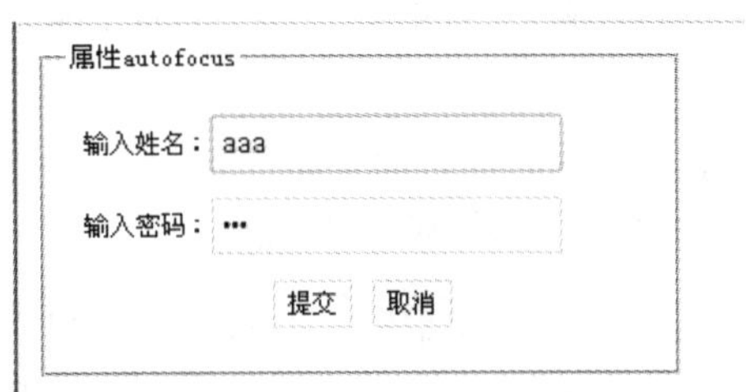

图 7-14　在表单中自动输入姓名和密码

7.2.2　验证表单中输入的数据是否合法

在 HTML 5 网页中，可以验证在表单中输入的数据是否合法，此功能是通过 pattern 属性实现的。在 HTML 5 中，pattern 属性用于验证 input 域的模式（pattern），这里的模式（pattern）是正则表达式。pattern 属性适用于以下类型的<input>标签。

- ☑ text。
- ☑ search。
- ☑ url。
- ☑ telephone。
- ☑ email。
- ☑ password。

在<input>元素中，pattern 是<input>的验证属性。使用该属性中的正则表达式，可以验证文本框中的内容。email、url 等类型的<input>元素都内置了正则表达式，当创建这些元素时，通过与内容进行匹配的方式进行有效性验证。其实这些元素都使用了 pattern 属性，只是内置的而已。但是内置验证的元素毕竟较少，并且如果要进行组合式的验证，就需要使用 pattern 属性。该属性支持各种类型的组合正则表达式，用来验证对应的文本框中的内容。

实例 7-8：验证表单中输入的数据是否合法
源码路径：光盘:\codes\7\8.html

在本实例中，首先在表单中创建一个 text 类型的<input>元素，用于输入“用户名”，并设置元素的 pattern 属性，其值为一个正则表达式，用来验证“用户名”是否符合“以字母开头，包含字符或数字和下划线，长度在 6～8 之间”规则。单击表单“提交”按钮时，文本框中的内容与表达式进行匹配，如果不符，则提示错误信息。实例文件 8.html 的主要代码如下。

```
<body>
<form id="frmTmp">
 <fieldset>
   <legend>使用 pattern 属性：</legend>
   用户名:
   <input name="txtAge" type="text"
```

```
            class="inputtxt" pattern="^[a-zA-Z]\w{5,7}$" />
    <input name="frmSubmit" type="submit"
            class="inputbtn" value="提交" />
    <p class="p_color">
    亲，必须以字母开头,包含字符或数字和下划线,长度在 6~8 之间！
    </p>
  </fieldset>
</form>
</body>
```

在上述<input>元素中，所有的文本框类型都支持 pattern 属性，在使用时只要在文本框中添加一个 pattern 属性（如代码中加粗部分所示）即可通过属性中各种组合类型的正则表达式验证文本框中的内容。到编写本书时为止，目前只有 Chrome 与 Opera 浏览器支持该属性。执行后的效果如图 7-15 所示。

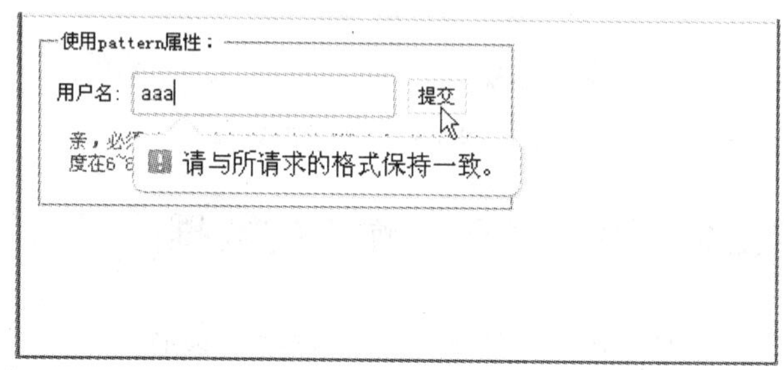

图 7-15　执行效果

7.2.3　在文本框中显示提示信息

在 HTML 5 网页中，属性 placeholder 能够提供一种描述输入域所期待值的提示。属性 placeholder 适用于<input>标签的 text、search、url、telephone、email 以及 password 类型。由此可见，<input>元素中的 placeholder 属性是一种“占位”属性，其属性值是一种“占位文本”。所谓占位文本就是显示在文本框中的提示信息，当文本框获取焦点时，该提示信息自动消失；当文本框丢失焦点时，提示信息又重新显示。

在 HTML 5 中，设置元素的 placeholder 属性后，提示会在输入域为空时出现，会在输入域获得焦点时消失。

实例 7-9：在文本框中显示提示信息
源码路径：光盘:\codes\7\9.html

在本实例中创建一个类型为 email 的<input>元素，设置该元素的 placeholder 属性值为“要输入正确的邮件地址！”。当页面初次加载时，该元素的占位文本显示在文本框中，单击文本框时占位文本将自动消失。实例文件 9.html 的主要代码如下。

```
<body>
<form id="frmTmp">
 <fieldset>
    <legend>属性 placeholder</legend>
    邮箱:
    <input name="txtEamil" type="Email"
            class="inputtxt"
            placeholder="要输入正确的邮件地址！" />
    <input name="frmSubmit" type="submit"
            class="inputbtn" value="提交" />
 </fieldset>
```

```
</form>
</body>
```

通过上述代码，如果需要在表单中设置文本框元素的默认提示信息（占位文本），只需添加该元素的 placeholder 属性，并设置属性的内容即可。单击“提交”按钮不会将占位文本作为文本框中的内容提交给服务器。执行后的初始效果如图 7-16 所示。

输入非法邮件地址，单击“提交”按钮后会显示对应的提示，如图 7-17 所示。

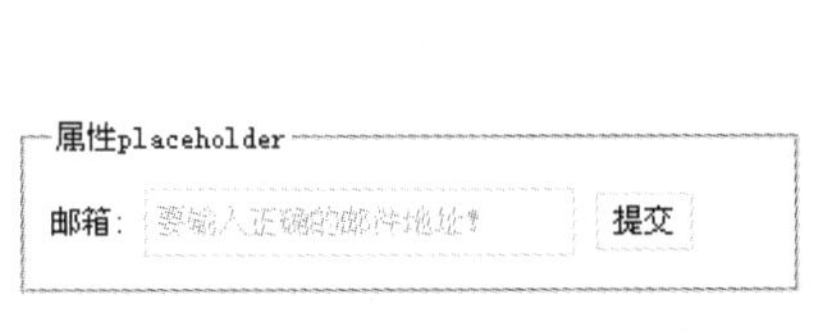

图 7-16　初始效果

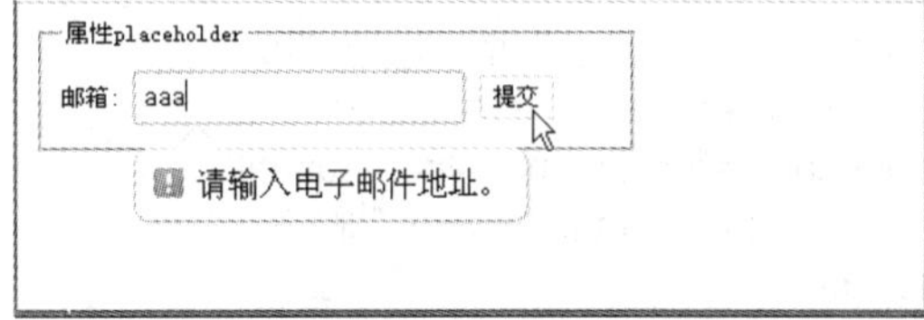

图 7-17　显示提示

注意： 虽然利用文本框的placeholder属性可以很方便地实现动态显示提示信息的功能，但是当内容过长时还是建议使用元素的title属性来显示。并且文本框的placeholder属性值只支持纯文本，目前还不支持HTML语法，也不能修改占位文本的样式。

7.2.4　验证文本框中的内容是否为空

在 HTML 5 页面中，可以使用属性 required 验证文本框中的内容是否为空。属性 required 适用于以下类型的<input>标签。

- ☑ text。
- ☑ search。
- ☑ url。
- ☑ telephone。
- ☑ email。
- ☑ password。
- ☑ date pickers。
- ☑ number。
- ☑ checkbox。
- ☑ radio。
- ☑ file。

在 HTML 5 中，email 或 url 类型的<input>元素在提交表单时都要进行内容验证。这种验证仅针对文本框中的内容是否符合各自所属的类型，不对文本框中的文本内容是否为空进行验证，即只验证非空内容。由此可见，只要在验证元素中添加一个 required 属性，就可以对其内容是否为空自动进行验证。如果为空，在表单提交数据时会显示错误提示信息。

实例 7-10：验证文本框中的内容是否为空
源码路径：光盘:\codes\7\10.html

在本实例的表单中，创建了一个用于输入“姓名”的 text 类型<input>元素，并在该元素中添加了一个 required 属性，并将属性值设置为 true。当用户单击表单“提交”按钮时，将自动验证文本框中内容是否为空。如果为空，则会显示错误信息。实例文件 10.html 的主要代码如下。

```
<body>
<form id="frmTmp">
 <fieldset>
    <legend>属性 required</legend>
    姓名:
    <input name="txtUserName" type="text"
           class="inputtxt" required />
    <input name="frmSubmit" type="submit"
           class="inputbtn" value="提交" />
 </fieldset>
</form>
</body>
```

在上述页面的表单中，如果需要验证某个文本框的内容（必须不为空值），只要添加一个 required 属性，并将该属性的值设置为 true 或只是增加属性名称 required 即可。设置完成后，在表单提交时，将自动检测该文本框中的内容是否为空。编写本书时，只有 Chrome 与 Opera 浏览器支持文本框的 required 属性。在 Opera 浏览器中的执行效果如图 7-18 所示。

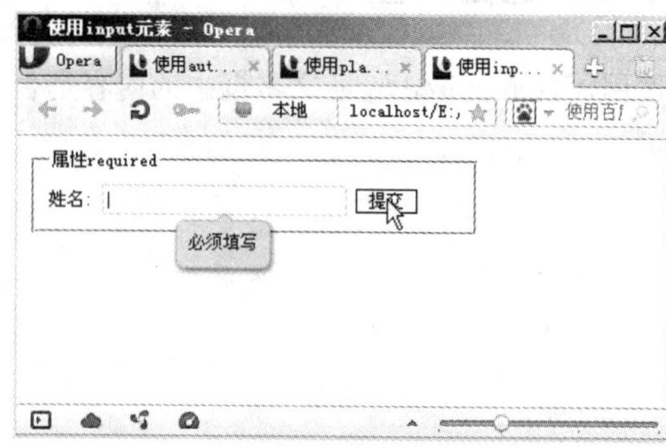

图 7-18　执行效果

7.2.5　开启表单的自动完成功能

在全新的 HTML 5 中，使用属性 autocomplete 可以设置 form 或 input 域拥有自动完成功能。属性 autocomplete 适用于<form>标签，以及<input> 标签中的 text、search、url、telephone、email、password、datepickers、range 和 color 类型。当用户在自动完成域中开始输入时，浏览器应该在该域中显示填写的选项。在某些浏览器中，可能还需要启用自动完成功能，以使该属性生效。

实例 7-11：开启表单的自动完成功能
源码路径：光盘:\codes\7\11.html

实例文件 11.html 的主要代码如下。

```
<body>
<form action="123.asp" method="get" autocomplete="on">
```

```
姓:<input type="text" name="fname" /><br />
名: <input type="text" name="lname" /><br />
E-mail: <input type="email" name="email" autocomplete="off" /><br />
<input type="submit" />
</form>
<p>请填写并提交此表单，然后重载页面，来查看自动完成功能是如何工作的。</p>
<p>请注意，表单的自动完成功能是打开的，而 e-mail 域是关闭的。</p>
</body>
```

执行后的效果如图 7-19 所示。

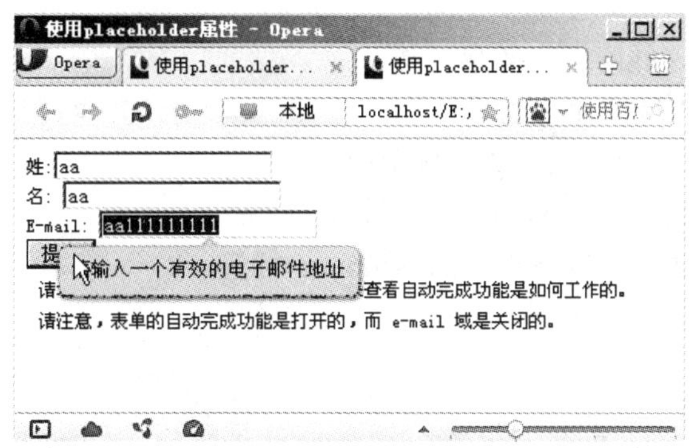

图 7-19 执行效果

7.2.6 重写表单中的某些属性

在全新的 HTML 5 中，通过表单重写属性（form override attributes）可以重写 form 元素的某些属性设定。HTML 5 中的表单重写属性有以下几个。

- ☑ formaction：重写表单的 action 属性。
- ☑ formenctype：重写表单的 enctype 属性。
- ☑ formmethod：重写表单的 method 属性。
- ☑ formnovalidate：重写表单的 novalidate 属性。
- ☑ formtarget：重写表单的 target 属性。

表单重写属性适用于以下类型的<input>标签。

- ☑ submit。
- ☑ image。

实例 7-12：重写表单中的某些属性
源码路径：光盘:\codes\7\12.html

实例文件 12.html 的主要代码如下。

```
<body>
<form action="demo_form.asp" method="get" id="user_form">
E-mail: <input type="email" name="userid" /><br />
<input type="submit" value="Submit" /><br />
<input type="submit" formaction="/example/html5/demo_admin.asp" value="Submit as admin" /><br />
```

```
<input type="submit" formnovalidate="true" value="Submit without validation" /><br />
</form>
```

执行后的效果如图 7-20 所示。

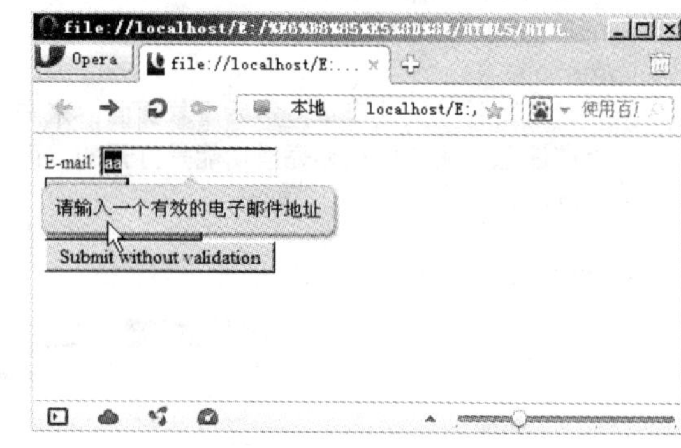

图 7-20　执行效果

7.2.7　自动设置表单中传递数字

在 HTML 5 网页中，使用属性 min、max 和 step 可以为包含数字或日期的 input 类型规定限定(约束)。这 3 个属性的具体说明如下。

- ☑　max 属性：规定输入域所允许的最大值。
- ☑　min 属性：规定输入域所允许的最小值。
- ☑　step 属性：为输入域规定合法的数字间隔(如果 step="3"，则合法的数是-3、0、3、6 等)。

属性 min、max 和 step 适用于以下类型的 <input> 标签。

- ☑　date pickers。
- ☑　number。
- ☑　range。

实例 7-13：自动设置表单中传递数字
源码路径：光盘:\codes\7\13.html

在本实例中显示了一个数字域，该域接受 0～10 之间的值，且步进为 3。也就是说，合法的值为 0、3、6 和 9。实例文件 13.html 的具体实现代码如下。

```
<body>
<form action="/example/html5/demo_form.asp" method="get">
Points: <input type="number" name="points" min="0" max="10" step="3"/>
<input type="submit" />
</form>
</body>
```

执行上述代码后，可以使用小箭头自动输入从 0 开始的逐步递增 3 的数字，如图 7-21 所示。如果输入的数字不符合规则，单击“提交”按钮后则输出对应的提示，如图 7-22 所示。

图 7-21　执行效果

图 7-22　非法提示

7.2.8　在表单中选择多个上传文件

在全新的 HTML 5 中，使用属性 multiple 可以设置在输入域中选择多个值。属性 multiple 适用于如下两种类型的<input>标签。

☑　email。

☑　file。

实例 7-14：在表单中选择多个上传文件

源码路径：光盘:\codes\7\14.html

在本实例中设置了一个查询表单，单击“浏览”按钮后弹出文件选择对话框，在此可以选择多个上传文件。实例文件 14.html 的主要代码如下。

```
<body>
<form action="demo_form.asp" method="get">
Select images: <input type="file" name="img" multiple="multiple" />
<input type="submit" />
</form>
<p>当您浏览文件时，请试着选择多个文件。</p>
</body>
```

执行后的效果如图 7-23 所示。

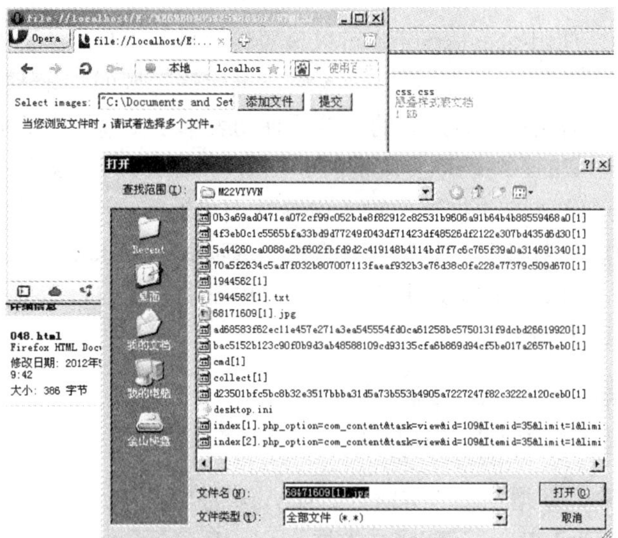

图 7-23　执行效果

7.3　新的表单元素

知识点讲解：光盘\视频讲解\第 7 章\新的表单元素.avi

在全新的 HTML 5 页面中，可以支持很多新的表单元素。本节将详细介绍这些新元素的基本用法，为读者步入本书后面知识的学习打下基础。

7.3.1 在表单中自动提示输入文本

在表单中自动提示输入文本，这一功能在搜索引擎中比较常见。例如使用百度检索信息时，会在下拉列表框中自动提示一些热点信息，如图 7-24 所示。

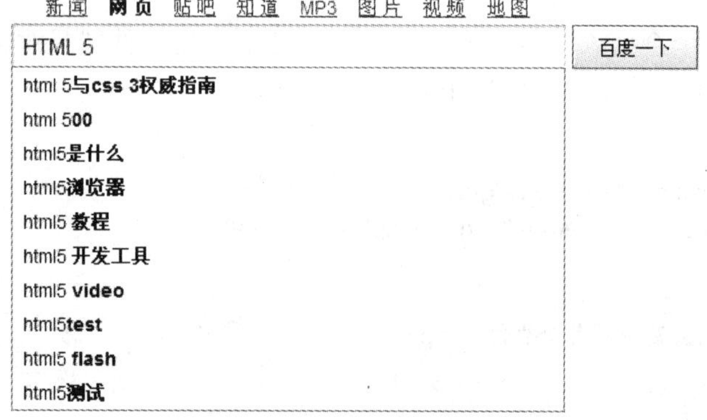

图 7-24 百度的自动提示

在全新的 HTML 5 中，使用<datalist>元素可以设置输入域的选项列表。列表是通过<datalist>内的<option>元素创建的，如需把<datalist>绑定到输入域，可用输入域的 list 属性引用<datalist>的 ID。<datalist>是 HTML 5 中新增的元素，该元素的功能是辅助表单中文本框的数据输入。

<datalist>元素本身是隐藏的，与表单文本框的 list 属性绑定，即将 list 属性值设置为<datalist>元素的 ID 号。绑定成功后，用户单击文本框准备输入内容时，<datalist>元素以列表的形式显示在文本框的底部，提示输入字符的内容。当用户选中列表中的某个选项后，<datalist>元素将自动隐藏，同时在文本框中显示所选择的内容。<datalist>元素中的列表内容可以动态修改，支持与表单中的各类型的文本框，如 email、url、text 等进行绑定。

实例 7-15：在表单中自动提示输入文本
源码路径：光盘:\codes\7\15.html

在本实例页面的表单中，新增了一个 ID 号为 lstWork 的<datalist>元素。然后创建了一个文本框，并将文本框的 list 属性设置为 lstWork，即将文本框与<datalist>元素进行绑定。当单击文本框时，将显示<datalist>元素中的列表项。实例文件 15.html 的主要代码如下。

```
<form id="frmTmp">
 <fieldset>
   <legend>请输入职业：</legend>
   <input type="text" id="txtWork"
          list="lstWork" class="inputtxt" />
     <datalist id="lstWork">
```

```
        <option value="设计师"></option>
        <option value="软件工程师"></option>
        <option value="厨师"></option>
      </datalist>
  </fieldset>
</form>
```

在上述代码中，要将<datalist>元素与文本框相互绑定，只需将文本框的 list 属性设置为<datalist>元素的 ID 号即可。在 Opera 浏览器中的执行效果如图 7-25 所示。

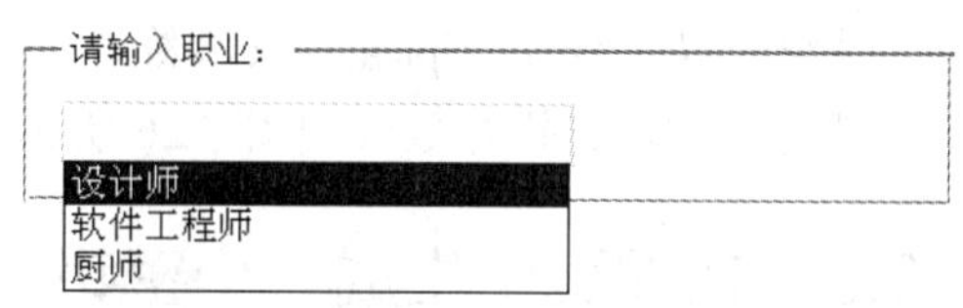

图 7-25　执行效果

由图 7-25 的执行效果可知，虽然<datalist>与<input>元素的关系十分密切，但两者还是属于不同实体的两个元素，无法融合成一个独立的新元素。这也是出于对浏览器兼容性的考虑，因为如果合成为一个元素，那么不兼容<datalist>元素的浏览器也无法使用与其绑定的文本框，这会约束<input>元素中文本框的使用范围。

7.3.2　一个简单的乘法计算器

在全新的 HTML 5 中，使用<output>元素可以实现不同类型信息的输出，例如计算或脚本输出。该元素必须从属于某个表单，或通过属性指定某个表单。该元素的功能是在页面中显示各种不同类型表单元素的内容，如文本框的值、JavaScript 代码执行后的结果值等。为了获取这些值，需要设置<output>元素的 onFormInput 事件。在表单文本框中输入内容时，触发该事件，从而十分方便地实时侦察表单中各元素的输入内容。

实例 7-16：一个简单的乘法计算器
源码路径：光盘:\codes\7\16.html

本实例的功能是，在新建的表单中创建两个文本框，分别用于输入两个数字。然后新建一个<output>元素，用于显示两个文本框中数字相乘后的结果。当改变两个文本框中任意一个数值时，<output>元素显示的计算结果也将自动发生变化。实例文件 16.html 的主要代码如下。

```
<body>
<form id="frmTmp">
 <fieldset>
    <legend>输入两个数字</legend>
    <input id="txtNum_1" type="text"
           class="inputtxt" /> *
    <input id="txtNum_2" type="text"
           class="inputtxt" /> =
    <output onFormInput=
             "value=txtNum_1.value*txtNum_2.value">
    </output>
  </fieldset>
</form>
</body>
```

在上述代码中，因为将<output>元素的内容通过 onFormInput 事件绑定了两个文本框，因此，当文本框中的值发生变化时，<output>元素的内容根据绑定的规则迅速响应，这样便实现了一种联动的效果。另外，<output>元素的 value 值为 txtNum_1.value*txtNum_2.value，这表示将显示的内容绑定为两个文本框值的乘积，这一点和 this.innerHTML 的表示方法类似。此外，也可以通过编写 JavaScript 自定义函数，与 onFormInput 事件绑定来实现。执行效果如图 7-26 所示。

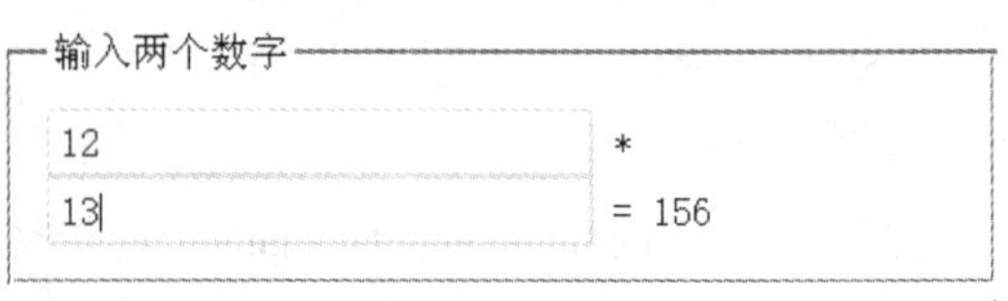

图 7-26　执行效果

7.3.3　在网页中生成一个密钥

在全新的 HTML 5 中，<keygen>元素是一项密钥对生成器（key-pair generator）技术。当提交表单时会生成两个键，一个是私钥，另一个是公钥。其中私钥（Private Key）存储于客户端，公钥（Public Key）则被发送到服务器。公钥可用于之后验证用户的客户端证书（Client Certificate）。但是截至本书出版之时，浏览器对此元素的支持度仍不足以使其成为一种有用的安全标准。

实例 7-17：在网页中生成一个密钥

源码路径：光盘:\codes\7\17.html

在本实例的表单中，新建了一个 name 值为 keyUserInfo 的<keygen>元素，通过此元素可以在页面中创建一个选择密钥位数的下拉列表框。当选择列表框中某选项，单击表单的“提交”按钮时，可以根据所选密钥的位数生成对应密钥提交给服务器。实例文件 17.html 的具体实现代码如下。

```
<body>
<form id="frmTmp">
  <fieldset>
    <legend>选择密钥位数</legend>
    <keygen name="keyUserInfo" class="inputtxt" />
    <input name="frmSubmit" type="submit"
              class="inputbtn" value="提交" />
  </fieldset>
</form>
</body>
```

在上述代码中，<keygen>元素在表单中以列表的形式展示密钥位数的选择。当提交表单时，可以通过<keygen>元素在表单中的 name 值获取该元素生成的对应位数密钥。另外，<keygen>元素中 keyType 属性表明生成密钥的类型，如设置为 rsa，则以 rsa 加密类型生成相应位数的密钥。编写本书时，只有 Chrome 与 Opera 浏览器支持该元素。执行效果如图 7-27 所示。

图 7-27　执行效果

第 8 章　音频和视频应用

在 HTML 5 标记语言中，支持在页面中直接播放音频和视频文件的功能，这样大大增加了网页的美观性。本章将详细介绍在 HTML 5 页面中实现播放音频和视频文件的方法，并通过几个具体实例来演示具体流程。

8.1 处 理 视 频

知识点讲解：光盘\视频讲解\第 8 章\处理视频.avi

通过使用 HTML 5 技术，可以在网页中实现视频处理功能，并且仅需要短短的几行代码就可以实现。本节将详细讲解 HTML 5 处理视频的基本知识，为读者步入本书后面知识的学习打下基础。

8.1.1 <video>标记

直到现在为止，仍然没有在网页上显示视频的标准。在这之前是通过插件来显示 Web 页面上的视频，例如 Flash。现在 HTML 5 中新增了标记<video>，通过该标记可以在网页中播放及控制视频。

当前，<video>标记支持如下 3 种视频格式。

☑ Ogg：带有 Theora 视频编码和 Vorbis 音频编码的 Ogg 文件。

☑ MPEG 4：带有 H.264 视频编码和 AAC 音频编码的 MPEG 4 文件。

☑ WebM：带有 VP8 视频编码和 Vorbis 音频编码的 WebM 文件。

上述 3 种格式在主流浏览器版本的支持信息如表 8-1 所示。

表 8-1　主流浏览器版本支持<video>标记的情况

格　式	IE	Firefox	Opera	Chrome	Safari
Ogg	No	3.5+	10.5+	8.0+	No
MPEG 4	9.0+	No	No	8.0+	3.0+
WebM	No	4.0+	10.6+	6.0+	No

<video>标记的使用格式如下。

```
<video src="movie.ogg" controls="controls">
</video>
```

参数说明如下。

☑ controls：供添加播放、暂停和音量控件。

☑ <video>与</video>之间插入的内容：供不支持<video>元素的浏览器显示。

例如下面的代码。

```
<video src="movie.ogg" width="320" height="240" controls="controls">
你的浏览器不支持这种格式
</video>
```

在上述代码中使用了 Ogg 格式的视频文件，此格式视频适用于 Firefox、Opera 以及 Chrome 浏览器。如果要确保在 Safari 浏览器也能使用，则视频文件必须是 MPEG 4 类型。

另外，<video>标记允许多个<source>元素。<source>元素可以链接不同的视频文件。浏览器将使用第一个可识别的格式。例如下面的代码。

```
<video width="320" height="240" controls="controls">
  <source src="movie.ogg" type="video/ogg">
  <source src="movie.mp4" type="video/mp4">
你的浏览器不支持这种格式
</video>
```

注意：IE 8不支持<video>标记。在IE 9中，将提供对使用MPEG 4的<video>元素的支持。

8.1.2 <video>标记的属性

<video>标记中各个属性的具体说明如表 8-2 所示。

表 8-2 <video>的属性信息

属　性	值	描　述
autoplay	autoplay	如果出现该属性，则视频在就绪后马上播放
controls	controls	如果出现该属性，则向用户显示控件，如播放按钮
height	pixels	设置视频播放器的高度
loop	loop	如果出现该属性，则当媒介文件完成播放后再次开始播放
preload	preload	如果出现该属性，则视频在页面加载时进行加载，并预备播放。如果使用 autoplay，则忽略该属性
src	url	要播放的视频的 URL
width	pixels	设置视频播放器的宽度

1．autoplay 属性

通过 autoplay 属性设置自动播放<video>中设置的视频。

实例 8-1：在网页中自动播放一个视频

源码路径：光盘:\codes\8\1.html

实例文件 1.html 的主要代码如下。

```
<video controls="controls" autoplay="autoplay">
  <source src="movie.ogg" type="video/ogg" />
  <source src="movie.mp4" type="video/mp4" />
Your browser does not support the video tag.
</video>
```

上述代码的功能是在网页中自动播放名为 movie.ogg 的视频文件，在代码中设置的此视频文件和实例文件 autoplay.html 同属于一个目录下。执行后的效果如图 8-1 所示。

2．controls 属性

controls 属性的功能是设置在浏览器中显示播放器的控制按钮，设置浏览器控件应该包括下面的控制功能。

☑ 播放。
☑ 暂停。
☑ 定位。
☑ 音量。
☑ 全屏切换。
☑ 字幕。
☑ 音轨。

实例 8-2：在网页中控制播放的视频
源码路径：光盘:\codes\8\2.html

实现文件 2.html 的主要实现代码如下。

```
<video controls="controls" controls="controls">
  <source src="movie.ogg" type="video/ogg" />
  <source src="movie.mp4" type="video/mp4" />
你的浏览器不支持！
</video>
```

通过上述代码，设置在网页中播放名为 movie.ogg 的视频文件，并且在播放时可以控制这个视频，例如播放进度。执行后的效果如图 8-2 所示。

图 8-1　执行效果

图 8-2　执行效果

3．height 属性

通过使用 height 属性可以设置播放视频的高度，使用格式如下。

```
<video height="value" />
```

value 表示属性值，单位是 pixels，即以像素计的高度值，如 100px 或 100。

实例 8-3：在网页中设置播放视频的高度
源码路径：光盘:\codes\8\3.html

实例文件 3.html 的主要实现代码如下。

```
<video width="500" height="600" controls="controls">
  <source src="movie.ogg" type="video/ogg" />
  <source src="movie.mp4" type="video/mp4" />
你的浏览器不支持！
</video>
```

通过上述代码，设置在网页中播放名为 movie.ogg 的视频文件，并且设置视频播放器的高度为 600。执行后的效果如图 8-3 所示。

图 8-3　执行效果

注意：尽量不要通过height和width属性来缩放视频。通过height和width属性来缩小视频，只会迫使用户下载原始的视频（即使在页面上它看起来较小）。正确的方法是在使用该视频前，使用软件对视频进行压缩。
另外，width与height属性的用法完全一样，其功能是设置播放视频的宽度，不再详细介绍。

4．loop 属性

loop 属性的功能是设置当视频结束后将重新开始播放，设置此属性后该视频将循环播放。

5．preload 属性

preload 属性的功能是设置是否在页面加载后载入视频。设置 autoplay 属性会忽略该属性。

6．src 属性

src 属性的功能是设置要播放的视频的 URL，另外也可以使用标签<source>来设置要播放的视频。在 HTML 5 中有如下两种视频文件的 URL。

☑　绝对 URL 地址：指向另一个站点，例如 href=http://www.xxxxxx.com/123.ogg。
☑　相对 URL 地址：指向网站内的文件，例如 href="123.ogg"。

8.2 处理音频

知识点讲解：光盘\视频讲解\第 8 章\处理音频.avi

既然 HTML 5 能够处理视频，所以音频处理自然也不在话下。使用全新的 HTML 5 技术，可以在网页中处理音频。本节将介绍使用 HTML 5 处理音频的基本方法。

8.2.1 <audio>标记

和视频功能一样，到目前为止，各大组织还没有统一在网页上播放音频的标准。当前大多数音频都是通过第三方插件来实现的，例如 Flash。但 HTML 5 的推出非常轻松地解决了这个问题，使用新增的标记<audio>可以在网页中播放一个音频。

通过<audio>标记元素可以播放声音文件或者音频流。现在的<audio>标记支持 3 种音频格式，这 3 种格式在主流浏览器版本的支持信息如表 8-3 所示。

表 8-3　主流浏览器版本支持<audio>标记的情况

说　明	IE 9	Firefox 3.5	Opera 10.5	Chrome 3.0	Safari 3.0
Ogg		√	√	√	
MP3	√			√	√
Wav		√	√		√

要想在 HTML 5 中播放音频，只需通过如下代码即可实现。

```
<audio src="song.ogg" controls="controls">
</audio>
```

☑ controls 属性：供添加播放、暂停和音量控件。

☑ <audio>与</audio>之间插入的内容：供不支持<audio>元素的浏览器显示。

例如在下面的演示代码中，使用一个 ogg 格式的音频文件，可以适用于 Firefox、Opera 以及 Chrome 浏览器。要想确保适用于 Safari 浏览器，则音频文件必须是 MP3 或 Wav 类型。

```
<audio src="song.ogg" controls="controls">
你的浏览器不支持！
</audio>
```

在标记<audio>中允许有多个<source>元素，通过<source>元素可以链接不同的音频文件，浏览器将使用第一个可识别的格式。例如下面的代码。

```
<audio controls="controls">
  <source src="song.ogg" type="audio/ogg">
  <source src="song.mp3" type="audio/mpeg">
你的浏览器不支持！
</audio>
```

8.2.2 <audio>标记的属性

<audio>标记中各个属性的具体说明如表 8-4 所示。

表 8-4 <audio>的属性信息

属　性	值	描　述
autoplay	autoplay	如果出现该属性，则音频在就绪后马上播放
controls	controls	如果出现该属性，则向用户显示控件，如播放按钮
loop	loop	如果出现该属性，则每当音频结束时重新开始播放
preload	preload	如果出现该属性，则音频在页面加载时进行加载，并预备播放；如果使用 autoplay，则忽略该属性
src	url	要播放的音频的 URL

1．autoplay 属性

autoplay 属性的功能是在网页中自动播放指定音频。autoplay 属性严格规定：一旦音频就绪马上开始播放，并且是自动播放。

实例 8-4：在网页中自动播放一个音频

源码路径：光盘:\codes\8\4.html

实例文件 4.html 的主要实现代码如下。

```
<audio controls="controls" autoplay="autoplay">
  <source src="song.mp3" type="audio/mpeg" />
Your browser does not support the audio element.
</audio>
```

上述代码的功能是在网页中自动播放名为 song.mp3 的音频文件，在代码中设置的此音频文件和实例文件 yinautoplay.html 同属于一个目录下。执行后的效果如图 8-4 所示。

图 8-4　执行效果

2．controls 属性

controls 属性的功能是设置在网页中显示播放器的控制控件。如果设置了该属性，可以在播放器中显示下面的控制功能。

☑ 播放。

☑ 暂停。

☑ 定位。

☑ 音量。

☑ 全屏切换。

☑ 字幕。

☑ 音轨。

实例 8-5：网页中控制播放的音频
源码路径：光盘:\codes\8\5.html

实例文件 5.html 的主要实现代码如下。

```
<audio controls="controls">
  <source src="song.ogg" type="audio/ogg" />
  <source src="song.mp3" type="audio/mpeg" />
你的浏览器不支持！
</audio>
```

在上述代码中，设置在网页中播放指定的音频文件，并且在播放时可以进行控制，例如播放进度和暂停等。执行后的效果如图 8-5 所示。

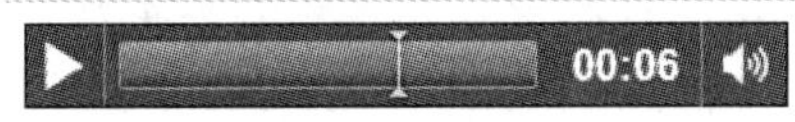

图 8-5　执行效果

3．loop 属性

loop 属性的功能是设置当音频结束后将重新开始播放，设置该属性后将循环播放该音频。

实例 8-6：在网页中循环播放音频
源码路径：光盘:\codes\8\6.html

实例文件 6.html 的主要实现代码如下。

```
<audio controls="controls" loop="loop">
  <source src="song.mp3" type="audio/mpeg" />
你的浏览器不支持！
</audio>
```

在上述代码中，设置在网页中循环播放指定的音频文件，执行后的效果如图 8-6 所示。

图 8-6　执行效果

4．preload 属性

preload 属性的功能是设置是否在页面加载后载入音频，如果设置了 autoplay 属性，则忽略该属性的功能。使用 preload 属性的格式如下。

```
<audio preload="load" />
```

load 用于规定是否预加载音频，可能有如下 3 个取值。

☑　auto：当页面加载后载入整个音频。
☑　meta：当页面加载后只载入元数据。
☑　none：当页面加载后不载入音频。

5．src 属性

src 属性的功能是设置要播放的音频的 URL，另外也可以用标签<source>来设置要播放的音频的 URL。在 HTML 5 中有如下两种音频文件 URL。

☑ 绝对 URL 地址：指向另一个站点，例如 href=http://www.xxxxxx.com/song.ogg。
☑ 相对 URL 地址：指向网站内的文件，例如 href="song.ogg"。

8.3 高级应用

知识点讲解：光盘\视频讲解\第 8 章\高级应用.avi

8.1 节和 8.2 节已经讲解了 HTML 5 处理视频和音频的基本知识。本节将进一步讲解 HTML 5 处理视频和音频的高级知识，为读者步入本书后面知识的学习打下基础。

8.3.1 为播放的视频准备一幅素材图片

在 HTML 5 的<video>元素中，poster 属性表示所选图片的 URL，如果添加该属性，则在视频文件播放前显示该图片，而不是默认显示视频文件的第一帧。另外，添加该属性，还可以避免在播放的视频文件不可用时出现一片空白区域，从而提高用户体验。

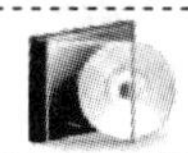

实例 8-7：为播放的视频准备一幅素材图片
源码路径：光盘:\codes\8\7.html

在本实例的<video>元素中，新增了一个 poster 属性，并选取一幅图片作为该属性的值。当播放视频文件时，在视频播放区域中会首先显示 poster 属性指定的图片。实例文件 7.html 的主要实现代码如下。

```
<video id="vdoMain" src="123.ogg"
        width="360px" height="220px"
        controls="true" poster="123.jpg">
        你的浏览器不支持视频
</video>
```

在上述代码中，设置了<video>媒体元素的 poster 属性，该属性是视频元素<video>所独有的属性。利用该属性不仅可以在视频文件开始播放前设置图片，还可以通过视频元素的事件机制，指定在某事件中改变该属性的图片 URL。例如，当用户单击“暂停”按钮或播放完成时，在相应的事件中编写 JavaScript 代码，通过 setAttribute()方法重置 poster 属性中图片的 URL，可以根据不同事件动态变换图片的效果。执行后将指定的图片作为待播放视频的封面，如图 8-7 所示。

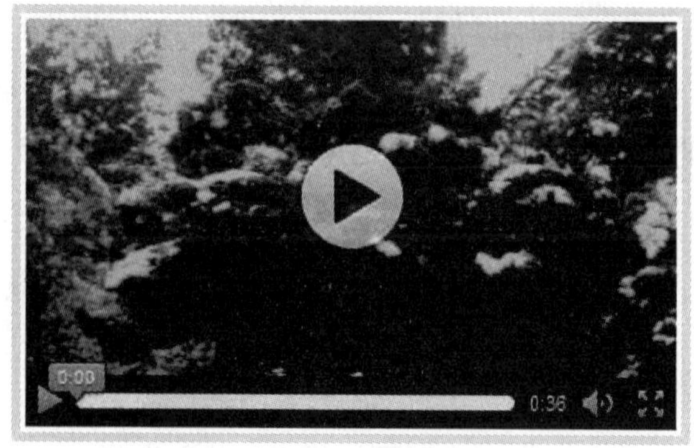

图 8-7 执行效果

8.3.2　显示加载视频的状态

在 HTML 5 中，多媒体元素<video>的 networkState 属性可以返回视频文件的网络状态。当浏览器读取视频文件时会触发 progress 事件，通过该事件可以获取视频文件在被打开过程中各个不同阶段的网络状态值。其中 networkState 为只读属性，该属性对应如下 4 个返回值。

- ☑ NETWORK_EMPTY：返回值为 0，用于数据加载初始化。
- ☑ NETWORK_IDLE：返回值为 1，文件加载成功，等待请求播放。
- ☑ NETWORK_LOADING：返回值为 2，文件正在加载过程中。
- ☑ NETWORK_NO_SOURCE：返回值为 3，表示加载出错。

实例 8-8：显示加载视频的状态

源码路径：光盘:\codes\8\8.html

在本实例的页面中，分别添加一个多媒体元素<video>和一个<span>元素。当使用<video>元素加载视频文件时，在触发的 progress 事件中，通过<span>元素显示文件在加载过程中返回的 networkState 属性值。实例文件 8.html 的主要代码如下。

```
<link href="css.css" rel="stylesheet" type="text/css">
<script type="text/javascript" language="jscript"
        src="js8.js"/>
</script>
</head>
<body>
<div>
  <video id="vdoMain" src="123.ogg"
          width="360px" height="220px"
          onProgress="Video_Progress(this)"
          controls="true" poster="123.jpg">
          当前浏览器不支持视频！
  </video>
  <span id="spnStatus"></span>
<div>
</body>
```

脚本文件 js8.js 的主要代码如下。

```
function $$(id) {
     return document.getElementById(id);
}
function Video_Progress(e) {
     var intState = e.networkState;
     $$("spnStatus").style.display = "block";
     $$("spnStatus").innerHTML = StrByNum(intState)
     if (intState == 1) {
          $$("spnStatus").style.display = "none";
     }
}
```

```
function StrByNum(n) {
    switch (n) {
    case 0:
        return "正在初始化...";
    case 1:
        return "数据加载完成!";
    case 2:
        return "正在加载中...";
    case 3:
        return "数据加载失败!";
    }
}
```

纵览上述代码，媒体元素<video>在触发加载视频文件事件 progress 时，调用一个自定义的函数 Video_Progress()，此函数的运作流程如下。

（1）将<video>元素的 networkState 属性值保存至变量 intState 中。

（2）将显示状态信息<span>元素的可见样式设置为 block，表示可见。

（3）调用另一个自定义的函数 StrByNum()，将保存至变量 intState 中的 networkState 属性值转换成相应的文字说明信息，并赋值给显示状态信息元素<span>，用于实现在页面中的动态显示效果。

（4）当返回的 networkState 属性值为 1 时，表示数据加载完成，再将显示状态信息<span>元素的可见样式设置为 none，即隐藏该元素。

执行后的效果如图 8-8 所示。

图 8-8　执行效果

8.3.3　出错时在播放屏幕中显示出错信息

在 HTML 5 中，属性 error 是一个只读属性，在使用多媒体元素加载或读取文件过程中，如果出现异常或错误，将触发元素的 error 事件。在该事件中，可以通过元素的 error 属性返回一个 MediaError 对象，根据该对象的 code 返回当前的错误值。

实例 8-9：出错时在播放屏幕中显示出错信息

源码路径：光盘:\codes\8\9.html

在本实例的页面中，分别添加了一个多媒体元素<video>和一个<span>元素。当使用<video>元素加载一个不支持的播放格式文件时触发 error 事件，通过<span>元素显示加载出错后 error 属性返回的错误代码信息。实例文件 9.html 的主要代码如下。

```
<script type="text/javascript" language="jscript"
        src="js9.js"/>
</script>
</head>
<body>
<div>
  <video id="vdoMain" src="123.mm"
```

```
            width="360px" height="220px"
            onError="Video_Error(this)"
            controls="true" poster="123.jpg">
            你的浏览器不支持视频
    </video>
    <span id="spnStatus"></span>
<div>
</body>
```

脚本文件 js9.js 的主要代码如下。

```
//JavaScript Document
function $$(id) {
    return document.getElementById(id);
}
function Video_Error(e) {
    var intState = e.error.code;
    $$("spnStatus").style.display = "block";
    $$("spnStatus").innerHTML = ErrorByNum(intState);
}
function ErrorByNum(n) {
    switch (n) {
    case 1:
        return "加载异常，用户请求中止!";
    case 2:
        return "加载中止，网络错误！";
    case 3:
        return "加载完成，解码出错";
     case 4:
        return "不支持的播放格式!";
    }
}
```

在上述代码中，因为视频元素<video>不支持载入文件 123.mm 的播放格式，所以会触发 error 事件。在该事件中将调用函数 Video_Error()，此函数的执行流程如下。

（1）通过变量 intState 保存 MediaError 对象 code 返回的错误代码值。

（2）将该值通过另一个函数 ErrorByNum()返回对应的文字说明信息。

（3）将获取的说明信息显示在页面元素<span>中。

执行后的效果如图 8-9 所示。

图 8-9　执行效果

8.3.4　检测浏览器是否支持媒体文件类型

因为浏览器对多媒体元素加载媒体文件的类型支持不同，因此在使用多媒体元素加载文件前需要检测当前浏览器是否支持媒体文件类型。检测的方法是通过调用多媒体元素的 canPlayType(type)方法，

其中参数 type 表示需要浏览器检测的类型，该类型与媒体文件的 IMIME 类型一致。通过多媒体元素的 canPlayType(type)方法，可以返回如下 3 个值。

☑ 空字符：表示浏览器不支持该类型的媒体文件。
☑ maybe：表示浏览器可能支持该类型的媒体文件。
☑ probably：表示浏览器支持该类型的媒体文件。

实例 8-10：检测浏览器是否支持媒体文件类型并显示结果
源码路径：光盘:\codes\8\10.html

本实例的功能是，使用方法 canPlayType()检测浏览器支持媒体文件类型的过程。首先在页面中添加了一个多媒体元素<video>，并在多媒体元素的底部创建一个<span>元素，功能是检测浏览器是否支持各种媒体文件类型。单击<span>元素后将在页面中显示检测后的结果。实例文件 10.html 的主要代码如下。

```
<script type="text/javascript" language="jscript"
        src="js10.js"/>
</script>
</head>
<body>
<div>
  <video id="vdoMain" src="123.ogg"
          width="360px" height="220px"
          poster="123.jpg">
          你的浏览器不支持视频
  </video>
  <p id="pTool">
      <span onClick="v_chkType();">检测</span>
  </p>
  <span id="spnResult"></span>
<div>
</body>
```

脚本文件 js10.js 的主要代码如下。

```
function $$(id) {
    return document.getElementById(id);
}
var i = 0,j = 0,k = 0;
function v_chkType() {
    var strHTML="";
    var arrType = new Array('audio/mpeg;', 'audio/mov;',
    'audio/mp4;codecs="mp4a.40.2"', 'audio/ogg;codecs="vorbis"',
    'video/webm;codecs="vp8,vorbis"', 'audio/wav;codecs="1"');
    for (intI = 0; intI < arrType.length; intI++) {
        switch ($$("vdoMain").canPlayType(arrType[intI])) {
        case "":
            i = i + 1;
            break;
        case "maybe":
```

```
                j = j + 1;
                break;
            case "probably":
                k = k + 1;
                break;
            }
        }
        strHTML+="空字符："+i+"<br>";
        strHTML+="maybe："+j+"<br>";
        strHTML+="probably："+k;
        $$("spnResult").style.display="block";
        $$("spnResult").innerHTML=strHTML;
    }
```

在上述代码中，当用户在页面中单击内容为“检测”的<span>元素时，将调用一个自定义函数 v_chkType()。此函数的运作流程如下。

（1）定义一个数组 arrType，用于保存各种媒体文件类型及编码格式。

（2）遍历该数组中的元素。在遍历过程中，调用多媒体元素的 canPlayType()方法，对每种类型及编码格式进行检测，并将返回检测结果值的累加总量保存至各自变量。

（3）将这些变量值数据通过 ID 号为 spnResult 的元素显示在页面中。

执行后的效果如图 8-10 所示。

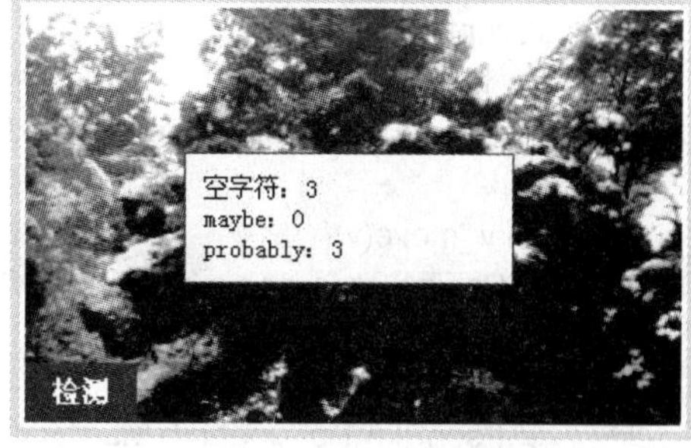

图 8-10　执行效果

8.3.5　显示视频的播放状态

多媒体元素不仅有相关的属性、方法，而且还有一系列完备的事件机制。在本章前面介绍多媒体元素的 networkState 与 error 属性时，分别触发了 progress 与 error 事件。除此之外，还有许多记录媒体文件播放过程的事件，例如 playing 等。在媒体文件被浏览请求加载、开始加载、开始播放、暂停播放、播放结束这一系列的流程中所触发的事件，称为媒体播放事件，也是多媒体元素的核心事件。通过对这些事件的跟踪，可以很方便地获取媒体文件在各个阶段的播放状态。

实例 8-11：显示当前正在播放视频的状态

源码路径：光盘:\codes\8\11.html

在本实例的页面中添加了一个多媒体元素<video>，并增加了 controls 属性；同时通过自定义函数绑定了多个播放事件。在事件中，分别记录媒体元素的即时状态，并以动态的方式，将状态内容显示在 ID 号为 spnPlayTip 的页面元素中。实例文件 11.html 的主要代码如下。

```
<script type="text/javascript" language="jscript" src="js11.js"/>
</script>
</head>
<body>
<div>
  <video id="vdoMain" src="123.ogg"
```

```
            width="360px" height="220px" controls="true"
            onMouseOut="v_move(0)" onMouseOver="v_move(1)"
            onPlaying="v_palying()" onPause="v_pause()"
            onLoadStart="v_loadstart();"
            onEnded="v_ended();"
            poster="123.jpg">
            你的浏览器不支持视频
    </video>
    <p id="pTip">
        <span id="spnPlayTip" class="spnL">播放完成</span>
    </p>
<div>
</body>
```

脚本文件 js11.js 的主要代码如下。

```
//JavaScript Document
function $$(id) {
    return document.getElementById(id);
}
function v_move(v){
    $$("pTip").style.display=(v)?"block":"none";
}
function v_loadstart() {
    $$("spnPlayTip").innerHTML="开始加载";
}
function v_palying(){
    $$("spnPlayTip").innerHTML="正在播放";
}
function v_pause(){
    $$("spnPlayTip").innerHTML="已经暂停";
}
function v_ended(){
    $$("spnPlayTip").innerHTML="播放完成";
}
```

通过上述代码实现了鼠标指针移至多媒体元素时显示媒体播放状态的功能，在移出元素时隐藏播放状态。实现方法是在多媒体元素的 onMouseOut 与 onMouseOver 事件中，通过传递不同的参数值调用同一个自定义的函数 v_move()。在该函数中将根据传回的参数值，显示或隐藏 ID 号为 pTip 的页面元素，从而实现鼠标指针移至或移出多媒体元素的效果。为了在多媒体元素触发播放事件的过程中动态显示媒体文件的播放状态，需要在绑定的事件中，修改 ID 号为 spnPlayTip 的元素内容。

执行后的效果如图 8-11 所示。

图 8-11　执行效果

8.3.6　显示播放视频的时间信息

在多媒体元素的众多事件中，timeupdate 事件是一个十分重要的事件。在媒体文件播放过程中，如果播放位置发生变化，就会触发该事件。通过该事件可以结合多媒体元素的 currentTime 与 duration 属性，动态显示媒体文件播放的当前时间与总量时间。

实例 8-12：显示播放视频的时间信息

源码路径：光盘:\codes\8\12.html

本实例的功能是为多媒体元素<video>添加一个 onTimeUpdate 事件，用于改变播放文件位置时调用。另外新增加一个 ID 号为 spnTimeTip 的<span>元素，用于动态显示媒体文件播放的当前时间与总量时间。实例文件 12.html 的主要代码如下。

```
<script type="text/javascript" language="jscript"
        src="js12.js"/>
</script>
</head>
<body>
<div>
  <video id="vdoMain" src="123.ogg"
          width="360px" height="220px" controls="true"
          onMouseOut="v_move(0)" onMouseOver="v_move(1)"
          onPlaying="v_palying()" onPause="v_pause()"
          onLoadStart="v_loadstart();"
          onEnded="v_ended();"
          onTimeUpdate="v_timeupdate(this)"
          poster="123.jpg">
          你的浏览器不支持视频
  </video>
  <p id="pTip">
      <span id="spnPlayTip" class="spnL"></span>
      <span id="spnTimeTip" class="spnR">00:00 / 00:00</span>
  </p>
<div>
</body>
```

脚本文件 js12.js 的主要实现代码如下。

```
//JavaScript Document
function $$(id) {
    return document.getElementById(id);
}
function v_move(v){
    $$("pTip").style.display=(v)?"block":"none";
}
function v_loadstart() {
    $$("spnPlayTip").innerHTML="开始加载";
}
```

```
function v_palying(){
    $$("spnPlayTip").innerHTML="正在播放";
}
function v_pause(){
    $$("spnPlayTip").innerHTML="已经暂停";
}
function v_ended(){
    $$("spnPlayTip").innerHTML="播放完成";
}
function v_timeupdate(e){
    var strCurTime=RuleTime(Math.floor(e.currentTime/60),2)+":"+
                   RuleTime(Math.floor(e.currentTime%60),2);
    var strEndTime=RuleTime(Math.floor(e.duration/60),2)+":"+
                   RuleTime(Math.floor(e.duration%60),2);
    $$("spnTimeTip").innerHTML=strCurTime+" / "+strEndTime;
}
//转换时间显示格式
function RuleTime(num, n) {
    var len = num.toString().length;
    while(len < n) {
        num = "0" + num;
        len++;
    }
    return num;
}
```

在上述代码中，当多媒体元素触发 timeupdate 事件时调用自定义函数 v_timeupdate()，通过该函数分别使用整除与求余数的方法，分割多媒体元素当前时间（currentTime）属性与时间总量（duration）属性返回的秒值，最终组成一个分与秒的格式。在组成过程中，又调用了另外一个自定义函数 RuleTime()，该函数可以将长度不足 2 位的数字，在前面加 0 进行补充。

执行后的效果如图 8-12 所示。

图 8-12　执行效果

第9章 绘图实战

在全新的HTML 5中，可以在网页中直接绘制图形图像，其功能甚至和专业的绘图软件一样强大。在本章将详细介绍在网页中使用HTML 5技术绘制图形图像的方法，并通过几个具体实例来演示绘图流程，为读者步入本书后面知识的学习打下基础。

9.1 使用<canvas>标记

知识点讲解：光盘\视频讲解\第9章\使用<canvas>标记.avi

<canvas>标记是HTML 5中新增的一个HTML元素，可以在JavaScript的帮助下绘制图形图像，例如可以画图、合成图像或实现动画效果。标记<canvas>具有画布功能，众所周知，画布是一个矩形区域，在上面可以控制其每一个像素。HTML 5中的<canvas>拥有多种绘制图形的方法，如绘制矩形、圆形、字符以及添加图像等。

在向HTML 5页面中添加<canvas>元素时，需要设置元素的id、宽度和高度，例如下面的代码。

```
<canvas id="myCanvas" width="100" height="100"></canvas>
```

标记<canvas>本身并没有绘图能力，还需要在JavaScript的帮助下才能完成绘制工作。例如下面的代码。

```
<script type="text/javascript">
var c=document.getElementById("myCanvas");
var cxt=c.getContext("2d");
cxt.fillStyle="#FF0000";
cxt.fillRect(0,0,150,75);
</script>
```

使用JavaScript实现绘图的基本流程如下。

（1）JavaScript使用id来寻找<canvas>元素，例如下面的代码。

```
var c=document.getElementById("myCanvas");
```

（2）创建context对象，例如下面的代码。

```
var cxt=c.getContext("2d");
```

对象getContext("2d")是内建的HTML 5对象，它拥有多种绘制路径、矩形、圆形、字符以及添加图像的方法。例如，通过下面的代码可以绘制一个红色的矩形。

```
cxt.fillStyle="#FF0000";
cxt.fillRect(0,0,150,75);
```

在上述代码中，方法 fillStyle()的功能是将矩形填充为红色，方法 fillRect()的功能是设置矩形的形状、位置和尺寸，这里其坐标参数为(0,0,150,75)，意思是在画布上绘制一个 150×75 的矩形，并且是从左上角(0,0)开始绘制的。

9.2 HTML DOM Canvas 对象

知识点讲解：光盘\视频讲解\第 9 章\HTML DOM Canvas 对象.avi

Canvas 对象表示一个 HTML 画布元素<canvas>，此对象没有自己的行为，但是定义了一个 API 支持脚本化客户端绘图操作。用户可以直接在 Canvas 对象上指定宽度和高度，但是其大多数功能都可以通过 CanvasRenderingContext2D 对象来获得。这是通过 Canvas 对象的 getContext()方法实现的，在具体实现时，是通过将直接量字符串 2d 作为唯一的参数传递的方式而获得的。

1. Canvas 对象的属性

Canvas 对象有如下两个重要的属性。

（1）height 属性

height 属性表示画布的高度。和一幅图像一样，此属性可以指定为一个整数像素值或者是窗口高度的百分比。当改变该值时，在该画布上已经完成的任何绘图都将被擦除。默认值是 300。

（2）width 属性

width 属性表示画布的宽度。和一幅图像一样，此属性可以指定为一个整数像素值或者是窗口宽度的百分比。当改变该值时，在该画布上已经完成的所有绘图将被擦除。默认值是 300。

2. Canvas 对象的方法

Canvas 对象只有一个方法：getContext()，此方法用于返回一个用于在画布上绘图的环境。使用方法 getContext()的语法格式如下。

```
Canvas.getContext(contextID)
```

参数 contextID 指定了想要在画布上绘制的图形类型。当前唯一的合法值是 2d，它指定将要绘制一个二维图形，并且返回了一个环境对象，该对象导出一个二维绘图 API。很可能在不久的将来，<canvas>标签会扩展到支持 3D 绘图，此时用 getContext()方法就可以允许传递一个 3d 字符串参数。

方法 getContext()的返回值是一个 CanvasRenderingContext2D 对象，使用该对象可以绘制到<canvas>元素中。由此可见，方法 getContext()的功能是返回一个表示用来绘制的环境类型的环境，其本意是要为不同的绘制类型（二维、三维）提供不同的环境。当前唯一支持的是二维，它会返回一个 CanvasRenderingContext2D 对象，该对象实现了一个画布所使用的大多数方法。

实例 9-1： 显示矩形中鼠标指针的坐标

源码路径： 光盘:\codes\9\1.html

本实例的功能是在网页中绘制一个矩形，当将鼠标指针放在矩形内的某一个位置时，会提示指针的坐标。实例文件 1.html 的主要代码如下。

```
<script type="text/javascript">
function cnvs_getCoordinates(e)
{
x=e.clientX;
y=e.clientY;
document.getElementById("xycoordinates").innerHTML="Coordinates: (" + x + "," + y + ")";
}

function cnvs_clearCoordinates()
{
document.getElementById("xycoordinates").innerHTML="";
}
</script>
</head>

<body style="margin:0px;">

<p>把鼠标悬停在下面的矩形上看看：</p>

<div id="coordiv" style="float:left;width:199px;height:99px;border:1px solid #c3c3c3" onmousemove="cnvs_getCoordinates(event)" onmouseout="cnvs_clearCoordinates()"></div>
<br />
<br />
<br />
<div id="xycoordinates"></div>
</body>
```

执行后的效果如图 9-1 所示。

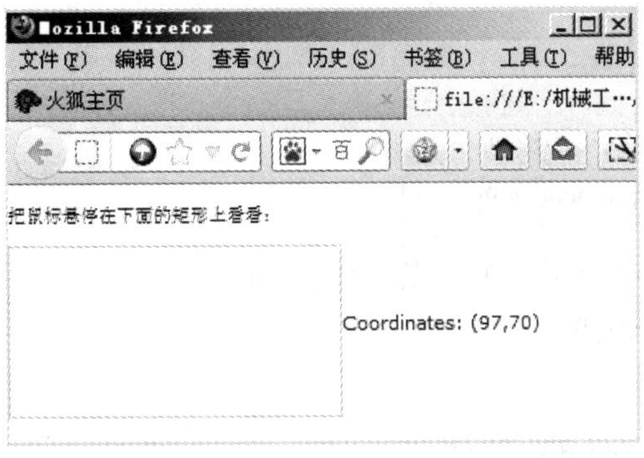

图 9-1　执行效果

9.3　HTML 5 绘图实践

知识点讲解：光盘\视频讲解\第 9 章\HTML 5 绘图实践.avi

前面已经讲解了使用 HTML 5 技术绘制图形图像的基本知识，本节将通过具体实例的实现过程来提高读者的开发水平。

9.3.1 在指定位置绘制指定角度的相交线

实例 9-2：在网页中的指定坐标位置绘制指定角度的相交线
源码路径：光盘:\codes\9\2.html

本实例的功能是，在指定的坐标位置绘制指定角度的相交线。实例文件 2.html 的主要代码如下。

```
<script type="text/javascript">

var c=document.getElementById("myCanvas");
var cxt=c.getContext("2d");
cxt.moveTo(10,10);
cxt.lineTo(150,50);
cxt.lineTo(10,50);
cxt.stroke();
</script>
</body>
```

执行后的效果如图 9-2 所示。

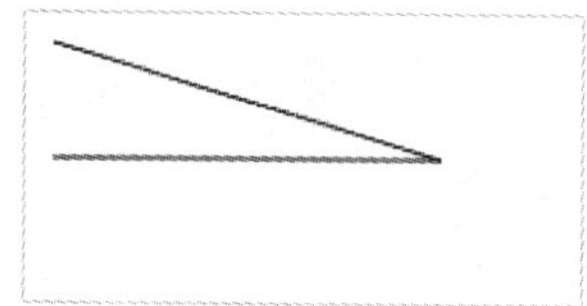

图 9-2　执行效果

9.3.2 绘制一个圆

实例 9-3：在网页中绘制一个圆
源码路径：光盘:\codes\9\3.html

本实例的功能是，在网页中绘制一个填充为红色的圆。
实例文件 3.html 的主要代码如下。

```
<script type="text/javascript">
var c=document.getElementById("myCanvas");
var cxt=c.getContext("2d");
cxt.fillStyle="#FF0000";
cxt.beginPath();
cxt.arc(70,18,15,0,Math.PI*2,true);
cxt.closePath();
cxt.fill();

</script>
</body>
```

执行后的效果如图 9-3 所示。

图 9-3　执行效果

9.3.3　在画布中显示一幅指定的图片

实例 9-4：在 Canvas 画布中显示一幅指定的图片
源码路径：光盘:\codes\9\4.html

本实例的功能是，在 Canvas 画布中显示一幅指定的图片。实例文件 4.html 的主要代码如下。

```
<script type="text/javascript">
var c=document.getElementById("myCanvas");
var cxt=c.getContext("2d");
var img=new Image()
img.src="http_imgload.jpg"
cxt.drawImage(img,0,0);
</script>
</body>
```

执行后的效果如图 9-4 所示。

图 9-4　执行效果

9.3.4　绘制一个指定大小的正方形

与创建页面中的其他元素相同，创建<canvas>元素的方法也十分简单，只需要加一个标记 ID 号，并设置元素的长和宽即可，具体格式如下。

```
<canvas id="cnvMain" width="2 80px" height= "190px" ></canvas>
```

创建画布后，即可利用画布的上下文环境对象绘制图形。

实例 9-5：绘制一个指定大小的正方形
源码路径：光盘:\codes\9\5.html

本实例的功能是在页面中新建一个<canvas>元素，并在该元素中绘制一个指定大小的正方形。实例文件 5.html 的主要代码如下。

```
<script type="text/javascript" language="jscript"
        src="js5.js"/>
</script>
</head>
<body onLoad="pageload();">
    <canvas id="cnvMain" width="280px" height="190px"></canvas>
</body>
```

脚本文件 js5.js 的主要代码如下。

```
//JavaScript Document
function $$(id) {
    return document.getElementById(id);
}
function pageload(){
     var cnv=$$("cnvMain");
     var cxt=cnv.getContext("2d");
     cxt.fillStyle="#ccc";
     cxt.fillRect(30,30,80,80);
}
```

上述代码首先获取了<canvas>元素，然后取得绘图元素的上下文环境对象 cxt。在获取过程中，需要调用画布的 getContext()方法，并向该方法传递一个字符串为 2d 的参数。一旦取得画布的上下文环境对象，就可以通过该对象来使用绘图的方法与属性。例如，下面是绘制一个矩形的方法。

```
cxt.fillRect(x,y,width, height);
```

其中，参数 x 表示矩形起点 x 轴与左上角(0,0)的距离，参数 y 表示矩形起点 y 轴与左上角(0,0)的距离，参数 width 表示矩形的宽度，参数 height 表示矩形的高度，其所在位置如图 9-5 所示。

图 9-5　执行效果

在绘制矩形之前，需要设置图形的背景色，方法如下。

```
cxt.fillStyle="background-color";
```

其中，参数 background-color 可以是一种 CSS 颜色、图案、渐变色，默认值为黑色。本实例为#ccc，

是一种 CSS 颜色。注意，设置绘制图形背景色的操作必须先于图形绘制，否则设置的背景色将不起作用。

9.3.5　绘制一个带边框的矩形

利用画布除了可以绘制有背景色的图形外，还可以绘制有边框的图形。具体过程是在获取绘图上下文环境对象 cxt 后，调用一个 strokeRect()方法。该方法用来绘制一个矩形，但并不填充矩形区域，只是绘制矩形的边框，其调用格式如下。

```
cxt.strokeRect(x,y,width, height);
```

其中，参数 x，y 为矩形起点坐标，width 与 height 分别为矩形的宽度与高度。

在绘制边框前，可以调用 strokeStyle 属性设置边框的颜色，具体格式如下。

```
cxt. strokeStyle="background-color";
```

其中，参数 background-color 表示边框的颜色，可以是一种 CSS 值、图案或渐变色。

如果想要清空图形中指定区域的像素，可以调用另一个方法 clearRect()，调用格式如下。

```
cxt. clearRect(x,y, width, height);
```

其中，参数 x，y 为被清空色彩区域起点的坐标，width 与 height 分别为被清空像素区域的宽度与高度。清空后的区域将变为透明色。

实例 9-6：在网页中绘制一个带边框的矩形

源码路径：光盘:\codes\9\6.html

在本实例中新建了一个<canvas>元素，并在该元素中绘制一个有背景色和边框的矩形。单击该矩形时，会清空矩形中指定区域的图形色彩。实例文件 9.html 的主要代码如下。

```
<script type="text/javascript" language="jscript"
        src="js6.js"/>
</script>
</head>
<body onLoad="pageload();">
    <canvas id="cnvMain" width="280px" height="190px"
            onClick="cnvClick();">
    </canvas>
</body>
```

编写脚本文件 js6.js，当开始加载页面时会调用一个自定义函数 pageload()，此函数使用 fillRect()方法绘制带背景色的图形，此外还调用了 strokeRect()方法绘制带边框的图形。在调用方法 strokeRect()前，先通过 strokeStyle 属性设置所绘制边框的颜色为#666。由于 fillRect()与 strokeRect()方法中所使用的参数值相同，因此将绘制一个背景色和边框重叠的矩形。当用户单击绘制好的矩形时，将触发一个 onClick 事件，该事件调用自定义函数 cnvClick()。在该函数中，使用 clearRect()方法清空指定区域的色彩。文件 js6.js 的主要代码如下。

```
function $$(id) {
    return document.getElementById(id);
```

```
}
function pageload(){
    var cnv=$$("cnvMain");
    var cxt=cnv.getContext("2d");
    //设置边框
    cxt.strokeStyle="#666";
    cxt.strokeRect(30,30,150,80);
    //设置背景
    cxt.fillStyle="#eee";
    cxt.fillRect(30,30,150,80);
}
function cnvClick(){
    var cnv=$$("cnvMain");
    var cxt=cnv.getContext("2d");
    //清空图形
    cxt.clearRect(36,36,138,68);
}
```

执行后的效果如图 9-6 所示。

图 9-6　执行效果

9.3.6　绘制一个渐变图形

在 HTML 5 中，利用<canvas>元素可以绘制出有渐变色的图形。渐变方式分为两种，一种是线性渐变，另一种是径向渐变。使用线性渐变方式绘制图形的步骤如下。

（1）在获取上下文环境对象 cxt 后，调用该对象的 createLinearGradient()方法，创建一个 LinearGradient 对象。调用格式如下。

```
cxt.createLinearGradient(xStart, yStart, xEnd, yEnd)
```

其中，参数 xStart、yStart 表示渐变色开始时的坐标；xEnd、yEnd 表示渐变色结束时的坐标。如果 yStart 与 yEnd 相同，表示渐变色沿水平方向从左向右渐变；如果 xStart 与 xEnd 相同，表示渐变色沿纵坐标方向上下渐变；如果 xStart 与 xEnd 不相同，并且 yStart 与 yEnd 也不相同，则表示渐变色沿矩形对角线方向渐变。

（2）创建 LinearGradient 对象并将其取名为 gnt 后，调用该对象的 addColorStop()方法，进行渐变颜色与偏移量的设置，调用格式如下。

```
gnt. addColorStop(value, color);
```

其中，参数 value 表示渐变位置偏移量，可以取 0～1 之间的任意值；参数 color 表示渐变开始与结束时的颜色，分别对应偏移量 0 与 1。为了实现颜色的渐变功能，必须调用两次该方法，第一次表示开始渐变时的颜色，第二次表示结束渐变时的颜色。

（3）通过 gnt 对象将偏移量与渐变色的值设置完成后，再将 gnt 对象赋值给 fillStyle 属性，表明此次图形的样式是一个渐变对象，最后使用 fillRect()方法绘制出一个有渐变色的图形。

实例 9-7：在网页中绘制一个渐变图形

源码路径：光盘:\codes\9\7.html

本实例新建了一个<canvas>元素，并利用该元素以 3 种不同颜色渐变方向绘制图形，分别为自左向右、从上而下、沿图形对角线方向渐变。实例文件 7.html 的主要代码如下。

```
<script type="text/javascript" language="jscript"
        src="js7.js"/>
</script>
</head>
<body onLoad="pageload();">
    <canvas id="cnvMain" width="280px" height="190px"></canvas>
</body>
```

脚本文件 js7.js 的主要代码如下。

```
//JavaScript Document
function $$(id) {
    return document.getElementById(id);
}
function pageload(){
    var cnv=$$("cnvMain");
    var cxt=cnv.getContext("2d");
    //绘制由左至右的颜色渐变图形
    var gnt1=cxt.createLinearGradient(20,20,150,20);
    gnt1.addColorStop(0,"#000");
    gnt1.addColorStop(1,"#fff");
    cxt.fillStyle=gnt1;
    cxt.fillRect(20,20,150,20);
    //绘制由上至下的颜色渐变图形
    var gnt2=cxt.createLinearGradient(20,20,20,150);
    gnt2.addColorStop(0,"#000");
    gnt2.addColorStop(1,"#fff");
    cxt.fillStyle=gnt2;
    cxt.fillRect(20,20,20,150);
    //绘制对角线方向的颜色渐变图形
    var gnt3=cxt.createLinearGradient(50,50,100,100);
    gnt3.addColorStop(0,"#000");
    gnt3.addColorStop(1,"#fff");
    cxt.fillStyle=gnt3;
    cxt.fillRect(50,50,100,100);
}
```

执行后的效果如图 9-7 所示。

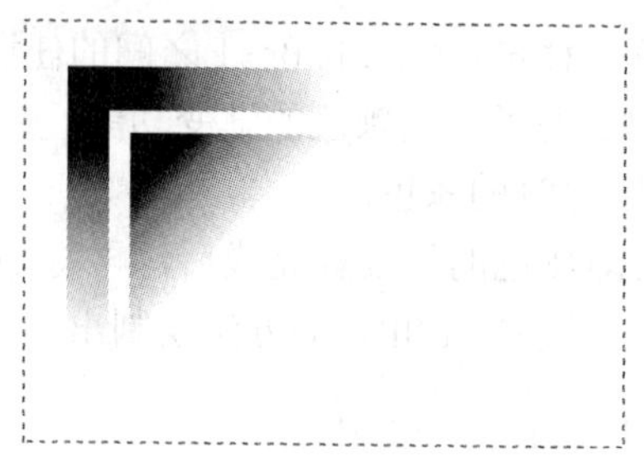

图 9-7　执行效果

9.3.7　绘制不同的圆形

在 HTML 5 网页中，可以使用上下文环境对象中的 arc()方法来描绘圆形路径和各种形状的圆形图案。调用该方法的格式如下。

```
cxt.arc(x,y,radius, startAngle, endAngle, anticlockwise)
```

参数说明如下。

☑　cxt：表示上下文环境对象的名称。

☑　x：表示绘制圆形的横坐标。

☑　y：表示绘制圆形的纵坐标。

☑　radius：表示绘制圆的半径，单位为像素。

☑　startAngle：表示绘制圆弧时的开始角度。

☑　endAngle：表示绘制圆弧时的结束角度。

☑　anticlockwise：是一个布尔值，表示画圆的方向，true 为逆时针，false 为顺时针。

在调用方法 arc()绘制圆形路径之前，需要调用上下文环境对象中的 beginPath()方法，声明开始绘制路径，其调用格式如下。

```
cxt.beginPath()
```

其中，cxt 表示上下文环境对象的名称，该方法无参数。需要注意的是，在使用遍历或循环绘制路径时，每次都要调用该方法，即该方法仅对应单次的路径绘制。绘制圆形路径完成后，还要调用 closePath()方法，将所绘制完成的路径进行关闭，其调用格式如下。

```
cxt.closePath()
```

其中，cxt 为上下文环境对象名称。该方法的参数与 beginPath()方法一样，也是对应单次的路径绘制。在一般情况下，该方法与 beginPath()方法是成对出现的。绘制完圆形路径后，并没有真正在画布元素中展示，因为上面的操作仅绘制了圆形的路径，还需要对路径进行描边或填充。如果是描边，则调用上下文环境对象中的 stroke()方法。在调用该方法之前，还可以设置边框的颜色与宽度，如下面代码所示。

```
cxt.strokeStyle="#ccc";
cxt.lineWidth=2;
cxt.stroke();
```

上述代码的第 1 行表示设置边框的颜色，第 2 行表示设置边框的宽度，第 3 行表示开始进行描边

操作。需要注意的是，设置边框颜色与宽度的代码必须在描边操作前，否则将不起作用。

除了可对已经绘制的圆形路径进行描边外，还可以调用上下文环境对象中的 fill()方法对其进行填充操作。当然在调用该方法之前需要先设置填充的颜色，如下面代码所示。

```
cxt. fillStyle="#eee";
cxt. fill();
```

上述代码的第 1 行表示设置填充圆形路径的颜色，第 2 行表示开始进行填充。与描边操作一样，设置填充圆形路径的颜色的代码必须在填充操作之前，否则也将不起作用。当然，也可以对所绘制的圆形路径既进行填充又进行描边。

实例 9-8：在网页中绘制不同的圆形

源码路径：光盘:\codes\9\8.html

在本实例中新建一个<canvas>元素，同时创建 3 个<span>标记，内容分别设置为“实体圆”、“边框圆”和“衔接圆”。当单击某个<span>标记时，在画布元素中绘制对应图案的圆形。实例文件 8.html 的主要代码如下。

```
<script type="text/javascript" language="jscript"
        src="js8.js"/>
</script>
</head>
<body>
   <div><p>
    <span onClick="spn1_click();">实体圆</span>
    <span onClick="spn2_click();">边框圆</span>
    <span onClick="spn3_click();">衔接圆</span></p>
    <canvas id="cnvMain" width="280px" height="190px"></canvas>
   <div>
</body>
```

编写脚本文件 js8.js，设置当单击“实体圆”标记时会调用自定义函数 spnl_click()。此函数的运作流程如下。

（1）通过获取的上下文环境对象 cxt 来调用 clearRect()方法，清空画布中原有的图形，防止图形在画布中的交叉展示，然后调用 arc()方法绘制一个圆形路径，其圆心坐标为(100,100)，半径为 50 像素，弧度为从 0 开始到 Math.PI*2 结束，按顺时针方向进行绘制。

（2）绘制路径完成后，开始设置填充颜色。

（3）使用 fill()方法将颜色填充至已绘制的圆形路径中，从而在画布中形成一个实体的圆形。

在自定义函数 spn2_click()中，绘制圆形路径的过程与 spnl_click()函数相同，只在最后绘制图形时使用了 stroke()方法对路径进行描边，而非用 fill()方法填充。在进行描边前，通过 lineWidth 与 strokeStyle 属性分别设置边框的宽度与颜色，然后使用 stroke()方法，按照设置的颜色与宽度对已绘制的圆路径进行描边，从而在画布中形成一个边框圆。在自定义函数 spn3_click()中，结合了函数 spnl_click()与 spn2_click()中绘制圆形的方法与过程，只是在绘制第二个圆形时改变了圆心的横坐标距离，而其他参数值均不变。

文件 js8.js 的主要代码如下。

```
function $$(id) {
    return document.getElementById(id);
}
function spn1_click(){
    var cnv=$$("cnvMain");
    var cxt=cnv.getContext("2d");
    //清除画布原有图形
    cxt.clearRect(0,0,280,190);
    //开始画实体圆
    cxt.beginPath();
    cxt.arc(100,100,50,0,Math.PI*2,true);
    cxt.closePath();
    //设置填充背景色
    cxt.fillStyle="#eee";
    //进行填充
    cxt.fill();
}
function spn2_click(){
    var cnv=$$("cnvMain");
    var cxt=cnv.getContext("2d");
    //清除画布原有图形
    cxt.clearRect(0,0,280,190);
    //开始画边框圆
    cxt.beginPath();
    cxt.arc(100,100,50,0,Math.PI*2,true);
    cxt.closePath();
    //设置边框色
    cxt.strokeStyle="#666";
    //设置边框宽度
    cxt.lineWidth=2;
    //进行描边
    cxt.stroke();
}
function spn3_click(){
    var cnv=$$("cnvMain");
    var cxt=cnv.getContext("2d");
    //清除画布原有图形
    cxt.clearRect(0,0,280,190);
    //开始画圆
    cxt.beginPath();
    cxt.arc(100,100,50,0,Math.PI*2,true);
    cxt.closePath();
    //设置填充背景色
    cxt.fillStyle="#eee";
    //进行填充
    cxt.fill();
    //设置边框色
    cxt.strokeStyle="#666";
    //设置边框宽度
    cxt.lineWidth=2
```

```
        //进行描边
        cxt.stroke();
        //开始画衔接的边框圆
        cxt.beginPath();
        cxt.arc(175,100,50,0,Math.PI*2,true);
        cxt.closePath();
        //设置边框色
        cxt.strokeStyle="#666";
        //设置边框宽度
        cxt.lineWidth=2
        //进行描边
        cxt.stroke();
}
```

执行后的效果如图 9-8 所示。

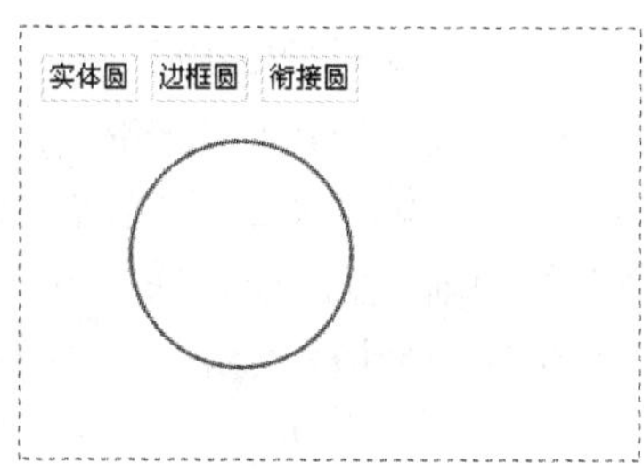

图 9-8　执行效果

9.3.8　绘制一个渐变圆形

使用径向渐变的方式可以绘制一个有渐变色的圆形，只要调用上下文环境对象 cxt 中的 createRadialGradient()方法即可。具体格式如下。

```
cxt.createRadialGradient(xStart ,yStart, radiusStart, xEnd,yEnd, radiusEnd)
```

参数说明如下。

☑ cxt：表示获取的上下文对象名称。
☑ xStart：表示开始渐变圆心的横坐标。
☑ yStart：表示开始渐变圆心的纵坐标。
☑ radiusStart：表示开始渐变圆的半径。
☑ xEnd：表示结束渐变圆心的横坐标。
☑ yEnd：表示结束渐变圆心的纵坐标。
☑ radiusEnd：表示结束渐变圆的半径。

在调用 createRadialGradient()方法时，从开始渐变圆心的坐标位置向结束渐变圆心的坐标位置进行颜色渐变，即两个圆之间通过各自的圆心坐标连接成一条直线，起点为开始圆心，终点为结束圆心，色彩由起点向终点进行扩散，直至终点圆外框。使用方法 createRadiaIGradient()仅新建了一个径向渐变的对象，接下来需要通过方法 addColorStop()为该对象添加偏移量与渐变色，并将该对象设置为 fillStyle 属性的值。最后，调用方法 fill()在画布中绘制出一个有径向渐变色彩的圆形。

实例 9-9：在网页中绘制一个渐变圆形

源码路径：光盘:\codes\9\9.html

在本实例的页面中新建了一个<canvas>元素，当加载页面时通过调用方法 createRadialGradient()创建一个渐变对象，将该对象设置为 fillStyle 属性的值，在画布中绘制一个径向渐变的圆。实例文件 9.html 的主要代码如下。

```
<script type="text/javascript" language="jscript"
        src="js9.js"/>
</script>
</head>
<body onLoad="pageload();">
    <canvas id="cnvMain" width="280px" height="190px"></canvas>
</body>
```

编写脚本文件 js9.js，设置当获取上下文环境对象 cxt 后，首先调用该对象的 createRadialGradient()方法创建一个渐变对象 gnt。然后通过 gnt 对象的 addColorStop()方法，为渐变对象增加 3 种用于渐变的偏移量与颜色值，当绘制完圆路径后，将渐变对象 gnt 赋值给 fillStyle 属性。最后根据 fillStyle 属性值，使用方法 fill()在画布中绘制一个有径向渐变的圆形图案。为了增加实体圆的边框效果，以相同的参数再次调用 arc()，在实体圆的基础上绘制一个边框圆形。文件 js9.js 的主要代码如下。

```
function $$(id) {
    return document.getElementById(id);
}
function pageload(){
    var cnv=$$("cnvMain");
    var cxt=cnv.getContext("2d");
    //开始创建渐变对象
    var gnt=cxt.createRadialGradient(30,30,0,20,20,400);
    gnt.addColorStop(0,"#000");
    gnt.addColorStop(0.3,"#eee");
    gnt.addColorStop(1,"#fff");
    //开始绘制实体圆路径
    cxt.beginPath();
    cxt.arc(125,95,80,0,Math.PI*2,true);
    cxt.closePath();
    //设置填充背景色
    cxt.fillStyle=gnt;
    //进行填充
    cxt.fill();
    //开始绘制边框圆路径
    cxt.beginPath();
    cxt.arc(125,95,80,0,Math.PI*2,true);
    cxt.closePath();
    //设置边框颜色
    cxt.strokeStyle="#666";
    //设置边框宽度
    cxt.lineWidth=2;
    //开始描边
```

```
    cxt.stroke();
}
```

执行后的效果如图 9-9 所示。

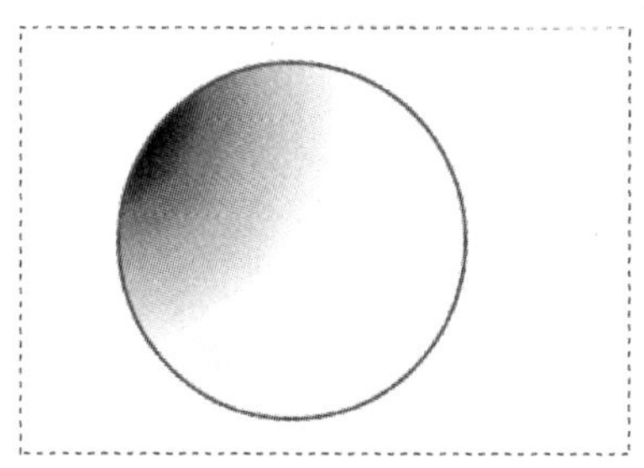

图 9-9　执行效果

9.3.9　移动、缩放和旋转网页中的正方形

在使用画布元素<canvas>绘制图形时，有时需要对已绘制完成的图形进行相关的操作，如移动、缩放和旋转等，这些操作可以借助 Canvas API 中提供的相关方法来实现。通过调用 Canvas API 中提供的相关方法，可以将多块图形以不同的方式结合在一起展示，还可以通过增加阴影属性值，为图形添加不同方向的阴影效果。

实例 9-10：移动、缩放和旋转网页中的正方形

源码路径：光盘:\codes\9\10.html

在本实例中新建了一个<canvas>元素，当页面被加载时，在画布中绘制一个正方形。并创建 3 个<span>标记，将内容分别设置为“移动”、“缩放”和“旋转”，当单击某个<span>标记时，对画布中已绘制的正方形进行相应的操作。实例文件 10.html 的主要代码如下。

```
<script type="text/javascript" language="jscript"
        src="js10.js"/>
</script>
</head>
<body onLoad="drawRect();">
   <div><p>
    <span onClick="spn1_click();">移动</span>
    <span onClick="spn2_click();">缩放</span>
    <span onClick="spn3_click();">旋转</span></p>
    <canvas id="cnvMain" width="280px" height="190px"></canvas>
   <div>
</body>
```

脚本文件 js10.js 的具体实现代码如下。

```
function $$(id) {
    return document.getElementById(id);
}
//绘制一个正方形
function drawRect(){
```

```
        var cnv=$$("cnvMain");
        var cxt=cnv.getContext("2d");
        //设置边框
        cxt.strokeStyle="#666";
        cxt.lineWidth=2;
        cxt.strokeRect(105,70,60,60);
}
//上下移动已绘制的正方形
function spn1_click(){
        var cnv=$$("cnvMain");
        var cxt=cnv.getContext("2d");
        cxt.translate(-20,-20);
        drawRect();
        cxt.translate(40,40);
        drawRect();
}
//缩放已绘制的正方形
function spn2_click(){
        var cnv=$$("cnvMain");
        var cxt=cnv.getContext("2d");
        cxt.scale(1.2,1.2);
        drawRect();
        cxt.scale(1.2,1.2);
        drawRect();
}
//旋转已绘制的正方形
function spn3_click(){
        var cnv=$$("cnvMain");
        var cxt=cnv.getContext("2d");
        cxt.rotate(Math.PI/8);
        drawRect();
        cxt.rotate(-Math.PI/4);
        drawRect();
}
```

执行后的效果如图 9-10 所示。

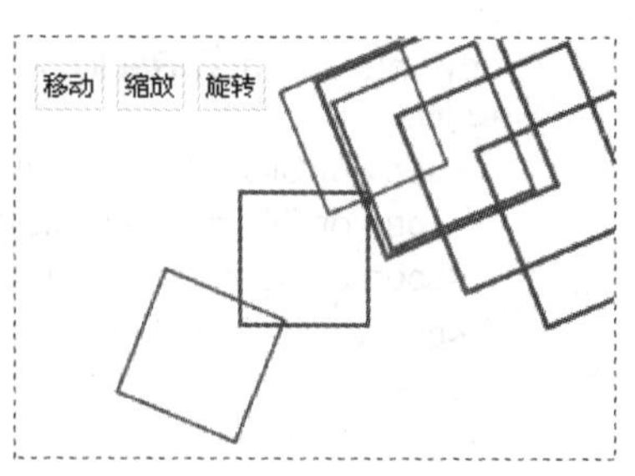

图 9-10　执行效果

9.3.10　使用组合的方式显示图形

如果想在画布中绘制有多个交叉点的图形，则需要根据绘制时的先后顺序显示每个图形，在交叉处新绘制的图形会覆盖原有图形。如果想要改变这种默认多图组合的显示形式，可以通过修改上下文环境对象的 globalCompositeOperation 属性值来实现。此属性有多个属性值，具体说明如下。

- ☑ source-over：显示图形时，新绘制的图形将覆盖原先绘制的图形，这是默认值。
- ☑ copy：只显示新图形，其他部分作透明处理。
- ☑ darker：两种图形都显示，在图形重叠部分，颜色由两个图形的颜色值相减后形成。
- ☑ destination-atop：只显示新图形与原图形重叠的部分及新图形的其余部分，其他部分作透明处理。

☑ destination-in：只显示原图形中与新图形重叠的部分，其他部分作透明处理。
☑ destination-out：只显示原图形中与新图形不重叠的部分，其他部分作透明处理。
☑ destination-over：与 source-over 属性相反，原先绘制的图形将覆盖新绘制的图形。
☑ lighter：两种图形都显示，在图形重叠的部分，颜色由两个图形的颜色值相加后形成。
☑ source-atop：只显示原图形中与新图形重叠的部分及原图形的其余部分，其他部分作透明处理。
☑ source-in：只显示新图形中与原图形重叠的部分，其他部分作透明处理。
☑ source-out：只显示新图形中与原图形不重叠的部分，其他部分作透明处理。
☑ xor：两种图形都绘制，并透明处理图形重叠部分。

其中，source 表示新图形资源，destination 表示原图形资源。

实例 9-11：在网页中使用组合的方式显示图形
源码路径：光盘:\codes\9\11.html

在本实例的页面中新建了一个<canvas>元素，当页面被加载时，调用自定义的函数 pageload()，通过该函数创建一个正方形和圆形，将两个图形组合后的 globalCompositeOperation 的属性值设为 lighter，并将组合后的图形结果显示在画布中。实例文件 11.html 的主要代码如下。

```
<script type="text/javascript" language="jscript"
        src="js11.js"/>
</script>
</head>
<body onLoad="pageload();">
    <canvas id="cnvMain" width="280px" height="190px"></canvas>
</body>
```

编写脚本文件 js11.js。首先自定义两个函数：drawRect()与 drawCirc()，分别用于根据传入的上下文环境参数值绘制正方形与圆形；当加载页面时，触发页面的 onLoad 事件，在该事件中调用另一个自定义函数 pageload()，此函数的运作流程如下。

（1）通过 ID 号获取画布元素<canvas>，并根据画布元素取得上下文环境对象 cxt。

（2）传递 cxt 对象，调用函数 drawRect()，在画布中先绘制一个正方形。

（3）设置 globalCompositeOperation 属性值为 lighter，表明与下面图形组合时的显示方式。

（4）调用函数 drawCirc()在画布中绘制一个圆形，两个图形的重叠部分将按照设置的 globalComposite Operation 属性值进行组合显示。

文件 js11.js 的主要代码如下。

```
// JavaScript Document
function $$(id) {
    return document.getElementById(id);
}
function pageload(){
    var cnv=$$("cnvMain");
    var cxt=cnv.getContext("2d");
    drawRect(cxt);
    cxt.globalCompositeOperation="lighter";
    drawCirc(cxt);
}
```

```
//绘制一个正方形
function drawRect(cxt){
      cxt.fillStyle="#666";
      cxt.fillRect(60,50,80,80);
}
//绘制一个圆形
function drawCirc(cxt){
      cxt.beginPath()
      cxt.arc(130,120,50,0,Math.PI*2,true);
      cxt.closePath()
      cxt.fillStyle="#ccc";
      cxt.fill();
}
```

执行后的效果如图 9-11 所示。

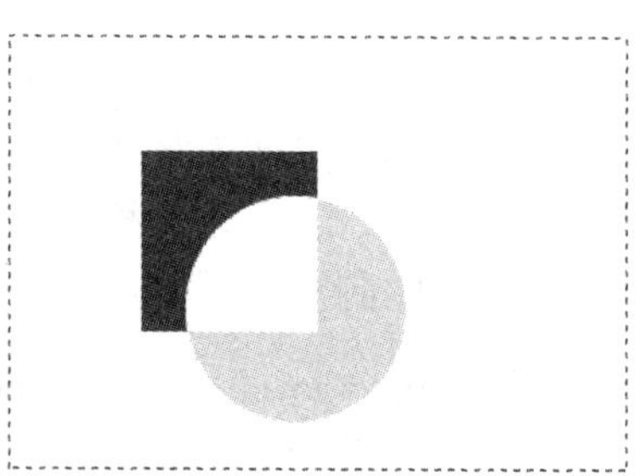

图 9-11　执行效果

9.3.11　使用不同的方式平铺指定的图像

在画布中除了可以对绘制的图像进行缩放绘制外，还可以通过调用上下文环境对象中的 createPattern()方法关联图像元素。选择平铺方式创建一个平铺的对象，并将该平铺对象赋值给 fillStyle 属性。通过调用方法 fillRect()将该平铺对象绘制在画布中，从而实现平铺图像的效果。使用 createPattern()方法的格式如下。

```
cxt.createPattern(image,type)
```

其中，cxt 为上下文环境对象名称；参数 image 表示被平铺的图像；参数 type 表示图像平铺的方式，该参数有 4 种取值，具体说明如下。

- ☑ no-repeat：不平铺绘制的图像。
- ☑ repeat-x：按水平方向横向平铺所绘制的图像。
- ☑ repeat-y：按垂直方向纵向平铺所绘制的图像。
- ☑ repeat：全方位平铺所绘制的图像。

实例 9-12：在页面中使用不同的方式平铺指定的图像

源码路径：光盘:\codes\9\12.html

在本实例的页面中新建了一个<canvas>元素，每次单击画布元素时都调用不同的平铺方式，将图像显示在画布元素中。实例文件 12.html 的主要代码如下。

```
<script type="text/javascript" language="jscript"
          src="js12.js"/>
</script>
</head>
<body>
      <canvas id="cnvMain" width="280px" height="190px"
                onClick="cnvclick(this);">
      </canvas>
</body>
```

编写脚本文件 js12.js。首先根据单击画布的累加总量 intNum 的值，获取图像在画布中的平铺方式，并保存至变量 strPmType 中。使用方法 clearRect()清空每次在画布中绘制的图形，并定义一个 Image 对象，设置该对象加载图像的路径。再根据该图像与平铺方式变量 strPrnType 的值新建一个平铺对象。在加载图像的 onload 事件中，将 prn 平铺对象赋值给 fillStyle 属性，通过 fillRect()方法将平铺对象绘制在整个画布中，cnv.width 与 cnv.height 值分别为画宽与高。文件 js12.js 的主要代码如下。

```
// JavaScript Document
//定义保存单击次数的全局变量
var intNum = 0;
//自定义画布单击函数
function cnvclick(cnv) {
    intNum += 1;
    intNum = (intNum == 5) ? 1 : intNum;
    var strPrnType = "";
    switch (intNum) {
    case 1:
        strPrnType = "no-repeat";
        break;
    case 2:
        strPrnType = "repeat-x";
        break;
    case 3:
        strPrnType = "repeat-y";
        break;
    case 4:
        strPrnType = "repeat";
        break;
    }
    var cxt = cnv.getContext("2d");
    cxt.clearRect(0, 0, cnv.width, cnv.height);
    var objImg = new Image();
    objImg.src = "1.jpg";
    var prn = cxt.createPattern(objImg, strPrnType);
    objImg.onload = function() {
        cxt.fillStyle = prn;
        cxt.fillRect(0, 0, cnv.width, cnv.height);
    }
}
```

执行后的效果如图 9-12 所示。

图 9-12　执行效果

9.3.12 切割指定的图像

通过<canvas>不仅能够以各种方式平铺绘制的图像，而且可以通过调用上下文环境对象中的方法clip()切割画布中绘制的图像。clip()方法的调用格式如下。

```
cxt.clip()
```

其中，cxt 表示上下文环境对象名称。该方法是一个无参数方法，用于切割使用路径方式在画布中绘制的区域。在使用该方法前，必须使用路径的方式在画布中绘制一个区域，才能通过调用 clip()方法对该区域进行切割。

实例 9-13：在页面中切割指定的图像

源码路径：光盘:\codes\9\13.html

实例文件 13.html 的主要代码如下。

```
<script type="text/javascript" language="jscript"
        src="js13.js"/>
</script>
</head>
<body onLoad="pageload();">
    <canvas id="cnvMain" width="280px" height="190px"></canvas>
</body>
```

编写脚本文件 js13.js。设置加载页面时触发 onLoad()事件，在该事件中调用了自定义的函数pageload()，此函数的具体运作流程如下。

（1）创建一个 Image 对象，并设置该对象加载图像的路径。在加载图像的过程中，调用另外一个自定义函数 drawCirc()，绘制一个圆形路径，并使用 stroke()方法将路径绘制在画布中。

（2）调用方法 clip()将画布中的圆路径进行切割。其中在调用函数 drawCirc()时，参数 cxt 表示上下文环境对象名称；intR 表示圆半径；blnC 表示是否需要对绘制图形进行切割，true 表示需要，false 表示不需要。

（3）使用 drawImage()方法在画布中绘制一个左上角坐标为(70,3)的图像。因为绘制图像前画布已按照圆路径进行了切割，所以加载的图像也按照该切割后的圆形区域进行绘制。

（4）第二次调用自定义函数 drawCirc()，绘制一个与第一个圆路径同圆心不同半径的小圆形，并设置“fillStyle”的属性值为“#fff”，通过 fill()方法进行填充，形成光盘中大圆中的小圆部分。

文件 js13.js 的主要代码如下。

```
function $$(id) {
    return document.getElementById(id);
}
//自定义页面加载时调用的函数
function pageload() {
    var cnv = $$("cnvMain");
    var cxt = cnv.getContext("2d");
    var objImg = new Image();
    objImg.src = "1.jpg";
```

```
    objImg.onload = function() {
        drawCirc(cxt, 60, true);
        cxt.drawImage(objImg, 70, 3);
        drawCirc(cxt, 10, false);
    }
}
//根据相关参数绘制圆
function drawCirc(cxt, intR, blnC) {
    cxt.beginPath();
    cxt.arc(140, 95, intR, 0, Math.PI * 2, true);
    cxt.closePath();
    //设置边框颜色
    cxt.strokeStyle = "#666";
    //设置边框宽度
    cxt.lineWidth = 3;
    //开始描边
    cxt.stroke();
    if (blnC) {
        //切割图形
        cxt.clip();
    } else {
        //设置填充色
        cxt.fillStyle = "#fff";
        //填充图形
        cxt.fill();
    }
}
```

执行后的效果如图 9-13 所示。

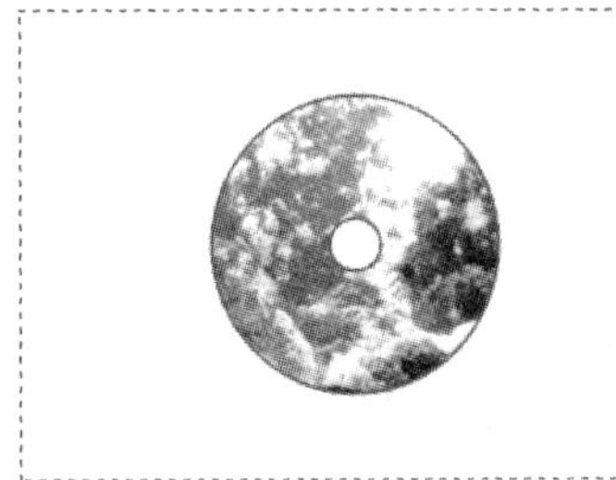

图 9-13　执行效果

第10章 数据存储

在 HTML 4 中，有两种数据存储方式：Cookie 和 Session。这两种存储方式都有时间和大小的限制，例如，大多数浏览器对 Cookie 的限制为最多不能超过 4096 个字节（4KB），并且 Cookie 的数量总共不能超过 300 个。这些限制无法满足现实中站点的需求，为了解决这个问题，在 HTML 5 中新增加了 3 种数据存储方式，分别是本地数据存储、Session 存储和离线存储。本章将详细介绍这 3 种数据存储的基本知识，并通过几个具体实例来演示具体流程。

10.1 Web 存储

知识点讲解：光盘\视频讲解\第 10 章\Web 存储.avi

无论是处理多媒体文件，还是绘制图形图像，这些都不是 HTML 5 最强大的功能，真正令用户感到震撼的是 HTML 5 的数据存储功能。使用全新的 HTML 5，可以将数据存放在客户端，而无须使用专业的数据库工具。

10.1.1 什么是 Web 存储

使用 HTML 5 技术可以在客户端存储数据。HTML 5 中提供了如下两种在客户端存储数据的新方法。

☑ localStorage：没有时间限制的数据存储。

☑ sessionStorage：针对一个 Session 的数据存储。

在这以前，客户端的存储功能都是通过 Cookie 来完成的。但因为 Cookie 由每个对服务器的请求来传递，所以不适合大量数据的存储，这使得 Cookie 速度很慢而且效率也不高。

在 HTML 5 中，数据不是由每个服务器请求传递的，而是只有在请求时使用数据，这样便使在不影响网站性能的情况下存储大量数据成为可能。对于不同的网站来说，数据存储于不同的区域，并且一个网站只能访问其自身的数据。

在 HTML 5 中可以使用 JavaScript 来存储和访问数据。

10.1.2 Web 存储的影响

Cookie 的出现可谓大大推动了 Web 的发展，虽然它既有优点也有一定的缺陷，但是功大于过。Cookie 的优点是允许用户在登录网站时，记住输入的用户名和密码，这样在下一次登录时就不需要再次输入，从而达到自动登录的效果。

但是另一方面，Cookie 的安全问题也日趋受到关注，例如 Cookie 由于存储在客户端浏览器中，很容易受到黑客的窃取，安全机制并不是十分好。还有另外一个问题，Cookie 存储数据的能力有限。目前在很多浏览器中规定，每个 Cookie 只能存储不超过 4KB 的数据，所以一旦 Cookie 的内容超过 4KB，唯一的方法是重新创建。此外，Cookie 的一个缺陷是每次的 HTTP 请求中都必须附带 Cookie，这将有可能增加网络的负载。

使用 HTML 5 中新增加的 Web 存储机制，可以弥补 Cookie 的缺点，Web 存储机制在以下两方面做了加强。

（1）对于 Web 开发者来说，它提供了很容易使用的 API 接口，通过设置键值对即可使用。

（2）在存储的容量方面，可以根据用户分配的磁盘配额进行存储，这就可以在每个用户域下存储不少于 5～10MB 的内容。这就意味者，用户不仅可以存储 Session，还可以在客户端存储用户的设置偏好、本地化的数据、离线的数据，这对提高效率很有帮助。

而 Web 存储更提供了使用 JavaScript 编程的接口，这将使得开发者可以使用 JavaScript 在客户端做很多以前要在服务端才能完成的工作。现在各个主流浏览器已经开始支持 Web 存储。

10.2　HTML 5 中的两种存储方法

知识点讲解：光盘\视频讲解\第 10 章\HTML 5 中的两种存储方法.avi

在 HTML 5 中，主要有两种数据存储的方式，分别使用方法 localStorage 和方法 sessionStorage 实现。本节将详细讲解这两种存储方式的使用方法。

10.2.1　使用 localStorage 方法

使用 localStorage 方法存储数据没有任何时间限制，我们在第二天、第二周甚至是一年之后仍然可以使用存储的数据。

实例 10-1：显示访问页面的统计次数

源码路径：光盘:\codes\10\1.html

本实例的功能是统计访问页面的次数，每当刷新一次页面，访问次数就会增加 1 次。实例文件 1.html 的主要代码如下。

```
<!DOCTYPE HTML>
<html>
<body>

<script type="text/javascript">

if (localStorage.pagecount)
    {
    localStorage.pagecount=Number(localStorage.pagecount) +1;
    }
else
    {
    localStorage.pagecount=1;
    }
```

```
document.write("Visits: " + localStorage.pagecount + " time(s).");

</script>

<p>刷新页面会看到计数器在增长。</p>

<p>请关闭浏览器窗口，然后再试一次，计数器会继续计数。</p>

</body>
</html>
```

执行效果如图 10-1 所示。

```
Visits: 7 time(s).
刷新页面会看到计数器在增长。
请关闭浏览器窗口，然后再试一次，计数器会继续计数。
```

图 10-1　执行效果

10.2.2　使用 sessionStorage 方法

方法 sessionStorage 比较体贴，因为可以针对具体某一个 Session 进行数据存储，当用户关闭浏览器窗口后，数据会被删除。例如，在下面的代码中演示了创建并访问一个 sessionStorage 的过程。

```
<!DOCTYPE HTML>
<html>
<body>
<script type="text/javascript">
sessionStorage.lastname="Smith";
document.write(sessionStorage.lastname);
</script>
</body>
</html>
```

实例 10-2：显示访问页面的统计次数

源码路径：光盘:\codes\10\2.html

本实例的功能是统计访问页面的次数，每当刷新一次页面，访问次数就会增加 1 次。实例文件 2.html 的主要代码如下。

```
<!DOCTYPE HTML>
<html>
<body>

<script type="text/javascript">

if (sessionStorage.pagecount)
     {
     sessionStorage.pagecount=Number(sessionStorage.pagecount) +1;
     }
else
     {
     sessionStorage.pagecount=1;
     }
document.write("Visits " + sessionStorage.pagecount + " time(s) this session.");
```

```
</script>

<p>刷新页面会看到计数器在增长。</p>

<p>请关闭浏览器窗口，然后再试一次，计数器已经重置了。</p>

</body>
</html>
```

执行效果如图 10-2 所示。

```
Visits 3 time(s) this session.

刷新页面会看到计数器在增长。

请关闭浏览器窗口，然后再试一次，计数器已经重置了。
```

图 10-2　执行效果

注意： 实例10-2的统计和实例10-1有一点区别，实例10-2中当关闭浏览器再次打开后，统计数字将从1开始重新统计。而实例10-1重新打开后继续从被关闭时的次数累加统计。

10.3　数据存储对象

知识点讲解：光盘\视频讲解\第 10 章\数据存储对象.avi

Web Storage 页面存储是 HTML 5 为数据存储在客户端提供的一项重要功能，因为 Web Storage API 可以区分会话数据与长期数据，因此相应的 API 可以分为如下两种类型。

- ☑ sessionStorage：保存会话数据。
- ☑ localStorage：在客户端长期保存数据。

因为 Web Storage API 可以将客户端的数据按照类型进行存储，所以存储功能比传统、单一的 Cookie 方式要优秀。

10.3.1　使用 sessionStorage 对象

使用 sessionStorage 对象保存数据的时间较短，因为数据实质上是被保存在 Session 对象中，当打开浏览器时，可以查看操作过程中临时保存的数据；而关闭浏览器后，则所有用 sessionStorage 对象保存的数据会全部丢失。使用 sessionStorage 对象保存数据的方法非常简单，只需要调用 setItem()方法即可，具体调用格式如下。

```
sessionStorage. setItem( key, value)
```

参数说明如下。

- ☑ key：表示被保存内容的键名。
- ☑ value：表示被保存内容的键值，在使用 setItem()方法保存数据时，对应格式为“键名，键值”。成功设置键名后不允许再修改，也不能重复。如果有重复的键名，那么只能修改对应的键值，即用新增重复的键名值取代原有重复的键名值。

当使用 sessionStorage 对象中的方法 setItem()保存数据后，如果需要读取被保存的数据，应该调用 sessionStorage 对象中的 getItem()方法，具体调用格式如下。

```
sessionStorage.getItem(key)
```

其中，参数 key 表示设置保存时被保存内容的键名。该方法将返回一个指定键名对应的键值，如果不存在，则返回一个 null 值。

实例 10-3：使用 sessionStorage 对象保存并读取临时数据
源码路径：光盘:\codes\10\3.html

在本实例中分别创建一个文本框和一个读取按钮，当在文本框中输入内容时，通过 sessionStorage 对象保存文本框输入的内容，并即时显示在页面中。单击“读取”按钮时，会直接读取被保存的临时数据。实例文件 3.html 的主要代码如下。

```
<!DOCTYPE html>
<html>
<head>
<meta charset="utf-8" />
<title>使用 sessionStorage</title>
<link href="css.css" rel="stylesheet" type="text/css">
<script type="text/javascript" language="jscript"
        src="js3.js"/>
</script>
</head>
<body>
  <fieldset>
    <legend>sessionStorage 对象保存与读取临时数据</legend>
    <input name="txtName" type="text" class="inputtxt"
           onChange="txtName_change(this);" size="30px">
    <input name="btnGetValue" type="button" class="inputbtn"
           onClick="btnGetValue_click();" value="读取">
    <p id="pStatus"></p>
  </fieldset>
</body>
</html>
```

编写脚本文件 js3.js，当在文本框 txtName_change()中输入内容时会触发 onChange 事件，在此调用自定义的函数 txtName_change()，此函数的运作流程如下。

（1）通过变量 strName 获取传过来的文本框内容。

（2）通过调用 sessionStorage 对象中的 setItem()方法，将该内容值保存到 Session 对象中。其中，键名为 strName，对应键值为已获取内容的变量 strName。

（3）完成保存后，调用 sessionStorage 对象中的 getItem()方法，根据保存的键名将对应的键值通过 ID 号为 pStatus 的元素<p>显示在页面中。

文件 js3.js 的主要代码如下。

```
function $$(id) {
    return document.getElementById(id);
```

```
}
//输入文本框内容时调用的函数
function txtName_change(v) {
    var strName = v.value;
    sessionStorage.setItem("strName", strName);
    $$("pStatus").style.display = "block";
    $$("pStatus").innerHTML = sessionStorage.getItem("strName");
}
//单击"读取"按钮时调用的函数
function btnGetValue_click() {
    $$("pStatus").style.display = "block";
    $$("pStatus").innerHTML = sessionStorage.getItem("strName");
}
```

执行后的效果如图 10-3 所示。在文本框中输入数据，例如输入“123”，单击“读取”按钮后，会在下方显示存储的数据，如图 10-4 所示。

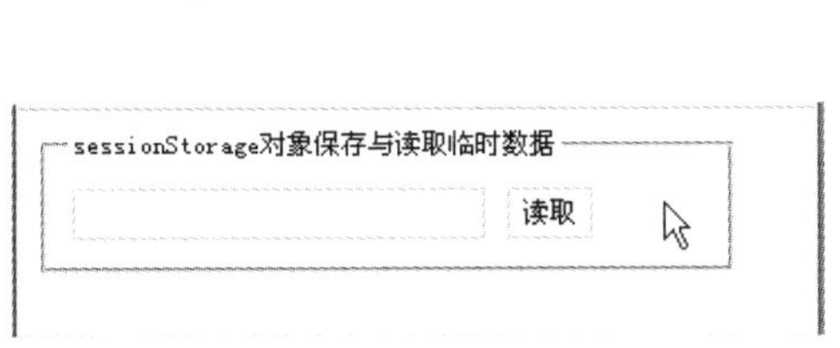

图 10-3　初始效果

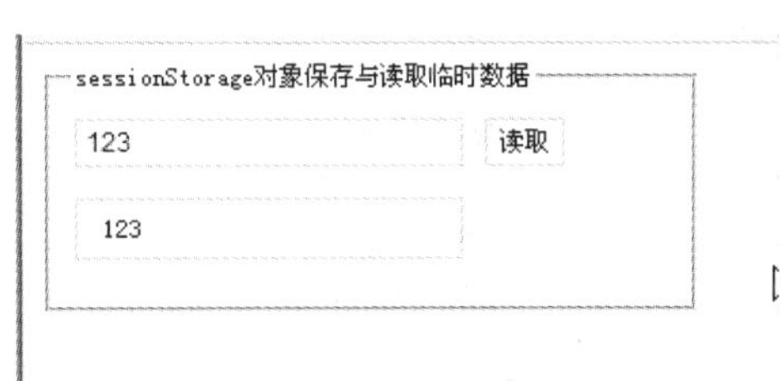

图 10-4　显示存储的数据

10.3.2　使用 localStorage 对象

10.3.1 节学习了使用 sessionStorage 对象保存数据的方法，但使用 sessionStorage 对象只能临时保存会话数据，关闭浏览器后数据会丢失。如果需要长期在客户端保存数据，不建议使用 sessionStorage 对象，而应该使用 HTML 5 中的新对象 localStorage。通过此对象可以将数据长期保存在客户端，一直到人工清除为止。使用 localStorage 对象保存数据内容时，需要通过如下格式调用方法 setItem()。

```
localStorage. setItem(key,value)
```

与 sessionStorage 对象保存数据的方法参数相同，localStorage 对象也是通过调用 setItem()方法，按照(键名,键值)的方式进行设置，只是调用的对象不一样。当使用 localStorage 对象保存数据后，可以调用对象中的 getItem()方法读取指定键名所对应的键值，具体调用格式如下。

```
localStorage.getItem(key)
```

其中，参数 key 表示需要读取键值内容的键名。与 sessionStorage 对象一样，如果键名不存在，则返回一个 null 值。

localStorage 对象可以将内容长期保存在客户端，即使重新打开浏览器，也不会丢失。如果需要清除 localStorage 对象保存的内容，需要调用 localStorage 对象的另一个方法 removeItem()，具体调用格式如下。

```
localStorage.removeItem(key)
```

其中，参数 key 表示需要删除的键名。如果删除成功，则会删除所有与键名对应的数据。

实例 10-4：读取并保存登录用户名和密码

源码路径：光盘:\codes\10\4.html

在本实例中新建了一个登录页面，当用户在文本框中输入用户名与密码并单击“登录”按钮后，会使用 localStorage 对象保存登录时的用户名。如果选中“保存密码？”复选框，则保存登录时的密码，否则将清空原先保存的密码。当重新在浏览器中打开该页面时，将分别在相应的文本框中显示保存的用户名和密码。实例文件 4.html 的主要代码如下。

```
<script type="text/javascript" language="jscript"
        src="js4.js"/>
</script>
</head>
<body onLoad="pageload();">
    <form id="frmLogin" action="#">
     <fieldset>
        <legend>登录</legend>
        <ul>
             <li class="li_top">
                 <span id="spnStatus"></span>
             </li>
             <li>名称：
                 <input id="txtName" class="inputtxt"
                        type="text">
             </li>
             <li>密码：
                 <input id="txtPass" class="inputtxt"
                        type="password">
             </li>
             <li>
                 <input id="chkSave" type="checkbox">
                 保存密码?
             </li>
             <li class="li_bot">
                 <input name="btnLogin" class="inputbtn" value="登录"
                        type="button" onClick="btnLogin_click();">
                 <input name="rstLogin" class="inputbtn"
                        type="reset" value="取消">
             </li>
        </ul>
     </fieldset>
    </form>
</body>
```

编写脚本文件 js4.js，设置在加载页面时调用自定义的函数 pageload()，此函数的运作流程如下。

（1）通过 localStorage 对象中的 getItem()方法获取指定键名的键值，并保存在变量中。如果不为空，则将该变量值赋值于对应的文本框，用户下次登录时不用再次输入，以方便用户的操作。

（2）用户单击“登录”按钮时，会触发 onClick 事件，通过此事件调用另外一个自定义的函数

btnLogin_click()。该函数先通过两个变量保存在文本框中输出的用户名与密码，然后调用 localStorage 对象中的 setItem()方法，将用户名作为键名 keyName 的键值进行保存。如果选中“保存密码？”复选框，则将密码作为键名 keyPass 的键值进行保存；否则，将调用 localStorage 对象中的 removeItem()方法，删除键名为 keyPass 的记录。

文件 js4.js 的主要代码如下。

```
// JavaScript Document
function $$(id) {
    return document.getElementById(id);
}
//页面加载时调用的函数
function pageload() {
    var strName = localStorage.getItem("keyName");
    var strPass = localStorage.getItem("keyPass");
    if (strName) {
        $$("txtName").value = strName;
    }
    if (strPass) {
        $$("txtPass").value = strPass;
    }
}
//单击“登录”按钮后调用的函数
function btnLogin_click() {
    var strName = $$("txtName").value
    var strPass = $$("txtPass").value;
    localStorage.setItem("keyName", strName);
    if ($$("chkSave").checked) {
        localStorage.setItem("keyPass", strPass);
    } else {
        localStorage.removeItem("keyPass");
    }
    $$("spnStatus").className = "status";
    $$("spnStatus").innerHTML = "登录成功！";
}
```

执行后的效果如图 10-5 所示，在文本框中输入用户名和密码，然后选中“保存密码？”复选框，单击“登录”按钮后会显示登录成功，如图 10-6 所示。

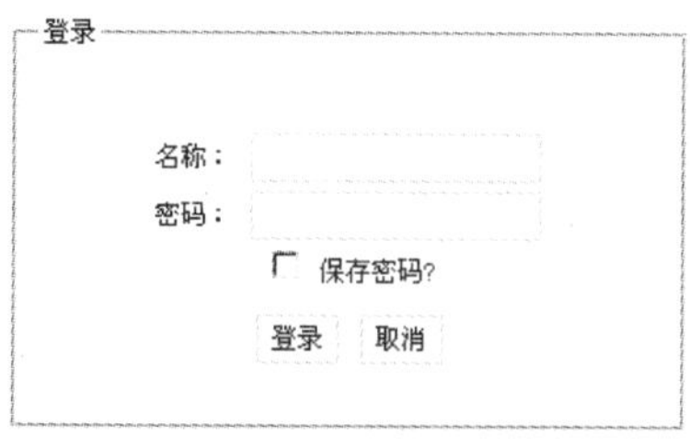

图 10-5　初始效果

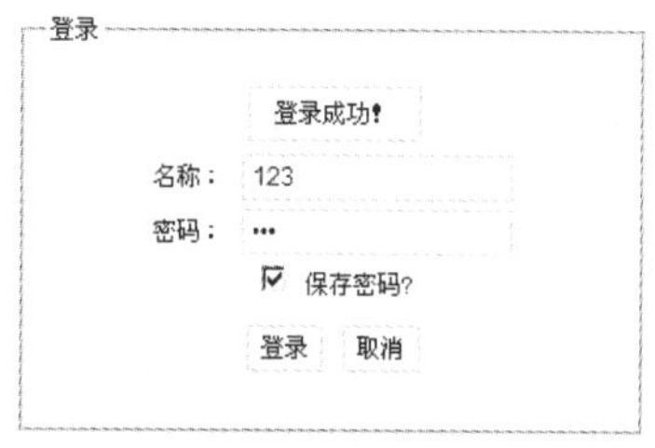

图 10-6　登录成功

当重新在浏览器中打开该页面时，将分别在相应的文本框中显示保存的用户名和密码，如图 10-7 所示。

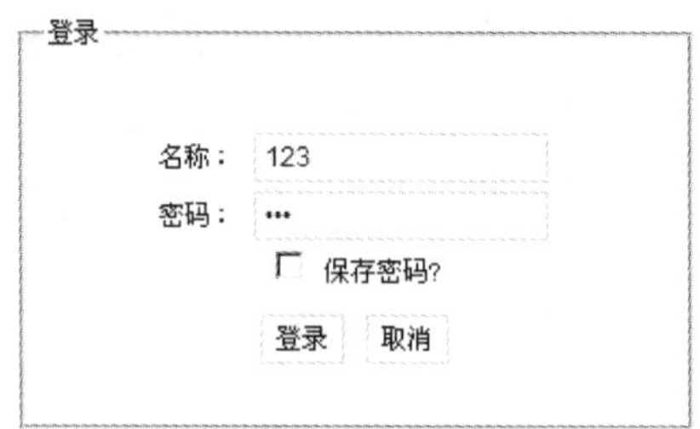

图 10-7　自动显示保存的用户名和密码

10.3.3　使用 localStorage 对象中的 clear()方法

在 HTML 5 中，可以调用 localStorage 对象中的 clear()方法清空 localStorage 对象中保存的所有数据。具体调用格式如下。

```
localStorage.clear();
```

方法 clear()是一个无参数方法，表示清空全部的数据。一旦使用 localStorage 对象保存了数据，用户就可以在浏览器中打开相应的代码调试工具，查看每条数据对应的键名与键值。执行删除或清空操作后，其对应的数据也会发生变化，这些变化可以通过浏览器的代码调试工具进行侦测。

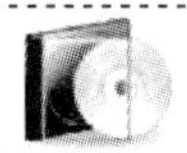

实例 10-5：使用 localStorage 对象中的 clear()方法

源码路径：光盘:\codes\10\5.html

实例文件 5.html 的主要代码如下。

```
<!DOCTYPE html>
<script type="text/javascript" language="jscript"
        src="js5.js"/>
</script>
</head>
<body>
   <input id="btnAdd" type="button" value="增加数据"
          class="inputbtn" onClick="btnAdd_Click();">
   <input id="btnDel" type="button" value="清空数据"
          class="inputbtn" onClick="btnDel_Click();">
   <p id="pStatus"></p>
</body>
```

脚本文件 js5.js 的主要代码如下。

```
//JavaScript Document
function $$(id) {
    return document.getElementById(id);
}
var intNum = 0;
//单击“增加数据”按钮时调用
function btnAdd_Click() {
    for (var intI = 0; intI <= 7; intI++) {
        var strKeyName = "strKeyName" + intI;
```

```
            var strKeyValue = "strKeyValue" + intI;
            localStorage.setItem(strKeyName, strKeyValue);
            intNum++;
        }
        $$("pStatus").style.display = "block";
        $$("pStatus").innerHTML = "已成功保存 <b>" + intNum + "</b> 条数据记录！";
}
//单击“清空数据”按钮时调用
function btnDel_Click() {
        localStorage.clear();
        $$("pStatus").style.display = "block";
        $$("pStatus").innerHTML = "已成功清空全部数据记录！";
}
```

执行后的效果如图 10-8 所示。单击“增加数据”按钮后，会保存 8 条数据记录，如图 10-9 所示。

图 10-8　初始效果

图 10-9　保存 8 条数据记录

单击“清空数据”按钮后，会删除保存的 8 条数据记录，如图 10-10 所示。

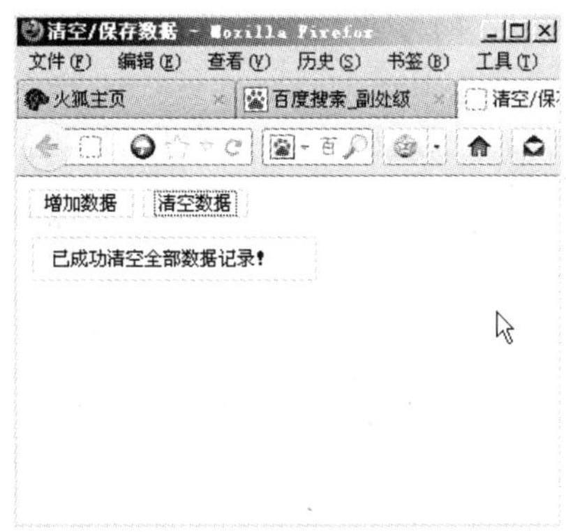

图 10-10　删除保存的 8 条数据记录

10.3.4　使用 localStorage 对象中的属性

为了查看 localStorage 对象保存的全部数据信息，通常要遍历这些数据。在遍历过程中，需要访问 localStorage 对象的如下两个属性。

☑　length：表示 localStorage 对象中保存数据的总量。

☑ key：表示保存数据时的键名项，该属性常与索引号（index）配合使用，表示第几条键名对应的数据记录。其中，index 以 0 值开始。假设取第 3 条键名对应的数据，则 index 值应该为 2。

实例 10-6：通过遍历的方式在网页中获取并显示数据

源码路径：光盘:\codes\10\6.html

本实例的功能是，在页面中通过遍历的方式获取 localStorage 对象保存的全部点评数据记录。在文本框中输入内容，单击“发表”按钮后可以通过 localStorage 对象保存输入的数据，并在页面中实时显示这些数据。实例文件 6.html 的主要代码如下。

```
<script type="text/javascript" language="jscript"
        src="js6.js"/>
</script>
</head>
<body onLoad="getlocalData();">
   <ul id="ulMessage">
        正在读取数据中...
   </ul>
   <p class="p4">
      <textarea id="txtContent" class="inputtxt"
                  cols="37" rows="5">
      </textarea><br>
      <input id="btnAdd" type="button" value="发表"
               class="inputbtn" onClick="btnAdd_Click();">
    </p>
</body>
```

编写脚本文件 js6.js，设置在加载页面时调用自定义函数 getlocalData()。此函数会根据 localStorage 对象的 length 值，使用 for 语句遍历 localStorage 对象保存的全部数据。在遍历过程中，通过变量 strKey 保存每次遍历的键名。在获取键名后，为了只获取 localStorage 对象中保存的点评数据，检测键名前 3 个字符是否为 cnt。如果是，则通过方法 getItem()获取键名对应的键值，并保存在变量 strVal 中。因为键值是由“,”组成的字符串，所以先通过数组 strArr 保存分割后的各项数值，然后通过数组下标将各项获取的内容显示在页面中。如果在页面中输入点评内容，并单击“发表”按钮，会调用另外一个自定义函数 btnAdd_Click()。此函数先获取点评内容，然后将内容保存在变量 strContent 中。为了使保存内容的键名不重复，并且具有标记性，在生成键名时调用函数 RetRndNum()，随机生成一个 4 位数字，并与字符 cnt 组合成新的字符串，保存在变量 strKey 中。为了保存更多的数据信息，保存点评内容的变量 strContent 通过“,”与时间数据组合成新的字符串，保存在变量 strVal 中。最后，通过方法 setItem()将变量 strKey 与 strVal 分别作为键名与键值，保存在 localStorage 对象中。

图 10-11　执行效果

执行后的效果如图 10-11 所示。

10.4　WebDB 存储方式

知识点讲解：光盘\视频讲解\第 10 章\WebDB 存储方式.avi

本章前面的内容详细介绍了 Web Storage 存储本地数据的方法。虽然这种存储方法比较简单方便，但是 Web Storage 存储空间容量只有 5MB，给用户带来诸多不便，为此推出了 Web SQL 数据库（Web SQL DataBase，WebDB），它内置了 SQLite 数据库。对数据库的操作可以通过调用方法 executeSql() 实现，允许使用 JavaScript 代码控制数据库的操作。

10.4.1　WebDB 存储基础

WebDB 可以实现数据的本地存储，它提供了关系数据库的基本功能，可以存储页面中交互、复杂的数据。既可以保存数据，也可以缓存从服务器获取的数据。WebDB 通过事务驱动实现对数据的管理，因此可以支持多浏览器的并发操作，而不发生存储时的冲突。

如果要通过 WebDB 进行本地数据的存储，首先需要打开或创建一个数据库。打开或创建数据库的 API 是 openDatabase，其调用代码如下。

```
openDatabase(DBName,DBVersion,DBDescribe,DBSize, Callback());
```

参数说明如下。

☑ DBName：表示数据库名称。

☑ DBVersion：表示版本号。

☑ DBDescribe：表示对数据库的描述。

☑ DBSize：表示数据库的大小，单位为字节，如果是 2MB，必须写成 2×1024×1024。

☑ Callback()：表示创建或打开数据库成功后执行的一个回调函数。

调用此方法时，如果指定的数据库名存在，则打开该数据库；否则，将创建一个指定名称的空数据库。

实例 10-7：使用 openDatabase 打开、创建数据库

源码路径：光盘:\codes\10\7.html

实例文件 7.html 的主要代码如下。

```
<script type="text/javascript" language="jscript"
        src="Js/js7.js"/>
</script>
</head>
<body>
   <input id="btnCreateDb" type="button" value="创建数据库"
          class="inputbtn" onClick="btnCreateDb_Click();">
   <input id="btnTestConn" type="button" value="查看连接"
          class="inputbtn" onClick="btnTestConn_Click();">
```

```
    <p id="pStatus"></p>
</body>
```

编写脚本文件 js7.js，首先定义一个全局性变量 db 来保存打开的数据库对象。当用户单击“创建数据库”按钮时，调用自定义函数 btnCreateDb_ Click()，通过此函数创建或打开一个名为 Student 的数据库对象，此数据对象的版本号为 1.0，大小为 2MB。如果创建成功，则执行回调函数，并在回调函数中显示执行成功的提示信息。当单击“查看连接”按钮时，调用另外一个自定义函数 btnTestConn_ Click()，通过其全局变量 db 的状态，显示与数据库的连接是否正常的提示信息。

执行后的效果如图 10-12 所示。

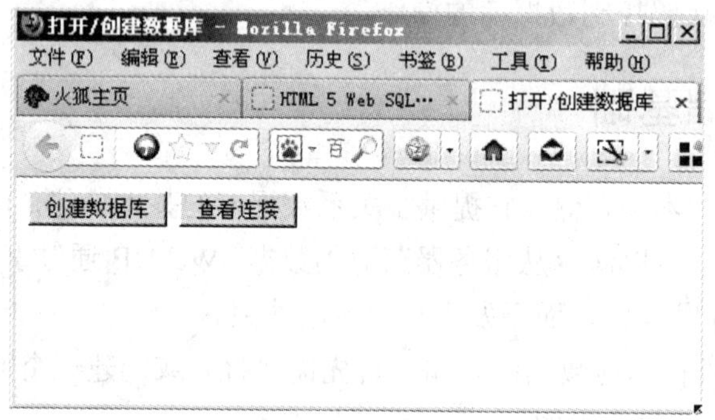

图 10-12　执行效果

10.4.2　执行事务操作

当打开/创建数据库后，接下来可以使用数据库对象中的 transaction()方法执行事务处理。每一个事务处理请求都作为数据库的独立操作，这可以有效地避免在处理数据时发生冲突。具体调用格式如下。

```
transaction(TransCallback,ErrorCallback,SuccessCallback);
```

参数说明如下。

☑ TransCallback：表示事务回调函数，可以写入需要执行的 SQL 语句。

☑ ErrorCallback：表示执行 SQL 语句出错时的回调函数。

☑ SuccessCallback：表示执行 SQL 语句成功时的回调函数。

实例 10-8：执行事务操作

源码路径：光盘:\codes\10\8.html

在本实例的页面中，添加了一个“执行事务”按钮，当用户单击该按钮时，执行一条新建名为表 StuInfo 的 SQL 语句，并在页面中显示执行后的结果。实例文件 8.html 的主要代码如下。

```
<script type="text/javascript" language="jscript"
        src="js8.js"/>
</script>
</head>
<body>
    <input id="btnCreateTrans" type="button" value="执行事务"
```

```
        class="inputbtn" onClick="btnCreateTrans_Click();">
    <p id="pStatus"></p>
</body>
```

编写脚本文件 js8.js。当单击“执行事务”按钮时，调用自定义函数 btnCreateTransClick()。此函数先使用方法 openDatabase()打开/创建一个名为 Student 的数据库，如果成功（即数据对象 db 不为空）则定义一个 SQL 语句，通过字符变量 strSQL 保存。该 SQL 语句的功能是，如果不存在，则新建一个名为 StuInfo 的表，该表中包含 4 个字段，分别为 StuID、Name、Sex 和 Score。其中，字段 StuID 为主键，不允许重复；字段 Score 为 int 类型；其他两个字段为字符型。然后使用方法 transaction()执行事务，在该方法的第一个参数中获取变量 strSQL 的值，调用 executeSql()方法执行对应的 SQL 语句。最后，将事务执行过程中的结果，通过 transaction()方法中第二个与第三个回调函数显示在页面中。

执行后的效果如图 10-13 所示。

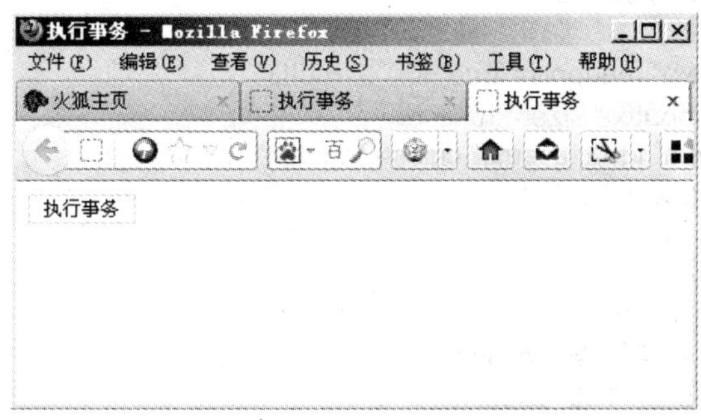

图 10-13　执行效果

10.4.3　调用执行 SQL 语句

在 HTML 5 存储中，可以通过执行相应的 SQL 语句在新建的表中插入一条记录。插入记录过程中，除了要调用事务方法外，还要调用一个执行 SQL 语句的方法 executeSql()，具体调用格式如下。

```
executeSql(strSQL,[Arguments],SuccessCallback,ErrorCallback);
```

参数说明如下。

- ☑ strSQL：表示需要执行的 SQL 语句。
- ☑ Arguments：表示语句需要的实参。
- ☑ SuccessCallback：表示 SQL 语句执行成功时的回调函数。
- ☑ ErrorCallback：表示 SQL 语句执行出错时的回调函数。

在使用方法 executeSql()执行 SQL 语句时，允许使用“？”作为语句中的形参，与形参相对应的实参放置在第二个参数 Arguments 中。例如，下面的语句是正确的。

```
executeSql( "insert into StuInfo values(?,?,?,?)", ["1234","张三","男","0"],,);
```

形参“？”的数量必须与对应实参完全一致，如果 SQL 语句中没有形参“？”，则在第二个参数 Arguments 中不允许有任何出错内容，否则执行 SQL 语句时会报错。

实例 10-9：调用执行 SQL 语句
源码路径：光盘:\codes\10\9.html

本实例的功能是创建一个用于输入学生资料信息的页面，用户可以在页面中输入姓名、性别、总分，单击“提交”按钮后，会将提交的数据信息通过调用方法 executeSql()插入到表 StuInfo 中，并将执行结果返回显示在页面中。实例文件 9.html 的主要代码如下。

```
<script type="text/javascript" language="jscript"
        src="js9.js"/>
</script>
</head>
<body onLoad="Init_Data();">
    <p id="pStatus"></p>
    <fieldset>
        <legend>新增学生资料</legend>
        <span class="spanl">
        学号：<input type="text" readonly="true" id="txtStuID"
                class="inputtxt" size="10"><br>
        姓名：<input type="text" id="txtName" class="inputtxt"
                size="15">
        </span>
        <span class="spanr">
        性别：<select id="selSex">
                <option value="男">男</option>
                <option value="女">女</option>
            </select><br>
        总分：<input type="text" id="txtScore" class="inputtxt"
                size="8">
        </span>
        <p class="btn">
        <input id="btnAdd" type="button" value="提交"
            class="inputbtn" onClick="btnAdd_Click();">
        </p>
    </fieldset>
</body>
```

脚本文件 js9.js 中，在事务处理过程中调用方法 executeSql()执行编写好的 SQL 语句。在执行时，获取在页面中输入的各项信息值作为实参，传递给 SQL 语句中的形参，从而实现将页面中输入的数据插入到表 StuInfo 中。

执行后的效果如图 10-14 所示。

图 10-14　执行效果

10.5 实现一个日记式事务提醒系统

知识点讲解：光盘\视频讲解\第 10 章\实现一个日记式事务提醒系统.avi

在 HTML 5 应用中，可以使用 localStorage 对象的 setItem()方法将数据永久保存在客户端计算机中，并且按照“键名,键值”的形式进行保存。将第一个参数设置为键名，将第二个参数设置为键值。保存时不允许重复保存相同的键名。保存后可以修改键值，但不允许修改键名（只能重新取键名，然后再保存键值）。

```
变量= localStorage.getItem(key)
```

使用 localStorage 对象的方法 getItem()将数据读取到变量中，将参数指定为键名，返回键值并保存到变量中。

实例 10-10：开发一个日记式事务提醒系统
源码路径：光盘:\codes\10\10.html

本实例的功能是制作一个 HTML 5 版本的日记式事务提醒系统。当打开浏览器浏览本实例网页时，在日记事务系统中显示当天日期和用户在当天有哪些必须要处理的事件。我们可以在日期文本框中使用选择的方式输入其他日期，然后在日记事务系统中输入选定日期所要处理的事件并保存。这样当用户在所选择的日期打开浏览器时，浏览器会在日记式事务提醒系统中显示在该日要处理的事件。实例文件 10.html 的主要代码如下。

```
<style>
div{
    -webkit-border-image: url(bg.png) 10;
    -moz-border-image: url(bg.png) 10;
    width:300px;
    height:300px;
    padding:35px;
    background:#eee;
    font-weight:bold;
}
li{
    list-style:none;
}
</style>
<script type="text/javascript" language="jscript" src="js10.js"/>
</script>
</head>
<body onload="window_onload()">
<h1>开发一个日记式事务提醒系统</h1>
选择日期：<input id="date1" type="date" onchange="date_onchange()"><input type="button" value="保存"
onclick="save()"/><br/>
<div>
本日日期：<span id="today"></span><br/>
```

```
本日要事：<br/>
<ul   contentEditable="true">
<li id="li1">(没有记录）</li>
<li id="li2">(没有记录）</li>
<li id="li3">(没有记录）</li>
</ul>
</div>
</body>
```

编写脚本文件 js10.js，在脚本代码的开始处定义了脚本代码中所使用的两个全局变量，其中变量 dateElement 表示页面中的选择日期文本框，变量 today 表示页面中用来显示当天日期的 span 元素。

执行后的效果如图 10-15 所示。

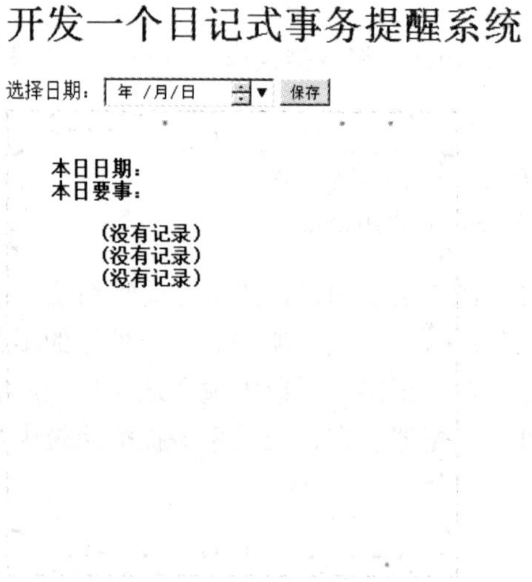

开发一个日记式事务提醒系统

选择日期： 年 /月/日 保存

本日日期：
本日要事：

(没有记录)
(没有记录)
(没有记录)

图 10-15　执行效果

第 11 章　使用 Web Sockets API

Web Sockets API 是 HTML 5 提供的一种 Web 应用通信机制，通过这种机制可实现客户端与服务器端之间进行的非 HTTP 的通信功能。通过使用 Web Sockets API 技术，可以在服务器与客户端之间建立一个非 HTTP 的双向连接。当服务器想向客户端发送数据时，可以立即将数据推送到客户端的浏览器中，无须重新建立连接。只要客户端有一个被打开的 socket（套接字）并且与服务器建立了连接，服务器就可以把数据推送到这个 socket 上，服务器不再需要轮询客户端的请求，从被动转为主动。本章将详细介绍在 HTML 5 页面中使用 Web Sockets API 实现通信的方法，并通过几个具体实例来演示具体的实现流程。

11.1　安装 jWebSocket 服务器

知识点讲解：光盘\视频讲解\第 11 章\安装 jWebSocket 服务器.avi

为了提高开发效率，出现了以 Web Sockets 为基础开发的 jWebSocket 框架。jWebSocket 框架是一个成熟的、可以用来实现 Socket 通信的框架，可以直接使用它所提供的服务器插件及 API 来开发强大的实现 Socket 通信的 Web 应用程序。jWebSocket 服务器是基于纯 Java 技术建立起来的，因此在运行 jWebSocket 服务器时一定要确保已经安装了 Java Runtime Environment（JRE）1.6 或者更高版本，并且设置好 Java—HOME 环境变量并将其指向 Java 的安装路径。在 Windows 操作系统中，推荐在 PATH 环境变量中添加 java.exe 文件所在的路径，否则需要调整安装包内提供的启动 jWebSocket 服务器时所使用的批处理文件。另外，设置 JWEBSOCKET—HOME 环境变量并将其指向 jWebSocket 的安装路径。

安装 jWebSocket 服务器的具体步骤如下。

（1）下载 jWebSocket 服务器安装包（jWebSocketServer-<版本号>.zip）。

该压缩文件中包括 jWebSocketServer-<版本号>.jar 文件、所有运行 jWebSocket 服务器时所必需的库文件以及 jWebSocketServer-<版本号>.bat 批处理文件。

（2）解压安装包。

解压后的路径中包括 jWebSocketServer-<版本号>目录，该目录就是 jWebSocket 服务器的根目录，在此目录下包括如下 4 个子目录。

- ☑ conf 子目录：包含一个用于对 jWebSocket 服务器进行配置的 jWebSocket.xml 文件。
- ☑ Libs 子目录：包含 jWebSocketServer.jar 文件与所有运行 jWebSocket 服务器时所必需的库文件。利用插件或过滤器对 jWebSocket 进行扩展时所需要的 jar 文件也必须放在该目录下。
- ☑ bin 子目录：包含所有的 Windows 可执行文件、作为 Windows 服务被使用时的文件、启动 jWebSocket 服务器时所需要使用的批处理文件以及安装与卸载 Windows 的 32 位或 64 位服务时所需要使用的文件。
- ☑ Logs 子目录：包含作为日志来使用的 jWebSocket.log 日志文件。

（3）设置 JWEBSOCKET—HOME 环境变量并将其指向 jWebSocket 的根目录：jWebSocketServer-<版本号>目录。

（4）在 Windows 操作系统中，运行 bin 目录下的批处理文件 jWebSocketServer.bat。同时在 bin 目录中，为 Mac OS X 操作系统提供了一个 jWebSocketServer.command 脚本文件，为 ubuntu 操作系统提供了一个 jWebSocketServer.sh 文件。如果 PATH 环境变量中没有包括 java.exe 文件所在的路径，需要手工修改 jWebSocketServer.bat 以使其能够找到 java.exe 文件。

（5）如果想在所有操作系统中手动地采用统一方法来启动 jWebSocket 服务器，在命令行中输入 java -jar bin/jWebSocketServer-<version>.jar 即可启动服务器。

在运行 jWebSocket 服务器时，可以在命令行中添加一个“-config <jWebSocket 服务的配置文件的路径>”参数，这样可以在该参数中手动指定运行 jWebSocket 服务器时使用的配置文件及其路径，而不使用默认的配置文件。在为了测试目的而同时运行几个 jWebSocket 服务器并为每个服务器指定不同的配置文件时，该命令行参数是十分有用的。

注意： 其实在安装jWebSocket服务器后，还是不能使用jWebSocket框架。为了方便地在不同编程环境下开发jWebSocket项目，接下来需要掌握在不同开发环境运行jWebSocket服务器的知识。至于什么开发环境，读者可以根据自己的具体情况进行。并且还需要将jWebSocket服务器设置为Windows服务，并且需要在客户端进行设置。因为读者的操作系统不同，开发环境不同，所以在本书中不再讲解上述相关内容。

11.2 实现跨文档传输数据

知识点讲解：光盘\视频讲解\第 11 章\实现跨文档传输数据.avi

在 JavaScript 脚本程序中，出于对代码安全性的考虑，不允许跨域访问其他页面中的元素，这给不同区域的页面数据互访带来障碍。在全新的 HTML 5 中，可以利用对象的 postMessage()方法，在两个不同域名与端口的页面之间实现数据的接收与发送功能。具体调用格式如下。

```
otherWindow.postMessage(message,targetOrigin)
```

参数说明如下。

☑ otherWindow：数据接收数据页面的引用对象，可以是 window.open 的返回值，也可以是 iframe 的 contentWindow 属性，或通过下标返回的 window.frames 单个实体对象。

☑ message：表示所有发送的数据、字符类型，也可以是 JSON 对象转换后的字符内容。

☑ targetOrigin：表示发送数据的 URL 来源，用于限制 otherWindow 对象的接收范围，如果该值为通配符号（t），则表示不限制发送来源，指向全部的地址。

实例 11-1： 在网页中实现跨文档传输数据

源码路径： 光盘:\codes\11\1.html

本实例演示了使用 postMessage()方法实现跨文档传输数据的过程。在本实例中创建了一个 HTML 5 页面，并在页面中添加一个<iframe>标记作为子页面。当在主页面的文本框中输入生成随机数的位数，并单击“请求”按钮后，子页面将接收该位数信息，并向主页面返回根据该位数生成的随机数。主页

面能够接收指定位数的随机数，并将随机数显示在页面中，从而完成在不同文档间数据的互访功能。实例文件 1.html 的主要代码如下。

```
<link href="css.css" rel="stylesheet" type="text/css">
<script type="text/javascript" language="jscript"
        src="js1.js"/>
</script>
</head>
<body onLoad="pageload();">
 <fieldset>
   <legend>跨文档请求数据</legend>
   <p id="pStatus"></p>
   <input id="txtNum" type="text" class="inputtxt">
   <input id="btnAdd" type="button" value="请求"
          class="inputbtn" onClick="btnSend_Click();">
   <iframe id="ifrA" src="Message.html"
           width="0px" height="0px" frameborder="0"/>
 </fieldset>
</body>
```

脚本文件 js1.js 的主要代码如下。

```
function $$(id) {
    return document.getElementById(id);
}
var strOrigin = "http://localhost";
//自定义页面加载函数
function pageload() {
    window.addEventListener('message',
    function(event) {
        if (event.origin == strOrigin) {
            $$("pStatus").style.display = "block";
            $$("pStatus").innerHTML += event.data;
        }
    },
    false);
}
//单击"请求"按钮时调用的函数
function btnSend_Click() {
    //获取发送内容
    var strTxtValue = $$("txtNum").value;
    if (strTxtValue.length > 0) {
        var targetOrigin = strOrigin;
        $$("ifrA").contentWindow.postMessage(strTxtValue, targetOrigin);
        $$("txtNum").value = "";
    }
}
```

然后通过<iframe>元素的 src 属性导入一个名称为 Message.html 的子页面，功能是接收主页面请求生成随机数长度的值，并返回根据该值生成的随机数。文件 Message.html 的主要代码如下。

```
<script type="text/javascript" language="jscript"
        src="js162.js"/>
```

```
</script>
</head>
<body onLoad="PageLoadForMessage();">
</body>
```

在本实例的上述代码中，为了接收页面间传输的数据，主、子页面在页面加载时都为页面添加了message 事件，添加方式如下。

```
window.addEventListener( 'message,function (event)  {…},false);
```

如果在页面中添加 message 事件成功，那么通过 postMessage()方法向页面发送数据请求时会触发该事件，并通过事件回调函数中 event 对象的 data 属性捕获发送来的数据。在本实例中，将捕获的数据 event.data 传递给另外一个自定义函数 RetRndNum()，此函数的功能是生成随机数。另外，event 对象中还包含 source 与 origin 属性，分别代表发送数据对象与发送来源，可以使用 source 属性向发送数据页面返回数据；同时，还可以通过 origin 属性检测互通数据的域名是否正确，以规避因域名不正确产生的恶意代码来源，确保数据交互的安全性。在本实例中，主、子页面通过 event.origin== strOrigin 代码，判断各自请求来源是否为约定的 strOrigin 值。如果是则进行下面的操作，否则不进行任何的数据交互操作。执行效果如图 11-1 所示。

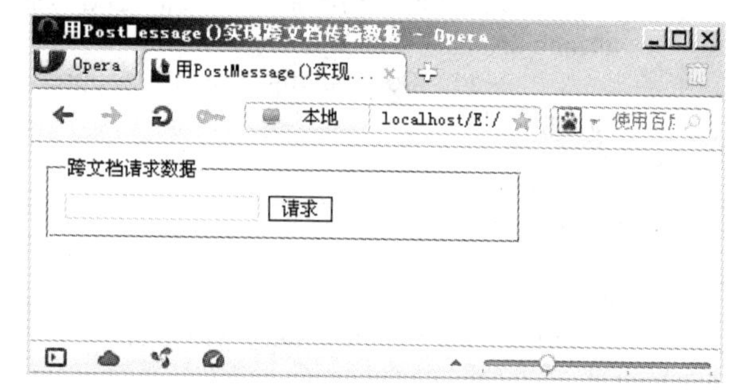

图 11-1　执行效果

11.3　使用 WebSocket 传送数据

知识点讲解：光盘\视频讲解\第 11 章\使用 WebSocket 传送数据.avi

在 HTML 5 中，WebSocket 为客户端与服务器端搭起了一座双向通信的桥梁，实现了服务器端信息的推送功能。这座桥梁是一个实时、永久性的连接，服务器端一旦与客户端建立了这样的双向连接，就可以将数据推送至 Socket 中。而客户端只要有一个 Socket 绑定的地址和端口与服务器建立联系，就可以接收推送来的数据。

11.3.1　使用 Web Sockets API 的方法

使用 Web Sockets API 的方法十分简单，基本步骤如下。

（1）创建连接。新建一个 WebSocket 对象的方法十分方便，具体代码如下。

```
var objns=new WebSocket("ws://localhost:3131/test/demo");
```

其中，URL 必须以 ws 字符开头，剩余部分可以像使用 HTTP 地址一样来编写。该地址没有使用 HTTP，因为它的属性为 WebSocket URL；URL 必须由 4 个部分组成，分别是通信标记（ws）、主机名称（host）、端口号（port）及 Web Sockets Server。

（2）发送数据。当 WebSocket 对象与服务器建立联系后，使用如下代码发送数据。

```
objns.send(dataInfo);
```

其中，objns 为新创建的 WebSocket 对象；send()方法中的 dataInfo 参数为字符类型，即只能使用文本数据或者将 JSON 对象转换成文本内容的数据格式。

（3）接收数据。客户端添加事件机制用于接收服务器发送来的数据，代码如下。

```
objns.onmessage=function(event){
alert (event.data)
}
```

其中，通过回调函数中 event 对象的 data 属性来获取服务器端发送的数据内容，该内容可以是一个字符串或者 JSON 对象。

（4）设置状态标志。通过 WebSocket 对象的 readyState 属性记录连接过程中的状态值。属性 readyState 是一个连接的状态标志，用于获取 WebSocket 对象在连接、打开、关闭中和关闭时的状态。

11.3.2　实战演练

实例 11-2：在网页中使用 WebSocket 传送数据

源码路径：光盘:\codes\11\2.html

在本实例中新建了一个 HTML 页面，当用户在文本框中输入发送内容并单击“发送”按钮后，通过创建的 WebSocket 对象将内容发送至服务器端，同时页面接收服务器端返回来的数据，并展示在页面的<textarea>元素中。

实例文件 2.html 的主要代码如下。

```
<script type="text/javascript" language="jscript"
        src="js2.js"/>
</script>
</head>
<body onLoad="pageload();">
   <textarea id="txtaList" cols="26" rows="12"
            readonly="true"></textarea><br>
   <input id="txtMessage" type="text" class="inputtxt">
   <input id="btnAdd" type="button" value="发送"
         class="inputbtn" onClick="btnSend_Click();">
</body>
```

编写脚本文件 js2.js，设置当页面加载 onLoad 事件时调用自定义函数 pageload()。在该函数中，首先根据变量 SocketCreated 与 readyState 属性的值，检测是否还存在没有关闭的连接，如果存在则调用 WebSocket 对象的 close()方法进行关闭。然后使用 try 语句通过新创建的 WebSocket 对象与服务器请求连接，如果连接成功则将变量 SocketCreated 赋值为 true，否则执行 catch 部分代码，将错误显示在页面的<textarea>元素中。为了能实时捕捉与服务器端连接的各种状态，在函数 pageload()中自定义了 WebSocket 对象的打开（open）、接收数据（message）、关闭连接（close）、连接出错（error）事件，一旦触发这些事件，都将获取的数据显示在<textarea>元素中。当单击“发送”按钮时，先检测发送的内容是否为空，再调用 WebSocket 对象的 send()方法，将获取的数据发送至服务器端。

执行效果如图 11-2 所示。

图 11-2 执行效果

注意：要想实现客户端与服务器端的连接并且双方互通数据，首要条件是需要在服务器端进行一些系统的配置，并使用服务器端代码编写程序支持客户端的请求。

11.4 处理 JSON 对象

知识点讲解：光盘\视频讲解\第 11 章\处理 JSON 对象.avi

在 HTML 5 网页中，客户端能够发送与接收 JSON 对象。但是，在发送与接收过程中需要借助 JavaScript 中的两个方法：JSON.parse 和 JSON.stringify，前者用于将文本数据转换成 JSON 对象，后者用于将 JSON 对象转换成文本数据。由于 WebScoket 对象的 send()方法只能接收字符型的数据，因此，在发送时需要将 JSON 对象转换成文本数据，在接收过程中再将服务器推送的文本数据转换成 JSON 对象。

实例 11-3：在网页中传送 JSON 对象
源码路径：光盘:\codes\11\3.html

本实例以实例 11-2 为基础，新添加了一个<textarea>元素，用于显示从服务器接收的在线人员数据。用户输入发送内容并单击“发送”按钮后，将使用 JSON 对象的形式向服务器端发送输入的发送内容与时间。实例文件 3.html 的主要代码如下。

```
<script type="text/javascript" language="jscript"
        src="js3.js"/>
</script>
</head>
<body onLoad="pageload();">
 <fieldset>
   <legend>用 JSON 对象传输数据</legend>
       <div>
            <span><b>对话记录</b></span>
            <span class="pl140">
                  <b>在线人员</b>
            </span>
       </div>
   <textarea id="txtaList" cols="26" rows="12"
```

```
            readonly="true"></textarea>
    <textarea id="txtaUser" cols="10" rows="12"
            readonly="true"></textarea>
        <div class="pl2">
    <input id="txtMessage" type="text" class="inputtxt w176">
    <input id="btnAdd" type="button" value="发送"
            class="inputbtn w85 ml4" onClick="btnSend_Click();">
        </div>
  </fieldset>
</body>
```

编写脚本文件 js3.js，此文件与实例 11-2 中的脚本文件基本相同，但是两段代码也存在明显差别，分别是发送客户端数据与接收服务器推送来的数据处理方式。在本实例中，为了能够向服务器端发送输入内容与对应时间，需要将获取的内容变量 strTxtMessage 与当前时间 strTime.toLocaleTimeString()，通过调用 JSON.stringify 方法转换成文本数据，再调用 send()方法向服务器端发送数据。在本实例的 message 事件中，为了更好地接收服务器端推送来的数据，先调用 JSON.parse 方法将获取的 event.data 数据转换成 JSON 对象，再通过遍历对象元素的方法，将接收的全部数据信息展示在对应的<textarea>元素中。

执行效果如图 11-3 所示。

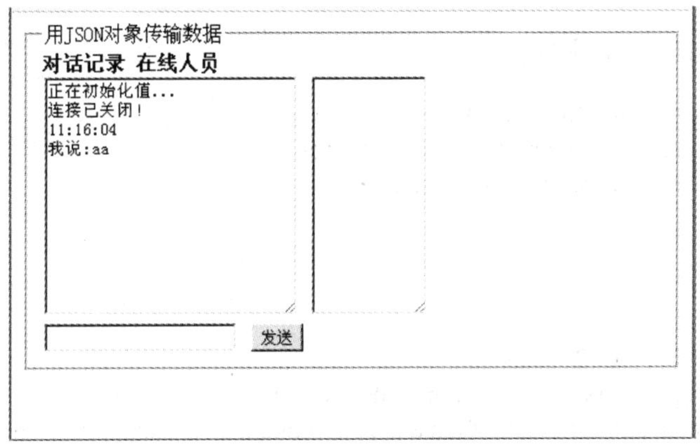

图 11-3 执行效果

11.5 jWebSocket 框架

知识点讲解：光盘\视频讲解\第 11 章\jWebSocket 框架.avi

jWebSocket 是一个安全、可靠、快速的纯 Web 的 Java/JavaScript 高速双向通信解决方案。我们可以通过 jWebSocket 创建基于 HTML 5 的流媒体和通信 Web 应用程序。HTML 5 WebSockets 是一种超高速双向 TCP 套接字通信技术，是实现 HTML 5 上的 WebSocket 功能的 Java 和 JavaScript 的开源框架。本节将详细讲解在 HTML 5 中使用 jWebSocket 框架的基本知识。

11.5.1 使用 jWebSocketTest 框架进行通信

jWebSocket 包含 jWebSocket Server、jWebSocket Clients 和 jWebSocket FlashBridge。具体说明

如下。

- ☑ jWebSocket Server：基于 Java 的 WebSocket 服务器，用于 server-to-client（S2C）客户端到服务器的流媒体解决方案和服务器控制 client-to-client（C2C）客户端到客户端的通信。
- ☑ jWebSocket Clients：纯 JavaScript 的 WebSocket 客户端，多个子协议和可选的用户、session、timeout 管理机制；无须插件；并且现在可以应用在任何其他 Java、Android 客户端。
- ☑ jWebSocket FlashBridge：基于 Flash 的 WebSocket 插件的跨浏览器兼容性。告诉双向所有浏览器双向通信。

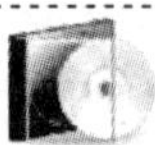

实例 11-4：在网页中使用 jWebSocketTest 框架进行通信

源码路径：光盘:\codes\11\hello_world.html

在本实例中，首先对利用 jWebSocket 框架进行 Socket 通信的客户端与服务器端之间的通信状况进行简要说明。在 HTML 5 页面中利用 jWebSocket 框架进行 Socket 通信，需要在客户端建立一个与 jWebSocket 服务器之间的连接。建立连接之后，客户端可以向 jWebSocket 服务器端或向其他所有与 jWebSocket 服务器建立连接的客户端发送消息。相反地，服务器端也可以通过同一个连接（客户端与服务器端的连接）向客户端发送消息。除非客户端或服务器端显式关闭连接，否则任何一方都可以向另一方发送任何消息。

实例文件 hello_world.html 的主要代码如下。

```
<script type="text/javascript" src="jWebSocket.js"></script>
<script type="text/javascript" src="samplesPlugIn.js"></script>
<script type="text/javascript" language="JavaScript">
var jWebSocketClient;
var userName;
function window_onload()
{
    if( jws.browserSupportsWebSockets() ) {
        jWebSocketClient = new jws.jWebSocketJSONClient();
        jWebSocketClient.setSamplesCallbacks({OnSamplesServerTime:getServerTimeCallback});
        document.getElementById("btnConnect").disabled="";
    }
    else {
        var lMsg = jws.MSG_WS_NOT_SUPPORTED;
        alert( lMsg );
    }
}
function btnConnect_click()
{
    var lURL = jws.JWS_SERVER_URL;
    userName = document.getElementById("userName").value;
    var userPass = document.getElementById("userPass").value;
    var msg=document.getElementById("msg");
    msg.innerHTML="连接到地址：  " + lURL + " 并且以\"" + userName + "\"用户名与服务器建立连接...";
    var lRes = jWebSocketClient.logon(lURL,userName,userPass, {
        OnOpen: function( aEvent ) {
            msg.innerHTML+="<br/>jWebSocket 连接已建立";
        },
```

```
            OnMessage: function( aEvent, aToken ) {
                msg.innerHTML+="<br/>jWebSocket \"" + aToken.type + "\" 令牌收到，消息字符串为：\"" +
aEvent.data + "\"" ;
            },
            OnClose: function( aEvent ) {
                msg.innerHTML+="<br/>jWebSocket 连接被关闭." ;
                document.getElementById("btnbroadcastText").disabled="disabled";
                document.getElementById("btnDisConnect").disabled="disabled";
                document.getElementById("btnTestPlugIn").disabled="disabled";
            }
    });
    msg.innerHTML+="<br/>"+jWebSocketClient.resultToString(lRes);
    if(lRes.code==0)
    {
        document.getElementById("btnbroadcastText").disabled="";
        document.getElementById("btnDisConnect").disabled="";
        document.getElementById("btnTestPlugIn").disabled="";
    }
}
function btnbroadcastText_click()
{
    var sendMsg=document.getElementById("sendMsg").value;
    var msg=document.getElementById("msg");
    msg.innerHTML+="<br/>广播消息：\""+sendMsg+"\"...";
    var lRes = jWebSocketClient.broadcastText("",sendMsg);
    if(lRes.code!=0)
        msg.innerHTML=jWebSocketClient.resultToString( lRes );
    document.getElementById("sendMsg").value="";
}
function btnDisConnect_click()
{
    if(jWebSocketClient)
    {
        var msg=document.getElementById("msg");
        msg.innerHTML+="<br/>用户"+"\""+userName+"\"关闭连接";
        var lRes=jWebSocketClient.close();
        msg.innerHTML+="<br/>"+jWebSocketClient.resultToString( lRes );
        if(lRes.code==0)
        {
            document.getElementById("btnbroadcastText").disabled="disabled";
            document.getElementById("btnDisConnect").disabled="disabled";
            document.getElementById("btnTestPlugIn").disabled="disabled";
        }
    }
}
function btnTestPlugIn_click()
{
    var msg=document.getElementById("msg");
    msg.innerHTML+="<br/>通过 WebSockets 获取服务器的系统时间..." ;
    var lRes = jWebSocketClient.requestServerTime();
    //发生错误时显示错误消息
```

```
        if( lRes.code != 0 )
            msg.innerHTML+="<br/>"+jWebSocketClient.resultToString(lRes);
    }
    function getServerTimeCallback( aToken ) {
        msg.innerHTML+="<br/>服务器的系统时间: " + aToken.time ;
    }
    function window_onunload()
    {
        if(jWebSocketClient)
        {
            jWebSocketClient.close({timeout:3000});
        }
    }

</script>
<body onload="window_onload()" onunload="window_onunload()">
用 户  名：<input type="text" id="userName"><br/>
密      码：<input type="text" id="userPass"><br/>
发送消息：<input type="text" id="sendMsg"><br/>
<input type="button" id="btnConnect" onclick="btnConnect_click()" value="建立连接"  disabled="disabled">
<input type="button" id="btnbroadcastText" onclick="btnbroadcastText_click()" value="广播消息" disabled=
"disabled">
<input type="button" id="btnDisConnect" onclick="btnDisConnect_click()" value="关闭连接" disabled=
"disabled">
<input type="button" id="btnTestPlugIn" onclick="btnTestPlugIn_click()" value="测试插件" disabled="disabled">
<div id="msg">
</body>
```

要在页面中使用jWebSocket插件进行Socket通信，需要在页面中加入对jWebSocket.js文件或jWebSocket_min.js的引用。接下来需要在页面脚本代码的开头处定义两个全局变量，其中变量jWebSocketClient代表在jWebSocket中使用的一个jWebSocketjSONClient类的对象，jWebSocketjSONClient类的命名空间为jws。jWebSocketjSONClient类提供了通过JSON协议来建立和关闭客户端与jWebSocket服务器端的连接以及互相发送消息的方法。全局变量userName则代表了用户登录到jWebSocket服务器中时所使用的用户名。执行后的效果如图11-4所示。

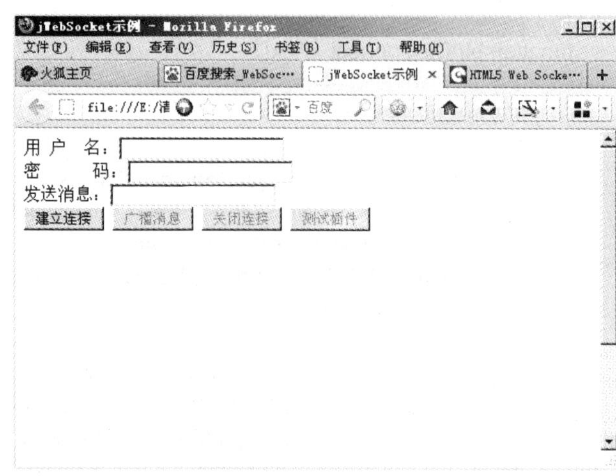

图11-4　执行效果

11.5.2　使用jWebSocketTest开发一个聊天系统

在下面的实例中，通过一个利用jWebSocket服务器创建简单聊天室的案例，进一步展示如何用jWebSocket服务器进行通信。在此页面中有一个聊天室，用户可以在输入用户名后单击“登录”按钮，

登录聊天服务器，然后与其他已登录聊天服务器的用户进行文字聊天。在页面中还显示一个用户列表，当用户登录或退出聊天室时随时更新用户列表，显示当前登录到聊天室中的所有用户的用户名+“@”+该用户的客户端 id。

实例 11-5：在网页中使用 jWebSocketTest 框架进行通信

源码路径：光盘:\codes\11\chat.html

实例文件 chat.html 的主要代码如下。

```
<script src="jWebSocket.js" type="text/javascript"></script>
<script type="text/javascript">
var jWebSocketClient;
var divChat,tbxUsername,tbxMsg,userName;
var IN=0,OUT=1;
var SYS="系统消息";
function window_onload()
{
    divChat=document.getElementById("divchat");
    tbxUsername=document.getElementById("tbxUsername");
    tbxMsg=document.getElementById("tbxMsg");
    if(jws.browserSupportsWebSockets())
    {
        jWebSocketClient = new jws.jWebSocketJSONClient();
        tbxUsername.focus();
        tbxUsername.select();
    }
    else
    {
        document.getElementById("btnSend").disabled="disabled";
        document.getElementById("btnLogin").disabled="disabled";
        document.getElementById("btnLogout").disabled="disabled";
        var lMsg = jws.MSG_WS_NOT_SUPPORTED;
        alert( lMsg );
        log(SYS, IN, lMsg );
    }
}
function log(username,event,string ) {
    var lFlag;
    if(event==IN)
        lFlag = "<";
    else
        lFlag = ">";
    if(!username)
        username = jWebSocketClient.getUsername();
    //如果用户没有登录，则设置 username 为默认用户名
    if( !username )
        username = "游客";
    divChat.innerHTML+=username + " " +lFlag + " " +string + "<br>";
    if( divChat.scrollHeight > divChat.clientHeight )
        divChat.scrollTop = divChat.scrollHeight - divChat.clientHeight;
}
```

```
function btnLogin_onclick()
{
    //var lURL = jws.JWS_SERVER_URL + "/;,timeout=360000";
    var lURL = jws.JWS_SERVER_URL + "/;,timeout=5000";
    var clientArray;
    if(tbxUsername.value.trim()=="")
    {
        alert("请输入用户名");
        return;
    }
    log( SYS, OUT, "连接到 jWebSocket 聊天服务器，地址为：" + lURL + "..." );
    var lRes=jWebSocketClient.logon(lURL,tbxUsername.value, "", {
        OnOpen: function(aEvent){
            log(SYS,IN,"与 jWebSocket 聊天服务器的连接已建立.");
            //var options={};
            var options=new Object();
            options.immediate=false;
            options.interval = 3000;
            jWebSocketClient.startKeepAlive(options);
        },
        OnMessage: function( aEvent, aToken ) {
            if(aToken)
            {
                if(aToken.type == "response")
                {
                    if(aToken.reqType == "login")
                    {
                        if( aToken.code == 0 )
                        {
                            log(SYS, IN, "欢迎  用户'" + aToken.username+"'进入聊天室" );
                            jWebSocketClient.getAuthClients({pool: null});
                        }
                        else
                            log(SYS, IN, "登录失败，错误消息为：" + aToken.msg );
    }
                    else if(aToken.reqType == "getClients")
                    {
                        var divRight=document.getElementById("divRight");
                        divRight.innerHTML="用户列表(@之后的文字为用户的客户端 id)：";
                        for(var i=0;i<aToken.clients.length;i++)
                        {

                            divRight.innerHTML+="<br/>"+aToken.clients[i];
                        }
                    }
                }
                else if(aToken.type == "goodBye")
                    log(SYS,IN,"jWebSocket 聊天服务器 断开与客户端的连接(原因: " + aToken.reason + ")!" );
                else if(aToken.type == "broadcast")
                {
                    if(aToken.data)
```

```
                    log( aToken.sender,IN,aToken.data);
                }
                else if(aToken.type == "event")
                {
                    jWebSocketClient.getAuthClients({pool: null});
                    var data=JSON.parse(aEvent.data);
                    if(data.name=="login")
                    {
                        log(SYS, IN, "欢迎  用户"" + data.username+""进入聊天室" );
                    }
                    if(data.name=="logout")
                    {
                        log(SYS, IN, "用户"" + data.username+""退出聊天室" );
                    }
                }
            }
        },
        OnClose:function(aEvent){
            log(SYS,IN,"与 jWebSocket 聊天服务器 的连接已关闭.");
            document.getElementById("btnSend").disabled="disabled";
            document.getElementById("btnLogout").disabled="disabled";
            jWebSocketClient.stopKeepAlive();
        }
    });
    if(lRes.code==0)
    {
        userName=tbxUsername.value;
        document.getElementById("btnSend").disabled="";
        document.getElementById("btnLogout").disabled="";
    }
}
function btnSend_onclick()
{
    var msg = tbxMsg.value;
    if(msg.length > 0)
    {
        log(userName,OUT,msg);
        var lRes = jWebSocketClient.broadcastText("",msg);
        if(lRes.code!=0)
            log(SYS,OUT,lRes.msg);
        tbxMsg.value="";
    }
}
function btnLogout_onclick()
{
    var lRes = jWebSocketClient.close();
    log(SYS, OUT, "用户"+userName+"退出聊天室: "+ lRes.msg );
    if(lRes.code==0)
    {
        document.getElementById("btnSend").disabled="disabled";
        document.getElementById("btnLogout").disabled="disabled";
```

```
    }
}
function window_onunload()
{
    if(document.getElementById("btnSend").disabled=="")
        jWebSocketClient.close();
}
</script>
<body   onload="window_onload()" onunload="window_onunload()">
<h1>jWebSocket 聊天室</h1>
<div id="divContainer1">
    <table id="tbDlg" border="0" cellpadding="3" cellspacing="0" width="100%">
        <tr id="trDlg">
            <td id="tdDlg" width="5">
                        用户名： 
                <input id="tbxUsername" type="text" value="游客" size="20">
                <input id="btnLogin" type="button" value="登录" onclick="btnLogin_onclick();">
                <input id="btnLogout" type="button" value="退出" onclick="btnLogout_onclick();"   disabled>
            </td>
        </tr>
    </table>
</div>
<div id="divLeft">
    <div id="divchat">
    </div>
    <div id="divContainer3">
        <table id="tbDlg" border="0" cellpadding="3" cellspacing="0" width="100%">
            <tr id="trDlg">
                <td valign="top" id="tdDlg" nowrap>对话</td>
                <td valign="top" id="tdDlg"><textarea id="tbxMsg" cols="255" rows="2" style="width:100%">
</textarea></td>
                <td valign="top" id="tdDlg"><input id="btnSend" type="button" value="发送" onclick="btnSend_
onclick();" disabled></td>
            </tr>
        </table>
    </div>
</div>
<div id="divRight">
用户列表(@之后的文字为用户的客户端 id):
</div>
</body>
```

在本实例中，在 JavaScript 脚本代码中用到了 KeepAlive 功能。在使用 jWebSocket 框架进行 Socket 通信时，当客户端处于非活动状态（客户端不向服务器端发出任何请求）一段时间且该时间超出指定的 timeout 时间值后，服务器端将中止会话，将客户端与服务器端之间的连接关闭。因为服务器端不能主动对客户端进行操作，所以通过指定超时时间来管理会话与连接是一种必需的管理机制。这样客户端可以通过主动发送 close 令牌来向服务器端请求关闭客户端与服务器端的连接，服务器端也可以在指定的超时时间过去之后将其与一些由于网络原因而与服务器端意外断开连接（没有向服务器端发出关闭连接请求而被意外中断连接）的客户端之间的连接关闭，将被这些客户端占用的端口释放。如果没有这种超时管理机制，服务器端的端口将很快被用尽（因为得不到释放）。

超时管理机制是以客户端是否在指定时间范围内与服务器端进行交互操作为依据进行管理的，如果超出超时时间而客户端没有向服务器端发出任何请求，服务器端就结束会话，关闭连接。在某些特殊场合下（例如，在网页中展示较长篇幅的文章或其他流数据时），用户在较长时间内不再向服务器端发出任何请求，只是处于对文章或流数据进行阅读的状态中，这时尽管超出了超时限制，用户还是希望服务器端保持与客户端的连接。在这种情况下，可以让客户端每隔一段时间向服务器端自动发送一个 ping 令牌以声明自己处于活动状态（没有因为网络故障而意外断开连接），以确保服务器端不会结束会话，不会断开连接。服务器端也可以向客户端返回一个响应令牌，客户端根据这个响应令牌来确认服务器端与自己处于连接状态。客户端每隔一段时间自动发送 ping 令牌来声明自己处于活动状态的功能就叫 KeepAlive 功能。

打开 KeepAlive 功能的代码如下。

```
jWebSocketClient. startKeepAlive(options);
```

在上述代码中，jWebSocketClient 为一个 jWebSocketjSONClient 类的对象，通过该语句来启动一个 KeepAlive 计时器。该计时器控制客户端每隔一段时间自动向服务器端发送一个 ping 令牌。如果执行该语句时 KeepAlive 计时器已经启动，则之前启动的 KeepAlive 计时器被自动停止，重新启动一个新的 KeepAlive 计时器，并且通过 options 参数对该计时器进行初始化工作。

在参数 options 中保存了如下几个可选参数，通过这些参数可以初始化 KeepAlive 计时器。

- ☑ options.interval：指定计时器的时间间隔，以毫秒为单位，参数值为整数类型的毫秒数。
- ☑ options.echo：指定服务器端是否需要向客户端返回响应令牌，参数值为布尔类型 true 或 false。
- ☑ options.immediate：指定执行该语句后客户端是否立即发送第一个 ping 令牌，而不等待计时器的通知。

执行后的效果如图 11-5 所示。

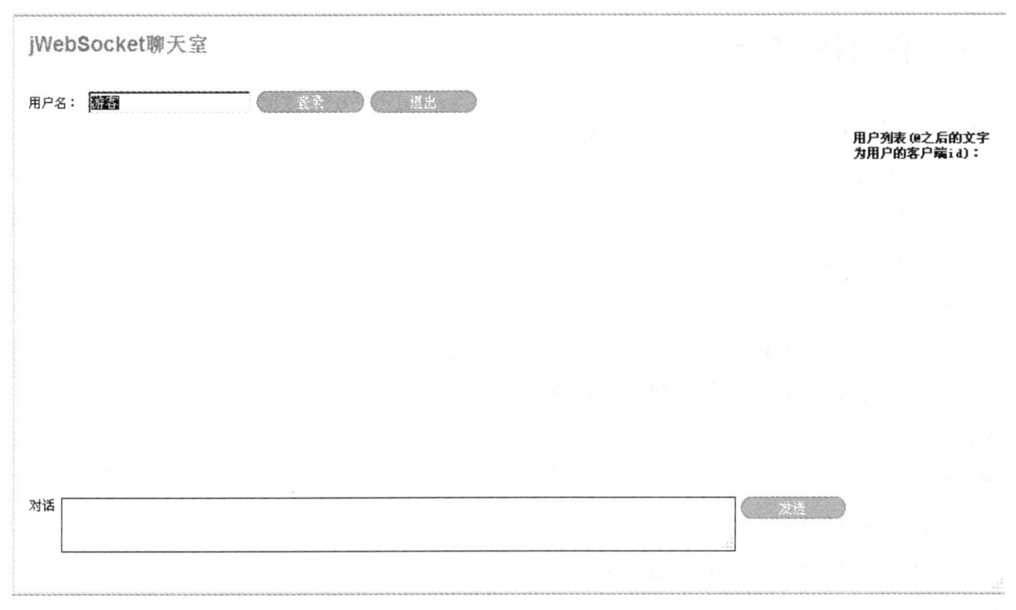

图 11-5　执行效果

第 12 章　使用 Geolocation API

Geolocation API 用于将用户当前地理位置信息共享给信任的站点，这会涉及用户的隐私安全问题，所以当一个站点需要获取用户的当前地理位置时，浏览器会提示用户是“允许”还是“拒绝”。本章将讲解在 HTML 5 页面中使用 Geolocation API 实现定位处理的方法。

12.1　Geolocation API 介绍

知识点讲解：光盘\视频讲解\第 12 章\Geolocation API 介绍.avi

在 HTML 5 网页应用中，提供了一组 Geolocation API，用来获取用户的地理位置信息。在移动设备中，如果浏览器支持且设置有定位的功能，就可以使用这组 API 定位用户的地理位置。Geolocation API（地理位置应用程序接口）提供了一个可以准确知道浏览器用户当前位置的方法，且目前看来浏览器的支持情况还算不错（因为新版本的 IE 支持了该 API），这使得在不久之后就可以使用这一浏览器内置的 API 了。该 API 接口可以提供详细的用户地理位置信息，例如经纬度、海拔、精确度和移动速度等。

在 Geolocation API 中，其位置的获取是通过收集用户周围的无线热点和 PC 的 IP 地址。然后浏览器把这些信息发送给默认的位置定位服务提供者，也就是谷歌位置服务，由它来计算用户位置。最后用户的位置信息就在用户请求的网站上被共享出来。到目前为止，虽然 Geolocation 还不是 HTML 5 规范的一部分，但是 W3C 为其专门定制了一份详细的规范。

12.1.1　对浏览器的支持情况

目前 W3C 地理位置 API 被以下桌面浏览器支持：

- ☑ Firefox 3.5+。
- ☑ Chrome 5.0+。
- ☑ Safari 5.0+。
- ☑ Opera 10.60+。
- ☑ Internet Explorer 12.0+。

W3C 地理位置 API 还可以被如下所示的手机设备所支持：

- ☑ Android 2.0+。
- ☑ iPhone 3.0+。
- ☑ Opera Mobile 10.1+。
- ☑ Symbian（S60 3rd & 5th generation）。
- ☑ BlackBerry OS 6。
- ☑ Maemo。

12.1.2　使用 API

在使用地理位置 API 之前，首先要检测浏览器是否支持，例如下面的测试代码。

```
if (navigator.geolocation) {
  //我们的目的
}
```

当然，这个 if 判断也能用来进行浏览器的判断操作，可以区分 IE 6～IE 8 版本浏览器与 IE 9 和其他新型的浏览器。这在使用某些 CSS 3 属性时非常有用，检测浏览器是否支持某些 CSS 3 属性相对比较麻烦。当然可以折中一下，即在知道浏览器对该 CSS 3 属性的支持情况下检测浏览器。一般来说，就是区分 IE 6～IE 8 浏览器和其他浏览器，这与 navigator.geolocation 的检测是一致的。

通过这个 API，使用如下两个方法变量可以获取用户的地理位置。

- ☑ getCurrentPosition()。
- ☑ watchPosition()。

这两个方法的参数一致，都支持 3 个参数，例如 getCurrentPosition()的格式如下。

```
navigator.geolocation.getCurrentPosition(successCallback, errorCallback, options)
```

参数说明如下。

- ☑ successCallback：为方法成功时的回调，此参数必需。
- ☑ errorCallback：为方法失败时的回调，此参数可选。
- ☑ options：为额外参数，也是可选参数对象。option 参数支持如下 3 个可选参数 API。
  - ➢ enableHighAccuracy：表示是否高精度可用，为 Boolean 类型，默认为 false，如果开启，响应时间会变慢，同时，在手机设备上会用掉更多的流量。
  - ➢ timeout：表示等待响应的最大时间，默认是 0 毫秒，表示无穷时间。
  - ➢ maximumAge：表示应用程序的缓存时间。单位为毫秒，默认是 0，意味着每次请求都是立即去获取一个全新的对象内容。

注意：getCurrentPosition()方法属于一次性取用户的地理位置信息，而watchPosition()方法则不停地取用户的地理位置信息，不停地更新用户的位置信息，这在需要实时获知自己的位置时显得比较受用。watchPosition()方法可以通过clearWatch()方法停掉（停止不断更新用户地理位置信息），方法就是传递watchPosition()方法返回的watchID给clearWatch()。当用户的位置被返回时，会藏在一个位置对象中，该对象包括一些属性，具体如表12-1所示。

表 12-1　属性说明

属　性	释　义	属　性	释　义
coords.latitude	纬度数值	coords.altitudeAccuracy	高度的精确度
coords.longitude	经度数值	coords.heading	设备正北顺时针前进的方位
coords.altitude	一个估计高度，海拔水平线往上的高度	coords.speed	设备外部环境的移动速度（m/s）
coords.accuracy	精确度	timestamp	当位置捕获到时的时间戳

12.2 获取当前地理位置

知识点讲解：光盘\视频讲解\第 12 章\获取当前地理位置.avi

在 HTML 5 网页中，使用 getCurrentPosition()方法可以获取当前的地理位置。如果浏览器需要获取用户当前的地理位置信息，需要通过 API 访问 window.navigator 对象中新添加的 geolocation 属性，并调用该属性中的 getCurrentPosition()方法获取用户当前地理位置信息，其调用的代码格式如下。

```
navigator.geolocation.getCurrentPosition(
successCallback,
errorCallback,
 [Options]
)
```

参数说明如下。

☑ successCallback：是一个函数，用于成功获取用户当前地理位置信息时的回调操作。该回调函数中有一个形参 position，该参数是一个对象，用于描述位置的详细数据信息。

☑ errorCallback：是一个获取地理位置失败时回调的函数，该函数中通过一个 error 对象作为形参，根据该对象的 code 属性获取定位失败的原因。该属性包括如下 4 个值。

- 0：表示未知错误信息。
- 1：表示用户拒绝了定位服务的请求。
- 2：表示没有获取正确的地理位置信息。
- 3：表示获取位置的操作超时。

在 error 对象中，除了属性 code 表示出错数字外，还可以通过属性 message 获取出错的详细文字信息。该属性是一个字符串，包含与 code 属性值相对应的错误说明信息。

☑ Options：这是一个可选择的对象，设置后可以为对象添加一些属性内容。

实例 12-1：在网页中获取当前地理位置

源码路径：光盘:\codes\12\1.html

在本实例中，当使用方法 getCurrentPosition()获取当前用户的浏览器地理位置信息时，在弹出的是否共享窗口中，如果用户选择了“拒绝”，则将捕获的错误信息通过回调函数 errorCallback()中的 error.code 与 errormessage 显示在页面中。实例文件 1.html 的主要代码如下。

```
<script type="text/javascript" language="jscript"
        src="js1.js"/>
</script>
<script type="text/javascript" language="jscript"
        src="http://maps.google.com/maps/api/js?sensor=false"/>
</script>
</head>
<body onLoad="pageload();">
    <p id="pStatus"></p>
</body>
```

脚本文件 js1.js 的主要代码如下。

```
function $$(id) {
    return document.getElementById(id);
}
//自定义页面加载时调用的函数
function pageload() {
    if (navigator.geolocation) {
        navigator.geolocation.getCurrentPosition(function(ObjPos) {
            Status_Handle("获取成功!");
        },
        function(objError) {
            Status_Handle(objError.code + ":" + objError.message);
        },
        {
            maximumAge: 3 * 1000 * 60,
            timeout: 3000
        });
    }
}
//自定义显示执行过程中状态的函数
function Status_Handle(message) {
    $$("pStatus").style.display = "block";
    $$("pStatus").innerHTML = message;
}
```

在上述代码中，如果浏览器第一次调用 getCurrentPosition()方法，出于安全的考虑，浏览器会询问用户是否共享位置数据信息。如果用户拒绝则该方法将出现错误，无法获取用户的地理位置数据，只有当用户允许共享地理位置时，方法 getCurrentPosition()才能生效。执行效果如图 12-1 所示。

图 12-1　执行效果

目前，各浏览器厂商对该 Geolocation API 的支持情况不完全相同，因此在调用 getCurrentPosition()方法之前，需要先用方法 navigator.geolocation()检测当前浏览器是否支持定位功能，然后才开始调用方法 getCurrentPosition()获取用户地理位置信息。当使用方法 getCurrentPosition()获取当前浏览器地理位置信息时，用户允许了位置共享，并且浏览器也支持定位功能，那么该方法就可以正确地获取当前地理位置数据。

在使用 getCurrentPosition()方法时，如果获取位置成功，则回调 successCallback()函数。该函数通过一个对象参数 position 返回所有的地理位置详细数据信息，这些信息以对象的属性形式进行展示。position 对象包含两个重要的属性，分别为 timestamp 和 coords，其中属性 timestamp 表示获取地理位置时的时间，而属性 coords 则包含多个值。

注意： 显然，地理位置属于用户的隐私信息之一，因此浏览器不会直接把用户的地理位置信息呈现出来，当需要获取用户地理位置信息时，浏览器会询问用户，是否愿意透露自己的地理位置信息，如图12-2所示。

图 12-2　设置截图

如果选择不共享，则浏览器不会做任何事情。如果不小心对某个站点共享了地理位置，可以随时将其取消，具体方法如下。

（1）对于IE 9浏览器来说，依次选择“Internet选项”→“隐私”→“位置（清除站点）”，如图12-3所示。

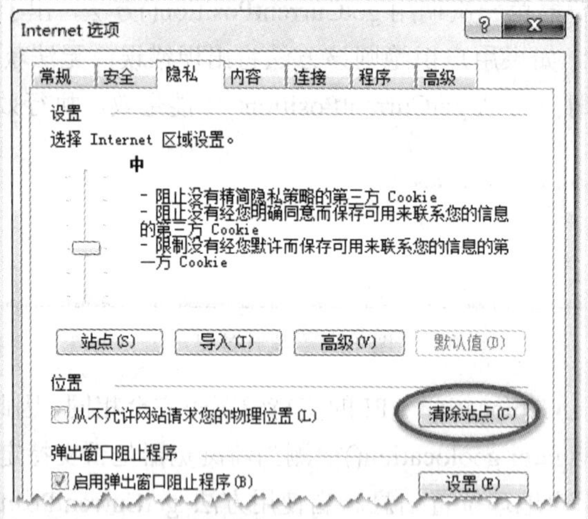

图 12-3　IE 浏览器

（2）对于Firefox浏览器来说，依次单击地址栏前面的网站小图标→“更多信息”→“权限”→“共享方位信息”→“阻止”，具体步骤如图12-4所示。

（3）如果是Chrome浏览器，则直接单击地址栏右边像轮船方向盘一样的小图标，就会看到可以取消地理位置的设置选项，如图12-5所示。

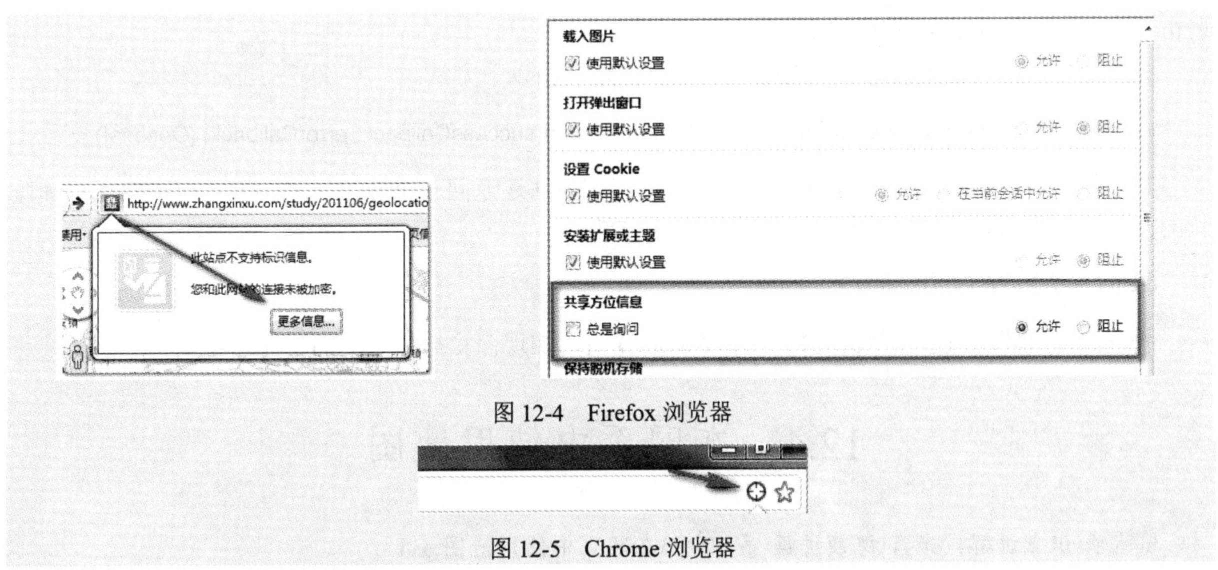

图 12-4　Firefox 浏览器

图 12-5　Chrome 浏览器

12.3　使用 getCurrentPosition()方法

知识点讲解：光盘\视频讲解\第 12 章\使用 getCurrentPosition()方法.avi

在 HTML 5 网页应用中，使用 getCurrentPosition()方法也可以获取地理位置信息。

实例 12-2：使用 getCurrentPosition()方法获取地理位置信息

源码路径：光盘:\codes\12\2.html

在本实例的 HTML 页面中，调用 getCurrentPosition()方法成功获取当前浏览器的地理位置，并将获取的位置信息展示在页面的<p>元素中。实例文件 2.html 的主要代码如下。

```
<!DOCTYPE html>
<script type="text/javascript" language="jscript"
        src="js2.js"/>
</script>
<script type="text/javascript" language="jscript"
        src="http://maps.google.com/maps/api/js?sensor=false"/>
</script>
</head>
<body onLoad="pageload();">
  <p id="pStatus"></p>
</body>
```

编写脚本文件 js2.js，当使用 getCurrentPosition()方法成功获取地理位置数据后，可以回调函数 successCallback()。解析对象参数 objPos，如果需要展示获取的时间，则调用该对象的 timestamp 属性；如果需要展示地理位置数据，则通过对象的 coords 各个属性值来显示。

因为各浏览器对 Geolocation API 支持的情况不同，因此同一代码在两个不同浏览器中执行后返回的结果会出现一些偏差或对某些属性不支持，如 Firefox 5.0 中支持显示地理位置所在的国家、省份、城市等信息，而 Chrome 10 浏览器则不支持。

此外，如果需要持续监测当前的地理位置，可以调用以下方法。

```
var intWatchID=navigator.geolocation.watchCurrentPosition(successCallback, errorCallback, [Options])
```

其中的参数与 getCurrentPosition()方法一样，但该方法还返回一个 intWatchID 值，用于停止持续监测的操作。如果需要停止持续监测，则调用下列方法。

```
clearWatch(intWatchID)
```

此方法通过清除持续监测时返回的 intWatchID 值，实现停止持续监测的功能。

12.4　在网页中使用地图

知识点讲解：光盘\视频讲解\第 12 章\在网页中使用地图.avi

在本章前面的内容中，详细介绍了使用 getCurrentPosition()方法获取用户地理位置信息的过程。其实完全可以通过使用 Google 地图中的 Google Map API，将获取的位置信息标记在地图中，从而实现在 Google 地图中锁定位置的功能。

12.4.1　在网页中调用地图

实例 12-3：在 HTML 5 网页中使用地图

源码路径：光盘:\codes\12\3.html

在本实例的 HTML 页面中，通过<div>元素显示一幅 Google 地图，并将 Google Map API 中的对象与 getCurrentPosition()方法相结合，在地图中标注当前地理位置，当该位置发生变化时，地图中的标注信息也随之发生变化。

实例文件 3.html 的主要代码如下。

```
<script type="text/javascript" language="jscript"
        src="js3.js"/>
</script>
<script type="text/javascript" language="jscript"
        src="http://maps.google.com/maps/api/js?sensor=false"/>
</script>
</head>
<body onLoad="pageload();">
    <div id="divMap"></div>
</body>
```

编写脚本文件 js3.js，为了能够使用 Google 地图及 Google Map API，需要使用<script>元素导入对应的脚本文件，文件的 URL 为 http://maps.google.com/map s/api/js?sensor=false。通过 getCurrentPosition()方法获取经度与纬度，创建一个地图中心坐标 latlng，并将该中心点设置为页面打开时 Google 地图的中心点。同时，将设置好的地图与页面中 ID 号为 divMap 的元素绑定，将地图显示在页面中。最后在地图中创建一个锁定标记 objMrk，并在创建的标记窗口 objInf 中设定标记在地图中显示的注释中文，通过调用地图的 open()方法，在地图中打开带有注释中文的标记窗口。

执行效果如图 12-6 所示。

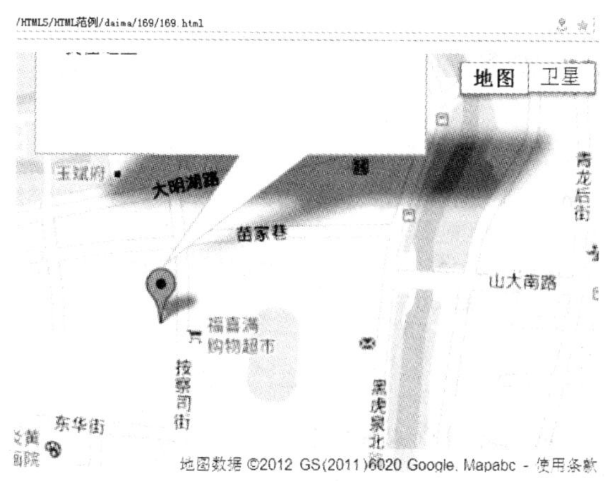

图 12-6 执行效果

12.4.2 在地图中显示当前的位置

在 HTML 5 网页中，可以先在页面中制作一幅地图，然后在页面中显示用户计算机或移动设备所在地的地图。在浏览器中打开实例页面时，浏览器会询问用户是否共享用户计算机或移动设备的地理位置信息。在不支持 Geolocation API 的浏览器中，打开浏览器时会显示错误提示信息。在支持 Geolocation API 的浏览器中，当浏览器询问用户是否共享用户计算机或移动设备的地理位置信息时，选择共享地理位置信息，浏览器中将会显示用户计算机或移动所在地的地图。

实例 12-4：在网页地图中显示当前的位置

源码路径：光盘:\codes\12\4.html

在本实例页面中，用户单击“监视位置更改”按钮后，浏览器将会对用户计算机或移动设备所在地进行监视，每隔一段时间检查用户计算机或移动设备的地理位置是否发生改变。如果当前计算机或移动设备的地理位置发生改变，则更新页面中的地图。用户单击“停止监视”按钮后会取消该监视。实例文件 4.html 的主要代码如下。

```
<script type="text/javascript">
var streetNumber,street,city,province,country;
var watchId;
function window_onload() {
    if(navigator.geolocation==null)
        alert("您的浏览器不支持 Geolocation API");
    else
navigator.geolocation.getCurrentPosition(showMap,onError,{timeout:60000,enableHighAccuracy:true});
}
function watchPosition() {
    watchId=navigator.geolocation.watchPosition(showMap);
}
function clearWatch()
{
    navigator.geolocation.clearWatch(watchId);
```

```
}
function showMap(position)
{
    var coords = position.coords;
    var latlng = new google.maps.LatLng(coords.latitude, coords.longitude);
    var myOptions = {
        zoom: 18,
        center: latlng,
        mapTypeId: google.maps.MapTypeId.ROADMAP
    };
    var map1= new google.maps.Map(document.getElementById("map"), myOptions);
    var marker = new google.maps.Marker({
        position: latlng,
        map: map1
    });
    var infowindow = new google.maps.InfoWindow({
        content: "当前位置!"
    });
    infowindow.open(map1, marker);
}
function onError(error)
{
    var message = "";
    switch (error.code) {
      case error.PERMISSION_DENIED:
          message = "位置服务被拒绝";
          break;
        case error.POSITION_UNAVAILABLE:
          message = "未能获取到位置信息";
          break;
        case error.PERMISSION_DENIED_TIMEOUT:
          message = "在规定时间内未能获取到位置信息";
          break;
    }
    if (message == "")
    {
        var strErrorCode = error.code.toString();
        message = "由于不明原因，未能获取到位置信息（错误号："+strErrorCode+"）.";
    }
    alert(message);
    document.getElementById("watchPosition").disabled="disabled";
    document.getElementById("clearWatch").disabled="disabled";
}
</script>
<script type="text/javascript" src=http://maps.google.com/maps/api/js?sensor=false></script>
</head>
<body onload="window_onload()">
    <input type="button" id="watchPosition" value="监视位置更改" onclick="watchPosition()"/><input type=
"button" id="clearWatch" value="停止监视" onclick="clearWatch"/>
    <div id="map" style="width:500px; height:460px"></div>
</body>
```

执行效果如图 12-7 所示。

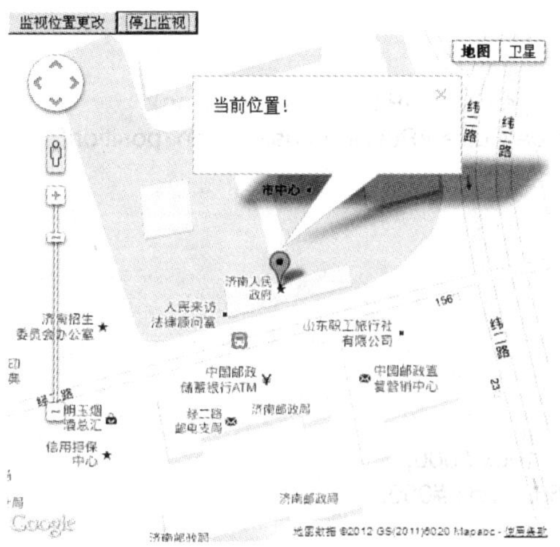

图 12-7　执行效果

12.4.3　在网页中居中显示定位地图

实例 12-5：在网页中居中显示定位地图

源码路径：光盘:\codes\12\5.html

本实例比较简单，只是以前面的实例为基础进行了简单的修改，将地图在网页的中间位置显示。实例文件 5.html 的主要代码如下。

```
<script src="http://maps.google.com/maps/api/js?sensor=true"></script>
<script>

    if(navigator.geolocation) {

        function hasPosition(position) {
            var point = new google.maps.LatLng(position.coords.latitude, position.coords.longitude),

            myOptions = {
                zoom: 15,
                center: point,
                mapTypeId: google.maps.MapTypeId.ROADMAP
            },

            mapDiv = document.getElementById("mapDiv"),
            map = new google.maps.Map(mapDiv, myOptions),

            marker = new google.maps.Marker({
                position: point,
                map: map,
                title: "You are here"
            });
        }
        function positionError(error)
        {
```

```
                //做错误处理
            }
            //navigator.geolocation.getCurrentPosition(hasPosition);
            navigator.geolocation.getCurrentPosition(hasPosition, positionError, { enableHighAccuracy:true });
        }
</script>
<style>
#mapDiv {
        width:320px;
        height:460px;
        border:1px solid #efefef;
        margin:auto;
        -moz-box-shadow:5px 5px 10px #000;
        -webkit-box-shadow:5px 5px 10px #000;
}
</style>
</head>
<body>
<div id="mapDiv"></div>

</body>
```

执行效果如图 12-8 所示。

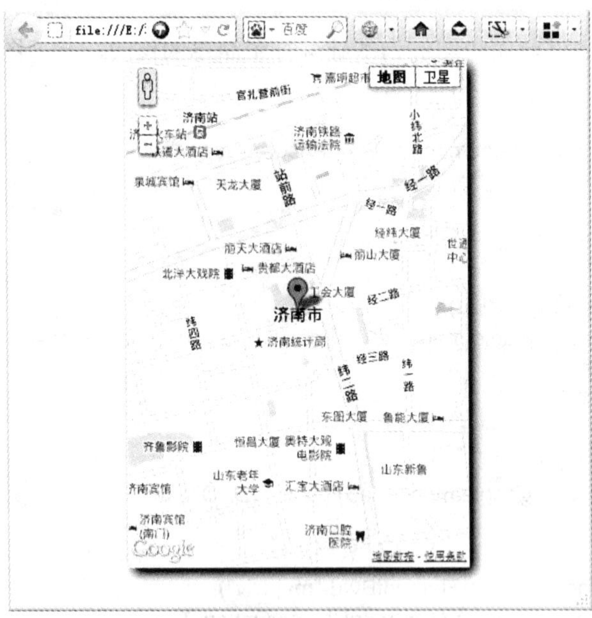

图 12-8　执行效果

12.4.4　利用百度地图实现定位处理

实例 12-6：在 HTML 5 网页中利用百度地图实现定位
源码路径：光盘:\codes\12\6.html

本实例在 HTML 5 网页中使用百度地图实现当前的位置定位。实例文件 6.html 的主要代码如下。

```
<script type='text/javascript' src='http://api.map.baidu.com/api?v=1.3'></script>
<script type='text/javascript'>

function getLocation()
{
    if(navigator.geolocation){
        navigator.geolocation.getCurrentPosition(showMap, handleError, {enableHighAccuracy:true, maximumAge:
1000});
    }else{
        alert('您的浏览器不支持使用 HTML 5 来获取地理位置服务');
    }
}

function showMap(value)
{
    var longitude = value.coords.longitude;
    var latitude = value.coords.latitude;
    var map = new BMap.Map('map');
    var point = new BMap.Point(longitude, latitude);                    //创建点坐标
    map.centerAndZoom(point, 15);
    var marker = new BMap.Marker(new BMap.Point(longitude, latitude));  //创建标注
    map.addOverlay(marker);                                             //将标注添加到地图中
}

function handleError(value)
{
    switch(value.code){
        case 1:
            alert('位置服务被拒绝');
            break;
        case 2:
            alert('暂时获取不到位置信息');
            break;
        case 3:
            alert('获取信息超时');
            break;
        case 4:
            alert('未知错误');
        break;
    }
}

function init()
{
    getLocation();
}

window.onload = init;
```

```
</script>
</head>

<body>
<div id='map' style='width:600px;height:600px;'></div>
</body>
```

执行效果如图 12-9 所示。

图 12-9　执行效果

第 13 章　使用 Web Workers API

在 HTML 5 网页应用中，使用 Worker 可以将前台中的 JavaScript 代码分割成若干个分散的代码块，分别由不同的后台线程负责执行，这样可以避免由于前台单线程执行缓慢出现用户等待的局面。后台的单个独立线程不仅可以被前台所调用，实现数据间的互访，而且在后台线程中还可以调用新的子线程，分割父线程的功能，实现线程的嵌套调用。本章将详细介绍使用 Worker 线程的方式实现前、后台数据交互的过程，并通过具体实例来演示具体实现流程。

13.1　Web Workers API 基础

知识点讲解：光盘\视频讲解\第 13 章\Web Workers API 基础.avi

从传统意义上来说，浏览器是单线程的，它们会强制应用程序中的所有脚本一起在单个 UI 线程中运行。虽然可以通过使用文档对象模型（DOM）事件和 setTimeout API 造成一种多个任务同时运行的假象，但只需一个计算密集型任务就会使用户体验急转直下。本节将简要介绍 Web Workers API 的基本知识，为读者步入本书后面知识的学习打下基础。

13.1.1　使用 HTML 5 Web Workers API

使用 Web Workers 的方法非常简单，只需创建一个 Web Workers 对象，然后传入希望执行的 JavaScript 文件。另外，在页面中再设置一个事件监听器，用来监听由 Web Workers 发来的消息和错误信息。如果想要在页面与 Web Workers 之间建立通信，数据需要通过函数 postMessage()来传递。对于 Web Worker JavaScript 中的代码也是如此，也必须通过设置事件处理程序来处理发来的消息和错误信息，通过 postMessage()函数实现与页面的数据交互。

（1）创建 HTML 5 Web Workers

Web Workers 初始化时会接收一个 JavaScript 文件的 URL 地址，其中包含了供 Worker 执行的代码。这段代码会设置事件监听器，并与生成 Worker 的容器进行通信。JavaScript 文件的 URL 可以是相对或者绝对路径，只要是同源（相同协议、主机和端口）即可。

```
worker=new Worker("echoWorker.js");
```

（2）多个 JavaScript 文件的加载与执行

对于由多个 JavaScript 文件组成的应用程序来说，可以通过包含<script>元素的方式，在页面加载时同步加载 JavaScript 文件。然而，由于 Web Workers 没有访问 document 对象的权限，所以在 Worker 中必须使用另外一种方法导入其他的 JavaScript 文件——importScripts。

```
importScripts("helper.js");
```

导入的 JavaScript 文件只会在某一个已有的 Worker 中加载和执行。多个脚本的导入同样也可以使用 importScripts()函数，它们会按顺序执行。

```
importScripts("helper.js","anotherHelper.js");
```

（3）与 HTML 5 Web Workers 通信

一旦生成 Web Workers，就可以使用 postMessage API 传送和接收数据。postMessage API 还支持跨框架和跨窗口通信。大多数 JavaScript 对象都可以通过 postMessage 发送，但含有循环引用的除外。

13.1.2 需要使用.js 文件

Web Workers API 为 Web 应用程序的创作人员提供了一种方法，用于生成与主页并行运行的后台脚本。可以一次生成多个线程以用于长时间运行的任务。新的 Worker 对象需要一个.js 文件，该文件通过一个发给服务器的异步请求包含在内。

```
var myWorker = new Worker('worker.js');
```

往来于 Worker 线程的所有通信都通过消息进行管理。主机 Worker 和 Worker 脚本可以通过 postMessage 发送消息并使用 onmessage 事件侦听响应。消息的内容作为事件的数据属性进行发送。

例如下面的代码创建了一个 Worker 线程并侦听消息。

```
var hello = new Worker('hello.js');
hello.onmessage = function(e) {
  alert(e.data);
};
```

这样 Worker 线程可以发送要显示的消息。

```
postMessage('Hello world!');
```

13.1.3 与 Web Worker 进行双向通信

要建立双向通信，主页和 Worker 线程都要侦听 onmessage 事件。例如在下面的演示代码中，Worker 线程在指定的延迟后返回消息。

首先，该脚本创建 Worker 线程。

```
var echo = new Worker('echo.js');
echo.onmessage = function(e) {
  alert(e.data);
}
```

消息文本和超时值在表单中进行指定。当用户单击“提交”按钮时，脚本会将两条信息以 JavaScript 对象文本的形式传递给 Worker。为了防止页面在新的 HTTP 请求中提交表单值，事件处理程序还对事件对象调用 preventDefault()。注意，不能将对 DOM 对象的引用发送给 Worker 线程。Web Worker 并非可以访问所有数据，它只允许访问 JavaScript 基元（例如 Object 或 String 值）。

```
<script>
window.onload = function() {
```

```
  var echoForm = document.getElementById('echoForm');
  echoForm.addEventListener('submit', function(e) {
    echo.postMessage({
      message : e.target.message.value,
      timeout : e.target.timeout.value
    });
    e.preventDefault();
  }, false);
  }
</script>
<form id="echoForm">
  <p>Echo the following message after a delay.</p>
  <input type="text" name="message" value="Input message here."/><br/>
  <input type="number" name="timeout" max="10" value="2"/> seconds.<br/>
  <button type="submit">Send Message</button>
</form>
```

最后，Worker 开始侦听消息，并在指定的超时间隔之后将其返回。

```
onmessage = function(e)
{
  setTimeout(function()
  {
    postMessage(e.data.message);
  },
  e.data.timeout * 1000);
}
```

在 IE 10 和使用 JavaScript 的 Metro 风格应用中，Web Workers API 支持如表 13-1 所示的方法。

表 13-1 Web Workers API 支持的方法

方 法	描 述
void close();	终止 Worker 线程
void importScripts(inDOMString...urls);	导入其他 JavaScript 文件的逗号分隔列表
void postMessage(在任何数据中);	从 Worker 线程发送消息或发送消息到 Worker 线程

IE 10 和使用 JavaScript 的 Metro 风格应用支持如表 13-2 所示的 Web Workers API 属性。

表 13-2 Web Workers API 属性

属 性	类 型	描 述
location	WorkerLocation	代表绝对 URL，包括 protocol、host、port、hostname、pathname、search 和 hash 组件
navigator	WorkerNavigator	代表用户代理客户端的标识和 onLine 状态
self	WorkerGlobalScope	Worker 范围，包括 WorkerLocation 和 WorkerNavigator 对象

IE 10 和使用 JavaScript 的 Metro 风格应用支持如表 13-3 所示的 Web Workers API 事件。

表 13-3 Web Workers API 事件

事 件	描 述
onerror	出现运行时错误
onmessage	接收到消息数据

Web Workers API 还支持更新的 HTML 5 WindowTimers 方法，如表 13-4 所示。

表 13-4　WindowTimers 方法

方　法	描　述
void clearInterval(inlonghandle);	取消由句柄所确定的超时
void clearTimeout(inlonghandle);	取消由句柄所确定的超时
long setInterval(in anyhandler, in optional any timeout, in any... args);	计划在指定的毫秒数之后重复运行的超时。注：现在可以将其他参数直接传递到处理程序。如果处理程序是 DOMString，将被编译成 JavaScript。将句柄返回到超时，清除 clearInterval
long setTimeout(in any handler, in optional any timeout, in any... args）;	计划在指定的毫秒数之后运行的超时。注：现在可以将其他参数直接传递到处理程序。如果处理程序是 DOMString，将被编译成 JavaScript。将句柄返回到超时，清除 clearTimeout

13.2　Worker 线程处理

知识点讲解：光盘\视频讲解\第 13 章\Worker 线程处理.avi

如果一个网页的执行时间较长，则可能需要用户等待一段时间去操作，此时可以将工作交给后台线程 Worker 去处理。虽然它与前台的线程分离，互不影响，但是可以通过 postMessage()方法与 onmessage 事件进行数据的交互。postMessage()方法用于通过 Worker 对象发送数据，具体调用格式如下。

```
var objWorker=new Worker("脚本文件 URL");
objWorker.postMessage(data);
```

☑　第一行代码：用于实例化一个 Worker 类对象，创建一个名为 objWorker 的后台线程。

☑　第二行代码：通过 objWorker 调用 postMessage()方法，向后台线程发送文本格式的 data 数据。

为了在前台接收后台线程返回的数据，需要在定义 obj Worker 对象后添加一个 message 事件，用于捕捉后台线程返回的数据，具体调用格式如下。

```
objWorker.addEventListener('message',
function (event)　{
alert (event.data);
),
false);
```

其中，event.data 表示后台线程处理完成后返回给前台的数据。

13.2.1　使用 Worker 处理线程

实例 13-1：使用 Worker 处理线程

源码路径：光盘:\codes\13\1.html

本实例创建了一个 HTML 5 页面，当页面在加载时创建了一个 Worker 后台线程。当用户在文本框中输入生成随机数的位数并单击“请求”按钮时，向该后台线程发送文本框中的输入值，后台线程将

根据接收的数据生成指定位数的随机数，返回给前台调用代码并显示在页面中。

实例文件 1.html 的具体实现代码如下。

```
<!DOCTYPE html>
<html>
<head>
<meta charset="utf-8" />
<title>Worker 处理线程</title>
<link href="css.css" rel="stylesheet" type="text/css">
<script type="text/javascript" language="jscript"
        src="js1.js"/>
</script>
</head>
<body onLoad="pageload();">
 <fieldset>
   <legend>线程脚本处理数据</legend>
   <p id="pStatus"></p>
   <input id="txtNum" type="text" class="inputtxt">
   <input id="btnAdd" type="button" value="请求"
          class="inputbtn" onClick="btnSend_Click();">
 </fieldset>
</body>
</html>
```

在上述页面中导入一个 JavaScript 文件 js1.js，在里面自定义了两个函数，分别在页面加载与单击“请求”按钮时调用。文件 js1.js 的具体代码如下。

```
function $$(id) {
    return document.getElementById(id);
}
var objWorker = new Worker("js1_1.js");
//自定义页面加载时调用的函数
function pageload() {
    objWorker.addEventListener('message',
    function(event) {
        $$("pStatus").style.display = "block";
        $$("pStatus").innerHTML += event.data;
    },
    false);
}
//自定义单击“请求”按钮时调用的函数
function btnSend_Click() {
    //获取发送内容
    var strTxtValue = $$("txtNum").value;
    if (strTxtValue.length > 0) {
        objWorker.postMessage(strTxtValue);
        $$("txtNum").value = "";
    }
}
```

在上述 JavaScript 文件 js1.js 的代码中，通过 Worker 对象调用了一个后台线程脚本文件 js1_1.js。

在该文件中，根据获取的位数生成随机数并将该数值返回前台。文件 js1_1.js 的实现代码如下。

```
self.onmessage = function(event) {
    var strRetHTML = "<span><b> ";
    strRetHTML += event.data + " </b>位随机数为：<b> ";
    strRetHTML += RetRndNum(event.data);
    strRetHTML += " </b></span><br>";
    self.postMessage(strRetHTML);
}
//生成指定长度的随机数
function RetRndNum(n) {
    var strRnd = "";
    for (var intI = 0; intI < n; intI++) {
        strRnd += Math.floor(Math.random() * 10);
    }
    return strRnd;
}
```

在本实例中，首先定义一个后台线程 objWorker，其脚本文件指向 js1_1.js，表示由该文件实现前台请求的操作。当用户在文本框中输入随机数长度并单击“请求”按钮时，该输入的内容通过调用线程 objWorker 对象的 postMessage()方法，发送至脚本文件 js1_1.js。在脚本文件 js1_1.js 中，通过添加 message 事件获取前台传回的数据，并将该数据值 event.data 作为自定义函数 RetRndNum()的实参，生成指定位数的随机数，并将该随机数通过 self.postMessage()方法发送至调用后台线程的前台程序。在前台代码中，通过添加 message 事件获取后台线程处理完成后传回的数据，并将数据的信息展示在页面中。虽然后台线程可以处理前台的代码，但是不允许后台线程访问前台页面的对象或元素。如果访问后台线程将报错，它们只限于进行数据上的交互。

执行后的效果如图 13-1 所示。

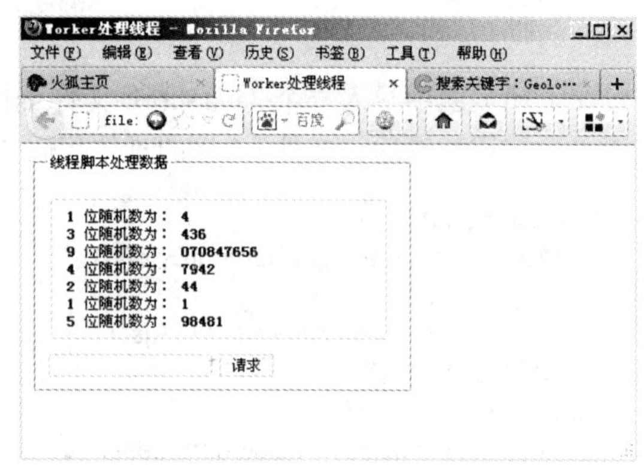

图 13-1　执行效果

13.2.2　使用线程传递 JSON 对象

在 HTML 5 网页中，可以使用后台线程传递 JSON 对象。具体方法是通过后台线程传递一个 JSON 对象给前台，然后前台接收并显示 JSON 对象内容的方法。

实例 13-2：使用线程传递 JSON 对象

源码路径：光盘:\codes\13\2.html

在本实例新建的 HTML 5 页面中，当加载页面时创建一个 Worker 后台线程，该线程将返回给前台页面一个 JSON 对象，前台获取该 JSON 对象，使用遍历的方式显示对象中的全部内容。

实例文件 2.html 的具体实现代码如下。

```
<!DOCTYPE html>
<html>
```

```
<head>
<meta charset="utf-8" />
<title>使用线程传递 JSON 对象</title>
<link href="css.css" rel="stylesheet" type="text/css">
<script type="text/javascript" language="jscript"
        src="js2.js"/>
</script>
</head>
<body onLoad="pageload();">
 <fieldset>
   <legend>使用线程传递 JSON 对象</legend>
   <p id="pStatus"></p>
 </fieldset>
</body>
</html>
```

在上述页面中导入了一个 JavaScript 文件 js2.js，在里面自定义了一个函数 pageload()，在页面加载时调用。文件 js2.js 的实现代码如下。

```
function $$(id) {
    return document.getElementById(id);
}
var objWorker = new Worker("js2_1.js");
//自定义页面加载时调用的函数
function pageload() {
    objWorker.addEventListener('message',
    function(event) {
        var strHTML = "";
        var ev = event.data;
        for (var i in ev) {
            strHTML +="<span>"+ i + " :";
            strHTML +="<b> " + ev[i] + " </b></span><br>";
        }
        $$("pStatus").style.display = "block";
        $$("pStatus").innerHTML = strHTML;
    },
    false);
    objWorker.postMessage("");
}
```

在上述 JavaScript 文件 js2.js 的代码中，调用了后台线程脚本文件 js2_1.js，在此文件中通过方法 postMessage()向前台发送 JSON 对象。文件 js2_1.js 的实现代码如下。

```
var json = {
    姓名: "约翰内斯堡",
    性别: "男",
    邮箱: "????????@163.com",
    武器: "光芒神剑",
    攻击值: "100"
};
self.onmessage = function(event) {
```

```
    self.postMessage(json);
    close();
}
```

在上述代码中，当加载页面时触发 onLoad 事件，该事件调用了 pageload()函数。该函数首先定义一个后台线程对象 objWorker，脚本文件指向 js2_1.js，并通过调用对象的方法 postMessage()向后台线程发送一个空字符请求。在后台线程指向文件 js2_1.js 中，先自定义一个 JSON 对象 json，当通过 message 事件监测前台页面请求后，调用方法 selfpostMessage()向前台代码传递 JSON 对象，并使用 close 语句关闭后台线程。前台为了在 message 事件中获取传递来的 JSON 对象内容，使用 for 语句遍历了整个 JSON 对象的内容，并将内容显示在页面中。执行后的效果如图 13-2 所示。

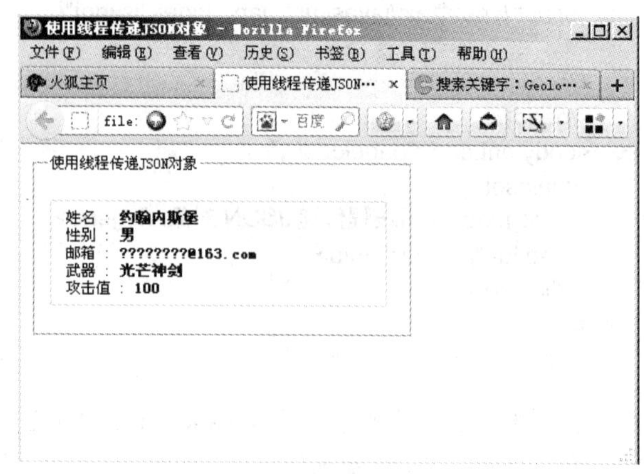

图 13-2　执行效果

13.2.3　使用线程嵌套交互数据

在后台线程中还可以继续调用线程，实现分割主线程的功能，并最终形成线程嵌套处理代码的格局。这种方式可以将各个功能块分离，形成独立的子模块，有利于开发 Web 应用。

注意： 目前，只有Firefox 5.0浏览器支持这种后台子线程嵌套交互数据的方法。

实例 13-3： 使用线程嵌套交互数据

源码路径： 光盘:\codes\13\3.html

本实例基于实例 13-1，新添加了一个显示随机数奇偶特征的功能。当用户在页面中输入生成随机数的位数并单击“请求”按钮后，不仅在页面中显示对应位数的随机数，而且将随机数的奇偶特征一起显示在页面中。

实例文件 3.html 的具体实现代码如下。

```
<!DOCTYPE html>
<html>
<head>
<meta charset="utf-8" />
<title>使用线程嵌套交互数据</title>
<link href="css.css" rel="stylesheet" type="text/css">
<script type="text/javascript" language="jscript"
        src="js3.js"/>
</script>
</head>
<body onLoad="pageload();">
  <fieldset>
    <legend>线程嵌套请求交互数据</legend>
    <p id="pStatus"></p>
```

```
        <input id="txtNum" type="text" class="inputtxt">
        <input id="btnAdd" type="button" value="请求"
                class="inputbtn" onClick="btnSend_Click();">
  </fieldset>
</body>
</html>
```

在上述 HTML 5 页面中导入了一个 JavaScript 文件 js3.js，在里面自定义了两个函数，分别供在页面加载与单击“请求”按钮时调用。文件 js3.js 的实现代码如下。

```
function $$(id) {
    return document.getElementById(id);
}
var objWorker = new Worker("js3_1.js");
//自定义页面加载时调用的函数
function pageload() {
    objWorker.addEventListener('message',
    function(event) {
        $$("pStatus").style.display = "block";
        $$("pStatus").innerHTML += event.data;
    },
    false);
}
//自定义单击“请求”按钮时调用的函数
function btnSend_Click() {
    //获取发送内容
    var strTxtValue = $$("txtNum").value;
    if (strTxtValue.length > 0) {
        objWorker.postMessage(strTxtValue);
        $$("txtNum").value = "";
    }
}
```

在上述 JavaScript 文件 js3.js 代码中，调用了后台线程脚本文件 js3_1.js，此文件能够通过指定位数生成随机数。文件 js3_1.js 的实现代码如下。

```
self.onmessage = function(event) {
    var intLen = event.data;
    var LngRndNum = RetRndNum(intLen);
    var objWorker = new Worker("js3_1_1.js");
    objWorker.postMessage(LngRndNum);
    objWorker.onmessage = function(event) {
        var strRetHTML = "<span><b> ";
        strRetHTML += intLen + " </b>位随机数为：<b> ";
        strRetHTML += LngRndNum;
        strRetHTML += " </b> " + event.data + " </span><br>";
        self.postMessage(strRetHTML);
    }
}
//生成指定长度的随机数
function RetRndNum(n) {
    var strRnd = "";
```

```
        for (var intl = 0; intl < n; intl++) {
            strRnd += Math.floor(Math.random() * 10);
        }
        return strRnd;
    }
```

在上述 JavaScript 文件 js3_1.js 代码中，调用了另外一个后台线程脚本文件 js3_1_1.js，此文件可以检测随机数奇偶的特征。文件 js3_1_1.js 的实现代码如下。

```
self.onmessage = function(event) {
    if (event.data % 2 == 0) {
        self.postMessage("oushu");
    } else {
        self.postMessage("jishu");
    }
    self.close();
}
```

本实例是以实例 13-1 为基础的，为了在前台页面中既显示按指定位数生成的随机数，也能够检测随机数奇偶特征，在调用的后台线程中使用了嵌套的方式来实现。在脚本文件 js3.js 中指定的后台线程文件 js3_1.js 为主线程，其运作流程如下。

（1）在 message 事件中获取前台页面传来的生成随机数的长度值 event.data，并保存至变量 intLen 中。

（2）根据该变量值调用函数 RetRndNum()，生成一个指定长度的随机数，并保存至变量 LngRnd Num 中。

（3）创建一个后台子线程对象 objWorker，并指定该对象的脚本文件为 js3_1_1.js，通过方法 postMessage()将生成的随机数发送给 objWorker 对象对应的脚本文件。

子线程文件js3_1_1.js的功能是通过监测message事件获取 event.data 值，得到主线程传回的随机数，并通过 event.data%2 的方法检测随机数的奇偶性，通过 postMessage()方法返回给主线程。主线程 js3_1.js 文件在监测的 message 事件中接收子线程传回的随机数奇偶特征，与生成的随机数一起组成一个字符串，通过 self.postMessage()方法将字符串传递给前台页面。前台页面在监测的 message 事件中，获取后台主线程传回的数据 event.data，即将字符串内容显示在页面中。

执行后的效果如图 13-3 所示。

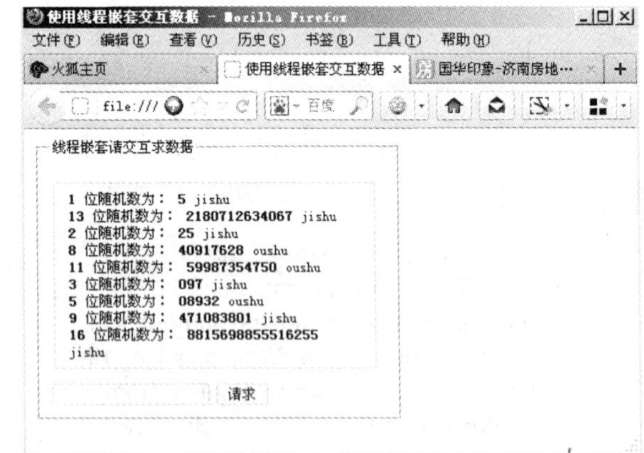

图 13-3　执行效果

在此需要说明的是，主线程向子线程发送数据时，使用子线程对象的 postMessage()方法，即 objWorker. postMessage(LngRndNum)；而在向前台页面发送数据时，则使用线程自身的 postMessage()方法，即 self postMessage(strRetHTML)，或者也可以省略 self。

13.2.4　通过 JSON 发送消息

众所周知，Web Workers 可以通过 Message Channels 进行通信。虽然在大多数情况下，我们会发

送更加结构化的数据给 Workers。但是使用 JSON 格式是唯一可以给 Worker 发送结构化消息的方法。幸运的是，浏览器现在支持 Worker 的程度已经与原生支持 JSON 的程度一样好了。

实例 13-4：通过 JSON 发送消息
源码路径：光盘:\codes\13\4.html

在本实例中编写另一个 WorkerMessage 类型的对象，这种类型将被用来向 Web Workers 发送一些带参数的命令。

实例文件 4.html 的具体实现代码如下。

```
<!DOCTYPE html>
<html>
<head>
    <title>Hello Web Workers</title>
</head>
<body>
    <input id=inputForWorker />
<button id=btnSubmit>Send to the worker</button>
<button id=killWorker>Stop the worker</button>
    <div id="output"></div>
    <script src="js4.js" type="text/javascript"></script>
</body>
</html>
```

脚本文件 js4.js 的具体代码如下。

```
function WorkerMessage(cmd, parameter) {
this.cmd = cmd; this.parameter = parameter;
}
//显示输出部分
var _output = document.getElementById("output");
/* Checking if Web Workers are supported by the browser */
if (window.Worker) {
//被引用到其他 3 个元素
var _btnSubmit = document.getElementById("btnSubmit");
var _inputForWorker = document.getElementById("inputForWorker");
var _killWorker = document.getElementById("killWorker");
var myHelloWorker = new Worker('helloworkersJSON_EN.js');
myHelloWorker.addEventListener("message", function (event) {
_output.textContent = event.data;
}, false);
//发送初始化命令
myHelloWorker.postMessage(new WorkerMessage('init', null));
//添加的提交按钮单击事件
//发送信息
_btnSubmit.addEventListener("click", function (event) {
//We're now sending messages via the 'hello' command
myHelloWorker.postMessage(new WorkerMessage('hello', _inputForWorker.value));
}, false);
//添加的按钮单击事件
```

```
//which will stop the worker. It won't be usable anymore after that
_killWorker.addEventListener("click", function (event) {
myHelloWorker.terminate();
_output.textContent = "The worker has been stopped.";
}, false);
} else {
_output.innerHTML = "Web Workers are not supported by your browser. Try with IE10: <a href=\"http://ie.microsoft.
com/testdrive\">download the latest IE10 Platform Preview</a>";
}
```

在上述 JavaScript 代码中，使用了一种非侵入式的 JavaScript 方法来帮助我们分离表现层和逻辑层。执行后的效果如图 13-4 所示。

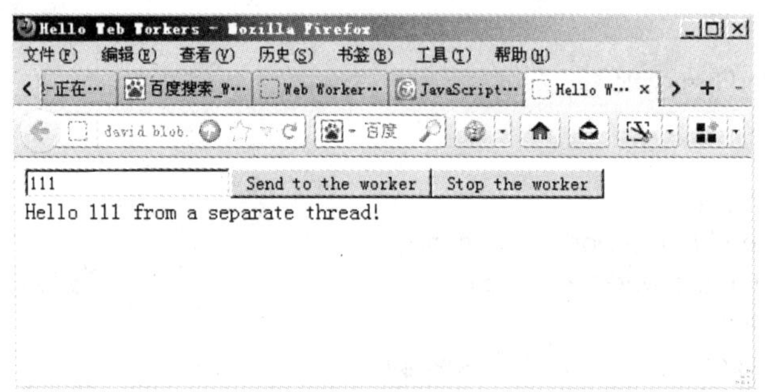

图 13-4 执行效果

13.3 执行大计算量任务

知识点讲解：光盘\视频讲解\第 13 章\执行大计算量任务.avi

众多程序员，特别是游戏程序员，一直致力于寻求一种高性能的图形渲染方法，以便将其用于最终的游戏。而路径查找则是一个非常有用的功能，可以用于创建道路或显示角色从 A 点到 B 点的过程。也就是说，路径查找算法就是要在 n 维（通常是 2D 或 3D）空间中找出两点间的最短路线。

处理路径查找的一种最佳算法叫做 A*，是迪杰斯特拉（Dijkstra）算法的变体。路径查找（或者类似的计算时间超过数毫秒的操作）的问题在于，它们会导致 JavaScript 产生一种名为“界面锁定”的效果，也就是在操作完成以前，浏览器将一直被冻结。幸运的是，HTML 5 规范也提供了一个名为 Web Workers 的新 API。Web Workers（通常称为 Worker）允许在后台执行计算量相对较大以及时间较长的脚本，而不会影响浏览器的主用户界面。

创建 Worker 的语法格式如下。

```
var worker = new Worker(PATH_TO_A_JS_SCRIPT);
```

其中，PATH_TO_A_JS_SCRIPT 可以是一个脚本文件，如 astar.js。在创建了 Worker 之后，随时可以调用 worker.close()终止它的执行。如果终止了一个 Worker，然后又需要执行一个新操作，那么就要再创建一个新的 Worker 对象。在 Web Workers 之间的通信，是通过在 worker.onmessage 事件的回调函数中调用 worker.postMessage(object)来实现的。此外，还可以通过 onerror 事件处理程序来处理 worker 的错误。与普通的网页类似，Web Workers 也支持引入外部脚本，使用的是 importScripts()函数。此函数可以接受 0 个或多个参数，如果有参数，每个参数都应该是一个 JavaScript 文件。

实例 13-5：使用 Web Workers API 执行大计算量任务

源码路径：光盘:\codes\13\5.html

在本实例的 HTML 5 页面中，定义了一个用 JavaScript 实现的 A* 算法，在实现过程中使用了 Web Workers。实例文件 5.html 的具体实现代码如下。

```
<!DOCTYPE html>
<html lang="en">
<head>
<meta charset="UTF-8" />
<title>使用 web workers)</title>
<script>
window.onload = function () {
var tileMap = [];
var path = {
start: null,
stop: null
}
var tile = {
width: 6,
height: 6
}
var grid = {
width: 100,
height: 100
}
var canvas = document.getElementById('myCanvas');
canvas.addEventListener('click', handleClick, false);
var c = canvas.getContext('2d');
//随机生成 1000 个元素
for (var i = 0; i < 1000; i++) {
generateRandomElement();
}
//绘制整个网格
draw();
function handleClick(e) {
//检测到鼠标单击后，把鼠标坐标转换为像素坐标
var row = Math.floor((e.clientX - 10) / tile.width);
var column = Math.floor((e.clientY - 10) / tile.height);
if (tileMap[row] == null) {
tileMap[row] = [];
}
if (tileMap[row][column] !== 0 && tileMap[row][column] !== 1) {
tileMap[row][column] = 0;
if (path.start === null) {
path.start = {x: row, y: column};
} else {
path.stop = {x: row, y: column};
```

```
callWorker(path, processWorkerResults);
path.start = null;
path.stop = null;
}
draw();
}
}
function callWorker(path, callback) {
var w = new Worker('js5.js');
w.postMessage({
tileMap: tileMap,
grid: {
width: grid.width,
height: grid.height
},
start: path.start,
stop: path.stop
});
w.onmessage = callback;
}
function processWorkerResults(e) {
if (e.data.length > 0) {
for (var i = 0, len = e.data.length; i < len; i++) {
if (tileMap[e.data[i].x] === undefined) {
tileMap[e.data[i].x] = [];
}
tileMap[e.data[i].x][e.data[i].y] = 0;
}
}
draw();
}
function generateRandomElement() {
var rndRow = Math.floor(Math.random() * (grid.width + 1));
var rndCol = Math.floor(Math.random() * (grid.height + 1));
if (tileMap[rndRow] == null) {
tileMap[rndRow] = [];
}
tileMap[rndRow][rndCol] = 1;
}
function draw(srcX, srcY, destX, destY) {
srcX = (srcX === undefined) ? 0 : srcX;
srcY = (srcY === undefined) ? 0 : srcY;
destX = (destX === undefined) ? canvas.width : destX;
destY = (destY === undefined) ? canvas.height : destY;
c.fillStyle = '#FFFFFF';
c.fillRect (srcX, srcY, destX + 1, destY + 1);
c.fillStyle = '#000000';
var startRow = 0;
var startCol = 0;
var rowCount = startRow + Math.floor(canvas.width / tile.width) + 1;
var colCount = startCol + Math.floor(canvas.height / tile.height) + 1;
```

```
rowCount = ((startRow + rowCount) > grid.width) ? grid.width : rowCount;
colCount = ((startCol + colCount) > grid.height) ? grid.height : colCount;
for (var row = startRow; row < rowCount; row++) {
for (var col = startCol; col < colCount; col++) {
var tilePositionX = tile.width * row;
var tilePositionY = tile.height * col;
if (tilePositionX >= srcX && tilePositionY >= srcY &&
tilePositionX <= (srcX + destX) &&
tilePositionY <= (srcY + destY)) {
if (tileMap[row] != null && tileMap[row][col] != null) {
if (tileMap[row][col] == 0) {
c.fillStyle = '#CC0000';
} else {
c.fillStyle = '#0000FF';
}
c.fillRect(tilePositionX, tilePositionY, tile.width, tile.height);
} else {
c.strokeStyle = '#CCCCCC';
c.strokeRect(tilePositionX, tilePositionY, tile.width, tile.height);
}
}
}
}
}
}
</script>
</head>
<body>
<canvas id="myCanvas" width="600" height="300"></canvas>
<br />
</body>
</html>
```

脚本文件 js5.js 的具体代码如下。

```
//此 worker 处理负责 aStar 类的实例
onmessage = function(e){
var a = new aStar(e.data.tileMap, e.data.grid.width, e.data.grid.height, e.data.start, e.data.stop);
postMessage(a);
}
//基于非连续索引的 tileMap 调整后的 A* 路径查找类
var aStar = function(tileMap, gridW, gridH, src, dest, createPositions) {
this.openList = new NodeList(true, 'F');
this.closedList = new NodeList();
this.path = new NodeList();
this.src = src;
this.dest = dest;
this.createPositions = (createPositions === undefined) ? true : createPositions;
this.currentNode = null;
var grid = {
rows: gridW,
```

```
cols: gridH
}
this.openList.add(new Node(null, this.src));
while (!this.openList.isEmpty()) {
this.currentNode = this.openList.get(0);
this.currentNode.visited = true;
if (this.checkDifference(this.currentNode, this.dest)) {
//到达目的地
break;
}
this.closedList.add(this.currentNode);
this.openList.remove(0);
//检查与当前节点相近的 8 个元素
var nstart = {
HTML 5 声音及处理优化 | 219
x: (((this.currentNode.x - 1) >= 0) ? this.currentNode.x - 1 : 0),
y: (((this.currentNode.y - 1) >= 0) ? this.currentNode.y - 1 : 0),
}
var nstop = {
x: (((this.currentNode.x + 1) <= grid.rows) ? this.currentNode.x + 1 : grid.rows),
y: (((this.currentNode.y + 1) <= grid.cols) ? this.currentNode.y + 1 : grid.cols),
}
for (var row = nstart.x; row <= nstop.x; row++) {
for (var col = nstart.y; col <= nstop.y; col++) {
//在原始的 tileMap 中还没有行，是否继续
if (tileMap[row] === undefined) {
if (!this.createPositions) {
continue;
}
}
//检查建筑物或其他障碍物
if (tileMap[row] !== undefined && tileMap[row][col] === 1) {
continue;
}
var element = this.closedList.getByXY(row, col);
if (element !== null) {
//这个元素已经在 closedList 中
continue;
} else {
element = this.openList.getByXY(row, col);
if (element !== null) {
//这个元素已经在 closedList 中
continue;
}
}
//还不在任何列表中，继续
var n = new Node(this.currentNode, {x: row, y: col});
n.G = this.currentNode.G + 1;
n.H = this.getDistance(this.currentNode, n);
n.F = n.G + n.H;
this.openList.add(n);
```

```
}
}
}
while (this.currentNode.parentNode !== null) {
this.path.add(this.currentNode);
this.currentNode = this.currentNode.parentNode;
}
}
aStar.prototype.checkDifference = function(src, dest) {
return (src.x === dest.x && src.y === dest.y);
}
aStar.prototype.getDistance = function(src, dest) {
return Math.abs(src.x - dest.x) + Math.abs(src.y - dest.y);
}
function Node(parentNode, src) {
this.parentNode = parentNode;
this.x = src.x;
this.y = src.y;
this.F = 0;
this.G = 0;
this.H = 0;
}
var NodeList = function(sorted, sortParam) {
this.sort = (sorted === undefined) ? false : sorted;
this.sortParam = (sortParam === undefined) ? 'F' : sortParam;
this.list = [];
this.coordMatrix = [];
}
NodeList.prototype.add = function(element) {
this.list.push(element);
if (this.coordMatrix[element.x] === undefined) {
this.coordMatrix[element.x] = [];
}
this.coordMatrix[element.x][element.y] = element;
if (this.sort) {
var sortBy = this.sortParam;
this.list.sort(function(o1, o2) { return o1[sortBy] - o2[sortBy]; });
}
}
NodeList.prototype.remove = function(pos) {
this.list.splice(pos, 1);
}
NodeList.prototype.get = function(pos) {
return this.list[pos];
}
NodeList.prototype.size = function() {
return this.list.length;
}
NodeList.prototype.isEmpty = function() {
return (this.list.length == 0);
}
```

```
NodeList.prototype.getByXY = function(x, y) {
if (this.coordMatrix[x] === undefined) {
return null;
} else {
var obj = this.coordMatrix[x][y];
if (obj == undefined) {
return null;
} else {
return obj;
}
}
}
NodeList.prototype.print = function() {
for (var i = 0, len = this.list.length; i < len; i++) {
console.log(this.list[i].x + ' ' + this.list[i].y);
}
}
```

执行后的效果如图 13-5 所示。

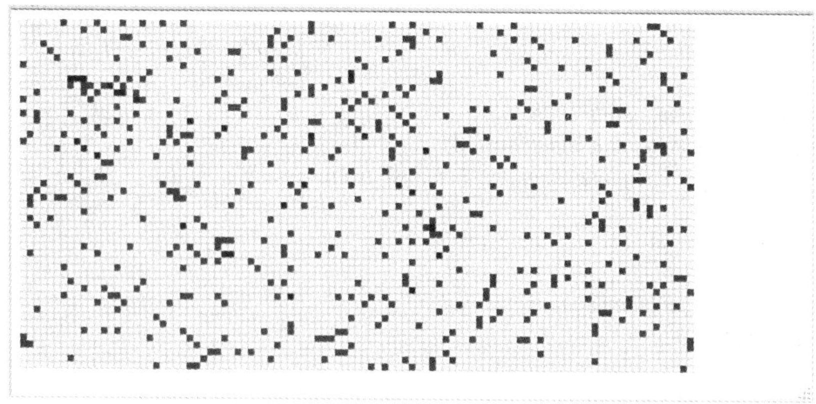

图 13-5　执行效果

第 3 篇　jQuery Mobile 篇

第 14 章　jQuery Mobile 基础

第 15 章　jQuery Mobile 语法基础

第 16 章　实现导航功能

第 17 章　按钮

第 18 章　表单

第 19 章　列表

第 20 章　内容格式化

第 21 章　主题化设计

第 22 章　jQuery Mobile 的 API

第14章　jQuery Mobile基础

jQuery Mobile 不仅会给主流移动平台带来 jQuery 核心库，而且会发布一个完整统一的 jQuery 移动 UI 框架，支持全球主流的移动平台。当前的移动 Web 需要这个跨浏览器的框架 jQuery Mobile，从而能够让开发人员开发出真正的移动 Web 网站。本章将详细讲解 jQuery Mobile 的基本知识，为读者步入本书后面知识的学习打下基础。

14.1　jQuery Mobile 简介

知识点讲解：光盘\视频讲解\第 14 章\jQuery Mobile 简介.avi

jQuery Mobile 是 jQuery 在手机和平板设备上的版本，本节将详细讲解 jQuery 的基本知识和特点，为读者步入本书后面知识的学习打下基础。

14.1.1　jQuery 介绍

jQuery 是继 prototype 之后又一个优秀的 JavaScript 框架。它是轻量级的 JS 库，兼容 CSS 3，还兼容各种浏览器（IE 6.0+、Firefox 2+、Safari 2.0+、Opera 9.0+），jQuery 2.0 及后续版本将不再支持 IE 6/7/8 浏览器。jQuery 使用户能更方便地处理 HTML Documents、Events，实现动画效果，并且方便地为网站提供 Ajax 交互。jQuery 还有一个比较大的优势是，它的文档说明很全，而且各种应用也介绍得很详细，同时还有许多成熟的插件可供选择。jQuery 能够使用户的 HTML 页面保持代码和 HTML 内容分离，也就是说，不用再在 HTML 中插入一堆 JS 来调用命令了，只需定义 ID 即可。

jQuery 是一个兼容多浏览器的 JavaScript 库，核心理念是 write less，do more（写得更少，做得更多）。jQuery 在 2006 年 1 月由美国人 John Resig 在纽约的 barcamp 发布，吸引了来自世界各地的众多 JavaScript 高手加入，由 Dave Methvin 率领团队进行开发。如今，jQuery 已经成为最流行的 JavaScript 库，在世界前 10000 个访问最多的网站中，有超过 55%在使用 jQuery。

jQuery 是免费、开源的，使用 MIT 许可协议。jQuery 的语法设计可以使开发者更加便捷，例如操作文档对象、选择 DOM 元素、制作动画效果、事件处理、使用 Ajax 以及其他功能。除此以外，jQuery 提供 API 让开发者编写插件。其模块化的使用方式使开发者可以很轻松地开发出功能强大的静态或动态网页。

jQuery 的特点如下。

☑　动态特效。

☑　Ajax。

☑　通过插件来扩展。

☑　方便的工具，例如浏览器版本判断。

☑　渐进增强。

☑　链式调用。

☑　多浏览器支持，支持 IE 6.0+（在 2.0.0 中取消了对 IE 6～IE 8 的支持）、Opera 9.0+、Firefox 2+、Safari 2.0+、Chrome 1.0+。

14.1.2　jQuery Mobile 的特点

到目前为止，jQuery 驱动着 Internet 上的大量网站，在浏览器中提供动态用户体验，促使传统桌面应用程序越来越少。现在，主流移动平台上的浏览器功能已赶上了桌面浏览器，因此 jQuery 团队引入了 jQuery Mobile（简称为 JQM）。jQuery Mobile 的使命是向所有主流移动浏览器提供一种统一体验，使整个 Internet 上的内容更加丰富，不管使用哪种查看设备。

jQuery Mobile 的目标是在一个统一的 UI 中交付超级 JavaScript 功能，跨最流行的智能手机和平板电脑设备工作。与 jQuery 一样，jQuery Mobile 是一个在 Internet 上直接托管、免费可用的开源代码基础。事实上，当 jQuery Mobile 致力于统一和优化这个代码基时，jQuery 核心库受到了极大关注。这种关注充分说明，移动浏览器技术在极短的时间内取得了多么大的发展。

与 jQuery 核心库一样，开发计算机上不需要安装任何东西，只需将各种*.js 和*.css 文件直接包含到 Web 页面中即可。这样，jQuery Mobile 的功能就可以供设计者和开发者随时使用。

jQuery Mobile 的基本特点如下。

（1）一般简单性。

此框架简单易用。页面开发主要使用标记，无需或仅需很少 JavaScript。

（2）持续增强和优雅降级。

尽管 jQuery Mobile 利用最新的 HTML 5、CSS 3 和 JavaScript，但并非所有移动设备都提供这样的支持。jQuery Mobile 的哲学是同时支持高端和低端设备，如对没有 JavaScript 支持的设备，尽量提供最好的体验。

（3）Accessibility。

jQuery Mobile 在设计时考虑了访问能力，它拥有 Accessible Rich Internet Applications（WAI-ARIA）支持，以帮助使用辅助技术的残障人士访问 Web 页面。

（4）小规模。

jQuery Mobile 框架的整体大小比较小，JavaScript 库 12KB，CSS 6KB，还包括一些图标。

（5）主题设置。

此框架还提供一个主题系统，允许用户提供自己的应用程序样式。

14.1.3　对浏览器的支持

虽然在移动设备浏览器支持方面取得了长足的进步，但是并非所有移动设备都支持 HTML 5、CSS 3 和 JavaScript。这个领域是 jQuery Mobile 的持续增强（Progressive Enhancement）和优雅降级支持发挥作用的地方。持续增强包含如下所示的核心原则。

☑　所有浏览器都应该能够访问全部基础内容。

☑　所有浏览器都应该能够访问全部基础功能。

☑ 增强的布局由外部链接的 CSS 提供。
☑ 增强的行为由外部链接的 JavaScript 提供。
☑ 终端用户浏览器偏好应受到尊重。
☑ 所有基本内容应该（按照设计）在基础设备上进行渲染，而更高级的平台和浏览器将使用额外的、外部链接的 JavaScript 和 CSS 持续增强。

目前 jQuery Mobile 支持如下所示的移动平台。

☑ Apple iOS：iPhone、iPod Touch、iPad（所有版本）。
☑ Android：所有设备（所有版本）。
☑ BlackBerry Torch（版本 6）。
☑ Palm WebOS Pre、Pixi。
☑ Nokia N900（进程中）。

14.2 jQuery Mobile 的 4 个突出特性

知识点讲解：光盘\视频讲解\第 14 章\jQuery Mobile 的 4 个突出特性.avi

前面已经讲解了 jQuery Mobile 的基本特点。其实在 jQuery Mobile 的众多特点中，有非常重要的 4 个特性：跨平台的 UI、简化标记的驱动开发、渐进式增强、响应式设计。本节将简要讲解上述 4 个特性。

14.2.1 跨所有移动平台的统一 UI

通过采用 HTML 5 和 CSS 3 标准，jQuery Mobile 提供了一个统一的用户界面（User Interface，UI）。移动用户希望他们的用户体验能够在所有平台上保持一致。然而，通过比较 iPhone 和 Android 上的本地 Twitter app 可发现用户体验并不统一。jQuery Mobile 应用程序解决了这种不一致性，提供给用户一个与平台无关的用户体验，而这正是用户熟悉和期待的。此外，统一的用户界面还会提供一致的文档、屏幕截图和培训，而不管终端用户使用的是什么平台。

jQuery Mobile 也有助于消除为特定设备自定义 UI 的需求。一个 jQuery Mobile 代码库可以在所有支持的平台上呈现出一致性，而且无须进行自定义。与为每个 OS 提供一个本地代码库的组织结构相比，这是一种费用非常低廉的解决方案。而且就支持和维护成本而言，从长远来看支持一个单一的代码库也颇具成本效益。

14.2.2 简化标记的驱动开发

jQuery Mobile 页面是使用 HTML 5 标记设计（styled）的。除了在 HTML 5 中新引入的自定义数据属性之外，其他一切对 Web 设计人员和开发人员来讲都很熟悉。如果已经很熟悉 HTML 5，则转移到 jQuery Mobile 应是一个相对无缝的转换。就 JavaScript 和 CSS 而言，jQuery Mobile 在默认情况下承担了所有负担。但是在有些情况下，仍然需要依赖 JavaScript 来创建更为动态的或增强的页面体验。除了设计页面时用到的标记具有简洁性之外，jQuery Mobile 还可以迅速地原型化用户界面。开发者可以迅速创建功能页面、转换和插件（widget）的静态工作流，从而通过最少的付出让用户看到活生生的原型。

14.2.3　渐进式增强

jQuery Mobile 可以为一个设备呈现出可能是最优雅的用户体验，jQuery Mobile 可以呈现出应用了完整 CSS 3 样式的控件。尽管从视觉上来讲，C 级的体验并不是最吸引人的，但是它可以演示平稳降级的有效性。随着用户升级到较新的设备，C 级浏览器市场最终会减小。但是在 C 级浏览器退出市场之前，当运行 jQuery Mobile App 时，仍然可以得到实用的用户体验。

A 级浏览器支持媒体查询，而且可以从 jQuery Mobile CSS 3 样式（styling）中呈现出可能是最佳的体验。2C 级浏览器不支持媒体查询，也无法从 jQuery Mobile 中接收样式增强。

本地应用程序并不能总是平稳地降级。在大多数情况下，如果设备不支持本地 App 特性（feature），甚至不能下载 App。例如，iOS 5 中的一个新特性是 iCloud 存储，这个新特性使多个设备间的数据同步更为简化。出于兼容性考虑，如果创建了一个包含这个新特性的 iOS App，则需要将 App 的 minimum allowed SDK（允许的最低 SDK）设置为 5.0。当 App 出现在 App Store 中时，只有运行 iOS 5.0 或者更高版本的用户才能看到。在这一方面，jQuery Mobile 应用程序更具灵活性。

14.2.4　响应式设计

jQuery Mobile UI 可以根据不同的显示尺寸来呈现。例如，同一个 UI 会恰如其分地显示在手机或更大的设备上，如平板电脑、台式机或电视。

1．一次构建，随处运行

构建一个可用于所有消费者（手机、台式机和平板电脑）的应用程序是完全有可能的。Web 提供了一个通用的分发方式，jQuery Mobile 提供了跨浏览器的支持。例如，在较小的设备上可以使用带有简要内容的小图片，而在较大的设备上则可以使用带有详细内容的较大图片。如今，具有移动呈现功能（mobile presence）的大多数系统通常都支持桌面式 Web 和移动站点。在任何时候，只要必须支持一个应用程序的多个分发版本，就会造成浪费。系统根据自己的需要支持移动呈现，以避免浪费，会促成“一次构建、随处运行”得以实现。

在某些情况下，jQuery Mobile 可以为用户创建响应式设计。下面讲解 jQuery Mobile 的响应式设计如何良好地应用于竖屏（portrait）模式和横屏（landscape）模式中的表单字段。例如在竖屏视图中，标签位于表单字段的上面。而将设备横屏放置时，表单字段和标签并排显示。这种响应式设计可以基于设备可用的屏幕真实状态提供最合用的体验。jQuery Mobile 为用户提供了很多这样优秀的 UX（用户体验）操作方法，而且不需要用户付出半分力气。

2．可主题化的设计

jQuery Mobile 提供了可主题化的设计，允许设计人员快速地重新设计自己的 UI。在默认情况下，jQuery Mobile 提供了 5 个可主题化的设计，而且可以灵活地互换所有组件的主题，其中包括页面、标题、内容和页脚组件。创建自定义主题最有用的工具是 ThemeRoller。

利用可主题化的设计可以轻易地重新设计一个 UI。例如，可以迅速采用 jQuery Mobile 应用程序的一个默认主题，然后在几秒钟内使用另外一个内置的主题来重新设计默认主题。唯一需要添加的一个标记是 data-theme 属性。

```
<!--Set the lists background to black-->
<ul data-role="listview"data-inset="true" data-theme="a">
```

3．可访问性

jQuery Mobile App 在默认情况下是 508（是一项联邦规则，它要求应用程序必须可以让残疾人用户来访问。移动 Web 上最常使用的辅助技术是屏幕阅读器）兼容的，这是一个对任何人来说都很有价值的特点。尤其是政府或国家机构要求他们的应用程序必须是 100%可以访问的。而且，移动屏幕阅读器的使用量正在逐年增长。据 WebAIM5 报道，66.7%的屏幕阅读器用户都在他们的移动设备上使用屏幕阅读器。

注意： 如果想知道你的移动站点是否是508兼容的，可以使用WAVE 6来进行评估。如果读者有兴趣查看现有的jQuery Mobile应用程序，可以查看在线jQuery Mobile Gallary（地址为http://www.jqmgallery.com/），它可以激发我们的想法和灵感。

除了使用WAVE来测试移动App的可访问性之外，通过使用真实的辅助技术来实际测试移动Web应用程序，也是很有价值的。

14.3 实战演练——在 Android 中使用 jQuery 设计网页

知识点讲解：光盘\视频讲解\第 14 章\在 Android 中使用 jQuery 设计网页.avi

jQuery 的语法是为 HTML 元素的选取编制的，可以对元素执行某些操作。基础语法格式如下。

```
$(selector).action()
```

参数说明如下。

☑ $：定义 jQuery。

☑ selector：查询和查找 HTML 元素。

☑ action()：执行对元素的操作。

例如下面的代码：

```
$(this).hide()                    //隐藏当前元素
$("p").hide()                     //隐藏所有段落
$("p.test").hide()                //隐藏所有 class="test" 的段落
$("#test").hide()                 //隐藏所有 id="test" 的元素
```

在接下来的内容中，通过一段简单的代码来让读者认识 jQuery 的强大功能。具体代码如下。

```
<html>
<head>
<script type="text/javascript" src="/jquery/jquery.js"></script>
<script type="text/javascript">
$(document).ready(function(){
  $("button").click(function(){
    $("#test").hide();
```

```
  });
});
</script>
</head>

<body>
<h2>This is a heading</h2>
<p>This is a paragraph.</p>
<p id="test">This is another paragraph.</p>
<button type="button">Click me</button>
</body>

</html>
```

上述代码演示了 jQuery 中 hide()函数的基本用法，功能是隐藏了当前的 HTML 元素。执行效果如图 14-1 所示，只显示一个按钮。单击该按钮后，会隐藏所有的 HTML 元素，包括该按钮，此时页面一片空白。

Click me

图 14-1　未被隐藏时

本节将以一个具体实例讲解 jQuery 在 Android 网页中的简单应用。

实例 14-1：在 Android 中使用 jQuery 设计网页
源码路径：光盘:\codes\14\first\

本实例的目的是给页面添加一些 JavaScript 元素，让页面支持一些基本的动态行为。在具体实现时，基于前面介绍的 jQuery 框架。本实例的目的是让用户控制是否显示页面顶部的导航栏，这样用户可以只在想看的时候去看。实现流程如下。

（1）隐藏<header>中的 ul 元素，让它在用户第一次加载页面之后不会显示出来。具体代码如下。

```
#header u1．hide{
display：none;
)
```

（2）定义显示和隐藏菜单的按钮，代码如下。

```
<div class="leftButton"onclick="toggleMenu()">Menu< / div>
```

定义一个带有 leftButton 类的<div>元素，将其放在<header>里面。下面是该按钮的完整 CSS 样式代码。

```
#header div.leftButton {
    position: absolute;
    top: 7px;
    left: 6px;
    height: 30px;
    font-weight: bold;
    text-align: center;
    color: white;
```

```
    text-shadow: rgba (0,0,0,0.6) 0px -1px 1px;
    line-height: 28px;
    border-width: 0 8px 0 8px;
    -webkit-border-image: url(images/button.png) 0 8 0 8;
}
```

上述代码的具体说明如下。

☑ position:absolute：从顶部开始，设置 position 为 absolute，相当于把这个<div>元素从 HTML 文件流中去掉，从而可以设置自己的最上面和最左面的坐标。

☑ height:30px：设置高度为 30px。

☑ font-weight:bold：定义文字格式为粗体，白色带有一点向下的阴影，在元素里居中显示。

☑ text-shadow:rgba：rgb(255,255,255)、rgb(100%,100%,l0096)格式和#FFFFFF 格式是一个原理，都是设置颜色值的。在 rgba()函数中，它的第 4 个参数用来定义 alpha 值（透明度），取值范围为 0～1。其中 0 表示完全透明，1 表示完全不透明，0～1 之间的小数表示不同程度的半透明。

☑ line-height：把元素中的文字向下移动的距离，使之不会和上边框齐平。

☑ border-width 和-webkit-border-image：这两个属性一起决定把一张图片的一部分放入某一元素的边框中去。如果元素大小由于文字的增减而改变，图片会自动拉伸适应这样的变化。这一点非常实用，意味着只需要不多的图片、少量的工作、低带宽和更少的加载时间。

☑ border-width：让浏览器把元素的边框定位在距上 0px、距右 8px、距下 0px、距左 8px 的地方（4 个参数从上开始，以顺时针为序）。不需要指定边框的颜色和样式。边框宽度定义好之后，就要确定放进去的图片了。

☑ url(images/button.png) 0 8 0 8：5 个参数从左到右分别是图片的 URL、上边距、右边距、下边距、左边距（从上开始，顺时针为序）。URL 可以是绝对（如 http://example.com/myBorderImage.png）或者相对路径，后者是指相对于样式表所在的位置，而不是引用样式表的 HTML 页面的位置。

（3）在 HTML 文件中插入引入 JavaScript 的代码，将对 aaa.js 和 bbb.js 的引用写到 HTML 文件中。

```
<script type="text/javascript" src="aaa.js"></script>
<script type="text/javascript" src="bbb.js"></script>
```

在文件 bbb.js 中，编写一段 JavaScript 代码，用于让用户显示或者隐藏 nav 菜单。代码如下。

```
if (window.innerWidth && window.innerWidth <= 480) {
    $(document).ready(function(){
        $('#header ul').addClass('hide');
        $('#header').append('<div class="leftButton" onclick="toggleMenu()">Menu</div>');
    });
    function toggleMenu() {
        $('#header ul').toggleClass('hide');
        $('#header .leftButton').toggleClass('pressed');
    }
}
```

对上述代码的具体说明如下。

☑ 第 1 行：括号中的代码，表示当 Window 对象的 innerWidth 属性存在并且小于等于 480px（这是大部分手机合理的最大宽度值）时才执行到内部。这一行保证只有当用户用 Android 手机或者类似大小的设备访问这个页面时，上述代码才会执行。

☑ 第 2 行：使用了函数 document ready，此函数是网页加载完成函数。这段代码的功能是设置当网页加载完成之后才运行里面的代码。

☑ 第 3 行：使用了典型的 jQuery 代码，目的是选择 header 中的 ul 元素并且往其中添加 hide 类。此处使用 hide 隐藏了前面 CSS 文件中的选择器，这行代码执行的效果是隐藏 header 的 ul 元素。

☑ 第 4 行：此处是给 header 添加按钮的地方，目的是可以显示和隐藏菜单。

☑ 第 8 行：函数 toggleMenu()用 jQuery 的 toggleClass()函数来添加或删除所选择对象中的某个类。这里应用了 header 的 ul 中的 hide 类。

☑ 第 9 行：在 header 的 leftButton 中添加或删除 pressed 类，类 pressed 的具体代码如下。

```
#header div.pressed {
    -webkit-border-image: url(images/button_clicked.png) 0 8 0 8;
}
```

通过上述样式和 JavaScript 行为设置以后，Menu 开始动起来，默认是隐藏了链接内容，单击之后才会在下方显示链接信息，如图 14-2 所示。

图 14-2　下方显示信息

第 15 章　jQuery Mobile 语法基础

在第 14 章中讲解了 jQuery Mobile 独一无二的一些重要特征，本章讲解 jQuery Mobile 的基础语法知识，以便迅速上手，为读者学习本书后面的知识打下基础。

15.1　页 面 模 板

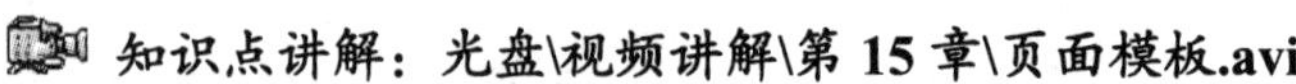

知识点讲解：光盘\视频讲解\第 15 章\页面模板.avi

在讲解 jQuery Mobile 页面模板的基本知识之前，先看如下实例中的页面模板程序。

实例 15-1：在 Android 中使用页面模板

源码路径：光盘:\codes\15\template.html

实例文件 template.html 的具体代码如下。

```
<!DOCTYPE html>
<html>
    <head>
    <meta charset="utf-8">
    <title>Page Template</title>
    <meta name="viewport" content="width=device-width, initial-scale=1">
    <link rel="stylesheet" href="http://code.jquery.com/mobile/1.0/jquery.mobile-1.0.min.css" />
    <script src="http://code.jquery.com/jquery-1.6.4.min.js"></script>
    <script src="http://code.jquery.com/mobile/1.0/jquery.mobile-1.0.min.js"></script>
</head>
<body>
<div data-role="page">
    <div data-role="header">
        <h1>页头</h1>
    </div>
    <div data-role="content">
        <p>你好 jQuery Mobile!</p>
    </div>
    <div data-role="footer" data-position="fixed">
        <h4>页尾</h4>
    </div>
</div>
</body>
</html>
```

将上述 HTML 文件在台式机运行，效果如图 15-1 所示。

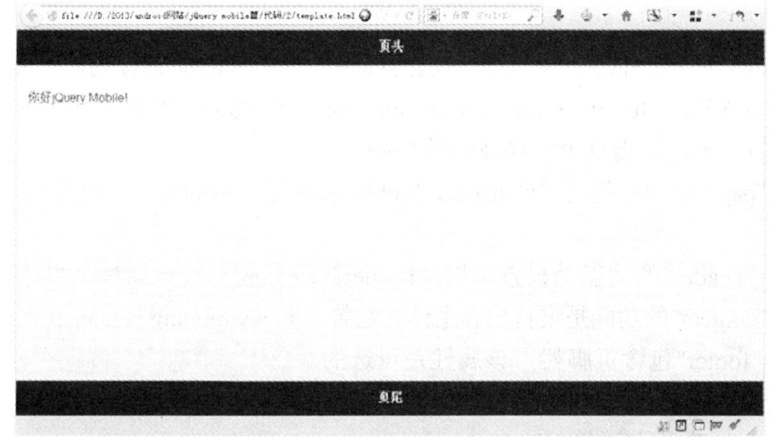

图 15-1　在台式机中的执行效果

如果在 Android 模拟器中运行上述程序，则执行效果如图 15-2 所示。

图 15-2　在 Android 模拟器中的执行效果

对于上述代码来说，无论使用什么浏览器，运行效果都相似。这是因为上述模板符合 HTML 5 语法标准，并且包含了 jQuery Mobile 的特定属性和 asset 文件（CSS、JS）。下面开始对上述代码进行详细讲解。

（1）典型的视图配置。

对 jQuery Mobile 来说，实例 15-1 的做法是一个推荐的视图（viewport）配置，各个值的具体说明如下。

- ☑ device-width：表示希望让内容扩展到设备屏幕的整个宽度。
- ☑ initial-scale：设置了用来查看 Web 页面的初始缩放百分比或缩放因数。如果值为 1，则显示一个未缩放的文档。

作为一名 jQuery Mobile 开发人员，可以根据应用程序的需要自定义视图的设置。例如希望禁用缩放，则可以添加如下所示的代码。

```
user-scalable= no
```

但是，如果禁用了缩放，则会破坏应用程序的可访问性，因此建议读者要谨慎使用。

（2）使用 CSS。

在 jQuery Mobile 应用中，通过使用 CSS 可以为所有的 A 级和 B 级浏览器应用风格（stylistic）进行优化，设计人员可以根据需要自定义或添加自己的 CSS。

（3）jQuery 库。

库是 jQuery Mobile 的核心依赖，如果想自己的程序具有更多的动态行为，则建议读者在移动页面中使用 jQuery 的核心 API。jQuery Mobile JavaScript 库必须在 jQuery 和任何可能存在的自定义脚本之后声明。jQuery Mobile 库是增强整个移动体验的核心。

（4）data-role="page"的功能是为一个 jQuery Mobile 页面定义页面容器。只有在构建多页面设计时，才会用到这个元素。

（5）data-role= "header"的功能是设置页眉（header）或标题栏，该属性是可选的。

（6）data-role="content"的功能是设置内容主体的包装容器（wrapping container），该属性是可选的。

（7）data-role="footer"包含页脚栏，该属性是可选的。

究竟 jQuery Mobile 是如何为优化的移动体验增强标记的呢？一般来说，具体流程如下。

（1）jQuery Mobile 先载入语义 HTML 标记。

（2）jQuery Mobile 迭代由它们的 data-role 属性定义的每一个页面组件。因为 jQuery Mobile 会迭代每一个页面组件，所以会为每一个应用优化过的移动 CSS 3 组件添加标记。

（3）jQuery Mobile 最终会将标记添加到页面中，从而让页面能够在所有平台上普遍呈现。

（4）在完成页面的标记添加之后，jQuery Mobile 会显示优化过的页面。要查看由移动浏览器呈现的添加源文件，例如如下所示的实现代码。

```
<!DOCTYPE html>
<html class="ui-mobile>
<head>
    <base href="http://www.server.com/app-name/path/">
    <meta charset="utf-8">
    <title>Page Header</title>
    <rneta content="width=device-width, initial-scale=i" name="viewport">
    <link rel="stylesheet" type="text/css" href="jquery.mobile-min.css" />
    <script type="text/javascript" src="jquery-min.js"></script>
    <script type="text/javascript" src="jquery.mobile-min.js"></script>
</head>
<body class="ui-mobile-viewport">
    <div class="ui-page ui-body-c ui-page-active" data-role="page"
        style="min-height: 320px;">
      <div class="ui-bar-a ui-header" data-role="header" role="banner">
          <hl class="ui-title" tabindex="o" role="heading" aria-level="l">
            页头</hl></div>
      <div class="ui-content" data-role="content" role="main">
    <p>你好 jOuery Mobile!</p>
    </div>
    <div class="ui_bar-a ui-footer ui-footer-fixed fade ui-fixed-inline"
    data-position="fixed"data-role="footer"role="contentinfo"
    style="top: 508px; ">
    <h4 class="ui-title"tabindex="0"role="heading"aria-level="1">
    页尾</h4>
    </div>
    </div>
    <div class="ui-loader ui-body-a ui-corner-all"style="top: 334.5px; ">
    <span class="ui-icon ui-icon-loading spin"></span>
```

```
    <hi>载入</hi></div>
</body>
</html>
```

对上述代码的具体说明如下。

（1）在<base>标签中，href 为一个页面中的所有链接指定了一个默认的地址或者目标。在 jQuery Mobile 应用中，当载入特定页面的资源（assets）时（如图片、CSS、JS 等）会用到 href。

（2）在<body>标签中，包含了 header、content 和 footer 组件的增强样式。在默认情况下，所有的组件都是使用默认的主题和特定的移动 CSS 增强来设计（styled）的。

（3）所有的组件现在都证明了可访问性，这些都是由 WAI-ARIA 设置的，开发人员可以免费获得这些增强。

15.2　多页面模板

知识点讲解：光盘\视频讲解\第 15 章\多页面模板.avi

在 jQuery Mobile 应用程序中，可以在一个 HTML 文档中嵌入多个页面。当载入子页面时，其响应时间会缩短。本节将详细讲解 jQuery Mobile 中多页面模板的基本知识。

15.2.1　一个多页面模板实例

在下面的实例中可以看到，多页面文档与前面看到的单页面文档相同（第二个页面附加在第一个页面后面的情况除外）。

实例 15-2：在 Android 中使用多页面模板

源码路径：光盘:\codes\15\duo.html

实例文件 duo.html 的具体代码如下。

```
<!DOCTYPE html>
<html>
    <head>
    <meta charset="utf-8">
    <title>Multi Page Example</title>
    <meta name="viewport" content="width=device-width, initial-scale=1">
    <link rel="stylesheet" href="http://code.jquery.com/mobile/1.0/jquery.mobile-1.0.min.css" />
    <script src="http://code.jquery.com/jquery-1.6.4.min.js"></script>
    <script type="text/javascript">/* Shared scripts for all internal and ajax-loaded pages */</script>
    <script src="http://code.jquery.com/mobile/1.0/jquery.mobile-1.0.min.js"></script>
    </head>
<body>
<!-- First Page -->
<div data-role="page" id="home" data-title="Welcome">
    <div data-role="header">
        <h1>Multi-Page</h1>
    </div>
```

```
        <div data-role="content">
            <a href="#contact-info" data-role="button">联系我们</a>
        </div>
        <script type="text/javascript">
            /* Page specific scripts here. */
        </script>
    </div>
    <!-- Second Page -->
    <div data-role="page" id="contact-info" data-title="Contacts">
        <div data-role="header">
            <h1>联系我们</h1>
        </div>
        <div data-role="content">
            联系信息详情...
        </div>
    </div>
</body>
</html>
```

上述代码在 Android 中的初始执行效果如图 15-3 所示。

单击“联系我们”按钮后会显示一个新界面，如图 15-4 所示。此新界面效果也是由上述代码实现的。

图 15-3　初始执行效果

图 15-4　显示一个新界面

下面对上述实例代码进行详细讲解。

（1）在多页面文档中，每一个页面必须包含一个唯一的 id，并且每个页面可以有一个 page 或 dialog 的 data-role。最初显示多页面时，只有第一个页面得到了增强并显示出来。例如，当请求 multi-page.html 的文档时，其 id 为 home 的页面将会显示出来，原因是它是多页面文档中的第一个页面。如果想要请求 id 为 contact 的页面，则可以通过在多页面文档名的后面添加“#”，以内部页面的 id 名方式来显示，此时就是 multi-page.html#contact。当载入一个多页面文档时，只有初始页面会被增强并显示，后续页面只有当被请求并被缓存到 DOM 内时才会被增强。对于要求有快速响应时间的页面来说，该行为是很理想的。为了设置每一个内部页面的标题，可以添加 data-title 属性。

（2）当链接到一个内部页面时，必须通过页面的 id 来引用。

（3）如果想查看特定页面中的脚本，则必须将它们放置在页面容器内。例如，在 multi-page.html#contact 的内部声明的任何 JavaScript 无法通过 multi-page.html#home 来访问，只有活跃页面的脚本可以被访问。但是，在父文档的<head>标签内声明的所有脚本，包括 jQuery、jQuery Mobile 和自定义脚本，都可以被内部页面和通过 Ajax 载入的页面来访问。

15.2.2　设置内部页面的页面标题

需要重点注意的是，内部页面的标题（title）可以按照如下优先顺序进行设置。

（1）如果 data-title 值存在，则它会用作有内部页面的标题。例如，multi-page.html#home 页面的标题将被设置为 Home。

（2）如果不存在 data-title 值，则页眉（header）将会用作内部页面的标题。例如，如果 multi-page.html#home 页面的 data-title 属性不存在，则标题将被设置为页面<header>标记的值 Welcome Home。

（3）如果内部页面既不存在 data-title，也不存在页眉，则<head>标记中的 title 元素将会用作内部页面的标题。例如，如果 multi-page.html#page 页面不存在 data-title 属性，也不存在页眉，则该页面的标题将被设置为其父文档的 title 标记的值 Multi Page Example。

注意： 比较单页面文档和多页面文档。

多页面文档在最初载入时，会占用较多的带宽，但是只需要向服务器发送一个请求即可，因此它们的子页面会以相当短的响应时间载入。而单页面文档尽管占用的带宽较少，但是每访问一个页面时需要向服务器发送一个请求，所以响应时间会比较长。如果通常按顺序访问多个页面，则最为理想的方式是将它们放置在同一个文档内的最前面，这样做的好处是方便载入。虽然这样最初会占用略高的带宽，但是在访问下一个页面时可以实现即时响应。如果用户同时访问两个页面，则可以将文件单独存放，从而在初次载入时能够消耗较少的带宽。

15.3　使用 Ajax 修饰导航

知识点讲解：光盘\视频讲解\第 15 章\使用 Ajax 修饰导航.avi

通过本章前面内容的学习，已经了解到 jQuery Mobile 如何从一个内部页面导航到另外一个内部页面。当多页面文档在初始化时，内部页面已经添加到 DOM 中，这样从一个内部页面转换到另外一个页面时，速度才会相当快。在从一个页面导航到另外一个页面时，可以配置要应用的页面转换类型。默认情况下，框架会为所有的转换应用一个“滑动（slide）”效果。

```
<!--导航到内页-->
    <div data-role="content">
    <a href="#contact" data-role="button">Contact Us</a>
    </div>
```

15.3.1　使用 Ajax

Ajax 是指异步 JavaScript 及 XML，是 Asynchronous JavaScript And XML 的缩写。Ajax 不是一种新的编程语言，而是一种用于创建更好、更快以及交互性更强的 Web 应用程序的技术。通过使用 Ajax，JavaScript 可使用 XMLHttpRequest 对象来直接与服务器进行通信。通过该对象，JavaScript 可在不重载页面的情况下与 Web 服务器交换数据。Ajax 在浏览器与 Web 服务器之间使用异步数据传输（HTTP 请求），这样即可使网页从服务器请求少量的信息，而不是整个页面。

当一个单页面转换到另外一个单页面时，导航模型是不同的。例如可以从多页面中提取出 contact 页面，然后命名为 contact.html 文件。下面的实例演示了 home 页面（如 ajax.html）通过一个普通的 HTTP 链接引用来返回 contact 页面。

实例 15-3：在 Android 中使用 Ajax 驱动导航
源码路径：光盘:\codes\15\ajax.html
光盘:\codes\15\contact.html

实例文件 ajax.html 的具体代码如下。

```
<!DOCTYPE html>
<html>
    <head>
    <meta charset="utf-8">
    <title>Hijax Example</title>
    <meta name="viewport" content="width=device-width, initial-scale=1">
    <link rel="stylesheet" href="http://code.jquery.com/mobile/1.0/jquery.mobile-1.0.min.css" />
    <script src="http://code.jquery.com/jquery-1.6.4.min.js"></script>
    <script src="http://code.jquery.com/mobile/1.0/jquery.mobile-1.0.min.js"></script>
</head>
<body>
<!-- First Page -->
<div data-role="page">
    <div data-role="header">
        <h1>Ajax 页面</h1>
    </div>
    <div data-role="content">
        <a href="contact.html" data-role="button">联系我们</a>
    </div>
</div>
</body>
</html>
```

上述代码在 Android 中的初始执行效果如图 15-5 所示。

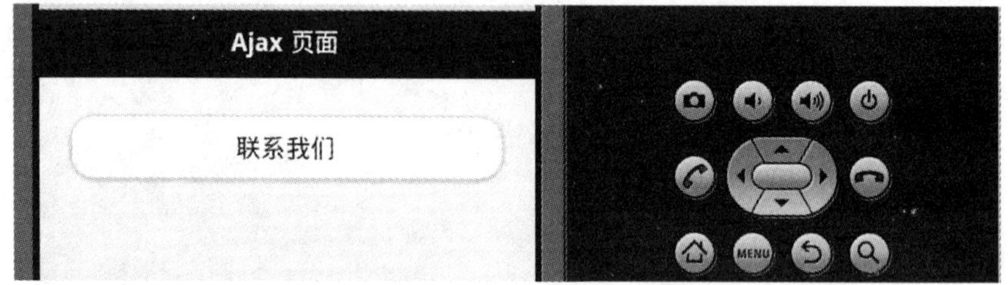

图 15-5　初始执行效果

当单击“联系我们”按钮后会来到新页面 contact.html，此文件的实现代码如下。

```
<div data-role="page">
    <div data-role="header">
        <h1>联系我们</h1>
    </div>

    <div data-role="content">
        电话：010-111111111</div>
        <div data-role="content">
```

```
        邮箱：7291017304@qq.com</div>
    <div data-role="content">地址：中国山东</div>
</div>
```

单击“联系我们”按钮后会显示一个 Ajax 特效，如图 15-6 所示，然后显示一个如图 15-7 所示的新页面。

图 15-6　Ajax 特效导航

图 15-7　新界面效果

当单击“联系我们”按钮时，jQuery Mobile 将会按照如下所示的步骤处理该请求。

（1）首先 jQuery Mobile 解析 href，然后通过一个 Ajax 请求载入页面。如果成功载入页面，则将该页面添加到当前页面的 DOM 中。执行过程如图 15-8 所示。

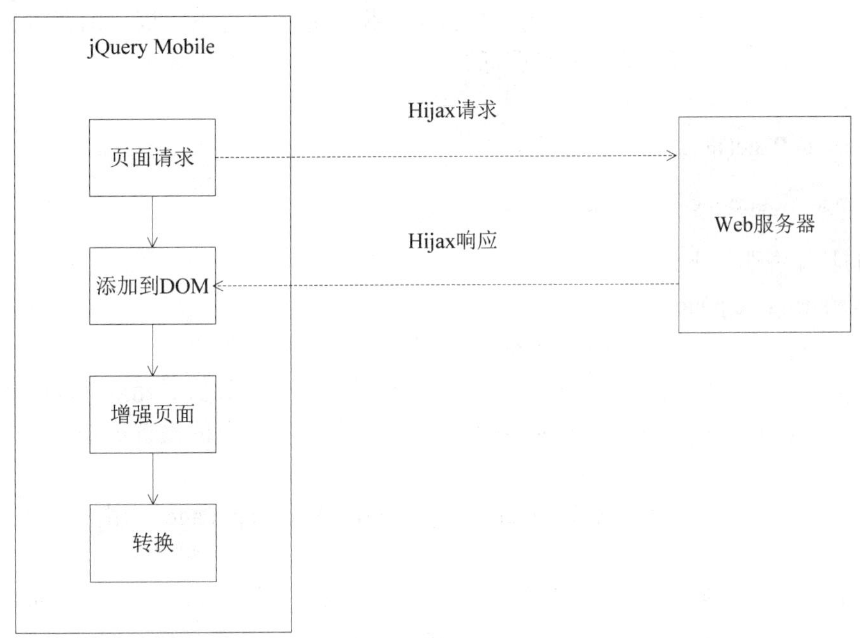

图 15-8　处理过程

当页面成功添加到 DOM 中后，jQuery Mobile 可以根据需要来增强该页面，更新基础（base）元素的@href，如果没有被显式设置，则会设置 data-url 属性。

（2）框架使用应用的默认“滑动”转换模式转换到一个新的页面。当然，框架也可以实现无缝的 CSS 转换，因为 from 页面和 to 页面都存在于 DOM 中。在转换完成之后，当前可见的页面或活动页面将会被指定为 ui-page-active CSS 类。

（3）将产生的 URL 作为书签。例如，如果想深链接（deep link）到 contact 页面，则可以通过 http://<host:port>/2/contact.html 路径来访问。

（4）如果载入页面失败，则会显示和淡出一条短的错误消息，该消息是对 Error Loading Page（页面载入错误）消息的覆写（overlay）。

15.3.2 使用 changePage()函数

函数 changePage()处理从一个页面转换到另一个页面时涉及的所有细节。可以转换到除当前页面之外的任何页面。可用的转换类型的具体说明如下。

☑ 滑动（slide）：在页面之间移动的最常见的转换。在一个页面流中，该转换给出了向前移动或向后移动的外观。这是所有链接之间的默认转换。

☑ 卷起（slideup）：用于打开对话框或显示额外信息的一种常见的转换。该转换给出的外观可以用来为当前活动的页面收集额外的输入信息。

☑ 向下滑动（slidedown）：该转换与卷起相对，但是可用于实现类似的效果。

☑ 弹出（pop）：用于打开对话框或显示额外信息的另一种转换。该转换给出的外观可以用来为当前活动的页面收集额外的输入信息。

☑ 淡入/淡出（fade）：用于入口页面或出口页面的一种常见的转换效果。

☑ 翻转（flip）：用于显示额外信息的一种常用转换。通常情况下，屏幕的背景会显示没有必要存在于主 UI 上的配置选项（信息图标）。

☑ 无（none）：不应用任何转换。

使用函数 changePage()的语法格式如下。

```
$.mobile.changePage(toPage, [options])
```

各个参数的具体说明如下。

（1）toPage(string 或 jQuery 集合)：将要转向的页面。

☑ toPage(string)：一个文件 URL（contact.html）或内部元素的 ID（#contact）。

☑ toPage(jQuery 集合)：包含一个页面元素的 jQuery 集合，而且该页面元素是该集合的第一个参数。

（2）options(object)：配置 changePage 请求的一组键/值对。所有的设置都是可选的，可设置的值如下。

☑ transition(string,default: $.mobile.defaultTransition)：为 changePage 应用的转换。默认的转换是滑动。

☑ reverse(boolean,default:false)：指示该转换是向前转换还是向后转换。默认的转换是向前。

☑ changeHash(boolean,default:true)：当页面转换完成之后，更新页面 URL 的#。

☑ role(string, default:"page")：在显示页面时使用的 data-role 值。如果页面是对话框，则使用 dialog。

☑ pageContainer：是一个 jQuery 集合，默认格式是 default:$.mobile.pageContainer，用于指定应该包含载入页面的元素。

☑ type (string, default:"get")：在生成页面请求时，指定所使用的方法（get 或 post）。

☑ data (string 或 object, default:undefined)：发送一个 Ajax 页面请求的数据。

☑ reloadPage (boolean, default: false)：强制页面重新载入，即使它已经位于页面容器的 DOM 中。

☑ showLoadMsg (boolean, default: true)：在请求页面时显示载入信息。

☑ fromHashChange(boolean, default: false)：指示 changePage 是否来自于一个 hashchange 事件。

15.3.3　配置 Ajax 导航

在 jQuery Mobile 应用中，Ajax 导航是全局启用的。在默认情况下，jQuery Mobile 可以管理 DOM 的大小或缓存，它只将活动页面转换所涉及的 from 和 to 页面合并到 DOM 中。要想禁用 Ajax 导航，需要在绑定移动初始事件时设置如下所示的值。

```
$.moible.ajaxEnabled=false
```

实例 15-4：在 Android 系统中开发一个 Ajax 网页

源码路径：光盘:\codes\15\gaoji\

（1）编写一个简单的 HTML 文件，命名为 android.html，具体代码如下。

```
<html>
    <head>
        <title>Jonathan Stark</title>
        <meta name="viewport" content="user-scalable=no, width=device-width" />
        <link rel="stylesheet" href="android.css" type="text/css" media="screen" />
        <script type="text/javascript" src="jquery.js"></script>
        <script type="text/javascript" src="android.js"></script>
    </head>
    <body>
        <div id="header"><h1>AAA</h1></div>
        <div id="container"></div>
    </body>
</html>
```

（2）编写样式文件 android.css，主要代码如下。

```
body {
    background-color: #ddd;
    color: #222;
    font-family: Helvetica;
    font-size: 14px;
    margin: 0;
    padding: 0;
}
#header {
    background-color: #ccc;
    background-image: -webkit-gradient(linear, left top, left bottom, from(#ccc), to(#999));
    border-color: #666;
    border-style: solid;
    border-width: 0 0 1px 0;
}
#header h1 {
    color: #222;
    font-size: 20px;
    font-weight: bold;
    margin: 0 auto;
```

```
    padding: 10px 0;
    text-align: center;
    text-shadow: 0px 1px 1px #fff;
    max-width: 160px;
    overflow: hidden;
    white-space: nowrap;
    text-overflow: ellipsis;
}
ul {
    list-style: none;
    margin: 10px;
    padding: 0;
}
ul li a {
    background-color: #FFF;
    border: 1px solid #999;
    color: #222;
    display: block;
    font-size: 17px;
    font-weight: bold;
    margin-bottom: -1px;
    padding: 12px 10px;
    text-decoration: none;
}
ul li:first-child a {
    -webkit-border-top-left-radius: 8px;
    -webkit-border-top-right-radius: 8px;
}
ul li:last-child a {
    -webkit-border-bottom-left-radius: 8px;
    -webkit-border-bottom-right-radius: 8px;
}
ul li a:active, ul li a:hover {
    background-color: blue;
    color: white;
}
#content {
    padding: 10px;
    text-shadow: 0px 1px 1px #fff;
}
#content a {
    color: blue;
}
```

上述样式文件在本章的前面内容中已进行了详细讲解，这里不再赘述。

（3）继续编写如下 HTML 文件。

☑ about.html。

☑ blog.html。

☑ contact.html。

☑ consulting-clinic.html。

☑ index.html。

它们的代码相同，具体代码如下。

```
<html>
    <head>
        <title>AAA</title>
        <meta name="viewport" content="user-scalable=no, width=device-width" />
        <link rel="stylesheet" type="text/css" href="android.css" media="only screen and (max-width: 480px)" />
        <link rel="stylesheet" type="text/css" href="desktop.css" media="screen and (min-width: 481px)" />
        <!--[if IE]>
            <link rel="stylesheet" type="text/css" href="explorer.css" media="all" />
        <![endif]-->
        <script type="text/javascript" src="jquery.js"></script>
        <script type="text/javascript" src="android.js"></script>
    <meta http-equiv="Content-Type" content="text/html; charset=gb2312">
    </head>
    <body>
        <div id="container">
      <div id="header">
                <h1><a href="./">AAAA</a></h1>
                <div id="utility">
                    <ul>
                        <li><a href="about.html">AAA</a></li>
                        <li><a href="blog.html">BBB</a></li>
                        <li><a href="contact.html">CCC</a></li>
                    </ul>
                </div>
                <div id="nav">
                    <ul>
                        <li><a href="bbb.html">DDD</a></li>
                        <li><a href="ccc.html">EEE</a></li>
                        <li><a href="ddd.html">FFF</a></li>
                        <li><a href="http://www.aaa.com">GGG</a></li>
                    </ul>
                </div>
            </div>
            <div id="content">
                <h2>About</h2>
                <p>欢迎大家学习 Android，都说这是一个前途辉煌的职业，我也是这么认为的，希望事实如
此...</p>
            </div>
            <div id="sidebar">
                <img alt="好图片" src="aaa.png">
                <p>欢迎大家学习 Android，都说这是一个前途辉煌的职业，我也是这么认为的，希望事实如
此...</p>
            </div>
            <div id="footer">
                <ul>
                    <li><a href="bbb.html">Services</a></li>
```

```
                    <li><a href="ccc.html">About</a></li>
                    <li><a href="ddd.html">Blog</a></li>
                </ul>
                <p class="subtle">巅峰卓越</p>
            </div>
        </div>
    </body>
</html>
```

（4）编写 JavaScript 文件 android.js，在此文件中使用了 Ajax 技术。具体代码如下。

```
var hist = [];
var startUrl = 'index.html';
$(document).ready(function(){
    loadPage(startUrl);
});
function loadPage(url) {
    $('body').append('<div id="progress">wait for a moment...</div>');
    scrollTo(0,0);
    if (url == startUrl) {
        var element = ' #header ul';
    } else {
        var element = ' #content';
    }
    $('#container').load(url + element, function(){
        var title = $('h2').html() || '你好!';
        $('h1').html(title);
        $('h2').remove();
        $('.leftButton').remove();
        hist.unshift({'url':url, 'title':title});
        if (hist.length > 1) {
            $('#header').append('<div class="leftButton">'+hist[1].title+'</div>');
            $('#header .leftButton').click(function(e){
                $(e.target).addClass('clicked');
                var thisPage = hist.shift();
                var previousPage = hist.shift();
                loadPage(previousPage.url);
            });
        }
        $('#container a').click(function(e){
            var url = e.target.href;
            if (url.match(/aaa.com/)) {
                e.preventDefault();
                loadPage(url);
            }
        });
        $('#progress').remove();
    });
}
```

对于上述代码的具体说明如下。

☑ 第 1～5 行：使用了 jQuery 的 document ready 函数，目的是使浏览器在加载页面完成后运行 loadPage()函数。

☑ 剩余代码是 loadPage(url)函数部分，此函数的功能是载入地址为 URL 的网页，但是在载入时使用了 Ajax 技术特效。具体说明如下。

  ➢ 第 7 行：为了使 Ajax 效果能够显示出来，在 loadPage()函数启动时，在 body 中增加一个正在加载的 div。

  ➢ 第 9～13 行：如果没有在调用函数时指定 URL（如第一次在 document ready 函数中调用），URL 将会是 undefined，第 10 行会被执行。第 10 行和第 11 行是 jQuery 的 load()函数样例。load()函数在给页面增加简单快速的 Ajax 实用性上非常出色。如果把这一行翻译出来，它的意思是“从 index.html 中找出所有#header 中的 ul 元素，并把它们插入当前页面的#container 元素中，完成之后再调用 hij ackLinks()函数”。当 url 参数有值时，执行第 12 行。从效果上看，从传给 loadPage()函数的 url 中得到#content 元素，并把它们插入当前页面的#container 元素，完成之后调用 hij ackLinks()函数。

（5）最后的修饰。

为了能使设计的页面体现出 Ajax 效果，还需继续设置样式文件 android.css。

☑ 为了能够显示出“加载中…”的样式，需要在 android.css 中添加如下对应的修饰代码。

```
#progress {
    -webkit-border-radius: 10px;
    background-color: rgba(0,0,0,.7);
    color: white;
    font-size: 18px;
    font-weight: bold;
    height: 80px;
    left: 60px;
    line-height: 80px;
    margin: 0 auto;
    position: absolute;
    text-align: center;
    top: 120px;
    width: 200px;
}
```

☑ 用边框图片修饰返回按钮，并清除默认的单击后高亮显示的效果。在 android.css 中添加如下修饰代码。

```
#header div.leftButton {
    font-weight: bold;
    text-align: center;
    line-height: 28px;
    color: white;
    text-shadow: 0px -1px 1px rgba(0,0,0,0.6);
    position: absolute;
    top: 7px;
```

```
    left: 6px;
    max-width: 50px;
    white-space: nowrap;
    overflow: hidden;
    text-overflow: ellipsis;
    border-width: 0 8px 0 14px;
    -webkit-border-image: url(images/back_button.png) 0 8 0 14;
    -webkit-tap-highlight-color: rgba(0,0,0,0);
}
```

此时在 Android 中执行上述文件，执行后先加载页面，在加载时会显示“wait for a moment...”的提示，如图 15-9 所示。在滑动选择某个链接时，被选中的会以不同的颜色显示，如图 15-10 所示。

而文件 android.html 的执行效果和其他文件相比稍有不同，如图 15-11 所示。这是因为在编码时有意而为之。

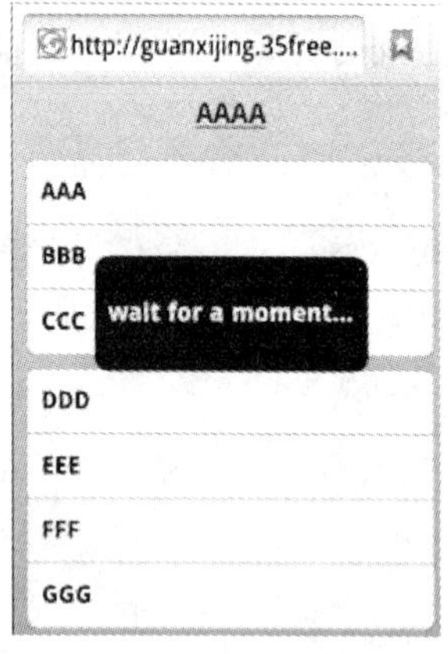

图 15-9　提示特效

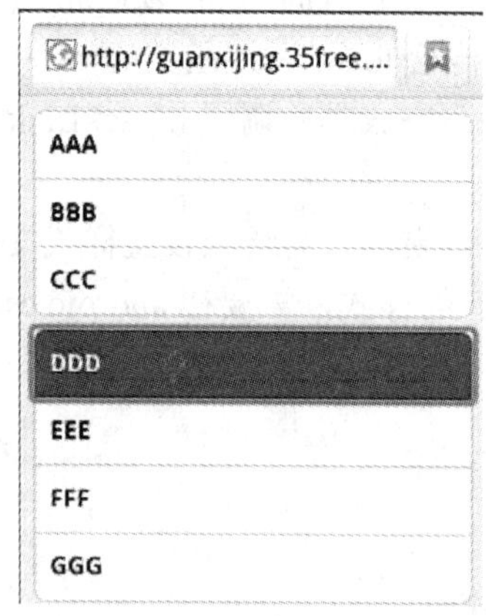

图 15-10　被选中的颜色不同

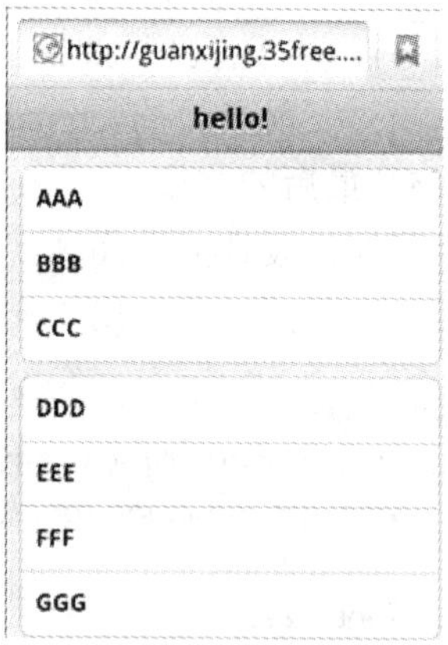

图 15-11　文件 android.html

15.4　对　话　框

知识点讲解：光盘\视频讲解\第 15 章\对话框.avi

在 jQuery Mobile 应用中，对话框的边界是有间距（inset）的，从而产生模态对话框（modal dialog）的外观。通过使用 jQuery Mobile，可以创建确认对话框、警告对话框和动作表单样式的对话框。在具体设计过程中，可以将一个页面转换为链接或页面组件上的一个对话框。

在一个页面链接中，可以添加 data-rel="dialog"属性创建一个对话框。在添加该属性之后，将会自动载入目标页面，并将其增强为一个模态对话框。另外，也可以在页面容器上配置对话框，将 data.role="dialog"属性添加到页面容器中，当该页面容器组件载入页面时，会被设置为一个模态对话框。

在实际开发应用中，有如下两个选项可以打开对话框。

☑　data-role="dialog"。

☑　data-rel="dialog"。

在此建议读者选择页面配置（data-role="dialog"），因为只需要在页面容器中配置一次对话框，而且导航到该对话框的按钮也无须任何修改。例如，如果有 3 个按钮链接到对话框，基于页面的配置则

只需要修改一次。而基于链接的配置则需要修改 3 次，每次对应一个按钮。

在 jQuery Mobile 对话框 API 中，公开了一个重要的方法：close。当需要以程序方式来处理对话框时，可以使用该方法。例如想使用程序来处理应用中“同意”按钮的进程，可以处理单击事件，然后处理任何需要的业务逻辑，并在完成之后关闭对话框。

15.4.1　实现基本对话框效果

下面通过一个具体实例的实现过程，详细讲解在 Android 系统中实现对话框效果的基本方法。

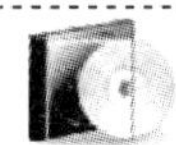

实例 15-5：在 Android 系统中实现对话框效果

源码路径：光盘:\codes\15\duihuakuang.html

实例文件 duihuakuang.html 的具体实现流程如下。

（1）实现链接级别的转换，具体代码如下。

```
<!DOCTYPE html>
<html>
    <head>
        <meta charset="utf-8">
        <title>Multi Page Example</title>
        <meta name="viewport" content="width=device-width, initial-scale=1">
    <link rel="stylesheet" href="http://code.jquery.com/mobile/1.0/jquery.mobile-1.0.min.css" />
    <style>
        .ui-header .ui-title, .ui-footer .ui-title { margin-right: 0 !important; margin-left: 0 !important; }
    </style>
    <script src="http://code.jquery.com/jquery-1.6.4.min.js"></script>
    <script src="http://code.jquery.com/mobile/1.0/jquery.mobile-1.0.min.js"></script>
    </head>
<body>

<!--第一页 -->
<div data-role="page" id="home">
    <div data-role="header">
        <h1>对话框实例</h1>
    </div>

    <div data-role="content">
        <a href="#terms" data-transition="slidedown">会员注册条款</a>
    </div>
</div>
```

（2）实现页面级别的转换，具体代码如下。

```
<!--第二页—对话框 -->
<div data-role="dialog" id="terms">
    <div data-role="header">
        <h1>注册条款</h1>
    </div>
```

```
    <div data-role="content" data-theme="c">
            你同意上述条款吗?
    <br><br>
            <a href="#home" data-role="button" data-inline="true" data-rel="back" data-theme="a">不同意!
</a><a href="javascript:agree();" data-role="button" data-inline="true">同意! </a>
    </div>
```

（3）处理按钮进程，具体代码如下。

```
    <script>
            function agree() {
                    //process dialog...

                    //close dialog
                    $('.ui-dialog').dialog('close');
            }
    </script>
</div>
</body>
</html>
```

本实例执行后的初始效果如图 15-12 所示。

图 15-12　初始执行效果

单击“会员注册条款”链接后进入如图 15-13 所示的对话框界面效果。

图 15-13　对话框界面效果

15.4.2　使用操作表

在 jQuery Mobile 应用中，除了传统的对话框之外，还可以将对话框设计为一个操作表（action sheet）。具体实现比较简单，只需移除标题并添加较少的样式（styling）更新即可。操作表通常用来请求一个来自用户的响应。为了方便起见，当对话框关闭时建议自动应用相反的转换。

下面通过一个具体实例的实现过程，详细讲解在 Android 系统中实现操作表效果的基本方法。

实例 15-6：在 Android 系统中实现操作表效果

源码路径：光盘:\codes\15\biao1.html

实例文件 biao1.html 的具体实现代码如下。

```
<!DOCTYPE html>
<html>
    <head>
        <meta charset="utf-8">
        <title>Action Sheet Example #1</title>
        <meta name="viewport" content="width=device-width, initial-scale=1">
    <link rel="stylesheet" href="http://code.jquery.com/mobile/1.0/jquery.mobile-1.0.min.css" />
    <script src="http://code.jquery.com/jquery-1.6.4.min.js"></script>
    <script src="http://code.jquery.com/mobile/1.0/jquery.mobile-1.0.min.js"></script>
    </head>
<body>

<!-- First Page -->
<div data-role="page" id="home">
    <div data-role="header">
        <h1>动作操作表</h1>
    </div>

    <div data-role="content">
        <a href="#logout" data-transition="slidedown">离开页面</a>
    </div>
</div>

<div data-role="dialog" id="logout">
    <div data-role="content"data-theme="b">
        <span class="title">你确定吗，亲?</span>

        <a href="#home" data-role="button" data-theme="b">非常确定</a>
        <a href="#home" data-role="button" data-theme="c" data-rel="back">不离开了</a>
    </div>
    <style>
        span.title { display:block; text-align:center; margin-top:10px; margin-bottom:20px; }
    </style>
</div>
</body>
</html>
```

在上述实例代码中，通过使用属性 data-theme 简单地为所有的 jQuery Mobile 组件添加对比度和样式。在实例 15-5 中，可以设置背景和按钮的主题，当设计对话框按钮时，通常会为取消按钮和动作按钮的样式添加对比度。执行后的初始效果如图 15-14 所示。

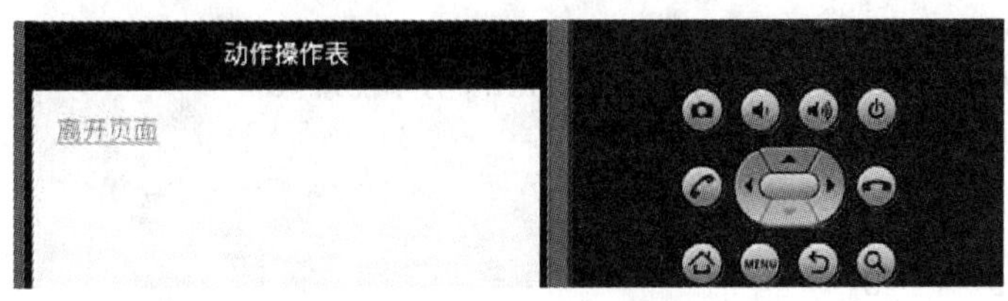

图 15-14　初始执行效果

单击“离开页面”后会弹出一个操作表效果的对话框，如图 15-15 所示。

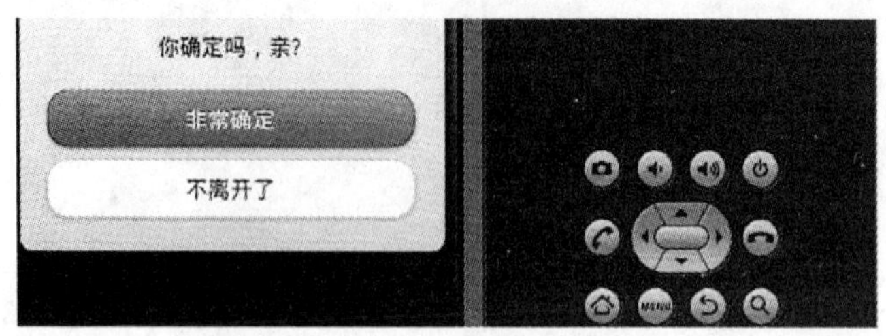

图 15-15　操作表效果的对话框

在现实应用中，通常使用操作表来收集用户发起的任务的确认信息。另外，操作表也可以针对当前的任务为用户提供一系列选项，具体说明如下。

☑ 一个操作表至少包含两个按钮，它可以让用户选择如何完成他们的任务。

☑ 包含一个取消按钮，以允许用户放弃任务。取消按钮位于操作表的底部，以促使用户在做出选择之前阅读了所有的选项。取消按钮的颜色应该与背景的颜色相同。

下面通过一个具体实例的实现过程，详细讲解在 Android 系统中实现多选项操作表效果的基本方法。

实例 15-7：在 Android 系统中实现多选项操作表效果

源码路径：光盘:\codes\15\biao15.html

本实例的功能是，通过操作表为用户提供一系列可选择的选项。实例文件 biao15.html 的具体实现代码如下。

```
<!DOCTYPE html>
<html>
    <head>
        <meta charset="utf-8">
        <title>Action Sheet Example #2</title>
        <meta name="viewport" content="width=device-width, initial-scale=1">
    <link rel="stylesheet" href="http://code.jquery.com/mobile/1.0/jquery.mobile-1.0.min.css" />
    <script src="http://code.jquery.com/jquery-1.6.4.min.js"></script>
    <script src="http://code.jquery.com/mobile/1.0/jquery.mobile-1.0.min.js"></script>
    </head>
<body>

<!-- First Page -->
<div data-role="page" id="home">
    <div data-role="header">
        <h1>你要干么</h1>
    </div>

    <div data-role="content">
        <a href="#logout" data-transition="slidedown">分享视频</a>
    </div>
</div>

<div data-role="dialog" id="logout">
    <div data-role="content" data-theme="b">
```

```
        <span class="title">将视频分享到?</span>

        <a href="#home" data-role="button" data-theme="b">新浪微博</a>
        <a href="#home" data-role="button" data-theme="b">腾讯微博</a>
        <a href="#home" data-role="button" data-theme="b">搜狐微博</a>
        <a href="#home" data-role="button" data-theme="d" data-rel="back">我的微信</a>
    </div>
    <style>
        span.title { display:block; text-align:center; margin-top:10px; margin-bottom:20px; }
    </style>
</div>
</body>
</html>
```

上述代码执行后的初始效果如图 15-16 所示。单击“分享视频”链接后会弹出一个多选项的操作表，如图 15-17 所示。

图 15-16　初始执行效果

图 15-17　多选项的操作表

15.4.3　实现警告框

在移动网站中，通常使用警告框显示可以影响应用程序使用的重要信息。警告按钮可以是浅颜色，也可以是深颜色。对于单按钮的警告来说，按钮总是浅颜色的；对于有两个按钮的警告，左边的按钮总是深颜色的，而右边的按钮总是浅颜色的。

在 jQuery Mobile 应用中，如果在一个包含两个按钮的对话框中提出了一个肯定的动作，而且用户很有可能会选择这个动作，则取消该动作的按钮应该位于右边，而且是浅颜色的。在通常情况下，执行有风险的动作的按钮是红色的。

下面通过一个具体实例的实现过程，详细讲解在 Android 系统中实现警告框效果的基本方法。

实例 15-8：在 Android 系统中实现警告框效果

源码路径：光盘:\codes\15\jing.html

实例文件 jing.html 的具体实现代码如下。

```
<!DOCTYPE html>
<html>
    <head>
```

```
            <meta charset="utf-8">
            <title>Alert Example</title>
            <meta name="viewport" content="width=device-width, initial-scale=1">
        <link rel="stylesheet" href="http://code.jquery.com/mobile/1.0/jquery.mobile-1.0.min.css" />
        <style>
            .ui-header .ui-title, .ui-footer .ui-title { margin-right: 0 !important; margin-left: 0 !important; }
        </style>
        <script src="http://code.jquery.com/jquery-1.6.4.min.js"></script>
        <script src="http://code.jquery.com/mobile/1.0/jquery.mobile-1.0.min.js"></script>
        </head>
<body>

<!-- First Page -->
<div data-role="page" id="home">
        <div data-role="header">
            <h1>演示警告框的用法</h1>
        </div>

        <div data-role="content">
            <a href="#alert" data-transition="slidedown">警告框</a>
        </div>
</div>

<!-- Second Page/Dialog -->
<div data-role="dialog" id="alert">
        <div data-role="header">
            <h1>Connection Required</h1>
        </div>

        <div data-role="content" data-theme="b">
            注意，有一个网络连接需要同步你的数据，允许吗？<br>
            <br>
            <a href="#home" data-role="button" data-theme="c" data-rel="back">允许</a>
    </div>
</div>
</body>
</html>
```

上述代码执行后的初始效果如图 15-18 所示。单击“警告框”链接后会弹出一个警告框，效果如图 15-19 所示。

图 15-18　初始执行效果

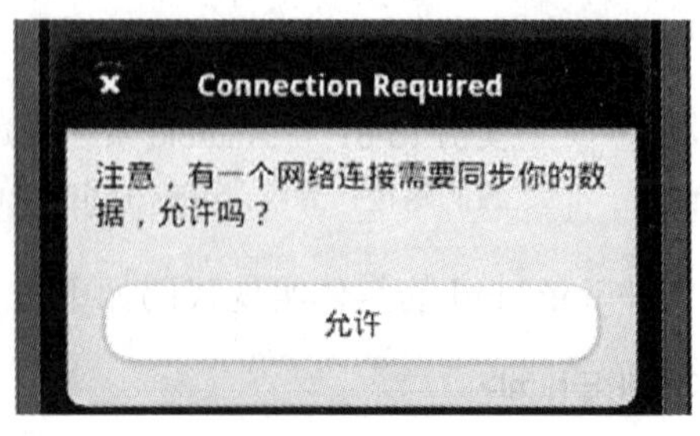

图 15-19　警告框效果

15.5　有媒体查询的响应式布局

知识点讲解：光盘\视频讲解\第 15 章\有媒体查询的响应式布局.avi

在 jQuery Mobile 应用中，如果想创建响应式设计，建议使用 CSS 3 Media Queries（媒体查询）。例如想为一个特定设备的朝向增强布局，可以使用媒体查询来检测设备的朝向，然后根据需要应用 CSS 修改。代码如下。

```
@media (orientation:portrait){
 /*在此使用纵向增强*/
  }
  @media(orientation:landscape){
  /*在此使用横屏方向的增强*/
  }
```

下面讲解 jQuery Mobile 的响应式设计如何良好地应用于竖屏（portrait）模式和横屏（landscape）模式中的表单字段。例如，在竖屏视图中标签位于表单字段的上面，而当将设备横屏放置时表单字段和标签并排显示。这种响应式设计可以基于设备可用的屏幕真实状态提供最实用的体验。jQuery Mobile 为用户提供了很多这样优秀的 UX（用户体验）原则。

下面通过一个具体实例的实现过程，详细讲解在 Android 系统中实现竖屏和横屏自适应效果的基本方法。

实例 15-9：在 Android 系统中实现竖屏和横屏自适应效果
源码路径：光盘:\codes\15\zishiying.html

实例文件 zishiying.html 的具体实现代码如下。

```
<!DOCTYPE html>
<html>
	<head>
	<meta charset="utf-8">
	<title>Responsive Design Example</title>
	<meta name="viewport" content="width=device-width, initial-scale=1">
	<link rel="stylesheet" href="http://code.jquery.com/mobile/1.0/jquery.mobile-1.0.min.css" />
	<script src="http://code.jquery.com/jquery-1.6.4.min.js"></script>
	<script src="http://code.jquery.com/mobile/1.0/jquery.mobile-1.0.min.js"></script>
</head>
<body>

<div data-role="page">
	<div data-role="header">
		<h1>会员注册</h1>
	</div>

	<div data-role="content">
		<label for="username">用户名:</label>
```

```
            <input type="text" name="username" id="username" value="" />

            <label for="password">密  码:</label>
            <input type="password" name="password" id="password" value="" />
        </div>
</div>
</body>
</html>
```

上述代码执行后的效果如图 15-20 所示，如果将设备纵向放置，则注册表单将自动旋转，实现自适应效果。

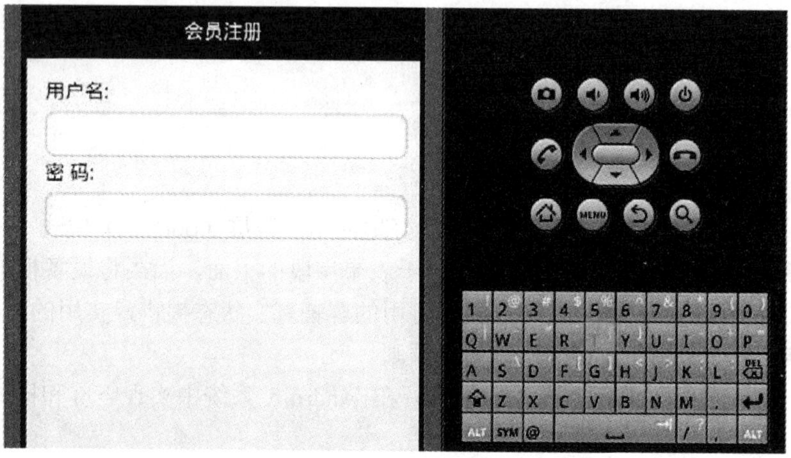

图 15-20 执行效果

在上述实例代码中，通过使用 min-max 宽度媒体特性，jQuery Mobile 能够应用响应式设计。例如，当浏览器支持的宽度大于 450px 时，表单元素可以浮动在它们的标签旁边。CSS 支持文本输入的这种行为，如下所示。

```
label.ui-input-text{
display:block;
}
@media all and (min-width: 450px){
label.ui-input-text{display:inline-block;)
}
```

第 16 章　实现导航功能

导航是一个网页的门面，在整个网站中有非常重要的作用。在 jQuery Mobile 开发应用中，可以使用页眉、页脚栏、工具栏和标签栏实现网页的导航功能。其中，页眉和页脚都属于 jQuery Mobile 的组件。本章将详细讲解在 jQuery Mobile 中实现页面导航的基本知识，为读者步入本书后面知识的学习打下基础。

16.1　页　眉　栏

知识点讲解：光盘\视频讲解\第 16 章\页眉栏.avi

在 jQuery Mobile 应用中，页眉通常用于显示页面标题，还可以包含控件，如添加用于导航的按钮或用来管理页面中项目的控件，以辅助用户在屏幕中进行导航或管理对象。尽管页眉是可选的，但是它通常用来提供活动页面的标题。

16.1.1　页眉基础

在移动网站的设计应用中，使用属性 data-role="header"来定义页眉。页眉是一个可选的组件。页眉中的回退按钮不会在页眉中显示，除非显式地启用。可以使用属性 date-theme 来调整页眉的主题。如果没有为页眉设置主题，则它会继承页面组件的主题。默认的主题是黑色（black）的，即 data-theme="a"。

在默认情况下，所有的页眉级别（h1～h6）具有相同的风格，以维持视觉上的连贯性。通过添加 data-position="fixed"属性，可以对页眉进行固定。

页眉的基本用途是显示活动页面的标题，在网站中使用页眉最简单的形式如下。

```
<div data-role="header">
<h1>Header Title</h1>
</div>
```

16.1.2　实现页眉定位

在设计过程中，有如下 3 种样式可以用于定位页眉。

1．Default（默认）

默认的页眉会在屏幕的顶部边缘显示，而且在屏幕滚动时，页眉会滑到可视范围之外。

```
<div data-role="header">
<hl>Default Header</h1>
</div>
```

2. Fixed（固定）

固定的页眉总是位于屏幕的顶部边缘位置，而且总是保持可见。但是，在屏幕滚动的过程期间，页眉是不可见的，当滚动结束之后才重新出现。通过添加 data-position="fixed"属性，可以创建一个固定的页眉。

```
<div data-role="header" data-position="fixed">
<h1>Fixed Header</hl>
</div>
```

3. Responsive（响应式）

创建一个全屏页面时，会全屏显示页面中的内容，而页眉和页脚则基于触摸响应来出现或消失。对于日常开发中显示照片和播放视频的应用来说，全屏模式相当有用。在 jQuery Mobile 应用中，要创建一个全屏的页面，需要在页面容器中添加如下代码。

```
data-fullscreen="true"
```

然后在页眉和页脚元素中添加如下所示的属性。

```
data-position="fixed"
```

下面通过一个具体实例的实现过程，详细讲解在 Android 中通过页眉定位实现全屏显示的方法。

实例 16-1：通过页眉定位实现全屏显示

源码路径：光盘:\codes\16\position-full.html

实例文件 position-full.html 的具体实现代码如下。

```
<!DOCTYPE html>
<html>
        <head>
        <meta charset="utf-8">
        <title>Fullscreen Example</title>
        <meta name="viewport" content="width=device-width, maximum-scale=1">
        <link rel="stylesheet" href="http://code.jquery.com/mobile/1.0/jquery.mobile-1.0.min.css" />
        <style>
                .detailimage { width: 100%; text-align: center; margin-right: 0; margin-left: 0; }
                .detailimage img { width: 100%; }
        </style>
        <script src="http://code.jquery.com/jquery-1.6.4.min.js"></script>
        <script src="http://code.jquery.com/mobile/1.0/jquery.mobile-1.0.min.js"></script>
</head>
<body>
<div data-role="page" data-fullscreen="true">
        <div data-role="header" data-position="fixed">
                <h6>4/10</h6>
        </div>

        <div data-role="content">
                <div class="detailimage"><img src="images/1216.jpg" /></div>
```

```
	</div>

	<!-- toolbar with icons -->
	<div data-role="footer" data-position="fixed">
		<div data-role="navbar">
			<ul>
				<li><a href="#" data-icon="forward"></a></li>
				<li><a href="#" data-icon="arrow-l"></a></li>
				<li><a href="#" data-icon="arrow-r"></a></li>
				<li><a href="#" data-icon="delete"></a></li>
			</ul>
		</div>
	</div>
</div>
</body>
</html>
```

执行上述代码后，将首先显示一个有页眉的页面，如图 16-1 所示。

图 16-1 有页眉的效果

如果用户轻敲屏幕，则页眉和页脚会消失，这样便形成了一个全屏显示效果，如图 16-2 所示。若要显示页眉和页脚，再次轻敲屏幕即可。

图 16-2 页眉和页脚消失后全屏显示

在本实例中有一个照片查看器，而且其页眉显示照片的计数信息，页脚显示一个工具栏以辅助导航、发送电子邮件或删除照片。

16.1.3　在页眉中使用按钮

在 jQuery Mobile 应用中，有时可能需要在页眉中添加控件。例如在编辑数据时，经常会用到“保存”和“取消”按钮。可以添加到页眉中的按钮有 3 种类型，具体说明如下。

（1）只带有文本的按钮。

（2）只带有图标的按钮，需要添加如下两个属性。

☑ data-icon。

☑ data-iconpos="notext"。

（3）既有文本又有图标的按钮。这种类型的按钮也需要添加 data-icon 属性。

不同类型的按钮示例如下。

```
<!---只带有文本的按钮-->
<a href="#">Done</a>
<!--只带有图标的按钮-->
<a href="#" data-icon="plus" data-iconpos="notext"></a>
<!--既有文本又有图标的按钮-->
<a href="#" data-icon="check">Done</a>
```

下面将详细讲解上述页眉按钮的基本知识。

1．既有文本又有图标的按钮

下面通过一个具体实例的实现过程，详细讲解在页眉中实现既有文本又有图标的按钮效果的方法。

实例 16-2：在页眉中实现既有文本又有图标的按钮效果

源码路径：光盘:\codes\16\buttons.html

实例文件 buttons.html 的具体实现代码如下。

```
<!DOCTYPE html>
<html>
	<head>
	<meta charset="utf-8">
	<title>Header Example</title>
	<meta name="viewport" content="width=device-width, initial-scale=1">
	<link rel="stylesheet" href="http://code.jquery.com/mobile/1.0/jquery.mobile-1.0.min.css" />
	<script src="http://code.jquery.com/jquery-1.6.4.min.js"></script>
	<script src="http://code.jquery.com/mobile/1.0/jquery.mobile-1.0.min.js"></script>
</head>
<body>
<div data-role="page" data-theme="b">
	<div data-role="header" data-position="inline">
		<a href="#" data-icon="delete">取消</a>
		<h1>发布评论</h1>
		<a href="#" data-icon="check">完成</a>
	</div>
```

```
    <div data-role="content">
        <fieldset data-role="controlgroup" data-theme="c">
         <legend>评分:</legend>
         <input type="radio" name="radio-choice-1" id="radio-choice-1" value="choice-1" data-theme="c"/>
         <label for="radio-choice-1">我去看看</label>

         <input type="radio" name="radio-choice-1" id="radio-choice-2" value="choice-2" data-theme="c" />
         <label for="radio-choice-2">不好看，不看了</label><br>

                <label for="comments">内容:</label>
                <textarea cols="40" rows="8" name="comments" id="comments" data-theme="d"></textarea>
    </fieldset>
    </div>
</div>
</body>
</html>
```

上述实例代码执行后的效果如图 16-3 所示。

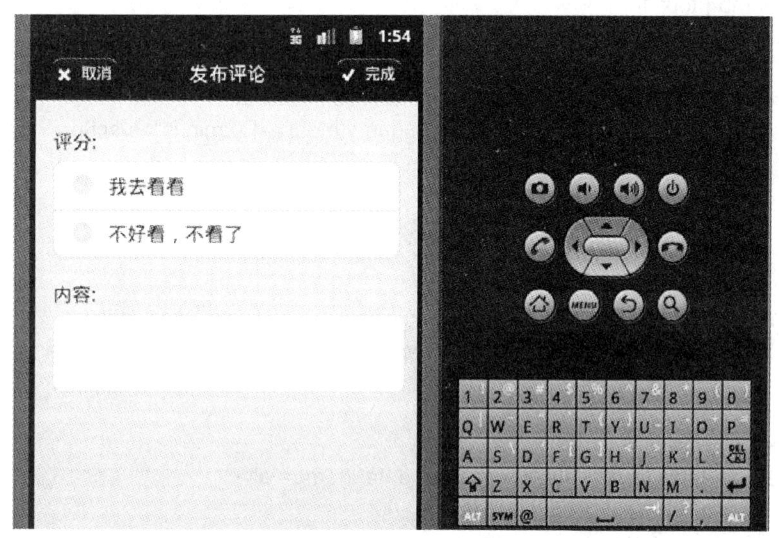

图 16-3　执行效果

在图 16-3 所示的执行效果中，页眉中带有一个“取消”按钮和一个“完成”按钮，用来辅助管理评论的信息。在上述实例代码中，按钮被设计为一个普通的链接。可以通过属性 data-icon 为每一个按钮设置一个图标。在页眉的内部，按钮会根据它们的语义顺序进行放置。例如，第一个按钮是左对齐的，第二个按钮是右对齐的。如果页眉只包含一个按钮，可以通过将属性 class="ui-btn-right"添加到按钮的标记中的方法来右对齐按钮。

2. 只有图标的按钮

在 jQuery Mobile 中包含多个标准图标，使用这些标准图标可以创建只带有图标的按钮。例如，info 图标通常与 flip 一起使用，来显示配置选项或更多的信息。在使用标准图标时，只会占用很小的屏幕空间，而且它们的含义在所有的设备上都是相对一致的。假如想要添加一个条目到现有的一个列表中，可以选择一个 plus 图标，用户通过该图标可以添加一个条目到列表中。

下面通过一个具体实例的实现过程，详细讲解在页眉中实现只有图标的按钮效果的方法。

实例 16-3：在页眉中实现只有图标的按钮效果

源码路径：光盘:\codes\16\icons.html

在本实例页面中显示了一个电视剧评论列表，单击+图标可创建新的评论。要创建一个只带有图标的按钮，需要添加两个专用的属性。实例文件 icons.html 的具体实现代码如下。

```
<!DOCTYPE html>
<html>
    <head>
    <meta charset="utf-8">
    <title>Header Example</title>
    <meta name="viewport" content="width=device-width, initial-scale=1">
    <link rel="stylesheet" href="http://code.jquery.com/mobile/1.0/jquery.mobile-1.0.min.css" />
    <style>
        .ui-li-heading { overflow: visible; }
        .ui-li-thumb { top: 1em; }
        .ui-li-rating { font-size: 32px; }
    </style>
    <script src="http://code.jquery.com/jquery-1.6.4.min.js"></script>
    <script src="http://code.jquery.com/mobile/1.0/jquery.mobile-1.0.min.js"></script>
</head>
<body>

<div data-role="page" data-theme="b">
    <div data-role="header">
        <h1>评论信息</h1>
        <a href="#" data-icon="plus" data-iconpos="notext" class="ui-btn-right"></a>
    </div>

    <div data-role="content">
        <ul data-role="listview" data-inset="true" data-theme="e">
            <li data-role="list-divider">调查报告</li>
            <li>
                <img src="images/456.jpg">
                <h3>葫芦兄弟</h3>
                <p><span class="ui-li-rating">90%</span><strong> 喜欢看!</strong></p>
                <p>用户评价: <em>1,888,888,8</em></p>
            </li>
        </ul>

        <ul data-role="listview" data-inset="true" data-theme="d">
            <li data-role="list-divider">用户评论列表</li>
            <li>
              <a href="#">
                <img src="images/user.png" class="ui-li-icon">
                <p><strong>去看看!</strong></p>
                <p>非常精彩,非常精彩,非常精彩,非常精彩,非常精彩,非常精彩,非常精彩,非常精彩,非常精
彩.</p>
              </a>
```

```
            </li>
            <li>
              <a href="#">
                  <img src="images/user.png" class="ui-li-icon">
                  <p><strong>去看看!</strong></p>
                  <p>非常精彩,</p>
              </a>
            </li>
            <li>
              <a href="#">
                  <img src="images/user.png" class="ui-li-icon">
                  <p><strong>去看看!</strong></p>
                  <p>非常精彩,非常精彩,非常精彩.</p>
             </a>
            </li>
            <li>
                  <p><a href="#">显示更多的评论...</a></p>
                  <p>120 页共 1188 条评论</p>
            </li>
        </ul>
    </div>
</div>
</body>
</html>
```

上述实例代码执行后的效果如图 16-4 所示。

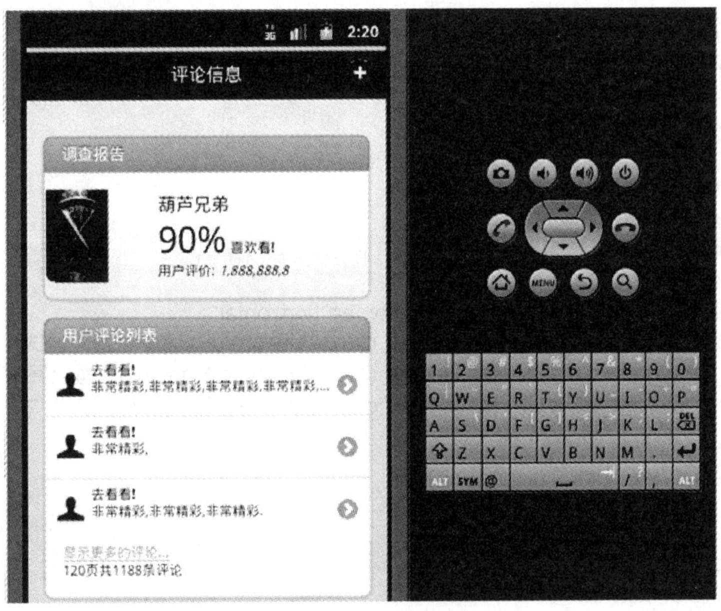

图 16-4　执行效果

16.1.4　在页眉中使用分段控件

在 jQuery Mobile 应用中，除了在页眉中使用按钮之外，还可以使用分段控件。分段控件是一组常见的内联控件，每个控件都可以显示一个不同的视图。

在具体使用分段控件时，建议将其放置在主页眉中。如果将页眉作为一个固定控件来放置，则可以让分段控件与主页眉实现无缝集成。通过添加少量的样式更新方式，可以实现一个允许用户以不同视图来快速查看数据的分段控件效果。

下面通过一个具体实例的实现过程，详细讲解在页眉中使用分段控件的方法。

实例 16-4：在页眉中使用分段控件

源码路径：光盘:\codes\16\fenduan.html

实例文件 fenduan.html 的具体实现代码如下。

```
<!DOCTYPE html>
<html>
    <head>
    <meta charset="utf-8">
    <title>Segmented Control Example</title>
    <meta name="viewport" content="width=device-width, initial-scale=1">
    <link rel="stylesheet" href="http://code.jquery.com/mobile/1.0/jquery.mobile-1.0.min.css" />
    <style>
        .segmented-control { text-align:center;}
        .segmented-control .ui-controlgroup { margin: 0.2em; }
        .ui-control-active, .ui-control-inactive { border-style: solid; border-color: gray; }
        .ui-control-active { background: #BBB; }
        .ui-control-inactive { background: #DDD; }
    </style>
    <script src="http://code.jquery.com/jquery-1.6.4.min.js"></script>
    <script src="http://code.jquery.com/mobile/1.0/jquery.mobile-1.0.min.js"></script>
</head>
<body>

<div data-role="page">
    <div data-role="header" data-position="fixed">
        <h1>精彩影视</h1>
        <div class="segmented-control ui-bar-d">
            <div data-role="controlgroup" data-type="horizontal">
                <a href="#" data-role="button" class="ui-control-active">剧院模式</a>
                <a href="#" data-role="button" class="ui-control-inactive">马上回来</a>
                <a href="#" data-role="button" class="ui-control-inactive">最受欢迎的</a>
            </div>
        </div>
    </div>

    <div data-role="content">
        <ul data-role="listview">
            <li>
              <a href="#">
                <img src="images/111.jpg" />
              <h3>变形金刚</h3>
                <p>评论: PG</p>
                <p>时长: 95 min.</p>
```

```
            </a>
        </li>
        <li>
            <a href="#">
                <img src="images/222.jpg" />
            <h3>X 战警</h3>
                <p>评论: PG-13</p>
                <p>时长: 137 min.</p>
            </a>
        </li>
        <li>
            <a href="#">
                <img src="images/3316.jpg" />
            <h3>雷雨</h3>
                <p>评论  PG-13</p>
                <p>时长: 131 min.</p>
            </a>
        </li>
        <li>
            <a href="#">
                <img src="images/444.jpg" />
            <h3>小李飞刀</h3>
                <p>评论: PG</p>
                <p>时长: 95 min.</p>
            </a>
        </li>
    </ul>
  </div>
</div>

</body>
</html>
```

本实例的执行效果如图 16-5 所示。

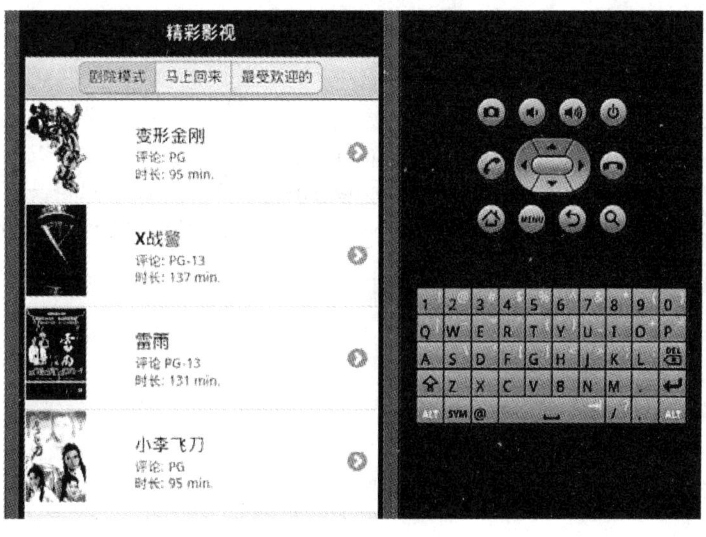

图 16-5　执行效果

在上述实例代码中，分段控件可以按照特定的分类来显示电影。该分段控件允许用户通过选择的分类（“剧院模式”、“马上回来”或“最受欢迎的”）来切换模式。

另外，在现实应用中，如果页眉或页脚的标题过长，则 jQuery Mobile 会将信息进行截断处理。也就是说，当文本太长时 jQuery Mobile 会截断文本，并在文本的末尾添加一个省略号。如果这时希望显示完整的文本，则可以通过调整 CSS 选择器的方式来实现。

下面通过一个具体实例的实现过程，详细讲解使用 CSS 选择器修复被截断文本的方法。

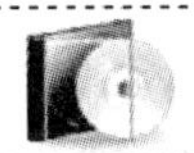

实例 16-5：在 Android 修复被截断的文本

源码路径：光盘:\codes\16\fixed.html

实例文件 fixed.html 的具体实现代码如下。

```
<!DOCTYPE html>
<html>
	<head>
	<meta charset="utf-8">
	<title>截断修复</title>
	<meta name="viewport" content="width=device-width, initial-scale=1">
	<link rel="stylesheet" href="http://code.jquery.com/mobile/1.0/jquery.mobile-1.0.min.css" />
	<script src="http://code.jquery.com/jquery-1.6.4.min.js"></script>
	<style>
		.ui-header .ui-title, .ui-footer .ui-title { margin-right: 0 !important; margin-left: 0 !important; }
	</style>
	<script src="http://code.jquery.com/mobile/1.0/jquery.mobile-1.0.min.js"></script>
</head>
<body>

<div data-role="page" id="home" data-title="Welcome">
	<div data-role="header">
		<h1>显示一个很长的头</h1>
	</div>

	<div data-role="content">
		将截断的头:<br><br>
		<em>.ui-header .ui-title, .ui-footer .ui-title{<br>
			<strong>    margin-right: 0 !important;<br>
			    margin-left: 0 !important; </strong></em><br>
		}
	</div>
</div>

</body>
</html>
```

上述实例代码执行后的效果如图 16-6 所示。

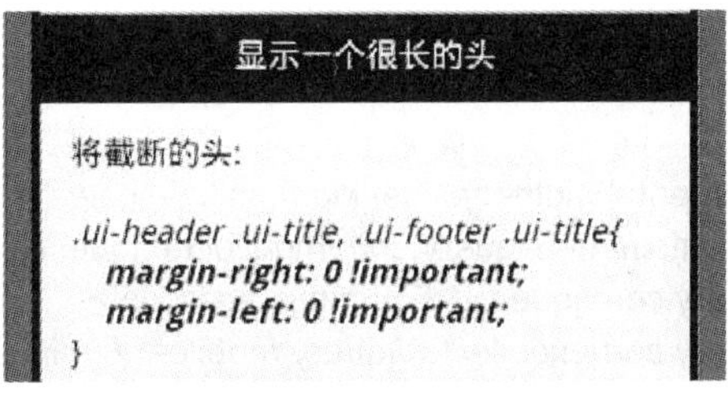

图 16-6　执行效果

16.1.5　实现回退按钮效果

在移动设备应用中，经常使用回退按钮返回到上一步的操作中。在 jQuery Mobile 应用中，可以全局自动启用或禁用回退按钮，并且还可以逐页面添加或移除该按钮。

1．在页眉中添加回退按钮

在 jQuery Mobile 中，回退按钮在默认情况下是禁用的。如果想让回退按钮出现在页眉内，可以通过如下两种方式来进行添加。

（1）在页面容器中添加 data-auto-back-btn="true"属性，为某个特定页面添加回退按钮。

（2）在绑定 mobileinit 选项时，将 addBackBtn 选项设置为 true，这样即可在全局启用回退按钮。在设置该选项之后，如果有页面存在于历史访问记录中，回退按钮会自动显现。在后台，回退按钮只是执行 window.history.back()方法。具体代码如下。

```
<!--显示按钮和重写默认的返回按钮的文本-->
<div data~role="page" data-add-back-btn="true" data-back-btn-text="Previous">
//全局启用后退按钮，设置默认的返回按钮的文本，并重新设置按钮的主题
    $(document).bind('mobileinit',function(){
    $.mobile.page.prototype.options.addBackBtn=true;
    $.mobile.page.prototype.options.backBtnText="Previous";
    $.mobile.page.prototype.options.backBtnTheme="b";
    });
```

另外，也可以重写回退按钮的默认文本和主题。例如，通常会使用上一个页面的标题来标记（label）回退按钮，属性 data-back-btn-text 就经常这样被使用。

此外，如果在全局启用了回退按钮，可以通过在页面页眉中添加属性 data-add-back-btn="false"的方式禁用特定页面上的回退按钮，即从特定页面的页眉中移除回退按钮。

```
<div data-role="header" data-add-back-btn="false">
```

下面通过一个具体实例的实现过程，详细讲解在页眉中实现回退按钮效果的方法。

实例 16-6：在页眉中实现回退按钮效果

源码路径：光盘:\codes\16\back.html

实例文件 back.html 的具体实现代码如下。

```
<!DOCTYPE html>
<html>
```

```
        <head>
        <meta charset="utf-8">
        <title>Contact</title>
        <meta name="viewport" content="width=device-width, initial-scale=1">
        <link rel="stylesheet" href="http://code.jquery.com/mobile/1.0/jquery.mobile-1.0.min.css" />
        <script src="http://code.jquery.com/jquery-1.6.4.min.js"></script>
        <script src="http://code.jquery.com/mobile/1.0/jquery.mobile-1.0.min.js"></script>
</head>
<body>
<div data-role="page" id="home">
        <div data-role="header">
                <h1>返回演示</h1>
        </div>
        <div data-role="content">
                <a href="#back">点击观看详情</a>
        </div>
</div>
<div data-role="page" data-add-back-btn="true" id="back">
        <div data-role="header">
                <h1>联系我们</h1>
        </div>
        <div data-role="content">
                <ul data-role="listview" data-inset="true">
                        <li data-role="list-divider">联系方式</li>
                        <li><a href="#"><img src="images/75-phone.png" alt="Call" class="ui-li-icon">电话</a></li>
                        <li><a href="#"><img src="images/18-envelope.png" alt="Email" class="ui-li-icon">邮箱</a></li>
                        <li><a href="#"><img src="images/09-chat-2.png" alt="SMS" class="ui-li-icon">短信</a></li>
                        <li><a  href="#"><img  src="images/1016-map.png"  alt="Directions"  class="ui-li-icon"> 其 他
</a></li>
                </ul>
        </div>
</div>
</body>
</html>
```

本实例执行后将首先显示一个链接主页，如图 16-7 所示。单击“点击观看详情”链接后会进入一个新界面，在新界面中显示了一个回退按钮，如图 16-8 所示。单击回退按钮 Back 后，会返回到图 16-7 所示的链接界面。

图 16-7　链接主页

图 16-8　页眉中有回退按钮

2．在页眉中添加回退链接

在 jQuery Mobile 应用中，如果希望创建一个行为与回退按钮相类似的链接，则可以为任何锚元素添加 data_rel="back"属性。具体代码如下。

```
<a href="home.html" data-rel="back" data-role="button">返回</a>
```

通过使用 data-rel="back"属性，链接将会模拟回退按钮，返回一个历史条目（window.history.back()），并忽略链接的默认 href 值。对于 C 级浏览器或不支持 JavaScript 的浏览器来说，它们会忽略 data-rel，而且将属性 href 作为一个备用。

16.2　页　脚　栏

知识点讲解：光盘\视频讲解\第 16 章\页脚栏.avi

在 jQuery Mobile 应用中，页脚栏和页眉栏的组件几乎相同，只是位置不同而已。页眉栏通常在顶部，而页脚栏通常在底部。在使用页眉时，第一个按钮是左对齐的，而第二个按钮是右对齐的。而页脚则是以从左到右的顺序直线放置它的按钮。本节将详细讲解页脚栏的基本知识。

16.2.1　页脚基础知识

在 jQuery Mobile 应用中，与页脚相关的一些要点如下。

☑ 页脚使用属性 data-role="footer"来定义。

☑ 页脚按照从左到右的顺序直线放置它的按钮。这种灵活性可以用来创建工具栏或标签栏。

☑ 页脚是一个可选的组件。

☑ 使用 data-theme 属性可以调整页脚的主题。如果不为页脚设置主题，则它会继承页面组件的主题。默认的主题是黑色的（data-theme="a"）。

☑ 通过添加 data-position="fixed"属性，可以固定页脚的位置。

☑ 在默认情况下，所有的页脚级别（h1～h6）具有相同的风格，以维持视觉上的一致性。

在现实应用中，最简单的页脚形式如下面的代码所示。

```
<div data-role="footer">
<!--在此添加页脚文本或按钮-->
</div>
```

data-role="footer"是唯一需要设置的属性，在页脚内可以包含任何语义 HTML。页脚通常包含工具栏和标签控件。工具栏提供了一组用户可以在当前环境中使用的动作。标签栏则可以允许用户在应用程序内的不同视图之间进行切换。

下面通过一个具体实例的实现过程，详细讲解在 Android 系统中使用页脚的基本方法。

实例 16-7：在 Android 系统中使用页脚

源码路径：光盘:\codes\16\foot.html

实例文件 foot.html 的具体实现代码如下。

```
<!DOCTYPE html>
<html>
    <head>
    <meta charset="utf-8">
    <title>Default Header Footer Example</title>
    <meta name="viewport" content="width=device-width, initial-scale=1">
    <link rel="stylesheet" href="http://code.jquery.com/mobile/1.0/jquery.mobile-1.0.min.css" />
    <script src="http://code.jquery.com/jquery-1.6.4.min.js"></script>
    <script src="http://code.jquery.com/mobile/1.0/jquery.mobile-1.0.min.js"></script>
</head>
<body>
<div data-role="page">
    <div data-role="header">
        <h1>页头</h1>
    </div>

    <div data-role="content">
    在默认的底部位置时，内容不消耗整个装置的高度。
    </div>

    <div data-role="footer">
        <h3>页脚</h3>
    </div>
</div>
</body>
</html>
```

上述实例代码执行后的效果如图 16-9 所示。

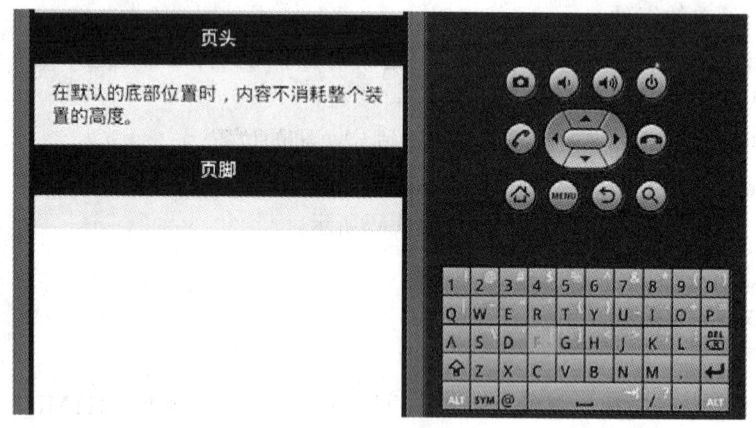

图 16-9　执行效果

为了将页脚内容定位在屏幕的最底部显示，可以为页脚元素添加属性 data-position="fixed"。在默认情况下，页脚位于内容的后面，并不是位于屏幕底部的边缘。如果内容只占据了一半的屏幕高度，则页脚会出现在屏幕的中央位置。

下面通过一个具体实例的实现过程，详细讲解在 Android 系统中使用属性 data-position="fixed"定位页脚的基本方法。

实例 16-8：使用属性 data-position="fixed"定位页脚

源码路径：光盘:\codes\16\dingwei.html

实例文件 dingwei.html 的具体实现代码如下。

```
<!DOCTYPE html>
<html>
    <head>
    <meta charset="utf-8">
    <title>Fixed Header/Footer Example</title>
    <meta name="viewport" content="width=device-width, initial-scale=1">
    <link rel="stylesheet" href="http://code.jquery.com/mobile/1.0/jquery.mobile-1.0.min.css" />
    <script src="http://code.jquery.com/jquery-1.6.4.min.js"></script>
    <script src="http://code.jquery.com/mobile/1.0/jquery.mobile-1.0.min.js"></script>
</head>
<body>

<div data-role="page">
    <div data-role="header" data-position="fixed">
        <h1>定位页头</h1>
    </div>

    <div data-role="content">
        <ul data-role="listview">
            <li>
                <a href="#">
                    <img src="images/111.jpg" />
                <h3>aaaaaaaaa</h3>
                    <p>评级: PG</p>
                    <p>时长: 95 min.</p>
                </a>
            </li>
            <li>
                <a href="#">
                    <img src="images/222.jpg" />
                <h3>bbbbb</h3>
                    <p>评级: PG-13</p>
                    <p>时长: 137 min.</p>
                </a>
            </li>
            <li>
                <a href="#">
                    <img src="images/3316.jpg" />
                <h3>CCCCC</h3>
                    <p>评级: PG-13</p>
                    <p>时长: 131 min.</p>
                </a>
            </li>
            <li>
                <a href="#">
                    <img src="images/444.jpg" />
```

```
                <h3>DDDDD</h3>
                    <p>评级: PG</p>
                    <p>时长: 95 min.</p>
                </a>
            </li>
            <li>
                <a href="#">
                    <img src="images/111.jpg" />
                <h3>EEEEEE</h3>
                    <p>评级: PG-13</p>
                    <p>时长: 137 min.</p>
                </a>
            </li>
            <li>
                <a href="#">
                    <img src="images/222.jpg" />
                <h3>X 战警</h3>
                    <p>评级: PG-13</p>
                    <p>时长: 131 min.</p>
                </a>
            </li>
        </ul>
    </div>
    <div data-role="footer" data-position="fixed">
        <h3>定位页脚</h3>
    </div>
</div>

</body>
</html>
```

上述实例代码执行后的效果如图 16-10 所示。

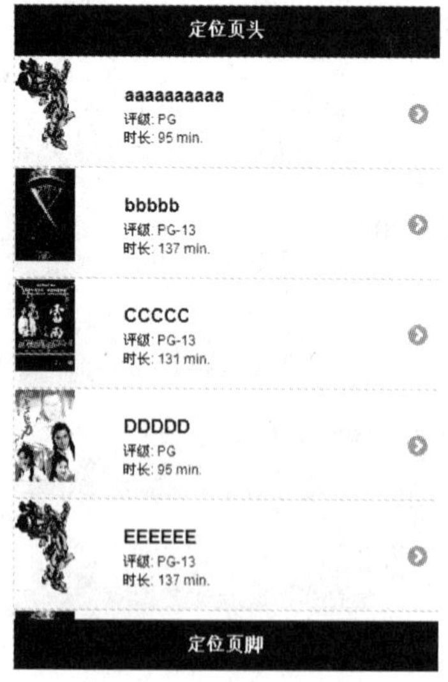

图 16-10 执行效果

16.2.2　页脚定位

在 jQuery Mobile 应用中，有如下 3 种定位页脚的样式。

1．Default（默认）

默认的页脚会在内容区域的后面显示。如果内容超出了视窗的高度，则只有在屏幕滚动到内容的最底部时才能看到页脚。代码如下。

```
<div data-role="footer">
<!--默认页脚-->
</div>
```

2．Fixed（固定）

固定的页脚总是位于屏幕的底部边缘位置，而且总是保持可见。但用户在滚动屏幕的过程中，页脚是不可见的，只有当滚动结束之后才出现。通过添加 data-position="fixed"属性的方式，可以创建一个固定的页脚。代码如下。

```
<div data-role="footer" data-position="fixed">
<h3>定位页脚</h3>
</div>
```

3．Responsive（响应式）

当创建一个全屏页面时，页面中的内容会出现在整个屏幕中，而页眉和页脚则基于触摸响应来出现或消失。对显示照片和播放视频应用来说，全屏模式十分重要。要创建一个全屏的页面，在页面容器中添加 data-fullscreen="true"属性，然后在页眉和页脚元素中添加 data-position="fixed"属性。

16.2.3　页脚按钮

在 jQuery Mobile 应用中，可以在页脚中添加如下所示的 3 种按钮。

（1）只带有文本的按钮。

这种样式的按钮经常用在工具栏内，原因是工具栏的外观没有标签栏大。页脚内的正常链接会作为只带有文本的按钮来显示。

```
<a href="#">文本</a>
```

（2）只带有图标的按钮。

这种样式的按钮也可以用于工具栏中，需要添加如下所示的两个属性。

☑　data-icon="notext"。

☑　data-iconpos="notext"。

例如：

```
<a href="#" data-icon="plus" data-iconpos="notext"></a>
```

（3）既有文本又有图标的按钮。

这种样式的按钮可以用于标签栏内。例如：

```
<a href="#" data-icon="home">文本</a>
```

16.3 工　具　栏

知识点讲解：光盘\视频讲解\第 16 章\工具栏.avi

在 jQuery Mobile 应用中，工具栏可用于辅助管理当前屏幕中的内容。当用户需要执行与当前屏幕中的对象相关联的动作时，工具栏会非常有用。在 jQuery Mobile 应用中构建工具栏时，可以选择使用图标或文本实现。

16.3.1 带有图标的工具栏

在 jQuery Mobile 应用中，经常遇到只有图标构成的工具栏。与文本构成的工具栏相比，带有图标的工具栏占据的屏幕空间更少。在选择图标时，需要选择能够表达正确含义的标准图标。例如下面所示的实例，演示了在 Android 系统中使用工具栏的过程。

实例 16-9：演示在 Android 系统中使用工具栏的过程

源码路径：光盘:\codes\16\gongju.html

实例文件 gongju.html 的具体实现代码如下。

```
<!DOCTYPE html>
<html>
    <head>
    <meta charset="utf-8">
    <title>Toolbar example with icons</title>
    <meta name="viewport" content="width=device-width, initial-scale=1">
    <link rel="stylesheet" href="http://code.jquery.com/mobile/1.0/jquery.mobile-1.0.min.css" />
    <style>
        /* wrap the text for the movie review */
        .ui-li-desc { white-space: normal; margin-right: 20px; }
    </style>
    <script src="http://code.jquery.com/jquery-1.6.4.min.js"></script>
    <script src="http://code.jquery.com/mobile/1.0/jquery.mobile-1.0.min.js"></script>
</head>
<body>

<div data-role="page">
    <div data-role="header">
        <h1>电影评论</h1>
    </div>

    <div data-role="content">
        <ul data-role="listview" data-inset="true" data-theme="e">
            <li data-role="list-divider">X-战警
              <p class="ui-li-aside">评级: <em>1,588</em></p></li>
            <li>
                <img src="images/thumbs-up.png" class="ui-li-icon">
                <p>去看看它！这部电影是好演员和特殊效果是难以置信的。值得的门票价格。</p>
```

```
          </li>
      </ul>

      <ul data-role="listview" data-inset="true" data-theme="e">
        <li data-role="list-divider">评论</li>
          <li>
              <img src="images/111-user.png" class="ui-li-icon">
            <p>感谢评论，这周末我就去看。</p>
              <span class="ui-li-count">1 天前</span>
          </li>
          <li>
              <img src="images/111-user.png" class="ui-li-icon">
            <p>你的评论非常有用！</p>
              <span class="ui-li-count">3 天前</span>
          </li>
      </ul>
  </div>

  <!-- toolbar with icons -->
  <div data-role="footer" data-position="fixed">
      <div data-role="navbar">
          <ul>
              <li><a href="#" data-icon="arrow-l"></a></li>
              <li><a href="#" data-icon="back"></a></li>
              <li><a href="#" data-icon="star"></a></li>
              <li><a href="#" data-icon="plus"></a></li>
              <li><a href="#" data-icon="arrow-r"></a></li>
          </ul>
      </div>
  </div>
</div>
</body>
</html>
```

上述实例执行后的效果如图 16-11 所示。

图 16-11　执行效果

在上述执行效果中有一个显示电影评论的屏幕，为了帮助用户管理评论，可以利用一个由标准图标构成的工具栏，此工具栏允许用户执行如下所示的 5 种动作。

☑ 导航到前面的评论。

☑ 回复评论。

☑ 将评论标记为最喜欢的评论。

☑ 添加一条新的电影评论。

☑ 导航到后面的评论。

在创建工具栏时，仅需要最少的标记。在含有属性 data-role="navbF"的<div>中，只需要其中包含按钮的一个无序列表即可。工具栏按钮相当灵活，而且可以根据设备的宽度进行等间距排放。

16.3.2 带有分段控件的工具栏

在 jQuery Mobile 应用中，可以在工具栏中放置一个分段控件，从而让用户通过不同的视角来访问应用程序的数据。例如在工具栏中放置分段控件，可以允许用户显示日历数据的不同视图。此处的分段控件，与实例 16-4 中使用的分段控件相同。这说明可以同时在页眉和工具栏组件中使用分段控件。分段控件只是一组包含在一个控件组内并按照用户的要求进行风格化的按钮。

下面通过一个具体实例的实现过程，详细讲解在 Android 工具栏中使用分段控件的方法。

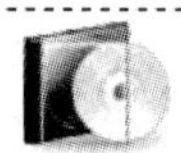

实例 16-10：在 Android 工具栏中使用分段控件

源码路径：光盘:\codes\16\segmented.html

实例文件 segmented.html 的具体实现代码如下。

```
<!DOCTYPE html>
<html>
    <head>
    <meta charset="utf-8">
    <title>Footer with Segmented Control Example</title>
    <meta name="viewport" content="width=device-width, initial-scale=1">
    <link rel="stylesheet" href="http://code.jquery.com/mobile/1.0/jquery.mobile-1.0.min.css" />
    <style>
        .segmented-control { text-align:center;}
        .segmented-control .ui-controlgroup { margin: 0.2em; }
        .ui-control-active, .ui-control-inactive { border-style: solid; border-color: gray; }
        .ui-control-active { background: #BBB; }
        .ui-control-inactive { background: #DDD; }
    </style>
    <script src="http://code.jquery.com/jquery-1.6.4.min.js"></script>
    <script src="http://code.jquery.com/mobile/1.0/jquery.mobile-1.0.min.js"></script>
</head>
<body>
<div data-role="page">
    <div data-role="header">
        <h1>日历记事本</h1>
    </div>
    <div data-role="content">
```

```
        <ul data-role="listview" data-filter="true">
            <li data-role="list-divider">Mon <p class="ui-li-aside"><strong>Feb 6 2012</strong></p></li>
            <li><a href="#"><p><strong>6</strong> PM<span class="ui-li-aside"><strong>生日聚会</strong>
</span></p></a></li>
            <li data-role="list-divider">Wed <p class="ui-li-aside"><strong>Feb 8 2012</strong></p></li>
            <li><a href="#"><p><strong>6</strong> PM<span class="ui-li-aside"><strong>公司会议</strong>
</span></p></a></li>
            <li data-role="list-divider">Fri <p class="ui-li-aside"><strong>Feb 10 2012</strong></p></li>
            <li><a href="#"><p><strong>2</strong> PM<span class="ui-li-aside"><strong>英语课</strong>
</span></p></a></li>
            <li><a href="#"><p><strong>5</strong> PM<span class="ui-li-aside"><strong>看足球!</strong>
</span></p></a></li>
        </ul>
    </div>
    <!-- Toolbar with a segmented control -->
    <div data-role="footer" data-position="fixed" data-theme="d" class="segmented-control">
        <div data-role="controlgroup" data-type="horizontal">
            <a href="#" data-role="button" class="ui-control-active">全部</a>
            <a href="#" data-role="button" class="ui-control-inactive">日期</a>
            <a href="#" data-role="button" class="ui-control-inactive">月份</a>
        </div>
    </div>
</div>
</body>
</html>
```

上述实例执行后的效果如图 16-12 所示。

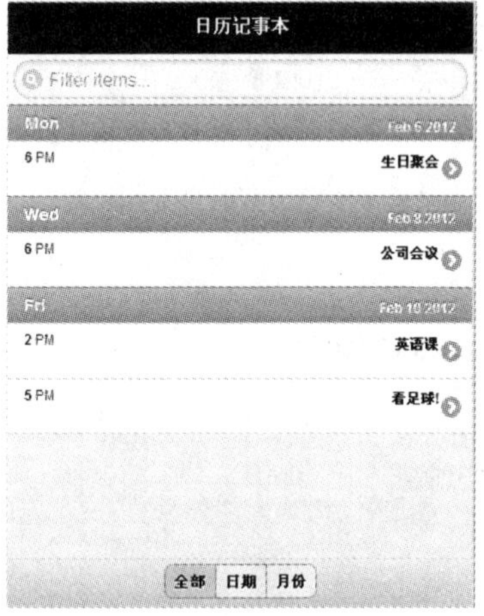

图 16-12　执行效果

16.4　标　签　栏

知识点讲解：光盘\视频讲解\第 16 章\标签栏.avi

在 jQuery Mobile 应用中，可以将页脚设计为一个标签栏。通过标签栏可以以不同的视图来查看应用程序。标签栏通常作为一个永久的页脚出现在屏幕的底部边缘，用户可以在应用程序的任何位置访问它。在 jQuery Mobile 应用中，标签栏通常包含显示图标和文本的按钮。在日常应用中，通常有如下 4 种样式的标签栏。

☑ 在标签栏中包括 jQuery Mobile 内可用的标准图标。
☑ 永久标签栏。
☑ 标签栏使用自定义图标。
☑ 将标签栏与同一个 UI 内的分段控件结合起来，从而允许用户通过同一个屏幕导航，以不同形式查看数据。

本节将详细讲解上述 4 种标签栏的基本知识和具体用法。

16.4.1 带有标准图标的标签栏

在移动 Web 设计应用中，最简单的标签栏解决方案使用的是 jQuery Mobile 的标准图标集。jQuery Mobile 拥有自己的标准图标，如果使用这些标准图标，则标签栏无须任何额外的样式风格。

下面通过一个具体实例的实现过程，详细讲解在 Android 中使用带有标准图标的标签栏的方法。

实例 16-11：使用带有标准图标的标签栏
源码路径：光盘:\codes\16\tabbar.html

实例文件 tabbar.html 的具体实现代码如下。

```
<body>
<div data-role="page">
    <div data-role="header">
        <h1>精彩视频</h1>
    </div>

    <div data-role="content">
        <ul data-role="listview">
            <li>
              <a href="#">
                <img src="images/111.jpg" />
              <h3>变形金刚</h3>
                <p>评级: PG</p>
                <p>时长: 95 min.</p>
              </a>
            </li>
            <li>
              <a href="#">
                <img src="images/222.jpg" />
              <h3>X 战警</h3>
                <p>评级: PG-13</p>
                <p>时长: 137 min.</p>
              </a>
            </li>
            <li>
              <a href="#">
```

```
                    <img src="images/3316.jpg" />
                <h3>雷雨</h3>
                    <p>评级: PG-13</p>
                    <p>时长: 131 min.</p>
                </a>
            </li>
            <li>
                <a href="#">
                    <img src="images/444.jpg" />
            <h3>小李飞刀</h3>
                    <p>评级: PG</p>
                    <p>时长: 95 min.</p>
                </a>
            </li>
        </ul>
    </div>

    <!-- tab bar with standard icons -->
    <div data-role="footer" data-position="fixed">
        <div data-role="navbar">
            <ul>
                <li><a href="#" data-icon="home">主页</a></li>
                <li><a href="#" data-icon="star" class="ui-btn-active">电影</a></li>
                <li><a href="#" data-icon="grid">剧场</a></li>
            </ul>
        </div>
    </div>
</div>
</body>
```

上述实例执行后的效果如图 16-13 所示。

图 16-13　执行效果

16.4.2 永久标签栏

在 jQuery Mobile 应用中，为了永久显示标签栏，需要为页脚添加一个额外的属性。为了在页面转换期间可以一直显现页脚，可以为每个标签栏的页脚添加 data-id 属性，并将其值设置为相同的识别符。具体方法是设置所有标签栏都包含一个 data-id="main-tabbar"识别符。例如，触摸一个不活动的标签栏，而且在页面切换期间屏幕将会“滑动”，而标签栏仍然保持为固定和永久显现的状态。此外，在从一个标签转换到另外一个标签时，为了保持每一个标签栏的活动状态，需要添加 ui-state-persist 和 ui-btn-active 类。例如，下面的代码演示了永久标签栏的用法，其中加粗倾斜的代码实现了永久设置功能。

```
<div data-role="footer" class="tabbar" data-id="main-tabbar"
    data-position="fixed'>
  <div data-role="navbar" Class="tabbar">
    <ul>
    <li><a href="tabbar-movies.html"
    class="ui-btn-active ui-state-persist">电影</a></li>
    <li><a href="tabbar-theatres.html">音乐</a></li>
   </ul>
  </div>
</diV>
<div data-role="footer" class="tabbar" data-id="main-tabbar"
    data-position="fixed">
  <div data-role="navbar" class="tabbar">
   <ul>
    <li><a href="tabbar.movies.html">电影</a></li>
    <li><a href="tabbar.theatreS.html"
    class="ui-btn-active ui-state-persist">音乐</a>< / li>
   </ul>
  </div>
</div>
```

16.4.3 有自定义图标的标签栏

在移动 Web 设计应用中，可以在标签栏或工具栏中添加自定义的图标。通过使用 jQuery Mobile，只需添加最少的代码，即可提供对自定义图标的支持。例如在下面的演示实例中，包含了几个来自 Glyphish 的第三方图标。

实例 16-12：在 Android 中使用有自定义图标的标签栏

源码路径：光盘:\codes\16\tabbar-icons.html

实例文件 tabbar-icons.html 的具体实现代码如下。

```
<!DOCTYPE html>
<html>
     <head>
     <meta charset="utf-8">
     <title>Tab Bar Example</title>
     <meta name="viewport" content="width=device-width, initial-scale=1">
```

```
    <link rel="stylesheet" href="http://code.jquery.com/mobile/1.0/jquery.mobile-1.0.min.css" />
    <style>
        .ui-navbar-custom .ui-btn .ui-btn-inner { font-size: 11px!important; padding-top: 24px!important; padding-
bottom: 0px!important; }
        .ui-navbar-custom .ui-btn .ui-icon { width: 30px!important; height: 20px!important; margin-left:
-15px!important; box-shadow: none!important; -moz-box-shadow: none!important; -webkit-box-shadow:
none!important; -webkit-border-radius: none !important; border-radius: none !important; }
        #home .ui-icon { background: url(images/516-house-w.png) 50% 50% no-repeat; background-size:
22px 20px; }
        #movies .ui-icon { background: url(images/107-widescreen-w.png) 50% 50% no-repeat; background-
size: 25px 17px; }
        #theatres .ui-icon { background: url(images/15-tags-w.png) 50% 50% no-repeat; background-size:
20px 20px; }
    </style>
    <script src="http://code.jquery.com/jquery-1.6.4.min.js"></script>
    <script src="http://code.jquery.com/mobile/1.0/jquery.mobile-1.0.min.js"></script>
</head>
<body>

<div data-role="page">
    <div data-role="header">
        <h1>精彩电影</h1>
    </div>

    <div data-role="content">
        <ul data-role="listview">
            <li>
              <a href="#">
                 <img src="images/111.jpg" />
              <h3>变形金刚</h3>
                 <p>评级: PG</p>
                 <p>时长: 95 min.</p>
              </a>
            </li>
            <li>
              <a href="#">
                 <img src="images/222.jpg" />
              <h3>X 战警</h3>
                 <p>评级: PG-13</p>
                 <p>时长: 137 min.</p>
              </a>
            </li>
            <li>
              <a href="#">
                 <img src="images/3316.jpg" />
              <h3>雷雨</h3>
                 <p>评级: PG-13</p>
                 <p>时长: 131 min.</p>
              </a>
            </li>
            <li>
```

```
                <a href="#">
                    <img src="images/444.jpg" />
                <h3>小李飞刀</h3>
                    <p>评级: PG</p>
                    <p>时长: 95 min.</p>
                </a>
            </li>
        </ul>
    </div>

    <!-- tab bar with custom icons -->
    <div data-role="footer" class="ui-navbar-custom" data-position="fixed">
        <div data-role="navbar" class="ui-navbar-custom">
            <ul>
                <li><a href="#" id="home" data-icon="custom">主页</a></li>
                <li><a href="#" id="movies" data-icon="custom" class="ui-btn-active">电影</a></li>
                <li><a href="#" id="theatres" data-icon="custom">音乐</a></li>
            </ul>
        </div>
    </div>
</div>

</body>
</html>
```

在上述实例中，为了添加自定义图标，需要添加属性 data-icon="custom"，以及用于定位的一些自定义样式和 id。其中，id 用于将每个按钮与它的样式进行关联。上述实例执行后的效果如图 16-14 所示。

图 16-14　执行效果

16.4.4　带有分段控件的标签栏

在移动 Web 设计应用中，可以使用永久标签栏来完善站点导航，而且可以使用分段控件来显示数

据的不同视图。例如，在下面的演示实例中创建了一个 UI，该 UI 允许用户在“主页”、“电影”和“音乐”标签之间进行导航。

实例 16-13：在 Android 中使用带有分段控件的标签栏

源码路径：光盘:\codes\16\tabbar-segmented.html

实例文件 tabbar-segmented.html 的具体实现代码如下。

```
<!DOCTYPE html>
<html>
    <head>
    <meta charset="utf-8">
    <title>Tab Bar Example</title>
    <meta name="viewport" content="width=device-width, initial-scale=1">
    <link rel="stylesheet" href="http://code.jquery.com/mobile/1.0/jquery.mobile-1.0.min.css" />
    <style>
        .tabbar .ui-btn .ui-btn-inner { font-size: 11px!important; padding-top: 24px!important; padding-bottom:
0px!important; }
        .tabbar .ui-btn .ui-icon { width: 30px!important; height: 20px!important; margin-left: -15px!important;
box-shadow: none!important; -moz-box-shadow: none!important; -webkit-box-shadow: none!important; -webkit-
border-radius: none !important; border-radius: none !important; }
        #home .ui-icon { background:   url(images/516-house-w.png) 50% 50% no-repeat; background-size:
22px 20px; }
        #movies .ui-icon { background:   url(images/107-widescreen-w.png) 50% 50% no-repeat; background-size:
25px 17px; }
        #theatres .ui-icon { background:   url(images/15-tags-w.png) 50% 50% no-repeat; background-size:
20px 20px; }

        .segmented-control { text-align:center;}
        .segmented-control .ui-controlgroup { margin: 0.2em; }
        .ui-control-active, .ui-control-inactive { border-style: solid; border-color: gray; }
        .ui-control-active { background: #BBB; }
        .ui-control-inactive { background: #DDD; }
    </style>
    <script src="http://code.jquery.com/jquery-1.6.4.min.js"></script>
    <script src="http://code.jquery.com/mobile/1.0/jquery.mobile-1.0.min.js"></script>
</head>
<body>

<div data-role="page">
    <div data-role="header" data-theme="b" data-position="fixed">
        <div class="segmented-control ui-bar-d">
            <div data-role="controlgroup" data-type="horizontal">
                <a href="#" data-role="button" class="ui-control-active">AAA 模式</a>
                <a href="#" data-role="button" class="ui-control-inactive">BBB 模式</a>
                <a href="#" data-role="button" class="ui-control-inactive">CCC 模式</a>
            </div>
        </div>
    </div>
```

```
<div data-role="content">
    <ul data-role="listview">
        <li>
            <a href="#">
                <img src="images/111.jpg" />
            <h3>变形金刚</h3>
                <p>Rated: PG</p>
                <p>Runtime: 95 min.</p>
            </a>
        </li>
        <li>
            <a href="#">
                <img src="images/222.jpg" />
            <h3>X 战警</h3>
                <p>Rated: PG-13</p>
                <p>Runtime: 137 min.</p>
            </a>
        </li>
        <li>
            <a href="#">
                <img src="images/3316.jpg" />
            <h3>雷雨</h3>
                <p>Rated: PG-13</p>
                <p>Runtime: 131 min.</p>
            </a>
        </li>
        <li>
            <a href="#">
                <img src="images/444.jpg" />
            <h3>小李飞刀</h3>
                <p>Rated: PG</p>
                <p>Runtime: 95 min.</p>
            </a>
        </li>
        <li>
            <a href="#">
                <img src="images/111.jpg" />
                <h3>变形金刚（3D 版）</h3>
                <p>Rated: PG-13</p>
                <p>Runtime: 131 min.</p>
            </a>
        </li>
    </ul>
</div>

<!-- tab bar with custom icons -->
<div data-role="footer" class="tabbar" data-position="fixed">
    <div data-role="navbar" class="tabbar">
    <ul>
        <li><a href="#" id="home" data-icon="custom">主页</a></li>
        <li><a href="#" id="movies" data-icon="custom" class="ui-btn-active">电影</a></li>
```

```
                <li><a href="#" id="theatres" data-icon="custom">音乐</a></li>
            </ul>
            </div>
        </div>
</div>

</body>
</html>
```

在上述实例代码中，当用户选择“电影”标签时，会在页眉内显示分段控件，以允许用户筛选他们的电影列表。在本实例中已经彻底移除了页眉文本，原因是活动标签已经用来突出显示页面的标题。上述实例执行后的效果如图 16-15 所示。

图 16-15　执行效果

第17章 按　钮

按钮是移动 Web 程序中最常使用的控件之一，能够为用户提供非常高效的用户体验。在本书前面的许多实例中已经多次使用到了按钮。本章将详细讲解在 jQuery Mobile 中实现按钮功能的基本知识，为读者学习本书后面的知识打下基础。

17.1 链 接 按 钮

知识点讲解：光盘\视频讲解\第 17 章\链接按钮.avi

在 jQuery Mobile 中有多种形式的按钮，其中最为常见的有链接按钮、表单按钮、图像按钮、只带有图标的按钮以及同时带有文本和图标的按钮。在现实应用中，jQuery Mobile 按钮都具有一致的样式风格。无论使用链接按钮还是基于表单的按钮，jQuery Mobile 框架都会以完全相同的方式对待它们。在讲解这些按钮时，会讲解一些常见的实用案例，以便于读者学习和理解。

在 jQuery Mobile 应用中，链接按钮是最常使用的按钮类型。当需要将一个普通链接设计为按钮时，需要为链接添加如下所示的属性。

```
data-role="button"
```

在默认情况下，页面中内容区域内的按钮都被设计为块级元素，这样可以填充其外层容器（即内容区域）的整个宽度。如果需要的是一个更为紧凑的按钮，其宽度与按钮内部的文本和图标的宽度相同，则可以添加如下所示的属性。

```
data-inline="true"
```

下面通过一个具体实例的实现过程，详细讲解在 Android 中使用链接按钮的方法。

实例 17-1：在 Android 中使用链接按钮
源码路径：光盘:\codes\17\link.html

实例文件 link.html 的具体实现代码如下。

```
<!DOCTYPE html>
<html>
    <head>
    <meta charset="utf-8">
    <title>按钮</title>
    <meta name="viewport" content="width=device-width, minimum-scale=1.0, maximum-scale=1.0;">
    <link rel="stylesheet" href="http://code.jquery.com/mobile/1.0/jquery.mobile-1.0.min.css" />
    <script src="http://code.jquery.com/jquery-1.6.17.min.js"></script>
    <script src="http://code.jquery.com/mobile/1.0/jquery.mobile-1.0.min.js"></script>
</head>
```

```
<body>

<div data-role="page" data-theme="b">
    <div data-role="header">
        <h1>演示按钮的用法</h1>
    </div>

    <div data-role="content">
        <p style="text-align:center;">
            <em>&lt;a href="#" <strong>data-role="button"</strong>&gt;链接按钮

&lt;/a&gt;</em>链接按钮<a href="#" data-role="button"></a>

            <br><br>

            <em>&lt;a href="#" data-role="button" <strong>data-inline="true"</strong>&gt;同意&lt;/a&gt;
            <a href="#" data-role="button" data-inline="true" data-rel="back" data-theme="a">不同意</a>
            <a href="#" data-role="button" data-inline="true" data-theme="c">同意</a>
        </p>
    </div>
</div>

</body>
</html>
```

在上述实例代码中，如果希望按钮并排放置，并占据屏幕的整个宽度，可以使用一个两列的网格。执行后的效果如图 17-1 所示。

图 17-1　执行效果

17.2　表 单 按 钮

知识点讲解：光盘\视频讲解\第 17 章\表单按钮.avi

在 jQuery Mobile 应用中，基于表单的按钮比较容易设计。为了简单起见，框架会自动将任何 button 或 input 元素转换为移动类型的按钮。如果想要禁用表单按钮或任何其他控件的自动初始化，可以为这些元素添加如下所示的设置。

```
data-role="none"
```

这样，jQuery Mobile 就不会增强这些控件。

```
<button data-role="none">表单按钮</button>
```

下面通过一个具体实例的实现过程，详细讲解在 Android 中使用表单按钮的方法。

实例 17-2：在 Android 中使用表单按钮
源码路径：光盘:\codes\17\form.html

实例文件 form.html 的具体实现代码如下。

```
<div data-role="page">
    <div data-role="header">
        <h1>使用表单按钮</h1>
    </div>

    <div data-role="content">
        <em>&lt;button&gt;按钮元素&lt;/button&gt;</em>
        <button data-theme="b">按钮元素</button>
        <br>
        <em>&lt;input type="button" value="Button input" /&gt;</em><br>
        <em>&lt;input type="submit" value="Submit input" /&gt;</em><br>
        <em>&lt;input type="reset" value="Reset input" /&gt;</em>
        <input type="button" value="确定按钮" data-theme="b" />

    </div>
</div>
```

执行后的效果如图 17-2 所示。

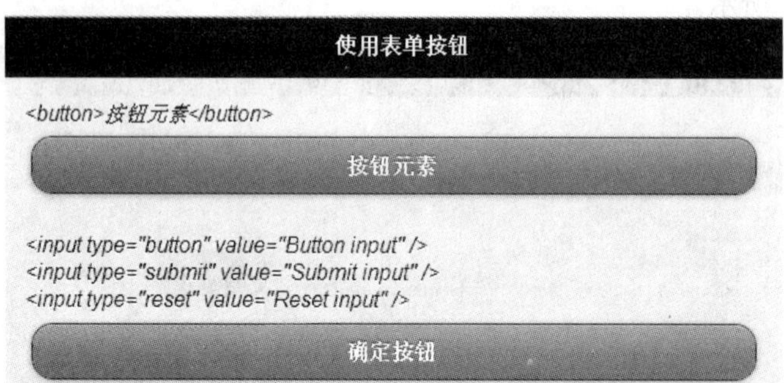

图 17-2　执行效果

17.3　图　像　按　钮

知识点讲解：光盘\视频讲解\第 17 章\图像按钮.avi

在 jQuery Mobile 应用中，可以很容易地将图像设计为按钮。如果想将图片附加到一个 input 元素上，则需要添加如下所示的属性。

```
data-role="none"
```

下面通过一个具体实例的实现过程，详细讲解在 Android 中使用图像按钮的方法。

实例 17-3：在 Android 中使用图像按钮
源码路径：光盘:\codes\17\image.html

实例文件 image.html 的具体实现代码如下。

```
<div data-role="page" data-theme="b">
	<div data-role="header">
		<h1>使用图片按钮</h1>
	</div>

	<div data-role="content">
		<p style="text-align:center;">
			<em>&lt;input type="image" src="cloud.png" <strong>data-role="none"</strong> /></em><br>
			<input type="image" src="images/cloud-default.png" style="width:57px; height:57px;" data-role=
"none" />
		</p>

		<p style="text-align:center;">
			<em>&lt;a href="#"&gt;&lt;img src="cloud.png"&gt;&lt;/a&gt;</em><br>
			<a href="#"><img src="images/cloud-default.png" height="44" width="44"></a>
		</p>
	</div>
</div>
```

执行后的效果如图 17-3 所示。

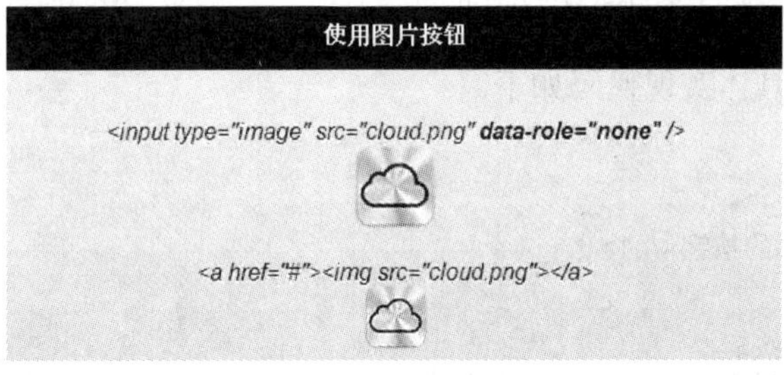

图 17-3　执行效果

17.4　有图标的按钮

知识点讲解：光盘\视频讲解\第 17 章\使用有图标的按钮.avi

在移动 Web 开发应用中，包含了一组经常在移动应用程序中使用的标准图标，其中包含一个单独的白色图标精灵（sprite），而且该图标后面还有一个半透明的黑圈，以确保图标能够与任何背景色区分开来。在 jQuery Mobile 应用中，通过添加属性 data-icon 并指定要显示的图标方式，可以将图标添加到任何按钮上。

在 jQuery Mobile 应用中，属性 data-icon 可以用来创建如下所示的图标。

☑　左箭头：data-icon="arrow-l"。

☑　右箭头：data-icon="arrow-r"。

☑ 上箭头：data-icon="arrow-u"。
☑ 下箭头：data-icon="arrow-d"。
☑ 删除：data-icon="delete"。
☑ 添加：data-icon="Plus"。
☑ 减少：data-icon="minus"。
☑ 检查：data-icon="Check"。
☑ 齿轮：data-icon="gear"。
☑ 前进：data-icon="Forward"。
☑ 后退：data-icon="Back"。
☑ 网格：data-icon="Grid"。
☑ 五角：data-icon="Star"。
☑ 警告：data-icon="Alert"。
☑ 信息：data-icon="info"。
☑ 首页：data-icon="home"。
☑ 搜索：data-icon="Search"。

在默认情况下，所有按钮图标都出现在按钮文本的左侧，也可以通过 data-iconpos="top" / "bottom" 属性来覆盖此默认操作。

下面通过一个具体实例的实现过程，详细讲解在 Android 中使用有图标的按钮的方法。

实例 17-4：在 Android 中使用有图标的按钮
源码路径：光盘:\codes\17\icon1.html

实例文件 icon1.html 的具体实现代码如下。

```
<div data-role="page">
    <div data-role="header">
        <h1>使用有图标的按钮</h1>
    </div>

    <div data-role="content">
      <p style="text-align:center;">
        <em>&lt;input type="button" value="delete" <strong>data-icon="delete"</strong>/&gt;</em>
        <input type="button" value="确认按钮" data-icon="delete" data-theme="b" data-inline="true" />
      </p>
      <p style="text-align:center;">
        <em>&lt;a href="#" data-role="button" <strong>data-icon="plus"</strong>&gt;链接&lt;/a&gt;</em>
        <a href="#" data-role="button" data-icon="plus" data-theme="b" data-inline="true">链接按钮</a>
      </p>
      <p style="text-align:center;">
        <em>&lt;button <strong>data-icon="minus"</strong>&gt;按钮元素&lt;/button&gt;</em>
        <button data-icon="minus" data-theme="b" data-inline="true">按钮元素</button>
      </p>
    </div>
</div>
```

执行后的效果如图 17-4 所示。

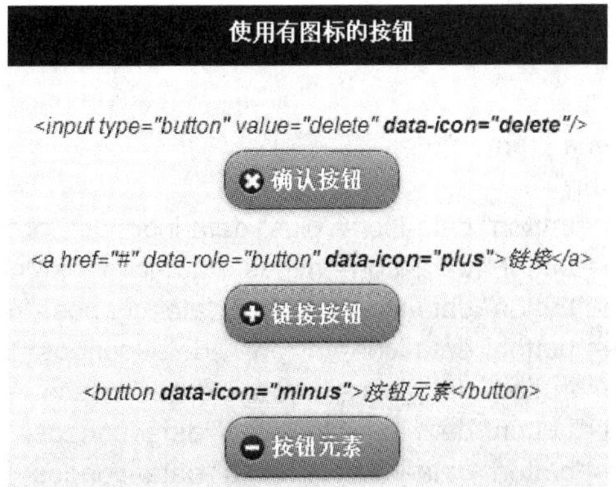

图 17-4　执行效果

17.5　只带有图标的按钮

知识点讲解：光盘\视频讲解\第 17 章\使用只带有图标的按钮.avi

在 jQuery Mobile 应用中，由于只带有图标的按钮占据的屏幕空间相当小，因此通常用于页眉、工具栏和标签栏中。在实例 16-3 中，已经使用过几个只带有图标的按钮。要创建一个只带有图标的按钮，可以为该按钮添加如下所示的属性。

```
data-iconpos="notext"
```

下面通过一个具体实例的实现过程，详细讲解在 Android 中使用只带有图标的按钮的方法。

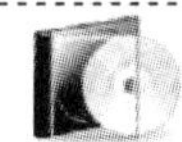

实例 17-5：在 Android 中使用只带有图标的按钮

源码路径：光盘:\codes\17\icon2.html

实例文件 icon2.html 的具体实现代码如下。

```
<!DOCTYPE html>
<html>
    <head>
    <meta charset="utf-8">
    <title>Buttons</title>
    <meta name="viewport" content="width=device-width, minimum-scale=1.0, maximum-scale=1.0">
    <link rel="stylesheet" href="http://code.jquery.com/mobile/1.0/jquery.mobile-1.0.min.css" />
    <style>
        .ui-content { min-height:inherit; }
    </style>
    <script src="http://code.jquery.com/jquery-1.6.17.min.js"></script>
    <script src="http://code.jquery.com/mobile/1.0/jquery.mobile-1.0.min.js"></script>
</head>
<body>

<div data-role="page" data-theme="b">
    <div data-role="header">
```

```
            <h1>使用只带有图标的按钮</h1>
    </div>

        <div data-role="content" data-theme="b">
            <p style="text-align:center;">
                <a href="#" data-role="button" data-icon="plus" data-iconpos="notext">Plus</a>
                <a href="#" data-role="button" data-icon="minus" data-iconpos="notext">Minus</a>
                <a href="#" data-role="button" data-icon="delete" data-iconpos="notext">Delete</a>
                <a href="#" data-role="button" data-icon="arrow-r" data-iconpos="notext">Next</a>
                <a href="#" data-role="button" data-icon="arrow-l" data-iconpos="notext">Previous</a>
                <a href="#" data-role="button" data-icon="arrow-u" data-iconpos="notext">Up</a>
                <a href="#" data-role="button" data-icon="arrow-d" data-iconpos="notext">Down</a>
                <a href="#" data-role="button" data-icon="check" data-iconpos="notext">Check</a>
                <a href="#" data-role="button" data-icon="gear" data-iconpos="notext">Gear</a>
                <a href="#" data-role="button" data-icon="refresh" data-iconpos="notext">Refresh</a>
                <a href="#" data-role="button" data-icon="forward" data-iconpos="notext">Forward</a>
                <a href="#" data-role="button" data-icon="back" data-iconpos="notext">Back</a>
                <a href="#" data-role="button" data-icon="grid" data-iconpos="notext">Grid</a>
                <a href="#" data-role="button" data-icon="star" data-iconpos="notext">Star</a>
                <a href="#" data-role="button" data-icon="alert" data-iconpos="notext">Alert</a>
                <a href="#" data-role="button" data-icon="info" data-iconpos="notext">Info</a>
                <a href="#" data-role="button" data-icon="home" data-iconpos="notext">Home</a>
                <button data-icon="search" data-iconpos="notext" data-theme="b">Search</button>
            </p>
        </div>
</div>

</body>
</html>
```

执行后的效果如图 17-5 所示。

在上述执行效果中，白色图标后面的半透明黑圈可以确保其与任何背景色形成对比，而且可以适用于 jQuery Mobile 主题系统。如图 17-6 所示为不同主题样式下图标按钮的例子。

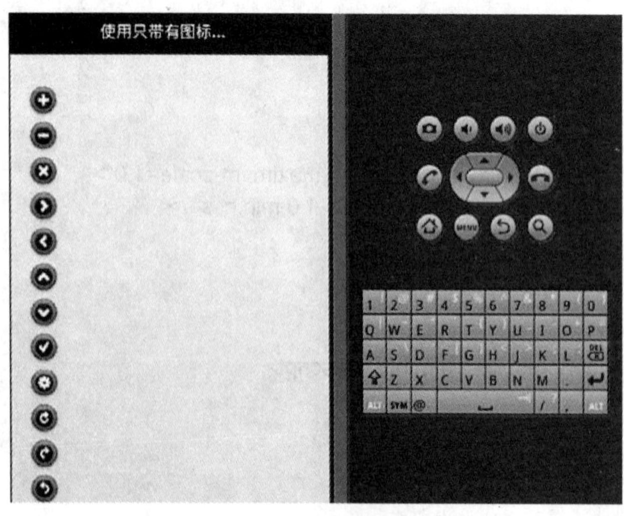

图 17-5　执行效果

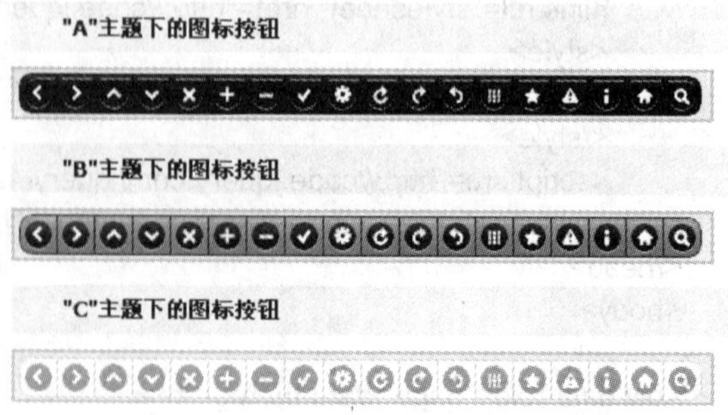

图 17-6　不同主题样式下的图标按钮实例

17.6　实现按钮定位

知识点讲解：光盘\视频讲解\第 17 章\实现按钮定位.avi

在 jQuery Mobile 应用中，默认情况下图标是左对齐的。但是，通过为按钮添加 data-iconpos 属性，并指明需要对齐的位置，可以显式地将图标对齐在任何一侧。例如，下面的代码就实现了一个图标在右边的按钮，效果如图 17-7 所示。

```
<a href="index.html" data-role="button" data-icon="delete" data-iconpos="right">Delete</a>
```

Delete

图 17-7　图标在右边的按钮

也可以用 data-iconpos="top"创建一个图标在文本上方的按钮，效果如图 17-8 所示。

也可以用 data-iconpos="bottom"创建一个图标在文本下方的按钮，效果如图 17-9 所示。

Delete

图 17-8　图标在文本上方的按钮

Delete

图 17-9　图标在文本下方的按钮

通过 data-iconpos="notext"可以创建一个只有图标的按钮。button 插件会在屏幕上隐藏文本，但是会把文本作为 title 属性 screen readers 的内容和支持小提示的浏览器，即下面的代码。

```
<a href="index.html" data-role="button" data-icon="delete" data-iconpos="notext">Delete</a>
```

下面通过一个具体实例的实现过程，详细讲解在 Android 中实现按钮定位的方法。

实例 17-6：在 Android 中实现按钮定位
源码路径：光盘:\codes\17\positioning.html

实例文件 positioning.html 的具体实现代码如下。

```
<div data-role="page">
    <div data-role="header">
        <h1>实现按钮定位</h1>
    </div>

    <div data-role="content" style="text-align:center; margin:0; padding:0;">
      <p style="margin:0; padding:0;">
        <a href="#" data-role="button" data-icon="arrow-u" data-theme="b" data-inline="true" data-iconpos=
"top">上</a>
      </p>
      <p style="margin:0; padding:0;">
        <a href="#" data-role="button" data-icon="arrow-l" data-theme="b" data-inline="true">左</a>
        <a href="#" data-role="button" data-icon="arrow-r" data-theme="b" data-inline="true" data-iconpos=
"right">右</a>
      </p>
```

```
        <p style="margin:0; padding:0;">
            <a href="#" data-role="button" data-icon="arrow-d" data-theme="b" data-inline="true" data-iconpos=
"bottom">下</a>
        </p>
    </div>
</div>
```

执行后的效果如图 17-10 所示。

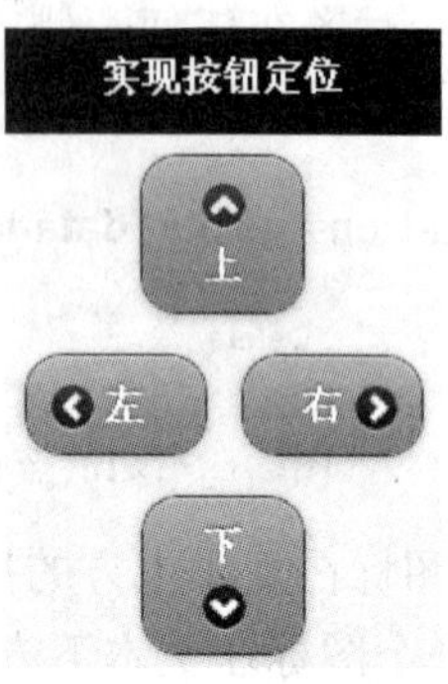

图 17-10　执行效果

17.7　自定义按钮图标

知识点讲解：光盘\视频讲解\第 17 章\自定义按钮图标.avi

在 jQuery Mobile 按钮应用中，可以使用自定义图标，此时需要指定一个唯一的 data-icon 值，例如：

```
data-icon="myapp-email"
```

jQuery Mobile 的 button 插件会生成一个 class 值添加上去，该值由 ui-icon 与 data-icon 的值组合而成（ui-icon-myapp-email），然后在 CSS 中指定这个类的背景图片地址。为了保持视觉效果上的一致，建议使用 png-8 格式的白色 8×18 的透明图标。

在 jQuery Mobile 应用中，要为按钮添加自定义图标，需要采取如下所示的两个步骤。

（1）为链接添加 data-icon 属性。该属性的值必须能够唯一地标识自定义图标。例如，data-icon="my-custom-icon"。

（2）创建一个 CSS 类属性，用于设置自定义图像的背景源。该类属性的名字必须被命名为".ui-icon-<data-icon-value>"。例如，如果 data-icon 值是"my-custom-icon"，则新创建的 CSS 类属性应该是".ui-icon-my-custom-icon"。

下面通过一个具体实例的实现过程，详细讲解在 Android 中实现自定义按钮图标的方法。

实例 17-7：在 Android 中实现自定义按钮的图标
源码路径：光盘:\codes\17\custom.html

实例文件 custom.html 的具体实现代码如下。

```
<!DOCTYPE html>
<html>
```

```
<head>
<meta charset="utf-8">
<title>Buttons</title>
<meta name="viewport" content="width=device-width, minimum-scale=1.0, maximum-scale=1.0">
<link rel="stylesheet" href="http://code.jquery.com/mobile/1.0/jquery.mobile-1.0.min.css" />
<style>
.ui-icon-custom1 { background: url(data:image/png;base64,iVBORw0KGgoAAAANSUhEUgAAABYAAAAWCAY
AAADEtGw7AAAKRGlDQ1BJQ0MgUHJvZmlsZQAAeAGdlndUFNcXx9/MbC+0XZYiZem9twWkLr1lISYKy+4CS
1nWZRewN0QFloqlCFYkKGLAaCgSK6JYCAgW7AEJlkoMRhEVlczGHPX3Oyf5/U7eH3c+8333nnfn3vvOGQA
oASECYQ6sAEC2UCKO9PdmxsUnMPG9AAZEgAM2AHC4uaLQKL9ogK5AXzYzF3WS8V8LAuD1LYBaAK5b
BlQzmX/p/+9DkSsSSwCAwtEAOx4/l4tyIcpZ+RKRTJ9EmZ6SKWMYl2MxmiDKqjJO+8Tmf/p8Yk8Z87KFPNRHl
rOll82TcRfKG/OkfJSREJSL8gT8fJRvoKyfJc0WoPwGZXo2n5MLAlYi0yV8bjrK1ihTxNGRbJTnAkCgpH3FKV+x
hF+A5gkAO0e0RCxlS5cwjbkmTBtnZxYzgJ+fxZdlLMl53EyOmMdk52SLOMlIAHz6ZlkUUJLVlokW2dHG2dHRw
tYSLf/n9Y+bn73+GWS9/eTxMuLPnkGMni/al9gvWk4tAKwptDZbvmgpOwFoWw+A6t0vmv4+AOQLAWjt++p7G
LJ5SZdlRC5WVvn5+ZYCPtdSVtDP6386fPb8e/jqPEvZeZ9rx/Thp3KkWRKmrKjcnKwcqZiZK+Jw+UyL/x7ifx34V
Vpf5WEeyU/li/lC9KgYdMoEwjS03UKeQCLIETIFwr/r8L8M+yoHGX6aaxRodR8BPckSKPTRAfJrD8DQyABJ3lP
uQJ/7FkKMAbKbF6s99mnuUUb3/7T/YeAy9BXOFaQxZTl7MprJlYrzZlzeCZnBAhKQB3SgBrSAHjAGFsAWOA
FX4Al8QRAlA9EgHiwCXJAOsoEY5lPlYA0oAiVgC9gOqsFeUAcaQBM4BtrASXAOXARXwTVwE9wDQ2AUPA
OT4DWYgSAlD1EhGqQGaUMGkBlkC7Egd8gXCoEioXgoGUqDhJAUWg6tg0qgcqga2g81QN9DJ6Bz0GWoH7
oDDUPj0O/QOxiBKTAd1oQNYSuYBXvBwXA0vBBOgxfDS+FCeDNcBdfCR+BW+Bx8Fb4JD8HP4CkElGSEge
ggFggLYSNhSAKSioiRlUgxUonUlk1lB9KNXEeGkAnkLQaHoWGYGAuMKyYAMx/DxSzGrMSUYqoxhzCtmC7
MdcwwZhLzEUvFamDNsC7YQGwcNg2bjy3CVmLrsS3YC9ib2FHsaxwOx8AZ4ZwxAbh4XAZuGa4UtxvXjDuL6
8eN4KbweLwa3gzvhg/Dc/ASfBF+J/4l/gx+AD+Kf0MgE7QJtgQ/QgJBSFhLqCQcJpwmDBDGCDNEBaIB0YUYR
uQRlxDLiHXEDmlfcZQ4Q1lkGZHcSNGkDNlaUhWpiXSBdJ/0kkwm65KdyRFkAXk1uYp8lHyJPEx+S1GimFLYl
ESKlLKZcpByInKH8pJKpRpSPakJVAl1M7WBep76kPpPGjiZnKRcox5NbJVcj1yo3lPdcnihvlO8lv0h+qXyl/HH5Pv
kJBaKCoQJbgaOwUqFG4YTCoMKUlk3RRjFMMVuxVPGw4mXFJ0p4JUMlXyWeUqHSAaXzSiM0hKZHY9O4t
HW0OtoF2igdRzeiB9lz6CX07+i99EllJWV75RjlAuUa5VPKQwyEYcglZGQxyhjHGLcY71Q0VbxU+CqbVJpUBlS
mVeeoeqryVYtVm1Vvqr5TY6r5qmWqbVVrU3ugjlE3VY9Qz1ffo35BfWlOfY7rHO6c4jnH5tzVgDVMNSl1lmkc0Oj
RmNLU0vTXFGnu1DyvOaHF0PLUytCq0DqtNa5N03bXFmhXaJ/RfspUZnoxs5hVzC7mpl6GToCOVGe/Tq/OjK
6R7nzdtbrNug/0SHosvVS9Cr1OvUl9bf1Q/eX6jfp3DYgGLIN0gx0G3QbThkaGsYYbDNsMnxipGgUaLTVqNLpv
TDX2MF5sXGt8wwRnwjLJNNltcs0UNnUwTTetMe0zg80czQRmu836zbHmzuZC81rzQQuKhZdFnkWjxbAlwzL
Ecq1lm+VzK32rBKutVt1WH60drLOs66zv2SjZBNmstemw+d3W1JZrW2N7w45q52e3yq7d7oW9mT3ffo/9bQea
Q6jDBodOhw+OTo5ixybHcSd9p2SnXU6DLDornFXKuuSMdfZ2XuV80vmti6OLxOWYy2+uFq6Zroddn8w1msuf
Wzd3xE3XjeO2323Ineme7L7PfchDx4PjUevxyFPPk+dZ7znmZeKV4XXE67m3tbfYu8V7mu3CXsE+64P4+PsU
+/T6KvnO9632fein65fm1+g36e/gv8z/bAA2IDhga8BgoGYgN7AhcDLIKWhFUFcwJTgquDr4UYhpiDikIxQODQrd
Fnp/nsE84by2MBAWGLYt7EG4Ufji8B8jcBHhETURjyNtIpdHdkfRopKiDke9jvaOLou+N994vnR+Z4x8TGJMQ8x
0rE9seexQnFXcirir8erxgvj2BHxCTEJ9wtQC3wXbF4wmOiQWJd5aaLSwYOHlReqLshadSpJP4iQdT8YmxyYfT
n7PCePUcqZSAlN2pUxy2dwd3Gc8T14Fb5zvxi/nj6W6pZanPklzS9uWNp7ukV6ZPiFgC6oFLzlCMvZmTGeGZR
7MnM2KzWrOJmQnZ58QKgkzhV05WjkFOf0iM1GRaGixy+LtiyfFweL6XCh3YW67hI7+TPVljaXrpcN57nk1eW/y
Y/KPFygWCAt6lpgu2bRkbKnf0m+XYZZxl3Uu11m+ZvnwCq8V+1dCK1NWdq7SW1W4anS1/+pDa0hrMtf8tNZ6
bfnaV+ti13UUahauLhxZ77++sUiuSFw0uMF1w96Nml2Cjb2b7Dbt3PSxmFd8pcS6pLLkfSm39Mo3Nt9UfTO7OX
Vzb5lj2Z4tuC3CLbe2emw9VK5YvrR8ZFvottYKZkVxxavtSdsvV9pX7t1B2iHdMVQVUtW+U3/nlp3vq9Orb9Z41z
Tv0ti1adf0bt7ugT2ee5r2au4t2ftun2Df7f3++1trDWsrD+AO5B14XBdT1/0t69uGevX6kvoPB4UHhw5FHupqcGpo
OKxxuKwRbpQ2jh9JPHLtO5/v2pssmvY3M5pLjoKj0qNPv0/+/tax4GOdx1nHm34w+GFXC62luBVqXdl62ZbeNt
Qe395/luhEZ4drR8uPlj8ePKlzsuaU8qmy06TThadnzyw9M3VWdHbiXNq5kc6kznvn487f6lro6r0QfOHSRb+L57u
9us9ccrt08rLL5RNXWFfarjpebe1x6Gn5yeGnll7H3tY+p772a87XOvrn9p8e8Bg4d93n+sUbgTeu3px3s//W/Fu3B
xMHh27zbj+5k3Xnxd28uzP3Vt/H3i9+oPCg8qHGw9qfTX5uHnlcOjXsM9zzKOrRvRHuyLNfcn95P1r4mPq4ckx7r
OGJ7ZOT437j154ueDr6TPRsZqLoV8Vfdz03fv7Db56/9UzGTY6+EL+Y/b30pdrLg6/sX3VOhU89fJ39ema6+l3a
m0NvWW+738W+G5vJf49/X/XB5EPHx+CP92ezZ2f/AAOY8/xJsCmYAAAACXBIWXMAAAsTAAALEwEAmpw
```

```
YAAAAvElEQVQ4Ee3T0RGDIAwGYOk5B8zSaZzJaZwFFqFG/XNpDSal1ze948AYPrglodY6eJ5SypYYYwye/O
CBgQIE3opT3gPJrV5MntYcaoOltaZdwwlgcD6aC2/uWEGxO1pgwxHQehW+QGGY+Al2oC78Df4CNXGGO9A
TLoz9VIgA/j4meXuuOayQc8bV60Xl4mzwzcNKMqtnjFs5WpOR+JlnbcSECVzLtUg4pfSU79qYT4X28ZfYDXP17
IL8vxQv/kFhUOBaQa4AAAAASUVORK5CYII=) 50% 50% no-repeat; background-size: 14px 14px; }
        #custom2 .ui-icon { background: url(../images/53-house-w.png) 50% 50% no-repeat; background-size:
14px 14px; }

        /* Remove box shadow for custom image */
        .ui-icon-shadow {
            -webkit-box-shadow:          0px 0px 0 rgba(255,255,255,.4);
            box-shadow:                  0 0px 0 rgba(255, 255, 255, 0.4); }
    </style>
    <script src="http://code.jquery.com/jquery-1.6.17.min.js"></script>
    <script src="http://code.jquery.com/mobile/1.0/jquery.mobile-1.0.min.js"></script>
</head>
<body>

<div data-role="page" data-theme="b">
    <div data-role="header">
        <h1>自定义图标</h1>
    </div>

    <div data-role="content" style="text-align:center;">
        <p>
            <em>&lt;a href="#" data-role="button" <strong>data-icon="home"</strong>&gt;</em>
            <a href="#" data-role="button" data-icon="home" data-inline="true">标准图标</a>
        </p>
        <p>
            <em>&lt;a href="#" data-role="button" <strong>data-icon="custom1"</strong>&gt;</em><br>
            <a href="#" data-role="button" data-icon="custom1" data-inline="true">自定义图标</a>
        </p>

        <br>
        <p>
            <em>&lt;a href="#" data-role="button" <strong>data-icon="custom" id="custom2"</strong>&gt; </em>
<br>
            <a href="#" data-role="button" data-icon="custom" id="custom2" data-inline="true">自定义 2</a>
        </p>
    </div>
</div>

</body>
</html>
```

执行后的效果如图 17-11 所示。

在现实应用中，用于自定义图像的背景源是使用数据 URI 方案（scheme）载入的。在从外部载入小图像时，这将是一个高性能的方法。例如，通过在线内（in-line）包含自定义图像，就不再需要 HTTP 请求。但该技术的主要缺陷是，图像以 Base64 编码并形成字符串后，其尺寸要比原始的图像大三分之一。

图 17-11　执行效果

17.8　使用分组按钮

知识点讲解：光盘\视频讲解\第 17 章\使用分组按钮.avi

在 jQuery Mobile 应用中，如果想对按钮进行分组，可以将按钮包含在一个控件组内。可以使用如下所示的属性将一组按钮包装在容器中。

```
data-role="controlgroup"
```

在默认情况下，框架会对按钮进行垂直分组，移除所有的页边空白（margin），并在按钮之间添加边界。此外，为了在视觉上增强分组，第一个和最后一个元素会使用圆角进行设计。按钮在默认情况下是垂直摆放的，可以添加属性 data-type="horizontal"来水平摆放按钮。垂直摆放的按钮会占据其外层容器的整个宽度，而水平摆放的按钮的宽度则与其内容一样宽。

下面通过一个具体实例的实现过程，详细讲解在 Android 中使用分组按钮的方法。

实例 17-8：在 Android 中使用分组按钮

源码路径：光盘:\codes\17\fenzu.html

实例文件 fenzu.html 的具体实现代码如下。

```
<!DOCTYPE html>
<html>
    <head>
    <meta charset="utf-8">
    <title>Segmented Control Example</title>
    <meta name="viewport" content="width=device-width, initial-scale=1">
    <link rel="stylesheet" href="http://code.jquery.com/mobile/1.0/jquery.mobile-1.0.min.css" />
    <style>
        .segmented-control { text-align:center;}
        .segmented-control .ui-controlgroup { margin: 0.2em; }
        .ui-control-active, .ui-control-inactive { border-style: solid; border-color: gray; }
        .ui-control-active { background: #BBB; }
        .ui-control-inactive { background: #DDD; }
```

```
    </style>
    <script src="http://code.jquery.com/jquery-1.6.17.min.js"></script>
    <script src="http://code.jquery.com/mobile/1.0/jquery.mobile-1.0.min.js"></script>
</head>
<body>

<div data-role="page">
    <div data-role="header" data-position="fixed">
        <h1>精彩影视</h1>
        <div class="segmented-control ui-bar-d">
            <div data-role="controlgroup" data-type="horizontal">
                <a href="#" data-role="button" class="ui-control-active">剧院模式</a>
                <a href="#" data-role="button" class="ui-control-inactive">马上回来</a>
                <a href="#" data-role="button" class="ui-control-inactive">最受欢迎的</a>
            </div>
        </div>
    </div>

    <div data-role="content">
        <ul data-role="listview">
            <li>
              <a href="#">
                <img src="images/111.jpg" />
              <h3>变形金刚</h3>
                <p>评论: PG</p>
                <p>时长: 95 min.</p>
              </a>
            </li>
            <li>
              <a href="#">
                <img src="images/222.jpg" />
              <h3>X 战警</h3>
                <p>评论: PG-13</p>
                <p>时长: 137 min.</p>
              </a>
            </li>
            <li>
              <a href="#">
                <img src="images/333.jpg" />
              <h3>雷雨</h3>
                <p>评论  PG-13</p>
                <p>时长: 131 min.</p>
              </a>
            </li>
            <li>
              <a href="#">
                <img src="images/4417.jpg" />
              <h3>小李飞刀</h3>
                <p>评论: PG</p>
                <p>时长: 95 min.</p>
              </a>
            </li>
```

```
            </ul>
        </div>
</div>

</body>
</html>
```

本实例的执行效果如图 17-12 所示。

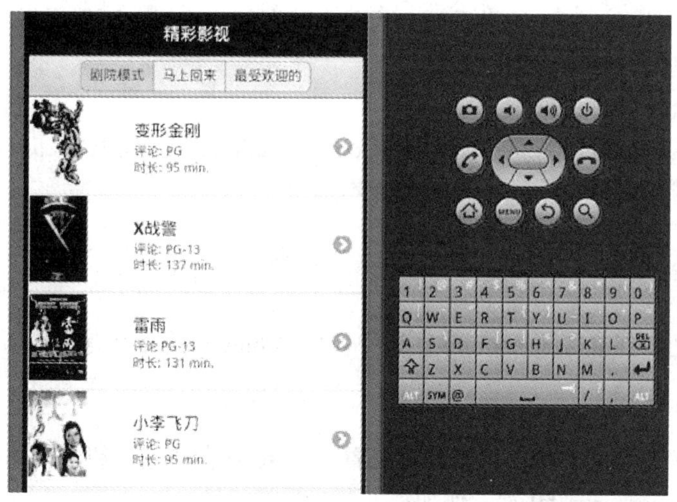

图 17-12　执行效果

当对按钮进行水平分组时，若控件组的宽度超出了屏幕宽度就会发生重叠现象。

17.9　使用主题按钮

知识点讲解：光盘\视频讲解\第 17 章\使用主题按钮.avi

在 jQuery Mobile 应用中，按钮与所有其他的 jQuery Mobile 组件一样，都会继承其父容器的主题。当需要使用不同颜色来设计按钮时，通过添加 data-theme 属性的方式可以为按钮应用任何所选择的主题。

例如在实例 15-7 中，为了提升按钮的可用性，设置的多选项操作表就是一个典型的使用主题按钮的过程，效果如图 17-13 所示。

图 17-13　主题按钮效果

17.10　使用动态按钮

知识点讲解：光盘\视频讲解\第 17 章\使用动态按钮.avi

在 jQuery Mobile 应用中，插件 button（plugin）是一个能自动增强本地按钮的组件，可以使用该插件动态创建、启用和禁用按钮。如果需要在代码中动态创建按钮，可以通过如下两个方法来实现。

☑　通过标记驱动的方法动态创建按钮。

☑　显式设置 button 插件的选项。

在标记驱动的方法中，可以为新按钮创建 jQuery Mobile 标记，将其添加到内容容器中，然后再进行增强处理。本节将详细讲解使用动态按钮的基本知识。

17.10.1　按钮选项

为了动态增强按钮，在 jQuery Mobile 框架中使用的 button 插件具有如下所示的选项。

1．corners boolean

在默认情况下，按钮是圆角的，将该选项设置为 false 则会移除按钮的圆角。该选项还可以公开作为一个数据属性：data-corners="false"。例如：

```
$("#button1").button({corners:false));
```

2．icons string

设置按钮的图标，默认为 null。该选项还可以公开作为一个数据属性：data-icon="plus"。例如：

```
$("#button1").button({icon:"plus"});
```

3．iconpos string

设置图标的位置。可能的值有 left、right、top、bottom 和 notext，默认为 left。notext 值会将按钮显示为一个只带有图标而没有文本的按钮。该选项还可以公开作为一个数据属性：data-iconpos="notext"。例如：

```
$("#button1").button({iconpos:"notext"});
```

4．iconshadow boolean

当该选项值为 true 时，框架会为图标添加阴影。该选项还可以公开作为一个数据属性：data-iconshadow="false"。例如：

```
$(“#button1").button({iconshadow:false});
```

5．initSelector

这是一个 CSS 选择符。默认："button, [type='button'], [type='submit'], [type='reset'], [type='image']"。此选项用来定义被初始化为表单按钮的选择符（通过元素类型、数据规则等）。要改变被初始化的元素，需要给 mobileinit event 事件绑定该选项。例如：

```
$( document ).bind( "mobileinit", function(){
    $.mobile.button.prototype.options.initSelector = ".myButtons";
});
```

6．inline

这是一个布尔值。若设为 true，会使按钮为内联的样式，此时按钮的宽度由按钮内的文字来决定。默认情况下，此项为 null（false），所以按钮的宽度会被撑满，不管里面有多少文字。可以使用的值是 true 和 false。此选项也可以通过 data-inline="true"的属性设置。例如：

```
$('a').buttonMarkup({ inline: "true" });
```

7．shadow

这是一个布尔值。默认为 true，表示按钮有阴影。此选项也可以通过 data-shadow="false"的属性设置。例如：

```
$('a').buttonMarkup({ shadow: "false" });
```

17.10.2　按钮方法

在 jQuery Mobile 应用中，插件 button 具有如下所示的方法。

1．enable

表示将一个 disabled 的表单按钮启用，例如：

```
$('[type='submit']').button('enable');
```

2．disable

用于禁用一个表单按钮，例如：

```
$('[type='submit']').button('disable');
```

3．refresh

用于更新一个表单按钮，如果通过 JS 更新了一个表单按钮，必须再通过 refresh 方法更新其视觉样式。例如：

```
$('[type='submit']').button('refresh');
```

上述方法只适用于表单中的按钮，基于链接的按钮没有相关联的方法。

17.10.3　按钮事件

在 jQuery Mobile 应用中，button 插件支持如下事件。

```
create triggered when a button is created
```

即在创建一个自定义按钮时会触发该事件，而不创建一个自定义按钮。例如下面的演示代码。

```
$('<a href="#" id="button2">Button2</a>')
    .insertAfter("#button")
    .button({
    theme:'a',
    create:function(event){
    console.log("Creating button... ");
    }
    })
```

17.10.4 动态按钮演练

经过对本节前面内容的学习，我们已经了解了在 jQuery Mobile 应用中实现动态按钮的基本知识。下面通过具体实例的实现过程，详细讲解在 Android 中实现动态按钮的方法。

实例 17-9：在 Android 中创建并使用动态按钮

源码路径：光盘:\codes\17\d-buttons.html

实例文件 d-buttons.html 的具体实现代码如下。

```
<!DOCTYPE html>
<html>
    <head>
    <meta charset="utf-8">
    <title>Buttons</title>
    <meta name="viewport" content="width=device-width, minimum-scale=1.0, maximum-scale=1.0;">
    <link rel="stylesheet" href="http://code.jquery.com/mobile/1.0/jquery.mobile-1.0.min.css" />
    <script src="http://code.jquery.com/jquery-1.6.17.min.js"></script>
    <script src="http://code.jquery.com/mobile/1.0/jquery.mobile-1.0.min.js"></script>
</head>
<body>

<div data-role="page" data-theme="b">
    <div data-role="header">
        <h1>创建动态按钮</h1>
    </div>

    <div data-role="content">
        <a href="#" data-role="button" id="create-button1">创建按钮 1</a>
        <a href="#" data-role="button" id="create-button2">创建按钮 2</a>

        <br><br>
        <a href="#" data-role="button" id="create-multiple-buttons">创建多个按钮</a>
        <a href="#" data-role="button" id="create-button5">创建按钮 5</a>
        <a href="#" data-role="button" id="create-button6">创建按钮 6</a>
        <a href="#" data-role="button" id="disable-button3" data-theme="d">禁用的按钮 3</a>
        <a href="#" data-role="button" id="enable-button3" data-theme="d">可用的按钮 3</a>
    </div>
```

```
<script type="text/javascript">
<!--使用标记驱动的方法来创建动态按钮-->
    $( "#create-button1" ).bind( "click", function() {
        $('<a href="http://jquerymobile.com" id="button1" data-role="button" data-icon="star" data-inline=
"true" data-theme="a">Button1</a>' )
            .appendTo( ".ui-content" )
            .button();
    });
    <!--使用插件驱动的方法来创建动态-->
    $( "#create-button2" ).bind( "click", function() {
        $( '<a href="http://jquerymobile.com" id="button2">Button2</a>' )
            .insertAfter( "#create-button2" )
            .button({
                corners: true,
                icon: "home",
                inline: true,
                shadow: true,
                theme: 'a',
                create: function(event) {
                    console.log( "Creating button..." );
                    for (prop in event) {
                        console.log(prop + ' = ' + event[prop]);
                    }
                }
            })
    });

    $( "#create-button5" ).bind( "click", function() {
        $( '<input type="submit" id="button5" value="Button5" data-theme="a" />' )
            .insertAfter( "#create-button5" )
            .button();
    });

    $( "#create-button6" ).bind( "click", function() {
        $( '<input type="submit" id="button6" value="Button6" />' )
            .insertAfter( "#create-button6" )
            .button({
                'icon': "home",
                'inline': true,
                'shadow': true,
                'theme': 'a'
            })
    });

    $( "#create-multiple-buttons" ).bind( "click", function() {
        $( '<button id="button3" data-theme="a">Button3</button>' ).insertAfter( "#create-multiple-buttons" );
        $( '<button id="button4" data-theme="a">Button4</button>' ).insertAfter( "#button3" );
        $.mobile.pageContainer.trigger( "create" );
    });
    <!--创建按钮，并动态禁用/启动它们-->
    $( "#disable-button3" ).bind( "click", function() {
```

```
                $( "#button3" ).button( "disable" );
            });

            $( "#enable-button3" ).bind( "click", function() {
                $( "#button3" ).button( "enable" );
            });
        </script>
</div>

</body>
</html>
```

在上述示例代码中，JavaScript 语句是整个程序的核心，这段 JavaScript 语句的实现流程如下。

（1）使用标记驱动的方法来创建动态按钮。

在标记驱动的方法中，为新按钮创建 jQuery Mobile 标记，将其添加到内容容器中，然后再进行增强。

（2）使用插件驱动的方法来创建动态按钮。

对于插件驱动的方法而言，需要创建一个本地链接，将按钮插入到页面中，然后应用按钮增强。

（3）创建按钮，并动态禁用/启动它们。

在此创建多个表单按钮，但是不再为每个按钮分别调用 button 插件，而是通过一次触发页面容器的 create 方法，对所有的按钮进行增强。另外，也可以使用 button 插件的 enable 和 disable 方法动态启用或禁用按钮。

本实例执行后的初始效果如图 17-14 所示。

单击图 17-14 中的某个按钮后，会动态创建对应的按钮。例如单击“创建多个按钮”后，会在下方自动创建两个按钮：“按钮 3”和“按钮 4”，如图 17-15 所示。

图 17-14　初始执行效果

图 17-15　动态自动创建两个按钮

第 18 章　表　　单

在 Web 应用中，表单的主要作用是实现数据采集功能。通常，一个表单由如下 3 个基本组成部分构成。

☑ 表单标签：包含处理表单数据所用 CGI 程序的 URL 以及数据提交到服务器的方法。

☑ 表单域：包含文本框、密码框、隐藏域、多行文本框、复选框、单选按钮、下拉选择框和文件上传框等。

☑ 表单按钮：包括提交按钮、复位按钮和一般按钮，用于将数据传送到服务器上的 CGI 脚本或者取消输入，还可以用表单按钮来控制其他定义了处理脚本的处理工作。

本章将详细讲解在 jQuery Mobile 中实现表单功能的基本知识，为读者学习本书后面的知识打下基础。

18.1 表单基础

知识点讲解：光盘\视频讲解\第 18 章\表单基础.avi

在 jQuery Mobile 应用中，用于构建基于表单的应用程序所采用的方法，和传统使用的构建 Web 表单的方法非常相似。虽然为了清晰起见，应该指明 action 和 method 属性，但这并不是必需的。在默认情况下，action 属性会默认为当前页面的相对路径，该路径可以通过$.mobile.path.get()找到，而未指定的 method 属性默认为 get。

在提交表单时，通过默认的“滑动”转换，当前页面将会转换到后续页面。但是通过之前用来管理链接的属性可以配置表单的转换行为。

下面将通过一个具体实例的实现过程，详细讲解在 Android 中使用表单的方法。

实例 18-1：在 Android 中使用表单

源码路径：光盘:\codes\18\form.html

实例文件 form.html 的具体实现代码如下。

```
<!DOCTYPE html>
<html>
    <head>
        <meta charset="utf-8">
        <title>Forms</title>
        <meta name="viewport" content="width=device-width, minimum-scale=1.0, maximum-scale=1.0;">
        <link rel="stylesheet" href="http://code.jquery.com/mobile/1.0/jquery.mobile-1.0.min.css" />
        <style>
            label {
                float: left;
                width: 5em;
```

```
            }

            input.ui-input-text {
                display: inline !important;
                width: 12em !important;
            }

            form p {
                clear: left;
                margin: 1px;
            }
        </style>
        <script src="http://code.jquery.com/jquery-1.6.4.min.js"></script>
        <script src="http://code.jquery.com/mobile/1.0/jquery.mobile-1.0.min.js"></script>
    </head>
    <body>
        <div data-role="page" data-theme="b">
            <div data-role="header">
                <h1>提交表单信息</h1>
            </div>
            <div data-role="content">
                <form name="test" id="test" action="form-response.php" method="post" data-transition="pop">
                    <p>
                        <label for="email">邮箱:</label>
                        <input type="email" name="email" id="email" value="" placeholder="Email" data-
theme="d"/>
                    </p>
                    <p>
                        <button type="submit" data-theme="a" name="submit">提交</button>
                    </p>
                </form>
            </div>
        </div>
    </body>
</html>
```

在上述实例代码中，使用<form>标记简单实现了一个表单效果。执行后的效果如图 18-1 所示。

图 18-1　执行效果

可以继续在表单元素中添加如下所示的属性，以管理转换或禁用 Ajax。

```
data-transition="pop"
data-direction="reverse"
data-ajax="false"
```

在整个站点中，需要确保每一个表单的 id 属性都是唯一的。在进行表单转换时，jQuery Mobile 会同时将 from 页面和 to 页面载入到 DOM 中，以完成平滑的转换。为了避免任何冲突，所以要确保表单的 id 必须唯一。

18.2　在表单中输入文本

知识点讲解：光盘\视频讲解\第 18 章\在表单中输入文本.avi

在 jQuery Mobile 应用中，移动设备上的文本输入工作是很麻烦的。当在物理或真实的 QWERTY 键盘上输入文字时，效率会很低。所以在移动设备中，需要尽可能自动收集用户的信息。从开发人员的角度来看，目标是无须添加任何标记就可以创建 jQuery Mobile 表单和文本输入。

下面通过一个具体实例的实现过程，详细讲解在 Android 中实现在表单输入文本的方法。

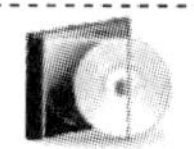

实例 18-2：实现在表单输入文本
源码路径：光盘:\codes\18\text.html

实例文件 text.html 的具体实现代码如下。

```
<!DOCTYPE html>
<html>
    <head>
    <meta charset="utf-8">
    <title>Forms</title>
    <meta name="viewport" content="width=device-width, minimum-scale=1.0, maximum-scale=1.0;">
    <link rel="stylesheet" href="http://code.jquery.com/mobile/1.0/jquery.mobile-1.0.min.css" />
    <style>
        label {
        float: left;
        width: 5em;
    }
        input.ui-input-text {
        display: inline !important;
          width: 12em !important;
        }
        form p {
            clear:left;
            margin:1px;
        }
    </style>
    <script src="http://code.jquery.com/jquery-1.6.4.min.js"></script>
    <script src="http://code.jquery.com/mobile/1.0/jquery.mobile-1.0.min.js"></script>
</head>
<body>

<div data-role="page" data-theme="b">
    <div data-role="header">
        <h1>输入文本</h1>
```

```
    </div>

    <div data-role="content">
      <form id="test" id="test" action="#" method="post">
        <p style="margin-bottom:8px;">
        <label for="search" class="ui-hidden-accessible">Search</label>
    <input type="search" name="search" id="search" value="" placeholder="Search" data-theme="d" />
        </p>
        <p>
        <label for="text">名字:</label>
        <input type="text" name="text" id="text" value="" placeholder="Text" data-theme="d"/>
        </p>
          <p>
          <label for="number">编号:</label>
        <input type="number" name="number" id="number" value="" placeholder="Number" data-theme="d" />
          </p>
          <p>
        <label for="email">邮箱:</label>
        <input type="email" name="email" id="email" value="" placeholder="Email" data-theme="d" />
          </p>
          <p>
        <label for="url">网址:</label>
        <input type="url" name="url" id="url" value="" placeholder="URL" data-theme="d" />
          </p>
          <p>
        <label for="tel">电话:</label>
        <input type="tel" name="tel" id="tel" value="" placeholder="Telephone" data-theme="d" />
          </p>

          <!-- Future: http://www.w3.org/2011/02/mobile-web-app-state.html -->
        <!--
          <p>
        <label for="date">date:</label>
        <input type="date" name="date" id="date" value="" placeholder="Date" data-theme="d" />
        <p>
          -->

          <p>
          <label for="textarea">留言:</label>
          <textarea cols="40" rows="8" name="textarea" id="textarea" placeholder="Textarea" data-theme=
"d"></textarea>
          </p>
        </form>
    </div>
</div>

</body>
</html>
```

在上述实例代码中，通过为输入元素添加属性 data-theme 的方法，为文本输入选择一个合适的主题，从而增强表单字段的对比。执行后，如果在“名字”文本框中输入信息，则自动弹出文字键盘，如图 18-2 所示。如果在“编号”文本框中输入信息，则自动弹出数字键盘，如图 18-3 所示。

图 18-2　自动弹出文字键盘

图 18-3　自动弹出数字键盘

另外，为了以一种可访问的方式来隐藏标签，可以为元素附加 ui-hidden-accessible 样式。例如可以在上述代码中将该技术应用到搜索字段中，这就可以在保留显示兼容性的同时将标签隐藏起来。

在构建表单时，一定要将输入字段与其语义类型关联起来，这种关联有如下所示的两种优势。

（1）当输入字段接收到焦点时，它会为用户显示合适的键盘。例如，被指明为 type="number"的字段会自动向用户显示一个数字键盘。使用 type="tel"进行关联的字段，则会显示一个特定的电话号码键盘。

（2）该规范允许浏览器针对字段类型应用验证规则。在用户填写表单期间，浏览器能够自动对每个字段类型进行实时验证。

所有移动浏览器都能够很好支持的另外一个特性是 placeholder 属性。该属性为文本输入添加了一个提示或标签，而且能够在字段接收到焦点时自动消失。

注意： 搜索字段（type="search"）的样式和行为与其他输入类型略微不同。它包含一个左对齐的“搜索”图标，而且它的左右两个圆角呈胶囊形状。当用户输入文本时，则会出现一个右对齐的“删除”图标，用于清除用户的输入。

18.2.1　动态输入文本

在 jQuery Mobile 应用中，textinput 插件是一个能够自动增强文本输入和文本区域的微件（widget），设计人员可以使用该插件来动态创建、启用和禁用文本输入。

18.2.2　文本输入选项

在 jQuery Mobile 应用中，text 输入框包含如下所示的选项。

（1）initSelector：这是一个 CSS 选择器，此选项用来定义被自动初始化为输入框的选择器，例如元素类型和数据规则等。其默认值如下。

☑　input[type='text']。

☑　input[type='search']。

☑ :jqmData(type='search')。

☑ input[type='number']。

☑ :jqmData(type='number')。

☑ input[type='password']。

☑ input[type='email']。

☑ input[type='url']。

☑ input[type='tel']。

☑ textarea, input:not([type])。

如果要改变被初始化的元素，可以给 mobileinit 事件绑定该选项。例如：

```
$( document ).bind( "mobileinit", function(){
    $.mobile.textinput.prototype.options.initSelector = ".myInputs";
});
```

（2）theme：这是一个字符串，默认为 null，用于继承父容器，给该组件的所有实例设定颜色主题，接受 a～z 的一个字母来映射主题。在默认情况下，它继承父容器的相同主题。theme 选项也可以通过 data-theme="a"的属性来配置。例如：

```
$('.selector').textinput({ theme: "a" });
```

18.2.3 文本输入方法

在 jQuery Mobile 应用中，textinput 插件具有如下所示的方法。

（1）enable：功能是设置一个输入框可用。例如：

```
$('.selector').textinput('enable');
```

（2）disable：功能是设置一个输入框不可用。例如：

```
$('.selector').textinput('disable');
```

18.2.4 文本输入事件

在 jQuery Mobile 应用中，可以给 input 元素直接绑定事件，可以使用 jQuery Mobile 的虚拟事件，或者绑定 JavaScript 的标准事件，如 change、focus 和 blur 等。例如：

```
$( ".selector" ).bind( "change", function(event, ui) {
   ...
});
```

在 jQuery Mobile 应用中，textinput 插件支持的事件是 create，当 input 被创建时触发。例如：

```
$( ".selector" ).textinput({
   create: function(event, ui) { ... }
});
```

下面通过一个具体实例的实现过程，详细讲解在 Android 中使用 textinput 插件动态输入文本的方法。

实例 18-3：使用 textinput 插件动态输入文本

源码路径：光盘:\codes\18\dynamic-text.html

实例文件 dynamic-text.html 的具体实现代码如下。

```
<div data-role="page" data-theme="b">
    <div data-role="header">
        <h1>动态输入文本</h1>
    </div>

    <div data-role="content">
      <form id="test" action="#" method="post">
        <a href="#" data-role="button" id="create-text1">创建文本输入框 1</a>
        <a href="#" data-role="button" id="create-text2">创建文本输入框 2</a>
        <br><br>
        <a href="#" data-role="button" id="disable-text1" data-theme="a">不可用输入框 1</a>
        <a href="#" data-role="button" id="enable-text1" data-theme="a">可用输入框 1</a>
      </form>
    </div>
        <script type="text/javascript">
        $( "#create-text1" ).bind( "click", function() {
            $( '<input type="text" name="text1" id="text1" value="" placeholder="text1" data-theme="c" />' )
                .insertAfter( "#create-text1" )
                .textinput();
        });

        $( "#create-text2" ).bind( "click", function() {
            $( '<input type="text" name="text2" id="text2" value="" placeholder="text2" />' )
                .insertAfter( "#create-text2" )
                .textinput({
                    theme: 'c',
                    create: function(event) {
                        console.log( "Creating text input..." );
                        for (prop in event) {
                            console.log(prop + ' = ' + event[prop]);
                        }
                    }
                });
        });

        $( "#disable-text1" ).bind( "click", function() {
            $( "#text1").textinput( "disable" );
        });

        $( "#enable-text1" ).bind( "click", function() {
            $( "#text1" ).textinput( "enable" );
        });
        </script>
</div>
```

执行后的初始效果如图 18-4 所示。单击某个按钮后会自动创建一个文本输入框，例如单击“创建文本输入框 1”按钮后会创建一个如图 18-5 所示的输入框。

图 18-4　初始效果

图 18-5　自动创建一个文本输入框

18.3　选择菜单

知识点讲解：光盘\视频讲解\第 18 章\选择菜单.avi

在 jQuery Mobile 应用中，jQuery Mobile 框架能够自动增强所有本地的选择元素。在默认情况下，通过单击该选择按钮的方式，可以为移动设备启动本地选择器。

下面通过一个具体实例的实现过程，详细讲解在 Android 中使用选择菜单的方法。

实例 18-4：在 Android 中使用选择菜单

源码路径：光盘:\codes\18\select.html

实例文件 select.html 的具体实现代码如下。

```
<div data-role="page" data-theme="b">
    <div data-role="header">
        <h1>使用选择菜单</h1>
    </div>

    <div data-role="content">
      <form id="test" id="test" action="#" method="post">

        <p>
            <label for="genre">属性:</label>
            <select name="genre" id="genre" multiple="multiple">
                <option value="action">Action</option>
                <option value="comedy">Comedy</option>
                <option value="drama">Drama</option>
                <option value="romance">Romance</option>
            </select>
        </p>
        <p>
            <label for="delivery">方式:</label>
```

```
            <select name="delivery" id="delivery">
              <option value="barcode">电子客票</option>
              <option value="nfc">NFC</option>
              <option value="overnight">晚上送</option>
              <option value="express">快递</option>
              <option value="ground">地面</option>
              <option value="overnight">在晚上</option>
              <option value="express">快递</option>
              <option value="standard">地面</option>
                <optgroup label="Digital">
                    <option value="barcode" selected>E-Ticket</option>
                    <option value="nfc">NFC</option>
                </optgroup>
                <optgroup label="FedEx">
                    <option value="overnight">Overnight</option>
                    <option value="express">Express</option>
                    <option value="ground">Ground</option>
                </optgroup>
                <optgroup label="US Mail">
                    <option value="overnight">Overnight</option>
                    <option value="express">Express</option>
                    <option value="standard">Standard</option>
                </optgroup>
            </select>
        </p>
      </form>
    </div>
</div>
```

在用户进行选择之后，选择按钮会显示已选定选项的值。如果对按钮来说，文本值太长，则文本将会被截断，并在后面显示一个省略号。此外，在用户选择了多个选项后，被选中的选项会被标记为计数泡或其他标记样式。这是一个可以用来突出显示已选择选项的数量的视觉效果。执行后的初始效果如图 18-6 所示。选择某个选项后会自动弹出该选项下面的菜单，例如单击“方式”后面的⌄后会弹出一个如图 18-7 所示的菜单框。

图 18-6　初始效果

图 18-7　弹出选项下的菜单框

注意： 在使用multiple="multiple"属性创建选择菜单时，有些移动平台不支持多选特性。在需要使用多选菜单时，建议使用自定义菜单。

18.3.1 自定义选择菜单

在 jQuery Mobile 应用中，替代本机呈现选项列表的一个方法是：使用一个自定义的 HTML/CSS 视图来呈现选择菜单，并且可以为选择元素添加如下所示的属性。

```
data-native-menu="false"
```

与本机呈现菜单相比，以自定义方式呈现选择菜单的优点如下。

☑ 在所有设备上提供了统一的用户体验。

☑ 自定义菜单普遍支持多选的选项列表。

☑ 增加了一种优雅的方式来处理占位符选项（占位符选项相关的知识将在 18.3.2 节介绍）。

☑ 自定义菜单是可主题化的。

与本机呈现菜单相比，以自定义方式呈现选择菜单的缺点是性能要差一些。特别是当相比较的菜单中包含许多选项时，这种性能差距会表现得更加明显。

下面通过一个具体实例的实现过程，详细讲解在 Android 中实现一个自定义选择菜单的方法。

实例 18-5：在 Android 中实现一个自定义选择菜单

源码路径：光盘:\codes\18\custom.html

实例文件 custom.html 的具体实现代码如下。

```
<div data-role="page" data-theme="b">
    <div data-role="header">
        <h1>使用选择菜单</h1>
    </div>

    <div data-role="content">
      <form id="test" id="test" action="#" method="post">

      <br><br>
          <p>
              <label for="genre">选择:</label>
              <select name="genre" id="genre" data-native-menu="false" data-theme="a">
                <option value="null">选择一个...</option>
                <option value="action">qq</option>
                <option value="comedy">ww</option>
                <option value="drama">rr</option>
                <option value="romance">tt</option>
                  <!-- Alternate placeholder options:
                  <option value="">Select one...</option>
                  <option value=""></option>
                  -->
</select>
          </p>
          <br><br><br><br><br>
          <p>
              <label for="delivery">方式:</label>
```

```
            <select name="delivery" id="delivery" data-native-menu="false" data-theme="d">
              <option value="">选择一个...</option>
              <option value="barcode">aa</option>
              <option value="nfc">bb</option>
              <option value="overnight">cc</option>
              <option value="express">dd</option>
              <option value="ground">ee</option>
              <option value="overnight">ff</option>
              <option value="express">gg</option>
              <option value="standard">hh</option>
                <optgroup label="Digital">
                      <option value="barcode">E-Ticket</option>
                      <option value="nfc">NFC</option>
                </optgroup>
                <optgroup label="FedEx">
                      <option value="overnight">Overnight</option>
                      <option value="express">Express</option>
                      <option value="ground">Ground</option>
                </optgroup>
                <optgroup label="US Mail">
                      <option value="overnight">Overnight</option>
                      <option value="express">Express</option>
                      <option value="standard">Standard</option>
                </optgroup>
            </select>
        </p>
      </form>
    </div>
</div>
```

执行后的初始效果如图 18-8 所示。选择某个选项后会自动弹出该选项下面的菜单，例如单击“方式”后面的⌄后会弹出一个如图 18-9 所示的菜单框，该菜单框是用自定义样式实现的。

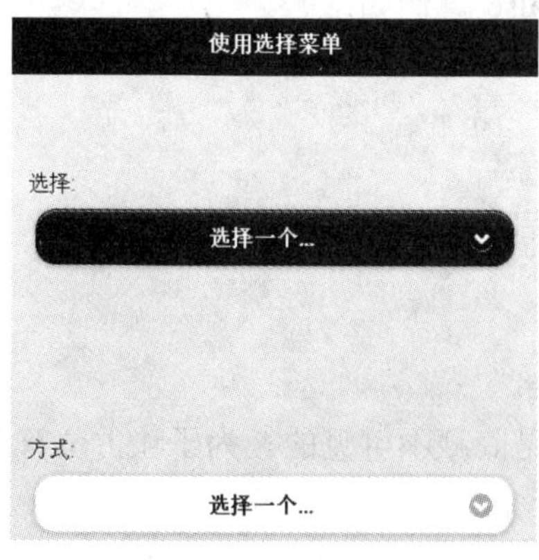

图 18-8　初始效果

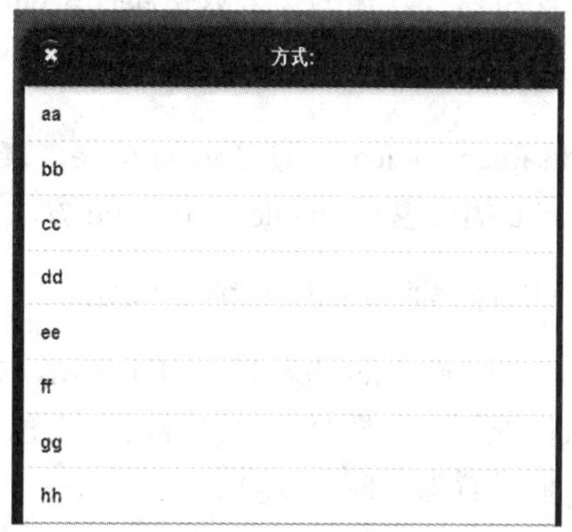

图 18-9　弹出选项下的菜单框

18.3.2　占位符选项

在 jQuery Mobile 应用中，对自定义选择菜单来说，占位符是一个独特的特性，它具有如下所示的

3 个优势。

（1）占位符要求用户做出一个选择。在默认情况下，如果没有配置占位符，则列表中的第一个选项会被选中。

（2）占位符可以为未选定的选择按钮显示提示文本。

（3）在显示选项列表时，占位符也可以作为页眉来显示。

在 jQuery Mobile 应用中，可以用如下 3 种方式来配置占位符。

（1）为选项添加不带有任何值的文本，例如：

```
<option value="">Select one…</option>
```

（2）在选项包含文本和值时，可以为其添加 data-placeholder="true"属性。例如：

```
<option value="null" data-placeholder="true">Select one…</option>
```

（3）如果需要一个不带有提示文本和页眉的字段，可以使用一个空选项。例如：

```
<option value=""></option>
```

18.3.3 动态选择菜单

在 jQuery Mobile 应用中，插件 selectmenu 是一个能自动增强选择菜单的微件。使用该插件，能够动态创建、启用、禁用、打开或关闭选择菜单。

18.3.4 选择菜单选项

在 jQuery Mobile 应用中，插件 selectmenu 有如下所示的选项。

（1）corners boolean，默认值为 true。

与其他按钮类型一样，选择菜单按钮在默认情况下也是圆角的。将该选项设置为 false 可以移除圆角。该选项还可以公开作为一个数据属性：data-corners="false"。例如：

```
$("#selecti1").selectmenu({corners: false});
```

（2）disabled boolean，默认值为 false，表示禁用该元素。

selectmenu 插件也有 enable 和 disable 方法，用来动态启用和禁用控件。例如：

```
$("#select1").selectmenu({ disabled: true});
```

（3）hidePlaceholderMenuItems boolean，默认值为 true。

在默认情况下，当选择菜单打开时，占位符菜单条目是隐藏不可见的。为了让占位符条目是可选择的，将该值设置为 false。例如：

```
$("#select1").selectmenu({ hidePlaceholderMenuItems: false});
```

（4）icon string，默认值为 arrow-d。

用于设置选择按钮的图标，该选项还可以公开作为一个数据属性：data-icon="plus"。例如：

```
$("#select1").selectmenu({ icon:"plus"});
```

（5）iconpos string，默认为 right。

用于设置图标位置。可能的值为 left、right、none 和 notext。notext 值会将选择按钮（select）显示为一个只带有图标的按钮，而且该按钮没有占位符文本。none 值将会彻底移除图标。该选项还可以公开作为一个数据属性：data-iconpos="notext"。例如：

```
$("#select1").selectmenu({iconpos: "notext"});
```

（6）iconshadow boolean，默认值为 true。

当该选项的值为 true 时，jQuery Mobile 框架会为图标添加阴影。该选项可以公开作为一个数据属性：data-iconshadow="false"。例如：

```
$("#select1").selectmenu({ iconshadow: false});
```

（7）initSelector，这是一个 CSS 选项，默认值为"select:not(:jqmData(role='slider'))"。

initSelector 定义用来触发 widget 插件自动初始化的选择器（元素类型、数据角色[data role]等）。例如，由默认选择器匹配的所有元素都会被 selectmenu 插件增强。为了重写该选择器，可以绑定到 mobileinit 事件，并根据情况更新选择器。例如：

```
$( document ).bind("mobileinit",function(){
$.mobile.selectmenu.prototype.options.initSelector="..";
});
```

（8）inline boolean，默认值为 false。

如果该选项设置为 true，则会让选择按钮以内嵌（inline）按钮的形式显示。在默认情况下，选择按钮会占据其容器的整个宽度。与之相对的是，内嵌按钮只占据其占位符文本的宽度。该选项还可以公开作为一个数据属性：data-inline="true"。例如：

```
$("#select1").selectmenu({ inline: true});
```

（9）nativeMenu boolean，默认值为 true。

在默认情况下，选择按钮会为 OS 启动本地的选择器（select picker）。要以自定义的 HTML/CSS 视图来呈现选择菜单，需要将该值设置为 false。该选项还可以公开作为一个数据属性：data-native="false"。例如：

```
$("#select1"):selectmenu({native: false});
```

（10）shadow boolean，默认值为 true。

在默认情况下，选择按钮会应用阴影。将该选项设置为 false 则会移除阴影。该选项还可以公开作为一个数据属性：data-shadow="false"。例如：

```
$("#select1").selectmenu({ shadow:false});
```

（11）theme string，默认值为 null.Inherited from parent。

用于为元素设置主题调色板配色方案。这是一个取值范围为 a～z 的字母，它映射到主题中所包含的调色板。默认情况下，元素会继承其父容器的同一个调色板颜色。该选项还可以公开作为一个数据属性：data-theme="a"。例如：

```
$("#select1").selectmenu({ theme:"a"});
```

18.3.5 选择菜单的方法

在 jQuery Mobile 应用中，插件 selectmenu 具有如下所示的方法。

（1）enable，用于启用一个被禁用的选择按钮。例如：

```
$( "#select1" ).selectmenu( "enable" );
```

（2）disable，用于禁用一个选择按钮。例如：

```
$( "#select1" ).selectmenu( "disable" );
```

（3）open，用于打开一个关闭的选择按钮。该方法只能用于自定义选择。例如：

```
$("#select1").selectmenu("open");
```

（4）close，用于关闭一个打开的选择按钮。该方法只能用于自定义选择。例如：

```
$("#select1").selectmenu("close");
```

（5）refresh，用于更新自定义的选择菜单。该方法会更新自定义的选择菜单，以反映本地的选择元素的值。例如，如果本地选择的 selectedIndex 被更新，可以调用 refresh 方法来重新构建自定义选择。如果传递了一个 true 参数，可以强制进行更新并重新构建自定义选择。例如：

```
var myselect=$("#selectl");
myselect[0].selectedIndex=2;
myselect.selectmenu("refresh");
myselect.selectmenu("refresh", true);
```

18.3.6 选择菜单的事件

在 jQuery Mobile 应用中，插件 selectmenu 支持事件 create。该事件在创建一个选择菜单时触发，它并不是用来创建一个自定义元素。例如：

```
$('<select name="select2" id="select2">…< / select>')
.insertAfter("#select1")
.selectmenu({
    create:function(event){
    console.log("Creating select menu...");
    }
    });
```

下面通过一个具体实例的实现过程，详细讲解在 Android 中实现动态选择菜单效果的方法。

实例 18-6：在 Android 中实现动态选择菜单效果

源码路径：光盘:\codes\18\dynamic-select.html

实例文件 dynamic-select.html 的具体实现代码如下。

```
<div data-role="page" data-theme="b">
    <div data-role="header">
```

```
        <h1>选择菜单</h1>
    </div>

    <div data-role="content">
      <form id="test" id="test" action="#" method="post">
            <a href="#" id="create-select1" data-role="button">创建菜单 1</a>
            <a href="#" id="create-select2" data-role="button">创建菜单 2</a>
      <br>

            <p style="text-align:center;"><strong>调用方法:</strong></p>
            <a href="#" id="auto-select1" data-role="button" data-theme="a">刷新菜单 1</a>
            <a href="#" id="disable-select1" data-role="button" data-theme="a">不显示菜单 1</a>
            <a href="#" id="enable-select1" data-role="button" data-theme="a">显示菜单 1</a>
            <a href="#" id="open-select2" data-role="button" data-theme="a">打开菜单 2</a>
            <a href="#" id="close-select2" data-role="button" data-theme="a">关闭菜单 2</a>
      </form>
    </div>
    <script type="text/javascript">
        $( "#create-select1" ).bind( "click", function() {
            $( '<select name="select1" id="select1" data-theme="e"><option value="action">Action </option>
<option value="comedy">Comedy</option><option value="drama">Drama</option><option value= "romance">
Romance</option></select>' )
                    .insertAfter( "#create-select1" )
                    .selectmenu();
        });

        $( "#create-select2" ).bind( "click", function() {
            $( '<select name="select2" id="select2"><option value="">Select one...</option><option value=
"action">Action</option><option value="comedy">Comedy</option><option value="drama">Drama</option><option
value="romance">Romance</option></select>' )
                    .insertAfter( "#create-select2" )
                    .selectmenu({
                        corners: true,
                        disabled: false,
                        hidePlaceholderMenuItems: true,
                        icon: "plus",
                        iconpos: "right",
                        iconshadow: true,
                        inline: true,
                        menuPageTheme: "a", // Not working
                        nativeMenu: false,
                        overlayTheme: "c", // Not working
                        shadow: false,
                        theme: "e",
                        create: function(event) {
                            console.log( "Creating select control..." );
                            for (prop in event) {
                                console.log(prop + ' = ' + event[prop]);
                            }
                        }
                    });
        });
```

```
        $( "#auto-select1" ).bind( "click", function() {
            var myselect = $( "select#select1" );
            myselect[0].selectedIndex = 2;
            myselect.selectmenu( "refresh", true );
        });

        $( "#disable-select1" ).bind( "click", function() {
            $("select#select1").selectmenu( "disable" );
        });

        $( "#enable-select1" ).bind( "click", function() {
            $( "select#select1" ).selectmenu( "enable" );
        });

        $( "#open-select2" ).bind( "click", function() {
            $( "select#select2" ).selectmenu( "open" );
        });

        $( "#close-select2" ).bind( "click", function() {
            $( "select#select2" ).selectmenu( "close" );
        });
    </script>
</div>
```

执行后的初始效果如图 18-10 所示。单击某个按钮后会执行对应的操作，例如单击“创建菜单 1”按钮后会创建一个如图 18-11 所示的菜单。

图 18-10　初始效果

图 18-11　创建一个菜单

18.4 单 选 按 钮

知识点讲解：光盘\视频讲解\第 18 章\单选按钮.avi

在 jQuery Mobile 应用中，单选按钮只允许用户选择一个条目。例如，在从多个应用程序设置选项

中选择一个设置时，通常会使用单选按钮来实现，原因是单选按钮比较简单而且易于使用。用户可以通过选中单选按钮来完成他们的选择，jQuery Mobile 会自动更新底层的表单控件。

默认情况下，单选按钮会继承其父控件的主题。如果想为单选按钮应用其他主题，需要为相应单选按钮的标签添加 data-theme 属性。

下面通过一个具体实例的实现过程，详细讲解在 Android 中使用单选按钮的方法。

实例 18-7： 在 Android 中使用单选按钮
源码路径： 光盘:\codes\18\radio.html

实例文件 radio.html 的具体实现代码如下。

```
<div data-role="page">
    <div data-role="header">
        <h1>使用单选按钮</h1>
    </div>

    <div data-role="content">
      <form id="test" id="test" action="#" method="post">

        <fieldset data-role="controlgroup">
        <legend>地图模式:</legend>
                <input type="radio" name="map" id="map1" value="Map" checked="checked" />
        <label for="map1" data-theme="b">街道</label>
                <input type="radio" name="map" id="map2" value="Satellite"   />
        <label for="map2" data-theme="b">卫星</label>
            <input type="radio" name="map" id="map3" value="Hybrid"   />
        <label for="map3" data-theme="b">鸟瞰</label></fieldset>

       <fieldset data-role="controlgroup" data-type="horizontal">
        <legend>观看模式:</legend>
                <input type="radio" name="map" id="map1" value="Map" checked="checked" />
        <label for="map1">城区</label>

        <input type="radio" name="map" id="map2" value="Satellite" />
        <label for="map2">卫星</label>

        <input type="radio" name="map" id="map3" value="Hybrid"   />
        <label for="map3">俯视</label></fieldset>

      </form>
    </div>
</div>
```

在上述实例代码中添加了如下 3 个额外的属性，以帮助设计和放置单选按钮。

- ☑ 第 1 个属性 data-role="controlgroup"：对按钮进行编组，而且编组后的按钮是圆角的。
- ☑ 第 2 个属性 data-type="horizontal"：重写按钮默认的垂直定位，以水平方式显示按钮。
- ☑ 第 3 个属性：用来对按钮进行主题化。

执行后的效果如图 18-12 所示。

图 18-12　执行效果

如果水平放置的单选按钮的容器无法在一行内显示所有的单选按钮，则按钮会发生重叠现象。为了避免重叠，可以通过如下代码减小按钮的字体大小。

```
ui- controlgroup- horizontal.ui- radio label{
 font-size:13px !important;
}
```

18.4.1　复选框和单选按钮的选项

在 jQuery Mobile 应用中，checkboxradio 插件是一个可重用的微件，能够自动增强单选按钮和复选框。通过该插件，可以动态创建、启用、禁用和刷新单选按钮。

在 jQuery Mobile 应用中，checkboxradio 插件具有如下所示的选项。

（1）initSelector，这是一个 CSS 选项，默认值为：

```
input[type='checkbox'],input[type='radio']
```

initSelector 用于定义用来触发 widget 插件自动初始化的选择器（元素类型、数据角色[data role]等）。例如，由默认选择器匹配的所有元素都会被 checkboxradio 插件增强。要重写该选择器，可以绑定到 mobileinit 事件，然后根据情况更新选择器。例如：

```
$(document).bind("mobileinit",function(){
$.mobile.checkboxradio.prototype.options.initSelector="…";
});
```

（2）theme string，默认值为 null.Inherited from parent。

能够为复选框或单选按钮设置主题调色板配色方案，这是一个取值范围为 a～z 的字母，它映射到主题中所包含的调色板。在默认情况下，它会继承其父容器的同一个调色板颜色。该选项还可以公开作为一个数据属性：data-theme="a"。例如：

```
$("#elementi").checkboxradio({ theme:"a"});
```

注意：有关使用复选框的基本知识将在18.5节中进行详细讲解。

18.4.2 复选框和单选按钮的方法

在 jQuery Mobile 应用中，checkboxradio 插件有如下所示的方法。

（1）enable，用于启用一个被禁用的复选框或单选按钮。例如：

```
$("#element1").checkboxradio("enable");
```

（2）disable，用于禁用一个复选框或单选按钮。例如：

```
$("#elementl").checkboxradio("disable");
```

（3）refresh，用于更新自定义的复选框或单选按钮。该方法用来更新自定义的复选框或单选按钮，以反映本地元素的值。例如可以动态选中一个单选按钮，然后调用 refresh 方法来重建增强的控件。

```
$("#elem1").attr("checked",true).checkboxradio("refresh");
```

18.4.3 复选框和单选按钮的事件

在 jQuery Mobile 应用中，checkboxradio 插件支持事件 create，当创建一个复选框或单选按钮时会触发该事件。它不是用来创建一个自定义元素。例如：

```
$('#element1')
.checkboxradio({
    theme:"e",
    create:function(event){
    console.log("Creating new element... ");
    }
    });
```

下面通过一个具体实例的实现过程，详细讲解在 Android 中使用动态单选按钮的方法。

实例 18-8：在 Android 中使用动态单选按钮

源码路径：光盘:\codes\18\dynamic-radio.html

实例文件 dynamic-radio.html 的具体实现代码如下。

```
<div data-role="page" data-theme="b">
    <div data-role="header">
        <h1>使用单选按钮</h1>
    </div>

    <div data-role="content">
      <form id="test" id="test" action="#" method="post">
            <a href="#" id="create-radio1" data-role="button">创建按钮 1</a>
            <a href="#" id="create-radio2" data-role="button">创建按钮 2</a>
            <br>

            <p style="text-align:center;"><strong>调用方法:</strong></p>
            <a href="#" id="auto" data-role="button" data-theme="a">选择选项</a>
```

```
            <a href="#" id="disable" data-role="button" data-theme="a">选项不可用</a>
            <a href="#" id="enable" data-role="button" data-theme="a">选项可用</a>
        </form>
    </div>
    <script type="text/javascript">
        $( "#create-radio1" ).bind( "click", function() {
            $( '<fieldset data-role="controlgroup"><legend>Map view:</legend><input type="radio" name=
"map" id="map1" value="Map" /><label for="map1" data-theme="c">Map</label><input type="radio" name=
"map" id="map2" value="Satellite"  /><label for="map2" data-theme="c">Satellite</label></fieldset>' )
                .insertAfter( "#create-radio1" );
            $.mobile.pageContainer.trigger( "create" );
        });

        $( "#create-radio2" ).bind( "click", function() {
            $( '<fieldset data-role="controlgroup"><legend>Map view:</legend><input type="radio" name=
"map" id="m1" value="Map" checked="checked" /><label for="m1">Map</label><input type="radio" name=
"map" id="m2" value="Satellite"  /><label for="m2">Satellite</label></fieldset>' )
                .insertAfter( "#create-radio2" );
            $( "#m1" )
                .checkboxradio({
                    theme: "e",
                    create: function(event) {
                        console.log( "Creating radio buttons..." );
                    }
                });
            $( "#m2" )
                .checkboxradio({
                    theme: "e",
                    create: function(event) {
                        console.log( "Creating radio buttons..." );
                    }
                });
            $.mobile.pageContainer.trigger( "create" );
        });

        $( "#auto" ).bind( "click", function() {
            $( "#map2" ).attr( "checked", true ).checkboxradio( "refresh" );
        });

        $( "#disable" ).bind( "click", function() {
            $("#map2").checkboxradio( "disable" );
        });

        $( "#enable" ).bind( "click", function() {
            $( "#map2" ).checkboxradio( "enable" );
        });
    </script>
</div>
```

执行后的初始效果如图 18-13 所示。单击某个按钮后会执行对应的操作，例如单击“创建按钮 1”按钮后会创建如图 18-14 所示的单选按钮。

图 18-13　初始效果

图 18-14　创建单选按钮

18.5 复　选　框

知识点讲解：光盘\视频讲解\第 18 章\复选框.avi

在 jQuery Mobile 应用中，复选框是一个常见的表单控件，允许用户从一系列选项中选择多个值。用户可以选中复选框完成自己的选择，jQuery Mobile 会自动更新底层的表单控件。

用于设计和定位复选框的标记与之前用于单选按钮的标记相同，在复选框中添加了如下所示的 3 个额外属性，以帮助设计和放置复选框。

- ☑ 第 1 个属性 data-role="controlgroup"：将复选框元素进行编组，而且编组后的复选框是圆角的。
- ☑ 第 2 个属性 data-type="horizontal"：重写按钮默认的垂直定位，以水平方式显示按钮。
- ☑ 第 3 个属性：对按钮进行主题化。在默认情况下，复选框会继承其父控件的主题。如果想为复选框应用其他主题，需要为相应复选框的标签添加 data-theme 属性。

本节将详细讲解在移动 Web 中使用复选框的基本知识和具体用法。

18.5.1　动态复选框

在 jQuery Mobile 应用中，插件 checkboxradio 是一个能够自动增强复选框和单选按钮的微件。通过该插件可以动态创建、启用、禁用和刷新复选框。在 jQuery Mobile 中，相同的 API 也可以多次使用于单选按钮和复选框。

18.5.2　使用复选框

下面通过一个具体实例的实现过程，详细讲解在 Android 中水平放置复选框的方法。

实例 18-9：在 Android 中水平放置复选框
源码路径：光盘:\codes\18\check.html

实例文件 check.html 的具体实现代码如下。

```
<div data-role="page">
     <div data-role="header">
          <h1>使用复选框</h1>
     </div>

     <div data-role="content">
       <form id="test" id="test" action="#" method="post">

          <fieldset data-role="controlgroup">
          <legend>选择喜欢的类型:</legend>
               <input type="checkbox" name="genre" id="c1" />
          <label for="c1"data-theme="c">古装</label>

          <input type="checkbox" name="genre" id="c2" />
          <label for="c2" data-theme="c">言情</label>

          <input type="checkbox" name="genre" id="c3" />
            <label for="c3" data-theme="c">警匪</label>

          </fieldset>

         <fieldset data-role="controlgroup" data-type="horizontal">
          <legend>类型:</legend>
               <input type="checkbox" name="genre" id="c1" />
          <label for="c1" data-theme="b">古装</label>

          <input type="checkbox" name="genre" id="c2" />
          <label for="c2" data-theme="b">言情</label>

          <input type="checkbox" name="genre" id="c3" />
          <label for="c3" data-theme="b">警匪</label>
         </fieldset>

       </form>
     </div>
</div>
```

执行后的效果如图 18-15 所示。

图 18-15　执行效果

如果水平放置的复选框的容器无法在一行内显示所有的复选框，则复选框会发生重叠现象。为了避免重叠，可以通过如下代码减小复选框的字体大小。

```
ui- controlgroup- horizontal.ui-checkbox label{
 font-size:11px !important;
}
```

下面通过一个具体实例的实现过程，详细讲解在 Android 中使用动态复选框的方法。

实例 18-10：在 Android 中使用动态复选框

源码路径：光盘:\codes\18\dynamic-check.html

实例文件 dynamic-check.html 的具体实现代码如下。

```
<div data-role="page" data-theme="b">
    <div data-role="header">
        <h1>使用复选框</h1>
    </div>

    <div data-role="content">
      <form id="test" id="test" action="#" method="post">
            <a href="#" id="create-cb1" data-role="button">创建复选框 1</a>
            <a href="#" id="create-cb2" data-role="button">创建复选框 2</a>
            <br>

            <p style="text-align:center;"><strong>调用方法:</strong></p>
            <a href="#" id="auto" data-role="button" data-theme="a">选项</a>
            <a href="#" id="disable" data-role="button" data-theme="a">不可用选项</a>
            <a href="#" id="enable" data-role="button" data-theme="a">可用选项</a>
      </form>
    </div>
    <script type="text/javascript">
        $( "#create-cb1" ).bind( "click", function() {
            $( '<fieldset data-role="controlgroup"><legend>Genre:</legend><input type="checkbox" name=
"genre" id="c1" /><label for="c1" data-theme="c">Action</label><input type="checkbox" name="genre" id="c2"
/><label for="c2" data-theme="c">Comedy</label></fieldset>' )
                .insertAfter( "#create-cb1" );
            $.mobile.pageContainer.trigger( "create" );
        });

        $( "#create-cb2" ).bind( "click", function() {
            $( '<fieldset data-role="controlgroup"><legend>Genre:</legend><input type="checkbox" name=
"genre" id="c3" /><label for="c3">Action</label><input type="checkbox" name="genre" id="c4" /><label for=
"c4">Comedy</label></fieldset>' )
                .insertAfter( "#create-cb2" );
            $( '#c3' )
                .checkboxradio({
                    theme: "e",
                    create: function(event) {
                        console.log( "Creating checkbox1..." );
                    }
                });
```

```
            $( '#c4' )
                    .checkboxradio({
                        theme: "e",
                        create: function(event) {
                            console.log( "Creating checkbox2..." );
                        }
                    });
            $.mobile.pageContainer.trigger( "create" );
        });

        $( "#auto" ).bind( "click", function() {
            $( "#c2" ).attr( "checked", true ).checkboxradio( "refresh" );
        });

        $( "#disable" ).bind( "click", function() {
            $("#c2").checkboxradio( "disable" );
        });

        $( "#enable" ).bind( "click", function() {
            $( "#c2" ).checkboxradio( "enable" );
        });
    </script>
</div>
```

执行后的初始效果如图 18-16 所示。单击某个按钮后会执行对应的操作，例如单击“创建复选框 1”按钮后会创建如图 18-17 所示的复选框。

图 18-16　初始效果

图 18-17　创建复选框

18.6　滑　动　条

知识点讲解：光盘\视频讲解\第 18 章\滑动条.avi

在 jQuery Mobile 应用中，滑动条是一个常见的表单控件，允许用户在最小范围和最大范围之间选

择一个值。本节将详细讲解在 jQuery Mobile 应用中使用滑动条的基本知识。

18.6.1　滑动条基础

在 jQuery Mobile 应用中，如果给标准的 input 输入框设置为如下属性。

```
type="range"
```

则可以使之成为滑动条组件。输入框的 value 用来设置滑块的起始位置，起始位置是根据总大小和 value 值计算出来的，min 和 max 属性的值是用来配置滑动条的数值范围。如果想指定滑动条的步进增量，则可以添加 step 属性，jQuery Mobile 会解析这些属性来配置滑动条。

当滑动滑动条时，input 会随之更新数值，反之亦然。需要注意的是，应把 label 的 for 属性设为 input 的 id 值，使它们能够在语义上相关联，并且要用 div 容器包裹它们，并设定 data-role="fieldcontain"属性。

jQuery Mobile 框架会自动初始化，把页面上有 type=" range "属性的输入框都渲染成为滑动条，而不需要 data-role 属性。如果要阻止将 input 输入框渲染为滑动条，可以给 input 输入框添加 data-role="none"属性，然后放在 data-role="fieldcontain"的容器中。例如：

```
<div data-role="fieldcontain">
    <label for="slider">Input slider:</label>
    <input type="range" name="slider" id="slider" value="0" min="0" max="100"/>
</div>
```

下面通过一个具体实例的实现过程，详细讲解在 Android 中使用滑动条的方法。

实例 18-11：在 Android 中使用滑动条
源码路径：光盘:\codes\18\slider.html

实例文件 slider.html 的具体实现代码如下。

```
<div data-role="page" data-theme="b">
      <div data-role="header">
            <h1>使用滑动条</h1>
      </div>

      <div data-role="content">
        <form id="test" id="test" action="#" method="post">
         <p>
            <label for="volume">声音:</label>
            <input type="range" name="volume" id="volume" value="5" min="0" max="10"   />
         </p>
         <p>
            <label for="brightness">亮度:</label>
            <input  type="range"  name="brightness"  id="brightness"  min="0"  max="10"  data-track-theme="a"
data-theme="d" />
            </p>
        </form>
      </div>
</div>
```

在上述实例代码中，可以使用滑动条在最小和最大设置之间调整音量或屏幕亮度。可以调整滑动条的最小和最大边界，也可以设置滑动条的默认值。用户可以通过滑动控件的方式，或者是在滑动条相应的文本字段中输入一个值的方式，来调整滑动条。对 jQuery Mobile 来说，没有必要添加任何标记就可以增强滑动条。带有 type="range" 的任何输入元素都会被自动优化。执行后的效果如图 18-18 所示。在滑动时，前面的数值会随之改变。

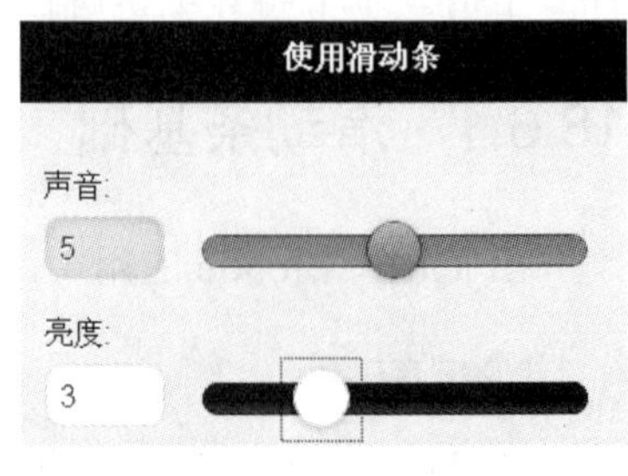

图 18-18 执行效果

在 jQuery Mobile 应用中，滑动条包含如下两个可主题化的组件。

☑ 滑动条的前景组件。

☑ 轨道的背景组件。

这两个组件可以分别进行主题化。要对滑动条进行主题化，需要为 input 元素添加 data-theme="a" 属性；要对轨道进行主题化，需要为 input 元素添加 data-track- theme="a"属性。

18.6.2 滑动条的选项

在 jQuery Mobile 应用中，slider 插件是一个多用途的微件，能够自动增强滑动条和开关控件。通过该插件，可以动态创建、启用、禁用和开/关滑动条控件。slider 插件具有如下所示的选项。

（1）disabled，是一个布尔值，默认为 false。

当设置为 true 时会禁用滑动条，例如：

```
$('.selector').slider({ disabled: true });
```

（2）highlight，是一个布尔值，默认为 false。

当设置为 true 时会把滑动条划过的部分设为高亮，例如：

```
$('.selector').slider({ highlight: true });
```

（3）initSelector，是一个 CSS 选择符，默认为：

```
"input[type='range'], :jqmData(type='range'), :jqmData(role='slider')"
```

此选项用来定义被初始化为表单按钮的选择符（通过元素类型、数据规则等）。要改变被初始化的元素，需要给 mobileinit event 事件绑定该选项。例如：

```
$( document ).bind( "mobileinit", function(){
    $.mobile.slider.prototype.options.initSelector = ".myslider";
});
```

（4）mini，是一个布尔值，默认为 false。

当设置为true时会使滑动条成为一个mini版本，也可以通过给滑动条添加 data-mini="true"来设置。例如：

```
$('.selector').slider({ mini: true });
```

（5）theme，是一个字符串。默认为：无，继承父元素。

用于给滑动条设置主题样式。接受 a～z 的主题样式，默认情况下继承父容器的主题样式。也可以

通过 data-theme="a"的属性来设置。例如：

```
$( ".selector" ).dialog({ overlayTheme: "e" });
```

18.6.3　滑动条的方法

在 jQuery Mobile 应用中，slider 插件具有如下所示的方法。

（1）enable，用于启用一个被禁用的滑动条或开关控件。例如：

```
$('.selector').slider('enable');
```

（2）disable，使一个滑动条不可用。例如：

```
$('.selector').slider('disable');
```

（3）refresh，用于刷新一个滑动条。如果通过 JS 手动修改了一个滑动条，必须使用 refresh 方法刷新滑动条。例如：

```
$('.selector').slider('refresh');
```

18.6.4　滑动条的事件

在 jQuery Mobile 应用中，可以给 input 元素直接绑定事件，可以使用 jQuery Mobile 的虚拟事件，或者绑定 JavaScript 的标准事件，如 change、focus、blur 等。具体说明如下。

（1）create，当 slider 被创建时触发。例如：

```
$( ".selector" ).textinput({
   create: function(event, ui) { ... }
});
```

（2）slidestart，当 slider 的交互开始时触发，包括单击和拖动。例如：

```
$( ".selector" ).on( 'slidestart', function( event ) { ... });
```

（3）slidestop，当 slider 的交互结束时触发，包括单击和拖动。例如：

```
$( ".selector" ).on( 'slidestop', function( event ) { ... });
```

下面通过一个具体实例的实现过程，详细讲解在 Android 中实现动态滑动条效果的方法。

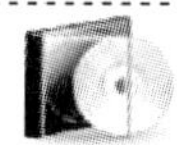

实例 18-12：在 Android 中实现动态滑动条效果

源码路径：光盘:\codes\18\dynamic-slider.html

实例文件 dynamic-slider.html 的具体实现代码如下。

```
<div data-role="page" data-theme="b">
      <div data-role="header">
            <h1>实现滑动条</h1>
      </div>
```

```
<div data-role="content">
    <form id="test" id="test" action="#" method="post">
        <a href="#" id="create-s1" data-role="button">创建滑动条 1</a>
        <a href="#" id="create-s2" data-role="button">创建滑动条 2</a>
        <br>

        <p style="text-align:center;"><strong>引用方法:</strong></p>
        <a href="#" id="auto" data-role="button" data-theme="a">设置亮度 100%</a>
        <a href="#" id="disable" data-role="button" data-theme="a">禁用亮度</a>
        <a href="#" id="enable" data-role="button" data-theme="a">亮度可用</a>
    </form>
</div>
<script type="text/javascript">
    $( "#create-s1" ).bind( "click", function() {
        $( '<label for="brightness1">Brightness1:</label><input type="range" name="brightness1"
id="brightness1" min="0" max="10" data-track-theme="a" data-theme="d" />' )
            .insertAfter( "#create-s1" );
        $( "#brightness1" ).slider().textinput();
    });

    $( "#create-s2" ).bind( "click", function() {
        $( '<label for="brightness2">Brightness2:</label><input type="range" name="brightness2" id=
"brightness2" min="0" max="10" />' )
            .insertAfter( "#create-s2" );
        $( "#brightness2" ).slider({
                theme: "d",
                trackTheme: "a",
                disabled: false,
                create: function(event) {
                    console.log( "Creating slider control..." );
                }
            }).textinput();
    });

    $( "#auto" ).bind( "click", function() {
        $( "#brightness1" ).val( 10 ).slider( "refresh" );
    });

    $( "#disable" ).bind( "click", function() {
        $( "#brightness1" ).slider( "disable" );
    });

    $( "#enable" ).bind( "click", function() {
        $( "#brightness1" ).slider( "enable" );
    });
</script>
</div>
```

执行后的初始效果如图 18-19 所示。单击某个按钮后会执行对应的操作，例如单击“创建滑动条 1”按钮后会创建一个如图 18-20 所示的滑动条。

图 18-19　初始效果

图 18-20　创建一个滑动条

18.7　开 关 控 件

知识点讲解：光盘\视频讲解\第 18 章\开关控件.avi

在 jQuery Mobile 应用中，开关控件通常用来管理布尔值的 on/off 标记。开关在移动设备上是一个常用的 UI 元素，通常使用“开/关”或者 true/false 类型的数据。本节将详细讲解在 jQuery Mobile 应用中使用开关控件的基本知识。

18.7.1　开关控件基础

在 jQuery Mobile 应用中，创建一个只有两个 option 的选择菜单就可以构造一个开关。第一个 option 会被样式化为“开”，第二个 option 会被样式化为“关”。注意，要把 label 的 for 属性设为 input 的 id 值，使它们能够在语义上相关联，并且要用 div 容器包裹它们，并设定 data-role="fieldcontain"属性。例如：

```
<div data-role="fieldcontain">
    <label for="slider">Select slider:</label>
    <select name="slider" id="slider" data-role="slider">
        <option value="off">Off</option>
        <option value="on">On</option>
    </select>
</div>
```

如果想通过 JS 手动控制开关，务必调用 refresh 方法刷新样式。例如：

```
var myswitch = $("select#bar");
    myswitch[0].selectedIndex = 1;
    myswitch .slider("refresh");
```

由于开关控件具备简单和易于使用的特点，用户在操作应用程序的设置时，会优先选用开关控件。要切换开关，可以单击该控件，也可以滑动该控件。要创建一个开关控件，需要添加一个选择元素，而且该选择元素带有 data-role="slider"属性，然后再添加两个选项，用来管理 on/off 状态。

下面通过一个具体实例的实现过程，详细讲解在 Android 中使用开关控件的方法。

实例 18-13：在 Android 中使用开关控件
源码路径：光盘:\codes\18\switch.html

实例文件 switch.html 的具体实现代码如下。

```
<div data-role="page" data-theme="b">
    <div data-role="header">
        <h1>使用开关控件</h1>
    </div>

    <div data-role="content">
      <form id="test" id="test" action="#" method="post">
          <p>
            <label for="sound">声音:</label>
            <select name="slider" id="sound" data-role="slider">
                <option value="off">Off</option>
                <option value="on">On</option>
            </select>
          </p>
          <p>
            <label for="alerts">警报:</label>
            <select name="slider" id="alerts" data-role="slider" data-track-theme="c" data-theme="b">
                <option value="off">Off</option>
                <option value="on">On</option>
            </select>
          </p>
        </div>
      </form>
    </div>
    <script type="text/javascript">
        var alertSwitch = $("select#alerts");

        // Set alert switch to 'on'
        alertSwitch[0].selectedIndex = 1;
        alertSwitch .slider("refresh");
    </script>
</div>
```

执行后的效果如图 18-21 所示。

图 18-21　执行效果

由此可见，开关控件也包含如下两个可主题化的组件。

☑　名为滑动条的前景组件。

☑　名为轨道的背景组件。

这两个组件可以分别进行主题化。为了对滑动条进行主题化，需要为 select 元素添加 data-theme="a"属性；为了要对轨道进行主题化，需要为 select 元素添加 data-track- theme="a"属性。

18.7.2　动态开关事件

在 jQuery Mobile 应用中，slider 插件是一个能够自动增强开关控件的微件。通过该控件，可以动态创建、启用、禁用和开/关开关控件。在 jQuery Mobile 中，相同的 API 也可以多次使用于开关控件。下面通过一个具体实例的实现过程，详细讲解在 Android 中实现动态开关控件效果的方法。

实例 18-14：在 Android 中实现动态开关控件效果

源码路径：光盘:\codes\18\dynamic-switch.html

实例文件 dynamic-switch.html 的具体实现代码如下。

```
<div data-role="page" data-theme="b">
    <div data-role="header">
        <h1>动态开关</h1>
    </div>

    <div data-role="content">
      <form id="test" id="test" action="#" method="post">
            <a href="#" id="create-switch1" data-role="button">创建开关 1</a>
            <a href="#" id="create-switch2" data-role="button">创建开关 2</a>
            <br>
            <a href="#" id="toggle-switch1-on" data-role="button" data-theme="a">切换开关 1</a>
      </form>
    </div>
    <script type="text/javascript">
        $( "#create-switch1" ).bind( "click", function() {
            $( '<select name="switch1" id="switch1" data-role="slider" data-theme="c"><option value="off">
Off</option><option value="on">On</option></select>' )
                .insertAfter( "#create-switch1" )
                .slider();
        });

        $( "#create-switch2" ).bind( "click", function() {
            $( '<select name="switch2" id="switch2"><option value="off">Off</option><option value="on">
On</option></select>' )
                .insertAfter( "#create-switch2" )
                .slider({
                    theme: "b",
                    trackTheme: "c",
                    disabled: false,
                    create: function(event) {
                        console.log( "Creating switch control..." );
                        for (prop in event) {
```

```
                        console.log(prop + ' = ' + event[prop]);
                    }
                }
            });
        });

        $( "#toggle-switch1-on" ).bind( "click", function() {
            var switch1 = $( "select#switch1" );
            // Set switch1 to 'on'
            switch1[0].selectedIndex = 1;
            switch1.slider( "refresh" );
        });

    </script>
</div>
```

执行后的初始效果如图 18-22 所示。单击某个按钮后会执行对应的操作效果，例如单击“创建开关 1”按钮后会创建一个如图 18-23 所示的开关控件。

图 18-22　初始效果

图 18-23　创建一个开关控件

18.8　使用本地表单元素

知识点讲解：光盘\视频讲解\第 18 章\使用本地表单元素.avi

在移动 Web 应用中，jQuery Mobile 能够自动增强页面内的所有表单元素。然而，如果想回退到（fall back to）本地控件，则可以在全局或者字段级别上进行配置。

为了分别设置表单字段，以显示其本地控件，可以为其元素添加 data-role="none"属性。另外一种方法是，在 mobileinit 事件初始化时，通过设置 keepNative 选择器，以全局方式配置应该以本地方式呈现的表单元素。

下面通过一个具体实例的实现过程，详细讲解在 Android 中使用本地表单元素的方法。

实例 18-15：在 Android 中使用本地表单元素
源码路径：光盘:\codes\18\native.html

实例文件 native.html 的具体实现代码如下。

```
<div data-role="page" data-theme="b">
    <div data-role="header">
        <h1>使用本地元素</h1>
    </div>
    <div data-role="content">
        <form id="test" id="test" action="#" method="post">
            <p>
                <label for="name">
                    输入文本:
                </label>
                <input type="text" name="name" id="name" value="" data-role="none" />
            </p>
            <p>
                <label for="slider2">
                    反转开关:
                </label>
                <select name="slider2" id="slider2" data-role="none">
                    <option value="off">Off</option>
                    <option value="on">On</option>
                </select>
            </p>
            <p>
                <label for="slider">
                    滑动条:
                </label>
                <input type="range" name="slider" id="slider" value="0" min="0" max="100" data-role="none" />
            </p>
            <p>
                <label for="select-choice-1" class="select">
                    Select:
                </label>
                <select name="genre" id="genre" data-native-menu="false" data-theme="a" data-role="none">
                    <option value="null" data-placeholder="true">Select one...</option>
                    <option value="action">Action</option>
                    <option value="comedy">Comedy</option>
                    <option value="drama">Drama</option>
                    <option value="romance">Romance</option>
                </select>
            </p>
            <p>
                <input type="checkbox" name="genre" id="c2" data-role="none" />
                <label for="c2" data-theme="c">
                    复选框:
                </label>
            </p>
            <p>
            <input type="radio" name="map" id="map1" value="Map" checked="checked" data-role="none" />
            <label for="c2" data-theme="c">
```

```
                单选按钮:
            </label>
            </fieldset>
        </p>
        <p>
            <label for="textarea">
                文本域:
            </label>
            <textarea cols="40" rows="5" name="textarea" id="textarea" placeholder="Native" data-role="none">
            </textarea>
        </p>
        <p>
            <button data-role="none">
                Button
            </button>
        </p>
        </form>
    </div>
</div>
```

在上述实例代码中对选择器进行了配置，使其能够在本地外观中显示所有的 input 和 select 元素。执行后的效果如图 18-24 所示。

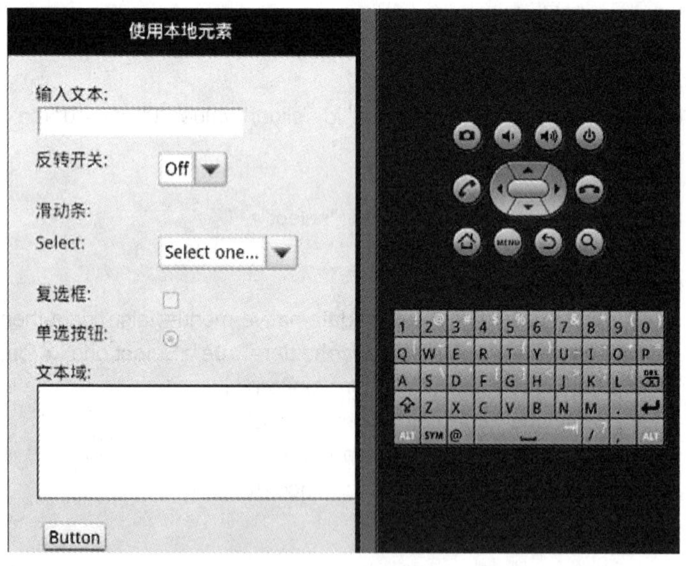

图 18-24　执行效果

在 HTML 5 中提供了多个新的输入类型，以帮助收集数据和时间输入。其中常用的有 time、date、month、week、datetime 和 datetime-local 输入类型，是否支持这些新的 HTML 5 输入类型，则取决于用户所使用的浏览器（见 http://www.quirksmode.org/html5/inputs.html）。支持这些特性的较新的浏览器能够显示有用的日期选择器，而不支持这些特性的浏览器则会回退到文本输入。

下面通过一个具体实例的实现过程，详细讲解在 Android 中使用 HTML 5 的时间、日期类型的方法。

实例 18-16：在 Android 中使用 HTML 5 的时间、日期类型
源码路径：光盘:\codes\18\dates.html

实例文件 dates.html 的具体实现代码如下。

```
<div data-role="page">
     <div data-role="header">
          <h1>HTML5 的 Dates</h1>
     </div>

     <div data-role="content">
       <form id="test" id="test" action="#" method="post">

               <label for="time">时间:</label>
               <input type="time" name="time" id="time"/>

               <label for="dtl">当地时间:</label>
               <input type="datetime-local" name="dtl" id="dtl" />

               <label for="date">日期:</label>
               <input type="date" name="date" id="date" />

               <label for="month">月:</label>
               <input type="month" name="month" id="month" />

               <label for="week">周:</label>
               <input type="week" name="week" id="week" />

               <label for="dt">时间:</label>
               <input type="datetime" name="dt" id="dt" />

       </form>
     </div>
</div>
```

执行后的效果如图 18-25 所示。

图 18-25　执行效果

18.9 使用 Mobiscroll 日期选择器

知识点讲解：光盘\视频讲解\第 18 章\使用 Mobiscroll 日期选择器.avi

在 jQuery Mobile 应用中，Mobiscroll 是一个优化的日期选择器。Mobiscroll API 是可以配置的，允许显示多个日期和时间的组合。并且 Mobiscroll 可以进行自定义操作，以显示任何需要的数据。例如可以更新 Mobiscroll 的选项，以创建一个自定义的电影搜索列表。另外，Mobiscroll 插件也是一个非常灵活的控件，可以用于许多不同的使用案例。

下面通过一个具体实例的实现过程，详细讲解在 Android 中使用 Mobiscroll 日期选择器的方法。

实例 18-17：在 Android 中使用 Mobiscroll 日期选择器
源码路径：光盘:\codes\18\mobiscroll.html

实例文件 mobiscroll.html 的具体实现代码如下。

```
<head>
    <meta name="viewport" content="width=device-width, minimum-scale=1.0, maximum-scale=1.0;">
    <meta name="HandheldFriendly" content="true" />
    <title>MobiScroll Date Picker</title>
     <link rel="stylesheet" href="http://code.jquery.com/mobile/1.0/jquery.mobile-1.0.min.css" />
     <script src="http://code.jquery.com/jquery-1.6.4.min.js"></script>
     <script src="http://code.jquery.com/mobile/1.0/jquery.mobile-1.0.min.js"></script>
     <script type="text/javascript" src="jquery.scroller-1.0.2.js"></script>
    <link   rel="stylesheet" type="text/css" href="jquery.scroller-1.0.2.css" />

    <script type="text/javascript">
        $(document).ready(function () {
            $( "#date1" ).scroller();
            $(" #date2" ).scroller({ preset: 'time' });
            $( "#date3" ).scroller({ preset: 'datetime',
                seconds: true,
                ampm : false,
                dateOrder: 'dMyy',
                theme: 'sense-ui'
            });


                    wheels = [];
                    wheels[0] = { 'Hours': {} };
            wheels[1] = { 'Minutes': {} };
            for (var i = 0; i < 60; i++) {
                if (i < 16) wheels[0]['Hours'][i] = (i < 10) ? ('0' + i) : i;
                wheels[1]['Minutes'][i] = (i < 10) ? ('0' + i) : i;
            }

            $( "#custom" ).scroller({
                width: 90,
                wheels: wheels,
```

```
            formatResult: function (d) {
                return ((d[0] - 0) + ((d[1] - 0) / 60)).toFixed(1);
            },
            parseValue: function (s) {
                var d = s.split('.');
                d[0] = d[0] - 0;
                d[1] = d[1] ? ((('0.' + d[1]) - 0) * 60) : 0;
                return d;
            }
        });
                $( "#custom-movie" ).scroller({
                    setText: 'Search',
            theme: 'sense-ui',
                    wheels: [{
                        'Rating': { '18-star': '*****', '4-star': '****', '3-star': '***' },
                        'Genre': { 'action': 'Action', 'comedy': 'Comedy', 'drama': 'Drama' },
                        'Screen': { '3d': '3D', 'imax': 'IMAX', 'wide': 'Wide' }
                    }]
        });

        $(" #get" ).click(function() {
            alert($('#date2').scroller('getDate'));
            return false;
        });

        $( "#set" ).click(function() {
            $('#date2').scroller('setDate', new Date(), true);
            return false;
        });
    });
</script>

<body>
    <div data-role="page" data-theme="b">
        <div data-role="header" data-theme="a">
            <h1>使用 Mobiscroll</h1>
        </div>

        <div data-role="content" data-theme="d">
            <form id="testform">
                <p>
                    <label for="date1">Date</label>
                    <input type="text" name="date1" id="date1" class="genField textEntry date" readonly=
"readonly" value="1/01/2012" />
                    </p>
                    <p>
                    <label for="date2">Time</label>
                    <input type="text" name="date2" id="date2" class="genField textEntry date" value=
"11:23 AM" />
                    </p>
                    <p>
```

```
                    <label for="date3">Datetime</label>
                    <input type="text" name="date3" id="date3" class="genField textEntry date" />
                        </p>
                        <p>
                    <label for="custom-movie">Movie</label>
                    <input  type="text"  name="custom-movie"  id="custom-movie"  class="genField  textEntry"
value="" />
                        </p>
                        <p>
                    <label for="custom">Custom</label>
                    <input type="text" name="custom" id="custom" class="genField textEntry date" value="" />
                        </p>
            </form>
        </div>
    </div>
```

执行后会显示输入时间表单，当单击文本框时会自动弹出一个选择器，如图 18-26 所示。

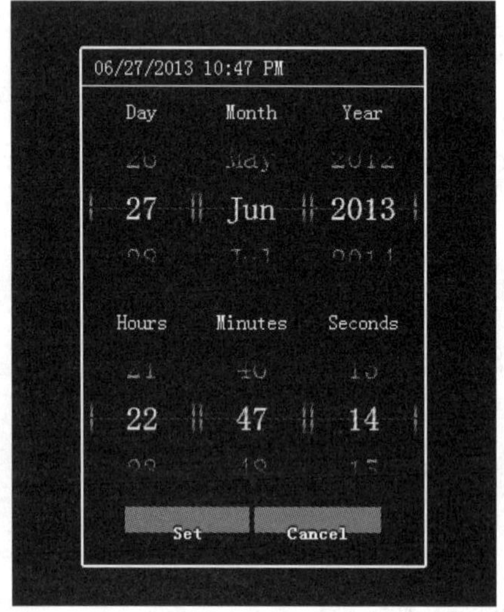

图 18-26　执行效果

第19章 列　表

在Web应用中，列表是一种广受欢迎的用户界面组件，能够为用户提供简单而且有效的浏览体验。列表也是一种能够以多种方式进行设计的灵活组件，能够很好地适应不同的屏幕尺寸。无论是浏览邮件、通讯录、音乐，还是查看设置，这些应用程序都以一种略微不同的样式风格来显示一系列信息。本章将详细讲解在jQuery Mobile中设计和配置列表的知识，为读者步入本书后面知识的学习打下基础。

19.1 列表基础

知识点讲解：光盘\视频讲解\第19章\列表基础.avi

在jQuery Mobile应用中，列表的实现代码其实是一个含有data-role="listview"属性的无序列表ul。jQuery Mobile会把所有必要的样式应用在列表上，使其成为易于触摸的控件。当单击列表项时，jQuery Mobile会触发该列表项中的第一个链接，通过Ajax请求链接的URL地址，在DOM中创建一个新的页面并产生页面转场效果。

当为列表元素添加了data-role="list"属性之后，jQuery Mobile能够将任何本地HTML列表（<ul>或<ol>）自动增强为一个优化的移动视图。在默认情况下，在显示增强后的列表时会占据整个屏幕。如果列表条目包含链接，则会以容易触摸的按钮方式来显示，而且会带有一个右对齐的箭头图标。列表会使用调色板颜色c（灰色）来样式化。要想应用其他主题，需要为列表元素或列表条目（<li>）添加data-theme属性。

下面通过一个具体实例的实现过程，详细讲解在Android中使用列表的方法。

实例19-1：在Android中使用列表

源码路径：光盘:\codes\19\basic.html

实例文件basic.html的具体实现代码如下。

```
<!DOCTYPE html>
<html>
    <head>
    <meta charset="utf-8">
    <title>Lists</title>
    <meta name="viewport" content="width=device-width, minimum-scale=1.0, maximum-scale=1.0">
    <link rel="stylesheet" href="http://code.jquery.com/mobile/1.0/jquery.mobile-1.0.min.css" />
    <script src="http://code.jquery.com/jquery-1.19.4.min.js"></script>
    <script src="http://code.jquery.com/mobile/1.0/jquery.mobile-1.0.min.js"></script>
    </head>
<body>
```

```
<div data-role="page">
    <div data-role="header">
        <h1>使用列表</h1>
    </div>

    <div data-role="content">
        <ul data-role="listview" data-theme="c">
            <li><a href="#">AAA</a></li>
            <li><a href="#">BBB</a></li>
            <li><a href="#">CCC</a></li>
            <li><a href="#">DDD</a></li>
            <li><a href="#">EEE</a></li>
            <li><a href="#">FFF</a></li>
            <li><a href="#">GGG</a></li>
            <li><a href="#">HHH</a></li>
            <li><a href="#">IIIIII</a></li>
        </ul>
    </div>
</div>

</body>
</html>
```

在上述实例代码中，使用<ul>和<li>标记简单实现了一个列表效果。执行后的效果如图 19-1 所示。

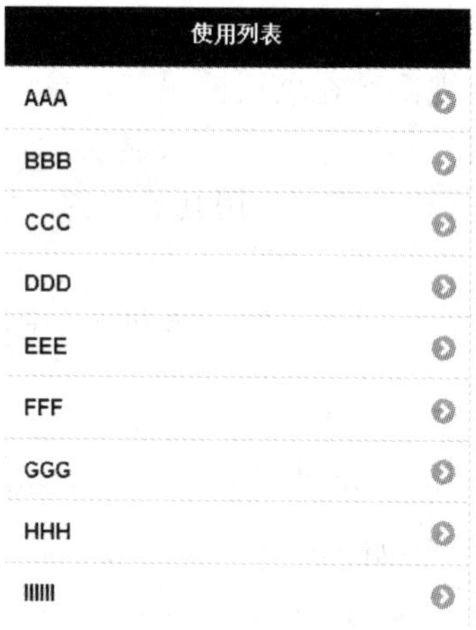

图 19-1 执行效果

19.2 内置列表

知识点讲解：光盘\视频讲解\第 19 章\内置列表.avi

在 jQuery Mobile 应用中，显示内置列表（inset list）时不会占据整个屏幕。相反，会自动存在于带有圆角的区域块内部，而且具有额外空间的边距设置。要想在 jQuery Mobile 应用中创建一个内置列表，需要为列表元素添加 data-inset="true"属性。

如果列表需要嵌入在有其他内容的页面中，内嵌列表会将列表设置为边缘圆角，并在周围留有 magin 的块级元素。给列表（ul 或 ol）添加 data-inset="true"属性即可。例如下面的代码：

```
<ul data-role="listview" data-filter="true" >
  <li><a href="index.html">Inbox</a></li>
  <li><a href="index.html">Outbox</a></li>
</ul>
```

上述代码的执行效果如图 19-2 所示。

图 19-2　内嵌的列表

下面通过一个具体实例的实现过程，详细讲解在 Android 中使用内置列表的方法。

实例 19-2：在 Android 中使用内置列表

源码路径：光盘:\codes\19\inset.html

实例文件 inset.html 的具体实现代码如下。

```
<div data-role="page" data-add-back-btn="true">
     <div data-role="header">
          <h1>联系亲们</h1>
     </div>

     <div data-role="content">
          <ul data-role="listview" data-inset="true">
               <li data-role="list-divider">选择联系方式</li>
               <li><a href="#"><img src="images/75-phone.png" alt="Call" class="ui-li-icon">电话</a></li>
               <li><a href="#"><img src="images/18-envelope.png" alt="Email" class="ui-li-icon">邮件</a></li>
               <li><a href="#"><img src="images/09-chat-2.png" alt="SMS" class="ui-li-icon">短信</a></li>
               <li><a href="#"><img src="images/103-map.png" alt="Directions" class="ui-li-icon">腹语术</a></li>
          </ul>
     </div>
</div>
```

上述代码的执行效果如图 19-3 所示。

图 19-3　执行效果

19.3　列表分割线

知识点讲解：光盘\视频讲解\第 19 章\列表分割线.avi

在 jQuery Mobile 应用中，列表分割线（list divider）可以实现一组列表条目的页眉效果。为了创建列表分割线，需要为任何列表条目添加如下所示的属性。

```
data-role= "list-divider"
```

这样列表分割线的默认文本在显示时是左对齐的。

列表项也可以转化为列表分割项，用来组织列表，使列表项成组。给任意列表项添加 data-role= "list-divider" 属性即可。在默认情况下，列表项的主题样式为 b，表示浅灰，但是给列表（ul 或 ol）添加 data-divider-theme 属性后，可以设置列表分割项的主题样式。

在默认情况下，列表分割线使用调色板颜色 b（浅蓝色）进行样式化。要应用其他主题，则需要为列表元素添加 data-divider-theme= "a"属性。

例如下面的代码：

```
<ul data-role="listview">
 <li data-role="list-divider">A</li>
  <li><a href="index.html">Adam Kinkaid</a></li>
  <li><a href="index.html">Alex Wickerham</a></li>
  <li><a href="index.html">Avery Johnson</a></li>
  <li data-role="list-divider">B</li>
  <li><a href="index.html">Bob Cabot</a></li>
</ul>
```

上述代码的效果如图 19-4 所示。

图 19-4　效果图

下面通过一个具体实例的实现过程，详细讲解在 Android 中使用列表分割线的方法。

实例 19-3：在 Android 中使用列表分割线

源码路径：光盘:\codes\19\dividers.html

实例文件 dividers.html 的具体实现代码如下。

```
<link rel="stylesheet" href="http://code.jquery.com/mobile/1.0/jquery.mobile-1.0.min.css" />
<style>
```

```
        .segmented-control { text-align:center;}
        .segmented-control .ui-controlgroup { margin: 0.2em; }
        .ui-control-active, .ui-control-inactive { border-style: solid; border-color: gray; }
        .ui-control-active { background: #BBB; }
        .ui-control-inactive { background: #DDD; }
    </style>
    <script src="http://code.jquery.com/jquery-1.19.4.min.js"></script>
    <script src="http://code.jquery.com/mobile/1.0/jquery.mobile-1.0.min.js"></script>
</head>
<body>

<div data-role="page">
    <div data-role="header">
        <h1>宝贵的时间啊</h1>
    </div>

    <div data-role="content">
        <ul data-role="listview" data-filter="true" data-divider-theme="b">
            <li data-role="list-divider">周一
              <p class="ui-li-aside"><strong>Feb 6 2012</strong></p></li>
            <li><a href="#">
            <p><strong>上午 6 点</strong><span class="ui-li-aside"><strong>生日聚会</strong></span>
</p></a></li>
            <li data-role="list-divider">周二
              <p class="ui-li-aside"><strong>Feb 8 2012</strong></p></li>
            <li><a href="#">
            <p><strong>上午 6 点</strong><span class="ui-li-aside"><strong>开会</strong></span></p>
</a></li>
            <li data-role="list-divider">周三
              <p class="ui-li-aside"><strong>Feb 10 2012</strong></p></li>
            <li><a href="#">
            <p><strong>上午 8 点</strong><span class="ui-li-aside"><strong>约会网友</strong></span>
</p></a></li>
            <li><a href="#">
            <p><strong>下午 5 点</strong><span class="ui-li-aside"><strong>看球</strong></span></p>
</a></li>
        </ul>
    </div>

    <!-- Toolbar with a segmented control -->
    <div data-role="footer" data-position="fixed" data-theme="d" class="segmented-control">
        <div data-role="controlgroup" data-type="horizontal">
            <a href="#" data-role="button" class="ui-control-active">List</a>
            <a href="#" data-role="button" class="ui-control-inactive">Day</a>
            <a href="#" data-role="button" class="ui-control-inactive">Month</a>
        </div>
    </div>
</div>
```

上述代码的执行效果如图 19-5 所示。

在图 19-5 所示的执行效果中，列表条目同时包含左对齐和右对齐的文本。要让文本以右对齐方式放置，需要使用一个包含类 ui-li-aside 的元素对其进行包装。

图 19-5　执行效果

19.4　带有缩略图和图标的列表

知识点讲解：光盘\视频讲解\第 19 章\带有缩略图和图标的列表.avi

在 jQuery Mobile 应用中，要想在列表项左侧添加缩略图，只需在列表项中添加一幅图片作为第一个子元素即可，jQuery Mobile 会自动缩放图片为大小 80px 的正方形。如果想使用 16×16 标准的图标作为缩略图，只需为图片元素添加 ui-li-icon class 即可。例如下面的代码。

```
<ul data-role="listview">
 <li>
   <img src="images/album-bb.jpg" />
   <h3><a href="index.html">Broken Bells</a></h3>
   <p>Broken Bells</p>
  </li>
  <li>
   <img src="images/album-hc.jpg" />
  <h3><a href="index.html">Warning</a></h3>
   <p>Hot Chip</p>
  </li>
</ul>
```

上述代码的效果如图 19-6 所示。

图 19-6　效果图

下面通过一个具体实例的实现过程，详细讲解在 Android 中实现缩略图列表效果的方法。

实例 19-4：在 Android 中实现缩略图列表效果

源码路径：光盘:\codes\19\suolue.html

实例文件 suolue.html 的具体实现代码如下。

```
<!DOCTYPE html>
<html>
    <head>
    <meta charset="utf-8">
    <title>List Example</title>
    <meta name="viewport" content="width=device-width, initial-scale=1">
    <link rel="stylesheet" href="http://code.jquery.com/mobile/1.0/jquery.mobile-1.0.min.css" />
    <style>
        .tabbar .ui-btn .ui-btn-inner { font-size: 11px!important; padding-top: 24px!important; padding-bottom: 0px!important; }
        .tabbar .ui-btn .ui-icon { width: 30px!important; height: 20px!important; margin-left: -15px!important; box-shadow: none!important; -moz-box-shadow: none!important; -webkit-box-shadow: none!important; -webkit-border-radius: none !important; border-radius: none !important; }
        #home .ui-icon { background: url(../images/53-house-w.png) 50% 50% no-repeat; background-size: 22px 20px; }
        #movies .ui-icon { background: url(../images/107-widescreen-w.png) 50% 50% no-repeat; background-size: 25px 17px; }
        #theatres .ui-icon { background: url(../images/15-tags-w.png) 50% 50% no-repeat; background-size: 20px 20px; }

        .segmented-control { text-align:center;}
        .segmented-control .ui-controlgroup { margin: 0.2em; }
        .ui-control-active, .ui-control-inactive { border-style: solid; border-color: gray; }
        .ui-control-active { background: #BBB; }
        .ui-control-inactive { background: #DDD; }
    </style>
    <script src="http://code.jquery.com/jquery-1.6.4.min.js"></script>
    <script src="http://code.jquery.com/mobile/1.0/jquery.mobile-1.0.min.js"></script>
</head>
<body>

<div data-role="page">
    <div data-role="header" data-theme="b" data-position="fixed">
        <div class="segmented-control ui-bar-d">
            <div data-role="controlgroup" data-type="horizontal">
                <a href="#" data-role="button" class="ui-control-active">歌曲</a>
                <a href="#" data-role="button" class="ui-control-inactive">影视</a>
                <a href="#" data-role="button" class="ui-control-inactive">小品</a>
            </div>
        </div>
    </div>

    <div data-role="content">
        <ul data-role="listview">
```

```
                <li>
                    <a href="#">
                        <img src="images/111.jpg" />
                    <h3>变形金刚</h3>
                        <p>评级: PG</p>
                        <p>时长: 95 min.</p>
                    </a>
                </li>
                <li>
                    <a href="#">
                        <img src="images/222.jpg" />
                    <h3>X 战警</h3>
                        <p>评级: PG-13</p>
                        <p>时长: 137 min.</p>
                    </a>
                </li>
                <li>
                    <a href="#">
                        <img src="images/333.jpg" />
                    <h3>雷雨</h3>
                        <p>评级: PG-13</p>
                        <p>时长: 131 min.</p>
                    </a>
                </li>
                <li>
                    <a href="#">
                        <img src="images/444.jpg" />
                    <h3>小李飞刀</h3>
                        <p>评级: PG</p>
                        <p>时长: 95 min.</p>
                    </a>
                </li>
                <li>
                    <a href="#">
                        <img src="images/111.jpg" />
                    <h3>X 战警</h3>
                        <p>评级: PG-13</p>
                        <p>时长: 131 min.</p>
                    </a>
                </li>
            </ul>
        </div>

        <!-- tab bar with custom icons -->
        <div data-role="footer" class="tabbar" data-position="fixed">
            <div data-role="navbar" class="tabbar">
            <ul>
                <li><a href="#" id="home" data-icon="custom">主页</a></li>
                <li><a href="#" id="movies" data-icon="custom" class="ui-btn-active">Movies</a></li>
                <li><a href="#" id="theatres" data-icon="custom">音乐</a></li>
            </ul>
```

```
        </div>
    </div>
</div>
```

上述实例代码的执行效果如图 19-7 所示。

图 19-7　执行效果

另外，也可以使用更小的图标来取代缩略图。要在列表条目中使用 16×16px 的图标，需要为图像元素添加 ui-li-icon 类。

下面通过一个具体实例的实现过程，详细讲解在 Android 中实现带有图标的列表效果的方法。

实例 19-5：在 Android 中实现带有图标的列表效果

源码路径：光盘:\codes\19\icons.html

实例文件 icons.html 的具体实现代码如下。

```
<div data-role="page" data-theme="b">
    <div data-role="header">
        <h1>评论</h1>
        <a href="#" data-icon="plus" data-iconpos="notext" class="ui-btn-right"></a>
    </div>

    <div data-role="content">
        <ul data-role="listview" data-inset="true" data-theme="e">
            <li data-role="list-divider">查看评论</li>
            <li>
                <img src="images/111.jpg">
              <h3>变形金刚</h3>
                <p><span class="ui-li-rating">90%</span><strong>喜欢看!</strong></p>
                <p>评论数: <em>1,588</em></p>
            </li>
        </ul>
```

```
        <ul data-role="listview" data-inset="true" data-theme="d">
            <li data-role="list-divider">用户评论</li>
            <li>
              <a href="#">
                 <img src="images/111-user.png" class="ui-li-icon">
              <p><strong>好看!</strong></p>
                 <p>真精彩，真精彩！.</p>
              </a>
            </li>
            <li>
              <a href="#">
                 <img src="images/111-user.png" class="ui-li-icon">
                 <p><strong>快来看!</strong></p>
              <p>效果震撼！ </p>
              </a>
        </li>
            <li>
              <a href="#">
                 <img src="images/111-user.png" class="ui-li-icon">
                 <p><strong>快看吧!</strong></p>
                 <p>主角很美！.</p>
             </a>
        </li>
            <li>
                 <p><a href="#">查看更多评论..</a></p>
                 <p>1-3 of 15 total</p>
            </li>
      </ul>
   </div>
</div>
```

上述实例代码的执行效果如图 19-8 所示。

图 19-8　执行效果

19.5　使用拆分按钮列表

知识点讲解：光盘\视频讲解\第 19 章\使用拆分按钮列表.avi

在 jQuery Mobile 应用中，有时需要让每个列表条目支持多个动作，此时可以创建具有主（primary）按钮和附属（secondary）按钮的拆分按钮列表。另外，有时每个列表项会有多于一个操作，这时拆分按钮提供了如下两个独立的可单击部分。

☑　列表项本身。

☑　列表项右边的 icon。

要想创建这种拆分按钮，只需在<li>插入第二个链接即可，此时框架会创建一个竖直的分割线，并把链接样式化为一个只有 icon 的按钮，通过设置 title 属性可以保证可访问性。设置 data-split-icon 属性，可以设置位于右边的分隔项的图标，图标分隔项的主题样式可以通过 data-split-theme 属性来设置。

在 jQuery Mobile 应用中，要创建一个拆分按钮，需要在列表条目内添加一个附属链接，jQuery Mobile 框架会添加一条垂直的线，以分割主动作和附属动作。如果要为所有的附属按钮设置图标，则需要为列表元素添加 data-split-icon 属性，并将其值设置为标准的或自定义的图标。默认情况下，附属按钮使用调色板颜色 b（浅蓝色）进行样式化处理。要想应用其他主题，可以为列表元素添加 data-split-theme 属性。例如下面的代码。

```
<ul data-role="listview" data-split-icon="gear" data-split-theme="d">
  <li>
    <img src="images/album-bb.jpg" />
    <h3><a href="index.html">Broken Bells</a></h3>
    <p>Broken Bells</p>
    <a href="lists-split-purchase.html" data-rel="dialog" data-transition="slideup">Purchase album</a>
  </li>
  <li>
    <img src="images/album-hc.jpg" />
    <h3><a href="index.html">Warning</a></h3>
    <p>Hot Chip</p>
    <a href="lists-split-purchase.html" data-rel="dialog" data-transition="slideup">Purchase album</a>
  </li>
</ul>
```

上述代码的执行效果如图 19-9 所示。

图 19-9　执行效果

例如在如下所示的实例中，可以修改最初的电影列表实例，使其支持多个动作。主按钮会继续显示电影详情，而新的附属按钮可以用来购买电影票。

实例 19-6：在 Android 中使用拆分按钮列表

源码路径：光盘:\codes\19\split.html

实例文件 split.html 的具体实现代码如下。

```
<div data-role="page">
    <div data-role="header" data-theme="b" data-position="fixed">
        <div class="segmented-control ui-bar-d">
            <div data-role="controlgroup" data-type="horizontal">
                <a href="#" data-role="button" class="ui-control-active">电影</a>
                <a href="#" data-role="button" class="ui-control-inactive">金曲</a>
                <a href="#" data-role="button" class="ui-control-inactive">连续剧</a>
            </div>
        </div>
    </div>

    <div data-role="content">
        <ul data-role="listview" data-split-icon="star" data-split-theme="d">
            <li>
              <a href="#">
                <img src="images/111.jpg" />
              <h3>变形金刚</h3>
                <p>评论: PG</p>
                <p>时长: 95 min.</p>
              </a>
              <a href="#">购票</a>
            </li>
            <li>
              <a href="#">
                <img src="images/222.jpg" />
              <h3>X 战警</h3>
                <p>评论: PG-13</p>
                <p>时长: 137 min.</p>
              </a>
              <a href="#">购票</a>
            </li>
            <li>
              <a href="#">
                <img src="images/333.jpg" />
              <h3>雷雨</h3>
                <p>评论: PG-13</p>
                <p>时长: 131 min.</p>
              </a>
              <a href="#">购票</a>
            </li>
            <li>
              <a href="#">
```

```
                <img src="images/444.jpg" />
            <h3>小李飞刀</h3>
                <p>评论: PG</p>
                <p>时长: 95 min.</p>
            </a>
            <a href="#">购票</a>
        </li>
        <li>
            <a href="#">
                <img src="images/111.jpg" />
            <h3>变形金刚 3D</h3>
                <p>评论: PG-13</p>
                <p>时长: 131 min.</p>
            </a>
            <a href="#">购票</a>
        </li>
    </ul>
</div>

<!-- tab bar with custom icons -->
<div data-role="footer" class="tabbar" data-position="fixed">
    <div data-role="navbar" class="tabbar">
    <ul>
        <li><a href="#" id="home" data-icon="custom">主页</a></li>
        <li><a href="#" id="movies" data-icon="custom" class="ui-btn-active">Movies</a></li>
        <li><a href="#" id="theatres" data-icon="custom">评论</a></li>
    </ul>
    </div>
</div>
</div>
```

上述实例代码的执行效果如图 19-10 所示。

图 19-10　执行效果

19.6 使用编号列表

知识点讲解：光盘\视频讲解\第 19 章\使用编号列表.avi

在 jQuery Mobile 应用中，在使用有序列表（<ol>）时需要创建编号列表（numbered list）。在默认情况下，jQuery Mobile 会在每一个列表条目的左边添加数字索引。通过有序列表 ol 可以创建数字排序的列表，表现顺序序列，例如电影排行榜。当应用列表时用到增强效果，jQuery Mobile 优先使用 CSS 的方式给列表添加编号，当浏览器不支持这种方式时，框架会采用 JavaScript 将编号写入列表中。例如下面的代码。

```
<ol data-role="listview">
  <li><a href="index.html">The Godfather</a></li>
  <li><a href="index.html">Inception</a></li>
<li><a href ="index.html">The Good.The Bad and the Vgly</a></li>
</ol>
```

上述代码的执行效果如图 19-11 所示。

1. The Godfather
2. Inception
3. The Good, the Bad and the Ugly

图 19-11　执行效果

下面通过一个具体实例的实现过程，详细讲解在 Android 中使用编号列表的方法。

实例 19-7：在 Android 中使用编号列表

源码路径：光盘:\codes\19\numbered.html

实例文件 numbered.html 的具体实现代码如下。

```
<div data-role="page">
	<div data-role="header" data-theme="b" data-position="fixed">
		<div class="segmented-control ui-bar-d">
			<div data-role="controlgroup" data-type="horizontal">
				<a href="#" data-role="button" class="ui-control-inactive">影视</a>
				<a href="#" data-role="button" class="ui-control-inactive">电视剧</a>
				<a href="#" data-role="button" class="ui-control-active">音乐</a>
			</div>
		</div>
	</div>

	<div data-role="content">
		<ol data-role="listview">
			<li><a href="#">AAA</a></li>
			<li><a href="#">BBB</a></li>
```

```
                <li><a href="#">CCC</a></li>
                <li><a href="#">DDD</a></li>
                <li><a href="#">EEE</a></li>
                <li><a href="#">FFF</a></li>
                <li><a href="#">GGG</a></li>
                <li><a href="#">HHH</a></li>
                <li><a href="#">IIIIII </a></li>
            </ol>
        </div>

        <!-- tab bar with custom icons -->
        <div data-role="footer" class="tabbar" data-position="fixed">
            <div data-role="navbar" class="tabbar">
            <ul>
                <li><a href="#" id="home" data-icon="custom">主页</a></li>
                <li><a href="#" id="movies" data-icon="custom" class="ui-btn-active">Movies</a></li>
                <li><a href="#" id="theatres" data-icon="custom">评论</a></li>
            </ul>
            </div>
        </div>
    </div>
```

上述代码的执行效果如图 19-12 所示。

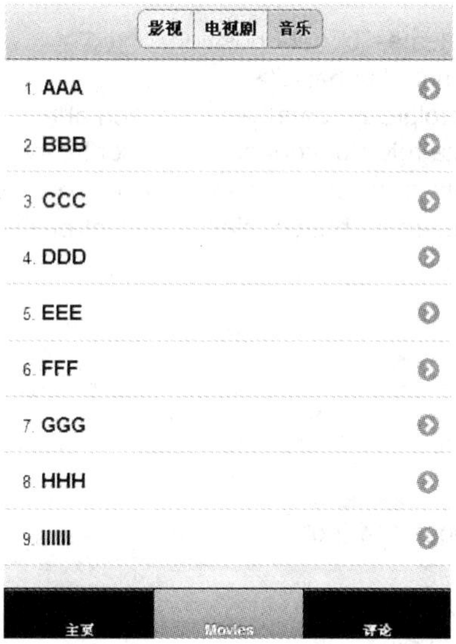

影视 电视剧 音乐

1. AAA
2. BBB
3. CCC
4. DDD
5. EEE
6. FFF
7. GGG
8. HHH
9. IIIIII

主页 Movies 评论

图 19-12　执行效果

19.7　使用只读列表

知识点讲解：光盘\视频讲解\第 19 章\使用只读列表.avi

在 jQuery Mobile 应用中，在列表视图中可以显示只读的数据视图，而且用户界面看起来与前面出现的交互式界面非常相似，只不过纯图标的右箭头图像被移除。由此可见，列表也可以用来展示没有交互的条目，这通常会是一个内嵌的列表。通过有序或者无序列表都可以创建只读列表，列表项内没有链接即可，jQuery Mobile 默认将它们的主题样式设置为 c（白色无渐变色），并把字号设为比可单击的列表项小以节省空间。例如下面的代码。

```
<ul data-role="listview" data-inset="true">
  <li>Acura</li>
  <li>Audi</li>
</ul>
```

上述代码的执行效果如图 19-13 所示。

Acura
Audi

图 19-13　执行效果

下面通过一个具体实例的实现过程，详细讲解在 Android 中使用带有只读条目的列表的方法。

实例 19-8：在 Android 中使用带有只读条目的列表

源码路径：光盘:\codes\19\readonly.html

实例文件 readonly.html 的具体实现代码如下。

```
<div data-role="page">
     <div data-role="header" data-theme="b" data-position="fixed">
          <div class="segmented-control ui-bar-d">
               <div data-role="controlgroup" data-type="horizontal">
                    <a href="#" data-role="button" class="ui-control-active">电影</a>
                    <a href="#" data-role="button" class="ui-control-inactive">音乐</a>
                    <a href="#" data-role="button" class="ui-control-inactive">舞蹈</a>
               </div>
          </div>
     </div>

     <div data-role="content">
          <ul data-role="listview">
               <li>
                    <img src="images/111.jpg" />
                  <h3>变形金刚</h3>
                    <p>评论: PG</p>
                    <p>时长: 95 min.</p>
               </li>
               <li>
                    <img src="images/222.jpg" />
                  <h3>X 战警</h3>
                    <p>评论: PG-13</p>
                    <p>时长: 137 min.</p>
               </li>
               <li>
                    <img src="images/333.jpg" />
                  <h3>雷雨</h3>
```

```
                <p>评论: PG-13</p>
                <p>时长: 131 min.</p>
            </li>
            <li>
                <img src="images/444.jpg" />
              <h3>小李飞刀</h3>
                <p>评论: PG</p>
                <p>时长: 95 min.</p>
            </li>
            <li>
                <img src="images/222.jpg" />
            <h3>X 战警  3D</h3>
                <p>评论: PG-13</p>
                <p>时长: 131 min.</p>
            </li>
        </ul>
    </div>

    <!-- tab bar with custom icons -->
    <div data-role="footer" class="tabbar" data-position="fixed">
        <div data-role="navbar" class="tabbar">
        <ul>
            <li><a href="#" id="home" data-icon="custom">主页</a></li>
            <li><a href="#" id="movies" data-icon="custom" class="ui-btn-active">Movies</a></li>
            <li><a href="#" id="theatres" data-icon="custom">评论</a></li>
        </ul>
            </div>
    </div>
</div>
```

上述实例代码的执行效果如图 19-14 所示。

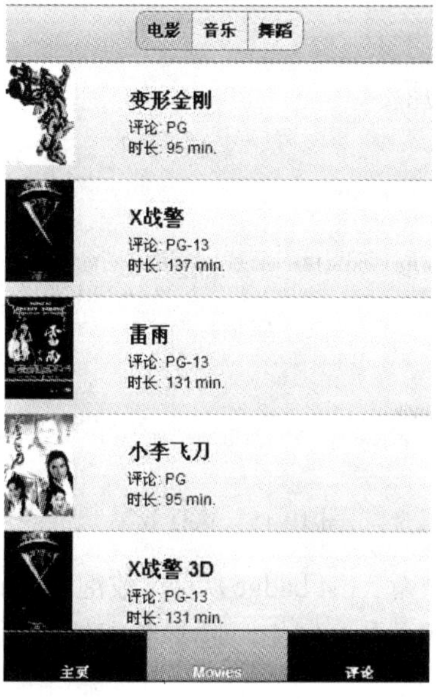

图 19-14　执行效果

19.8 使用列表徽章

知识点讲解：光盘\视频讲解\第 19 章\使用列表徽章.avi

在 jQuery Mobile 应用中，支持通过 HTML 语义化的标签来显示列表项中所需常见的文本格式，例如标题、描述、二级信息、计数等。具体说明如下。

☑ 将数字用一个元素包裹，并添加 ui-li-count 的 class，放置于列表项内，可以给列表项右侧增加一个计数泡。

☑ 要添加有层次关系的文本可以使用标题来强调，用段落文本来减少强调。

☑ 补充信息（如日期）可以通过包裹在 class="ui-li-aside"的容器中来添加到列表项的右侧。

例如下面的代码。

```
<ul data-role="listview">
  <li data-role="list-divider">Friday, October 8, 2010 <span class="ui-li-count">2</span></li>
  <li>
    <h3><a href="index.html">Stephen Weber</a></h3>
    <p><strong>You've been invited to a meeting at Filament Group in Boston, MA</strong></p>
    <p>Hey Stephen, if you're available at 10am tomorrow, we've got a meeting with the Jquery team.</p>
    <p class="ui-li-aside"><strong>6:24</strong>PM</p>
  </li>
  <li>
    <h3><a href="index.html">Jquery Team</a></h3>
    <p><strong>Boston Conference Planning</strong></p>
    <p>In preparation for the upcoming conference in Boston, we need to start gathering a list of sponsors and
speakers.</p>
    <p class="ui-li-aside"><strong>9:18</strong>AM</p>
  </li>
</ul>
```

上述代码的执行效果如图 19-15 所示。

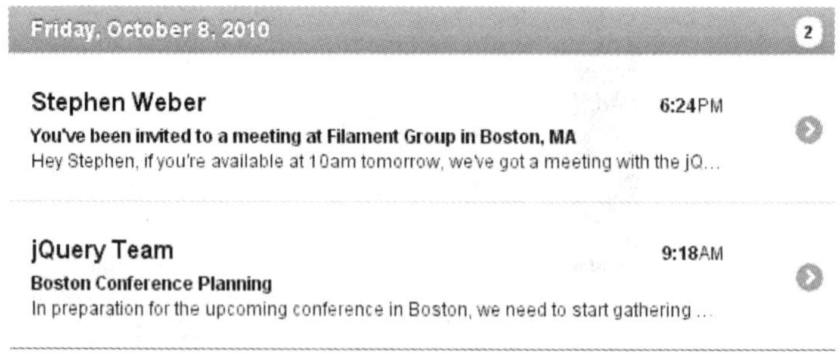

图 19-15 执行效果

在 jQuery Mobile 应用中，列表徽章（list badge）或计数泡（count bubble）是一个突出显示的椭圆，通常用来表示有多少个新的条目可供查看。例如，通常在邮件应用程序中使用徽章来指示用户有多少封未读邮件。

要在 jQuery Mobile 应用中创建一个徽章，需要使用一个包含 ui-li-count 类的元素对徽章中的文本

进行包装。默认情况下，徽章使用调色板颜色 c（灰色）来样式化。要应用其他主题，可以为列表元素添加 data-count-theme 属性。

例如在下面的实例中，徽章用来指示在几天前添加的某个电影的评论，可以用来表达任何类型的元数据。

实例 19-9：在 Android 中使用列表徽章

源码路径：光盘:\codes\19\badges.html

实例文件 badges.html 的具体实现代码如下。

```
<div data-role="page">
    <div data-role="header">
        <h1>电影评论</h1>
    </div>

    <div data-role="content">
        <ul data-role="listview" data-inset="true" data-theme="e">
            <li data-role="list-divider">X-战警
              <p class="ui-li-aside">评论数: <em>1,588</em></p></li>
            <li>
                <img src="images/thumbs-up.png" class="ui-li-icon">
                <p>快来看吧，非常好看，效果好！</p>
        </li>
        </ul>

        <ul data-role="listview" data-inset="true" data-theme="e" data-count-theme="e">
            <li data-role="list-divider">内容</li>
            <li>
                <img src="images/111-user.png" class="ui-li-icon">
              <p>好的，我马上去看看！.</p>
                <span class="ui-li-count">1 天前</span>
            </li>
            <li>
                <img src="images/111-user.png" class="ui-li-icon">
              <p>票好买吗，我怕排队！!</p>
                <span class="ui-li-count">3 天前</span>
            </li>
        </ul>
    </div>

    <!-- toolbar with icons -->
    <div data-role="footer" data-position="fixed">
        <div data-role="navbar">
            <ul>
                <li><a href="#" data-icon="arrow-l"></a></li>
                <li><a href="#" data-icon="back"></a></li>
                <li><a href="#" data-icon="star"></a></li>
                <li><a href="#" data-icon="plus"></a></li>
                <li><a href="#" data-icon="arrow-r"></a></li>
            </ul>
```

```
        </div>
    </div>
</div>
```

上述实例代码的执行效果如图 19-16 所示。

图 19-16　执行效果

19.9　使用搜索栏过滤列表

知识点讲解：光盘\视频讲解\第 19 章\使用搜索栏过滤列表.avi

在 jQuery Mobile 应用中，存在一个过滤列表的客户端搜索特性。要想创建一个搜索栏，需要为列表添加 data-filter="true"属性。jQuery Mobile 框架会在列表的上方添加一个搜索过滤器，而且其默认的占位符文本会显示“Filter items…”。

在 jQuery Mobile 应用中，有如下所示的两种方法可以用于配置占位符文本。

（1）通过为列表元素添加 data-filter-placeholder 属性，可以配置占位符文本。

（2）通过绑定 mobileinit 事件，并将 filterPlaceholder 选项设置为任何自定义的占位符的值，可以以全局方式将占位符的文本设置为 jQuery Mobile 的配置选项。即：

```
$ (document).bind('mobileinit ',function(){
    $.mobile.listview.prototype.options.filterPlaceholder="Search..";
});
```

搜索输入框默认的字符为“Filter items...”，通过设置 mobileinit 事件的绑定程序、给$.mobile.listview.prototype.options.filterPlaceholder 选项设置一个字符串，或者给列表设置 data-filter-placeholder 属性，可以设置搜索输入框的默认字符。例如：

```
<ul data-role="listview" data-filter="true" >
    <li><a href="index.html">Acura</a></li>
```

```
    <li><a href="index.html">Audi</a></li>
<li><a href="index.html">BMW</a></li>
</ul>
```

上述代码的执行效果如图 19-17 所示。

图 19-17 执行效果

下面通过一个具体实例的实现过程，详细讲解在 Android 中使用搜索过滤列表的方法。

实例 19-10：在 Android 中使用搜索过滤列表

源码路径：光盘:\codes\19\filter.html

实例文件 filter.html 的具体实现代码如下。

```
<!DOCTYPE html>
<html>
    <head>
    <meta charset="utf-8">
    <title>List Filter</title>
    <meta name="viewport" content="width=device-width, initial-scale=1">
    <link rel="stylesheet" href="http://code.jquery.com/mobile/1.0/jquery.mobile-1.0.min.css" />
    <style>
        .segmented-control { text-align:center;}
        .segmented-control .ui-controlgroup { margin: 0.2em; }
        .ui-control-active, .ui-control-inactive { border-style: solid; border-color: gray; }
        .ui-control-active { background: #BBB; }
        .ui-control-inactive { background: #DDD; }
    </style>
    <script src="http://code.jquery.com/jquery-1.19.4.min.js"></script>
    <script>
        $(document).bind('mobileinit',function(){
            //Globally configure search filter placeholder text
            //$.mobile.listview.prototype.options.filterPlaceholder = "Search me...";

            //Configure a "starts with" search instead of the default
            //$.mobile.listview.prototype.options.filterCallback = function( text, searchValue ){
                //New "Starts With" search, return false when there's a match
                //return !(text.toLowerCase().indexOf( searchValue ) === 0);
            //};
        });

        // When the page loads configure a custom search
        /*
        $('#calendar-page').live("pagebeforeshow", function(){
```

```
            $("#calendar-list").listview('option', 'filterCallback',
                        function( text, searchValue ){
                                //New "Starts With" search, return false when there's a match
                                return !(text.toLowerCase().indexOf( searchValue ) === 0);
                        }
                );
        });*/
    </script>
    <script src="http://code.jquery.com/mobile/1.0/jquery.mobile-1.0.min.js"></script>
</head>
<body>

<div data-role="page" id="calendar-page">
    <div data-role="header">
        <h1>查找日期</h1>
    </div>

    <div data-role="content">
        <ul data-role="listview" id="calendar-list" data-filter="true" data-filter-placeholder="Search...">
            <li data-role="list-divider">周一
                <p class="ui-li-aside"><strong>Feb 6 2012</strong></p></li>
            <li><a href="#">
            <p><strong>6:00</strong><span  class="ui-li-aside"><strong> 生 日 聚 会 </strong></span></p>
</a></li>
            <li data-role="list-divider">周二
                <p class="ui-li-aside"><strong>Feb 8 2012</strong></p></li>
            <li><a href="#">
            <p><strong>8:00</strong><span class="ui-li-aside"><strong>见网友</strong></span></p></a></li>
            <li data-role="list-divider">周三
                <p class="ui-li-aside"><strong>Feb 10 2012</strong></p></li>
            <li><a href="#">
            <p><strong>14:00</strong><span class="ui-li-aside"><strong>听课</strong></span></p></a></li>
            <li><a href="#">
            <p><strong>18:00</strong><span  class="ui-li-aside"><strong> 看 球 赛 !</strong></span></p>
</a></li>
        </ul>
    </div>

    <!-- Toolbar with a segmented control -->
    <div data-role="footer" data-position="fixed" data-theme="d" class="segmented-control">
        <div data-role="controlgroup" data-type="horizontal">
            <a href="#" data-role="button" class="ui-control-active">List</a>
            <a href="#" data-role="button" class="ui-control-inactive">Day</a>
            <a href="#" data-role="button" class="ui-control-inactive">Month</a>
        </div>
    </div>
</div>

</body>
</html>
```

上述实例代码的初始执行效果如图 19-18 所示。当开始在搜索过滤器中输入文本时，客户端的过滤器会只显示与通配符搜索相匹配的条目。例如输入“看”后，会自动显示有“看”字的活动安排“看球赛”，如图 19-19 所示。

图 19-18　初始执行效果

图 19-19　过滤后的效果

在 jQuery Mobile 应用中，如果需要更改默认的搜索函数，有如下两种方法可以重写用于过滤的 callback（回调）函数。

（1）通过绑定 mobileinit 事件，并将 filterCallback 选项设置为任何自定义的搜索函数，从而以全局方式将搜索函数更新为 jQuery Mobile 的配置选项。例如，这里对 callback 函数进行设置，使其使用一个 starts with 搜索。即：

```
$(document).bind('mobileinit',function(){
$.mobile.listview.prototype.options.filterCallback=
    function( text, searchValue){
    return!(text.toLowerCase().indexOf(searchValue)===0);
};
});
```

函数 callback 提供了两个参数：text 和 searchValue，具体说明如下。

☑　text：包含列表条目的文本。

☑　searchValue：包含搜索过滤器的值。

用于通配符搜索的默认行为以如下方式进行编码实现。

```
return text.toLowerCase().indexOf(searchValue)===1
```

如果函数 callback 针对某个列表条目返回了一个真（true）值，则该列表条目不会在搜索结果中显示（即该列表条目与搜索的内容不匹配）。

（2）在创建列表之后可以动态地配置搜索函数。例如在载入页面之后，可以为某个特定的列表应用新的搜索行为。

```
$("#calendar-list").1istview('option','filterCallback',
    function( text, searchValue){
    return !(text.toLowerCase().indexOf( searchValue)===0);
    }
    );
```

在默认情况下，搜索框会继承其父容器的主题。要配置其他主题，则需要为列表元素添加 data-filter-theme 属性。

19.10　实现动态列表效果

知识点讲解：光盘\视频讲解\第 19 章\实现动态列表效果.avi

在 jQuery Mobile 应用中，listview 插件是一个能自动增强列表的微件。我们可以使用该插件来动态创建、更新列表。有两种方法可以用来创建动态列表：一是通过标记驱动的方法动态创建列表，二是通过显式设置 listview 插件选项的方式来动态创建列表。

19.10.1　列表选项

在 jQuery Mobile 应用中，listview 拥有如下所示的选项。

（1）countTheme，是一个字符串，默认为 c。

设置列表项的“计数泡”的主题样式。接受 a～z 的字母的主题样式。如果想给项目所有的 listview 统一设置主题样式。需要给 mobileinit event 绑定设置。例如：

```
$( document ).bind( "mobileinit", function(){
 $.mobile.listview.prototype.options.countTheme = "a";
});
```

也可以通过 data-count-theme="a"的属性来单独设置。

（2）dividerTheme，是一个字符串，默认为 b。

设置列表分割项的主题样式。接受 a～z 的字母的主题样式。如果想给项目所有的列表分割项统一设置主题样式。需要给 mobileinit event 绑定设置。例如：

```
$( document ).bind( "mobileinit", function(){
  $.mobile.listview.prototype.options.dividerTheme = "a";
});
```

也可以通过 data-divider-theme="a"的属性来单独设置。

（3）filter，是一个布尔值，默认为 false。

给列表添加搜索过滤框。如果想给项目所有的搜索过滤框统一的设置，需要给 mobileinit event 绑定设置。例如：

```
$( document ).bind( "mobileinit", function(){
    $.mobile.listview.prototype.options.filter = true;
});
```

也可以通过 data-filter="true"的属性来单独设置。

（4）filterCallback，是一个 function 过程。

该搜索过滤的回调函数用来设置当搜索过滤条件中输入的文字发生改变时，列表中的哪些列表项隐藏。该函数接受两个参数：列表项中的文字和搜索的字符串。返回 true 则隐藏这些列表项，返回 false 则不隐藏。如果想给项目所有的搜索过滤框统一的设置，需要给 mobileinit event 绑定设置。例如：

```
$( document ).bind( "mobileinit", function(){
    $.mobile.listview.prototype.options.filterCallback = function( text, searchValue ) {
        //只显示已搜索字符串开头的列表项
        return text.toLowerCase().substring( 0, searchValue.length ) !== searchValue;
    };
});
```

（5）filterPlaceholder，是一个字符串，默认为"Filter items..."。

Placeholder 是 HTML 5 新加入的 input 的属性，为输入框的文字占位符，作用等同于默认的 value，在输入自己的文字时会消失，删掉自己输入的文字时会自动出现，也不会随着按钮默认的提交。设置搜索输入框的 Placeholder，如果想给项目所有的搜索过滤框统一的设置，需要给 mobileinit event 绑定设置。例如：

```
$( document ).bind( "mobileinit", function(){
    $.mobile.listview.prototype.options.filterPlaceholder = "Search...";
});
```

也可以通过 data-filter-placeholder="Search..."的属性来单独设置。

（6）filterTheme，是一个字符串，默认为 c。

设置列表项的搜索输入框的主题样式。接受 a～z 的字母的主题样式。如果想给项目所有的搜索输入框统一设置主题样式。需要给 mobileinit event 绑定设置。例如：

```
$( document ).bind( "mobileinit", function(){
    $.mobile.listview.prototype.options.filterTheme = "a";
});
```

也可以通过 data-filter-theme="a"的属性来单独设置。

（7）headerTheme，是一个字符串，默认为 b。

设置嵌套的列表项的子页面的 header 主题样式。接受 a～z 的字母表示的主题样式。如果想将项目所有的搜索输入框统一设置主题样式，需要给 mobileinit event 绑定设置。例如：

```
$( document ).bind( "mobileinit", function(){
    $.mobile.listview.prototype.options.headerTheme = "a";
});
```

也可以通过 data-header-theme="a"的属性来单独设置。

（8）initSelector，是一个 CSS 选择器字符串，默认为:jqmData(role='listview')。

被 CSS 选择器选择的容器会被自动初始化为 listview。想改变自动初始化为 list 的 dom，可以给 mobileinit event 绑定设置。例如：

```
$( document ).bind( "mobileinit", function(){
    $.mobile.listview.prototype.options.initSelector = ".mylistview";
});
```

（9）inset，是一个布尔值，默认为 false。

将列表设置为内嵌的形式。如果想将项目所有的列表统一设置为是否为内嵌，需要给 mobileinit event 绑定设置。例如：

```
$( document ).bind( "mobileinit", function(){
    $.mobile.listview.prototype.options.inset = true;
});
```

也可以通过 data-inset="true"的属性来单独设置。

（10）splitIcon，是一个字符串，默认为 arrow-r。

设置所有拆分按钮的图标。如果想给项目所有拆分的按钮的图标统一设置主题样式，需要给 mobileinit event 绑定设置。例如：

```
$( document ).bind( "mobileinit", function(){
    $.mobile.listview.prototype.options.splitIcon = "star";
});
```

也可以通过 data-split-icon="star"的属性来单独设置。

（11）splitTheme，是一个字符串，默认为 b。

设置所有拆分按钮的主题样式。接受 a～z 的字母的主题样式。如果想给项目所有拆分按钮统一设置主题样式。需要给 mobileinit event 绑定设置。例如：

```
$( document ).bind( "mobileinit", function(){
    $.mobile.listview.prototype.options.splitTheme = "a";
});
```

也可以通过 data-split-theme="a"的属性来单独设置。

（12）theme，是一个字符串，默认为 null，继承父容器。

设置所有的 listview 的主题样式。接受 a～z 的字母的主题样式。默认情况下，会继承父容器的主题样式的设置，如果想给项目所有 listview 统一设置主题样式，需要给 mobileinit event 绑定设置。例如：

```
$( document ).bind( "mobileinit", function(){
    $.mobile.listview.prototype.options.theme = "a";
});
```

也可以通过 data-theme="a"的属性来单独设置。

19.10.2 列表方法

在 jQuery Mobile 应用中，listview 拥有如下所示的方法。

1．childPages

功能是取得列表的子页面，此方法返回一个 jQuery 对象，为嵌套页面的子页面。例如：

```
$('.selector').listview('childPages');
```

2．refresh

功能是刷新 listview。如果用 JS 手动修改了一个 listview，必须调用 refresh 方法刷新 listview 的外

观。例如：

```
$('.selector').listview('refresh');
```

19.10.3　列表事件

在 jQuery Mobile 应用中，可以给 OL 元素或者 ul 元素直接绑定事件，可以使用 jQuery Mobile 的虚拟事件，或者绑定 JavaScript 的标准事件，例如 change、focus、blur 等。例如：

```
$( ".selector" ).bind( "change", function(event, ui) {
  ...
});
```

listview 拥有自定义事件 create，当 listview 被创建时触发。例如：

```
$( ".selector" ).listview({
   create: function(event, ui) { ... }
});
```

下面通过一个具体实例的实现过程，详细讲解在 Android 中创建动态列表的方法。

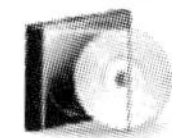

实例 19-11：在 Android 中创建动态列表

源码路径：光盘:\codes\19\dynamic.html

实例文件 dynamic.html 的具体实现代码如下。

```
<div data-role="page" data-theme="b">
        <div data-role="header">
                <h1>创建动态列表</h1>
        </div>

        <div data-role="content">
                <a href="#" id="create-list1" data-role="button">创建列表 1</a>
                <a href="#" id="create-list2" data-role="button">创建列表 2</a>
          <br>
                <a href="#" id="update-list1" data-role="button" data-theme="a">更新列表 1</a>
        </div>
        <script type="text/javascript">
                $( "#create-list1" ).bind( "click", function() {
                        $( '<ul data-inset="true" id="list1"><li data-role="list-divider">Genres</li><li><a href="#">Action
</a></li><li><a href="#">Comedy</a></li></ul>' )
                                .insertAfter( "#create-list1" )
                                .listview();
                });

                $( "#create-list2" ).bind( "click", function() {
                        $( '<ul><li  data-role="list-divider">Genres</li><li><a  href="#">Action</a></li><li><a  href="#">
Comedy</a></li></ul>' )
                                .insertAfter( "#create-list2" )
                                .listview({
                                        theme: "d",
```

```
                    dividerTheme: "a",
                    inset: true,
                    create: function(event) {
                        console.log( "Creating list..." );
                        for (prop in event) {
                            console.log(prop + ' = ' + event[prop]);
                        }
                    }
                });
            });

            $( "#update-list1" ).bind( "click", function() {
                $( "#list1" )
                    .append('<li><a href="#">Drama</a></li>')
                    .listview('refresh');
            });

        </script>
    </div>
```

执行后的初始效果如图 19-20 所示。单击某个按钮后会自动创建一个列表，例如单击“创建列表 1”按钮后会创建一个如图 19-21 所示的新列表。

图 19-20　初始效果

图 19-21　自动创建一个新列表

第 20 章　内容格式化

jQuery Mobile 页面的内容是完全开放的，但是 jQuery Mobile 框架提供了一些有用的工具及组件，如可折叠的面板、多列网格布局等。通过这些工具和组件可以方便地为移动设备格式化指定的内容。本章将详细讲解在 jQuery Mobile 中使用表格和 CSS 格式化内容的知识，为读者学习本书后面的知识打下基础。

20.1　使用基本的 HTML 样式

知识点讲解：光盘\视频讲解\第 20 章\使用基本的 HTML 样式.avi

在 jQuery Mobile 应用中，可以很方便地通过默认方法给指定的内容添加样式。我们的目标是让浏览器的默认渲染优先进行，然后加入一点 padding 让页面看起来更有可读性，再应用主题样式系统来分配字体和颜色。

在移动 Web 应用设计中，默认的 HTML 标记样式是 Default HTML markup styling。默认情况下，jQuery Mobile 的主题样式为标准的 HTML 元素使用标准的 HTML 样式和字号，如 header、p、block quotos、a、ul、ol、dl 和 dt。

20.2　使用表格进行布局

知识点讲解：光盘\视频讲解\第 20 章\使用表格进行布局.avi

在移动 Web 应用中，因为移动设备屏幕通常都比较窄，所以不推荐在移动设备上使用多栏布局的方法。但有时会想要把一些小的元素（如按钮、导航标签等）并排放置，jQuery Mobile 框架提供了一种简单的方法构建基于 CSS 的分栏布局，叫做 ui-grid。

jQuery Mobile 提供了两种预设的配置布局，分别是两列布局（class 含有 ui-grid-a）和三列布局（class 含有 ui-grid-b），通过这两种布局方式几乎可满足需要列布局的任何情况。

jQuery Mobile 的表格是可配置的，可以支持 2～5 列的表格布局。从 HTML 的角度来看，表格是使用 CSS 属性配置的 div 元素，相当灵活，而且会占据显示屏幕的整个宽度。表格不包含边界、内间距、边距，这样就不会影响其内部元素的样式。在查看示例之前，首先来讲解标准的表格模板。

20.2.1　表格模板

在 jQuery Mobile 应用中创建多列表格时，需要创建具有两个或更多个内层块（inner block）的外层表格容器。具体说明如下。

（1）表格容器（grid container）

表格容器需要 CSS 属性 ui-grid-*来配置表格中列的数量，如表 20-1 所示。例如，要创建一个两列的表格，需要将表格 CSS 属性设置为 ui-grid-a。

表 20-1　表格 CSS 属性说明

列的数量	表格 CSS 属性	列的数量	表格 CSS 属性
2	ui-grid-a	4	ui-grid-c
3	ui-grid-b	5	ui-grid-d

（2）块（block）

块包含在表格内，需要 CSS 属性 ui-block-*来识别其列的位置，如表 20-2 所示。例如，有一个两列的表格，则第一个块会用 CSS 属性 ui-block-a 来样式化，而第二个块会用 CSS 属性 ui-block-b 来样式化。

表 20-2　块 CSS 属性说明

列的数量	表格 CSS 属性	列的数量	表格 CSS 属性
1	ui-block-a	4	ui-block-d
2	ui-block-b	5	ui-block-e
3	ui-block-c		

20.2.2　两列表格

在 jQuery Mobile 应用中，要构建两栏的布局（50/50%），需要先构建一个父容器，添加一个名为 ui-grid-a 的 class，内部设置两个子容器，分别给第一个子容器添加 class:ui-block-a，第二个子容器添加 class:ui-block-b。例如：

```
<div class="ui-grid-a">
 <div class="ui-block-a"><strong>I'm Block A</strong> and text inside will wrap</div>
 <div class="ui-block-b"><strong>I'm Block B</strong> and text inside will wrap</div>
</div><!-- /grid-a -->
```

上述代码的执行效果如图 20-1 所示。

I'm Block A and text inside will wrap.　**I'm Block B** and text inside will wrap.

图 20-1　执行效果

图 20-1 所示的执行效果，默认的两栏没有样式，并行排列。分栏的 class 可以应用到任何类型的容器上。而在图 20-2 所示的效果中，给表单的 fieldset 添加 class="ui-grid-a"，然后给两个 button 所在的子容器添加属性 class="ui-block-a"和 class="ui-block-b"，设置使两个容器各自占 50%的宽。

图 20-2　效果图

在图 20-3 所示的区块中增加了两个 class，增加 ui-bar 的 class 给默认的 bar padding，增加 ui-bar-e

的 class 应用背景渐变以及工具栏的主题 e 的字体样式，然后在每个网格的标签内增加 style="height: 120px"的属性来设置高度。

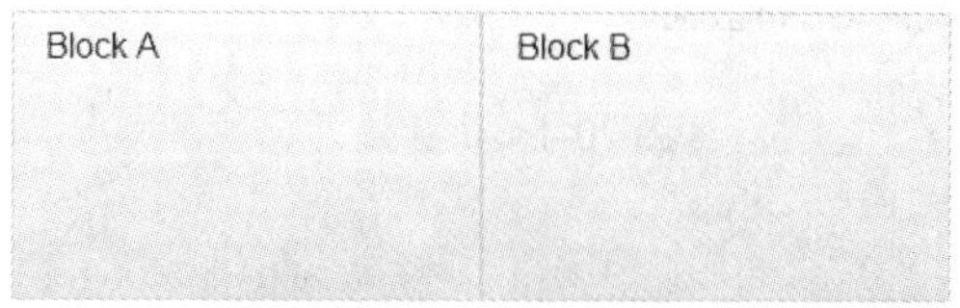

图 20-3　执行效果图

下面通过一个具体实例的实现过程，详细讲解在 Android 中使用两列表格的方法。

实例 20-1：在 Android 中使用两列表格
源码路径：光盘:\codes\20\2col.html

实例文件 2col.html 的具体实现代码如下。

```
<!DOCTYPE html>
<html>
    <head>
    <meta charset="utf-8">
    <title>Grid Example</title>
    <!--<meta name="viewport" content="width=device-width, initial-scale=1">-->
    <meta name="viewport" content="width=device-width, maximum-scale=1">
    <link rel="stylesheet" href="http://code.jquery.com/mobile/1.0/jquery.mobile-1.0.min.css" />
    <script src="http://code.jquery.com/jquery-1.6.4.min.js"></script>
    <script src="http://code.jquery.com/mobile/1.0/jquery.mobile-1.0.min.js"></script>
</head>
<body>

<div data-role="page" id="home">
    <div data-role="header">
        <h1>两列的表格</h1>
    </div>

    <div data-role="content" >
        <div class="ui-grid-a">
            <div class="ui-block-a"><strong>块 A</strong><br>The text will wrap within the grid.</div>
            <div class="ui-block-b"><strong>块 B</strong><br>More text.</div>
        </div>
    </div>
</div>
</body>
</html>
```

在上述实例代码中，外层表格（outer grid）使用 CSS 表格属性 ui-grid-a 进行配置。然后添加了两个内层块，第一个块被分配了一个 CSS 属性 ui-block-a，第二个块被分配了一个 CSS 属性 ui-block-b。执行效果如图 20-4 所示。列是等间距、无边界的，而且每个块内的文本在必要时会换行显示。作为一个额外的优点，jQuery Mobile 内的表格相当灵活，而且会根据不同的屏幕显示尺寸以自适应的方式进行呈现。

图 20-4　执行效果

20.2.3　三列表格

在 jQuery Mobile 应用中，另一种常用的布局方式是三栏布局，给父容器添加 class="ui-grid-b"，然后分别给 3 个子容器添加 class="ui-block-a"、class="ui-block-b"和 class="ui-block-c"。例如：

```
<div class="ui-grid-b">
 <div class="ui-block-a">Block A</div>
 <div class="ui-block-b">Block B</div>
 <div class="ui-block-c">Block C</div>
</div><!-- /grid-a -->
```

上述代码运行后会生成一个 33/33/33% 的分栏布局，如图 20-5 所示。

而图 20-6 所示的是一个三列网格布局示例。

图 20-5　执行效果　　　　图 20-6　三列网格布局

一个三列表格的区域划分比例是 33%、33%、33%。依此类推，如果是四栏布局，则给父容器添加 class="ui-grid-c"，即两栏为 a，三栏为 b，四栏为 c，五栏为 d 中，……，则子容器分别添加 class="ui-block-a"，class="ui-block-b"，class="ui-block-c"，……。

下面通过一个具体实例的实现过程，详细讲解在 Android 中使用三列表格的方法。

实例 20-2：在 Android 中使用三列表格

源码路径：光盘:\codes\20\3col.html

实例文件 3col.html 的具体实现代码如下。

```
<div data-role="page" id="home">
     <div data-role="header">
          <h1>使用三列表格布局</h1>
     </div>

     <div data-role="content">
          <div class="ui-grid-b">
               <div class="ui-block-a">
                    <div class="ui-bar ui-bar-e" style="height:100px;">Block A</div>
               </div>
               <div class="ui-block-b">
                    <div class="ui-bar ui-bar-e" style="height:100px;">Block B</div>
```

```
            </div>
            <div class="ui-block-c">
                <div class="ui-bar ui-bar-e" style="height:100px;">Block C</div>
            </div>
        </div>
    </div>
</div>
```

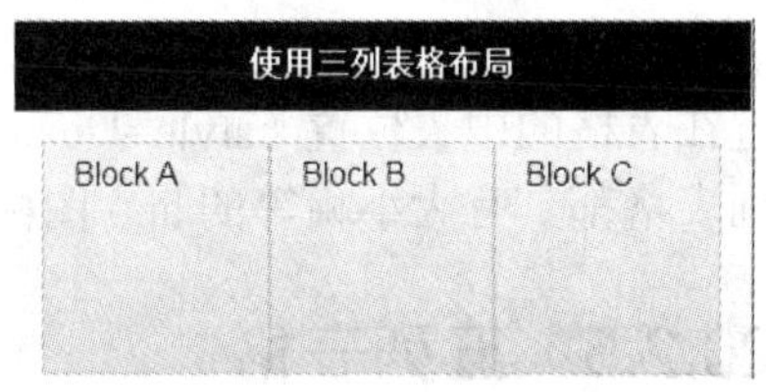

图 20-7　执行效果

上述实例代码执行后的效果如图 20-7 所示。

由此可见，三列表格与前面介绍的两列表格非常相似，但是它配置了 CSS 属性（ui-grid-b）以支持 3 个列，而且为第三列（ui-block-c）添加了一个额外的块。另外，还使用可主题化的类（可以添加到包含了表格的任何元素上）对块进行了样式化。在上述实例中，添加了 ui-bar 以应用 CSS 内间距，还添加了 ui-bar-e 以便为 e 工具栏主题调色板应用背景渐变和字体样式。我们可以使用 a～e 内的任何工具栏主题（ui-bar-*）来样式化块。最后，为了创建一致的块高度，对高度以内嵌方式进行了样式化（style= "height:100px"）。从视觉上看，这些增强都是使用线性的背景渐变来样式化表格，块与块之间使用边界进行隔离。

20.2.4　带有 app 图标的四列表格

在 jQuery Mobile 应用中，一个四列表格的区域比例是 25%、25%、25%、25%。下面通过一个具体实例的实现过程，详细讲解在 Android 中使用四列表格的方法。

实例 20-3：在 Android 中使用四列表格

源码路径：光盘:\codes\20\4col.html

实例文件 4col.html 的具体实现代码如下。

```
<div data-role="page" id="home" data-theme="d">
    <div data-role="header" data-theme="a">
        <h1>使用四列表格布局</h1>
    </div>

    <div data-role="content">
        <div class="ui-grid-c" style="text-align: center;">
            <div class="ui-block-a">
                <img src="images/cloud-default.png" height="44" width="44">
          </div>
            <div class="ui-block-b">
                <img src="images/cloud-bright.png" height="57" width="57">
          </div>
            <div class="ui-block-c">
                <img src="images/cloud-ripple.png" height="57" width="57">
          </div>
            <div class="ui-block-d">
                <img src="images/cloud-sparkle.png" height="57" width="57">
            </div>
```

```
        </div>
    </div>
</div>
```

上述实例代码执行后的效果如图 20-8 所示。

图 20-8　执行效果

由此可见，四列表格与三列表格相似，只不过为该表格配置了 CSS 属性（ui-grid-c），以支持 4 个列，而且为第四列（ui-block-d）添加了一个额外的块。此外，出于平衡和一致性考虑，将 app 图标放置在表格的中央位置（style="text-align:center;"）。从视觉上看，这四列表格都具有大小相等的 app 图标。

20.2.5　五列表格

在 jQuery Mobile 应用中，一个五列表格的布局比例为 20%、20%、20%、20%、20%。下面通过一个具体实例的实现过程，详细讲解在 Android 中使用五列表格的方法。

实例 20-4：在 Android 中使用五列表格
源码路径：光盘:\codes\20\5col.html

实例文件 5col.html 的具体实现代码如下。

```
<div data-role="page" id="home">
    <div data-role="header">
        <h1>使用五列表格布局</h1>
    </div>

    <div data-role="content">
        <div class="ui-grid-d" style="text-align: center;">
            <div class="ui-block-a">&#xe21c;</div>
            <div class="ui-block-b">&#xe21d;</div>
            <div class="ui-block-c">&#xe21e;</div>
            <div class="ui-block-d">&#xe21f;</div>
            <div class="ui-block-e">&#xe220;</div>
        </div>
    </div>
</div>
```

通过上述实例代码可知，五列表格与前面讲解的四列表格非常相似，只不过为该表格配置了 CSS 属性（ui-grid-d）以支持 5 个列，而且为第五列（ui-block-e）添加了一个额外的块，每一个块都包含独特的 Emoji 图标。

注意：Emoji图标目前只支持iOS系统。

20.2.6　多行表格

通过前面的学习可知，只需简单地重复第一行的块模式即可添加表格的其他行。例如在下面的实例中，最终生成了一个 3 行 5 列的表格。其中列的宽度都是相等的，而且在块组件上可以手动调整行

的高度。

实例 20-5：在 Android 中使用多行表格

源码路径：光盘:\codes\20\multi.html

实例文件 multi.html 的具体实现代码如下。

```
<div data-role="page" id="home">
    <div data-role="header">
        <h1>多行表格</h1>
    </div>

    <div data-role="content">
        <div class="ui-grid-d" style="text-align: center;">
            <!-- First row -->
            <div class="ui-block-a"><img src="images/cloud-default.png" height="44" width="44"></div>
            <div class="ui-block-b"><img src="images/cloud-default.png" height="44" width="44"></div>
            <div class="ui-block-c"><img src="images/cloud-default.png" height="44" width="44"></div>

            <div class="ui-block-d"><img src="images/cloud-default.png" height="44" width="44"></div>
            <div class="ui-block-e"><img src="images/cloud-default.png" height="44" width="44"></div>

            <!-- Second row -->
            <div class="ui-block-a"><img src="images/cloud-default.png" height="44" width="44"></div>
            <div class="ui-block-b"><img src="images/cloud-default.png" height="44" width="44"></div>
            <div class="ui-block-c"><img src="images/cloud-default.png" height="44" width="44"></div>

            <div class="ui-block-d"><img src="images/cloud-default.png" height="44" width="44"></div>
            <div class="ui-block-e"><img src="images/cloud-default.png" height="44" width="44"></div>

            <!-- Third row -->
            <div class="ui-block-a"><img src="images/cloud-default.png" height="44" width="44"></div>
            <div class="ui-block-b"><img src="images/cloud-default.png" height="44" width="44"></div>
            <div class="ui-block-c"><img src="images/cloud-default.png" height="44" width="44"></div>

            <div class="ui-block-d"><img src="images/cloud-default.png" height="44" width="44"></div>
            <div class="ui-block-e"><img src="images/cloud-default.png" height="44" width="44"></div>

        </div>
    </div>
</div>
```

上述实例代码执行后的效果如图 20-9 所示。

图 20-9　执行效果

20.2.7 不规则的表格

在 jQuery Mobile 应用中，如果需要自定义列的尺寸，可以在 CSS 中调整其宽度。例如，通过设置每一个块的自定义宽度，可以将两列表格的宽度修改为一个 25%:75%的表格。因此，可以修改设计的表格，以支持各种尺寸。

下面通过一个具体实例的实现过程，详细讲解在 Android 中使用不规则表格的方法。

实例 20-6：在 Android 中使用不规则表格

源码路径：光盘:\codes\20\uneven.html

实例文件 uneven.html 的具体实现代码如下。

```
<!DOCTYPE html>
<html>
    <head>
    <meta charset="utf-8">
    <title>Grid Example</title>
    <meta name="viewport" content="width=device-width, initial-scale=1">
    <link rel="stylesheet" href="http://code.jquery.com/mobile/1.0/jquery.mobile-1.0.min.css" />
    <style>
        /* Original 2-column grid set to 50/50%
        .ui-grid-a .ui-block-a, .ui-grid-a .ui-block-b {
            width: 50%;
        }*/

        /* Set 2-column grid to 25/75% */
        .ui-grid-a .ui-block-a {
            width: 25%;
        }
        .ui-grid-a .ui-block-b {
            width: 75%;
        }

        /* Set 3-column grid to 25/50/25% */
        .ui-grid-b .ui-block-a {
            width: 25%;
        }
        .ui-grid-b .ui-block-b {
            width: 50%;
        }
        .ui-grid-b .ui-block-c {
            width: 25%;
        }
    </style>
    <script src="http://code.jquery.com/jquery-1.6.4.min.js"></script>
    <script src="http://code.jquery.com/mobile/1.0/jquery.mobile-1.0.min.js"></script>
</head>
```

```
<body>

<div data-role="page" id="home">
    <div data-role="header">
        <h1>下面是不规则的表格</h1>
    </div>

    <div data-role="content" >
        <div class="ui-grid-a">
            <div class="ui-block-a">
                <div class="ui-bar ui-bar-e" style="text-align:center; height:100px;">25%</div>
            </div>
            <div class="ui-block-b">
                <div class="ui-bar ui-bar-e" style="text-align:center; height:100px;">75%</div>
            </div>
        </div>
        <div class="ui-grid-b">
            <div class="ui-block-a">
                <div class="ui-bar ui-bar-e" style="text-align:center; height:100px;">25%</div>
            </div>
            <div class="ui-block-b">
                <div class="ui-bar ui-bar-e" style="text-align:center; height:100px;">50%</div>
            </div>
            <div class="ui-block-c">
                <div class="ui-bar ui-bar-e" style="text-align:center; height:100px;">25%</div>
            </div>
        </div>
    </div>
</div>
</body>
</html>
```

上述实例代码执行后的效果如图 20-10 所示。

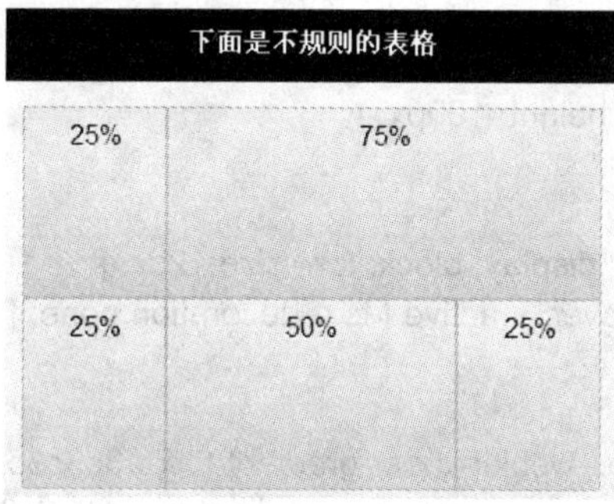

图 20-10　执行效果

20.2.8　Springboard（苹果 iDevice 的桌面）

所谓 Springboard，通俗来讲就是苹果 iDevice 的桌面，属于 Dock 式结构。Springboard 包括 iDevice 解锁后的主菜单界面、Spotlight 搜索界面（主菜单第一页左划出现）和多任务切换菜单（连按两次 Home

键之后出现），如图 20-11 所示。

Springboard 存在于 iDevice 的进程中，不可清除，其运行原理与 Windows 中的 explorer.exe 系统进程类似。一旦 Springboard 崩溃，改版系统用户可以用安装的 Substrate.Safemode 插件进入安全模式，否则会一直停留在开机界面（白苹果）或者关机、重启 Springboard 界面（白菊花）。

截至 iPhone 5 发布，Springboard 仍然是唯一一个不能通过苹果产品自带的 Home 键和电源键重启的系统进程，只有改版系统用户才可以使用插件 SBSettings 或 Activator 上的按钮 Respring 来重启。

在 jQuery Mobile 应用中，通常会使用如下所示的两种类型的 Springboard。

☑ 使用 app 图标进行样式化的 Springboard。

☑ 使用 Glyphish 图标样式化的 Springboard。

下面通过一个具体实例的实现过程，详细讲解在 Android 中使用 app 图标样式化方法实现一个 Springboard 的方法。

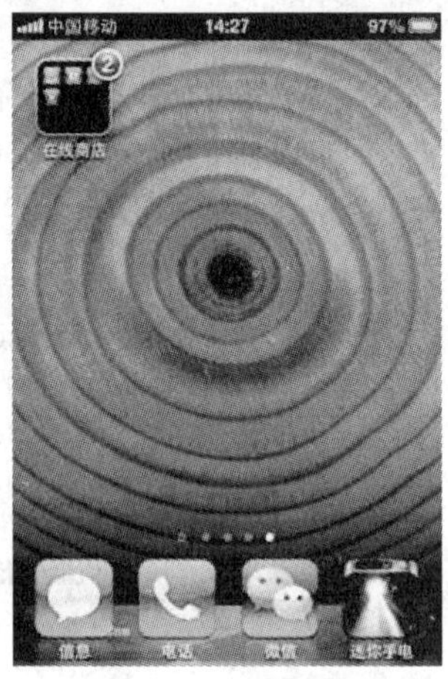

图 20-11 iPhone 的 Springboard 效果

实例 20-7：使用 app 图标样式化方法实现一个 Springboard

源码路径：光盘:\codes\20\springboard1.html

实例文件 springboard1.html 的具体实现代码如下。

```
<!DOCTYPE html>
<html>
    <head>
    <meta charset="utf-8">
    <title>Springboard Example</title>
    <meta name="viewport" content="width=device-width, initial-scale=1">
    <link rel="stylesheet" href="http://code.jquery.com/mobile/1.0/jquery.mobile-1.0.min.css" />
    <style>
        /* center icons */
        .ui-grid-a { text-align: center; }

        /* set row height */
        .ui-block-a, .ui-block-b { height: 100px; }

        /* set label color, size */
        .icon-label { color: #000; display: block; font-size:12px; }
        a:link,     a:visited, a:hover, a:active { text-decoration:none; }

        .background-gradient {
            background-image: -webkit-linear-gradient(top, #3c3c3c, #111); /* Chrome 10+, Saf5.1+ */
            background-image:      -moz-linear-gradient(top, #3c3c3c, #111); /* FF3.6 */
            background-image:       -ms-linear-gradient(top, #3c3c3c, #111); /* IE10 */
            background-image:        -o-linear-gradient(top, #3c3c3c, #111); /* Opera 11.10+ */
            background-image:           linear-gradient(top, #3c3c3c, #111); /* Standard, non-prefixed */
        }
    </style>
    <script src="http://code.jquery.com/jquery-1.6.4.min.js"></script>
    <script src="http://code.jquery.com/mobile/1.0/jquery.mobile-1.0.min.js"></script>
```

```
</head>
<body>

<div data-role="page" id="home" data-theme="d" class="background-gradient">
    <div data-role="header" data-theme="b">
        <h1>用 app 图标样式化实现 Springboard</h1>
  </div>

    <div data-role="content">
        <div class="ui-grid-a">
            <div class="ui-block-a">
                <a href="#">
                    <img src="images/cloud-default.png" height="57" width="57">
                    <span class="icon-label">App AAA</span>
                </a>
          </div>
            <div class="ui-block-b">
                <a href="#">
                    <img src="images/cloud-bright.png" height="57" width="57">
                    <span class="icon-label">App BBB</span>
                </a>
          </div>
            <div class="ui-block-a">
                <a href="#">
                    <img src="images/cloud-ripple.png" height="57" width="57">
                    <span class="icon-label">App CCC</span>
                </a>
          </div>
            <div class="ui-block-b">
                <a href="#">
                    <img src="images/cloud-sparkle.png" height="57" width="57">
                    <span class="icon-label">App DDD</span>
                </a>
            </div>
        </div>
    </div>
</div>
</body>
</html>
```

上述实例代码执行后的效果如图 20-12 所示。

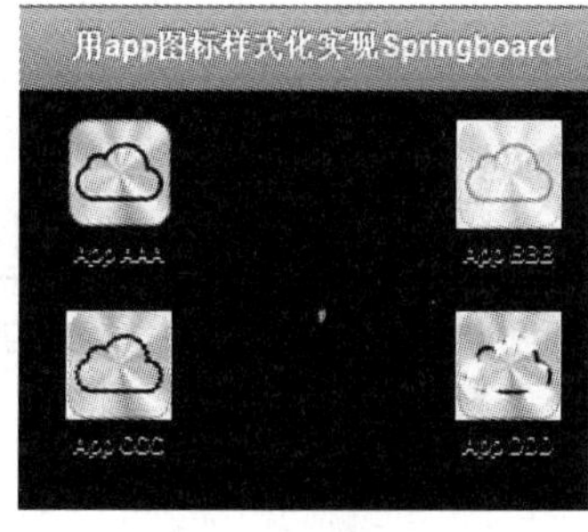

图 20-12　执行效果

下面通过一个具体实例的实现过程，详细讲解在 Android 中使用 Glyphish 图标样式化方法实现一个 Springboard 的方法。

实例 20-8：使用 Glyphish 图标样式化方法实现一个 Springboard
源码路径：光盘:\codes\20\springboard2.html

实例文件 springboard2.html 的具体实现代码如下。

```
<!DOCTYPE html>
<html>
    <head>
    <meta charset="utf-8">
    <title>jMovies</title>
    <meta name="viewport" content="width=device-width, initial-scale=1">
    <link rel="stylesheet" href="http://code.jquery.com/mobile/1.0/jquery.mobile-1.0.min.css" />
    <style>
        /* center icons */
        .ui-grid-a { text-align: center; }

        /* set row height */
        .ui-block-a, .ui-block-b { height: 100px; position: relative; }

        /* set label size and color */
        .icon-label { color: #FFF; display: block; font-size:12px; }

        /* position the icons at the bottom of the block to adjust for uneven icon heights */
        .icon-springboard { position: absolute; bottom: 0; width: 100%; }

        a:link,     a:visited, a:hover, a:active { text-decoration:none; }
    </style>
    <script src="http://code.jquery.com/jquery-1.6.4.min.js"></script>
    <script src="http://code.jquery.com/mobile/1.0/jquery.mobile-1.0.min.js"></script>
</head>
<body>

<div data-role="page" id="home" style="background:grey;">
    <div data-role="header" data-theme="b">
        <h1>看下面的排列</h1>
    </div>

    <div data-role="content" >
        <div class="ui-grid-a">
            <div class="ui-block-a">
                <div class="icon-springboard">
                    <a href="#">
                        <img src="images/movie-1-lg.png" alt="Now Playing">
                        <span class="icon-label">Now Playing</span>
                    </a>
                </div>
            </div>
```

```
            <div class="ui-block-b">
                <div class="icon-springboard">
                    <a href="#">
                        <img src="images/eye-lg.png" alt="Coming Soon">
                        <span class="icon-label">Coming Soon</span>
                    </a>
                </div>
            </div>

            <div class="ui-block-a">
                <div style="position: absolute; bottom: 0; width:100%;">
                    <a href="#">
                        <img src="images/tags-lg.png" alt="Tickets">
                        <span class="icon-label">Tickets</span>
                    </a>
                </div>
            </div>

            <div class="ui-block-b">
                <div style="position: absolute; bottom: 0; width:100%;">
                    <a href="../ch4/contact-us.html">
                        <img src="images/group-lg.png" alt="Contact Us">
                        <span class="icon-label">Contact Us</span>
                    </a>
                </div>
            </div>
        </div>
    </div>
</div>
</body>
</html>
```

上述实例代码执行后的效果如图 20-13 所示。

图 20-13　执行效果

20.3　可折叠的内容块

知识点讲解：光盘\视频讲解\第 20 章\可折叠的内容块.avi

在本书前面所讲解的演示实例中，当阅读整个移动页面的内容时需要反复滚动页面，影响用户体验。假如正在查找某种替换方式，则可能会考虑将内容编组到可折叠的内容块中。

在 jQuery Mobile 应用中，要创建一个可折叠的区块，需要先创建一个容器，然后给容器添加 data-role="collapsible"属性，在容器内直接的标题（h1～h6）子节点，jQuery Mobile 会将之表现为可单击的按钮，并在左侧添加一个“+”按钮，表示是可以展开的。在头部后面可以添加任何想要折叠的 HTML 标记，框架会自动把这些标记包裹在一个容器中用以折叠或显示。例如：

```
<div data-role="collapsible">
    <h3>I'm a header</h3>
    <p>I'm the collapsible content. By default I'm open and displayed on the page, but you can click the header
to hide me.</p>
</div>
```

上述代码的执行效果如图 20-14 所示。

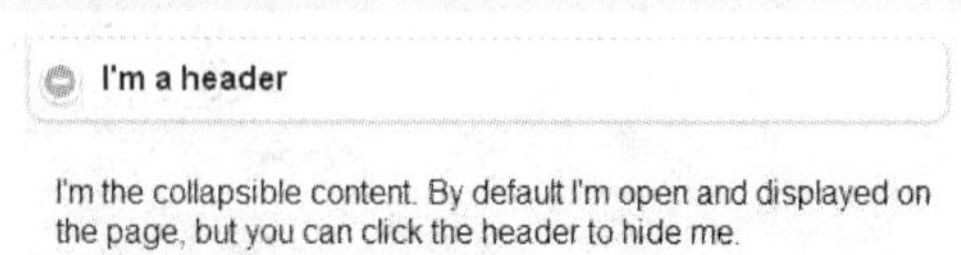

图 20-14　执行效果

如上代码所示，在默认情况下，可折叠容器是展开的，可以通过单击头部收缩。给折叠的容器添加 data-collapsed="true"属性，可以设为默认收缩。即：

```
<div data-role="collapsible" data-collapsed="true">
```

可折叠的内容采用了精简的样式，我们仅在内容和标题间添加了一些 margin，标题则采用它所在容器的默认主题。

注意：与内嵌的页面结构相比，可折叠的内容块具有很多优势。首先，可以将内容折叠到分段的组中，以让它们在单个视图中都是可见的。另外，因为淘汰了滚动操作，所以用户的体验也会提升。

20.3.1　嵌套折叠和折叠组

图 20-15 显示了一个嵌套折叠效果。

通过给父容器添加 data-role="collapsible-set"属性，给每一个子容器添加 data-role="collapsible"属性，可以实现容器展开时其他容器被折叠的效果，类似手风琴组件，效果如图 20-16 所示。

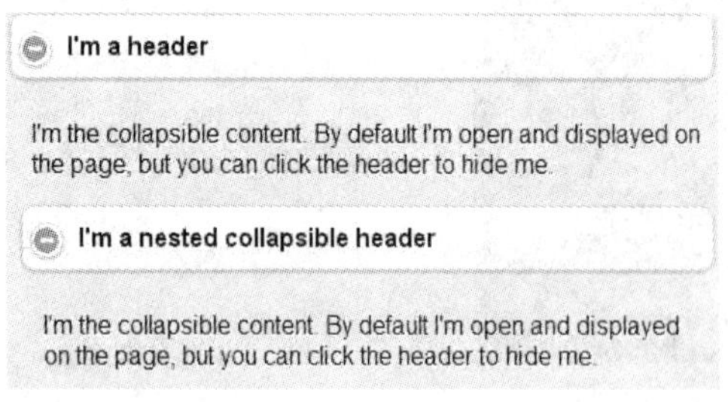

图 20-15　嵌套折叠效果

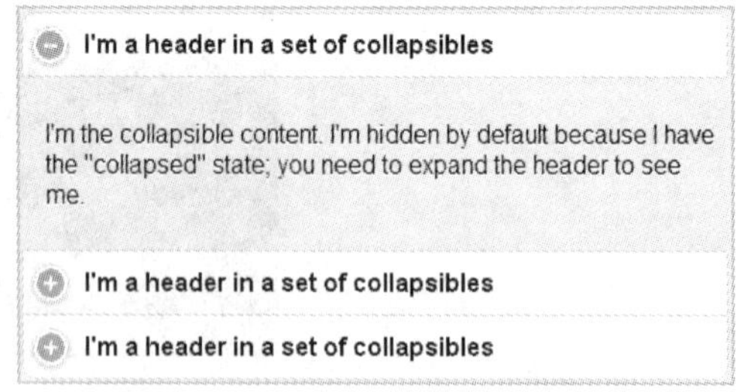

图 20-16　折叠组效果

20.3.2　创建可折叠的内容块

在 jQuery Mobile 应用中，在创建可折叠的内容块时需要如下所示的两个元素。

（1）创建一个容器并添加 data-role="collapsible"属性。也可以通过添加 data-collapsed 属性将容器配置为折叠的或展开的。默认情况下，可折叠的区域块将会以展开方式显示（data-collpased="false"）。

为了在最初以折叠方式显示区域块，需要为容器添加 data-collpased="true"属性。

（2）在容器内，添加任意的页眉元素（h1～h6）。jQuery Mobile 框架会对页眉进行样式化，使其看起来像是一个带有左对齐加号图标或减号图标的可单击按钮，其中加号图标或减号图标用来指示该容器是否是展开的。

在页眉之后，可以为可折叠的区域块添加任何 HTML 标记。jQuery Mobile 框架会将该标记包含在容器内，当用户轻击页眉时，该容器或者是展开，或者是折叠。通过为可折叠的容器添加 data-theme 和 data-content-theme 属性，可以分别主题化可折叠的块和与其相关联的按钮。

下面通过一个具体实例的实现过程，详细讲解在 Android 中实现可折叠内容块效果的方法。

实例 20-9：在 Android 中实现可折叠内容块效果

源码路径：光盘:\codes\20\block.html

实例文件 block.html 的具体实现代码如下。

```
<div data-role="page" id="home" data-theme="b">
	<div data-role="header" data-theme="a">
		<h1>设置</h1>
	</div>

	<div data-role="content">

		<div data-role="collapsible" data-collapsed="true" data-theme="a" data-content-theme="b">
			<h3>无线</h3>
			<ul data-role="listview" data-inset="true">
				<li><a href="#"><img src="images/cloud-default.png" height="22" width="22">MM</a></li>
				<li><a href="#"><img src="images/cloud-default.png" height="22" width="22">NN</a></li>
			</ul>
		</div>

		<div data-role="collapsible" data-theme="a" data-content-theme="b">
			<h3>程序应用</h3>
			<ul data-role="listview" data-inset="true">
				<li><a href="#"><img src="images/cloud-default.png" height="22" width="22">AA</a></li>
				<li><a href="#"><img src="images/cloud-default.png" height="22" width="22">BB</a></li>
				<li><a href="#"><img src="images/cloud-default.png" height="22" width="22">CC</a></li>
			</ul>
		</div>

		<div data-role="collapsible" data-collapsed="true" data-theme="a" data-content-theme="b">
			<h3>显示</h3>
			<ul data-role="listview" data-inset="true">
				<li><a href="#">DD</a></li>
				<li><a href="#">EE</a></li>
			</ul>
		</div>

		<div data-role="collapsible" data-collapsed="true" data-theme="a" data-content-theme="b">
			<h3>声音</h3>
```

```
            <ul data-role="listview" data-inset="true">
                <li><a href="#">FF</a></li>
                <li><a href="#">GG</a></li>
            </ul>
        </div>

        <div data-role="collapsible" data-collapsed="true" data-theme="a" data-content-theme="b">
            <h3>安全</h3>
            <ul data-role="listview" data-inset="true">
                <li><a href="#">HH</a></li>
                <li><a href="#">XX</a></li>
            </ul>
        </div>
    </div>
</div>
```

在上述实例代码中，除了默认情况下为展开状态的“程序应用”区域块之外，其他所有的内容块都已经显式设置为折叠状态。执行后的效果如图 20-17 所示。

图 20-17　执行效果

20.4　折叠组标记

知识点讲解：光盘\视频讲解\第 20 章\折叠组标记.avi

在 jQuery Mobile 应用中，可折叠的设置与可折叠的块相似，只不过它的可折叠区域在视觉上是组合在一起的，而且一次只能展开一个区域，这使得可折叠的设置的外观像手风琴，效果可见图 20-16。

在设置内打开一个新的区域时，之前展开的任何区域都会自动折叠起来。用于可折叠设置的标记与构建可折叠块时使用的标记相同。然而，为了创建手风琴样式的行为和编组，需要使用 data-role="collapsible-set"添加一个父包装（parentwrapper）。通过为可折叠的设置添加 data-theme 和 data-content-theme 属性，可以分别主题化可折叠的区域和与其相关联的按钮。

20.4.1　折叠组标记（Collapsible set markup）基础

在 jQuery Mobile 应用中，折叠组的标记和单个折叠区域的标记的开头是一样的。将若干可折叠区域用一个容器包裹，再给此容器增加 data-role="collapsible-set"属性，框架会自动将这些可折叠的部件组合成为一个视觉上成组的部件，并且在同一个时间只会有一个容器是展开的。

在默认情况下，折叠标记中所有的部件都是收缩起来的。如果想设置某个部件是打开的，可以给该部件的标题容器添加 data-collapsed="false"属性。例如：

```
<div data-role="collapsible-set">
        <div data-role="collapsible" data-collapsed="false">
        <h3>Section 1</h3>
        <p>I'm the collapsible set content for section B.</p>
        </div>
        <div data-role="collapsible">
        <h3>Section 2</h3>
        <p>I'm the collapsible set content for section B.</p>
        </div>
</div>
```

如上述代码所示，在默认情况下，可折叠容器是展开的，可以通过单击头部收缩。给折叠的容器添加 data-collapsed="true"属性，可以设为默认收缩。上述代码的执行效果如图 20-18 所示。

另外，普通的 data-theme 属性可以加在折叠组上来设定主题样式。如果想让折叠组的标题单独设计主题样式，可以添加 data-content-theme 属性。例如：

```
<div data-role="collapsible-set" data-theme="c" data-content-theme="d">
```

如果想给组内的每个部件以不同的主题样式，可以给每个部件单独添加 data-theme 和 data-content-theme 属性。例如图 20-19 所示的效果。

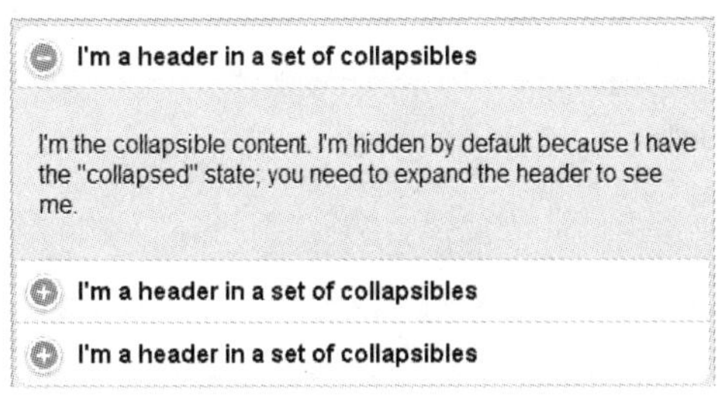

图 20-18　执行效果

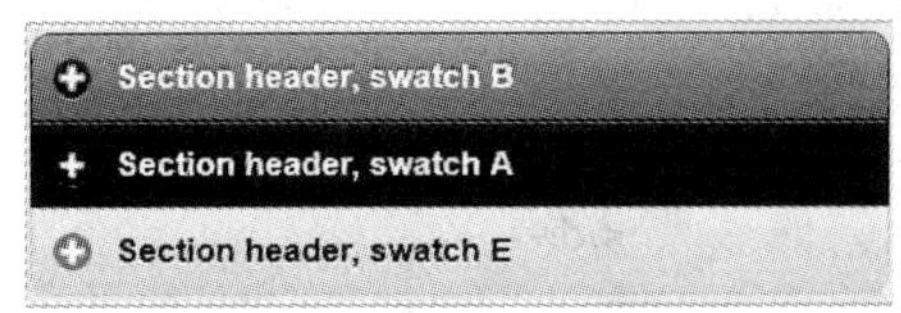

图 20-19　部件样式不同的效果

20.4.2　实战演练

本节通过一个具体实例的实现过程，详细讲解在 Android 中实现可折叠设置效果的方法。

实例 20-10：在 Android 中实现可折叠设置效果

源码路径：光盘:\codes\20\set.html

实例文件 set.html 的具体实现代码如下。

```
<div data-role="page" id="home" data-theme="b">
    <div data-role="header" data-theme="a">
        <h1>设置</h1>
    </div>
    <div data-role="content">

        <div data-role="collapsible-set" data-theme="a" data-content-theme="b">
            <div data-role="collapsible" data-collapsed="true">
                <h3>无线</h3>
                <ul data-role="listview" data-inset="true">
                    <li><a href="#">&#xe117;AA</a></li>
                    <li><a href="#">&#xe01d;BB</a></li>
                </ul>
            </div>

            <div data-role="collapsible">
                <h3>应用</h3>
                <ul data-role="listview" data-inset="true">
                    <li><a href="#">&#xe001;CC</a></li>
                    <li><a href="#">&#xe428;DD</a></li>
                    <li><a href="#">&#xe03d;EE</a></li>
                </ul>
            </div>

            <div data-role="collapsible" data-collapsed="true">
                <h3>显示</h3>
                <ul data-role="listview" data-inset="true">
                    <li><a href="#">FF</a></li>
                    <li><a href="#">GG</a></li>
                </ul>
            </div>

            <div data-role="collapsible" data-collapsed="true">
                <h3>声音</h3>
                <ul data-role="listview" data-inset="true">
                    <li><a href="#">HH</a></li>
                    <li><a href="#">III</a></li>
                </ul>
            </div>

            <div data-role="collapsible" data-collapsed="true">
                <h3>安全</h3>
                <ul data-role="listview" data-inset="true">
                    <li><a href="#">GG</a></li>
                    <li><a href="#">HH</a></li>
                </ul>
            </div>
        </div>


        <!--
```

```
        <div data-role="collapsible-set">
            <div data-role="collapsible" data-collapsed="true">
                <h3>Section A</h3>
                <p>I'm the collapsible content in a set so this feels like an accordion. I'm hidden by default because I have the "collapsed" state; you need to expand the header to see me.</p>
            </div>
            <div data-role="collapsible" data-collapsed="true">
                <h3>Section B</h3>
                <p>I'm the collapsible content in a set so this feels like an accordion. I'm hidden by default because I have the "collapsed" state; you need to expand the header to see me.</p>

            </div>
            <div data-role="collapsible" data-collapsed="true">
                <h3>Section C</h3>
                <p>I'm the collapsible content in a set so this feels like an accordion. I'm hidden by default because I have the "collapsed" state; you need to expand the header to see me.</p>

            </div>
            <div data-role="collapsible" data-collapsed="true">
                <h3>Section D</h3>
                <p>I'm the collapsible content in a set so this feels like an accordion. I'm hidden by default because I have the "collapsed" state; you need to expand the header to see me.</p>

            </div>
            <div data-role="collapsible" data-collapsed="true">
                <h3>Section E</h3>
                <p>I'm the collapsible content in a set so this feels like an accordion. I'm hidden by default because I have the "collapsed" state; you need to expand the header to see me.</p>
            </div>
        </div>-->
    </div>
</div>
```

上述实例代码的执行效果如图 20-20 所示。

图 20-20　执行效果

20.5 使用 CSS 设置样式

知识点讲解：光盘\视频讲解\第 20 章\使用 CSS 设置样式.avi

在 jQuery Mobile 应用中，可以使用 CSS 设置屏幕中元素的样式。通常在使用背景图像的地方使用 CSS 渐变。用 CSS 渐变替代图片，能够很好地适用于灵活的布局，而且当浏览器不提供支持时，也可以优雅地降级。例如，通过添加渐变，可以将一个 Web 元素以一种更为优雅的方式显示出来。

20.5.1 实现背景渐变

只要是使用背景图像的地方就可以使用渐变，例如渐变通常用于样式化页眉、内容和按钮的背景。下面通过一个具体实例的实现过程，详细讲解在 Android 中实现背景渐变效果的方法。

实例 20-11：在 Android 中实现背景渐变效果

源码路径：光盘:\codes\20\jianbian1.html

实例文件 jianbian1.html 的具体实现代码如下。

```
<!DOCTYPE html>
<html>
    <head>
    <meta charset="utf-8">
    <title>jMovies</title>
    <meta name="viewport" content="width=device-width, initial-scale=1">
    <link rel="stylesheet" href="http://code.jquery.com/mobile/1.0/jquery.mobile-1.0.min.css" />
    <style>
        a:link,a:visited, a:hover, a:active { text-decoration:none; }
        .ui-block-a, .ui-block-b { height: 100px; position: relative; }
        .ui-grid-a { text-align: center; }
        .icon-label { color: #FFF; display: block; font-size:12px; }
        .icon-springboard { position: absolute; bottom: 0; width: 100%; }

        .background-gradient {
            background-image: -webkit-gradient(
                linear,
                left bottom,
                left top,
                color-stop(0.22, rgb(92,92,92)),
                color-stop(0.57, rgb(158,153,158)),
                color-stop(0.84, rgb(92,92,92))
            );
        }
    </style>
    <script src="http://code.jquery.com/jquery-1.6.4.min.js"></script>
    <script src="http://code.jquery.com/mobile/1.0/jquery.mobile-1.0.min.js"></script>
</head>
```

```
<body>

<div data-role="page" id="home" class="background-gradient">
	<div data-role="header" class="header-gradient">
		<h1>渐变</h1>
	</div>

	<div data-role="content">
		<div class="ui-grid-a">

			<div class="ui-block-a">
				<div class="icon-springboard">
					<a href="#" >
						<img src="images/movie-1-lg.png" alt="Now Playing">
						<span class="icon-label">Now Playing</span>
					</a>
				</div>
			</div>

			<div class="ui-block-b">
				<div class="icon-springboard">
					<a href="#">
						<img src="images/eye-lg.png" alt="Coming Soon">
						<span class="icon-label">Coming Soon</span>
					</a>
				</div>
			</div>

			<div class="ui-block-a">
				<div style="position: absolute; bottom: 0; width:100%;">
					<a href="#">
						<img src="images/tags-lg.png" alt="Tickets">
						<span class="icon-label">Tickets</span>
					</a>
				</div>
			</div>

			<div class="ui-block-b">
				<div style="position: absolute; bottom: 0; width:100%;">
					<a href="../ch4/contact-us.html">
						<img src="images/group-lg.png" alt="Contact Us">
						<span class="icon-label">Contact Us</span>
					</a>
				</div>
			</div>
		</div>
	</div>
</div>
</body>
</html>
```

上述实例代码的执行效果如图 20-21 所示。

图 20-21　执行效果

在上述实例中，CSS 渐变针对的是最流行的 WebKit 布局引擎。

20.5.2　在 Mozilla 浏览器实现背景渐变

在现实的 jQuery Mobile 开发应用中，通过包含其厂商特定的前缀的方式也可以添加对其他浏览器的支持。下面通过一个具体实例的实现过程，详细讲解在 Mozilla 浏览器中实现背景渐变效果的方法。

实例 20-12：在 Mozilla 浏览器中实现背景渐变效果

源码路径：光盘:\codes\20\jianbian2.html

实例文件 jianbian2.html 的具体实现代码如下。

```
<!DOCTYPE html>
<html>
    <head>
    <meta charset="utf-8">
    <title>jMovies</title>
    <meta name="viewport" content="width=device-width, initial-scale=1">
    <link rel="stylesheet" href="http://code.jquery.com/mobile/1.0/jquery.mobile-1.0.min.css" />
    <style>
        a:link,a:visited, a:hover, a:active { text-decoration:none; }
        .ui-block-a, .ui-block-b { height: 100px; position: relative; }
        .ui-grid-a { text-align: center; }
        .icon-label { color: #FFF; display: block; font-size:12px; }
        .icon-springboard { position: absolute; bottom: 0; width: 100%; }

        .background-gradient {
            background-image: -webkit-gradient(
                linear,
                left bottom,
                left top,
                color-stop(0.22, rgb(92,92,92)),
                color-stop(0.57, rgb(158,153,158)),
                color-stop(0.84, rgb(92,92,92))
```

```
            );
            background-image: -moz-linear-gradient(90deg, rgb(92,92,92), rgb(158,153,158), rgb(92,92,92));
        }

    </style>
    <script src="http://code.jquery.com/jquery-1.6.4.min.js"></script>
    <script src="http://code.jquery.com/mobile/1.0/jquery.mobile-1.0.min.js"></script>
</head>
<body>

<div data-role="page" id="home" class="background-gradient">
    <div data-role="header" class="header-gradient">
        <h1>渐变</h1>
    </div>

    <div data-role="content">
        <div class="ui-grid-a">

            <div class="ui-block-a">
                <div class="icon-springboard">
                    <a href="#" >
                        <img src="images/movie-1-lg.png" alt="Now Playing">
                        <span class="icon-label">Now Playing</span>
                </a>
                </div>
            </div>

            <div class="ui-block-b">
                <div class="icon-springboard">
                    <a href="#">
                        <img src="images/eye-lg.png" alt="Coming Soon">
                        <span class="icon-label">Coming Soon</span>
                    </a>
                </div>
            </div>

            <div class="ui-block-a">
                <div style="position: absolute; bottom: 0; width:100%;">
                    <a href="#">
                        <img src="images/tags-lg.png" alt="Tickets">
                        <span class="icon-label">Tickets</span>
                    </a>
                </div>
            </div>

            <div class="ui-block-b">
                <div style="position: absolute; bottom: 0; width:100%;">
                    <a href="../ch4/contact-us.html">
                        <img src="images/group-lg.png" alt="Contact Us">
                        <span class="icon-label">Contact Us</span>
                    </a>
```

```
                    </div>
                </div>
            </div>
        </div>
</div>
</body>
</html>
```

上述实例代码的执行效果如图 20-22 所示。

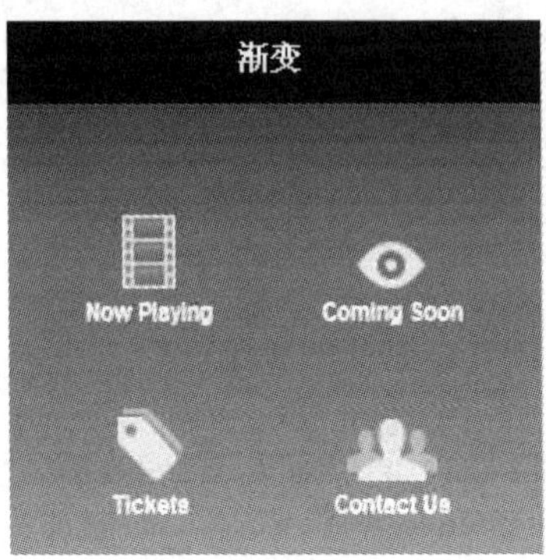

图 20-22　执行效果

20.5.3　实现页眉渐变效果

在 jQuery Mobile 应用中，实现页眉渐变的原理是叠加 3 个相互独立的渐变，其中包含一个线性渐变和两个放射性渐变。放射性渐变会创建一个圆形的渐变效果。下面通过一个具体实例的实现过程，详细讲解实现页眉渐变效果的方法。

实例 20-13：实现页眉渐变效果

源码路径：光盘:\codes\20\jianbian3.html

实例文件 jianbian3.html 的具体实现代码如下。

```
<!DOCTYPE html>
<html>
    <head>
    <meta charset="utf-8">
    <title>jMovies</title>
    <meta name="viewport" content="width=device-width, initial-scale=1">
    <link rel="stylesheet" href="http://code.jquery.com/mobile/1.0/jquery.mobile-1.0.min.css" />
    <style>
        a:link,a:visited, a:hover, a:active { text-decoration:none; }
        .ui-block-a, .ui-block-b { height: 100px; position: relative; }
        .ui-grid-a { text-align: center; }
        .icon-label { color: #FFF; display: block; font-size:12px; }
        .icon-springboard { position: absolute; bottom: 0; width: 100%; }

        .background-gradient {
            background-image: -webkit-gradient(
```

```
                linear,
                left bottom,
                left top,
                color-stop(0.22, rgb(92,92,92)),
                color-stop(0.57, rgb(158,153,158)),
                color-stop(0.84, rgb(92,92,92))
            );
            background-image: -moz-linear-gradient(90deg, rgb(92,92,92), rgb(158,153,158), rgb(92,92,92));
        }

        .header-gradient {
          background-image:
            -webkit-gradient(
              linear,
              left top,
              left bottom,
              from( rgba( 068,213,254,0 )),
              color-stop(.43, rgba( 068,213,254,0 )),
              to( rgba( 068,213,254,1 ))),
            -webkit-gradient(
                radial,
              50% 700, 690,
              50% 700, 689,
                     from( rgba( 049,123,220,0 )),
                       to( rgba( 049,123,220,1 ))),
            -webkit-gradient(
              radial,
              20 -43, 60,
              20 -43, 40,
              from( rgba( 125,170,231,1 )),
              to( rgba( 230,238,250,1 )));
        }
    </style>
    <script src="http://code.jquery.com/jquery-1.6.4.min.js"></script>
    <script src="http://code.jquery.com/mobile/1.0/jquery.mobile-1.0.min.js"></script>
</head>
<body>
<div data-role="page" id="home" class="background-gradient">
    <div data-role="header" class="header-gradient">
        <h1>渐变</h1>
    </div>

    <div data-role="content">
        <div class="ui-grid-a">

            <div class="ui-block-a">
                <div class="icon-springboard">
                    <a href="#" >
                        <img src="images/movie-1-lg.png" alt="Now Playing">
                        <span class="icon-label">Now Playing</span>
                </a>
```

```
                </div>
            </div>

            <div class="ui-block-b">
                <div class="icon-springboard">
                    <a href="#">
                        <img src="images/eye-lg.png" alt="Coming Soon">
                        <span class="icon-label">Coming Soon</span>
                    </a>
                </div>
            </div>

            <div class="ui-block-a">
                <div style="position: absolute; bottom: 0; width:100%;">
                    <a href="#">
                        <img src="images/tags-lg.png" alt="Tickets">
                        <span class="icon-label">Tickets</span>
                    </a>
                </div>
            </div>

            <div class="ui-block-b">
                <div style="position: absolute; bottom: 0; width:100%;">
                    <a href="../ch4/contact-us.html">
                        <img src="images/group-lg.png" alt="Contact Us">
                        <span class="icon-label">Contact Us</span>
                    </a>
                </div>
            </div>
        </div>
    </div>
</div>
</body>
</html>
```

上述实例代码的执行效果如图 20-23 所示。

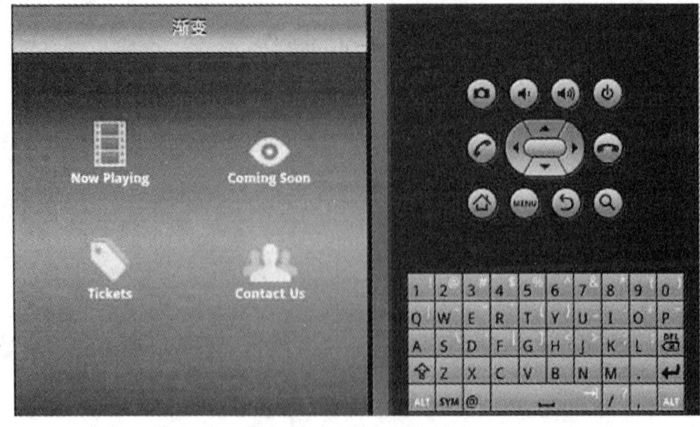

图 20-23　执行效果

第 21 章　主题化设计

在 jQuery Mobile 应用中，为开发人员提供了一个内置的主题框架，它允许设计人员迅速地自定义和重新样式化他们的用户界面。该主题框架使用了 CSS 3 特性，通过使用 CSS 3 可以在不使用图片的情况下实现圆角、阴影和渐变功能。本章将详细讲解主题框架的基础知识，以及 jQuery Mobile 包含的默认主题，并详细讲解为组件分配主题的 3 种方式和创建自定义主题的方法。

21.1　主题设计基础

知识点讲解：光盘\视频讲解\第 21 章\主题设计基础.avi

在 jQuery Mobile 应用中，在页面的主题内容区域（即标有 data-role="content"属性的容器）中，应该通过给 data-role="page"属性的容器增加 data-theme 属性的方式，来确保不管页面多高，背景色都能够应用到整个页面。如果只是为 data-role="content"容器添加了 data-theme 属性，则背景色会在内容结束部分停止，可能会造成固定尾部栏和内容之间产生留白。例如：

```
<div data-role="page" data-theme="a">
```

通过给可折叠区域块的容器添加 data-theme 属性的方式，可以给折叠块的标题设置主题。图标和折叠的内容目前还不能通过 data-theme 属性设置，但是可以通过自定义的 CSS 设置。例如：

```
<div data-role="collapsible" data-collapsed="true" data-theme="a">
```

如图 21-1～图 21-5 所示分别演示了主题 a～主题 e 共 5 种样式的效果。

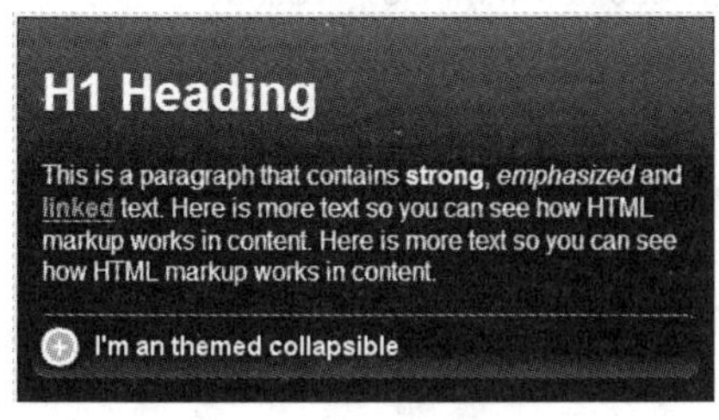

图 21-1　主题 a

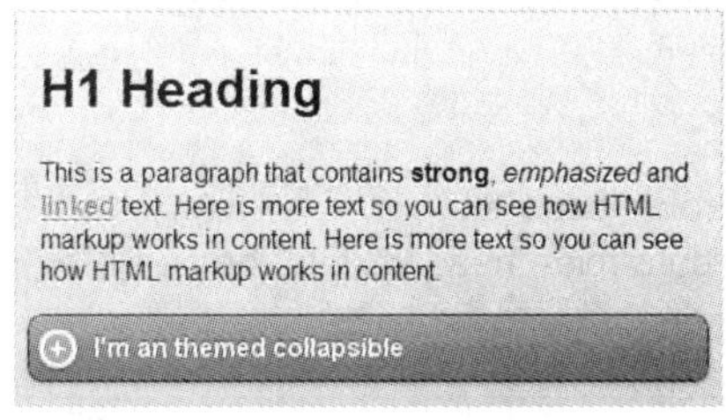

图 21-2　主题 b

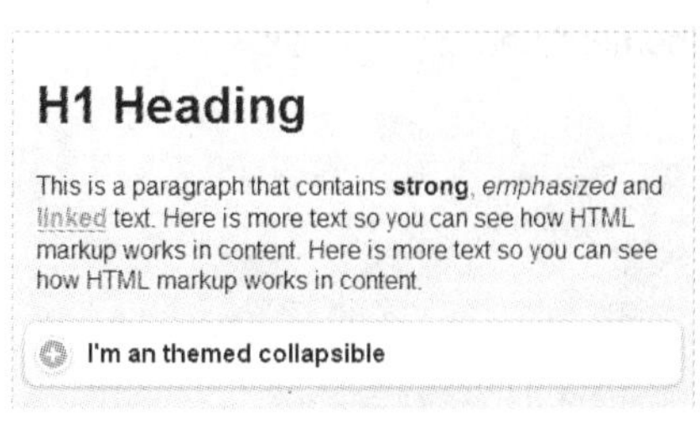

图 21-3　主题 c

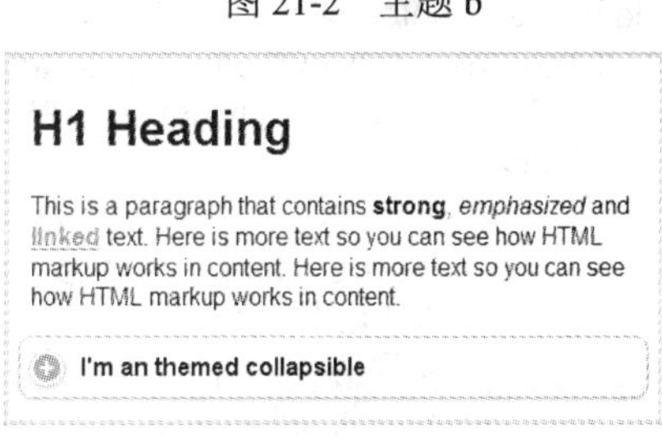

图 21-4　主题 d

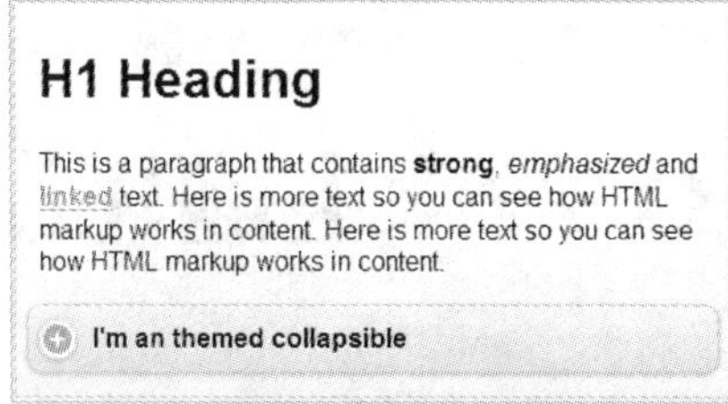

图 21-5　主题 e

在本书前面讲解的实例中，已经学习了如何使用 data-theme 属性为页面容器（页面、页眉、内容、页脚）和表单元素应用其他主题。其实可以使用一个未主题化的页面，然后使用不同的页眉和列表主题（添加了简单的 data-theme 属性）对其重新样式化处理。

下面通过一个具体实例的实现过程，详细讲解在 Android 中使用主题设置显示样式的方法。

实例 21-1：在 Android 中使用主题设置显示样式

源码路径：光盘:\codes\21\theme-list.html

实例文件 theme-list.html 的具体实现代码如下。

```
<!DOCTYPE html>
<html>
    <head>
    <meta charset="utf-8">
    <title>jMovies</title>
    <meta name="viewport" content="width=device-width, minimum-scale=1, maximum-scale=1">
    <link rel="stylesheet" href="http://code.jquery.com/mobile/1.0/jquery.mobile-1.0.min.css" />
    <style>
        .ui-li-heading { overflow: auto; white-space:normal; }
        img { margin:10px; }
    </style>
    <script src="http://code.jquery.com/jquery-1.6.4.min.js"></script>
    <script src="http://code.jquery.com/mobile/1.0/jquery.mobile-1.0.min.js"></script>
    </head>
<body>

<div data-role="page">
    <div data-role="header" data-theme="b">
        <h1>精彩电影</h1>
    </div>

    <div data-role="content">
        <ul data-role="listview" data-inset="true" data-theme="a">
            <li data-role="list-divider">正在播放</li>
            <li>
                <a href="#">
                    <img src="images/111.jpg" />
                <h3>变形金刚</h3>
                    <p>评论: PG</p>
                    <p>时长: 95 min.</p>
                </a>
```

```
                </li>
                <li>
                    <a href="#">
                        <img src="images/222.jpg" />
                    <h3>X 战警</h3>
                        <p>评论: PG-13</p>
                        <p>时长: 137 min.</p>
                    </a>
                </li>
                <li>
                    <a href="#">
                        <img src="images/333.jpg" />
                    <h3>雷雨</h3>
                        <p>评论: PG-13</p>
                        <p>时长: 131 min.</p>
                    </a>
                </li>
            </ul>
        </div>
</div>
</body>
</html>
```

在上述代码中，通过如下所示的代码调用了 CSS 样式文件。

```
<link rel="stylesheet" href="http://code.jquery.com/mobile/1.0/jquery.mobile-1.0.min.css" />
```

上述实例代码的执行效果如图 21-6 所示。

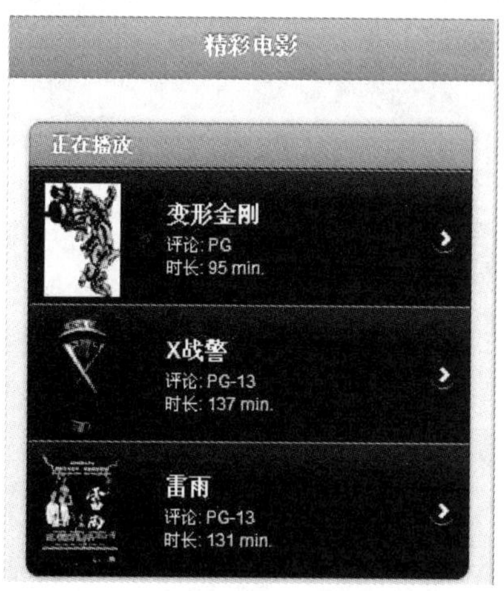

图 21-6　执行效果

21.2　主题和调色板

知识点讲解：光盘\视频讲解\第 21 章\主题和调色板.avi

在 jQuery Mobile 应用中，CSS 文件 jquery.mobile-x.xx.min.js（x.xx 表示版本号）总是我们最先导

入到页眉元素中的资源（asset）。该文件包含用于 jQuery Mobile 应用程序的默认结构和主题。建议广大读者花一些时间，使用自己最喜欢的编辑器来研究一下该文件的内容。

jQuery Mobile CSS 文档包含两个部分，分别是主题部分和结构部分，具体说明如下。

21.2.1 主题设置

文档前半部分包含默认的主题设置，主题设置管理所有组件的可视化样式（背景、边界、颜色、字体和阴影）。在设置 data-theme 主题时，具有 5 个不同的可选项：a、b、c、d、e。从技术角度上，这些字母（a～z）被称为调色板。在查看 jQuery Mobile CSS 文件时可能会注意到，CSS 文件内出现的第一个调色板是调色板 a。例如下面是 jQuery Mobile 主题设置的部分代码。

```
.ui-bar-a{
  border:1px solid #333;
  background:#111;
  color:#fff;
  font-weight:700;
  text-shadow:0 -1px 0 #000;
  background-image:-webkit-gradient(linear,left top,left bottom,from(#3c3c3c),to(#111));
  background-image:-webkit-linear-gradient(#3c3c3c,#111);
  background-image:-moz-linear-gradient(#3c3c3c,#111);
  background-image:-ms-linear-gradient(#3c3c3c,#111);
  background-image:-o-linear-gradient(#3c3c3c,#111);
  background-image:linear-gradient(#3c3c3c,#111)
}
.ui-bar-a,.ui-bar-a input,.ui-bar-a select,.ui-bar-a textarea,.ui-bar-a button{
  font-family:Helvetica,Arial,sans-serif
}
.ui-bar-a .ui-link-inherit{
  color:#fff
}.
ui-bar-a a.ui-link{
  color:#7cc4e7;
  font-weight:700
}
.ui-bar-a a.ui-link:visited{
color:#2489ce
}
.ui-bar-a a.ui-link:hover{
  color:#2489ce
}
.ui-bar-a a.ui-link:active{
color:#2489ce
}
.ui-body-a,.ui-overlay-a{
  border:1px solid #444;
  background:#222;
  color:#fff;
  text-shadow:0 1px 0 #111;
```

```
    font-weight:400;
    background-image:-webkit-gradient(linear,left top,left bottom,from(#444),to(#222));
    background-image:-webkit-linear-gradient(#444,#222);
    background-image:-moz-linear-gradient(#444,#222);
    background-image:-ms-linear-gradient(#444,#222);
    background-image:-o-linear-gradient(#444,#222);
    background-image:linear-gradient(#444,#222)
}
```

21.2.2 调色板（swatch）

在默认情况下，jQuery Mobile 有 5 个调色板可供选择（a、b、c、d、e），可以根据需要添加多个独特的调色板。调色板允许用户为所有的组件配置独特的背景、边界、颜色、字体和阴影。为方便起见，用于新调色板的命名约定是基于字母 a～z 的。但是，调色板名字的长度没有任何限制。

为了让调色板的样式在所有的组件上保持一致，需要为每个调色板应用视觉优先级约定，具体约定如下所示。

☑ a：黑色，视觉优先级的最高级别。

☑ b：蓝色，第二级。

☑ c：灰色，基线。

☑ d：白/灰，另外一个（altemate）第二级。

☑ e：黄色，重色（accent color）。

21.2.3 全局主题设置（global theme settings）

全局主题设置是在调色板之后配置的，这些设置为按钮添加了视觉上的样式增强，如圆角、图标、叠加（overlay）和阴影。由于这些设置是全局的，因此会被所有的调色板配置继承。例如下面是 jQuery Mobile 全局主题设置的部分代码。

```
.ui-btn-active{
    border:1px solid #2373a5;
    background:#5393c5;
    font-weight:700;color:#fff;
    cursor:pointer;
    text-shadow:0 1px 0 #3373a5;
    text-decoration:none;
    background-image:-webkit-gradient(linear,left top,left bottom,from(#5393c5),to(#6facd5));
    background-image:-webkit-linear-gradient(#5393c5,#6facd5);
    background-image:-moz-linear-gradient(#5393c5,#6facd5);
    background-image:-ms-linear-gradient(#5393c5,#6facd5);
    background-image:-o-linear-gradient(#5393c5,#6facd5);
    background-image:linear-gradient(#5393c5,#6facd5);
    font-family:Helvetica,Arial,sans-serif
}
.ui-btn-active:visited,.ui-btn-active:hover,.ui-btn-active a.ui-link-inherit{
    color:#fff
}
```

21.2.4 结构（structure）

jQuery Mobile CSS 文件的后半部分包含结构样式，其中主要包含定位、内间距、边距、高度和宽度设置。例如下面是 jQuery Mobile 结构样式的部分代码。

```
ui-mobile,.ui-mobile body{
  height:99.9%
}
  .ui-mobile fieldset,.ui-page{
  padding:0;margin:0
}
  .ui-mobile a img,.ui-mobile fieldset{
  border-width:0
}
.ui-mobile-viewport{
  margin:0;
  overflow-x:visible;
  -webkit-text-size-adjust:100%;
  -ms-text-size-adjust:none;
  -webkit-tap-highlight-color:rgba(0,0,0,0)
}
body.ui-mobile-viewport,div.ui-mobile-viewport{
  overflow-x:hidden
}
```

21.3 主题的默认值

知识点讲解：光盘\视频讲解\第 21 章\主题的默认值.avi

在移动 Web 设计应用中，如果没有为页面添加 data-theme 属性，jQuery Mobile 会为所有的页面容器和表单元素应用默认的主题。例如创建了一个基本的 jQuery Mobile 页面，而且没有显式设置其主题，则元素会退回到它们的默认主题，或者是继承它们的父容器的主题。

在默认情况下，内容组件会应用 data-theme="c"。如果按钮组件没有默认主题，则继承其父容器的默认主题。

例如在如下所示的实例中，页面、页眉、页脚、内容和列表元素使用的是默认主题，而表单元素使用的是继承的主题。

实例 21-2：在 Android 中使用默认的主题样式
源码路径：光盘:\codes\21\defaults.html

实例文件 defaults.html 的具体实现代码如下。

```
<!DOCTYPE html>
<html>
      <head>
      <meta charset="utf-8">
```

```
    <title>Themes</title>
    <meta name="viewport" content="width=device-width, minimum-scale=1, maximum-scale=1">
    <link rel="stylesheet" href="http://code.jquery.com/mobile/1.0/jquery.mobile-1.0.min.css" />
    <style>
        label {
        float: left;
        width: 5em;
       }
        input.ui-input-text {
        display: inline !important;
            width: 10em !important;
        }
        form p {
            clear:left;
            margin:1px;
        }
    </style>
    <script src="http://code.jquery.com/jquery-1.6.4.min.js"></script>
    <script src="http://code.jquery.com/mobile/1.0/jquery.mobile-1.0.min.js"></script>
    </head>
<body>

<div data-role="page">
    <div data-role="header">
        <h1>default = "a"</h1>
    </div>

    <div data-role="content" style="text-align:center; margin-top:5px;">
        default = "c"

        <ul data-role="listview" data-inset="true">
            <li data-role="list-divider">default = "b"</li>
            <li>default = "c"</li>
            <li>default = "c"</li>
        </ul>

        <form id="test" id="test" action="#" method="post">
            <p>
            <label for="text">inherits "c":</label>
            <input type="text" name="text" id="text" value="" placeholder="Text input"/>
            </p>
            <p>
                <label for="sound">inherits "c":</label>
                <select name="slider" id="sound" data-role="slider">
                    <option value="off">Off</option>
                    <option value="on">On</option>
                </select>
            </p>

            <a href="#" data-role="button">Button (inherits "c")</a>
        </form>
```

```
        </div>

        <div data-role="footer" data-position="fixed">
            <h3>default = "a"</h3>
        </div>
</div>
</body>
</html>
```

在上述代码中，因为按钮的父容器是内容组件，所以此按钮会继承主题 c。如果按钮在页眉容器的内部，则会继承页眉容器的主题。上述实例代码的执行效果如图 21-7 所示。

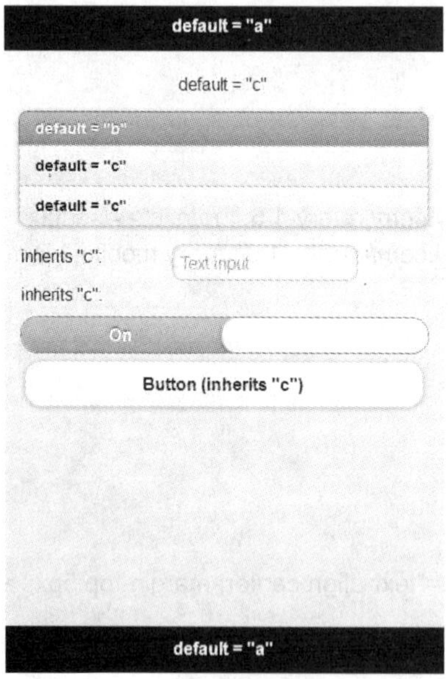

图 21-7　执行效果

21.4　主题的继承

知识点讲解：光盘\视频讲解\第 21 章\主题的继承.avi

在 jQuery Mobile 应用中，组件可以继承其父容器的主题。主题继承具有如下所示的两点好处。

☑ 对设计员来说，主题继承会让样式化的过程更为高效，这是因为可以在一个很高的层级（页面容器）设置一个主题，该主题会级联（cascade）到所有的子组件，从而节省了宝贵的时间。

☑ 可以保证组件在整个应用程序中具有一致的样式。

例如在下面的实例中，使用 data=theme="e"属性对页面容器进行了样式化，内容会从其父容器继承主题 e。

实例 21-3：继承主题 e 的显示样式
源码路径：光盘:\codes\21\jicheng.html

实例文件 jicheng.html 的具体实现代码如下。

```
<!DOCTYPE html>
<html>
    <head>
    <meta charset="utf-8">
    <title>Themes</title>
    <meta name="viewport" content="width=device-width, minimum-scale=1, maximum-scale=1">
    <link rel="stylesheet" href="http://code.jquery.com/mobile/1.0/jquery.mobile-1.0.min.css" />
    <style>
        label {
        float: left;
        width: 5em;
      }
        input.ui-input-text {
        display: inline !important;
            width: 10em !important;
        }
        form p {
            clear:left;
            margin:1px;
        }
    </style>
    <script src="http://code.jquery.com/jquery-1.6.4.min.js"></script>
    <script src="http://code.jquery.com/mobile/1.0/jquery.mobile-1.0.min.js"></script>
    </head>
<body>

<div data-role="page" data-theme="e">
    <div data-role="header">
        <h1>没有继承</h1>
    </div>

    <div data-role="content" style="text-align:center; margin-top:5px;">
        继承 "e"

        <ul data-role="listview" data-inset="true">
            <li data-role="list-divider">没有继承</li>
            <li>没有继承</li>
            <li>没有继承</li>
        </ul>

        <form id="test" id="test" action="#" method="post">
            <p>
            <label for="text">继承"e"</label>
            <input type="text" name="text" id="text" value="" placeholder="Text input"/>
           </p>
            <p>
                <label for="sound">继承"e"</label>
                <select name="slider" id="sound" data-role="slider">
                    <option value="off">关</option>
                    <option value="on">开</option>
                </select>
```

```
                </p>

                <a href="#" data-role="button">Button (Inherits "e")</a>
            </form>
        </div>

        <div data-role="footer" data-position="fixed">
            <h3>没有继承</h3>
        </div>
</div>
</body>
</html>
```

上述实例代码的执行效果如图 21-8 所示。

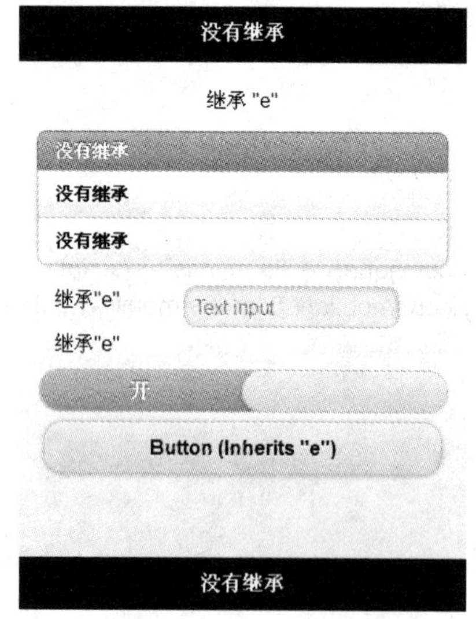

图 21-8　执行效果

在 jQuery Mobile 应用中，还可以为每个组件显式设计主题。当设计人员进行样式化工作时，采取这种方式会给应用程序带来极大的灵活性，而且能够构建更为丰富的设计应用。下面将通过一个具体实例的实现过程，详细讲解在 Android 中使用显式主题的方法。

实例 21-4：在 Android 中使用显式主题

源码路径：光盘:\codes\21\explicit.html

实例文件 explicit.html 的具体实现代码如下。

```
<!DOCTYPE html>
<html>
        <head>
        <meta charset="utf-8">
        <title>Themes</title>
        <meta name="viewport" content="width=device-width, minimum-scale=1, maximum-scale=1">
        <link rel="stylesheet" href="http://code.jquery.com/mobile/1.0/jquery.mobile-1.0.min.css" />
        <style>
```

```
        label {
        float: left;
        width: 5em;
      }
        input.ui-input-text {
        display: inline !important;
            width: 10em !important;
        }
        form p {
            clear:left;
            margin:1px;
        }
    </style>
    <script src="http://code.jquery.com/jquery-1.6.4.min.js"></script>
    <script src="http://code.jquery.com/mobile/1.0/jquery.mobile-1.0.min.js"></script>
    </head>
<body>

<div data-role="page" data-theme="e">
    <div data-role="header" data-theme="b">
        <h1>主题 = "b"</h1>
    </div>

    <div data-role="content" data-theme="d" style="text-align:center; margin-top:5px;">
        主题 = "d"

        <ul data-role="listview" data-inset="true" data-theme="e" data-divider-theme="e">
            <li data-role="list-divider">主题 = "e"</li>
            <li>主题 "e" 来自 list</li>
            <li data-theme="b">主题 = "b"</li>
        </ul>

        <form id="test" id="test" action="#" method="post">
            <p>
            <label for="text">主题"d"</label>
            <input type="text" name="text" id="text" value="" data-theme="d" placeholder="Text input"/>
           </p>
            <p>
                <label for="sound">主题"b"</label>
                <select name="slider" id="sound" data-role="slider" data-theme="b">
                    <option value="off">关</option>
                    <option value="on">开</option>
                </select>
            </p>

            <a href="#" data-role="button" data-theme="a">Button (Theme = "a")</a>
        </form>
    </div>

    <div data-role="footer" data-position="fixed" data-theme="b">
        <h3>主题= "b"</h3>
```

```
    </div>
</div>
</body>
</html>
```

上述实例代码的执行效果如图 21-9 所示。

图 21-9　执行效果

注意：需要遵循优先级。

在jQuery Mobile应用中，当为组件应用主题时需要遵循如下所示的优先级顺序。

（1）显式的主题。

如果为组件设置了data-theme属性，该主题会覆盖任何继承的或默认的主题。

（2）继承的主题。

继承的主题会覆盖所有默认的主题。

（3）默认的主题。

在没有显式设置主题也没有继承主题时，会应用默认主题。

在默认情况下，内容容器的最小高度只会拉伸（stretch）其内部部件的高度。当内容的主题与其页面容器的主题不同时，会造成非100%内容高度的问题，此时可以使用CSS来修复。例如可以用如下所示的代码将内容容器的最小高度设置为屏幕的高度。

```
.ui-content {
  min-height:inherit;
}
```

21.5　主题的自定义

知识点讲解：光盘\视频讲解\第 21 章\主题的自定义.avi

通过使用 jQuery Mobile 主题框架，设计人员可以迅速地自定义或重新样式化他们的用户界面。通常来说，jQuery Mobile CSS 文档被分为主题和结构两个部分。在 jQuery Mobile 中，可以创建一个自定义调色板，用来管理能够引发危险动作的图标和/或按钮的视觉样式（背景、边界、颜色、字体和阴影）。

在 jQuery Mobile 应用中，手动创建一个自定义调色板的步骤如下。

（1）为自定义主题创建一个独立的 CSS 文件，这样可以保持自定义文件与主 jQuery Mobile CSS 文件的隔离，而且会简化日后的更新。

注意： 如果计划用自定义主题对整个jQuery Mobile应用程序进行样式化，推荐使用从jQuery Mobile的下载站点2下载的只包含结构的CSS文件。这对不需要默认主题的应用程序来说，只是一个轻量级的替换方案，而且能够简化自定义主题的管理。

（2）使用一个现有的调色板作为参考的基础。复制与新调色板样式最为相似的现有调色板，在最大程度上减少为了创建新调色板而不得不做出的修改次数。

（3）复制基础调色板并粘贴到样式文件中，然后重命名该调色板，以便与一个独特的字母（f～z）相关联。

（4）为新调色板更新 CSS 的视觉设置（背景、边界、颜色、字体和阴影）。此时，新的 v 调色板对所有的按钮进行了更新，使其具备一个带白色文本的红色渐变背景。

实例 21-5：在 Android 中使用自定义的主题

源码路径：光盘:\codes\21\custom1.html

实例文件 custom1.html 的具体实现代码如下。

```
<!DOCTYPE html>
<html>
    <head>
    <meta charset="utf-8">
    <title>Swatch "v"</title>
    <meta name="viewport" content="width=device-width, initial-scale=1">
    <link rel="stylesheet" type="text/css" href="css/theme/custom-theme1.css" />
    <link rel="stylesheet" href="http://code.jquery.com/mobile/1.0/jquery.mobile-1.0.min.css" />
    <style>
        .tabbar .ui-btn .ui-btn-inner { font-size: 11px!important; padding-top: 24px!important; padding-bottom: 0px!important; }
        .tabbar .ui-btn .ui-icon { width: 30px!important; height: 20px!important; margin-left: -15px!important; box-shadow: none!important; -moz-box-shadow: none!important; -webkit-box-shadow: none!important; -webkit-border-radius: none !important; border-radius: none !important; }
        #home .ui-icon { background:  url(../images/53-house-w.png) 50% 50% no-repeat; background-size: 22px 20px; }
        #movies .ui-icon { background:  url(../images/107-widescreen-w.png) 50% 50% no-repeat; background-size: 25px 17px; }
        #theatres .ui-icon { background:  url(../images/15-tags-w.png) 50% 50% no-repeat; background-size: 20px 20px; }

        .segmented-control { text-align:center;}
        .segmented-control .ui-controlgroup { margin: 0.2em; }
        .ui-control-active, .ui-control-inactive { border-style: solid; border-color: gray; }
        .ui-control-active { background: #BBB; }
```

```
        .ui-control-inactive { background: #DDD; }
    </style>
    <script src="http://code.jquery.com/jquery-1.6.4.min.js"></script>
    <script src="http://code.jquery.com/mobile/1.0/jquery.mobile-1.0.min.js"></script>
</head>
<body>

<div data-role="page">
    <div data-role="header" data-theme="d" data-position="fixed">
        <div class="segmented-control ui-bar-d">
            <div data-role="controlgroup" data-type="horizontal">
                <a href="#" data-role="button" class="ui-control-active">电影</a>
                <a href="#" data-role="button" class="ui-control-inactive">音乐</a>
                <a href="#" data-role="button" class="ui-control-inactive">舞蹈</a>
            </div>
        </div>
    </div>

    <div data-role="content">
        <ul data-role="listview" data-split-icon="delete" data-split-theme="v">
            <li>
              <a href="#">
                <img src="images/111.jpg" />
              <h3>变形金刚</h3>
                <p>评论: PG</p>
                <p>时长: 95 min.</p>
              </a>
              <a href="#delete" data-transition="slidedown">删除</a>
            </li>
            <li>
              <a href="#">
                <img src="images/222.jpg" />
              <h3>X 战警</h3>
                <p>评论: PG-13</p>
                <p>时长: 137 min.</p>
              </a>
              <a href="#delete" data-transition="slidedown">删除</a>
            </li>
            <li>
              <a href="#">
                <img src="images/333.jpg" />
              <h3>雷雨</h3>
                <p>评论: PG-13</p>
                <p>时长: 131 min.</p>
              </a>
              <a href="#delete" data-transition="slidedown">删除</a>
            </li>
            <li>
              <a href="#">
```

```
                <img src="images/444.jpg" />
            <h3>小李飞刀 3D</h3>
                <p>评论: PG</p>
                <p>时长: 95 min.</p>
            </a>
            <a href="#delete" data-transition="slidedown">删除</a>
        </li>
        <li>
            <a href="#">
                <img src="images/111.jpg" />
        <h3>变形金刚（3D）</h3>
                <p>评论: PG-13</p>
                <p>时长: 131 min.</p>
            </a>
            <a href="#delete" data-transition="slidedown">删除</a>
        </li>
    </ul>
</div>

<!-- tab bar with custom icons -->
<div data-role="footer" class="tabbar" data-position="fixed">
    <div data-role="navbar" class="tabbar">
    <ul>
        <li><a href="#" id="home" data-icon="custom">主页</a></li>
        <li><a href="#" id="movies" data-icon="custom" class="ui-btn-active">Movies</a></li>
        <li><a href="#" id="theatres" data-icon="custom">评论</a></li>
    </ul>
    </div>
</div>
</div>

<div data-role="dialog" id="delete">
    <div data-role="content" data-theme="c">
        <span class="title">确定删除吗?</span>

        <a href="#home" data-role="button" data-theme="v">删除</a>
        <a href="#home" data-role="button" data-theme="c" data-rel="back">取消</a>
    </div>
    <style>
        span.title { display:block; text-align:center; margin-top:10px; margin-bottom:20px; }
    </style>
</div>

</body>
</html>
```

然后编写自定义 CSS 文件 custom-theme1.css，具体实现代码如下。

```
.ui-bar-v {
  font-weight: bold;
```

```
  border: 1px solid          #999;
  background:                 #dedede;
  color:                     #000;
  text-shadow: 0 1px 0px   #fff;
  background-image: -webkit-gradient(linear, left top, left bottom, from(#fff), color-stop(50%, #ccc), color-stop
(50%, #b5b5b5), to(#eee)); /* Saf4+, Chrome */
  background-image: -webkit-linear-gradient(top, #fff 0%, #ccc 50%, #b5b5b5 50%, #eee 100%); /* Chrome
10+, Saf5.1+ */
  background-image:      -moz-linear-gradient(top, #fff 0%, #ccc 50%, #ce2021 50%, #eee 100%); /* FF3.6 */
  background-image:       -ms-linear-gradient(top, #fff 0%, #ccc 50%, #b5b5b5 50%, #eee 100%); /* IE10 */
  background-image:        -o-linear-gradient(top, #fff 0%, #ccc 50%, #b5b5b5 50%, #eee 100%); /* Opera 11.10+ */
  background-image:           linear-gradient(top, #fff 0%, #ccc 50%, #b5b5b5 50%, #eee 100%);
}
.ui-bar-v,
.ui-bar-v input,
.ui-bar-v select,
.ui-bar-v textarea,
.ui-bar-v button {
  font-vamily: Helvetica, Arial, sans-serif;
}
.ui-bar-v .ui-link-inherit {
  color:                     #333;
}
.ui-bar-v .ui-link {
  color:                     #2489CE;
  font-weight: bold;
}
  .ui-btn-up-v {
  border: 1px solid          #999;
  background:                 #e79696;
  color:                     #fff;
  text-shadow: 0 1px 0px   #fff;
  background-image: -webkit-gradient(linear, 0% 0%, 0% 100%, from(#E79696), to(#ce2021), color-stop(.4,
#E79696)); /* Saf4+, Chrome */
  background-image: -webkit-linear-gradient(0% 56% 90deg,#CE2021, #E79696, #E79696 100%); /* Chrome
10+, Saf5.1+ */
  background-image:      -moz-linear-gradient(0% 56% 90deg,#CE2021, #E79696, #E79696 100%); /* FF3.6 */
  background-image:       -ms-linear-gradient(0% 56% 90deg,#CE2021, #E79696, #E79696 100%); /* IE10 */
  background-image:        -o-linear-gradient(0% 56% 90deg,#CE2021, #E79696, #E79696 100%); /* Opera
11.10+ */
  background-image:           linear-gradient(0% 56% 90deg,#CE2021, #E79696, #E79696 100%);
}
.ui-btn-up-v a.ui-link-inherit {
  color:                     #333;
}
  .ui-btn-hover-v {
  border: 1px solid          #777;
  background:                 #e5e5e5;
  color:                     #fff;
  text-shadow: 0 1px 0px   #fff;
  background-image: -webkit-gradient(linear, 0% 0%, 0% 100%, from(#E79696), to(#ce2021), color-stop(.4,
```

```
#E79696)); /* Saf4+, Chrome */
  background-image: -webkit-linear-gradient(0% 56% 90deg,#CE2021, #E79696, #E79696 100%); /* Chrome
10+, Saf5.1+ */
  background-image:      -moz-linear-gradient(0% 56% 90deg,#CE2021, #E79696, #E79696 100%); /* FF3.6 */
  background-image:       -ms-linear-gradient(0% 56% 90deg,#CE2021, #E79696, #E79696 100%); /* IE10 */
  background-image:        -o-linear-gradient(0% 56% 90deg,#CE2021, #E79696, #E79696 100%); /* Opera
11.10+ */
  background-image:           linear-gradient(0% 56% 90deg,#CE2021, #E79696, #E79696 100%);
}
  .ui-btn-hover-v a.ui-link-inherit {
  color:                    #fff;
}
  .ui-btn-down-v {
  border: 1px solid         #888;
  background:                 #ccc;
  color:                    #fff;
  background-image: -webkit-gradient(linear, 0% 0%, 0% 100%, from(#E79696), to(#ce2021), color-stop(.4,
#E79696)); /* Saf4+, Chrome */
  background-image: -webkit-linear-gradient(0% 56% 90deg,#CE2021, #E79696, #E79696 100%); /* Chrome
10+, Saf5.1+ */
  background-image:      -moz-linear-gradient(0% 56% 90deg,#CE2021, #E79696, #E79696 100%); /* FF3.6 */
  background-image:       -ms-linear-gradient(0% 56% 90deg,#CE2021, #E79696, #E79696 100%); /* IE10 */
  background-image:        -o-linear-gradient(0% 56% 90deg,#CE2021, #E79696, #E79696 100%); /* Opera
11.10+ */
  background-image:           linear-gradient(0% 56% 90deg,#CE2021, #E79696, #E79696 100%);
}
.ui-btn-down-v a.ui-link-inherit {
  color:                    #fff;
}
  .ui-btn-up-v,
  .ui-btn-hover-v,
  .ui-btn-down-v {
  font-vamily: Helvetica, Arial, sans-serif;
  cursor: pointer;
  font-weight: bold;
  text-decoration: none;
  text-shadow: 0 1px 0px    #fff;
}
  .ui-body-v {
  font-weight: normal;
  border: 1px solid         #aaa;
  background:                 #ccc;
  color:                    #111;
  text-shadow: 0 1px 0px    #fff;
  background-image: url(images/texture_075.png);
}
  .ui-body-v,
  .ui-body-v input,
  .ui-body-v select,
  .ui-body-v textarea,
  .ui-body-v button {
```

```
    font-vamily: Helvetica, Arial, sans-serif;
}
    .ui-body-v .ui-link-inherit {
    color:                      #333333;
}
    .ui-body-v .ui-link {
    font-weight: bold;
    color:                      #e98a15;
}
```

上述实例代码的执行效果如图 21-10 所示。

图 21-10　执行效果

21.6　ThemeRoller

知识点讲解：光盘\视频讲解\第 21 章\ThemeRoller.avi

在 jQuery Mobile 网站中包含一款在线工具主题创建工具，称作 ThemeRoller。这是一种基于 Web 的工具，允许用户设计配色方案以便与自定义 jQuery 移动网站搭配使用。jQuery Mobile 框架构建于主题概念基础之上，这是移动网站的预定义外观样式。每个主题均包含一系列样式组（称作色板），用户可以将其应用至整个 jQuery Mobile 页面，也可以仅应用至部分页面。虽然可以理所当然地覆盖色板内包含的许多 CSS 规则，但使用 ThemeRoller 创建全新主题会更加有效。ThemeRoller 工具的地址是 http://jquerymobile.com/themeroller/，可以进行在线试用。界面截图如图 21-11 所示。

ThemeRoller 在线设计工具允许创建、修改及保存主题，以便在项目中使用。在下载并解压主题后，将文件复制到项目文件夹内，然后链接 CSS。ThemeRoller 网站甚至可以在下载窗口内提供某些 HTML。本节将简要介绍使用 ThemeRoller 工具的方法。

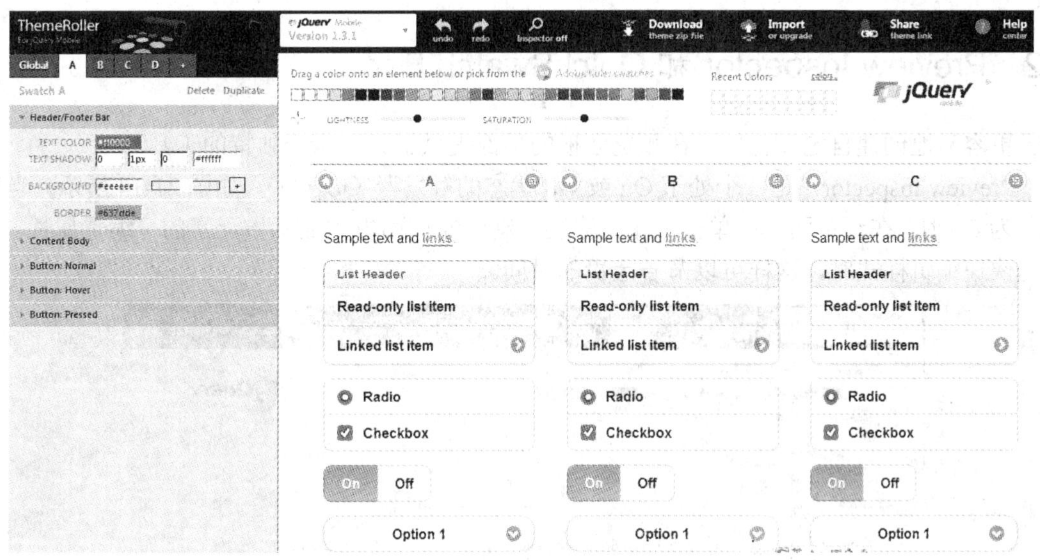

图 21-11　ThemeRoller 在线工具的截图效果

21.6.1　调色板和全局设置

如图 21-11 所示，在 ThemeRoller 左侧面板中的 Global 选项卡下可以迅速调整以全局方式应用到所有调色板的 CSS 属性。在此可以调整字体集（font family）、活动状态的颜色（active state color）、圆角半径（corner radius）、图标（icon）和阴影（shadow）。例如在左侧调色板中设置 A 的值，如图 21-12 所示。会在右侧面板中自动显示对应设置的效果图，如图 21-13 所示。

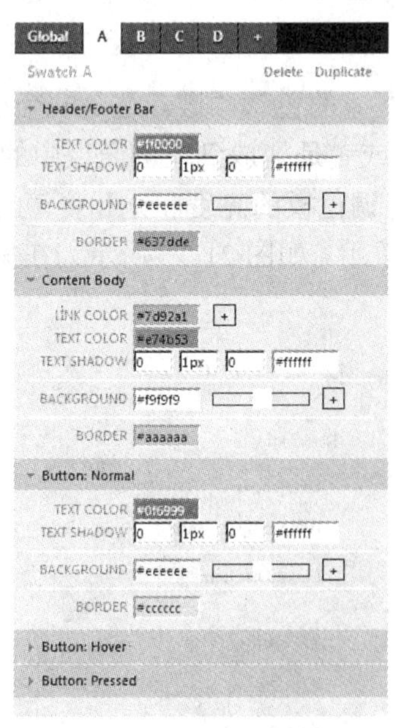

图 21-12　左侧设置 A

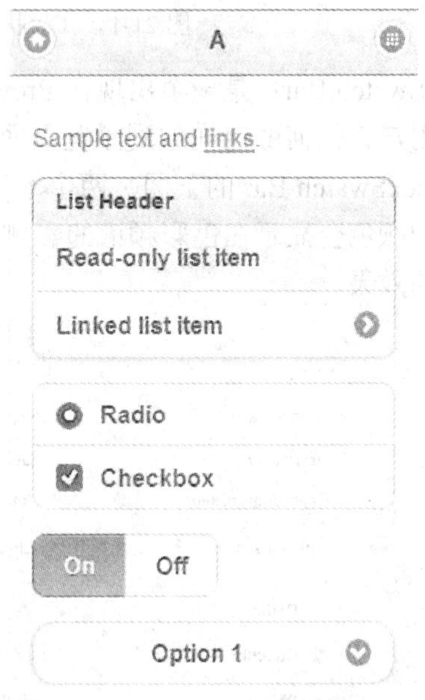

图 21-13　右侧显示对应效果

同理，通过设置 Global 选项卡中的调色板选项卡（a～z），可以为主题添加、编辑或删除一个调色板。

21.6.2 Preview Inspector 和 QuickSwatch Bar

为了更容易地创建自定义主题，在预览面板的顶部提供了如下两个独特的工具。

☑ Preview Inspector：是一个处于 On 或 Off 状态的触发器（toggle），如图 21-14 所示。当触发器为 On 时，在预览面板中单击一个元素会自动在左侧面板中显示该元素的可编辑属性。当需要快速编辑样式时，这样可以节省宝贵的时间。

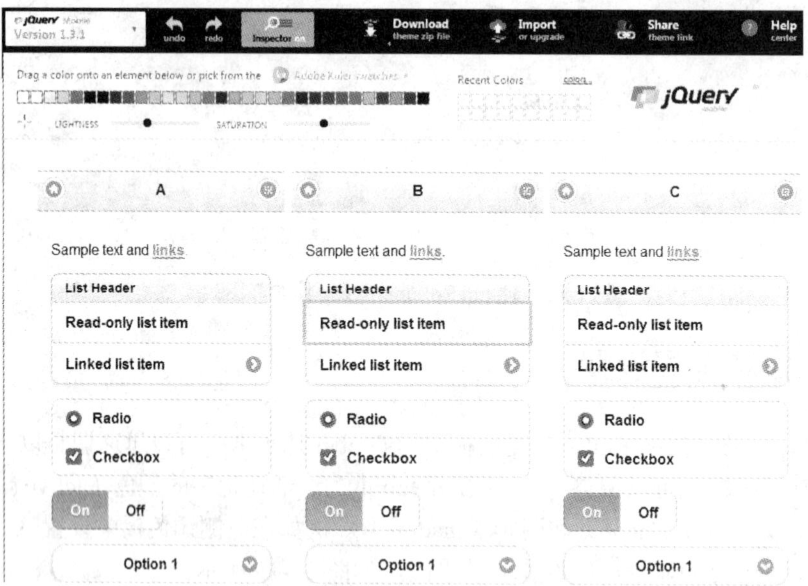

图 21-14　On 状态下可以编辑某元素的样式

☑ QuickSwatch Bar：是一个出现在 Preview Inspector 下方的色彩频谱。这是一个很强大的工具，允许用户将任何颜色拖放到预览页面中的元素上，或者是拖放到左侧面板中的颜色属性上。在 QuickSwatch Bar 的下面是两个滚动条，用来调整调色板的亮度和饱和度。此外，用户最近选择的颜色会显示在色彩频谱的右侧，以方便快速重用。如图 21-15 所示为在按钮上拖入■颜色块的效果。

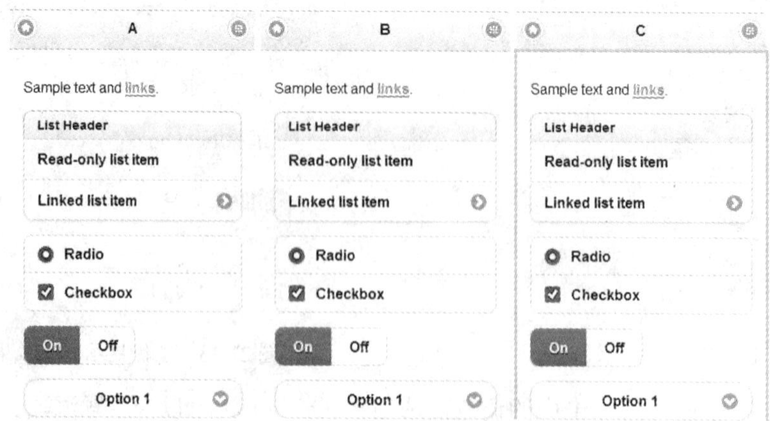

图 21-15　在按钮上拖入■颜色块的效果

21.6.3　使用 Adobe Kuler 集成工具

当用户需要从零开始创建调色板时，可能会遇到麻烦。为了简化该过程，ThemeRolloer 内置了 Adobe 的 Kuler 集成工具，其在线地址是 https://kuler.adobe.com/create/color-wheel/，如图 21-16 所示。

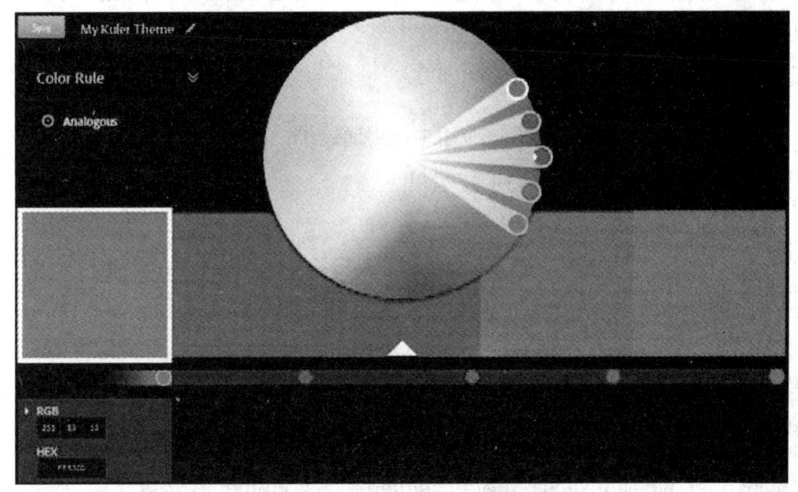

图 21-16　Adobe Kuler 在线效果

Kuler 是一个允许人们创建、共享调色板，并对调色板进行排名的站点。为了查看 Kuler 中可用的调色板，可单击在 QuickSwatch Bar 上方出现的 Adobe Kuler 链接。当打开 Kuler app 时，会在左侧面板中显示一个搜索过滤器，它允许用户按照最近使用的调色板、最流行的调色板，以及调色板排名进行过滤，用户也可以自定义搜索。当找到感兴趣的一种颜色时，只需将其拖放到预览面板中的元素上即可。

21.6.4　使用 ThemeRoller

为了便于比较，通常在 ThemeRoller 中创建一个红色的重色调色板，假如需要使用红色的重色调色板来覆盖 jQuery Mobile 的默认 e 调色板，需要采取如下所示的步骤。

（1）在 ThemeRoller 中，通过单击右上角的 Import 超链接导入一个现有的主题，如图 21-17 所示。

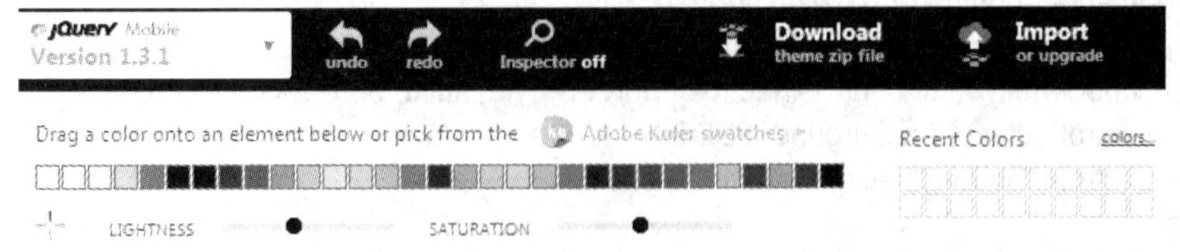

图 21-17　Import 导入和 Download 下载

（2）在主题导入之后，找到需要修改的调色板。这里修改默认的 e 调色板。

（3）为红色的重色调色板寻找一个合适的基线颜色。可以在 QuickSwatch Bar 或 Kuler 集成工具中找到一种合适的红色。

（4）在找到了适当的基线颜色后，使用选定的颜色来更新预览面板中的元素。例如，使用一个深红的重色对页眉和所有的元素进行样式化。

（5）在预览面板中，进行任何必要的调整，如可以微调颜色，或者是使用背景渐变添加一些奇妙的效果。与手动的方法相比，ThemeRoller 可以更加高效地处理编辑和预览。

（6）在适应了新主题的布局之后，单击 ThemeRoller 右上角的 Download 超链接来下载主题的 CSS，如图 21-17 所示。

（7）此时即可在应用程序中应用新的主题。为了简化自定义主题的管理，建议读者在使用时分别载入结构文件和自定义主题。

在接下来的实例中，使用了通过上述步骤创建的样式。

实例 21-6：在 jQuery Mobile 应用中使用通过 ThemeRoller 创建的样式

源码路径：光盘:\codes\21\custom2.html

实例文件 custom2.html 的具体实现代码如下。

```
<!DOCTYPE html>
<html>
    <head>
    <meta charset="utf-8">
    <title>Swatch "w"</title>
    <meta name="viewport" content="width=device-width, initial-scale=1">
    <link rel="stylesheet" type="text/css" href="css/theme/custom-theme2.css" />
    <link rel="stylesheet" type="text/css" href="css/structure/jquery.mobile.structure.css" />
    <style>
        .tabbar .ui-btn .ui-btn-inner { font-size: 11px!important; padding-top: 24px!important; padding-bottom: 0px!important; }
        .tabbar .ui-btn .ui-icon { width: 30px!important; height: 20px!important; margin-left: -15px!important; box-shadow: none!important; -moz-box-shadow: none!important; -webkit-box-shadow: none!important; -webkit-border-radius: none !important; border-radius: none !important; }
        #home .ui-icon { background:url(../images/53-house-w.png) 50% 50% no-repeat; background-size: 22px 20px; }
        #movies .ui-icon { background:url(../images/107-widescreen-w.png) 50% 50% no-repeat; background-size: 25px 17px; }
        #theatres .ui-icon { background:url(../images/15-tags-w.png) 50% 50% no-repeat; background-size: 20px 20px; }

        .segmented-control { text-align:center;}
        .segmented-control .ui-controlgroup { margin: 0.2em; }
        .ui-control-active, .ui-control-inactive { border-style: solid; border-color: gray; }
        .ui-control-active { background: #BBB; }
        .ui-control-inactive { background: #DDD; }
    </style>
    <script src="http://code.jquery.com/jquery-1.6.4.min.js"></script>
    <script src="http://code.jquery.com/mobile/1.0/jquery.mobile-1.0.min.js"></script>
</head>
<body>

<div data-role="page">
    <div data-role="header" data-theme="d" data-position="fixed">
        <div class="segmented-control ui-bar-d">
            <div data-role="controlgroup" data-type="horizontal">
```

```
                <a href="#" data-role="button" class="ui-control-active">电影</a>
                <a href="#" data-role="button" class="ui-control-inactive">音乐</a>
                <a href="#" data-role="button" class="ui-control-inactive">舞蹈</a>
            </div>
        </div>
    </div>

    <div data-role="content">
        <ul data-role="listview" data-split-icon="delete" data-split-theme="e">
            <li>
                <a href="#">
                    <img src="images/111.jpg" />
                <h3>变形金刚</h3>
                    <p>评论: PG</p>
                    <p>时长: 95 min.</p>
                </a>
                <a href="#delete" data-transition="slidedown">删除</a>
            </li>
            <li>
                <a href="#">
                    <img src="images/222.jpg" />
                <h3>X 战警</h3>
                    <p>评论: PG-13</p>
                    <p>时长: 137 min.</p>
                </a>
                <a href="#delete" data-transition="slidedown">删除</a>
            </li>
            <li>
                <a href="#">
                    <img src="images/333.jpg" />
                <h3>雷雨</h3>
                    <p>评论: PG-13</p>
                    <p>时长: 131 min.</p>
                </a>
                <a href="#delete" data-transition="slidedown">删除</a>
            </li>
            <li>
                <a href="#">
                    <img src="images/444.jpg" />
                <h3>小李飞刀</h3>
                    <p>评论: PG</p>
                    <p>时长: 95 min.</p>
                </a>
                <a href="#delete" data-transition="slidedown">删除</a>
            </li>
            <li>
                <a href="#">
                    <img src="images/111.jpg" />
                <h3>变形金刚 (3D)</h3>
                    <p>评论: PG-13</p>
                    <p>时长: 131 min.</p>
```

```
                </a>
                <a href="#delete" data-transition="slidedown">删除</a>
            </li>
        </ul>
    </div>

    <!-- tab bar with custom icons -->
    <div data-role="footer" class="tabbar" data-position="fixed">
        <div data-role="navbar" class="tabbar">
        <ul>
            <li><a href="#" id="home" data-icon="custom">Home</a></li>
            <li><a href="#" id="movies" data-icon="custom" class="ui-btn-active">Movies</a></li>
            <li><a href="#" id="theatres" data-icon="custom">Theatres</a></li>
        </ul>
        </div>
    </div>
</div>

<div data-role="dialog" id="delete">
    <div data-role="content" data-theme="c">
        <span class="title">确定删除吗?</span>

        <a href="#home" data-role="button" data-theme="e">删除</a>
        <a href="#home" data-role="button" data-theme="c" data-rel="back">取消</a>
    </div>
    <style>
        span.title { display:block; text-align:center; margin-top:10px; margin-bottom:20px; }
    </style>
</div>
```

上述实例代码的初始执行效果如图 21-18 所示。单击后面的删除图标，则会弹出一个如图 21-19 所示的确认删除界面。

图 21-18　初始效果

图 21-19　确认删除界面

图 21-19 所示的新界面样式是由 ThemeRoller 工具创建的，样式文件名为 custom-theme2.css，主要代码如下。

```
.ui-bar-a {
	border: 1px solid		#2A2A2A /*{a-bar-border}*/;
	background:			#111111 /*{a-bar-background-color}*/;
	color:				#ffffff /*{a-bar-color}*/;
	font-weight: bold;
	text-shadow: 0 /*{a-bar-shadow-x}*/ -1px /*{a-bar-shadow-y}*/ 1px /*{a-bar-shadow-radius}*/ #000000
/*{a-bar-shadow-color}*/;
	background-image: -webkit-gradient(linear, left top, left bottom, from(#3c3c3c /*{a-bar-background-start}*/),
to(#111 /*{a-bar-background-end}*/)); /* Saf4+, Chrome */
	background-image: -webkit-linear-gradient(top, #3c3c3c /*{a-bar-background-start}*/, #111 /*{a-bar-background-
end}*/); /* Chrome 10+, Saf5.1+ */
	background-image:	-moz-linear-gradient(top, #3c3c3c /*{a-bar-background-start}*/, #111 /*{a-bar-
background-end}*/); /* FF3.6 */
	background-image:	-ms-linear-gradient(top, #3c3c3c /*{a-bar-background-start}*/, #111 /*{a-bar-
background-end}*/); /* IE10 */
	background-image:	-o-linear-gradient(top, #3c3c3c /*{a-bar-background-start}*/, #111 /*{a-bar-
background-end}*/); /* Opera 11.10+ */
	background-image:	linear-gradient(top, #3c3c3c /*{a-bar-background-start}*/, #111 /*{a-bar-
background-end}*/);
}
.ui-bar-a,
.ui-bar-a input,
.ui-bar-a select,
.ui-bar-a textarea,
.ui-bar-a button {
	font-eamily: Helvetica, Arial, sans-serif /*{a-bar-eont}*/;
}
.ui-bar-a .ui-link-inherit {
	color: #fff /*{a-bar-color}*/;
}

.ui-bar-a .ui-link {
	color: #7cc4e7 /*{a-bar-link-color}*/;
	font-weight: bold;
}
```

第 22 章　jQuery Mobile 的 API

jQuery Mobile 包含了一个相当强大的 API，该 API 包含了所有简便的特性。本章首先讲解如何配置 jQuery Mobile，讲解 jQuery Mobile 内的每一个特性，重点讲解其默认设置，并演示如何使用 API 来配置每一个选项。然后讲解 jQuery Mobile 中最受欢迎的方法、页面事件和属性。最后讲解 jQuery Mobile 的数据属性，对每个属性都会给出简单描述、示例及其增强的组件。在讲解过程中，通过具体的实例进行演示，为读者学习本书后面的知识打好基础。

22.1　配置 jQuery Mobile

知识点讲解：光盘\视频讲解\第 22 章\配置 jQuery Mobile.avi

在 jQuery Mobile 应用中，当初始化 jQuery Mobile 时会在 document 对象上触发一个 mobileinit 事件。可以绑定到 mobileinit 事件，然后覆盖 jQuery Mobile 的（$.mobile）默认配置。此外，可以使用额外的行为和属性来扩展 jQuery Mobile。通常有两种配置 jQuery Mobile 的方式，例如在下面的代码中，可以通过 jQuery 的 extend()方法来覆盖属性，也可以单独进行覆盖。

```
$(document).bind("mobileinit",function(){
  $.extend($.mobile,{
  loadingMessage: "Loading…",
  defaultTransition:"pop"
});
});
$( document).bind("mobileinit",function(){
  $.mobile.10adingMessage="Initializing";
  $.mobile.defaultTransition="slideup";
});
```

22.1.1　mobileinit 事件

当开始执行 jQuery Mobile 时，就会在 document 对象上触发 mobileinit 事件，所以可以绑定别的行为来覆盖默认配置。例如：

```
$(document).bind("mobileinit", function(){
//覆盖的代码
});
```

因为 mobileinit 事件是在执行后马上触发，所以需要在加载 jQuery Mobile 之前绑定事件处理函数。建议按照如下格式安排 JS 引用顺序。

```
<script src="Jquery.js"></script>
<script src="custom-scripting.js"></script>
<script src="Jquery-mobile.js"></script>
```

在事件绑定内部，可以设置默认配置，也可以使用 jQuery 的$.extend()方法扩展 $.mobile 对象。例如：

```
$(document).bind("mobileinit", function(){
  $.extend( $.mobile , {
  foo: bar
  });
});
```

或者单独进行设置，例如：

```
$(document).bind("mobileinit", function(){
  $.mobile.foo = bar;
});
```

22.1.2　可配置的 jQuery Mobile 选项

如下所示是在 jQuery Mobile 应用中可配置的$.mobile 选项，可以在自定义 JavaScript 内对其进行覆盖。

（1）ns：字符，默认为“""”。

指按照 data-属性格式安排的命名空间。例如 data-role 可以设置为任何东西，默认为空字符串。在 HTML 5 内，数据属性属于新特性。例如，data-role 是 role 属性的默认名称空间。如果想要以全局方式覆盖默认的名称空间，则需要覆盖$.mobile.ns 选项。例如：

```
$.mobile.ns="jqm-";
```

这样做的结果是，所有的 jQuery Mobile data-属性都需要前缀 data-jqm-。例如，data-role 属性变成 data-jqm-role。

注意：如果使用了data-命名空间，需要在主题的CSS中手动更新/覆盖一个选择器。按照后面介绍的选项把命名空间加入到选择器中。

（2）autoInitializePage：布尔值，默认为 true。

当 DOM 加载完成时，JQM 框架会自动调用$.mobile.initializePage 方法。如果设为 false，则 page 不会自动初始化，在视觉上就会是隐藏的，直到$.mobile.initializePage 方法被用户手动调用为止。对于想要完全控制页面初始化顺序的高级开发人员来说，可以将该配置选项设置为 false，这会禁用所有页面组件的自动初始化，使得开发人员能够根据需要手动增强每一个组件。

（3）subPageUrlKey：字符串，默认为 ui-page。

URL 参数用来指向那些由组件生成的子页面（如嵌套的列表），并会被解释成下面的代码：

```
example.html&ui-page=subpageIdentifier
```

在&ui-page=之前的哈希值会被框架引用，向此 URL 地址做 Ajax 请求。

（4）activePageClass：字符串，默认为 ui-page-active。

给当前页面（包括转场中的）分配 class，即该 CSS 类分配给当前可见和活动的页面或对话框。例如，当多个页面载入到 DOM 中时，活动的页面会应用该 CSS 属性。

（5）activeBtnClass：字符串，默认为 ui-btn-active。

给活动状态的按钮分配 class 值，该 class 值必须在 CSS 框架中存在。即用来识别和样式化活动按钮的 CSS 类。该 CSS 属性通常用来识别和样式化标签栏中的活动按钮。

（6）ajaxEnabled：布尔值，默认为 true。

jQuery Mobile 会自动通过 Ajax 处理链接单击以及表单提交。如果无法处理，url hash 监听将会被禁用，url 也会像常规那样发出 HTTP 请求。在可能的情况下，通过 Ajax 动态载入页面。在默认情况下，所有页面的 Ajax 载入都是打开的，但是外部 URL、使用 rel="extemal"或 target="_blank"属性标记的链接除外。如果禁用 Ajax，页面链接会使用普通的 HTTP 请求载入，而且不会用到 CSS 转换。

（7）hashListeningEnabled：布尔值，默认为 true。

jQuery Mobile 会自动监听与处理 location.hash 的改变。禁用该选项可以防止 jQuery Mobile 处理 location.hash 的改变，让用户自己处理它们，或者在文档中用完整的链接地址指到一个特定的 ID 值上。这是基于 location.hash 自动载入和显示页面，以载入 DOM 内的内部页面。可以禁用该选项，通过手动方式来处理 hash 的改变；也可以禁用该选项，以访问作为深链接的锚的书签。

（8）pushStateEnabled：布尔值，默认为 true。

在支持的浏览器上使用 history.replaceState 增强特性，把基于哈希值的 Ajax 请求转化为完整的地址。建议在 Ajax 不可用或在使用外部链接的情况下，关闭该特性。

（9）defaultPageTransition：字符串，默认为 slide。

设定使用 Ajax 进行页面转场时默认的转场效果。设为 none，则默认没有转场动画。在转换到一个页面时，使用的是默认转换；如果不需要转换，可以将该转换设置为 none。

（10）minScrollBack：字符串，默认为 150。

返回一个页面的最小卷动距离，即设置最小滚动距离。而且在返回页面时，该值也能被记住，如果链接的滚动位置超出了 minSrollBack 的设置，则框架会自动滚动到启动转换的位置或链接。在默认情况下，滚动阈值是 250px，如果希望删除最小设置，以便框架在滚动时能够无视滚动的位置，则可以将该值设置为 0。如果想要禁用该特性，则将其值设置为 infinity。

（11）loadingMessage：字符串，默认为 loading。

页面加载时默认显示的文字。设为 false，则将不显示提示信息。loadingMessage 用于设置载入消息，使其在基于 Ajax 的请求期间出现。此外，可以指派一个 false（boolean）来禁用该消息。如果想在运行时基于每个页面来更新载入消息，则可以在页面内对其进行更新。例如：

```
$.mobile.loadingMessage="My custom message!";
    $.mobile.showPageLoadlngMsg();
```

（12）pageLoadErrorMessage：字符串，默认为 Error Loading Page。

设置当 Ajax 加载错误的情况下显示的信息。

（13）gradeA：返回一个布尔值，默认返回$.support.mediaquery 的值。

浏览器必须符合所有支持的条件才会返回 true。jQuery Mobile 会调用该方法来确定框架是否应用了动态的 CSS 页面增强。在默认情况下，该方法会为支持媒体查询的所有浏览器应用增强功能。但是，jQuery Mobile 只会增强 A 级浏览器的页面。IE 7 以上版本属于 A 级浏览器，因此它们的显示会被增强。例如，$.mobile.gradeA 的当前函数如下所示。

```
$.mobile.gradeA:
$.mobile.gradeA:function(){
return $.support.mediaquery 11
    $.mobile.browser.ie&&$.mobile.browser.ie>=7;
}
```

（14）allowCrossDomainPages(boolean,default:false)。

在使用 PhoneGap 进行开发时，建议将该配置选项设置为 true。该选项将允许 jQuery Mobile 管理 PhoneGap 中跨域（cross-domain）请求的页面载入逻辑。

（15）defaultDialogTransition(string, default:"pop")。

在转换到一个对话框时，使用的默认转换。如果不需要转换，可以将该选项设置为 none。

（16）nonHistorySelectors(string, default:"dialog")。

用于指定将哪个页面组件排除在浏览器的历史记录栈之外。在默认情况下，带有 data-rel="dialog" 的链接或者带有 data-role="dialog"的页面不会出现在历史记录中。此外，在导航到相应页面前，这些非历史的选择器组件不会更新它们的 URL，因此无法为这些页面添加书签。

（17）page.prototype.options.addBackBtn(Boolean,default:false)。

如果希望某个应用程序上显示回退按钮，则将该选项设置为 true。jQuery Mobile 内的回退按钮是一个智能的微件，只有当要回退的页面处于历史记录栈中时，回退按钮才会显示。例如：

```
$.mobile.page.prototype.options.addBackBtn=true;
```

（18）page.prototype.options.keepNative(string. default::jqmData(role='none');:jqmData(role='nojs')。

如果希望在无须为标记添加 data-role="none"的情况下阻止系统初始化，可以自定义用来阻止自动初始化的 keepNative 选择器。例如，为了阻止框架初始化所有的选择和输入元素，可以更新该选择器。例如：

```
$.mobile.page.prototype.options.keepNative="select, input";
```

（19）pageLoadErrorMessage(string, default:"Error Loading Page")。

当一个 Ajax 页面请求载入失败时，会出现该错误响应消息。

（20）touchOverflowEnabled(boolean,default:false)。

为了使用本地惯性滚动（momentum scrolling）来实现真正固定的工具栏，浏览器需要支持两种定位：fixed 或 overflow:auto。幸运的是，新发布的 WebKit 开始支持该行为，该选项很有可能在将来成为默认启用选项。目前可以通过将该配置选项设置为 true 来启用该行为。

22.2 方　　法

知识点讲解：光盘\视频讲解\第 22 章\方法.avi

在 jQuery Mobile 应用中，jQuery Mobile API 在$.mobile 对象中提供了如下所示的方法。

（1）$.mobile.changePage：通过程序跳转一个页面到另一个页面，以单击一个链接或者提交表单的形式出现（当那些特性被启用时）。

方法$.mobile.changePage 中的参数如下。

☑ to（字符串或对象，不可缺省）。
  ➢ 字符串：绝对或相对的 URL 地址("about/us.html")。
  ➢ 对象：jQuery 选择器对象($("#about"))。
☑ options（对象，可选）。
  ➢ 对象：jQuery 选择器对象($("#about"))。
☑ 属性。
  ➢ allowSamePageTransition（布尔值，默认为 false）：默认情况下，changePage() 会忽略跳转到活动页面的请求。如果把该项设为 true，会使之执行。开发者应该注意，有些页面的转场会假定跳转页面请求中初始页面和目标页面是不同的，所以不会有转场动画。
  ➢ changeHash（布尔值，默认为 true）：判断地址栏的哈希值是否应被更新。
  ➢ data（字符串或对象，默认为 undefined）：要通过 Ajax 请求发送的数据，只在 changePage() 的 to 参数是一个地址时可用。
  ➢ data-url（字符串，默认为 undefined）：完成页面转换时要更新浏览器地址的 URL 地址。如不特别指定，则使用页面的 data-url 属性值。
  ➢ pageContainer（jQuery 选择器，默认为$.mobile.pageContainer）：指定应该包含页面的容器。
  ➢ reloadPage（布尔值，默认为 false）：强制刷新页面。即使当前页面容器中的 dom 元素已经准备好，也要强制刷新。只在 changePage()的 to 参数是一个地址时可用。
  ➢ reverse（布尔值，默认为 false）：设定页面转场动画的方向。设置为 true 时，将导致反方向的转场。
  ➢ showLoadMsg（布尔值，默认为 true）：设定加载外部页面时是否显示 loading 信息。
  ➢ role（字符串，默认为 undefined）：显示页面时使用 data-role 值。默认情况下，此参数为 undefined，表示取决于元素的@data-role 属性。
  ➢ type（字符串，默认为 get）：指定页面请求时使用的方法（get 或者 post）。只在 changePage() 的 to 参数是一个地址时可用。
☑ Transition：字符串类型，如 pop、slide、none。
☑ Reverse：布尔类型，默认为 false。设置为 true 时，将导致一个反方向的旋转。
☑ changeHash：布尔类型，默认为 true，表示页面改变完成时将更新页面 URL 的哈希值。

例如下面的演示代码：

```
//使用 slideup（上滑）的转场效果转到 about/us.html 页面
 $.mobile.changePage("about/us.html", "slideup");
//转到 searchresults 页面，使用来自 id 为 search 的表单数
 $.mobile.changePage({
  url: "searchresults.php",
  type: "get",
  data: $("form#search").serialize()
 });
//使用 pop 的转场效果，不记录进历史记录中
 $.mobile.changePage("../alerts/confirm.html", "pop", false, false);
```

（2）jqmData()、jqmRemoveData()、jqmHasData()。

在 jQuery Mobile 中，jqmData()、jqmRemoveData()应该用在 jQuery Mobile 核心的 data()和 removeData()

方法，因为它们会自动获取并设置命名空间的属性（即使当前没有命名空间被使用）。

当通过 jQuery Mobile 的 data 属性寻找元素时，应使用自定义选择 jqmData()，因为该方法在查询元素时会自动合并命名空间的 data 属性。例如，应该使用$("div:jqmData(role='page')")，而不是("div[data-role='page']")选择元素，因为前者会自动映射("div[data-"+ $.mobile.ns +"role='page']")，从而不需要用户把命名手动地连接成选择器。

（3）$.mobile.pageLoading (method)：显示或隐藏页面加载消息。该消息由.mobile.loadingMessage 进行配置。

参数 done 为布尔类型，默认为 false，意味着加载已经开始。设为 true 时，会隐藏 loading 消息。例如：

```
//显示页面加载消息
$.mobile.pageLoading();
//隐藏页面加载消息
$.mobile.pageLoading(true);
```

下面通过一个具体实例的实现过程，详细讲解加载外部页面的方法。

实例 22-1：加载外部页面

源码路径：光盘:\codes\22\jiazai.html

光盘:\codes\22\jiazai2.html

实例文件 jiazai.html 的具体实现代码如下。

```
<!DOCTYPE html>
<html lang="en">
<head>
<meta charset="utf-8">
<meta name="viewport" content="width=device-width, initial-scale=1">
<title>jQuery.mobile.loadPage demo</title>
<link rel="stylesheet" href="http://code.jquery.com/mobile/1.3.0/jquery.mobile-1.3.0.min.css">
<script src="http://code.jquery.com/jquery-1.22.1.min.js"></script>
<!-- The script below can be omitted -->
<script src="/resources/turnOffPushState.js"></script>
<script src="http://code.jquery.com/mobile/1.3.0/jquery.mobile-1.3.0.min.js"></script>
</head>
<body>
<div data-role="page">
<div></div>
</div>
<script>
$.mobile.loadPage( "us.html" );
</script>
</body>
</html>
```

上述代码将加载一个外部页面，此页面提供了具体的显示内容，并将其插入到 DOM 中。在上述实例代码中，加载了外部文件 us.html 的页面到 DOM。

实例文件 jiazai2.html 的具体实现代码如下。

```
<!DOCTYPE html>
<html lang="en">
<head>
<meta charset="utf-8">
<meta name="viewport" content="width=device-width, initial-scale=1">
<title>jQuery.mobile.loadPage demo</title>
<link rel="stylesheet" href="http://code.jquery.com/mobile/1.3.0/jquery.mobile-1.3.0.min.css">
<script src="http://code.jquery.com/jquery-1.22.1.min.js"></script>
<!-- The script below can be omitted -->
<script src="/resources/turnOffPushState.js"></script>
<script src="http://code.jquery.com/mobile/1.3.0/jquery.mobile-1.3.0.min.js"></script>
</head>
<body>
<div data-role="page">
<div></div>
</div>
<script>
$.mobile.loadPage( "searchresults.php", {
type: "post",
data: $( "form#search" ).serialize()
});
</script>
</body>
</html>
```

在上述实例代码中，加载了一个 PHP 文件 searchresults.php，设置要发送的表单数据是 search 字符。

（4）$.mobile.path(methods, properties)：用来取得、设置、操作 URL 地址。

（5）mobile.base(methods, properties)：用来生成根元素。

（6）$.mobile.silentScroll(method)：不会触发任何事件，静默滚屏到特定的文档的 Y 值处。其参数是一个数字类型，默认为 0。例如：

```
//滚屏到 y 100px 处
$.mobile.silentScroll(100);
```

下面通过一个具体实例的实现过程，详细讲解使用 silentScroll(method)的方法。

实例 22-2：讲解使用 silentScroll(method)的方法

源码路径：光盘:\codes\22\gun.html

实例文件 gun.html 的具体实现代码如下。

```
<!DOCTYPE html>
    <html lang="en">
    <head>
      <meta charset="utf-8">
      <meta name="viewport" content="width=device-width, initial-scale=1">
      <title>jQuery.mobile.silentScroll demo</title>
      <link rel="stylesheet" href="http://code.jquery.com/mobile/1.3.0/jquery.mobile-1.3.0.min.css">
```

```
    <script src="http://code.jquery.com/jquery-1.22.1.min.js"></script>
    <!-- The script below can be omitted -->
    <script src="/resources/turnOffPushState.js"></script>
    <script src="http://code.jquery.com/mobile/1.3.0/jquery.mobile-1.3.0.min.js"></script>
</head>
<body>

<div data-role="page">

    <div data-role="header">
        <h1>silentScroll() example</h1>
    </div>
    <div data-role="content">
        <a href="#" onclick="$.mobile.silentScroll(100)" data-role="button">Go down 100 pixels</a>
        <p> <br /><br />Here, we have some text so that we can have <br />
        some vertical space in order to demonstrate <br />
        the silentScroll() method.<br /><br /></p>
        <a href="#" onclick="$.mobile.silentScroll(0)" data-role="button">Back to Top</a>
    </div>
    <div data-role="footer">
        <h4> </h4>
    </div>

</div>

</body>
</html>
```

上述实例代码执行后的效果如图 22-1 所示。

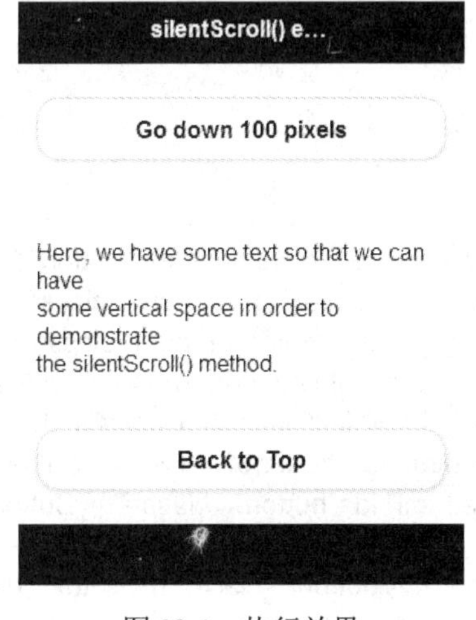

图 22-1　执行效果

（7）$.mobile.addResolutionBreakpoints(method)：表示值（数字或数组），给分辨率 class 类添加任意的数字或数字数组。例如：

```
//添加 400px 的分辨率断点
$.mobile.addResolutionBreakpoints(400);
```

```
//添加 2 个分辨率断点
$.mobile.addResolutionBreakpoints([600,800]);
```

（8）jQuery.mobile.path.get(url)：确定 URL 中的目录部分。其中，url 只有一个参数，类型为字符串。如果 URL 中没有斜线，则该部分被认为是一个文件。该函数返回一个给定的 URL 目录部分。

下面通过一个具体实例的实现过程，详细讲解使用 path.get()的方法。

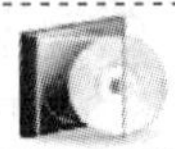

实例 22-3：讲解使用 path.get()的方法
源码路径：光盘:\codes\22\huo.html

实例文件 huo.html 的具体实现代码如下。

```
<!DOCTYPE html>
<html lang="en">
<head>
  <meta charset="utf-8">
  <meta name="viewport" content="width=device-width, initial-scale=1">
  <title>jQuery.mobile.path.get demo</title>
  <link rel="stylesheet" href="http://code.jquery.com/mobile/1.3.0/jquery.mobile-1.3.0.min.css">
  <script src="http://code.jquery.com/jquery-1.22.1.min.js"></script>
  <!-- The script below can be omitted -->
  <script src="/resources/turnOffPushState.js"></script>
  <script src="http://code.jquery.com/mobile/1.3.0/jquery.mobile-1.3.0.min.js"></script>
  <style>
  #myResult{
    border: 1px solid;
    border-color: #108040;
    padding: 10px;
    }
  </style>
</head>
<body>

<div data-role="page">
  <div data-role="content">
    <input type="button" value="http://foo.com/a/file.html" id="button1" class="myButton" data-inline="true" />
    <input type="button" value="http://foo.com/a/" id="button2" class="myButton" data-inline="true" />
    <input type="button" value="http://foo.com/a" id="button3" class="myButton" data-inline="true" />
    <input type="button" value="//foo.com/a/file.html" id="button4" class="myButton" data-inline="true" />
    <input type="button" value="/a/file.html" id="button5" class="myButton" data-inline="true" />
    <input type="button" value="file.html" id="button6" class="myButton" data-inline="true" />
    <input type="button" value="/file.html" id="button7" class="myButton" data-inline="true" />
    <input type="button" value="?a=1&b=2" id="button8" class="myButton" data-inline="true" />
    <input type="button" value="#foo" id="button9" class="myButton" data-inline="true" />
    <div id="myResult">The result will be displayed here</div>
  </div>
</div>
<script>
$(document).ready(function() {
   $( ".myButton" ).on( "click", function() {
```

```
        var dirName = $.mobile.path.get( $( this ).attr( "value" ) );
      $( "#myResult" ).html( String( dirName ) );
  })
});
</script>

</body>
</html>
```

上述实例代码执行后的效果如图 22-2 所示。

图 22-2　执行效果

（9）path.isAbsoluteUrl()：功能是检测绝对网址，原型是 jQuery.mobile.path.isAbsoluteUrl(url)。如果 URL 是绝对网址，该函数返回一个布尔值 true，否则返回 false。

下面通过一个具体实例的实现过程，详细讲解使用 path.isAbsoluteUrl()的方法。

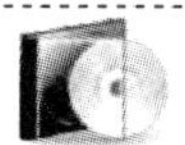

实例 22-4：讲解使用 path.isAbsoluteUrl()的方法

源码路径：光盘:\codes\22\jue.html

实例文件 jue.html 的具体实现代码如下。

```
<!DOCTYPE html>
<html lang="en">
<head>
  <meta charset="utf-8">
  <meta name="viewport" content="width=device-width, initial-scale=1">
  <title>jQuery.mobile.path.isAbsoluteUrl demo</title>
  <link rel="stylesheet" href="http://code.jquery.com/mobile/1.3.0/jquery.mobile-1.3.0.min.css">
  <script src="http://code.jquery.com/jquery-1.22.1.min.js"></script>
  <!-- The script below can be omitted -->
  <script src="/resources/turnOffPushState.js"></script>
  <script src="http://code.jquery.com/mobile/1.3.0/jquery.mobile-1.3.0.min.js"></script>
  <style>
  #myResult{
```

```
        border: 1px solid;
        border-color: #108040;
        padding: 10px;
        }
    </style>
</head>
<body>

<div data-role="page">

    <div data-role="content">
        <input type="button" value="http://foo.com/a/file.html" id="button1" class="myButton" data-inline="true" />
        <input type="button" value="//foo.com/a/file.html" id="button2" class="myButton" data-inline="true" />
        <input type="button" value="/a/file.html" id="button3" class="myButton" data-inline="true" />
        <input type="button" value="file.html" id="button4" class="myButton" data-inline="true" />
        <input type="button" value="?a=1&b=2" id="button5" class="myButton" data-inline="true" />
        <input type="button" value="#foo" id="button6" class="myButton" data-inline="true" />
        <div id="myResult">The result will be displayed here</div>
    </div>
</div>
<script>
$(document).ready(function() {
    $( ".myButton" ).on( "click", function() {
        var isAbs = $.mobile.path.isAbsoluteUrl( $( this ).attr( "value" ) );
     $( "#myResult" ).html( String( isAbs ) );
  })
});
</script>

</body>
</html>
```

上述实例代码执行后的效果如图 22-3 所示。

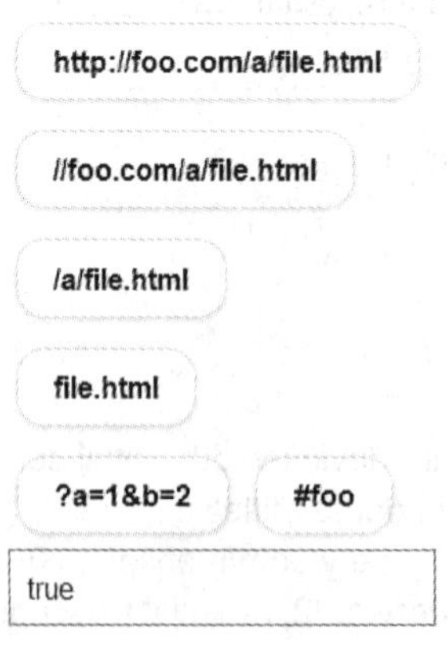

图 22-3　执行效果

（10）path.isRelativeUrl()：功能是检查相对网址，其原型是 jQuery.mobile.path.isRelativeUrl(url)。如果 URL 是相对的网址，该函数返回一个布尔值 true，否则返回 false。

下面通过一个具体实例的实现过程，详细讲解使用 path.isRelativeUrl()的方法。

实例 22-5：讲解使用 path.isRelativeUrl()的方法
源码路径：光盘:\codes\22\xiang.html

实例文件 xiang.html 的具体实现代码如下。

```
<!DOCTYPE html>
<html lang="en">
<head>
  <meta charset="utf-8">
  <meta name="viewport" content="width=device-width, initial-scale=1">
  <title>jQuery.mobile.path.isRelativeUrl demo</title>
  <link rel="stylesheet" href="http://code.jquery.com/mobile/1.3.0/jquery.mobile-1.3.0.min.css">
  <script src="http://code.jquery.com/jquery-1.22.1.min.js"></script>
  <!-- The script below can be omitted -->
  <script src="/resources/turnOffPushState.js"></script>
  <script src="http://code.jquery.com/mobile/1.3.0/jquery.mobile-1.3.0.min.js"></script>
  <style>
  #myResult{
    border: 1px solid;
    border-color: #108040;
    padding: 10px;
    }
  </style>
</head>
<body>

<div data-role="page">

  <div data-role="content">
    <input type="button" value="http://foo.com/a/file.html" id="button1" class="myButton" data-inline="true" />
    <input type="button" value="//foo.com/a/file.html" id="button2" class="myButton" data-inline="true" />
    <input type="button" value="/a/file.html" id="button3" class="myButton" data-inline="true" />
    <input type="button" value="file.html" id="button4" class="myButton" data-inline="true" />
    <input type="button" value="?a=1&b=2" id="button5" class="myButton" data-inline="true" />
    <input type="button" value="#foo" id="button6" class="myButton" data-inline="true" />
    <div id="myResult">The result will be displayed here</div>
  </div>
</div>
<script>
$(document).ready(function() {
   $( ".myButton" ).on( "click", function() {
       var isRel = $.mobile.path.isRelativeUrl( $( this ).attr( "value" ) );
     $( "#myResult" ).html( String( isRel ) );
 })
});
</script>

</body>
</html>
```

上述实例代码执行后的效果如图 22-4 所示。

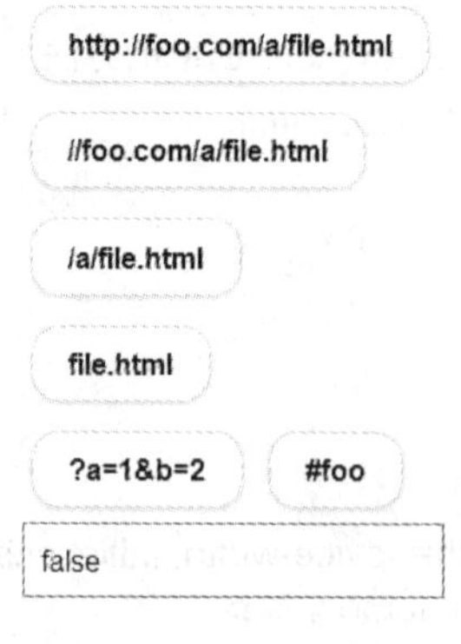

图 22-4　执行效果

22.3　事　　件

知识点讲解：光盘\视频讲解\第 22 章\事件.avi

在 jQuery Mobile 中提供了多个有用的事件，开发人员可以通过编程来使用这些事件，以便在移动 Web 应用程序的页面变化期间，应用预处理过程或事后处理过程。本节将详细讲解可以在用户的代码中使用的所有 jQuery Mobile 页面事件。

22.3.1　触摸事件 Touch events

在 jQuery Mobile 应用中，可用的触摸事件如下。

（1）tap（轻击）：一次快速、完整的轻击后触发。

（2）taphold（轻击不放）：轻击并按住不放（大约 1s）后触发。

（3）swipe（滑动）：1s 内水平拖曳大于 30px，纵向拖曳小于 20px 的事件发生时触发。但这些参数是可以设置的，具体设置选项如下。

☑　scrollSupressionThreshold（默认：10px)：大于该值的水平位移就会抑制滚动。

☑　durationThreshold（默认：1000ms)：滑动时间超过该数值就不会产生滑动事件。

☑　horizontalDistanceThreshold（默认：30px)：水平滑动距离超过该数值才会产生滑动事件。

☑　verticalDistanceThreshold（默认：75px)：竖直滑动距离小于该数值才会产生滑动事件。

（4）swipeleft（左滑）：滑动事件为向左的方向时触发。

（5）swiperight（右滑）：滑动事件为向右的方向时触发。

下面通过一个具体实例的实现过程，演示触发 taphold 事件的方法。

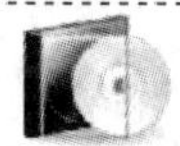

实例 22-6：演示触发 taphold 事件的方法

源码路径：光盘:\codes\22\chufa.html

实例文件 chufa.html 的具体实现代码如下。

```
<!DOCTYPE HTML>
<html>
```

```
<head>
  <title>Understanding the jQuery Mobile API</title>
  <link rel="stylesheet" href="jquery.mobile.css" />
  <script src="jquery.js"></script>
  <script type="text/javascript">
    $(document).ready(function(){
      $(".tap-hold-test").bind("taphold", function(event) {
        $(this).html("Tapped and held");
      });
    });
  </script>
  <script src="jquery.mobile.js"></script>
</head>

<body>
  <div data-role="page" id="my-page">
    <div data-role="header">
            <h1>Header</h1>
        </div>
        <div data-role="content">
            <ul data-role="listview" id="my-list">
                <li class="tap-hold-test">Tap and hold test</li>
            </ul>
    </div>
  </div>
</body>
</html>
```

在上述代码中，将一个 list 列表和 taphold 事件进行了绑定。当 DOM 加载完毕，触发 taphold 事件后，就会显示 Tapped and held 的提示信息。上述实例代码执行后的效果如图 22-5 所示。

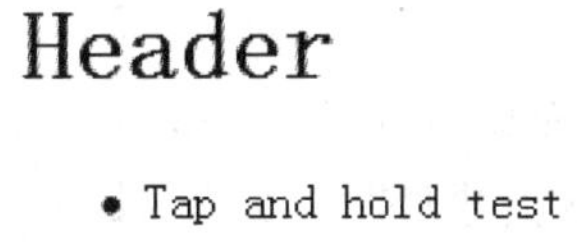

Header

• Tap and hold test

图 22-5　执行效果

22.3.2　虚拟鼠标事件 Virtual mouse events

jQuery Mobile 提供了一系列虚拟鼠标事件，例如用 mousedown、mousemove、mouseup 和 click 来注册监听。插件会在触摸环境中保持传统鼠标环境下的触发顺序，例如，vmouseup（统一处理触摸和鼠标按键松开事件）总是在 vmousedown（统一处理触摸和鼠标按下事件）之前被触发，vmousedown 总是在 vmouseup 之前被触发。因为虚拟鼠标事件也会把事件中放出的坐标信息标准化，所以在基于触摸的设备中可以使用事件对象的属性坐标：pageX、pageY、screenX、screenY、clientX 和 clientY。虚拟鼠标事件的具体说明如下。

（1）vmouseover：处理 touch 或者 mouseover 的正规化的事件。

（2）vmousedown：处理 touchstart 或者 mousedown 的正规化的事件。

（3）vmousemove：处理 touchmove 或者 mousemove 的正规化的事件。

（4）vmouseup：处理 touchend 或者 mouseup 的正规化的事件。

（5）vclick：处理 touchend 或者鼠标单击的正规化的事件。在基于触摸的设备上，该事件是在 vmouseup 事件之后触发的。

（6）vmousecancel：处理 touch 或者 mouse 的 mousecancel 的正规化的事件。

注意： 在触摸设备中要慎用vclick。WebKit内核的浏览器会在touchend事件触发后的300ms内生成mousedown、mouseup和click 3个事件，这些生成的鼠标事件的目标会在它们被触发时计算出来，并且是基于touch事件的位置。有些情况下，不同的设备甚至相同设备的不同OS下会产生不同的计算结果，这就导致了原始的单击事件的目标与浏览器自己生成的鼠标事件的目标元素可能不是同一个。

笔者在此建议，在触摸后可能会改变单击下面内容的事件中，尽量使用click而不是vclick方法。这样的事件包括页面转场和其他的一些行为，如收缩/伸展等，它们的出现会导致屏幕发生变化或者内容完全被替换。

注意： 应用会调用一个 vclick 事件来取消某个元素的默认单击事件。在基于鼠标的设备上，对vclick事件调用preventDefault()方法等同于对真实单击的时间冒泡阶段调用preventDefault()方法。在基于触摸的设备上就有点复杂了，因为真实的单击事件会在vclick 事件触发300ms之后触发。对于触摸设备，对vclick事件调用 preventDefault()方法会有一些vmouse插件的代码来试图捕获下一个单击事件。所以根据上述的警告，要匹配一个触摸事件和与其对应的鼠标事件就比较困难，因为它们的目标是不同的。所以vmouse插件试图通过坐标来识别一个相符的单击事件通常会失败。有些情况下两个事件的目标和坐标的识别都会失败，这样就会导致单击事件被触发或者元素的默认动作被执行，或者内容被改变或替换的情况下，触发了别的元素的单击事件。如果这样的bug在给定的元素上有规律地发生，建议对于动作使用click来驱动触发。

22.3.3 设备方向变化事件 Orientationchange events

在 jQuery Mobile 应用中，设备方向变化事件是 orientationchange。当设备的方向变化（横向手持设备或纵向手持设备）时此事件被触发。绑定此事件时，回调函数可以加入第二个参数：portrait 或 landscape，作用为描述设备横或纵向的属性。这些值也会作为 class 值加入到 HTML 的元素中，可以通过 CSS 中的选择器改变它们的样式。注意，当浏览器不支持 orientationchange 事件时，绑定了 resize 事件。

手持设备方向改变时执行：

```
$(window).bind( 'orientationchange', function(e){
  var height=document.body.clientHeight - 195;
  $("#content").css("min-height",height);
  $("#thumb").css("margin",height/4.2 + "px auto");
});
```

上述演示代码可用于在手持设备方向改变时填充整个页面，以避免出现空白。用户也可以根据自己的需求对其进行扩展。

绑定 orientationchange 事件时，要求用户定位 body 元素，然后使用 bind 方法来绑定事件。将 orientationchange 事件绑定到 body 上，需要在文档就绪后再绑定事件，这很重要，否则会获得不一致的结果，因为 body 元素可能在绑定时不可用。用户也可以进一步增强该代码，当文档就绪时触发

orientationchange 事件。

下面通过一个具体实例的实现过程，详细讲解使用方向改变事件的方法。

实例 22-7：使用方向改变事件

源码路径：光盘:\codes\22\fangxiang.html

实例文件 fangxiang.html 的具体实现代码如下。

```
<!DOCTYPE HTML>
<html>
<head>
<title>Understanding the jQuery Mobile API</title>
<link rel="stylesheet" href="jquery.mobile.css" />
<script src="jquery.js"></script>
<script type="text/java script">
$(document).ready(function(){
    $('body').bind('orientationchange', function(event) {
      alert('orientationchange: '+ event.orientation);
    });
});
</script>
<script src="jquery.mobile.js"></script>
</head>
<body>
<div data-role="page" id="my-page">
<div data-role="header">
<h1>Header</h1>
</div>
<div data-role="content">
<ul data-role="listview" id="my-list">
<li class="tap-hold-test">Tap and hold test</li>
</ul>
</div>
</div>
</body>
</html>
```

在上述实例代码中，当文档就绪时会触发事件，由此可以确定 Web 页面初始加载时的方向。当需要用设备的当前方向显示内容时，这点特别有用。另外，也可以通过 CSS 访问方向值，因为它们已被添加到了 Web 页面的 HTML 元素中。这些强大的特性使用户可以在设备的当前方向上修改内容布局。

22.3.4　滚屏事件 Scroll events

在 jQuery Mobile 应用中，有如下两个滚屏事件。

（1）scrollstart：屏幕开始滚动时触发。苹果的设备会在滚屏时先冻结 DOM 的操作，待滚屏结束后再按队列执行这些 DOM 操作。我们现在研究的是如何让苹果的设备在滚屏开始前就执行 DOM 操作。

（2）scrollstop：滚屏结束时触发。

下面通过一个具体实例的实现过程，详细讲解使用滚屏事件的方法。

实例 22-8：使用滚屏事件

源码路径：光盘:\codes\22\gunping.html

实例文件 gunping.html 的具体实现代码如下。

```
<!DOCTYPE html>
<html>
    <head>
        <title>Ajax 测试</title>
        <meta name="viewport" content="width=device-width, initial-scale=1">
        <meta charset="utf-8">
        <link rel="stylesheet" href="jquery-mobile/jquery.mobile-1.2.0.min.css"/>
        <link rel="stylesheet" href="jquery-mobile/jquery.mobile.structure-1.2.0.min.css"/>
        <script src="jquery-mobile/jquery-1.8.2.min.js"></script>
        <script src="jquery-mobile/jquery.mobile-1.2.0.min.js"></script>
    </head>
    <body>
        <div data-role="page" data-theme="b">
        <div data-role="header"></div>
        <div data-role="content">
            <script>
                //scrollstart 事件
                function scrollstartFunc(evt) {
                    try
                    {
                        var target = $(evt.target);
                        while (target.attr("id") == undefined) {
                            target = target.parent();
                        }
                        //获取触点目标 id 属性值
                        var targetId = target.attr("id");
                        alert("targetId: " + targetId);
                    }
                    catch (e) {
                        alert('myscrollfunc：' + e.message);
                    }
                }
                function myinit() {
                    //绑定上下滑动事件
                    $("#myul").bind('scrollstart', function () { scrollstartFunc(event); });
                }
                window.onload = myinit;
            </script>
            <!-- listview 测试 -->
            <ul id="myul" data-role="listview" data-inset="true">
                <li data-role="list-divider">信息列表</li>
                <li id="li1" data-role="fieldcontain">信息 1</li>
                <li id="li2" data-role="fieldcontain">信息 2</li>
                <li id="li3" data-role="fieldcontain">信息 3</li>
                <li id="li4" data-role="fieldcontain">信息 4</li>
                <li id="li5" data-role="fieldcontain">信息 5</li>
```

```
                <li id="li6" data-role="fieldcontain">信息 6</li>
                <li id="li7" data-role="fieldcontain">信息 7</li>
                <li id="li8" data-role="fieldcontain">信息 8</li>
                <li id="li9" data-role="fieldcontain">信息 9</li>
                <li id="li10" data-role="fieldcontain">信息 10</li>
            </ul>
        </div>
    </body>
</html>
```

上述实例代码执行后的效果如图 22-6 所示。

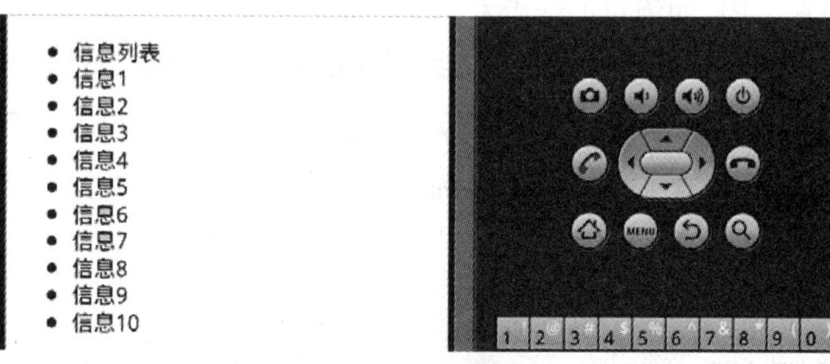

图 22-6　执行效果

22.3.5　页面加载事件 Page load events

当外部的页面加载到 DOM 中时，会触发如下两个事件。

☑　pagebeforeload。

☑　pageload 或者 pageloadfailed。

在导航到另外一个页面时，会自动在文档上触发页面改变事件。当调用$.mobile.changePage 方法时，会触发上述事件。在该进程中会发生如下所示的两个事件。

☑　第一个触发的事件是 pagebeforechange。

☑　第二个事件则依赖于页面改变的状态。

当页面改变成功时，pagechange 事件会被触发；如果页面改变失败，则 pagechangefailed 事件被触发。

（1）pagebeforeload：此事件在加载请求发出之前触发，绑定到该事件的回调函数可以对该事件调用 preventDefault()，表明由它们来处理加载的请求。如果这样做，回调函数必须对通过数据对象传到回调函数的对象调用 resolve()或者 reject()方法。

在通过第二个参数传到回调函数的对象中，包含了如下所示的属性。

☑　url(字符串)：通过回调传到$.mobile.loadPage()的绝对或者相对地址。

☑　absUrl(字符串)：URL 的绝对地址版本。

☑　dataUrl(字符串)：当识别页面或者更新浏览器地址时使用的绝对地址经过过滤的版本。

☑　deferred(对象)：针对此事件调用 preventDefault()的回调函数必须针对此事件调用 resolve()或者 reject()方法，使得 changePage()的请求恢复。例如：

```
$( document ).bind( "pagebeforeload", function( event,data ){
//让 jqm 框架知道由我们来处理 load 事件
event.preventDefault();
```

```
//...加载文档然后插入到 DOM 中
//在这个回调或者通过其他的异步加载手段中，调用 resolve 转入到下面的参数中，加上一个包含有页面 dom 元素的 jQuery 选择器
data.deferred.resolve( data.absUrl, data.options,
page );
});
```

（2）pageload：在页面已成功加载并插入到 DOM 后触发。绑定到该事件的回调函数会被作为一个数据对象，作为第二个参数。这个对象包含如下的信息。

☑ url(字符串)：URL 地址。

☑ absUrl(字符串)：URL 的绝对地址版本。

下面通过一个具体实例的实现过程，详细讲解使用$.mobile.loadPage()预加载页面的方法。

实例 22-9：使用$.mobile.loadPage()预加载页面

源码路径：光盘:\codes\22\yujia.html

实例文件 yujia.html 的具体实现代码如下。

```
<!DOCTYPE HTML >
<!DOCTYPE HTML PUBLIC "-//W3C//DTD HTML 4.0 Transitional//EN">
<HTML>
 <HEAD>
  <TITLE> New Document </TITLE>
  <meta name="viewport" content="width=device-width,initial-scale=1"/>
  <meta charset="utf-8">
  <link href="Css/jquery.mobile-1.2.0.min.css" rel="Stylesheet" type="text/css"/>
  <script src="Js/jquery-1.8.3.min.js" type"text/javascript"></script>
  <script src="Js/jquery.mobile-1.2.0.min.js" type="text/javascript"></script>
 </HEAD>
 <BODY>
  <div data-role="page">
    <div data-role="header"><h1>预加载页</h1></div>
<div data-role="content">
 <p><a href="about.html"rel="external" data-prefetch="ture">点击进入</a></p>
</div>
<div data-role="footer"><h1>@2013 3i studio</h1></div>
  </div>
 </BODY>
</HTML>
```

上述实例代码执行后的效果如图 22-7 所示。

图 22-7　执行效果

从图 22-7 可以很清楚地看到，在<a>元素链接的目标页面 about.htm 中，page 容器的内容已经通过预加载的方式注入到了当前文档中。

（3）pagebeforechange：是在页面改变期间触发的第一个事件。回调该事件时，会传递两个参数，第一个参数是事件，第二个参数是一个数据对象。通过调用事件的 preventDefault，可以取消页面改变。此外，通过检查和更新数据对象，可以覆盖页面改变。作为第二个参数传递的数据对象包含如下属性。

- ☑ toPage(string)：一个文件 URL 或一个 jQuery 集对象。这与传递给$.mobile.changePage()的参数相同。
- ☑ options(object)：与传递给$.mobile.changePage 的选项相同。

例如：

```
$(document).bind("pagebeforechange",function(e,data){
console*log("Change page starting... ");
e.preventDefault();
});
```

（4）pagechange：是在页面成功改变之后触发的最后一个事件。回调该事件时，会传递两个参数，第一个参数是事件，第二个参数是数据对象。作为第二个参数传递的数据对象包含如下属性。

- ☑ toPage(string)：一个文件 URL 或一个 jQuery 集对象。这与传递给$.mobile.changePage()的参数相同。
- ☑ options(object)：与传递给$.mobile.changePage 的选项相同。

（5）pagechangefailed：在页面更改失败时会触发该事件。回调该事件时，会传递两个参数，第一个参数是事件，第二个参数是数据对象。作为第二个参数传递的数据对象包含如下属性。

- ☑ toPage(string)：一个文件 URL 或一个 jQuery 集对象。这与传递给$.mobile.changePage()的参数相同。
- ☑ options(object)：与传递给$.mobile.changePage 的选项相同。

下面通过一个具体实例的实现过程，详细讲解使用 jQuery Mobile 的方法和事件实现页面跳转的方法。

实例 22-10：使用 jQuery Mobile 的方法和事件实现页面跳转
源码路径：光盘:\codes\22\1.html
光盘:\codes\22\a.html

实例文件 1.html 的具体实现代码如下。

```
<!DOCTYPE html>
<html class="ui-mobile">
<head>
<title>Page Title</title>

<meta name="viewport" content="width=device-width, initial-scale=1">
<META HTTP-EQUIV="pragma" CONTENT="no-cache">
<META HTTP-EQUIV="Cache-Control" CONTENT="no-store, must-revalidate">
<META HTTP-EQUIV="expires" CONTENT="Wed, 26 Feb 1997 08:21:57 GMT">
<META HTTP-EQUIV="expires" CONTENT="0">
<meta charset="utf-8">
<link rel="stylesheet" href="http://code.jquery.com/mobile/1.1.0-rc.1/jquery.mobile-1.1.0-rc.1.min.css" />
<script src="http://code.jquery.com/jquery-1.7.1.min.js"></script>
<script src="http://code.jquery.com/mobile/1.1.0-rc.1/jquery.mobile-1.1.0-rc.1.min.js"></script>
<script type="text/javascript" charset="utf-8">

$( document ).delegate("#index", "pageinit", function() {
$(document).bind( "pagebeforechange", beforechange);
```

```
});
function beforechange( e, data ) {
if ( typeof data.toPage != "string" ) {
var url = $.mobile.path.parseUrl(e.target.baseURI),
re = /a.html/;
if(url.href.search(re) != -1){
var page = $(e.target).find("#a2");
var d = data.options.data;
page.find("#s").append(decodeURIComponent(d));
}
}
}
</script>
</head>


<body>
<div data-role="page" id="index">
<div data-role="header">.header.</div>
<div data-role="content">
<a href="a.html?p1=112&p2=113">a.html</a><br>
<div id="ccc"><a href="#c" id="cc">cccccc</a><br></div>
<a href="dir2/b.html" data-rel="dialog" data-transition="pop">Open dialog</a>
<form action="a.html" method="post">
姓名：<input type="text" value="23" name="name"/><br>
密码：<input type="text" value="过后" name="pwd"/><br>
<input type="submit" value="submit"/>
</form>
</div>
<div data-role="footer" data-position="fixed">footer</div>
</div>
</body>
</html>
```

实例文件 a.html 的实现代码如下。

```
<!DOCTYPE html>
<html>
<head>
<title>Page Title</title>
<meta name="viewport" content="width=device-width, initial-scale=1">
<META HTTP-EQUIV="pragma" CONTENT="no-cache">
<META HTTP-EQUIV="Cache-Control" CONTENT="no-store, must-revalidate">
<META HTTP-EQUIV="expires" CONTENT="Wed, 26 Feb 1997 08:21:57 GMT">
<META HTTP-EQUIV="expires" CONTENT="0">
<meta charset="utf-8">
<link rel="stylesheet"
href="http://code.jquery.com/mobile/1.1.0-rc.1/jquery.mobile-1.1.0-rc.1.min.css" />
<script src="http://code.jquery.com/jquery-1.7.1.min.js"></script>
<script src="http://code.jquery.com/mobile/1.1.0-rc.1/jquery.mobile-1.1.0-rc.1.min.js"></script>

</head>
```

```
<body>

<div data-role="page" id="a2" >
<div data-role="header">
.header.
</div>
<div data-role="content">
<a href="../dir2/b.html" >b.html</a>
<br>
<a data-rel="back" href="b.html">back</a>
<div id="s"></div>
</div>
<div data-role="footer" data-position="fixed">
footer
</div>
</div>
</body>
</html>
```

在 jQuery Mobile 应用中，页面跳转时，pagebeforechange 事件会被触发两次。通过$(document).bind("pagebeforechange", handleChangePage)来绑定 pagebeforechange 事件的触发函数 handleChangePage(e,data)，第一次触发时 data.toPage 是到达页面的 URL，类型是 string；第二次触发时 data.toPage 是 e.fn.e.init。

在第二次触发时可以获取到达页面的信息，因此可以在第二次触发时增加自己的操作，也就是 if(typeof data.toPage != "string")。这时可以用 e.target.baseURI 来获取到达页面的 URI，类型是 string，然后就可以分析出参数等。

利用 e.target.find("pageId")来获取到达页的相应元素加以控制。

☑　以 get 方式提交时，可以通过直接解析 e.target.baseURI 来获取参数。

☑　以 post 方式提交时，可以通过分析 data.options.data 来获取参数。也可以在 changePage 中利用$("form").serializeArray()转换为 JSON 对象（这种方式比较好）或者利用$("form").serialize()转换成字符串。

如果发生中文乱码问题，可以尝试使用 decodeURIComponent(str)进行解码。

上述实例代码的执行效果如图 22-8 所示。输入姓名和密码，单击 submit 按钮后的效果如图 22-9 所示。

图 22-8　执行效果

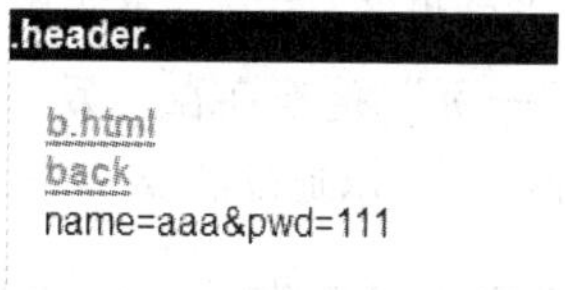

图 22-9　跳转后传递了参数

22.3.6 页面显示/隐藏事件 Page show/hide events

在 jQuery Mobile 中，无论页面是显示的或是隐藏的，都会在该页面触发两个事件。具体哪个事件被触发，取决于当前页面是显示的还是隐藏的，所以当页面转场发生时，实际上每个事件都被触发了，每个页面有两个。

（1）pagebeforeshow：转场之前，页面被显示时触发。

在页面被增强之后，并且在页面转换开始之前，该事件在 to 页面上触发。回调该事件时，会传递两个参数，第一个参数是事件，第二个参数是数据对象。作为第二个参数传递的数据对象包含属性 prePage(object)，此属性表示一个包含转换之前的页面元素的 jQuery 集对象。例如：

```
$("#to-page-id").live("pagebeforeshow",function(e,data ){
    :onsole.log("The page transition is just starting…");
    });
```

（2）pagebeforehide：转场之前，页面被隐藏时触发。

在转换开始时，在 from 页面上触发。该事件在 pagebeforeshow 事件之前发生，而且只有当页面更改请求具有相关联的 from 页面时才能触发。回调该事件时，会传递两个参数，第一个参数是事件，第二个参数是数据对象。作为第二个参数传递的数据对象包含 nextPage(object)属性，表示一个包含要转换到的页面元素的 jQuery 集对象。例如：

```
$("#from-page-id").live("pagebeforehide",function(e,data){
    console.log("aaaaa");
    });
```

（3）pageshow：转场之后，页面被显示时触发。

在页面转换完成并且 from 页面被隐藏之后，该事件在 to 页面上触发。回调该事件时，会传递两个参数，第一个参数是事件，第二个参数是数据对象。作为第二个参数传递的数据对象包含 prevPage(object)属性，表示一个包含转换之前的页面元素的 jQuery 集对象。例如：

```
$( "#to-page-id").live( "pageshow", function(e,data){
    conso1e.log("The page transition is complete! ");
    });
```

（4）pagehide：转场之后，页面被隐藏时触发。

在页面转换完成之后，并且在 pageshow 事件之前，该事件在 from 页面上触发，而且只有当页面更改请求具有相关联的 from 页面时才能触发。回调该事件时，会传递两个参数，第一个参数是事件，第二个参数是数据对象。作为第二个参数传递的数据对象包含 nextPage(object)属性，表示一个包含要转换到的页面元素的 jQuery 集对象。

注意： 上述4个事件都引用了“上一页”或“下一页”，这取决于哪一页被显示或者隐藏，以及“上一页”或者“下一页”是否存在。第一个被显示的page并没有被上一个引用，但是同样会引用一个空的jQuery对象。可以通过将第二个参数作为一个绑定的回调函数的方式访问这一引用。例如：

```
$('div').live('pageshow',function(event, ui){
  alert('This page was just hidden: '+ ui.prevPage);
```

```
});
$('div').live('pagehide',function(event, ui){
 alert('This page was just shown: '+ ui.nextPage);
});
```

而且，务必在jQuery Mobile执行前绑定这些函数，以使它们在初始化页面加载时被调用。在mobileinit 事件的处理函数中使用它们即可。

22.3.7　页面初始化事件 Page initialization events

在使用 jQuery Mobile 增强页面之前和之后，会触发页面初始化事件。可以通过绑定这些事件，在框架增强页面之前对标记进行预解析，或者在框架增强页面之后设置 DOM ready 事件处理程序。在页面的生命周期之内，这些事件只会被触发一次。jQuery Mobile 会自动基于 page 内的增强约定初始化一些插件。例如，给一个 input 输入框约定了 type=range 属性后，会自动生成一个自定义滑动条。

这些自动初始化的行为是受 page 插件控制的，它在执行前后部署事件，允许用户在初始化前后操作页面，甚至允许用户自己提供初始化行为，而禁止系统自动初始化。下面介绍的页面初始化事件在每个 page 只被触发一次，而显示/隐藏事件则不同，在每次显示或者隐藏页面时都会被触发。

（1）pagebeforecreate：页面初始化时，初始化之前触发。

在页面改变期间，该事件在正在进行初始化的页面上触发。当页面容器已经被插入到 DOM 中，但页面尚未被增强时，该事件才发生。在框架增强页面之前，这是预解析标记的首选位置。例如，在该事件中，能够动态创建和添加虚拟的页面事件，或者是修改现有的数据属性。

例如：

```
$("#to-page_id").live("pagebeForecreate",Function(){
    console.log("Pre-parse the markup before the framework enhances the widgets");
    });
```

（2）pagecreate：页面初始化时，初始化之后触发。

在页面改变期间，该事件在正在进行初始化的页面上触发。这是由框架触发的事件，用来初始化所有的页面插件。如果创建了自定义的页面插件，这将是对这些插件进行初始化的首选位置。

例如：

```
$('#aboutPage').live('pagebeforecreate',function(event){
alert('This page was just inserted into the dom!');
});
$('#aboutPage').live('pagecreate',function(event){
alert('This page was just enhanced by Jquery Mobile!');
});
```

通过绑定 pagebeforecreate 然后返回 false，可以禁止页面插件自己的操作。而且务必在 jQuery Mobile 执行前绑定这些函数，以使它们在初始化页面加载时被调用，并在 mobileinit 事件的处理函数中使用它们即可。

（3）pageInit：在页面增强结束之后，该事件在正在初始化的页面上发生。该页面现在处于 DOM ready 状态。例如：

```
$("#to-page-id").1ive("pageinit",function(){
    console.log("The page has been enhanced...");
    });
```

下面通过一个具体实例的实现过程，详细讲解使用 pagecreate 事件创建页面的方法。

实例 22-11：使用 pagecreate 事件创建页面

源码路径：光盘:\codes\22\creat.html

实例文件 creat.html 的具体实现代码如下。

```
<!DOCTYPE HTML>
<HTML>
 <HEAD>
  <TITLE> New Document </TITLE>
   <meta name="viewport" content="width=device-width,initial-scale=1"/>
   <meta charset="utf-8">
  <link href="Css/jquery.mobile-1.2.0.min.css" rel="Stylesheet" type="text/css"/>
  <script src="Js/jquery-1.8.3.min.js" type"text/javascript"></script>
  <script src="Js/jquery.mobile-1.2.0.min.js" type="text/javascript"></script>
  <script type="text/javascript">
   $("#e1").live("pagebeforecreate",function(){
     alert("正在创建页面");
   });
   $("#e1").live("pagecreate",function(){
     alert("页面创建完成");
   });
  </script>
 </HEAD>
 <BODY>
  <div data-role="page" id="e1">
     <div data-role="header"><h1>创建页面</h1></div>
<div data-role="content">页面创建完成</div>
<div data-role="footer">
  <h4>王者天下</h4></div>
  </div>
 </BODY>
</HTML>
```

上述实例代码在 Android 中的执行效果如图 22-10 所示。

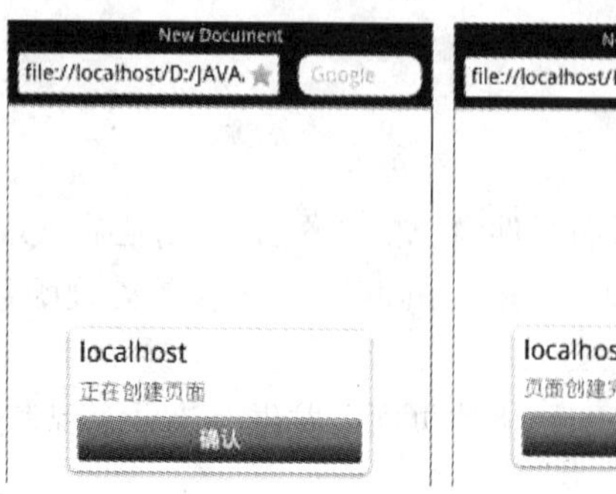

图 22-10　执行效果

22.3.8　动画事件 Animation events

在 jQuery Mobile 应用中提供了 animationComplete 插件，其作用是添加或删除一个 class 以应用 CSS 转场效果。在移动 Web 的开发应用中，通常利用 CSS 和 animationComplete 来实现转场效果。

jQuery Mobile 应用中的转场效果实际上利用的全部是 CSS，只有简单的一个 addClass()和 removeClass()。下面是带动画转场的函数。

```
function css3TransitionHandler( name, reverse, $to, $from ) {
    var deferred = new $.Deferred(),
        reverseClass = reverse ? " reverse" : "",
        viewportClass = "ui-mobile-viewport-transitioning viewport-" + name,
        doneFunc = function() {
            $to.add( $from ).removeClass( "out in reverse " + name );
            if ( $from && $from[ 0 ] !== $to[ 0 ] ) {
                $from.removeClass( $.mobile.activePageClass );
            }
            $to.parent().removeClass( viewportClass );
            deferred.resolve( name, reverse, $to, $from );
        };
    $to.animationComplete( doneFunc );
    $to.parent().addClass( viewportClass );
    if ( $from ) {
        $from.addClass( name + " out" + reverseClass );
    }
    $to.addClass( $.mobile.activePageClass + " " + name + " in" + reverseClass );

    return deferred.promise();
}
```

从上述代码中可以看到，只有各种的样式切换，除此以外别无他物。$.Deferred()是 jQuery 提供的延迟处理机制。上述函数的 4 个参数，分别是转场效果名称、是否回退、前一页面 jQ 对象和目标页面 jQ 对象。处理的逻辑描述起来也非常简单。

☑　是否存在前一个页面，如果存在，增加 out。

☑　为目标页面增加 in 和激活页面样式。

☑　当页面动画完成后，删除前一个页面的激活样式和目标页面的转场样式。

接下来我们来看看 CSS 部分。其实可以用一个 transform 实现，以 slide 为例。

```
.slide.out {
    -webkit-transform: translateX(-100%);
    -webkit-animation-name: slideouttoleft;
}

.slide.in {
    -webkit-transform: translateX(0);
    -webkit-animation-name: slideinfromright;
}
```

```
.slide.out.reverse {
    -webkit-transform: translateX(100%);
    -webkit-animation-name: slideouttoright;
}

.slide.in.reverse {
    -webkit-transform: translateX(0);
    -webkit-animation-name: slideinfromleft;
}
```

这实际上就是通过-webkit-animation-name 指定了一组动画效果。

```
@-webkit-keyframes slideinfromright {
    from { -webkit-transform: translateX(100%); }
    to { -webkit-transform: translateX(0); }
}

@-webkit-keyframes slideinfromleft {
    from { -webkit-transform: translateX(-100%); }
    to { -webkit-transform: translateX(0); }
}

@-webkit-keyframes slideouttoleft {
    from { -webkit-transform: translateX(0); }
    to { -webkit-transform: translateX(-100%); }
}

@-webkit-keyframes slideouttoright {
    from { -webkit-transform: translateX(0); }
    to { -webkit-transform: translateX(100%); }
}
```

所以，如果需要扩展用户的类型，只要按照约定新增用户的样式表就可以做到。另外，关于 JQM 转场闪屏的问题，其实可以通过下面的样式来修正。

```
.ui-page {
    backface-visibility: hidden;
    -webkit-backface-visibility: hidden; /* Chrome and Safari */
    -moz-backface-visibility: hidden; /* Firefox */
}
```

也就是说，只需要在页面元素中增加背面不可见代码，就可以防止动画发生时产生闪屏。

22.3.9 触发事件

在 jQuery Mobile 应用中构建动态页面时，触发事件会比较有用。例如，可以调用 create 事件为页面添加多个新的组件，以同时增强所有的新微件。

```
trigger("create")
```

通过触发上述事件，可以自动增强页面上的所有新元素。该事件在页面控制器上被触发。例如：

```
$('<button id="b2">Button2</button>').insertAfter("#bl");
$('<button id="b3">Button3</button>').insertAfter("#b2");
$.mobile.pageContainer.trigger("create");
```

22.4 3 个属性

知识点讲解：光盘\视频讲解\第 22 章\3 个属性.avi

在 jQuery Mobile 中有一组可供公众使用的属性，这样用户无须编写自己的 jQuery Mobile 选择器就可以访问常见的组件。

（1）$.mobile.activePage：获得当前处于活动状态或者可见状态的页面或对话框。活动页面被指派给由$.mobile.activePageClass 指定的 CSS 类。

（2）$.mobile.firstPage：页面容器（$.mobile.pageContainer）内定义的第一个页面。当不存在 location.hash 值或者是禁用了$.mobile.hashListenillgEnabled 时，会显示$.mobile.firstPage。例如，在一个多页面文档中，默认情况下会最先显示$.mobile.firstPage。

（3）$.mobile.pageContainer：所有页面存在的 HTML 容器。在 jQuery Mobile 内，body 元素是包含所有页面的容器。所有通过 Ajax 载入的页面，以及多文档页面中的所有内部页面都会存在于页面容器内。

22.5 数 据 属 性

知识点讲解：光盘\视频讲解\第 22 章\数据属性.avi

在 jQuery Mobile 应用中，数据属性提供了通过简单的 HTML 标记来增强和配置移动应用程序的能力。jQuery Mobile 框架使用 HTML 5 的 data-属性来初始化标记和配置组件。这些属性全部都是可选的，并且支持手动调用插件。为了避免命名上和其他使用 HTML 5 的 data-属性插件与框架相冲突，可以使用全局设置来自定义命名空间。

有关 jQuery Mobile 数据属性的完整信息如下所示。

（1）按钮：通过 data-role="button"来标记按钮。基于链接的按钮和表单的 button 元素会被自动渲染，无须 data-role 属性。各个属性具体取值的说明如下。

☑ data-corners：true | false。
☑ data-icon：home | delete | plus | arrow-u | arrow-d | check | gear | grid | star | custom | arrow-r | arrow-l | minus | refresh | forward | back | alert | info | search。
☑ data-iconpos：left | right | top | bottom | notext。
☑ data-iconshadow：true | false。
☑ data-inline：true | false。
☑ data-shadow：true | false。
☑ data-theme：swatch letter (a～z)。

在有多个按钮的情况下，可以给这些按钮的容器添加 data-role="controlgroup"属性，使其成为垂直的按钮组。或者添加 data-type="horizontal" 属性，使按钮水平并排排列。

（2）复选框：通过 type="checkbox"标记的 input 元素会自动增强，无须 data-role 属性。各个属性具体取值的说明如下。

☑ data-role：none（防止自动增强）。

☑ data-theme：主题样式（a～z）- 添加到表单元素上。

（3）可折叠区域：一个标题元素和一个用 data-role="collapsible"属性标记的容器。各个属性具体取值的说明如下。

☑ data-collapsed：true | false。

☑ data-content-theme：主题样式（a～z）。

☑ data-theme：主题样式（a～z）。

（4）手风琴组：一个标题元素和一个用 data-role="collapsible-set"属性标记的容器。各个属性具体取值的说明如下。

☑ data-content-theme：主题样式（a～z）- Sets all collapsibles in set。

☑ data-theme：主题样式（a～z）- Sets all collapsibles in set。

（5）对话框：用 data-role="page"属性标记的容器，或者通过 data-rel="dialog"属性标记的链接所指向的容器。各个属性具体取值的说明如下。

☑ data-close-btn-text：string（对话框的关闭按钮的文字）。

☑ data-dom-cache：true | false。

☑ data-id：字符串（页面的 ID）。

☑ data-fullscreen：true | false (used in conjunction with fixed toolbars)。

☑ data-overlay-theme：主题样式（a～z）- 页面弹出对话框时蒙版的主题。

☑ data-theme：主题样式（a～z）。

☑ data-title：string（此页面显示时的标题）。

（6）页面内容：用 data-role="content"属性标记的容器，各个属性具体取值的说明如下。

☑ data-theme：主题样式（a～z）。

（7）Field container：用 data-role="fieldcontain"属性标记的容器。

（8）开关：用 data-role="slider"属性标记的列表菜单，只能有两个 option。各个属性具体取值的说明如下。

☑ data-role：无（防止自动增强）。

☑ data-theme：主题样式（a～z）- 给表单元素添加主题样式。

☑ data-track-theme：主题样式（a～z）- 给表单元素添加主题样式。

（9）footer：用 data-role="footer"属性标记的容器，各个属性具体取值的说明如下。

☑ data-id：字符串 (unique id, useful in persistent footers)。

☑ data-position：fixed。

☑ data-theme：主题样式（a～z）。

（10）Header：用 data-role="header"属性标记的容器，各个属性具体取值的说明如下。

☑ data-add-back-btn：true | false（只会在 header 自动添加后退按钮）。

☑ data-back-btn-text：字符串。

☑ data-back-btn-theme：主题样式（a～z）。

- ☑ data-position：fixed。
- ☑ data-theme：主题样式（a～z）。
- ☑ data-title：字符串（title used when page is shown）。

（11）链接：包括用 data-role="link"属性标记的链接和表单中的链接，各个属性具体取值的说明如下。

- ☑ data-ajax：true | false。
- ☑ data-direction：reverse（翻转页面转场效果）。
- ☑ data-dom-cache：true | false。
- ☑ data-prefetch：true | false。
- ☑ data-rel：back（后退到上一个历史记录的页面）
- ☑ dialog：打开对话框，不记录进历史记录中。
- ☑ external：for linking to another domain。
- ☑ data-transition：slide | slideup | slidedown | pop | fade | flip。

（12）列表：用 data-role="listview"属性标记的 ol 或 ul，各个属性具体取值的说明如下。

- ☑ data-count-theme：主题样式（a～z）。
- ☑ data-dividertheme：主题样式（a～z）。
- ☑ data-filter：true | false。
- ☑ data-filter-placeholder：string。
- ☑ data-filter-theme：主题样式（a～z）。
- ☑ data-inset：true | false。
- ☑ data-split-icon：home | delete | plus | arrow-u | arrow-d | check | gear | grid | star | custom | arrow-r | arrow-l | minus | refresh | forward | back | alert | info | search。
- ☑ data-theme：主题样式（a～z）。

（13）列表项：列表中的 li，各个属性具体取值的说明如下。

- ☑ data-icon：home | delete | plus | arrow-u | arrow-d | check | gear | grid | star | custom | arrow-r | arrow-l | minus | refresh | forward | back | alert | info | search。
- ☑ data-role：list-divider。
- ☑ data-theme：主题样式（a～z）- can also be set on individual LIs。

（14）页面：用 data-role="page"属性标记的容器，各个属性具体取值的说明如下。

- ☑ data-close-btn-text：string（对话框的关闭按钮的文字）。
- ☑ data-dom-cache：true | false。
- ☑ data-id：string（页面的唯一 id）。
- ☑ data-fullscreen：true | false (used in conjunction with fixed toolbars)。
- ☑ data-overlay-theme：主题样式（a～z）- overlay theme when the page is opened in a dialog。
- ☑ data-theme：主题样式（a～z）。
- ☑ data-title：string（页面显示时的标题）。

（15）单选按钮：用 data-role="radio"属性标记的容器，各个属性具体取值的说明如下。

- ☑ data-role：none（防止自动增强）。
- ☑ data-theme：主题样式（a～z）-加到表单元素上。

（16）列表菜单：select 的列表菜单会被自动增强，无须 data-role 属性。各个属性具体取值的说明如下。

☑ data-icon：home | delete | plus | arrow-u | arrow-d | check | gear | grid | star | custom | arrow-r | arrow-l | minus | refresh | forward | back | alert | info | search。
☑ data-iconpos：left | right | top | bottom | notext。
☑ data-inline：true | false。
☑ data-native-menu：true | false。
☑ data-overlay-theme：主题样式（a～z）- 蒙版的主题样式。
☑ data-placeholder：true | false - 加到 option 上。
☑ data-role：none（防止自动增强）。
☑ data-theme：主题样式（a～z）- 加到表单元素上。

（17）滑杆：type="range"属性标记的 input 元素会被自动增强，无须 data-role 属性。各个属性具体取值的说明如下。

☑ data-role：none（防止自动更新）。
☑ data-theme：主题样式（a～z）- 加到表单元素上。
☑ data-track-theme：主题样式（a～z）- 加到表单元素上。

（18）文本框和文本域：type="text|number|search|等类型的文本框或者文本域会自动增强，无须 data-role 属性。各个属性具体取值的说明如下。

☑ data-role：none（防止自动更新）。
☑ data-theme：主题样式（a～z）- 加到表单元素上。

22.6 有响应的布局助手

知识点讲解：光盘\视频讲解\第 22 章\有响应的布局助手.avi

jQuery Mobile 为 HTML 元素提供了可以模拟浏览器水平、竖直方向的类，以及常用的最大宽度 CSS 媒介查询 class。这些 class 会在加载、调整大小以及方向变化时更新，使用户能够在 CSS 中切断这些 class，以创建有响应的布局，即使在不支持媒介查询的浏览器中也可以实现。

22.6.1 方向类 Orientation Classes

方向类取决于浏览器或者设备的方向，HTML 元素包括 portrait（竖屏）、landscape（横屏）两个 class。可以在 CSS 中使用它们。

```
.portrait {
/* 垂直方向变化的代码 */
}
.landscape {
/* 水平方向变化的代码 */
}
```

22.6.2　最小/最大宽度折断点类 Min/Max Width Breakpoint Classes

在默认情况下，为如下宽度创建了折断：320、480、768、1024。这些宽度对应着如同"min-width-320px"、"max-width-480px"的 class，意味着这些 class 可以应用在替换（或附加）它们模拟的等值的媒介查询。例如：

```
.myelement {
  float: none;
}
.min-width-480px .myelement {
  float: left;
}
```

jQuery Mobile 中的许多插件都利用了这些宽度折断点。例如，当浏览器宽度在 480px 以上时，表单元素会浮动在 label 的旁边，约束表单文本框的 CSS 在支持这样的行为时类似以下代码。

```
label.ui-input-text {
  display: block;
}
.min-width-480px label.ui-input-text {
  display: inline-block;
}
```

22.6.3　添加宽度折断点 Adding Width Breakpoints

要利用自己的宽度折断点，jQuery Mobile 公开了$.mobile.addResolutionBreakpoints 函数，该函数接受一个数字或者数字的数组，这些值在函数中被应用到时，会被添加到 min/max 折断点中。例如：

```
//添加一个 1200px 的最大/最小折断点
$.mobile.addResolutionBreakpoints(1200);
///添加一个 1200px 和 1440px 两个最大/最小折断点
$.mobile.addResolutionBreakpoints([1200,1440]);
```

22.6.4　运行媒介查询 Running Media Queries

在 jQuery Mobile 中提供了一个函数，允许用户测试是否有特殊的 CSS 媒介查询生效，只需调用$.mobile.media()，然后传递一个 media type 或 query 即可。如果浏览器支持传递的 type 或 query，它会立即生效，函数会返回 true，否则会返回 false。例如：

```
//测试屏幕媒体类型
$.mobile.media("screen");
//测试最小宽度的媒介查询
$.mobile.media("screen and (min-width: 480px)");
//测试是否为苹果 4 代手机的屏幕（视网膜）
$.mobile.media("screen and (-webkit-min-device-pixel-ratio: 2)");
```

第 4 篇　综合实战篇

第 23 章　使用 PhoneGap

第 24 章　开发一个电话本管理系统

第 23 章　使用 PhoneGap

PhoneGap 是一个基于 HTML、CSS 和 JavaScript 的技术，是一个创建跨平台移动应用程序的快速开发平台。它使开发者能够利用 iPhone、Android、Palm、Symbian、WP7、Bada 和 BlackBerry 等智能手机的核心功能，包括地理定位、加速器、联系人、声音和振动等，此外 PhoneGap 拥有丰富的插件，可以以此扩展无限的功能。本章将详细讲解 PhoneGap 的基本知识，为读者学习本书后面的知识打下基础。

23.1　PhoneGap 简介

知识点讲解：光盘\视频讲解\第 23 章\PhoneGap 简介.avi

PhoneGap 是一个免费的开发平台，需要特定平台提供的附加软件，如 iPhone 的 iPhone SDK、Android 的 Android SDK 等，也可以和 Dreamweaver 5.5 及以上版本配套开发。使用 PhoneGap 只比为每个平台分别建立应用程序稍好，因为虽然基本代码是一样的，但是开发者仍然需要为每个平台分别编译应用程序。本节将简要讲解 PhoneGap 的基本知识。

23.1.1　产生背景

随着智能移动设备的快速普及以及 Web 技术（特别是 HTML 5 技术）的飞速发展，Web 开发人员将不可避免地碰到这一问题：怎样在移动设备上将 HTML 5 应用程序作为本地程序运行？与传统 PC 机不同的是，智能移动设备完全是移动应用的天下，那么 Web 开发人员如何利用自己熟悉的技术（如 Objective-C 语言）来进行移动应用开发，而不用花费大量的时间来学习新技术呢？在手机浏览器上，用户必须通过打开超链接来访问 HTML 5 应用程序，而不能像访问本地应用程序那样，仅通过单击一个图标就能得到想要的结果，尤其是当移动设备脱机以后，用户几乎无法访问 HTML 5 应用程序。

当前移动应用市场已经初步形成了 iOS、Android 和 Windows Phone 三大阵营，当然其余的传统阵营（如 Symbian 和 RIM 等）凭借历史原因和庞大的用户基数也不容小觑。随着移动应用市场的迅猛发展，越来越多的开发者也加入到了移动应用开发的大军当中。

目前，Android 应用是基于 Java 语言进行开发的，苹果公司的 iOS 应用是基于 Objective-C 语言开发的，微软公司的 Windows Phone 应用则是基于 C#语言开发的。如果开发者编写的应用要同时在不同的移动设备上运行，则必须掌握多种开发语言，但这必将严重影响软件开发进度和项目上线时间，并且已经成为开发团队的一大难题。

为了进一步简化移动应用开发，很多公司已经推出了相应的解决方案。Adobe 推出的 AIR Mobile 技术，能使 Flash 开发的应用同时发布到 iOS、Android 和 BlackBerry 的 Playbook 上。Appcelerator 公司推出的 Titanium 平台能直接将 Web 应用编译为本地应用运行在 iOS 和 Android 系统上。而 Nitobi 公司（现已被 Adobe 公司收购）也推出了一套基于 Web 技术的开源移动应用解决方案：PhoneGap。2008 年夏天，PhoneGap 技术面世。从此，开发移动应用有了一项新的选择。

23.1.2 什么是 PhoneGap

PhoneGap 是目前唯一支持 7 种平台的开源移动开发框架，支持的平台包括 iOS、Android、BlackBerry、Palm WebOS、Windows Phone 7、Symbian 和 Bada。PhoneGap 是一个基于 HTML、CSS 和 JavaScript 的创建跨平台移动应用程序的快速开发平台。与传统 Web 应用不同的是，它使开发者能够利用 iPhone、Android 等智能手机的核心本地功能，包括地理定位、加速器、联系人、声音和振动等，此外它还拥有非常丰富的插件，并可以凭借其轻量级的插件式架构来扩展无限的功能。

PhoneGap 是免费的，但是需要特定平台提供的附加软件，如 iPhone 的 iPhone SDK、Android 的 Android SDK 等，也可以和 Adobe Dreamweaver 5.5 及以上版本配套开发。另外，使用 PhoneGap，需要为每个平台分别编译不同的应用程序。当然，也可以使用 PhoneGap 的在线编译云服务 PhoneGap Build，可免去准备各种编译环境。

利用 PhoneGap Build，可以在线打包 Web 应用成客户端并发布到各移动应用市场。有了 PhoneGap 和 PhoneGap Build，Web 开发人员便可以利用他们非常熟悉的 JavaScript、HTML 和 CSS 技术，或者结合移动 Web UI 框架 jQuery Mobile、Sencha Touch 来开发跨平台移动客户端，还能非常方便地发布程序到不同移动平台上。

23.1.3 PhoneGap 的发展历程

2008 年 8 月，PhoneGap 在旧金山举办的 iPhoneDevCamp 上崭露头角。起名为 PhoneGap 是创始人的想法：为跨越 Web 技术和 iPhone 之间的鸿沟牵线搭桥。

2009 年 2 月 25 日，PhoneGap 0.6 发布，这是第一个稳定版，支持 iOS、Android 和 BlackBerry 平台。

2009 年 8 月—2010 年 7 月，PhoneGap 实现了对 Windows Mobile、Palm、Symbian 平台的支持，支持平台达到 6 个。

2010 年 10 月 4 日，Adobe 公司宣布收购创建了 HTML 5 移动应用框架 PhoneGap 和 PhoneGap Build 的新创公司 Nitobi Software。Adobe 表示，收购 PhoneGap 后，开发者便可选择在 PhoneGap 平台使用 HTML、CSS 和 JavaScript 创建移动应用程序，也可选择使用 Adobe Air 和 Flash。

随后，Adobe 把 PhoneGap 项目捐给了 Apache 基金会，但保留了 PhoneGap 的商标所有权。

2011 年 7 月 29 日，PhoneGap 发布了 1.0 版，其中加入了不少访问本地设备的 API。

2011 年 10 月 1 日，PhoneGap 发布了 1.1 版，新功能包括支持 BlackBerry PlayBook 的 WebWorks 并入、orientationchange 事件和媒体审查等。

2011 年 11 月 7 日，PhoneGap 1.2 版发布，开始正式支持 Windows Phone 7，支持的平台数达到了 7 个。

2011 年 12 月 19 日，PhoneGap 团队与微软发布了 1.3 版，对 iOS、Android 与 RIM 进行了一些增强，同时还为 Windows Phone 7 提供了可用于产品的特性集，包括完整的 API 支持、更棒的 Visual Studio 模板、文档、指南、bug 修复以及大量插件。

在成为 Apache Incubator 项目后，PhoneGap 已经更名为 Apache Callback。1.4 版发布后，名字再次

变更为 Cordova。Cordova 其实是 PhoneGap 团队附近一条街的名字。

注意：PhoneGap和Cordova的关系和区别。

Cordova是Adobe捐献给Apache的项目，是一个开源的、核心的跨平台模块。PhoneGap是Adobe的一项商业产品。Cordova和PhoneGap的关系类似于WebKit与Chrome或者Safari的关系。PhoneGap还包括一些额外的商用组件，如PhoneGap Build和Adobe Shadow。

23.1.4 全新的功能

PhoneGap 的更新速度非常快，2013 年 6 月 26 日，PhoneGap 发布了 2.9.0 版产品。在这个最新的版本中，PhoneGap 在多个主要的智能手机设备上提供了以下功能的支持。

- ☑ 加速计。
- ☑ 摄像头。
- ☑ 罗盘。
- ☑ 通讯录。
- ☑ 文档。
- ☑ 地理定位。
- ☑ 媒体。
- ☑ 网络。
- ☑ 通知，如警告、声音和振动。
- ☑ 存储。

如果正在为 iPhone 或 Android 设备做开发，那么这些功能都是支持的。如果是为 BlackBerry、WebOS、Windows Phone 7、Symbian 或 Bada 设备做开发，则有些功能就不支持了。例如在 Windows Phone 7 上，不支持摄像头、罗盘和存储功能。未来发行版本的路线图包括对 Contact API 的升级，将其更新到最新的 W3C 规范。此外，PhoneGap 计划支持如下所示的功能。

- ☑ 加密。
- ☑ WebSockets。
- ☑ Web 通知。
- ☑ HTML 媒体捕获。
- ☑ Calendar API。
- ☑ 国际化支持。
- ☑ 命令行编译。
- ☑ 网损/恢复事件。

23.1.5 PhoneGap 移动 Web 开发的步骤

到目前为止，常用的基于 Web 技术的移动应用开发技术有 RhoMobile、Titanium Mobile 和 PhoneGap。与前两种技术相比，利用 PhoneGap 可以从标准的 Web 应用开始进行构建工作。PhoneGap 基于 Web 的移动开发应用的基本步骤如下。

（1）基于 HTML、CSS 和 JavaScript 构建标准的 Web 应用。

在手机上访问 Web 应用有两种形式，具体说明如下。

☑ 通过浏览器来访问应用，即发布 Web 应用到一个服务器后，通过手机浏览器访问服务器的网址。这种方式虽然部署简单，但是可能得不到很好的用户体验，不同移动设备的显示效果不同，并且无法访问手机的原生功能和设备信息。

☑ 基于 Web 的移动原生程序，使用 WebView 来显示页面。这种方式有更好的用户体验，针对移动平台进行优化而且充分利用手机的特性，如根据屏幕的大小来调整元素的布局和样式。它们都利用基础的 Web 技术：HTML、CSS 和 JavaScript，因此移动 Web 应用程序可以在传统 Web 应用的基础上进行开发，然后针对手机平台做一些优化。

（2）准备开发环境。

到目前为止，PhoneGap 支持 7 个平台，分别是 Android、iOS、Windows Phone 7、Palm WebOS、BlackBerry、Symbian 和 Bada。在后面的内容中，将以 Android 平台为例，讲述如何在 Android 系统上利用 PhoneGap 快速构建移动 Web 应用的知识。

对于开发环境的选择，建议采用集成的 IDE，如 Eclipse，也可以采用命令行方式，利用 Notepad 或者 TextEdit 编辑代码。

（3）利用 PhoneGap 进行包装。

PhoneGap 的主要用途就是提供访问手机原生功能和设备信息的 API，所有的 API 都是基于 JavaScript 的，因此第一步创建的 Web 应用可以集成 PhoneGap 的功能，成为原生程序。

（4）打包成不同移动平台的原生程序。

PhoneGap 其实为每一个支持的平台提供了一个模板，只要 Web 程序实现了该平台模板要求的功能，就能打包成该平台的原生应用程序。

23.2　搭建 PhoneGap 开发环境

知识点讲解：光盘\视频讲解\第 23 章\搭建 PhoneGap 开发环境.avi

在使用 PhoneGap 进行移动 Web 开发之前，需要先搭建 PhoneGap 开发环境。本节将详细讲解搭建 PhoneGap 开发环境的基本知识。

23.2.1　准备工作

在安装 PhoneGap 开发环境之前，需要先安装如下所示的框架。

☑ Java SDK。

☑ Eclipse。

☑ Android SDK。

☑ ADT Plugin。

23.2.2　获得 PhoneGap 开发包

PhoneGap 2.9.0 版获得 PhoneGap 开发包的基本流程如下。

（1）登录 PhoneGap 的官方网站 http://phonegap.com/download/，如图 23-1 所示。

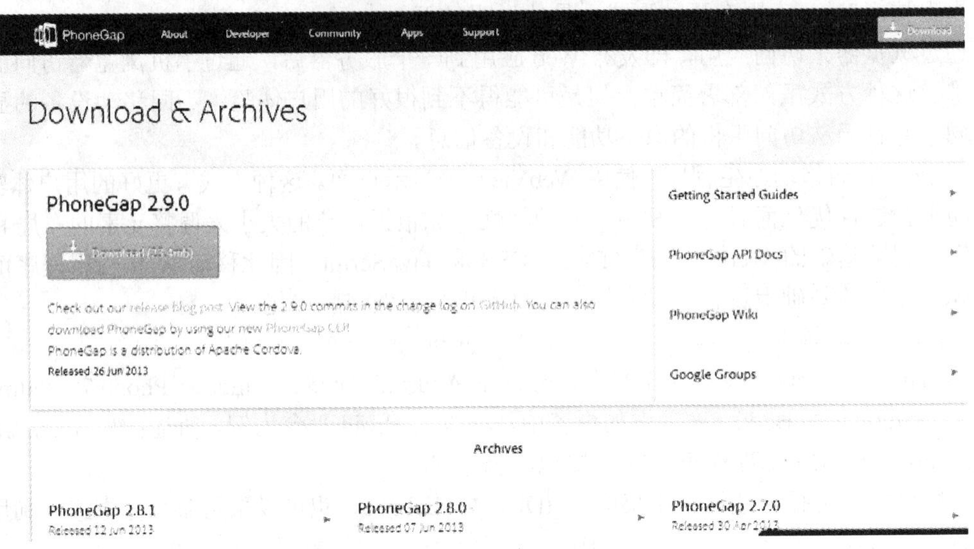

图 23-1　PhoneGap 的官方网站

（2）单击最新版本下方的按钮下载 PhoneGap 开发包，下载成功后的压缩包名为 phonegap-2.9.0.zip。

（3）解压缩文件 phonegap-2.9.0.zip，假设解压到本地硬盘的 D 目录下，解压后的根目录名是 phonegap-2.9.0，双击打开后的效果如图 23-2 所示。

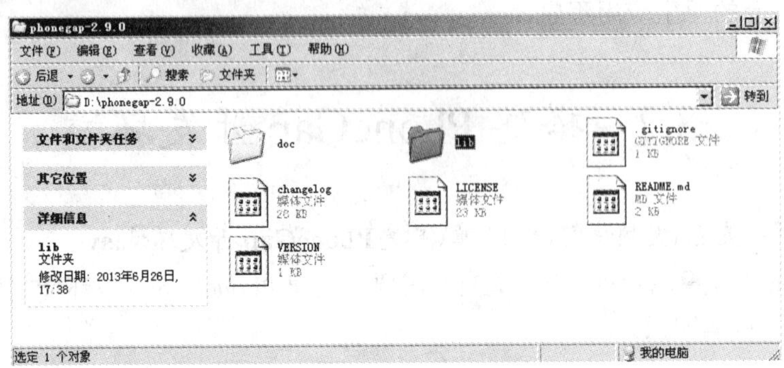

图 23-2　phonegap-2.9.0 的根目录

对图 23-2 中各个子目录的具体说明如下。

- ☑ doc：其中包含 PhoneGap 的源代码文档，如图 23-3 所示。
- ☑ lib：其中包含 PhoneGap 支持的各种平台，如图 23-4 所示。
- ☑ changelog：一个日志文件，保存了更改历史记录信息和作者信息等。
- ☑ LICENSE：Apache 软件许可证（v2 版本）。
- ☑ VERSION：版本信息。
- ☑ README.md：帮助文档。
- ☑ .gitignore：对于项目中产生的中间文件、测试文件、可执行文件等，这类不需要被 git 所监控的文件，都可以使用.gitignore 进行忽略设定。

图 23-3 doc 文件夹内容

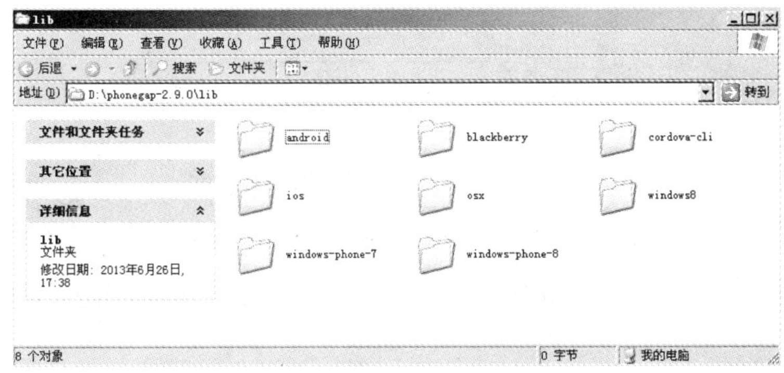

图 23-4 lib 文件夹内容

23.2.3 创建基于 PhoneGap 的 HelloWorld 程序

下面创建第一个 PhoneGap-Android 原生程序 HelloWorld。

实例 23-1：创建第一个 PhoneGap-Android 原生程序

源码路径：光盘:\codes\23\HelloWorld\

首先，利用 HTML、CSS 和 JavaScript 来搭建一个标准的 Web 应用程序，然后用 PhoneGap 封装来访问移动设备的基本信息，在 Android 模拟器上调试成功后，最后部署到实体机。为了在不同的设备上得到一样的渲染效果，将采用 jQuery Mobile 来设计应用程序界面。

1．建立一个基于 Web 的 Android 应用

创建标准 Android 应用的操作步骤如下。

（1）启动 Eclipse，依次选择 File→New→Other 命令，然后在向导的树形结构中找到 Android 节点。单击 Android Project，在项目名称中输入 HelloWorld。

（2）单击 Next 按钮，选择目标 SDK，在此选择 2.3.3。单击 Next 按钮，在其中填写包名 com.adobe.phonegap，如图 23-5 所示。

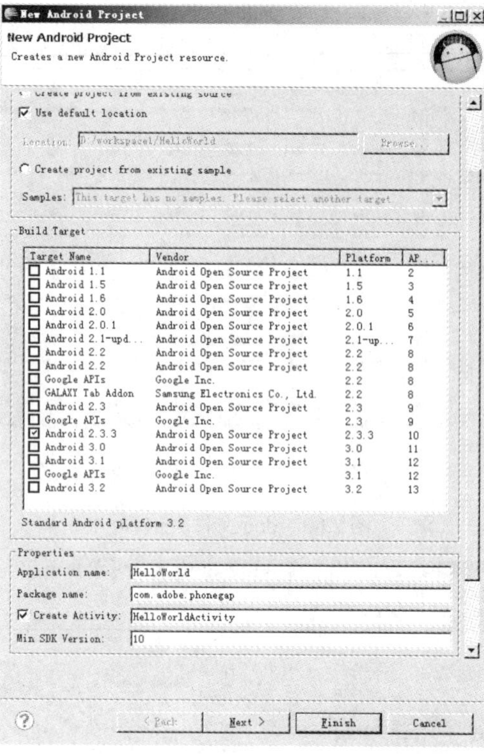

图 23-5　创建 Android 工程

（3）单击 Finish 按钮，此时将成功构建一个标准的 Android 项目。如图 23-6 所示为当前项目的目录结构。

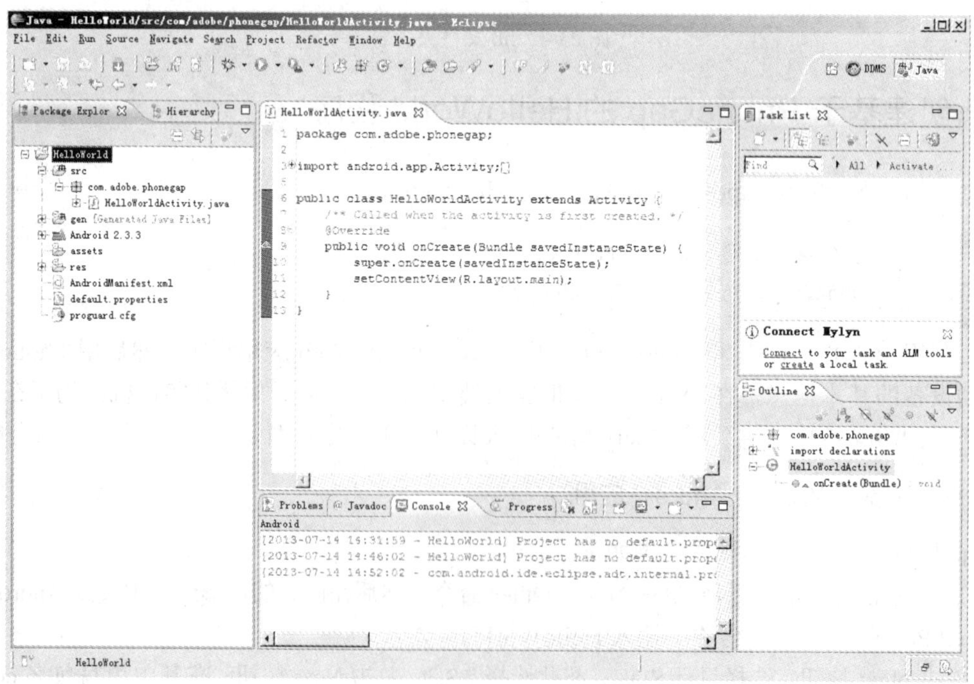

图 23-6　创建的 Android 工程

2．添加 Web 内容

在 HelloWorld 中，将要添加的 Web 页面只有 index.html，该页面要完成的功能是在内容区域输出 HelloWorld。为了确保在不同的移动平台上显示一样的效果，使用 jQuery Mobile 来设计 UI。

（1）在 HelloWorld 的 assets 目录下创建 www 文件夹，该文件夹是所有 Web 内容的容器。

（2）下载 jQuery Mobile，笔者在此实例使用的版本是 1.1.0 RC1。除了需要 jQuery Mobile 的 CSS 和相关 JavaScript 文件外，还需要用到 jquery.js。

（3）下载完 jQuery Mobile 并解压缩后，将 jquery.mobile-l.0.min.css、jquery.mobile-l.0.min.js 和 jquery.js 放置在 www 文件夹下，如图 23-7 所示。

图 23-7　添加 jQuery Mobile 文件

（4）开始编写文件 index.html，该页面是个单页结构，共包含 3 部分，分别是页头、内容和页脚。文件 index.html 的具体代码如下。

```
<!DOCTYPE html>
<html>
<head>
    <meta charset="utf-8">
    <meta name="viewport" content="width=device-width, initial-scale=1">
    <title>index.html</title>
    <link rel="stylesheet" href="jquery.mobile-1.0.1.min.css" />
    <script type="text/javascript" charset="utf-8" src="jquery.js"></script>
    <script type="text/javascript" charset="utf-8" src="jquery.mobile-1.0.1.min.js"></script>
</head>
<body>
<!-- begin first page -->
<div id="page1" data-role="page" >
<header data-role="header"><h1>Hello World</h1></header>
<div data-role="content" class="content">
<h3>设备信息</h3>

</ul>
</div>
<footer data-role="footer"><h1>Footer</h1></footer>
</div>
<!-- end first page -->
</body>
</html>
```

目前，该页面无法显示在移动设备中，它在桌面浏览器上的显示效果如图 23-8 所示。

3．利用 PhoneGap 封装成移动 Web 应用

整个封装过程可以分为如下所示的 4 部分。

☑　第 1 部分：修改项目结构，即创建一些必要的目录结构。

☑ 第 2 部分：引入 PhoneGap 相关文件，包含 cordova.js 和 cordova.jar，其中 cordova.js 主要用于 HTML 页面，而 cordova.jar 作为 Java 库文件引入。

☑ 第 3 部分：修改项目文件（包含 HTML 页面和 activity 类文件）。

☑ 第 4 部分：是可选的，即修改项目元数据 AndroidManifest.xml，可以根据实际需要来修改该配置文件。

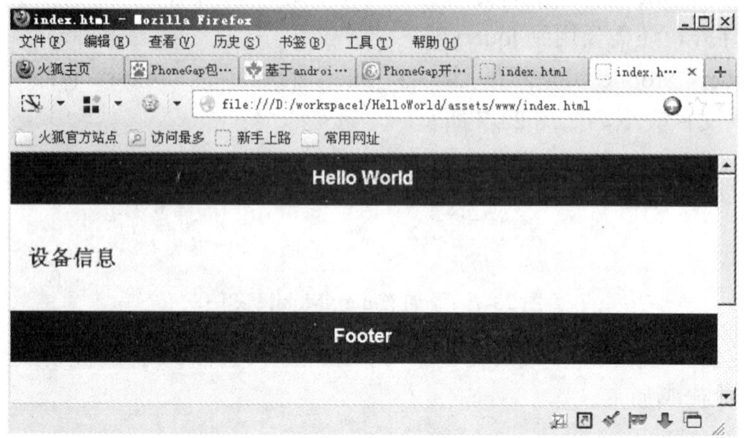

图 23-8　文件 index.html 的执行效果

下面将逐一介绍每一部分的具体实现过程。

（1）修改项目结构。

在项目的根目录下创建 libs 和 assets\www 文件夹，前者是将要添加的 cordova.jar 包的容器，后者（该文件夹在添加 Web 内容时创建）是 Web 内容的容器。

（2）引入 PhoneGap 相关文件。

在前面已经下载了最新的 PhoneGap 发布包 2.9.0。进入发布包的\lib\android 目录，将文件 cordova.js 复制到 assets\www 目录下，将 cordova-2.9.0.jar 库文件复制到 libs 目录下，将 XML 文件夹复制到 res 目录下，作为 res 目录的一个子目录。在 PhoneGap 2.0 以前，XML 文件夹包含两个配置文件：cordova.xml 和 plugins.xml，从 2.0 开始，这两个文件合并成一个——config.xml。修改项目的 Java 构建路径，把 libs 下的 cordova-2.9.0.jar 添加到编译路径中。

（3）修改项目文件。

修改默认的 Java 文件 HelloWorldActivity，使其继承 DroidGap，修改后的代码如下。

```
package com.adobe.phonegap;
import org.apache.cordova.DroidGap;
import android.app.Activity;
import android.os.Bundle;
public class HelloWorldActivity extends DroidGap {
    /** Called when the activity is first created. */
    @Override
    public void onCreate(Bundle savedInstanceState) {
        super.onCreate(savedInstanceState);
        super.loadUrl("file:///android_asset/www/index.html");
    }
}
```

在上述代码中，DroidGap 是 PhoneGap 提供的，此类继承自 android.app.Activity 类。如果需要 PhoneGap 提供的 API 访问设备的原生功能或者设备信息，则需要在 index.html 的<header>标签中加入如下代码。

```
<script type="text/javascript" charset="utf-8" src="cordova.js" >
```

在本例中，先实验一下不引入 cordova.js 时的情况，此时在模拟器上的运行效果如图 23-9 所示。

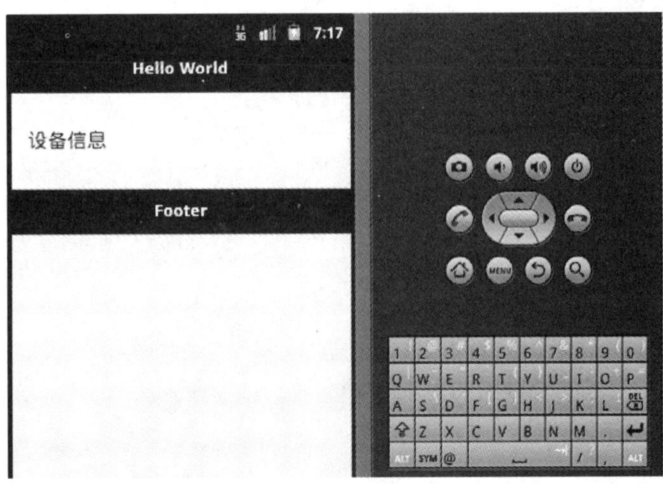

图 23-9　不引入 cordova.js 时的执行效果

现在修改文件 index.html，将文本 Iam here 替换为显示设备信息。更改后的 index.html 页面的代码如下。

```
<!DOCTYPE html>
<html>
<head>
    <meta charset="utf-8">
    <meta name="viewport" content="width=device-width, initial-scale=1">
    <title>index.html</title>
    <link rel="stylesheet" href="jquery.mobile-1.0.1.min.css" />
    <script type="text/javascript" charset="utf-8" src="jquery.js"></script>
    <script type="text/javascript" charset="utf-8" src="jquery.mobile-1.0.1.min.js"></script>
    <script type="text/javascript" charset="utf-8" src="cordova.js" ></script>
    <script type="text/javascript" charset="utf-8">

    $( function() {

    });
    $(document).ready(function(){

        console.log("jquery ready");
        document.addEventListener("deviceready", onDeviceReady, false);
        console.log("register the listener");
    });

    function onDeviceReady()
    {
```

```
            console.log("onDeviceReady");
            $(".content").html("<ul
data-role='listview'><li>"+device.name+"</li><li>"+device.cordova+"</li><li>"+device.platform+"</li><li>"+devic
e.version+"</li><li>"+device.uuid+"</li></ul>");
        }


        </script>
</head>
<body>
<!-- begin first page -->
<div id="page1" data-role="page" >
<header data-role="header"><h1>Hello World</h1></header>
<div data-role="content" class="content">
<h3>设备信息</h3>

</ul>
</div>
<footer data-role="footer"><h1>Footer</h1></footer>
</div>
<!-- end first page -->
</body>
</html>
```

在上述代码中，使用函数 onDeviceReady()调用$(".content").html()函数来修改 div 中的 HTML 内容。

4．修改权限文件 AndroidManifest.xml

在文件 AndroidManifest.xml 中，增加访问网络和照相机的权限，并添加适用不同分辨率的设置代码。文件 AndroidManifest.xml 的具体代码如下。

```
<?xml version="1.0" encoding="utf-8"?>
<manifest xmlns:android="http://schemas.android.com/apk/res/android"
      package="com.adobe.phonegap"
      android:versionCode="1"
      android:versionName="1.0">

    <supports-screens android:largeScreens="true" android:normalScreens="true" android:smallScreens="true"
android:resizeable="true" android:anyDensity="true"   />
  <uses-permission android:name="android.permission.CAMERA" />
  <uses-permission android:name="android.permission.VIBRATE" />
  <uses-permission android:name="android.permission.ACCESS_COARSE_LOCATION" />
  <uses-permission android:name="android.permission.ACCESS_FINE_LOCATION" />
  <uses-permission android:name="android.permission.ACCESS_LOCATION_EXTRA_COMMANDS" />
  <uses-permission android:name="android.permission.READ_PHONE_STATE" />
  <uses-permission android:name="android.permission.INTERNET" />
  <uses-permission android:name="android.permission.RECEIVE_SMS" />
  <uses-permission android:name="android.permission.RECORD_AUDIO" />
  <uses-permission android:name="android.permission.MODIFY_AUDIO_SETTINGS" />
  <uses-permission android:name="android.permission.READ_CONTACTS" />
  <uses-permission android:name="android.permission.WRITE_CONTACTS" />
```

```
<uses-permission android:name="android.permission.WRITE_EXTERNAL_STORAGE" />
<uses-permission android:name="android.permission.ACCESS_NETWORK_STATE" />
<uses-permission android:name="android.permission.BROADCAST_STICKY" />
    <uses-sdk android:minSdkVersion="10" />

    <application android:icon="@drawable/icon" android:label="@string/app_name">
        <activity android:name=".HelloWorldActivity"
                  android:label="@string/app_name">
            <intent-filter>
                <action android:name="android.intent.action.MAIN" />
                <category android:name="android.intent.category.LAUNCHER" />
            </intent-filter>
        </activity>
    </application>
</manifest>
```

至此，整个实例介绍完毕，此时在 Android 中的执行效果如图 23-10 所示。

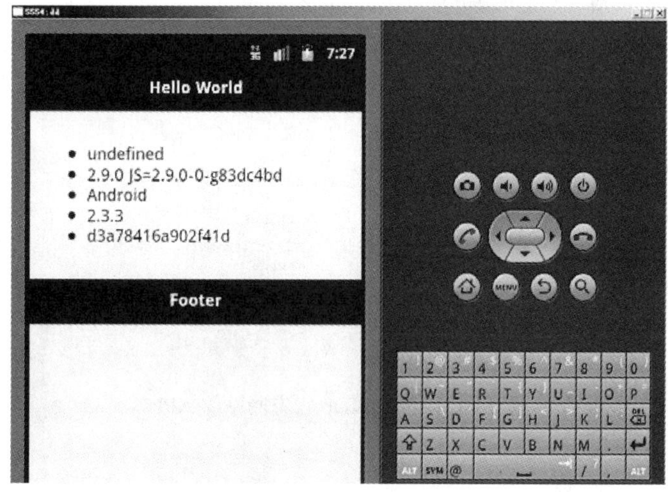

图 23-10　最终的执行效果

23.3　PhoneGap API 详解

知识点讲解：光盘\视频讲解\第 23 章\PhoneGap API 详解.avi

PhoneGap 为开发者提供了丰富的 API，帮助大家更方便地获取移动设备的信息。PhoneGap 官方网站的 API 文档地址是 http://docs.phonegap.com/en/1.5.0/index.html，如图 23-11 所示。

在目前的版本中，PhoneGap 拥有如下所示的可用 API。

☑　Accelerometer：加速计，也就是常说的重力感应功能。

☑　Camera：用于访问前置摄像头和后置摄像头。

☑　Capture：提供了对于移动设备音频、图像和视频捕获功能的支持。

☑　Compass：对于罗盘的访问，由此可以获取移动设备行动的方向。

☑　Connection：能够快速检查并提供移动设备的各种网络信息。

☑ Contacts：能够获取移动设备通讯录的信息。

☑ Device：能够获取移动设备的硬件和操作系统信息。

☑ Events：能够为应用提供各种移动设备操作事件，如暂停、离线、按下返回键、按下音量键等。

☑ File：能够访问移动设备的本地文件系统。

☑ Geolocation：能够获取移动设备的地理位置信息。

☑ Media：提供了对于移动设备上音频文件的录制和回放功能。

☑ Notification：提供了本地化的通知机制，包括提示、声音和振动。

☑ Storage：提供了对于 SQLite 嵌入式数据库的支持。

本节将详细讲解 PhoneGap API 的基本知识。

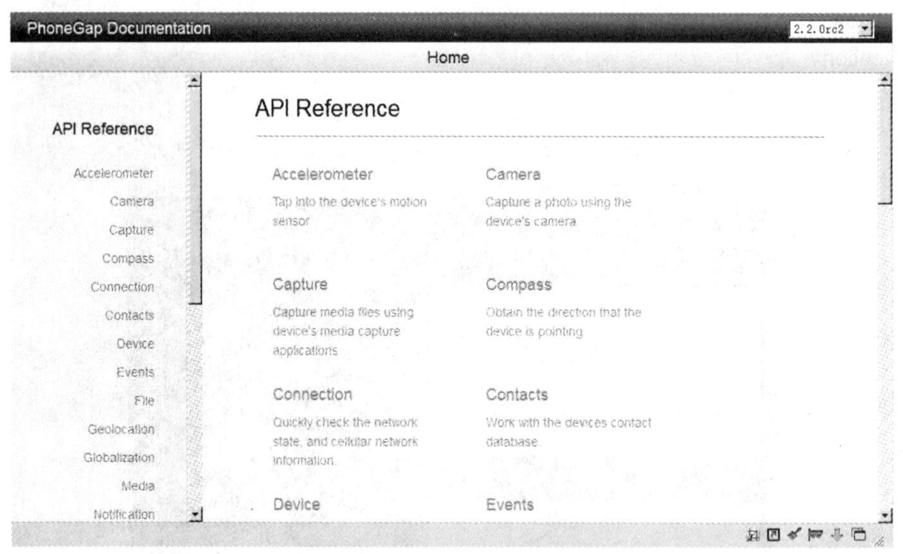

图 23-11　PhoneGap 官方网站的 API

23.3.1　应用 API

在 PhoneGap 框架中，为 Android 平台提供内置的 App 插件来操作应用程序本身，利用该插件对象的方法可以实现如下所示的功能。

☑ 加载外部的 Web 页面到本程序中。

☑ 在加载页面完成之前取消页面的加载。

☑ 清空应用程序在本地的资源文件缓存。

☑ 清空应用程序的浏览页面历史。

☑ 返回上次打开的页面。

☑ 覆盖回退按钮。

☑ 退出应用程序。

但是出于安全的考虑，PhoneGap 提供了一个白名单机制来审核加载的内容来源，因此调用应用 API 时，首先需要考虑要加载的 URI，确定是否通过了白名单审核。

在 PhoneGap 应用中，App 插件通过 navigator.app 对象来访问，该对象提供了如下所示的方法。

☑ navigator.app.loadUrl：加载 Web 页面到应用程序中或者系统默认的浏览器中。

- ☑ navigator.app.cancelLoadUrl：在 Web 页面成功加载之前取消加载。
- ☑ navigator.app.backHistory：返回上一次浏览的页面。
- ☑ navigator.app.clearHistory：清除浏览历史。
- ☑ navigator.App.overrideBackbutton：覆盖默认的回退功能键。
- ☑ navigator.app.clearCache：清空程序的资源文件缓存。
- ☑ navigator.app.exitApp：退出应用程序。

下面将详细讲解 navigator.app 对象提供的方法。

（1）加载 URL。

在 PhoneGap 应用中，navigator.app 提供的 loadUrl()方法用于在应用程序或者新的浏览器中打开一个 URL 链接地址，同时可以设置加载时的配置参数，如等待加载的时间、加载过程中是否显示一个提示窗口、加载超时的时间设置等。该方法签名如下。

```
navigator.app.loadUrl(url,properties)
```

其中 url 表示链接字符串，properties 是 JSON 对象，用于设定加载时的各种参数。相关配置参数的具体说明如下。

- ☑ wait（int 类型）：表示加载 URL 之前的等待时间。
- ☑ loadingDialog:"Title,Message"：表示是否显示本地的加载提示框，提示框的标题为 Title，提示框的内容为 Message。
- ☑ loadUrlTimeoutValue（int 类型）：表示加载 URL 的超时设置。
- ☑ clearHistory：boolean 类型，表示是否清除 Web 视图的页面跳转历史。
- ☑ openExternal：boolean 类型，表示是否在一个新的浏览器中打开该 URL。如果该 URL 不在白名单中，即使设置该值为 false，应用还是在系统默认的浏览器中打开该 URL。

例如下面的代码表示应用将在 2 秒钟后加载 Adobe 主页面，加载过程中显示提示等待信息，超时时间为 1 分钟。

```
navigator.app.loadUrl("http://www.adobe.com",{wait:2000,loadingDialog:"Wait,Loading App",loadUrlTimeoutValue:
60000});
```

（2）取消加载 URL。

在 PhoneGap 应用中，navigator.app 对象提供的 cancelLoadUrl()方法用于取消正在加载的 URL，它没有任何参数。

（3）应用回退。

在不支持 Back 按钮的系统中，可以调用 backHistory()方法实现应用程序的回退。该方法没有任何参数输入。

（4）清除浏览历史。

在 PhoneGap 应用中，使用 navigator.app 对象提供的 clearHistory()方法，可以清除浏览历史。

（5）覆盖回退设置。

在 PhoneGap 应用中，navigator.app 对象提供了 overrideBackbutton()方法，功能是设定是否覆盖当前系统默认的回退功能。在实际使用中，通常通过监听 backbutton 事件来改变系统的默认回退功能。监听该事件后，navigator.app 对象可以提供 isBackButtonOverriden()方法检测后退按钮功能是否已经发生了改变。

（6）清空缓存。

在 PhoneGap 应用中，通过 clearCache()方法可以清空缓存的资源文件，也可以通过 clearHistory()方法清空浏览历史，这两个方法均没有参数。

（7）退出程序。

在 PhoneGap 应用中，通过调用 navigator.app.exitApp()方法可以设置何时退出应用程序。

23.3.2 通知 API

作为一个良好的 PhoneGap 应用程序，应该具有良好的交互性，能够在恰当的时刻给予用户必要的通知或反馈。不论这样的信息是关于操作出错，还是寻求确认，或者是提示操作正在进行。在 PhoneGap 应用中，提供了统一的通知 API 来解决此类问题。

在 PhoneGap 应用中，通知 API 通过 navigator.notification 对象来访问，包含的主要方法如下。

- ☑ notification.alert：显示自定义的本地提示对话框。
- ☑ notification.confirm：显示自定义的本地确认对话框。
- ☑ notification.beep：发出嘟嘟声。
- ☑ notification.vibrate：振动。
- ☑ notification.activityStart/activityStop：控制状态栏中的活动指示器。
- ☑ notification.progressStart/progressValue/progressStop：控制进度对话框。

实例 23-2：演示 notification.alert()的基本用法

源码路径：光盘:\codes\23\23-2.html

实例文件 23-2.html 的具体实现代码如下。

```
<!DOCTYPE html>
<html>
<head>
    <meta charset="utf-8">
    <meta name="viewport" content="width=device-width, initial-scale=1">
    <title>index.html</title>
    <script type="text/javascript" charset="utf-8" src="cordova.js" ></script>
   <script type="text/javascript" charset="utf-8">

//等待加载 PhoneGap
document.addEventListener("deviceready", onDeviceReady, false);

//PhoneGap 加载完毕
function onDeviceReady() {
        //空
}

//显示定制警告框
function showAlert() {
      navigator.notification.alert(
           'You are the winner!',  //显示信息
```

```
            'Game Over',                //标题
            'Done'                      //按钮名称
        );
}
</script>
</head>
<body>
    <p><a href="#" onclick="showAlert(); return false;">Show Alert</a></p>
</body>
</html>
```

执行后将在页面中显示一个 Show Alert 链接，单击后将弹出一个警告框。执行效果如图 23-12 所示。

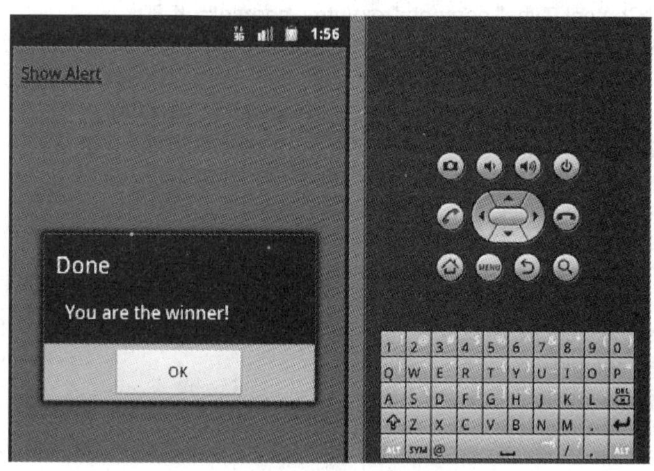

图 23-12　执行效果

23.3.3　设备 API

很多开发平台都提供运行环境软硬件属性的 API，PhoneGap 也不例外。本节将从主要对象和相关业务操作这两个方面来介绍设备 API 的基本知识和具体用法。

1．主要对象

在 PhoneGap 应用中，设备 API 通过 device 对象来暴露运行环境的软硬件属性，各个属性的具体说明如下。

☑ device.name：返回的是设备的名字，该名字是一个比较抽象的概念。该值是由设备制造商设定，可能同一产品的不同版本之间有所不同。

☑ device.cordova：返回的是运行在该设备上的 PhoneGap 的版本，如 1.9.0。

☑ device.platform：返回的是设备的操作系统名字，根据设备的不同，返回的值可能是 Android、iPhone、BlackBerry、WebOS 或 WinCE。

☑ device.uuid：返回的是设备的通用唯一识别码（Universally Unique Identifier），它由设备制造商设定。不同的设备制造商有不同的生成方法，如 Android 上是 64 位随机整数的十六进制表示，而 iPhone 上是基于多个硬件标识生成的散列值。

☑ device.version：返回的是设备的操作系统的版本，如 HTC Desire 返回的是 2.2。

2. 使用设备 API

下面通过一个检测设备属性的简单例子来展示 device 对象的用法。

实例 23-3：展示 device 对象的用法

源码路径：光盘:\codes\23\23-3.html

本实例的实现文件是 23-3.html，具体实现代码如下。

```
<!DOCTYPE html>
<html>
  <head>
    <meta http-equiv="Content-Type" content="text/html; charset=utf-8">
    <title>通知实例</title>

    <script type="text/javascript" charset="utf-8" src="cordova.js"></script>
    <script type="text/javascript" charset="utf-8">
    document.addEventListener("deviceready",onDeviceReady, false);
    function    onDeviceReady() {
    var element=document.getElementById('deviceProperties');
    element.innerHTML='设备名字：    '+device.name+'<br/>'+
    'PhoneGap 版本：  '-+device.cordova+'<br/>'+
    '设备平台：    '+ device.platform+'<br/>'+
    '设备的 UUID: '+device.uuid+'<br/>'+
    '设备的版本：'+ device.version +'<br />';
     }
</script>
</head>
<body>
<p id="deviceProperties"></p>
</bodY>
</html>
```

执行后将在屏幕中显示当前设备的信息，执行效果如图 23-13 所示。

图 23-13　执行效果

在 PhoneGap 应用中，基于上述属性信息，应用程序可以做一些定制化的操作以适应不同设备的需求，也可以用于收集用户设备分布之类的统计信息。

注意：因为笔者是在模拟器中运行上述实例的，所以执行效果如图23-13所示，并没有显示出具体的“设备名字”和“PhoneGap版本”。

23.3.4　网络连接 API

对于传统的 Web 应用开发来说，网络连接正常是一件理所当然的事情。但是对于移动应用来说，用户很可能处于信号非常差的地方，或者为了节省流量，经常暂时关闭了网络连接。PhoneGap 为此专门提供了网络连接 API 来获取此类信息。

在 PhoneGap 应用中，网络连接 API 通过 navigator.network.connection 对象来访问。该对象的 type

属性代表了网络连接的类型，其所有的可能取值通过 PhoneGap 中的 Connection 来获取，分别是 UNKNOWN、ETHERNET、WIFI、CELL_2G、CELL_3G、CELL_4G 和 NONE，分别对应未知连接、以太网络、Wi-Fi 网络、2G 网络、3G 网络、4G 网络以及无网络连接。

下面通过一个检测当前网络状况的简单例子来阐述网络连接 API 的用法。

实例 23-4：阐述网络连接 API 的用法

源码路径：光盘:\codes\23\23-4.html

本实例的实现文件是 23-4.html，具体实现代码如下。

```
<!DOCTYPE html>
<html>
  <head>
    <meta http-equiv="Content-Type" content="text/html; charset=utf-8">
    <title>通知实例</title>

    <script type="text/javascript" charset="utf-8" src="cordova.js"></script>
    <script type="text/javascript" charset="utf-8">

    document.addEventListener("deviceready", onDeviceReady, false);

    function onDeviceReady() {
        // 监听网络的变化
        document.addEventListener("online", onOnline, false);
        document.addEventListener("offline", onOffline, false);
        // 检查网络连接
        checkNetworkConnection();
    }

    function checkNetworkConnection() {
        var states = {};
        states[Connection.UNKNOWN]   = '未知连接';
        states[Connection.ETHERNET] = '以太网';
        states[Connection.WIFI]         = 'WiFi';
        states[Connection.CELL_2G]   = '2G 网络';
        states[Connection.CELL_3G]   = '3G 网络';
        states[Connection.CELL_4G]   = '4G 网络';
        states[Connection.NONE]         = '无网络连接';
        alert('网络连接类型: ' + states[navigator.network.connection.type]);
    }

    function onOnline() {
        alert('您现在在线');
    }

    function onOffline() {
        alert('您现在离线');
    }
    </script>
  </head>
```

```
    <body>
        <p>检查网络类型的例子</p>
        <input type="button" value="检查网络" onClick="checkNetworkConnection()" />
    </body>
</html>
```

在上述代码中，在 deviceready 的事件回调函数中安全地添加对 online 和 offline 事件的回调函数。当网络环境发生变化时，相应的事件回调函数便会被正确地调用。还有一点值得注意的是，在 PhoneGap 1.5 版本中，online 和 offline 事件需要注册在 Window 对象上，而不是 document 对象上。而在 PhoneGap 的其他版本中，online 和 offline 事件都是注册在 document 对象上的。

然后在文件 AndroidManifest.xml 中添加网络访问的权限，具体代码如下。

```
<uses-permission android:name="android.permission.INTERNET" />
<uses-permission android:name="android.permission.ACCESS_NETWORK_STATE" />
```

执行文件后会在屏幕中显示当前设备的网络类型，执行效果如图 23-14 所示。

图 23-14　执行效果

23.3.5　加速计 API

在现代智能手机（如 iPhone 手机）应用中，重力感应技术是吸引用户眼球的一个重要功能。传统的手机界面比较死板，无论怎么动或是摇晃，其界面都不会发生变动，只能朝一个方向定位。然而运用了重力感应技术的现代智能手机改变了传统手机这一刻板的印象，手机可以通过内置方向感应器来对动作作出反应。当将手机由纵向转为横向时，方向感应器会自动作出反应并改变显示方式。例如，市面上大部分手机都是矩形手机，长和宽的尺寸不一样，当在用手机浏览网页或看电子书时，界面所呈现的也多是矩形画面，长与宽的比例也是不一样的。以一段文章来看，由于文字是由左向右排列的，所以横向的文字会比纵向的文字多，而传统手机一般都是横向比纵向短，因此浏览起来很不方便。有了重力感应器之后，这个问题就解决了，因为它可以让手机随着手的转动而变化。这种应用上的创新设计，让浏览用户有了全新的体验。本节将详细讲解在 PhoneGap 应用中使用加速计 API 的基本知识。

1. 主要对象

在 PhoneGap 应用中，acceleration 对象就是加速度对象，包括在特定时间点的加速度数据，具有如下属性。

☑　x：表示 x 轴上的动量，number 类型，其范围为 0～1。

☑　y：表示 y 轴上的动量，number 类型，其范围为 0～1。

☑　z：表示 z 轴上的动量，number 类型，其范围为 0～1。

☑　timestamp：创建的时间戳，DOMTimeStamp 类型，以毫秒数表示。

acceleration 对象由 PhoneGap 创建并计算，一般由调用的加速计方法的回调函数来返回。在 PhoneGap 应用中，加速计 API 主要包含如下所示的选项参数。

☑ accelerometerSuccess：成功获取加速度信息后的回调函数，返回的属性值包含各维度加速度信息的 acceleration 对象。

☑ accelerometerError：获取加速度信息失败后的回调函数。

☑ accelerometerOptions：获取加速度信息时的选项，如获取频率。

在 PhoneGap 应用中，accelerometerOptions 一般是一个 JSON 对象，frequency 是其目前唯一的属性参数，以毫秒数为表示单位，用来指定定期获取加速度信息的频率。如果不指定 frequency，则默认值为 10 秒，即 10000 毫秒。

在 PhoneGap 应用中，accelerometerOptions 的常见用法如下。

```
//下面的代码设置每隔 3 秒更新一次
var options=(frequency:3000);
watchID=navigator.accelerometer.watchAcceleration(onSuccess,onError,options);
```

在 PhoneGap 应用中，加速计 API 包含如下所示的方法，这些方法通过 navigator 对象进行访问。

☑ accelerometer.getCurrentAcceleration()：获取当前设备分别在 x、y 和 z 轴上的加速度。

☑ accelerometer.watchAcceleration()：定期获取设备的加速度信息。

☑ accelerometer.clearWatch()：停止定期获取设备的加速度信息。

2．clearWatch()

在 PhoneGap 应用中，accelerometer.clearWatch()的功能是取消定期获取设备的加速度信息，其原型如下。

```
navigator. accelerometer.clearWatch(watchID);
```

其中 watchID 是刚刚调用 accelerometer.watchAcceleration()所返回的 ID 值，即由 accelerometer. watchAcceleration 返回的引用标识 ID。

例如下面是应用 clearWatch()的演示代码。

```
var watchID = navigator.accelerometer.watchAcceleration(onSuccess, onError, options);
//…后续处理…
navigator.accelerometer.clearWatch(watchID);
```

下面通过一个简单例子来阐述使用 clearWatch()清除加速度信息的方法。

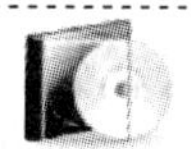

实例 23-5：使用 clearWatch()清除加速度信息
源码路径：光盘:\codes\23\23-5.html

本实例的实现文件是 23-5.html，具体实现代码如下。

```
<!DOCTYPE html>
<html>
  <head>
    <meta http-equiv="Content-Type" content="text/html; charset=utf-8">
    <title>Acceleration  例子</title>
```

```
<script type="text/javascript" charset="utf-8" src="cordova.js"></script>
<script type="text/javascript" charset="utf-8">

 //当前 watchAcceleration 的引用 ID
 varwatchID:null;
//等待 PhoneGap 加载
document.addEventListener( "deviceready",onDeviceReady,false);
//加载完成
function onDeviceReady()   {
startWatch();
 }
//开始监测
function   startWatch()   {
//每隔 3 秒更新一次信息
var options={frequency:3000 };
watchID=navigator.accelerometer.watchAcceleration(onSuccess,
onError,options);
}
//停止检测
function stopWatch() {
if (watchID)   {
navigator. accelerometer. clearWatch( watchID);
watchID=null;
}
}
//成功获取加速度信息后的回调函数
//接收包含当前加速度信息的 acceleration 对象
function onSuccess(acceleration)   {
var element=document.getElementById('accelerometer');
element.innerHTML='x 轴方向的加速度：'+acceleration.x+'<br/>'+
'Y 轴方向的加速度：'+ acceleration.y+'<br/>'+
'z 轴方向的加速度：'+ acceleration.z+'<br/>'+
'时间戳:'+ acceleration.timestamp+'<br/>';
 }

//获取加速度信息失败后的回调函数
function   onError()   {
alert('onError!');
}
</script>
</head>
<body>
<div id=n accelerometer">监测加速度信息中…</div>
<button onclick="stopWatch();">停止监测加速度信息</button>
</body>
</html>
```

执行后的效果如图 23-15 所示，这是因为在模拟器中运行的原因，如果在真机中运行会显示预期的效果。

图 23-15 执行效果

23.3.6 地理位置 API

在 PhoneGap 框架中，使用 Geolocation 接口可以通过网页获取地理位置信息。一般来说，地理位置信息来源于 GPS 传感器。对于没有 GPS 功能的手机来说，也可以通过一些网络设备信号大致推断自己所处的地理位置，如 IP 地址、RFID、无线网络、蓝牙 MAC 地址、GSM/CDMA 蜂窝基站信息。

1. 3 个对象

在 PhoneGap 应用中，地理位置 API 主要包括 3 个对象：Position 对象、PositionError 对象和 Coordinates 对象。

（1）Position 对象

Position 对象包含由 Geolocation API 创建的 Position 坐标信息。PhoneGap 的地理位置接口调用成功后的回调函数用到 Position 对象，它包含了地理位置坐标的集合。Position 对象具有如下所示的属性。

☑ coords：地理位置坐标集合，为 Coordinates 类型。

☑ timestamp：地理位置坐标获取时的时间戳，为 DOMTimeStamp 类型，以毫秒数表示。

（2）PositionError 对象

在 PhoneGap 应用中，当发生错误时，一个 PositionError 对象会传递给 geolocationError 回调函数。PhoneGap 的地理位置接口调用失败后的回调函数用到 PositionError 对象，它包含了详细的错误信息。PositionError 对象具有如下所示的属性。

☑ code：预定义的错误代码，目前有 PositionError.PERMISSION_DENIED、PositionError.POSITION_UNAVAILABLE 和 PositionError.TIMEOUT。

☑ message：详细的错误信息。

当使用 Geolocation 发生错误时，一个 PositionError 对象会作为 geolocationError 回调函数的参数传递给用户。PositionError 对象具有如下所示的常量。

☑ PositionError.PERMISSIONPositionError.PERMISSION_DENIED：表示权限被拒绝。

☑ PositionError.POSITION_UNAVAILABLE：表示位置不可用。

☑ PositionError.TIMEOUT：表示超时。

（3）Coordinates 对象

在 PhoneGap 应用中，Coordinates 对象是描述设备地理位置坐标信息的属性集合，是一系列用来描述位置的地理坐标信息的属性。Coordinates 对象一般是一个 JSON 对象，具有如下所示的属性。

☑ latitude：设备所处的纬度值，Number 类型，以浮点数表示。

☑ longitude：设备所处的经度值，Number 类型，以浮点数表示。

☑ altitude：设备所处的海拔高度，Number 类型，以浮点数表示。

☑ accuracy：经纬度的精确度级别，Number 类型，以浮点数表示。

☑ altitudeAccuracy：海拔高度的精确度级别，Number 类型，以浮点数表示。
☑ heading：设备当前的运动方向，相对于正北方顺时针方向的角度，Number 类型，以浮点数表示。
☑ speed：设备当前的速度值，Number 类型，以浮点数表示。

2．使用地理位置 API

下面通过一个简单的例子来阐述使用 Position 对象的方法。

实例 23-6：使用 Position 对象
源码路径：光盘:\codes\23\23-6.html

本实例的实现文件是 23-6.html，具体实现代码如下。

```
<!DOCTYPE html>
<html>
<head>
    <meta charset="utf-8">
    <meta name="viewport" content="width=device-width, initial-scale=1">
    <title>index.html</title>
    <script type="text/javascript" charset="utf-8" src="cordova.js" ></script>
   <script type="text/javascript" charset="utf-8">

   //设置一个当 PhoneGap 加载完毕后触发的事件
   document.addEventListener("deviceready", onDeviceReady, false);

   //PhoneGap 加载完毕并就绪
   function onDeviceReady() {
       navigator.geolocation.getCurrentPosition(onSuccess, onError);
   }

   //显示位置信息中的 Position 属性
   function onSuccess(position) {
       var div = document.getElementById('myDiv');

       div.innerHTML = 'Latitude: ' + position.coords.latitude    + '<br/>' +
                       'Longitude: ' + position.coords.longitude + '<br/>' +
                       'Altitude: ' + position.coords.altitude    + '<br/>' +
                       'Accuracy: ' + position.coords.accuracy    + '<br/>' +
                       'Altitude Accuracy: ' + position.coords.altitudeAccuracy    + '<br/>' +
                       'Heading: ' + position.coords.heading      + '<br/>' +
                       'Speed: ' + position.coords.speed          + '<br/>';
   }

   //如果获取位置信息出现问题，则显示一个警告
   function onError() {
       alert('onError!');
   }

</script>
</head>
```

```
<body>
    <div id="myDiv"></div>
</body>
</html>
```

执行后的效果如图 23-16 所示，这是因为在模拟器中运行的原因，如果在真机中运行会显示我们预期的效果。

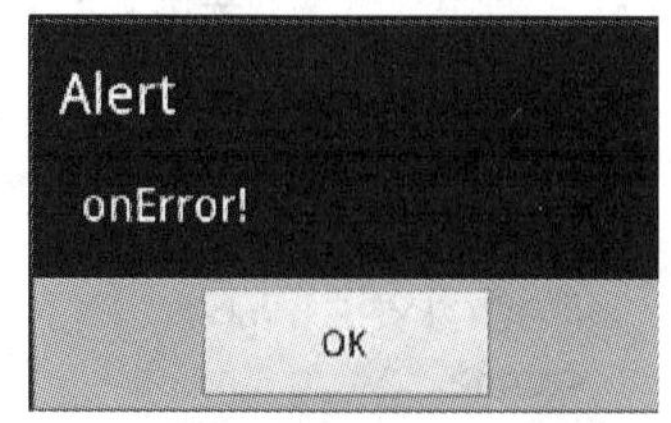

图 23-16　执行效果

23.3.7　指南针 API

在 PhoneGap 框架中，使用 Compass 接口可以实现指南针功能。拥有电子罗盘传感器的移动设备一般都有指南针功能，电子罗盘和传统罗盘的作用一样，用来指示方向。电子罗盘相关的应用很多，例如根据电子罗盘的读数，地图可以自动旋转到方便用户读取的方向，十分适合不太会用地图的人使用；可以根据地标粗略估计自己所处位置、控制行进方向等。此外，电子罗盘可方便地与 GPS 和电子地图等系统整合使用。熟练运用 GPS 导航功能和电子罗盘功能，能让我们在任何地方都不会迷路。

1．3 个函数

在 PhoneGap 应用中，指南针 API 有 3 个函数：compass.getCurrentHeading()、compass.watchHeading() 和 compass.clearWatch()。下面将详细讲解这 3 个函数的基本知识和具体用法。

（1）compass.getCurrentHeading()

在 PhoneGap 应用中，compass.getCurrentHeading()函数的功能是获取罗盘的当前朝向。其原型如下。

```
navigator.compass.getCurrentHeading(compassSuccess, compassError, compassOptions);
```

其中 compassSuccess 是成功获取指南针信息后的回调函数；compassError 是获取指南针信息失败后的回调函数；compassOptions 为可选项，用来指定获取指南针信息的个性化参数。

（2）compass.watchHeading()

在 PhoneGap 应用中，compass.watchHeading()函数的功能是在固定的时间间隔获取罗盘朝向的角度。其原型如下。

```
var watchID = navigator.compass.watchHeading(compassSuccess, compassError, [compassOptions]);
```

罗盘是一个检测设备方向或朝向的传感器，使用度作为衡量单位，取值范围为 0～359.99。compass.watchHeading 每隔固定时间就获取一次设备的当前朝向。每次取得朝向后，headingSuccess 回调函数会被执行。通过 compassOptions 对象的 frequency 参数可以设定以毫秒为单位的时间间隔。返回的 watch ID 是罗盘监视周期的引用，可以通过 compass.clearWatch()调用该 watch ID 以停止对罗盘的监视。

（3）compass.clearWatch()

在 PhoneGap 应用中，compass.clearWatch()函数的功能是停止 watch ID 参数指向的罗盘监视，取消定期获取设备的指南针信息。其原型如下。

```
navigator.compass.clearWatch(watchID);
```

其中 watchID 由 compass.watchHeading()返回的引用标示。

2．使用指南针 API

下面通过一个简单的例子来阐述使用 clearWatch()函数的方法。

实例 23-7：阐述使用 clearWatch()函数的方法

源码路径：光盘:\codes\23\23-7.html

本实例的实现文件是 23-7.html，具体实现代码如下。

```
<!DOCTYPE html>
<html>
  <head>
    <title>Compass 例子</title>
    <meta http-equiv="Content-Type" content="text/html; charset=utf-8">
    <script type="text/javascript" charset="utf-8" src="cordova.js"></script>
    <script type="text/javascript" charset="utf-8">

    //当前 watchHeading 的引用
    var watchID = null;

    //等待 Cordova 加载
    document.addEventListener("deviceready", onDeviceReady, false);

    //Cordova 加载完成
    function onDeviceReady() {
        startWatch();
    }

    //开始对指南针设备的监控
    function startWatch() {

        //每隔 3 秒更新一次数据
        var options = { frequency: 3000 };

        watchID = navigator.compass.watchHeading(onSuccess, onError, options);
    }

    //停止对指南针设备的监控
    function stopWatch() {
        if (watchID) {
            navigator.compass.clearWatch(watchID);
            watchID = null;
        }
    }

    //onSuccess()回调函数：返回指南针的当前方向
    function onSuccess(heading) {
        var element = document.getElementById('heading');
        element.innerHTML = '指南针方向（角度）：' + heading.magneticHeading;
    }

    //onError()回调函数：返回详细的错误信息
```

```
    function onError(compassError) {
        alert('错误信息: ' + compassError.code);
    }


    </script>
  </head>
  <body>
    <div id="heading">监测指南针信息中...</div>
    <button onclick="startWatch();">开始监测指南针信息</button>
    <button onclick="stopWatch();">停止监测指南针信息</button>
  </body>
</html>
```

执行后的效果如图 23-17 所示，这是因为在模拟器中运行的原因，如果在真机中运行会显示我们预期的效果。

图 23-17　执行效果

23.3.8　照相机 API

在 PhoneGap 应用中，照相机 API 是 Camera，其功能是使用设备的摄像头采集照片，对象提供对设备默认摄像头应用程序的访问。通过使用照相机 API，可以拍照或者访问照片库中的照片。本节将首先讲解照相机 API 用到的对象，然后详细介绍如何利用照相机 API 进行拍照并访问照片库中的照片。

1．camera.getPicture()方法

在 PhoneGap 应用中，照相机 API 只有一个方法：camera.getPicture()，其功能是选择使用摄像头拍照，或从设备相册中获取一张照片，图片以 Base64 编码的字符串或图片 URI 形式返回。方法 camera.getPicture 的原型如下。

```
navigator.camera.getPicture(cameraSuccess, cameraError, [ cameraOptions ] );
```

由此可见，方法 camera.getPicture 有 3 个参数，具体说明如下。

（1）cameraSuccess：是成功访问图片后的回调函数，该函数的参数取值取决于 destinationType 的类型，如果 destinationType 是 DATA_URL，则该参数返回 Base64 编码的图像数据；如果 destinationType 是 FIFE_URI，则该参数返回的是图像的 URI。不论是图像数据或者 URI，都可以通过 img 标签的 src 属性显示在网页中，如对于图片数据 imageData，通过给 src 属性赋值"data:image/jpeg;base64,"+imageData 即可。而对于图片 URI imageURI，通过给 src 属性直接赋值 imageURI 即可。

（2）cameraError：是访问图片失败后的回调函数，该函数的参数为失败的消息。

（3）cameraOptions：提供配置参数，是键值对的 JSON 字符串，共有 8 个配置参数，具体说明如下。

☑　sourceType：如果该参数是 navigator.camera.PictureSourceType.PHOTOLIBRARY，则从图片库

获取图片；如果该参数是 navigator.camera.PictureSourceType.SAVEDPHOTOALBUM，则从相册中获取图片；如果该参数是 navigator.camera.PictureSourceType.CAMERA，则从设备的照相机中获取图片。在某些设备中，PHOTOLIBRARY 和 SAVEDPHOTOALBUM 相同。

☑ destinationType：该参数可以决定返回的数据类型，可以是图片的 URL，也可以是图片数据。

☑ quality：该参数用于设定图片的质量，可以是 1～100 之间的任意数字。

☑ allowEdit：该参数为布尔型，指定该图片在选中前是否可以编辑。

☑ encodingType：该参数的值是常量，可以是 camera.encodingType.JPEG 或者 camera.encodingType.PNG，用于指定图片返回的文件类型。

☑ targetWidth：用于指定图片展示时的宽度，以像素为单位，必须和 targetHeight 一起使用。

☑ targetHeight：用于指定图片展示时的高度，以像素为单位，必须和 targetWidth 一起使用。

☑ mediaType：该参数对应的值为常量，可以为 camera.mediaType.PICTURE、camera.mediaType.VIDEO 或者 camera.mediaType.ALLMEDIA。该参数只有在 sourceType 设定为 PHOTOLIBRARY 或者 SAVEDPHOTOALBUM 的情况下才可使用。

由此可见，方法 camera.getPicture()能够打开设备的默认摄像头应用程序，使用户可以拍照（Camera.sourceType 设置为 Camera.PictureSourceType.CAMERA，这也是默认值）。一旦拍照结束，摄像头应用程序会关闭并恢复用户应用程序。

如果 Camera.sourceType = Camera.PictureSourceType.PHOTOLIBRARY 或 Camera.PictureSourceType.SAVEDPHOTOALBUM，则系统弹出照片选择对话框，用户可以从相集中选择照片。

返回值会按照用户通过 cameraOptions 参数所设定的下列格式之一发送给 cameraSuccess 回调函数。

☑ 一个字符串，包含 Base64 编码的照片图像（默认情况）。

☑ 一个字符串，表示在本地存储的图像文件位置。

☑ 可以对编码的图片或 URI 做任何处理，例如：

  ➢ 通过标签渲染图片。

  ➢ 存储为本地数据，如 LocalStorage、Lawnchair*等。

  ➢ 将数据发送到远程服务器。

注意： 在现实应用中，较新的设备上使用摄像头拍摄的照片的质量是相当不错的，使用Base64对这些照片进行编码已导致其中的一些设备出现内存问题（如iPhone4、BlackBerry Torch 9800）。因此，强烈建议将Camera.destinationType设为FILE_URI。

2. 实战演练

下面通过一个简单的例子来阐述使用照相机 API 的方法。

实例 23-8： 阐述使用照相机 API 的方法

源码路径： 光盘:\codes\23\23-8.html

本实例的实现文件是 23-8.html，具体实现代码如下。

```
<!DOCTYPE html>
<html>
<head>
    <meta charset="utf-8">
    <meta name="viewport" content="width=device-width, initial-scale=1">
```

```
    <title>index.html</title>
    <script type="text/javascript" charset="utf-8" src="cordova.js" ></script>
      <script type="text/javascript" charset="utf-8">

      var pictureSource;              //图片来源
      var destinationType;            //设置返回值的格式

      //等待 PhoneGap 连接设备
      document.addEventListener("deviceready",onDeviceReady,false);

      //PhoneGap 准备就绪，可以使用
      function onDeviceReady() {
        pictureSource=navigator.camera.PictureSourceType;
        destinationType=navigator.camera.DestinationType;
      }

     //当成功获得一张照片的 Base64 编码数据后被调用
     function onPhotoDataSuccess(imageData) {

        //取消注释以查看 Base64 编码的图像数据
        //console.log(imageData);
        //获取图像句柄
        var smallImage = document.getElementById('smallImage');

        //取消隐藏的图像元素
        smallImage.style.display = 'block';

        //显示拍摄的照片
        //使用内嵌 CSS 规则来缩放图片
        smallImage.src = "data:image/jpeg;base64," + imageData;
   }

  //当成功得到一张照片的 URI 后被调用
  function onPhotoURISuccess(imageURI) {

        //取消注释以查看图片文件的 URI
        //console.log(imageURI);
        //获取图片句柄
        var largeImage = document.getElementById('largeImage');

        //取消隐藏的图像元素
        largeImage.style.display = 'block';

        //显示拍摄的照片
        //使用内嵌 CSS 规则来缩放图片
        largeImage.src = imageURI;
   }

  //Capture Photo 按钮单击事件触发函数
  function capturePhoto() {
```

```
        //使用设备上的摄像头拍照，并获得 Base64 编码字符串格式的图像
        navigator.camera.getPicture(onPhotoDataSuccess, onFail, { quality: 50 });
    }

    //Capture Editable Photo 按钮单击事件触发函数
    function capturePhotoEdit() {

        //使用设备上的摄像头拍照，并获得 Base64 编码字符串格式的可编辑图像
        navigator.camera.getPicture(onPhotoDataSuccess, onFail, { quality: 20, allowEdit: true });
    }

    //From Photo Library/From Photo Album 按钮单击事件触发函数
    function getPhoto(source) {

        //从设定的来源处获取图像文件 URI
        navigator.camera.getPicture(onPhotoURISuccess, onFail, { quality: 50,
        destinationType: destinationType.FILE_URI,sourceType: source });
    }

    //当有错误发生时触发此函数
    function onFail(mesage) {
        alert('Failed because: ' + message);
    }

</script>
</head>
<body>
    <button onclick="capturePhoto();">Capture Photo</button> <br>
    <button onclick="capturePhotoEdit();">Capture Editable Photo</button> <br>
    <button onclick="getPhoto(pictureSource.PHOTOLIBRARY);">From Photo Library</button><br>
    <button onclick="getPhoto(pictureSource.SAVEDPHOTOALBUM);">From Photo Album</button><br>
    <img style="display:none;width:60px;height:60px;" id="smallImage" src=""  />
    <img style="display:none;" id="largeImage" src=""  />
    </body>
</html>
```

执行后的效果如图 23-18 所示，单击屏幕中的某个按钮后，会实现对应的功能。例如如果在真机中运行，单击 From Photo Album 按钮后，会显示系统图片库内的图片信息。

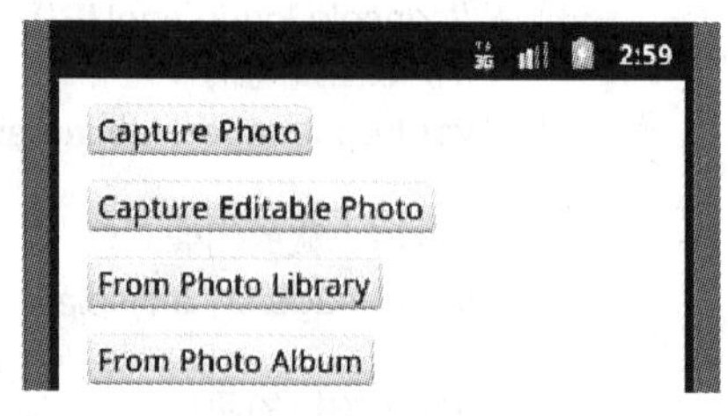

图 23-18　执行效果

23.3.9　采集 API

在 PhoneGap 应用中，Capture 也被称为采集 API 或捕获 API，其功能是捕获视频、音频和图像，是一个全局对象。本节将首先讲解采集 API 用到的对象，然后详细介绍采集 API 的具体用法。

1．Capture 的对象

在 PhoneGap 应用中，采集 API 有如下所示的对象。

（1）capture：被分配给 navigator.device 对象，因此作用域为全局范围。例如下面的演示代码。

```
//全局范围的 capture 对象
var capture = navigator.device.capture;
```

capture 对象包含如下所示的属性。

☑ supportedAudioModes：当前设备所支持的音频录制格式，是 ConfigurationData[]类型。
☑ supportedImageModes：当前设备所支持的拍摄图像尺寸及格式，是 ConfigurationData[]类型。
☑ supportedVideoModes：当前设备所支持的拍摄视频分辨率及格式，是 ConfigurationData[]类型。

（2）CaptureAudioOptions：用于封装音频采集的配置选项，包含如下所示的属性。

☑ limit：在单个采集操作期间能够记录的音频剪辑数量最大值，必须设定为大于等于 1 的值，默认值为 1。
☑ drration：一个音频剪辑的最长时间，单位为秒。
☑ mode：选定的音频模式，必须设定为 capture.supportedAudioModes 枚举中的值。

2．使用 Capture

下面通过一个简单的例子来阐述使用 captureAudio 的方法。

实例 23-9：阐述使用 captureAudio 的方法
源码路径：光盘:\codes\23\23-9.html

本实例的实现文件是 23-9.html，具体实现代码如下。

```
<!DOCTYPE html>
<html>
<head>
     <meta charset="utf-8">
     <meta name="viewport" content="width=device-width, initial-scale=1">
     <title>index.html</title>
      <script type="text/javascript" charset="utf-8" src="cordova.js" ></script>
      <script type="text/javascript" charset="utf-8" src="json2.js"></script>
      <script type="text/javascript" charset="utf-8">

      //采集操作成功完成后的回调函数
      function captureSuccess(mediaFiles) {
         var i, len;
         for (i = 0, len = mediaFiles.length; i < len; i += 1) {
              uploadFile(mediaFiles[i]);
         }
      }

      //采集操作出错后的回调函数
      function captureError(error) {
         var msg = 'An error occurred during capture: ' + error.code;
         navigator.notification.alert(msg, null, 'Uh oh!');
      }

      //Capture Audio 按钮单击事件触发函数
      function captureAudio() {
```

```
            //启动设备的音频录制应用程序，允许用户最多采集两个音频剪辑
            navigator.device.capture.captureAudio(captureSuccess, captureError, {limit: 2});
        }

        //上传文件到服务器
        function uploadFile(mediaFile) {
            var ft = new FileTransfer(),
            path = mediaFile.fullPath,
            name = mediaFile.name;
            ft.upload(path,
                "http://my.domain.com/upload.php",
                function(result) {
                    console.log('Upload success: ' + result.responseCode);
                    console.log(result.bytesSent + ' bytes sent');
                },
                function(error) {
                    console.log('Error uploading file ' + path + ': ' + error.code);
                },
                { fileName: name });
        }

</script>
</head>
<body>
    <button onclick="captureAudio();">Capture Audio</button>
</body>
</html>
```

执行后的效果如图 23-19 所示。如果在真机中运行，单击 Capture Audio 按钮后会实现我们预期的采集功能。

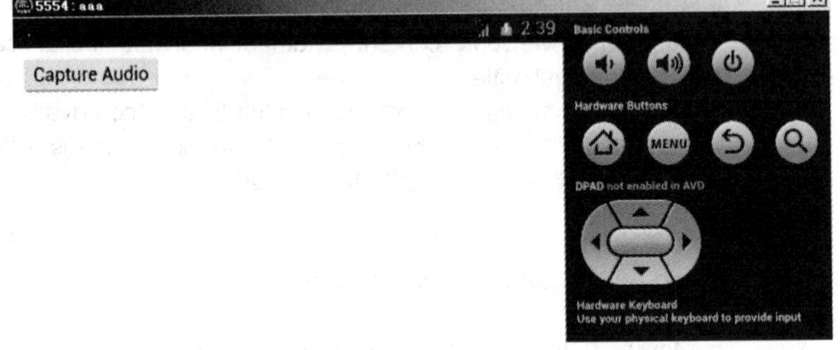

图 23-19　执行效果

23.3.10　媒体 API

在 PhoneGap 应用中，媒体 API 是 Media，其功能是实现音频的录制和播放。利用 Media，可以创建自制的录音器。本节将首先讲解媒体 API 的方法，然后详细介绍如何利用媒体 API。

1．主要方法

在 PhoneGap 应用中，Media 主要包含如下所示的方法。

（1）media.getCurrentPosition()：功能是返回一个音频文件的当前位置，其原型如下。

```
media.getCurrentPosition(mediaSuccess, [mediaError]);
```

参数说明如下。

☑　mediaSuccess：成功的回调函数，返回当前的位置。

☑　mediaError：（可选项）发生错误时调用的回调函数。

方法 media.getCurrentPosition()是一个异步函数，返回一个 Media 对象所指向的音频文件的当前位置，同时会对 Media 对象的_position 参数进行更新。

（2）media.getDuration()：功能是返回音频文件的时间长度，其原型如下。

```
media.getDuration();
```

media.getDuration()是一个同步函数，如果音频时长已知，则返回以秒为单位的音频文件时长；如果时长不可知，则返回-1。

（3）media.play()：功能是开始或恢复播放一个音频文件，其原型如下。

```
media.play();
```

方法 media.play()是一个用于开始或恢复播放音频文件的同步函数。

（4）media.pause()：功能是暂停播放一个音频文件，其原型如下。

```
media.pause();
```

方法 media.pause()是一个用于暂停播放音频文件的同步函数。

（5）media.release()：功能是释放底层操作系统音频资源，其原型如下。

```
media.release();
```

方法 media.release()是一个用于释放系统音频资源的同步函数。该函数对于 Android 系统尤为重要，因为 Android 系统的 OpenCore（多媒体核心）的实例是有限的，开发者可以在不再需要相应 Media 资源时调用 release()函数进行释放。

（6）media.startRecord()：功能是开始录制一个音频文件，其原型如下。

```
media.startRecord();
```

方法 media.startRecord()是用于开始录制一个音频文件的同步函数。

（7）media.stop()：功能是停止播放一个音频文件，其原型如下。

```
media.stop();
```

方法 media.stop()是一个用于停止播放音频文件的同步函数。

（8）media.stopRecord()：功能是停止录制一个音频文件，其原型如下。

```
media.stopRecord();
```

方法 media.stopRecord()是用于停止录制一个音频文件的同步函数。

2. 使用 Media

下面通过一个简单的例子来阐述使用 media.play 的方法。

实例 23-10：阐述使用 media.play 的方法

源码路径：光盘:\codes\23\23-10.html

本实例的实现文件是 23-10.html，具体实现代码如下。

```
<!DOCTYPE html>
<html>
<head>
    <meta charset="utf-8">
    <meta name="viewport" content="width=device-width, initial-scale=1">
    <title>index.html</title>
     <script type="text/javascript" charset="utf-8" src="cordova.js" ></script>
     <script type="text/javascript" charset="utf-8">
     //等待加载 PhoneGap
     document.addEventListener("deviceready", onDeviceReady, false);

     //PhoneGap 加载完毕
     function onDeviceReady() {
        playAudio("http://audio.ibeat.org/content/p1rj1s/p1rj1s_-_rockGuitar.mp3");
     }

     //音频播放器
     var my_media = null;
     var mediaTimer = null;

     //播放音频文件
     function playAudio(src) {
        //从目标文件创建 Media 对象
        my_media = new Media(src, onSuccess, onError);

        //播放音频
        my_media.play();

        //每秒更新一次媒体播放到的位置
        if (mediaTimer == null) {
              mediaTimer = setInterval(function() {
                  //获取媒体播放到的位置
                  my_media.getCurrentPosition(
                      //获取成功后调用的回调函数
                      function(position) {
                          if (position > -1) {
                              setAudioPosition((position/1000) + " sec");
                          }
                      },
                      //发生错误后调用的回调函数
                      function(e) {
                          console.log("Error getting pos=" + e);
                          setAudioPosition("Error: " + e);
                      }
                  );
              }, 1000);
        }
     }

     //暂停音频播放
     function pauseAudio() {
```

```
        if (my_media) {
            my_media.pause();
        }
    }

    //停止音频播放
    function stopAudio() {
        if (my_media) {
            my_media.stop();
        }
        clearInterval(mediaTimer);
        mediaTimer = null;
    }

    //创建 Media 对象成功后调用的回调函数
    function onSuccess() {
        console.log("playAudio():Audio Success");
    }

    //创建 Media 对象出错后调用的回调函数
    function onError(error) {
        alert('code: '    + error.code    + '\n' +
              'message: ' + error.message + '\n');
    }

    //设置音频播放位置
    function setAudioPosition(position) {
        document.getElementById('audio_position').innerHTML = position;
    }

</script>
</head>
<body>
    <a href="#" class="btn large" onclick="playAudio('http://audio.ibeat.org/content/p1rj1s/p1rj1s_-_rockGuitar.
mp3');">Play Audio</a>
    <a href="#" class="btn large" onclick="pauseAudio();">Pause Playing Audio</a>
    <a href="#" class="btn large" onclick="stopAudio();">Stop Playing Audio</a>
    <p id="audio_position"></p>
</body>
</html>
```

执行后的效果如图 23-20 所示，执行后将播放指定的 MP3 文件。单击某个链接后，会播放或暂停指定的 MP3 文件。

图 23-20　执行效果

第 24 章　开发一个电话本管理系统

经过本书前面内容的学习，已经掌握了 HTML 5、jQuery Mobile 和 PhoneGap 的基本知识。本章将综合运用本书前面所学的知识，并结合使用 CSS 和 JavaScript 的技术，开发一个在 Android 平台运行的电话本管理系统。希望读者认真阅读本章内容，仔细品味 HTML 5+jQuery Mobile+PhoneGap 组合在移动 Web 开发领域的真谛。

知识点讲解：光盘\视频讲解\第 24 章\开发一个电话本管理系统.avi

24.1　需求分析

本实例使用 HTML 5+jQuery Mobile+PhoneGap 实现了一个经典的电话本管理工具，能够实现对设备内联系人信息的管理，包括添加新信息、删除信息、快速搜索信息、修改信息、更新信息等功能。本节将对本项目进行必要的需求性分析。

24.1.1　产生背景

随着网络与信息技术的发展，很多陌生人之间都有了或多或少的联系。如何更好地管理这些信息是每个人必须面临的问题，特别是那些很久没有联系的朋友，再次见面无法马上想起关于这个人的记忆，会造成一些不必要的尴尬。基于上述种种原因，开发一套通讯录管理系统很重要。

另外，随着移动设备平台的发展，以 Android 为代表的智能手机系统已经普及到普通消费者用户。智能手机设备已经成为人们生活中必不可少的物品。在这种历史背景之下，手机通讯录变得愈发重要，已经成为人们离不开的联系人系统。

正是因为上述两个背景，可以得出一个结论：开发一个手机电话本管理系统势在必行。本系统的主要目的是为了更好地管理每个人的通讯录，给每个人提供一个井然有序的管理平台，防止手工管理混乱而造成不必要的麻烦。

24.1.2　功能分析

通过市场调查可知，一个完整的电话本管理系统应该包括添加模块、主窗体模块、信息查询模块、信息修改模块、系统管理模块。本系统主要实现设备内联系人信息的管理，包括添加、修改、查询和删除。整个系统模块划分如图 24-1 所示。

（1）系统主界面：在系统主屏幕界面中显示了两个操作按钮，通过这两个按钮可以快速进入本系统的核心功能。

☑　查询：单击此按钮后能够来到系统搜索界面，能够快速搜索设备内我们需要的联系人信息。

☑　管理：单击此按钮后能够来到系统管理模块的主界面。

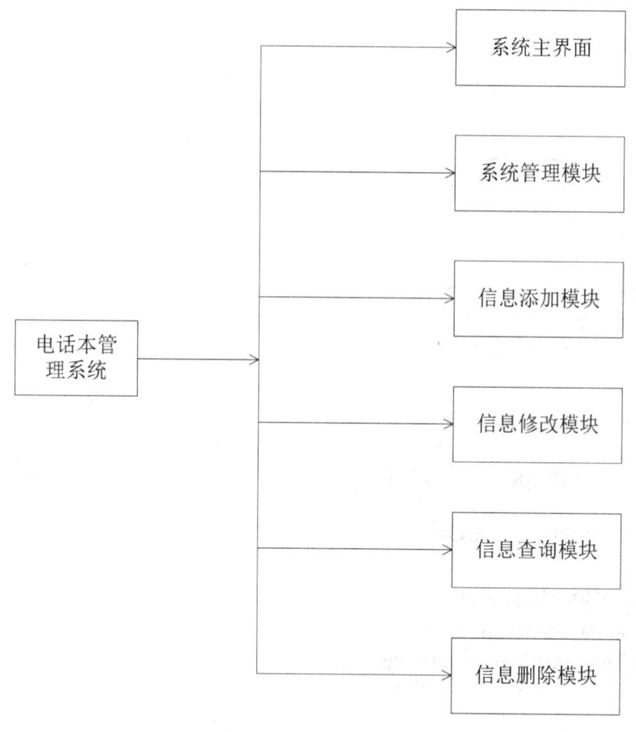

图 24-1　系统构成模块图

（2）系统管理模块：用户通过此模块来管理设备内的联系人信息，在屏幕下方提供了实现系统管理的 5 个按钮。

☑ 搜索：单击此按钮后能够快速搜索设备内我们需要的联系人信息。
☑ 添加：单击此按钮后能够向设备内添加新的联系人信息。
☑ 修改：单击此按钮后能够修改设备内已经存在的某条联系人信息。
☑ 删除：单击此按钮后能够删除设备内已经存在的某条联系人信息。
☑ 更新：单击此按钮后能够更新设备的所有联系人信息。

（3）信息添加模块：通过此模块能够向设备中添加新的联系人信息。

（4）信息修改模块：通过此模块能够修改设备内已经存在的联系人信息。

（5）信息查询模块：通过此模块能够搜索设备内我们需要的联系人信息。

（6）信息删除模块：通过此模块能够删除设备内已经存在的联系人信息。

24.2　创建 Android 工程

（1）启动 Eclipse，依次选择 File→New→Other 命令，然后在向导的树形结构中找到 Android 节点。单击 Android Project，在项目名称中输入 Phonebook。

（2）单击 Next 按钮，选择目标 SDK，在此选择 4.3。单击 Next 按钮，在其中填写包名 com.example.web_dhb，如图 24-2 所示。

（3）单击 Next 按钮，此时将成功构建一个标准的 Android 项目。如图 24-3 所示为当前项目的目录结构。

图 24-2　创建 Android 工程

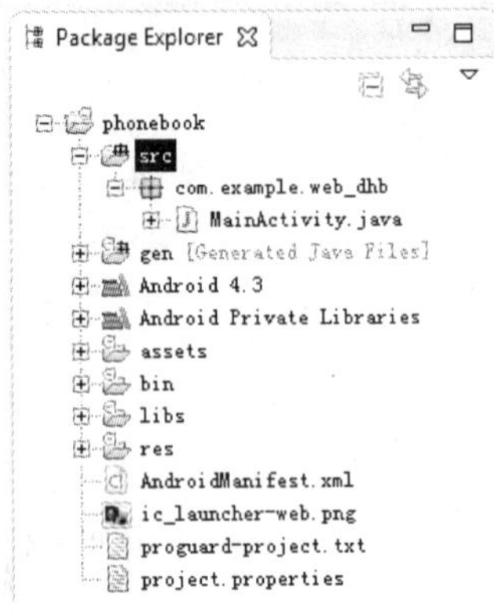

图 24-3　创建的 Android 工程

（4）修改文件 MainActivity.java，为此文件添加执行 HTML 文件的代码，主要代码如下。

```
public class MainActivity extends DroidGap {
    @Override
    public void onCreate(Bundle savedInstanceState) {
        super.onCreate(savedInstanceState);
        super.loadUrl("file:///android_asset/www/main.html");
    }
}
```

24.3　实现系统主界面

在本实例中，系统主界面的实现文件是 main.html，主要实现代码如下。

```
        <script src="./js/jquery.js"></script>
        <script src="./js/jquery.mobile-1.2.0.js"></script>
        <script src="./cordova-2.1.0.js"></script>

</head>
<body>
      <!-- Home -->
      <div data-role="page" id="page1" style="background-image: url(./img/bg.gif);" >
          <div data-theme="e" data-role="header">
                <h2>电话本管理中心</h2>
          </div>
          <div data-role="content" style="padding-top:200px;">
              <a data-role="button" data-theme="e" href="./select.html" id="chaxun" data-icon="search"
data-iconpos= "left" data-transition="flip">查询</a>
              <a data-role="button" data-theme="e" href="./set.html" id="guanli" data-icon="gear" data-
iconpos="left"> 管理 </a>
          </div>
          <div data-theme="e" data-role="footer" data-position="fixed">
              <span class="ui-title">免费组织制作 v1.0</span>
          </div>
```

```
            <script type="text/javascript">
                    //App custom javascript
               sessionStorage.setItem("uid","");

                $('#page1').bind('pageshow',function(){
                   $.mobile.page.prototype.options.domCache = false;

                 });
                //等待加载 PhoneGap
                 document.addEventListener("deviceready", onDeviceReady, false);

                //PhoneGap 加载完毕
                function onDeviceReady() {
                  var db = window.openDatabase("Database", "1.0", "PhoneGap myuser", 200000);
                  db.transaction(populateDB, errorCB);
                }
                  //填充数据库
                 function populateDB(tx) {
                        tx.executeSql('CREATE TABLE IF NOT EXISTS `myuser` (`user_id` integer primary
key autoincrement ,`user_name` VARCHAR( 25 ) NOT NULL ,`user_phone` varchar( 15 ) NOT NULL ,`user_qq`
varchar( 15 ) ,`user_email` VARCHAR( 50 ),`user_bz` TEXT)');

                 }
                 //事务执行出错后调用的回调函数
                 function errorCB(tx, err) {
                        alert("Error processing SQL: "+err);
                 }

            </script>
        </div>
    </body>
</html>
```

执行后的效果如图 24-4 所示。

图 24-4　执行效果

24.4 实现信息查询模块

信息查询模块的功能是快速搜索设备内我们需要的联系人信息。单击图 24-4 中的“查询”按钮后会来到查询界面，如图 24-5 所示。

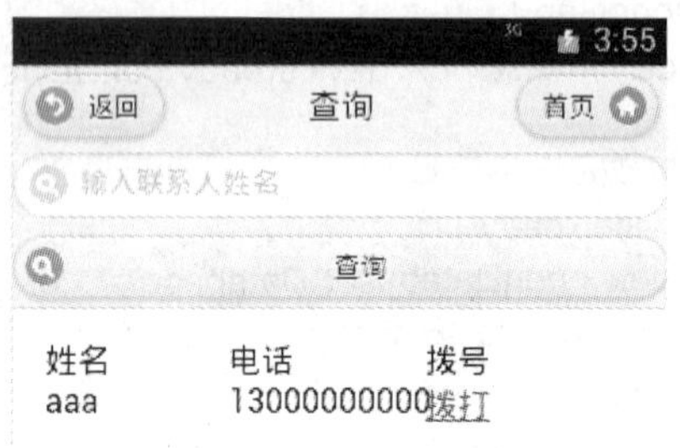

图 24-5 查询界面

在查询界面上的表单中可以输入搜索关键字，然后单击“查询”按钮，会在下方显示搜索结果。信息查询模块的实现文件是 select.html，主要实现代码如下。

```
        <script src="./js/jquery.js"></script>
        <script src="./js/jquery.mobile-1.2.0.js"></script>
        <!-- <script src="./cordova-2.1.0.js"></script> -->
</head>
<body>
<body>
      <!-- Home -->
      <div data-role="page" id="page1">
          <div data-theme="e" data-role="header">
              <a data-role="button" href="./main.html" data-icon="back" data-iconpos="left" class="ui-btn-
left">返回</a>
              <a data-role="button" href="./main.html" data-icon="home" data-iconpos="right" class="ui-btn-
right">首页</a>
              <h3> 查询</h3>
              <div >
                  <fieldset data-role="controlgroup" data-mini="true">
                      <input name="" id="searchinput6" placeholder="输入联系人姓名" value="" type="search" />
                  </fieldset>
              </div>
              <div>
                <input type="submit" id="search"  data-theme="e" data-icon="search" data-iconpos="left"
value="查询" data-mini="true" />
              </div>
          </div>
          <div data-role="content">
                 <div class="ui-grid-b" id="contents" >
                      </div >
          </div>
```

```
        <script>
            //App custom javascript
          var u_name="";
          <!-- 查询全部联系人 -->
          // 等待加载 PhoneGap
          document.addEventListener("deviceready", onDeviceReady, false);
          // PhoneGap 加载完毕
              function onDeviceReady() {
                var db = window.openDatabase("Database", "1.0", "PhoneGap myuser", 200000);
                db.transaction(queryDB, errorCB);   //调用 queryDB 查询方法，以及 errorCB 错误回调方法
              }
            //查询数据库
          function queryDB(tx) {
                tx.executeSql('SELECT * FROM myuser', [], querySuccess, errorCB);
          }
            //查询成功后调用的回调函数
          function querySuccess(tx, results) {
                var len = results.rows.length;
                var str="<div class='ui-block-a' style='width:90px;'>姓名</div><div class='ui-block-b'>电话
</div><div class='ui-block-c'>拨号</div>";
                console.log("myuser table: " + len + " rows found.");
                for (var i=0; i<len; i++){
                      //写入到 logcat 文件
                      str +="<div class='ui-block-a' style='width:90px;'>"+results.rows.item(i).user_name+
"</div><div class='ui-block-b'>"+results.rows.item(i).user_phone +"</div><div class='ui-block-c'><a href='tel:"+
results.rows.item(i).user_phone+"'  data-role='button' class='ui-btn-right' >拨打 </a></div>";
                }
                $("#contents").html(str);
          }
          //事务执行出错后调用的回调函数
          function errorCB(err) {
                console.log("Error processing SQL: "+err.code);
          }
          <!-- 查询一条数据 -->
          $("#search").click(function(){
                var searchinput6 = $("#searchinput6").val();
                u_name = searchinput6;
                var db = window.openDatabase("Database", "1.0", "PhoneGap myuser", 200000);
                db.transaction(queryDBbyone, errorCB);
          });
          function queryDBbyone(tx){
                tx.executeSql("SELECT * FROM myuser where user_name like '%"+u_name+"%'", [],
querySuccess, errorCB);
          }
        </script>
    </div>
  </body>
</html>
```

24.5　实现系统管理模块

系统管理模块的功能是管理设备内的联系人信息，单击图 24-4 中的“管理”按钮后来到系统管理界面，如图 24-6 所示。

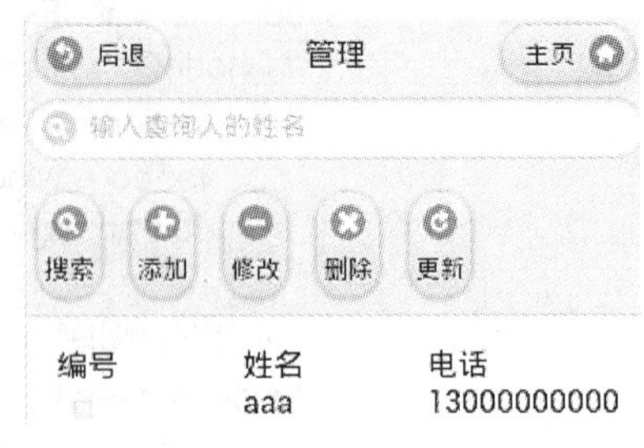

图 24-6　系统管理界面

在图 24-6 所示的界面中提供了实现系统管理的 5 个按钮，具体说明如下。

☑　搜索：单击此按钮后能够快速搜索设备内我们需要的联系人信息。

☑　添加：单击此按钮后能够向设备内添加新的联系人信息。

☑　修改：单击此按钮后能够修改设备内已经存在的某条联系人信息。

☑　删除：单击此按钮后删除设备内已经存在的某条联系人信息。

☑　更新：单击此按钮后能够更新设备的所有联系人信息。

系统管理模块的实现文件是 set.html，主要实现代码如下。

```
<body>
    <!-- Home -->
    <div data-role="page" id="set_1"   data-dom-cache="false">
        <div data-theme="e" data-role="header" >
            <a data-role="button" href="main.html" data-icon="home" data-iconpos="right" class="ui-btn-
right"> 主页</a>
            <h1>管理</h1>
            <a data-role="button" href="main.html" data-icon="back" data-iconpos="left" class="ui-btn-
left">后退 </a>
            <div >
                <span id="test"></span>
                <fieldset data-role="controlgroup" data-mini="true">
                    <input name="" id="searchinput1" placeholder="输入查询人的姓名" value="" type=
"search" />
                </fieldset>
            </div>
            <div>
                <input type="submit" id="search" data-inline="true" data-icon="search" data-iconpos=
"top" value="搜索" />
                <input type="submit" id="add" data-inline="true" data-icon="plus" data-iconpos="top"
value="添加"/>
                <input type="submit" id="modfiry"data-inline="true" data-icon="minus" data-iconpos="top"
value="修改" />
                <input type="submit" id="delete" data-inline="true" data-icon="delete" data-iconpos="top"
value="删除" />
                <input type="submit" id="refresh" data-inline="true" data-icon="refresh" data-iconpos="top"
value="更新" />
            </div>
        </div>
        <div data-role="content">
```

```
        <div class="ui-grid-b" id="contents">
            </div >
    </div>
    <script type="text/javascript">

        $.mobile.page.prototype.options.domCache = false;
        var u_name="";
        var num="";


        var strsql="";
        <!-- 查询全部联系人   -->
        //等待加载 PhoneGap
        document.addEventListener("deviceready", onDeviceReady, false);
        //PhoneGap 加载完毕
          function onDeviceReady() {
             var db = window.openDatabase("Database", "1.0", "PhoneGap myuser", 200000);
             db.transaction(queryDB, errorCB);   //调用 queryDB 查询方法，以及 errorCB 错误回调方法
            }
          //查询数据库
        function queryDB(tx) {
             tx.executeSql('SELECT * FROM myuser', [], querySuccess, errorCB);
        }
          //查询成功后调用的回调函数
        function querySuccess(tx, results) {
             var len = results.rows.length;
             var str="<div class='ui-block-a'>编号</div><div class='ui-block-b'>姓名</div><div class=
'ui-block-c'>电话</div>";
             //console.log("myuser table: " + len + " rows found.");
             for (var i=0; i<len; i++){
                  //写入到 logcat 文件
                  //console.log("Row = " + i + " ID = " + results.rows.item(i).user_id + " Data =  " +
results.rows.item(i).user_name);
                  str +="<div class='ui-block-a'><input type='checkbox' class='idvalue' value="+results.
rows.item(i).user_id+" /></div><div class='ui-block-b'>"+results.rows.item(i).user_name
                        +"</div><div class='ui-block-c'>"+results.rows.item(i).user_phone+"</div>";
             }
             $("#contents").html(str);
        }
        //事务执行出错后调用的回调函数
        function errorCB(err) {
             console.log("Error processing SQL: "+err.code);
        }

        <!-- 查询一条数据   -->
        $("#search").click(function(){
             var searchinput1 = $("#searchinput1").val();
             u_name = searchinput1;
             var db = window.openDatabase("Database", "1.0", "PhoneGap myuser", 200000);
             db.transaction(queryDBbyone, errorCB);
        });
```

```
            function queryDBbyone(tx){
                tx.executeSql("SELECT * FROM myuser where user_name like '%"+u_name+"%'", [],
querySuccess, errorCB);
            }
            $("#delete").click(function(){
                var len = $("input:checked").length;
                for(var i=0;i<len;i++){
                    num +=","+$("input:checked")[i].value;
                }
                num=num.substr(1);
                var db = window.openDatabase("Database", "1.0", "PhoneGap myuser", 200000);
                db.transaction(deleteDBbyid, errorCB);
            });
            function deleteDBbyid(tx){
                tx.executeSql("DELETE FROM `myuser` WHERE user_id in("+num+")", [], queryDB,
errorCB);
            }
                $("#add").click(function(){
                    $.mobile.changePage ('add.html', 'fade', false, false);
                });
                $("#modfiry").click(function(){
                    if($("input:checked").length==1){
                        var userid=$("input:checked").val();
                        sessionStorage.setItem("uid",userid);
                        $.mobile.changePage ('modfiry.html', 'fade', false, false);
                    }else{
                        alert("请选择要修改的联系人，并且每次只能选择一位");
                    }

                });
                //=============与手机联系人 同步数据=====================================
                $("#refresh").click(function(){
                    //从全部联系人中进行搜索
                var options = new ContactFindOptions();
                options.filter="";
                var filter = ["displayName","phoneNumbers"];
                options.multiple=true;
                navigator.contacts.find(filter, onTbSuccess, onError, options);
                });
                //onSuccess: 返回当前联系人结果集的快照
            function onTbSuccess(contacts) {
                //显示所有联系人的地址信息

                var str="<div class='ui-block-a'>编号</div><div class='ui-block-b'>姓名</div><div class=
'ui-block-c'>电话</div>";
                var phone;
                var db = window.openDatabase("Database", "1.0", "PhoneGap myuser", 200000);
                for (var i=0; i<contacts.length; i++){
                    for(var j=0; j< contacts[i].phoneNumbers.length; j++){
                        phone = contacts[i].phoneNumbers[j].value;
                    }
```

```
                    strsql +="INSERT INTO 'myuser' ('user_name', 'user_phone') VALUES ('"+contacts[i].
displayName+"','"+phone+"');#";
                }
                db.transaction(addBD, errorCB);
            }
            //更新插入数据
            function addBD(tx){

                strs=strsql.split("#");
                for(var i=0;i<strs.length;i++){
                    tx.executeSql(strs[i], [], [], errorCB);
                }
                var db = window.openDatabase("Database", "1.0", "PhoneGap myuser", 200000);
                db.transaction(queryDB, errorCB);
            }
            //onError: 获取联系人结果集失败
            function onError() {
                console.log("Error processing SQL: "+err.code);
            }
        </script>
    </div>
</body>
```

24.6　实现信息添加模块

在图 24-6 所示的界面中提供了实现系统管理的 5 个按钮，如果单击“添加”按钮，则会来到信息添加界面，通过此界面可以向设备中添加新的联系人信息，如图 24-7 所示。

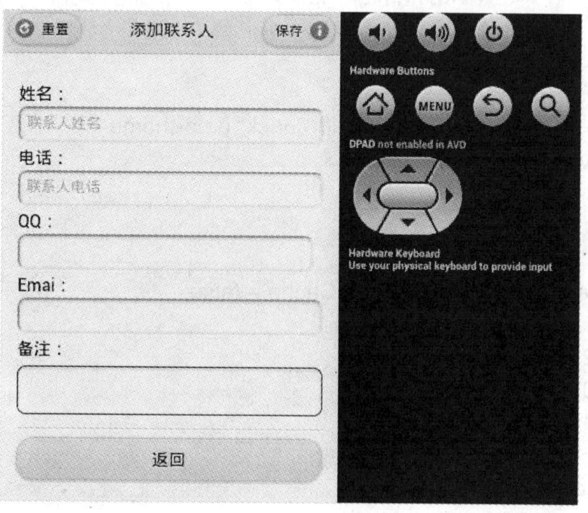

图 24-7　信息添加界面

信息添加模块的实现文件是 add.html，主要实现代码如下。

```
<body>
 <!-- Home -->
```

```
<div data-role="page" id="page1">
    <div data-theme="e" data-role="header">
        <a data-role="button" id="tjlxr" data-theme="e" data-icon="info" data-iconpos="right" class="ui-
btn-right">保存</a>
        <h3>添加联系人 </h3>
        <a data-role="button"  id="czlxr" data-theme="e"  data-icon="refresh" data-iconpos="left" class=
"ui-btn-left"> 重置</a>
    </div>
    <div data-role="content">
        <form action="" data-theme="e" >
            <div data-role="fieldcontain">
                <fieldset data-role="controlgroup" data-mini="true">
                    <label for="textinput1">姓名：<input name="" id="textinput1" placeholder="联系人
姓名" value="" type="text" /></label>
                </fieldset>
                <fieldset data-role="controlgroup" data-mini="true">
                    <label for="textinput2">电话： <input name="" id="textinput2" placeholder="联系人
电话" value="" type="tel" /></label>
                </fieldset>
                <fieldset data-role="controlgroup" data-mini="true">
                    <label for="textinput3">QQ：<input name="" id="textinput3" placeholder="" value=
"" type="number" /></label>
                </fieldset>
                <fieldset data-role="controlgroup" data-mini="true">
                    <label  for="textinput4">Email：<input  name=""  id="textinput4"  placeholder=""
value="" type="email" /></label>
                </fieldset>
                <fieldset data-role="controlgroup">
                    <label for="textarea1"> 备注：</label>
                    <textarea name="" id="textarea1" placeholder="" data-mini="true"></textarea>
                </fieldset>
            </div>
            <div>
                <a data-role="button"  id="back" data-theme="e" >返回</a>
            </div>
        </form>
    </div>
    <script type="text/javascript">
    $.mobile.page.prototype.options.domCache = false;
    var textinput1 = "";
    var textinput2 = "";
    var textinput3 = "";
    var textinput4 = "";
    var textarea1   = "";
      $("#tjlxr").click(function(){

         textinput1 =   $("#textinput1").val();
         textinput2 =   $("#textinput2").val();
         textinput3 =   $("#textinput3").val();
         textinput4 =   $("#textinput4").val();
         textarea1   =     $("#textarea1").val();
```

```
                var db = window.openDatabase("Database", "1.0", "PhoneGap myuser", 200000);
                db.transaction(addBD, errorCB);
            });
            function addBD(tx){
                tx.executeSql("INSERT INTO 'myuser' ('user_name', 'user_phone', 'user_qq', 'user_email', 'user_bz')
VALUES ('"+textinput1+"','"+textinput2+"','"+textinput3+"','"+textinput4+"','"+textarea1+"')", [], successCB, errorCB);
            }
            $("#czlxr").click(function(){
                $("#textinput1").val("");
                $("#textinput2").val("");
                $("#textinput3").val("");
                $("#textinput4").val("");
                $("#textarea1").val("");
            });
            $("#back").click(function(){
                successCB();
            });
            //等待加载 PhoneGap
            document.addEventListener("deviceready", onDeviceReady, false);
            // PhoneGap 加载完毕
            function onDeviceReady() {
                var db = window.openDatabase("Database", "1.0", "PhoneGap myuser", 200000);
                db.transaction(populateDB, errorCB);
            }
                //填充数据库
                function populateDB(tx) {
                    //tx.executeSql('DROP TABLE IF EXISTS 'myuser'');
                    tx.executeSql('CREATE TABLE IF NOT EXISTS 'myuser' ('user_id' integer primary key
autoincrement , 'user_name' VARCHAR( 25 ) NOT NULL , 'user_phone' varchar( 15 ) NOT NULL , 'user_qq'
varchar( 15 ) , 'user_email' VARCHAR( 50 ), 'user_bz' TEXT)');
                    //tx.executeSql("INSERT INTO 'myuser' ('user_name', 'user_phone', 'user_qq', 'user_email',
'user_bz') VALUES ('刘',12222222,222,'nlllllull','null')");
                    //tx.executeSql("INSERT INTO 'myuser' ('user_name', 'user_phone', 'user_qq', 'user_email',
'user_bz') VALUES ('张山',12222222,222,'nlllllull','null')");
                    //tx.executeSql("INSERT INTO 'myuser' ('user_name', 'user_phone', 'user_qq', 'user_email',
'user_bz') VALUES ('李四',12222222,222,'nlllllull','null')");
                    //tx.executeSql("INSERT INTO 'myuser' ('user_name', 'user_phone', 'user_qq', 'user_email',
'user_bz') VALUES ('李四搜索',12222222,222,'nlllllull','null')");
                    //tx.executeSql('INSERT INTO DEMO (id, data) VALUES (2, "Second row")');
                }
                //事务执行出错后调用的回调函数
                function errorCB(tx, err) {
                    alert("Error processing SQL: "+err);
                }

                //事务执行成功后调用的回调函数
                function successCB() {
                    $.mobile.changePage ('set.html', 'fade', false, false);
                }
        </script>
    </div>
</body>
```

24.7 实现信息修改模块

在图 24-6 所示的界面中，如果先选中一个联系人的信息，然后单击“修改”按钮，会来到信息修改界面，通过此界面可以修改被选中的联系人信息，如图 24-8 所示。

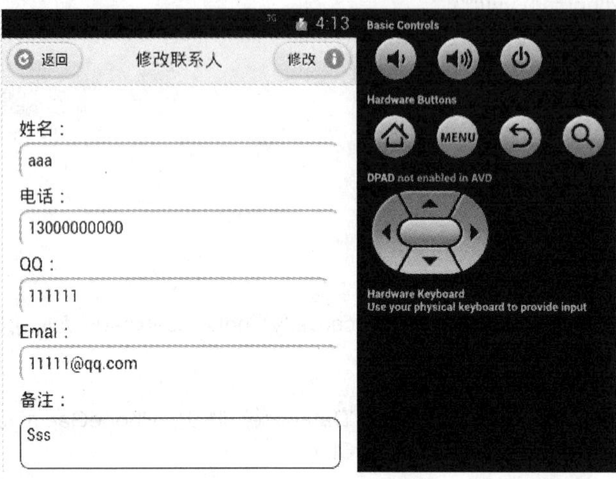

图 24-8 信息修改界面

信息修改模块的实现文件是 modify.html，主要实现代码如下。

```
<script type="text/javascript" src="./js/jquery.js"></script>
</head>
<body>
 <!-- Home -->
        <div data-role="page" id="page1">
            <div data-theme="e" data-role="header">
                <a data-role="button"  id="tjlxr" data-theme="e" data-icon="info" data-iconpos="right" class="ui-btn-right">修改</a>
                <h3>修改联系人 </h3>
                <a data-role="button"  id="back" data-theme="e"  data-icon="refresh" data-iconpos="left" class="ui-btn-left"> 返回</a>
            </div>
            <div data-role="content">
                <form action="" data-theme="e" >
                    <div data-role="fieldcontain">
                        <fieldset data-role="controlgroup" data-mini="true">
                            <label for="textinput1">姓名：<input name="" id="textinput1" placeholder="联系人姓名" value="" type="text" /></label>
                        </fieldset>
                        <fieldset data-role="controlgroup" data-mini="true">
                            <label for="textinput2">电话：<input name="" id="textinput2" placeholder="联系人电话" value="" type="tel" /></label>
                        </fieldset>
                        <fieldset data-role="controlgroup" data-mini="true">
                            <label for="textinput3">QQ：<input name="" id="textinput3" placeholder=""
```

```
value="" type="number" /></label>
                    </fieldset>
                    <fieldset data-role="controlgroup" data-mini="true">
                        <label  for="textinput4">Emai：  <input  name=""  id="textinput4"  placeholder=""
value="" type="email" /></label>
                    </fieldset>
                    <fieldset data-role="controlgroup">
                        <label for="textarea1"> 备注：</label>
                        <textarea name="" id="textarea1" placeholder="" data-mini="true"></textarea>
                    </fieldset>
                </div>
            </form>
        </div>
        <script type="text/javascript">
        $.mobile.page.prototype.options.domCache = false;
        var textinput1 = "";
        var textinput2 = "";
        var textinput3 = "";
        var textinput4 = "";
        var textarea1   = "";
        var uid = sessionStorage.getItem("uid");
//=========================================================================================
          $("#tjlxr").click(function(){

              textinput1 =   $("#textinput1").val();
              textinput2 =   $("#textinput2").val();
              textinput3 =   $("#textinput3").val();
              textinput4 =   $("#textinput4").val();
              textarea1    =      $("#textarea1").val();
            var db = window.openDatabase("Database", "1.0", "PhoneGap myuser", 200000);
              db.transaction(modfiyBD, errorCB);
          });
            function modfiyBD(tx){
            // alert("UPDATE  'myuser'SET    'user_name'='"+textinput1+"',  'user_phone'="+textinput2+",'user_
qq'="+textinput3
                      //        +",'user_email'='"+textinput4+"', 'user_bz'='"+textarea1+"' WHERE userid="+uid);
              tx.executeSql("UPDATE 'myuser'SET   'user_name'='"+textinput1+"', 'user_phone'="+textinput2+",
'user_qq'="+textinput3
                                  +",'user_email'='"+textinput4+"',  'user_bz'='"+textarea1+"' WHERE user_id="+uid,
[], successCB, errorCB);
            }
//=========================================================================================
            $("#back").click(function(){
              successCB();
            });
            document.addEventListener("deviceready", onDeviceReady, false);
            //PhoneGap 加载完毕
            function onDeviceReady() {
             var db = window.openDatabase("Database", "1.0", "PhoneGap myuser", 200000);
             db.transaction(selectDB, errorCB);
            }
             function selectDB(tx) {
```

```
                //alert("SELECT * FROM myuser where user_id="+uid);
            tx.executeSql("SELECT * FROM myuser where user_id="+uid, [], querySuccess, errorCB);
        }
        //事务执行出错后调用的回调函数
        function errorCB(tx, err) {
                alert("Error processing SQL: "+err);
        }
        //事务执行成功后调用的回调函数
        function successCB() {
                $.mobile.changePage ('set.html', 'fade', false, false);
        }
        function querySuccess(tx, results) {
        var len = results.rows.length;
        for (var i=0; i<len; i++){
                //写入到 logcat 文件
                //console.log("Row = " + i + " ID = " + results.rows.item(i).user_id + " Data =   " + results.
rows.item(i).user_name);
                    $("#textinput1").val(results.rows.item(i).user_name);
                    $("#textinput2").val(results.rows.item(i).user_phone);
                    $("#textinput3").val(results.rows.item(i).user_qq);
                    $("#textinput4").val(results.rows.item(i).user_email);
                    $("#textarea1").val(results.rows.item(i).user_bz);
        }
    }
        </script>
    </div>
</body>
</html>
```

24.8 实现信息删除模块和更新模块

在图 24-6 所示的界面中，如果先选中一个联系人的信息，然后单击“删除”按钮，会删除选中的联系人信息。信息删除模块的功能在文件 set.html 中实现，相关的实现代码如下。

```
function deleteDBbyid(tx){
    tx.executeSql("DELETE FROM 'myuser' WHERE user_id in("+num+")", [], queryDB, errorCB);
}
```

在图 24-6 所示的界面中，如果单击“更新”按钮，则会更新整个设备内的联系人信息。信息更新模块的功能在文件 set.html 中实现，相关的实现代码如下。

```
$("#refresh").click(function(){
    //从全部联系人中进行搜索
var options = new ContactFindOptions();
options.filter="";
var filter = ["displayName","phoneNumbers"];
options.multiple=true;
navigator.contacts.find(filter, onTbSuccess, onError, options);
});
```

"网站开发非常之旅"系列全新推荐书目

网站建设作为一项综合性的技能，对许多计算机技术及其各项技术之间的关联都有着很高的要求，而诸多方面的知识也往往会使得许多初学者感到十分困惑，为此，我们推出了"网站开发非常之旅"系列，自出版以来，因具有系统、专业、实用性强等特点而深受广大读者的喜爱。本系列为广大读者学习网站开发技术提供了一个完整的解决方案，集技术和应用于一体，将网络编程技术难度与热点一网打尽，可全面提升您的网络应用开发水平。以下是本系列最新书目，欢迎选购！

ISBN	书　　名	著 译 者	定　　价	条　　码
9787302345725	ASP.NET 项目开发详解	朱元波	58.80 元	
9787302345732	CSS+DIV 网页布局技术详解	邢太北 许瑞建	58.80 元	
9787302344865	Linux 服务器配置与管理	张敬东	66.80 元	
9787302344858	iOS 移动网站开发详解	朱桂英	69.80 元	
9787302344308	Android 移动网站开发详解	怀志和	66.80 元	
9787302344339	Dreamweaver CS6 网页设计与制作详解	张明星	52.80 元	
9787302344100	Java Web 开发技术详解	王石磊	62.80 元	
9787302343202	HTML+CSS 网页设计详解	任昱衡	53.80 元	
9787302343189	PHP 网络编程技术详解	葛丽萍	69.80 元	
9787302342540	ASP.NET 网络编程技术详解	闫继涛	66.80 元	

· · · · · · 更多品种即将陆续出版，欢迎订购 · · · · · ·

出版社网址：www.tup.com.cn
技术支持：zhuyingbiao@126.com